Josef Schnettler und Gero Wendt

MARKETING UND MARKT-FORSCHUNG

LEHR- UND ARBEITSBUCH FÜR DIE AUS- UND WEITERBILDUNG

4., aktualisierte und erweiterte Auflage

Cornelsen

Über die Autoren
Josef Schnettler hat ein Studium der Wirtschaftswissenschaften und der Mathematik in Köln absolviert. Gero Wendt studierte in Aachen Wirtschaftswissenschaften mit dem Schwerpunkt Marketing sowie Germanistik. Beide Autoren unterrichten als Berufsschullehrer mit dem Schwerpunkt Werbebetriebslehre und sind als Dozenten in der Fortbildung tätig.

Hinweis
Es wird ausdrücklich darauf hingewiesen, dass die in diesem Buch genannten Firmennamen, Markennamen und Softwarebezeichnungen im Allgemeinen durch Bestimmungen des gewerblichen Rechtsschutzes geschützt sind. Dies gilt unabhängig davon, ob sie in diesem Buch als solche gekennzeichnet sind. Bei den wiedergegebenen Anzeigen und Anzeigenausschnitten handelt es sich lediglich um Anschauungsbeispiele im Sinn von Produktabbildungen. Es wird darauf hingewiesen, dass eine Vervielfältigung oder Nutzung zu anderen Zwecken nicht gestattet ist.

Verlagsredaktion: Erich Schmidt-Dransfeld
Technische Umsetzung: Type Art, Grevenbroich
Ilustrationen: Holger Stoldt, Düsseldorf
Umschlaggestaltung: Thomas Gnahm / Weimar
Titelfoto: Walter Hodges / gettyimages®

Informationen zu Cornelsen Fachbüchern und Zusatzangeboten:
www.cornelsen.de/berufskompetenz

4., aktualisierte und erweiterte Auflage (Nachdruck)

Druck: H. Heenemann, Berlin

ISBN 978-3-589-24018-0

Inhalt gedruckt auf säurefreiem Papier aus nachhaltiger Forstwirtschaft.

Inhaltsverzeichnis

Hinweis:

Dieser Band „Marketing und Marktforschung" kann als für sich alleine stehende Einführung genutzt werden. Gleichzeitig ist er der 1. Teil eines dreibändigen Lehrwerkes für Werbe- und Kommunikationsberufe. Diese drei Bücher sind aufeinander bezogen, d.h. sie enthalten gegenseitige Verweise im Text.

Inhaltsübersicht zum Band „Kommunikationspolitik"
(ISBN 978-3-589-23821-7)

1 Kommunikationsmodelle, Werbung, Internet
2 Zielsysteme
3 Zielgruppen
4 Vertiefung: Clusteranalyse
5 Öffentlichkeitsarbeit/Public Relations (PR)
6 Corporate Identity
7 Sponsoring und Event
8 Verkaufsförderung (Sales Promotion)
9 Direktmarketing
10 Messen und Ausstellungen
11 Productplacement

Inhaltsübersicht zum Band „Werbung planen"
(ISBN 978-3-589-24027-2)

1 Werbestrategie
2 Auflagenbegriffe und Leser-/Kontaktzahlen
3 Vertiefung: Wahrscheinlichkeitstheoretische Grundlagen der Leserschaftsanalyse
4 Begriffe und Kennziffern der Mediaplanung
5 Mediengattungen (Zeitungen, Publikumszeitschriften, Fachzeitschriften, TV-Werbung, Hörfunkwerbung, Online-Werbung, Kinowerbung, Außenwerbung)
6 Durchführung der Mediaplanung
7 Vertiefung: Werbewirkungsmodelle
8 Kreation/Gestaltung von Werbemitteln
9 Rechtliche Grundlagen der Werbung

TEIL I

MARKETING

1 Grundlagen des Marketings

1.1 Entwicklung, Unterteilung und grundlegende Definition

Marketing als Leitkonzept

Marketing hat sich in den letzten 50 Jahren von einer eher als nachrangig angesehenen betrieblichen Funktion zum Leitkonzept betrieblicher Führung und damit zum eigentlichen Garant für unternehmerischen Erfolg entwickelt. Dieser Bedeutungszuwachs des Marketings begann in den 50er- und 60er-Jahren des 20. Jahrhunderts durch den Wandel von Verkäufermärkten zu den heute hart umkämpften Käufermärkten (vgl. Abb. 1.1 und 1.2).

In Verkäufermärkten, die es temporär, beispielsweise nach Naturkatastrophen oder Kriegen, auch heute noch geben kann, besteht das einzige Problem darin, die Produkte zu den Konsumenten zu bringen. Das heißt: Marketing ist hier eher ein organisatorisches Problem von Produktion, Vertrieb und Logistik.

Moderne Märkte sind meist Käufermärkte

Moderne Märkte sind aber wesentlich häufiger Käufermärkte, auf denen nur die Unternehmen Erfolg haben können, die ihre komplette Philosophie und Struktur konsequent an den Bedürfnissen des Marktes bzw. am Kundennutzen ausgerichtet haben.

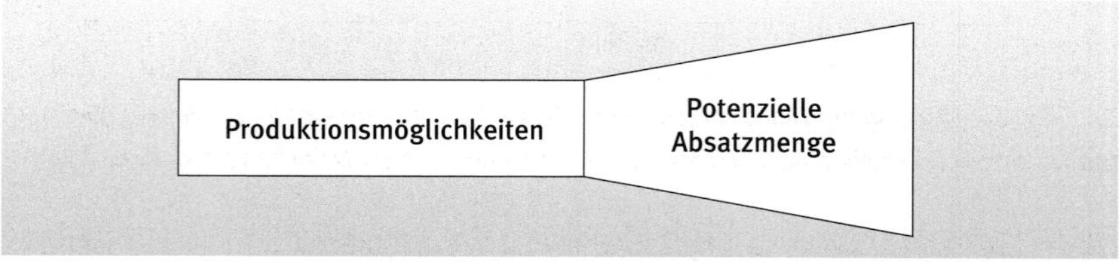

Abb. 1.1: Verkäufermarkt – Kennzeichen: Die Nachfrage ist größer als das Angebot. Die typischen Engpässe bei einer solchen Marktsituation bestehen in Produktion und Beschaffung.

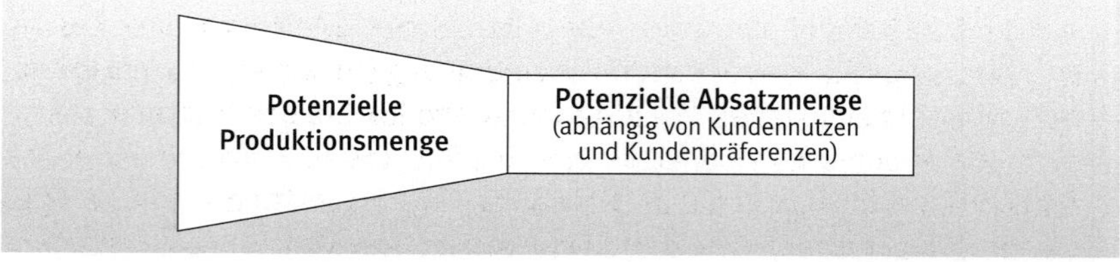

Abb. 1.2: Käufermarkt – Kennzeichen: Das Angebot übersteigt die Nachfrage, der Käufer (Konsument) kann aus einer Vielzahl von Angeboten auswählen.
In der Regel liegt die Situation vor, dass die Absatzmenge (Engpassfaktor) die Produktionsmenge bestimmt. Das bedeutet, dass die Gesamtplanung des Unternehmens auf diesen Engpassfaktor abgestimmt werden muss.

In der historischen Betrachtung lassen sich verschiedene Entwicklungsphasen des Marketings unterscheiden (vgl. Bruhn, Manfred: Marketing. Gabler. Wiesbaden 2008), die in Abb 1.3 dargestellt sind. Dabei geht die Entwicklung von stark generalisierten Formen des Marketings wie undifferenziertem und differenziertem Massenmarketing, die heute nur noch selten anzutreffen sind, zu einer immer stärkeren Individualisierung im modernen Marketing.

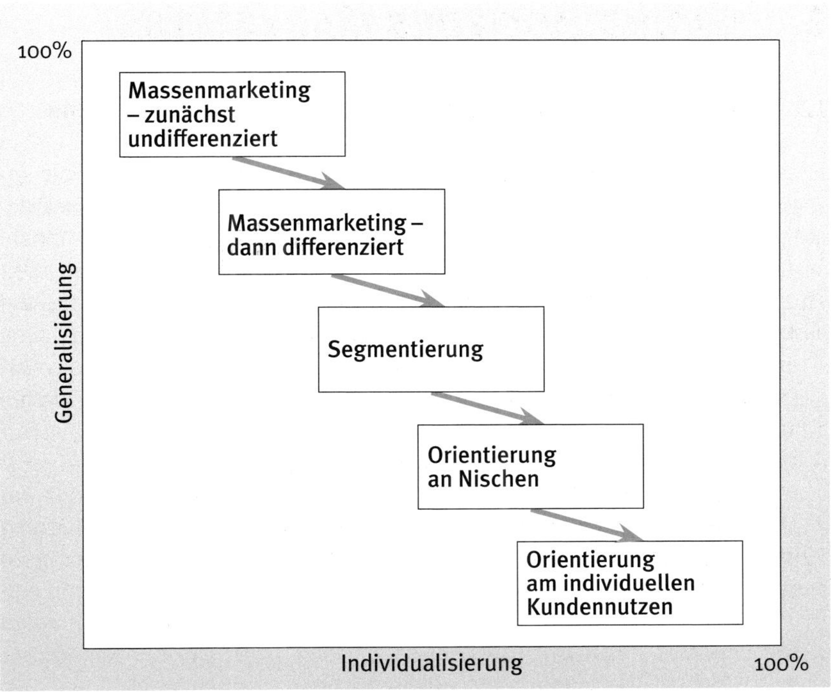

Abb. 1.3: Entwicklung des Marketings von der Generalisierung zur Individualisierung (Darstellung angelehnt an Jochen Becker: Marketing-Strategien. Vahlen. München 2000. S. 145)

Dieser Trend lässt sich wie folgt näher in Phasen aufgliedern:

1. **Phase der Produktionsorientierung (40er- und 50er-Jahre)**
   Engpass: Produktion der Güter
   Auf den Verkäufermärkten waren die Unternehmen erfolgreich, denen es gelang, Massenprodukte zur Bedürfnisbefriedigung (zunächst vor allem Grundbedürfnisse) herzustellen. Die sogenannte Produktära des Marketings zeigt sich auch in dem vom amerikanischen Forscher Rosser Reeves in dieser Zeit entwickelten Konzept des USP (**Unique Selling Proposition** = einzigartiges Verkaufsversprechen). Reeves geht davon aus, dass sich aus den Merkmalen der Produkte ein Produktnutzen für die Konsumenten ergibt, der nach Möglichkeit einzigartig (unique) sein sollte und dann bspw. von der Werbung nur noch ausgelobt werden muss.

Einzigartiger Produktnutzen

2. **Phase der Verkaufs- bzw. Distributionsorientierung (60er-Jahre)**
   Engpass: Vertrieb der Güter
   Beginn des Wandels von den Verkäufer- zu Käufermärkten (teilweise bereits nachlassendes Marktwachstum, Ausweitung des Angebotes sich ähnelnder Produkte durch nationale Wettbewerber). Die Unternehmen waren erfolgreich, denen es gelang, ein wettbewerbsfähiges Vertriebssystem (direkt oder über den Handel) aufzubauen, um die Produkte zu den Konsumenten zu bringen.

Wettbewerbsfähiges Vertriebssystem

Unverwechselbare Produktkennzeichnung

3. **Phase der Marktorientierung (70er-Jahre)**
   Engpass: Nachfrage (Käufer bzw. Konsumenten)
   Auf den Käufermärkten waren die Unternehmen erfolgreich, denen es durch differenzierte Marktbearbeitung (Marktsegmentierung) gelang, spezifische Kundenbedürfnisse zu befriedigen. Die 70er- und 80er-Jahre gelten außerdem als das Zeitalter des Positioning. Unter **Positionierung** versteht man die unverwechselbare Kennzeichnung eines Produkts, einer Marke oder eines Unternehmens in den Köpfen der Verbraucher. Man versucht, Märkte mithilfe gedanklicher Landkarten zu beschreiben. Meistens handelt es sich um zweidimensionale Eigenschaftsräume (Positionierungs-Kreuz), in die anschließend die Idealvorstellung der Verbraucher (Idealposition), die Einschätzung der Verbraucher von der Konkurrenz und des eigenen Unternehmens (Ist-Position) eingetragen wird. Aus dieser Darstellung der momentanen Situation auf dem Markt kann das Unternehmen Rückschlüsse für die Neuproduktentwicklung (launch), für Produktveränderungen (relaunch) oder kommunikative Umpositionierungen (Soll-Position) ziehen (vgl. hierzu das Kapitel 1 Werbestrategie im Band „Werbung planen"). Im Grunde kann man sich Positioning wie das Abstecken von Claims in den Köpfen der Verbraucher vorstellen. Wenn es einem Unternehmen u.a. mit werblichen Mitteln gelingt, eine bestimmte Position im Markt – am besten in der Nähe der Idealposition der Konsumenten – zu besetzen, ist diese für die Konkurrenz oft gesperrt. Falls die Konkurrenz diese Position ebenfalls anstrebt, müssen erhebliche finanzielle Mittel eingesetzt werden, sodass in vielen Fällen auf andere Positionen ausgewichen werden muss.

Einzigartiges werbliches Versprechen

4. **Phase der Wettbewerbsorientierung (80er-Jahre)**
   Engpass: Wahrnehmung von Wettbewerbsvorteilen eines Unternehmens bei den Endverbrauchern
   Durch die immer kürzer werdenden Produktlebenszyklen und die dadurch zunehmende Austauschbarkeit verliert der USP immer mehr an Bedeutung. Anstelle des USP tritt der Versuch, einzigartige Vorstellungsbilder (Images) zu erzeugen und zu verankern. Durch die Schaffung eines UAPs (**Unique Advertising Proposition** = einzigartiges werbliches Versprechen) soll eine emotionale und/oder informative Positionierung des Produktes/Marke/Dienstleistung in den Köpfen der Verbraucher erzeugt werden. Neben rationalen Nutzen wie hohe Produktqualität oder niedriger Preis (Discount-Strategie) werden immer häufiger subjektive Zusatznutzen wie Genuss, soziale Anerkennung, Selbstbelohnung etc. in den Vordergrund gerückt. Der besondere Vorteil einer Verankerung solcher „virtueller" Nutzen liegt darin, dass sie von der Konkurrenz nicht imitiert werden können, sondern zeitlich stabil sind, ein unter anderem für den Aufbau von Kundenbindung unschätzbarer Vorteil.

5. **Phase der Umfeldorientierung (90er-Jahre)**
   Engpass: schneller Wandel gesellschaftlicher, ökologischer und persönlicher Entwicklungen (Trends, Szenen, Fragmentierung der Zielgruppen)

Rasch auf neue Entwicklungen eingehen

   Erfolgreiche Unternehmen müssen rasch und angemessen auf die neuesten Entwicklungen reagieren. So muss entschieden werden, ob bestimmte Trends von Dauer sein könnten und sich insofern ein Engagement lohnt. Neben den Qualitäts- und Kostendruck tritt die Dimension des Zeitdrucks hinzu.

6. **Phase des Hyperwettbewerbs (ab 2000)**
   Moderne Märkte charakterisieren sich unter anderem durch die folgenden Faktoren:
   - Hohe Wettbewerbsintensität (u.a. auf Grund der Globalisierung, Internet),
   - weitgehende Austauschbarkeit der Produkte (me-too),
   - häufig geringe Marktdynamik (schwaches Marktwachstum, gesättigte oder sogar schrumpfende Märkte),
   - sich rasch veränderndes (hybrides) Konsumentenverhalten (u.a. geringe Markentreue, „smart shopper"), bis hin dazu,
   - dass bei einigen Konsumenten die Vielfalt an austauschbaren Produktalternativen sogar zu hochgradiger Verwirrung und Ablehnung führt. Betriebswirte entdecken darin schon eine neue Herausforderung für das Marketing und haben den Begriff des **„Confusion Marketing"** geprägt.

   Die Beschleunigung der Märkte und die Potenzierung der Optionen stellen Anforderungen, die der Mensch nicht erfüllen kann und will, denn eine Wahl zu treffen, beansprucht immer die knappsten Ressourcen des modernen Menschen: Zeit und Aufmerksamkeit. In diesem Zusammenhang spricht der amerikanische Essayist Steven Waldman sogar von der „Tyranny of Choice". Der Kunde will aber keine Vielfalt, wenn letztlich kaum noch Unterschiede zwischen den Produkten wahrnehmbar sind – im Übrigen eine weitere wichtige Ursache für den Erfolg der Discounter. Auf der anderen Seite möchten die Konsumenten auch keinen Einheitskonsum, sondern Produkte/Marken, die Orientierung bieten, oder die helfen, die eigene Persönlichkeit zu unterstreichen. Insofern verwundert es auch nicht, dass manche Steigerung an Wahlchancen wie die Erhöhung von Produktvarianten beim Smart oder die Individualisierung von Laufschuhen (Segment-of-One/Mass Customization) von den Verbrauchern eben nicht als störend, sondern sogar als Bereicherung erlebt werden.

Produkte und Marken, die Orientierung in der Vielfalt bieten

Wenn früher galt, der Konsument muss die Marke lieben, kommt es heute teilweise zur Umkehrung, wie z.B. durch den Musiksender VIVA, der in einer aktuellen Kampagne mit dem Slogan „VIVA liebt dich" wirbt. Norbert Bolz hat diese Zusammenhänge in seinem Buch „Die Wirtschaft des Unsichtbaren" (Econ. München 1999) eingehender untersucht und Konsequenzen für das Marketing im 21. Jahrhundert gezogen. „Marketing ist der Kampf um die Aufmerksamkeit des Menschen – seine knappste Ressource – und es gibt zwei grundverschiedene Strategien, sie zu binden. Die ‚passive' Strategie besteht darin, den einzelnen Kunden als Merkmalsmuster, als Pattern von Konsumgewohnheiten statistisch zu erfassen. Man beobachtet also seine faktische Aufmerksamkeitsverteilung. (...) Die ‚aktive' Strategie besteht darin, die Aufmerksamkeit des Kunden nachhaltig zu fesseln – nämlich durch Sinnangebote." (Norbert Bolz: s.o., S. 126). Bolz ordnet diesen beiden sich nicht ausschließenden Strategieansätzen die Begriffe „Direktmarketing" (passive Strategie) und „Kultmarketing" (aktive Strategie) zu. Beide Bereiche verzeichnen in den letzten Jahren ein erhebliches Wachstum. Das

Passive und aktive Strategie existieren nebeneinander

Direktmarketing gewinnt unter anderem durch verbesserte technische Möglichkeiten (Database-Marketing), das Internet und neue Ansätze wie Kundenbindung/ECR (Efficient Customer Relationship) an Bedeutung (vgl. auch Band „Kommunikationspolitik" Kapitel 9 Direktmarketing). Im Rahmen der aktiven Strategie wird heute in der Markenkommunikation oft versucht, eine Erlebniswelt rund um das Produkt aufzubauen. Dabei kommen neben der klassischen Werbung vor allem below-the-line-Aktivitäten wie Events, die Marken erlebbar machen und dadurch die sinnstiftende Kraft verstärken (vgl. dazu auch Band „Kommunikationspolitik" Kapitel 7 Sponsoring/Event), zum Zuge.

Welche Unternehmen sich in diesem immer komplexer, aggressiver und schneller werdenden Wettbewerb letztlich durchsetzen werden, muss sich erst noch zeigen. Einige Unternehmen konzentrieren sich auf ihre Kernkompetenz, andere wachsen durch Zukäufe oder Fusionen, einige finden oder verteidigen ihren Platz in einer Marktnische, noch andere versuchen die Verbraucher in die Produktentwicklung zu integrieren (Prosumer/1:1-Marketing) und individualisierte Massenprodukte anzubieten (Segment-of-One/Mass Customization).

→ *Die Grundforderung an alle Unternehmen aber bleibt: Nur wer sich in allen Unternehmensbereichen konsequent an den Wünschen und Bedürfnissen der Kunden orientiert, kann heute Erfolg haben.*

Die Entwicklungsphasen des Marketings spiegeln sich auch in der nebenstehenden Übersicht von Marketing-Definitionen wider, wobei deutlich wird, dass die Wissenschaft häufig schon einige Jahre vor der praktischen Umsetzung die neuen Trends erkannt und insofern den Paradigmenwechsel formuliert bzw. gefordert hat.

→ *Marketing hat sich als unternehmerische Denkhaltung inzwischen in fast allen Bereichen von Wirtschaft und Gesellschaft durchgesetzt.*

Der Bereich der Wirtschaft hat bei der Orientierung an den Wünschen und Bedürfnissen der jeweiligen Zielgruppen dabei eine Vorreiterrolle gespielt.

Es gibt verschiedene **Unterteilungsmöglichkeiten von Marketing-Arten**, die sich aber zum Teil überschneiden. So unterscheidet man bspw. Marketing nach:

1. den Objekten, auf die sich das Marketing bezieht (z.B. Konsumgüter-Marketing, Investitionsgüter-Marketing, Dienstleistungs-Marketing),
2. den Subjekten, die das Marketing betreiben (z.B. Hersteller-Marketing, Handels-Marketing),
3. der betrieblichen Funktion, für die Marketing betrieben wird (z.B. Beschaffungs-Marketing mit Einkaufs-Marketing, Personal-Marketing, Finanz-Marketing einerseits und Absatz-Marketing andererseits),
4. dem Geltungsbereich (z.B. regionales Marketing, nationales Marketing, internationales Marketing).

Übersicht Marketing-Definitionen		
Zeit	Definition	Philosophie
1948	Marketing ist die Erfüllung derjenigen Unternehmensfunktionen, die den Fluss von Gütern und Dienstleistungen vom Produzenten zum Verbraucher bzw. Verwender lenken (American Marketing Association/ AMA).	**Distributions-orientierung des Marketings**
1967	Marketing ist die Analyse, Organisation, Planung und Kontrolle der kundenbezogenen Ressourcen, Verhaltensweisen und Aktivitäten einer Firma mit dem Ziel, die Wünsche und Bedürfnisse ausgewählter Kundengruppen gewinnbringend zu befriedigen (Kotler).	**Konsumenten-orientierung des Marketings (Bedürfnisse)**
1977	Marketing ist die Planung, Koordination und Kontrolle aller auf die aktuellen und potenziellen Märkte ausgerichteten Unternehmensaktivitäten. Durch eine dauerhafte Befriedigung der Kundenbedürfnisse sollen die Unternehmensziele im gesamtwirtschaftlichen Güterversorgungsprozess verwirklicht werden (Meffert).	
1980	Das Marketingkonzept geht davon aus, dass der Schlüssel zur Erreichung der Unternehmensziele in der Bestimmung der Bedürfnisse und Wünsche von Zielmärkten und der Befriedigung dieser Wünsche in einer effektiveren und effizienteren Art und Weise als der Wettbewerb besteht (Kotler).	**Wettbewerbs-orientierung des Marketings (Wettbewerbs-vorteil)**
1994	Marketing beschreibt das Verhalten von Personen oder Institutionen bei der Anbahnung und Durchführung von Austauschvorgängen, an denen diese Beteiligten interessiert sind (weite Interpretation: Steffenhagen, Marketing, 1994). Marketing umfasst als eine Unternehmensfunktion das absatzmarktgerichtete Anbieterverhalten einer Unternehmung bei ihrer Informationsgewinnung, der Festlegung ihres Betätigungsfeldes und ihrer Beeinflussung von Marktteilnehmern im Rahmen kommerzieller Markttransaktionen (enge Interpretation: Steffenhagen, Marketing, 1994).	**Marketing als Management von Austausch-prozessen (Transaktionen)**
1999	Marketing ist eine unternehmerische Denkhaltung. Sie konkretisiert sich in der Planung, Organisation, Durchführung und Kontrolle sämtlicher interner und externer Unternehmensaktivitäten, die durch eine Ausrichtung der Unternehmensleistungen am Kundennutzen im Sinne einer konsequenten Kundenorientierung darauf abzielen, absatzmarktorientierte Unternehmensziele zu erreichen (Bruhn, Marketing, 1999).	**Marketing als Management von Beziehungen (Anreiz/ Beitrags-gleichgewicht)**
2004	Marketing is an organizational function and a set of processes for creating, communication and delivering value to customers and for managing customer relationships in ways that benefit the organization and its stakeholders. (American Marketing Association 2004)	

Exkurs: Aspekte und Probleme der Internationalisierung von Marketing

Die Bedeutung internationaler Marken wie Coca-Cola, McDonald's, Nokia, Marlboro, Mercedes, Intel zeigt sich nicht zuletzt in Markenwertstudien bekannter Marktforschungsinstitute (z.B. Interbrand oder Nielsen, siehe im Abschnitt 4.3 Markenstrategien), doch die Weltkonzerne haben erkannt: „All business is local." Oder, wie es eine Düsseldorfer Brauerei in einer Plakat-Headline formulierte: „Think global, drink local.". Diese Erkenntnis führt dazu, dass auch globale Markenhersteller auf nationale Besonderheiten Rücksicht nehmen (müssen).

Beispiele

So gibt McDonald's seinen Niederlassungen zwar weltweit die Außengestaltung und das Angebot bestimmter Kernprodukte vor, doch können auf nationaler Ebene problemlos Spezialangebote oder Aktionen durchgeführt werden.
Ein anderes Beispiel ist Coca-Cola. Um die Basisformel des Produktes wurde geschickt der Mythos gewoben, dass nur der aktuelle Chef des Unternehmens die Zusammensetzung kenne, auf der anderen Seite wird Cola auf der ganzen Welt in Lizenz abgefüllt. In einigen Ländern Südeuropas schmeckt Coca-Cola, den nationalen Gewohnheiten entsprechend, deutlich süßer als in Deutschland. Im Grunde ein Widerspruch, denn die Führung einer globalen Marke erfordert eigentlich eine Standardisierung aller Marketing-Instrumente über die Ländergrenzen hinweg. Verbraucher sollen die Marke, egal, wo sie sich befinden, immer gleich wahrnehmen.

Der Aufbau und die Standardisierung globaler Marken hat für die Unternehmen zahlreiche Effektivitäts- und Effizienzvorteile. Neben Kostenersparnissen in der Produktion (wegen Lern- bzw. Erfahrungseffekten / „economies of scale") und der Kommunikation spielen auch die bessere Verankerung der Positionierung mit der Möglichkeit von Imagetransfers auf Neuprodukte eine wichtige Rolle. Diese Vorteile führen auch Weltkonzerne dazu, schon einmal den (nationalen) Boden der Tatsachen bzw. des Absatzmarktes zu verlassen.

Beispiel

Nachdem Procter&Gamble 1992 ein Spülmittel unter der Marke „Fairy" erfolgreich in den deutschen Markt eingeführt hatte, wollte man Ende der 90er-Jahre die beschriebenen Synergie-Effekte in Produktion und Werbung nutzen und den in den USA für dasselbe Spülmittel etablierten Markennamen „Dawn" nach Deutschland transferieren. Dabei wurde in der Phase der Umbenennung eine interessante Sub-Branding-Strategie verfolgt, das Produkt wurde mit hohem Marketingaufwand als „Dawn von Fairy" vermarktet (mehr zum Thema im Abschnitt 4.3). Marktanteilsverluste zeigten aber, dass die deutschen Verbraucher den neuen Namen anscheinend nicht so akzeptierten. Möglicherweise lag ein Grund für die Probleme in der sehr erfolgreichen und konsistenten Markenführung von Fairy – manche Leser erinnern sich an die legendären Putzwettbewerbe zwischen Villarriba und Villabajo. Als Konsequenz wird das Spülmittel in Deutschland seit 2002 wieder unter seinem alten Namen geführt, zunächst mit Hinweis auf den Vorgänger als „Fairy von Dawn".

1.2 BEREICHE UND TRENDS DES MARKETINGS

1.2.1 Bereiche

Je nach Struktur des Unternehmens bzw. der angebotenen Leistung treffen verschiedene der am Ende von Abschnitt 1.1 aufgeführten Merkmale auf das Marketing dieses Unternehmens zu. Außerdem ergeben sich je nach Branche und Art der Leistung jeweils spezifische Herausforderungen und Aufgabenschwerpunkte des Marketings. Im Folgenden sollen exemplarisch einige wichtige Marketing-Bereiche (Charakteristika und spezifische Probleme) dargestellt werden. Man unterscheidet grundsätzlich

Vier wichtige Marketingbereiche und ...

- Konsumgüter-Marketing als Hersteller-Marketing,
- Investitionsgüter-Marketing als Hersteller-Marketing (B-to-B/B2B),
- Dienstleistungs-Marketing als „Hersteller"-Marketing und
- Handels-Marketing.

... Marketing in Verwaltung, Politik und Kultur

Diese vier Bereiche werden in einer Übersicht auf der folgenden Doppelseite näher beschrieben. Darüber hinaus hat Marketing inzwischen aber auch Einzug in die öffentliche Verwaltung sowie gesellschaftliche Bereiche gehalten, z.B. als:

- Marketing für öffentliche Betriebe (Ministerien, Hochschulen, Landesbanken, Rundfunkanstalten etc.),
- Polit-Marketing (Parteien, Bundes- und Landesregierungen etc.),
- Social Marketing. Die Begriffsbildung ist nicht einheitlich. Im Wesentlichen existieren zwei Auffassungen, was unter Social Marketing zu verstehen ist:
  a) Marketing für soziale Ziele, das heißt, Anwendung des Marketinginstrumentariums und der Marketingtechniken zur Durchsetzung und Umsetzung von Sozialkampagnen (wie z.B. AIDS-Aufklärung, Bekämpfung des Analphabetismus, Breitensportförderung, Anti-Globalisierung, Aktion gegen Fremdenfeindlichkeit etc.). Diese Form des Social Marketings wird vor allem von nicht-kommerziellen Organisationen verfolgt.
  b) Berücksichtigung gesellschaftlicher Auswirkungen und Konsequenzen durch Unternehmen und unter Umständen Aufnahme in die Corporate Identity (vgl. dazu Kapitel 6 im Band „Kommunikationspolitik"), wie z.B. Umweltschutz und Ablehnung von Tierversuchen. Unternehmen wollen sich dadurch bei der Vermarktung ihrer Produkte und Leistungen von den Wettbewerbern abgrenzen – in Zeiten austauschbarer Produkte ein durchaus adäquates Mittel. Allerdings setzt es sehr bewusste Kaufentscheidungen voraus und eignet sich insofern nur für wenige Unternehmen.

Beispiele zur Bedeutung von Wirtschaftsethik hinsichtlich des Marketings

Aspekten der Wirtschaftsethik kommt eine steigende Bedeutung zu. Wer sie vernachlässigt, riskiert Negativ-Effekte. Beispielsweise kam es zu einem Produktboykott, als die Firma Shell die Versenkung einer Ölplattform in der Nordsee plante. Allerdings zeigen auf der anderen Seite Gegenbeispiele, dass Verbraucherboykotts nicht zwangsläufig sind und als emotionales Phänomen nur schwer kalkulierbares Risiko bleiben werden. So haben Globalisierungsgegner einigen Sportschuhherstellern Verstöße gegen Arbeitsbedingungen in der Dritten Welt nachgewiesen, ohne dass es zu nennenswerten Umsatzrückgängen bei deren Marken kam.

Übersicht über Charakteristika wesentlicher Marketing-Bereiche

Konsumgüter-Marketing als Hersteller-Marketing

- Vermarktet werden Ge- oder Verbrauchsgüter.
- Weil es sich um Massenmärkte austauschbarer Produkte (me-too) handelt, spielt der Grundnutzen der Produkte für die Kaufentscheidung kaum noch eine Rolle. Objektive und/oder subjektive Zusatznutzen („added value“) übernehmen diese Funktion.

Dazu ein kurzes Beispiel: Das existenzielle Bedürfnis, Hunger zu stillen, beeinflusst in modernen Industriegesellschaften kaum noch jemand bei der Wahl, bestimmmte Nahrungsmittel zu kaufen, sonst müssten die Verbraucher primär möglichst viel Brennwert für ihr Geld kaufen. Wenn entsprechende Angaben auf der Verpackung überhaupt beachtet werden, dann aber häufiger, um im Sinne einer Diät oder gesunder Ernährung möglichst wenig Joule zu sich zu nehmen. Viel häufiger spielt bei Kaufentscheidungen der vom Hersteller beigefügte Zusatznutzen (added value) die entscheidende Rolle. Dabei kann es sich sowohl um nachprüfbare (objektive) Zusatznutzen, wie z.B. Förderung der Gesundheit durch Beigabe von bestimmten Substanzen wie Vitamine, Q10, LC1 etc., als auch um subjektive Zusatznutzen wie Geschmack, Wohlbefinden/Wellness oder Convenience (z.B. durch Verpackung oder Verarbeitung) handeln.

- Es herrscht starker Wettbewerbsdruck (Preiskämpfe, hoher Werbedruck), dies gilt vor allem bei den sogenannten FMCG (= fast moving consumer goods / schnell drehende Konsumgüter) des täglichen Bedarfs.
- Die Produktlebenszyklen sind kurz, die Innovationsbereitschaft ist hoch, allerdings bei einer ebenfalls hohen Floprate. Es gibt Schätzungen, dass 70–85% aller Produktneueinführungen innerhalb der ersten zwei Jahre scheitern. Aus diesem Grund werden starke Marken immer wichtiger, da sich dadurch Möglichkeiten für Markendehnungen (dies wird im Abschnitt 4.3 vertieft) ergeben.
- Häufig ist der indirekte, mehrstufige Vertrieb über den Handel. Auf der Herstellerseite erfordert dies stark handelsgerichtete Marketing-Konzeptionen (vgl. Abb. 1.4), die sich auch in der Organisationsstruktur wiederfinden. Neben dem Product Manager, der sich ausschließlich um die Betreuung der Marke/Produkte kümmert, gibt es in größeren Unternehmen sogenannte Key Account Manager, die sich ausschließlich um wichtige Handelseinkäufer kümmern.
- Es erfolgt ein sehr differenzierter Einsatz von Marketing-Strategien und -instrumenten.
- In der Kommunikationspolitik kommt es vor allem auf die Erzeugung und Verankerung von Images an, die nach Möglichkeit eine Unique Advertising Proposition bewirken sollen. Zu diesem Zweck wird neben klassischer Werbung versucht, durch integrierte Kommunikation mit Einsatz des gesamten „Orchesters“ der Below-the-Line-Maßnahmen (vgl. dazu Band „Kommunikationspolitik“) die Wiedererkennbarkeit der Marke zu garantieren. Im Idealfall kann die Marke mit den gewünschten Vorstellungen in den Köpfen der Verbraucher verankert werden (Positionierung).

Investitionsgüter-Marketing als Hersteller-Marketing (Business-to-Business/B2B)

- Hier erfolgt die Vermarktung von Produkten an Unternehmen, die diese zur eigenen Leistungserstellung benötigen. Dabei lassen sich vier Grundtypen unterscheiden:
  - Produktgeschäft,
  - Anlagengeschäft,
  - Systemgeschäft und
  - Zulieferergeschäft.
- Häufig handelt es sich um Individuallösungen für Kunden, das heißt, die Produktentwicklung erfolgt in enger Zusammenarbeit mit den Kunden. Eindrucksvolle Beispiele bietet die Automobilindustrie. So siedeln sich bei der heute üblichen Just-in-time-Produktion Zulieferer (z.B. von Sitzen, Scheiben

oder Armaturen) in unmittelbarer Nähe zum Pkw-Hersteller an, sind mit diesem über EDV und teils sogar Fließbänder verbunden, sodass die benötigten Produkte innerhalb weniger Stunden hergestellt und geliefert werden können. Teilweise lagern Automobil-Hersteller die gesamte Produktion aus (Beispiel: Daimler lässt Cabrios der Marke Mercedes beim Spezialisten Karmann fertigen).

- In einigen Fällen werden auch direkt Systemlösungen angeboten, das heißt, es wird nicht nur ein Produkt verkauft, sondern zusätzlich ein ganzes Paket von Serviceleistungen wie Beratung, Schulung, Wartung.
- Da nur in wenigen Unternehmen ein Einzelner über die – kostenintensive und langfristig bindende – Anschaffung von Investitionsgütern entscheidet, handelt es sich oft um kollektive Kaufentscheidungen. Das heißt, man hat es mit Einkaufsgremien, sogenannten Buying Centern, zu tun (siehe Kapitel 3 im Band „Kommunikationspolitik“).
- Der Vertrieb erfolgt direkt, persönlichen Beziehungen zwischen den Beteiligten kommt eine besondere Bedeutung zu. Vor allem durch persönliche Kommunikation kann eine Vertrauensbasis entstehen, die im Investitionsgüter-Marketing unumgänglich ist, dies gilt in noch stärkerem Maß, wenn es sich um Dienstleistungen handelt. Persönliche Kommunikation ist aber nicht nur bei der Neukunden-Gewinnung wichtig, sondern auch bei der Kundenbindung/-pflege.
- Neben der persönlichen Kommunikation spielen alle anderen Kommunikations-Instrumente, die einen engen Kontakt zu den Kunden herstellen können, eine besondere Rolle. Dazu zählen Messen, Direktmarketing und in Einzelfällen Events. Natürlich wird in Fachmedien auch Werbung geschaltet.
- Investitionsgüter-Marketing zeichnet sich durch einen besonders hohen Grad der Internationalisierung aus.

Dienstleistungs-Marketing als Hersteller-Marketing

- Gemessen am Bruttoinlandsprodukt ist die Dienstleistung inzwischen der bedeutsamste Sektor in der deutschen Volkswirtschaft, dazu zählen Banken, Versicherungen, Werbebranche, Gastronomie, Reisebüros etc.
- Dienstleistungen sind immaterielle Güter (nicht lager- und transportfähig). Sie sind vor dem Kauf nicht „richtig“ greif-, seh- oder prüfbar. Kaufentscheidungen basieren deshalb auf Erfahrung oder auf Vertrauen in die Kompetenz des Anbieters. Entsprechend bedeutsam sind Service und Kommunikation.
- Die Erbringung einer Dienstleistung erfordert häufig eine aktive Beteiligung des Kunden (z.B. Erarbeitung und Umsetzung einer Konzeption).
- Dienstleistungen lassen sich nur in geringem Umfang automatisieren. Insofern hängt die Qualität einer Dienstleistung stark von Qualifikation, Schulung und Motivation der Mitarbeiter ab. Eine standardisierte Qualität kann es eigentlich nicht geben, daher sind eine gute Personalauswahl und Maßnahmen zur Qualitätssicherung sehr wichtig.
- Da die Leistungsmerkmale nur schwer überprüfbar sind (immaterielle Güter) sind die in den Köpfen der Nutzer verankerten Images über das Unternehmen besonders wichtig. Diese entstehen vor allem bei lokalen und regionalen Dienstleistern durch persönliche Kommunikation (Mund-zu-Mund-Propaganda) und eigene Erfahrungen mit dem Anbieter. Die Kommunikationspolitik ist vergleichbar mit Konsumgütern (klassische Werbung und der gesamte Below-the-line-Mix).
- Beim Aufbau von Dienstleistungsmarken wird häufig eine Dachmarkenstrategie verfolgt (vgl. Abschnitt 4.3 Markenstrategien).
- Die Zufriedenheit mit einer Dienstleistung kann zu einer starken Kundenbindung führen, da man normalerweise ohne Notwendigkeit das Risiko einer erneuten Entscheidung scheut.

Handels-Marketing

- Vor allem im Lebensmitteleinzelhandel herrscht sehr starker Wettbewerb bei niedrigen Umsatzrenditen (weniger als 2%) und Konzentration auf nur noch wenige Anbieter. Der Konzentrationsprozess (Oligopolisierung) zeigt sich aber im gesamten Einzelhandel. Die größten Anbieter sind die Metro-Gruppe und Karstadt.
  Die Metro-Gruppe umfasst (zum Zeitpunkt der Drucklegung dieses Buches) neben den eigentlichen Metro-Märkten und dem Lebensmittelfilialisten Real auch Saturn, Media-Markt und Kaufhof.
  Zur Douglas Holding gehören Douglas, Hussel, Pohland und die Thalia-Buchhandlungen. Denkt man sich die Läden dieser drei Gruppen aus einer typischen Innenstadt oder einem Einkaufszentrum weg, erkennt man deren sehr hohen Anteil am Gesamtangebot.
- Regalplatz ist knapp. Außerdem versuchen immer mehr Handelsunternehmen, eigene Handelsmarken am Markt durchzusetzen (vgl. wiederum Abschnitt 4.3 Markenstrategien). In diesen Fällen handelt es sich um Konsumgüter-Marketing als Handels-Marketing und dies läuft weitgehend identisch mit den Hersteller-Marken, außer dass sich die Handelsmarke keine Sorge um die Regalplatzierung machen muss.
- Zusätzlich zum klassischen Marketing-Mix (vgl. Abb. 1.6) muss sich das Handels-Marketing noch mit Fragen der Standortpolitik, Ladengestaltung und Produktpräsentation beschäftigen.
- Die konkrete Ausgestaltung des Marketings hängt stark vom jeweiligen Handelstyp ab (Großhandel oder Einzelhandel sowie SB-Warenhaus, Supermarkt, Fachhandel etc.).
- Die Zusammenarbeit mit Herstellern nimmt immer mehr zu und reicht inzwischen von der Koordination von Administration und Logistik über Regalplatzierung und Produktpräsentation bis zu gemeinsamer Produktentwicklung (vgl. Abb. 1.4). Während es im Bereich des Supply Chain Management um die Verbesserung der Waren- und Informationsflüsse entlang der Wertschöpfungskette und damit vor allem um Kostensenkung geht, beschäftigt sich der Bereich des Category Management – der bei großen Herstellern wie z.B. Henkel sogar von speziellen Managern betreut wird – mit Effizienzerhöhung des Marketings, also letztlich mit Umsatz- und Ertragssteigerung.
- Aktuell lässt sich im Handel eine starke Tendenz zu einer Preis- und Aktionsorientierung beobachten, bei der einseitig der Umsatz im Vordergrund steht. Der Erfolg der Discount-Strategie dehnt sich in weitere Bereiche aus (von Billigflieger bis Discount-Bäcker), dies beschleunigt sich noch durch die konjunkturelle Lage, die Öffnung gesetzlicher Verbote, aber auch durch werbliche Kommunikation.
- Ob sich die starke Preisorientierung mit der Forderung an den Handel, selbst zur Marke zu werden, verträgt, muss bezweifelt werden. Einkaufsstätten- und damit Kundenbindung über den Preis dürfte nur ausgewiesenen Discountern gelingen, alle anderen sind gut beraten, sich an den Bedürfnissen der Kunden zu orientieren (Ausweitung des Serviceangebots, bedarfsgerechtere Produktpräsentation oder andere added values wie Kinderbetreuung, Parkplätze etc.). Verstärkte Kundenorientierung lässt sich beispielsweise bei großen Handelsmarken beobachten, die trotz hoher Bekannheit (bei Karstadt z.B. 96% gestützte Bekanntheit) mit Umsatzrückgängen zu kämpfen haben.

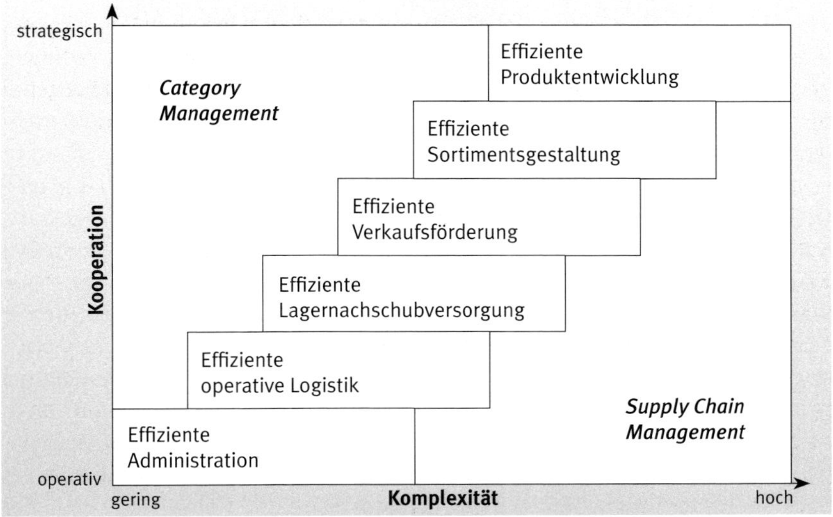

Abb. 1.4: Kooperationsformen zwischen Handel und Industrie. Angelehnt an Frey, Ulrich D.: Sales Promotion Power für mehr Umsatz. Verlag moderne Industrie. Landsberg 1997. S. 172

1.2.2 Trends

Seit den 80er-Jahren des vorigen Jahrhunderts hat sich das Tempo der gesellschaftlichen und infolgedessen auch der wirtschaftlichen Entwicklung erheblich beschleunigt. Unternehmen versuchen daher, diese Veränderung durch gezieltes Marketing aufzugreifen oder sie sogar selbst erst hervorzurufen. Im Folgenden sollen einige neuere Marketing-Trends kurz vorgestellt werden.

Öko-Marketing

Im Grunde genommen ist dieser Bereich lediglich eine Sonderform des Social Marketings. Dabei wird das kommerzielle Marketing um die Komponente Umwelt/Umweltschutz erweitert. Öko-Marketing kann die komplette Ausrichtung des Unternehmens an ökologischen Kriterien beinhalten (Einkauf, Produktion, Vertrieb, Positionierung). Es dient ebenfalls der Profilierung des Unternehmens (Corporate Identity) gegenüber den Wettbewerbern.

Ökologisch ausgerichtete Unternehmen oder Förderung von Umwelt

Event-Marketing

Durch den Einsatz von Event-Marketing versucht ein Unternehmen, den jeweiligen Zielgruppen durch inszenierte Ereignisse (Veranstaltungen, Aktionen etc.) firmen- oder produktbezogene Kommunikations-Inhalte erlebnisorientiert zu vermitteln (vgl. dazu Kapitel 7 im Band Kommunikationspolitik).

Marketing vermittelt Erlebnisse

Ethno-Marketing

In den USA spielt diese Form des Marketings, die versucht, den kulturellen und sprachlichen Hintergrund der Zielgruppen zum Ausgangspunkt der Marketing-Aktivitäten zu machen, schon immer eine besondere Rolle und wird vor dem Hintergrund der Bevölkerungsentwicklung – die am stärksten wachsende Bevölkerungsgruppe sind die Hispanics, die zum großen Teil nicht englisch sprechen

Marketing berücksichtigt ethnologische Bevölkerungsgruppen

– in Zukunft sogar noch wachsen. In Deutschland haben in den letzten Jahren die Bemühungen großer Unternehmen zugenommen, vor allem die in Deutschland lebenden Türken, von denen viele über ein großes Kaufkraftpotenzial verfügen, gezielter zu erreichen. Zu diesem Zweck werden bspw. Anzeigen in türkischer Sprache oder TV-Spots auf türkischen Sendern geschaltet, die auch in Deutschland zu sehen sind.

Guerilla-Marketing /Virales Marketing

Mit diesen schillernden Begriffen werden neuere Marketingarten gekennzeichnet, die versuchen, mit geringem finanziellem Aufwand und auf ungewöhnliche Weise die Eigendynamik der Medien (Guerilla-Marketing) oder der Zielgruppen (Virales Marketing) zu nutzen. Beide Formen gehen teilweise ineinander über, doch sollen hier anhand einiger Beispiele Charakteristika der beiden Formen herausgearbeitet werden. Beim Guerilla-Marketing geht es häufig darum, durch selbst inszenierte Ereignisse die Aufmerksamkeit der Medien und der Zielgruppen zu erlangen, die dann die Botschaft des Unternehmens weitertragen, ohne dass dies dem Unternehmen Kosten verursacht – dies ist eigentlich schon der Hauptansatzpunkt des viralen Marketings.

Guerilla: Eigendynamik der Medien nutzen

Beispiele

Guerilla-Marketing: Eine Reihe von Leser/innen erinnern sich bestimmt noch an die nur einmal im Stern geschaltete, aber dennoch unvergessene Sixt-Anzeige für ein Cabrio, in der neben der Headline „Lust auf eine neue Frisur“ eine sehr bekannte Politikerin mit einer Sturmfrisur zu sehen war. Die Schaltkosten wurden auf weniger als 100.000 € geschätzt, doch den PR-Effekt bezifferten Experten im Nachgang auf ein Vielfaches (man sprach von mehr als 3 Mio. €, wie immer man die Effekte zu messen und zu kalkulieren vermochte).

In anderen Fällen „verirren sich versehentlich“ Fallschirmspringer mit dem Namen eines Internet-Start-ups auf dem Schirm in ein Bundesliga-Stadion und unterbrechen das Spiel.

Legendär ist auch die Versteigerung eines halben Käsebrötchens bei eBay®, für das bereits nach 12 Stunden 10 Mio. € geboten wurden, sodass eBay® unter dem Hinweis auf ihre solide Kontrolle die Notbremse ziehen musste und die Versteigerung abbrach. Weltweit berichteten Medien unter dem Hinweis auf die Begeisterungsfähigkeit der Menschen für Internetversteigerungen über diesen Fall.

Das letzte Beispiel zeigt am besten die Wirkungweise des viralen Marketings. eBay® ist es dabei gelungen, mit ihrer Marke an gesellschaftlich schon vorhandenen Eigenkräften anzusetzen und diese dann geschickt für sich umzusetzen.

Virales Marketing: Selbstverbreitung in der Zielgruppe anstreben

→ *Nur wenn die Aktivierung von Eigenkräften gelingt, kann virales Marketing greifen, dabei geht man davon aus, dass Kommunikation bzw. Werbung wie ein Virus von den Köpfen der Verbraucher Besitz ergreift und sich von dort über Mund-zu-Mund-Propaganda in der Zielgruppe überträgt.*

Denn wo Vertrieb, Produkt und Marke zusammenfließen, ist fast kein „normales" Marketing mehr nötig.

Beispiele

Ein weiteres gutes Beispiel für virales Marketing ist der amerikanische Hersteller von Plastikbehältern für die Küche, Tupperware. Alle 2,7 Sekunden findet irgendwo auf der Welt eine „Tupper-Party" statt, mit einem geschätzten täglichen Umsatz von 3 Mio. US-$ handelt es sich vermutlich um die größte Konsum-Community der Welt.
Der Marketing-Einsatz von Tupperware beschränkt sich dabei auf die Bereitstellung der Produkte und der Spielregeln. In Kombination mit dem schlechten Gewissen der Partyteilnehmer, sich für Kaffee, Kuchen und Gastfreundschaft revanchieren zu müssen, entsteht ein umsatz- und ertragsstarker „Plastikvirus".
Doch auch Marken wie Red Bull, Jägermeister oder Adidas und Puma ist es gelungen, gezielt Szenen (Jägermeister bei der Loveparade) bzw. Trendsetter (Popstars oder DJs) mit ihren Produkten zu „infizieren" und dann darauf zu warten, dass sich die Produkte im Markt durchsetzen. Doch auch hier beginnt bereits der me-too-Wettbewerb. Der dänische Sportartikel-Hersteller Hummel rüstet ausgewählte DJs und die tibetanische Fußballnationalmannschaft aus und möchte mit dem Image des „leicht verrückten Rebellen" die etablierten Sportmarken wie Nike, Puma und Adidas herausfordern.
Schon seit Anfang der 70er-Jahre, lange bevor der Begriff des viralen Marketings erfunden wurde, versucht der Klebstoff-Hersteller UHU, Meinungsbildner wie Lehrer, Dozenten und Kindergärtnerinnen als Multiplikatoren anzusprechen. Die sehr erfolgreiche Marke gibt auch deshalb im Verhältnis sehr wenig Budget für klassische Werbung aus.

Theoretische Basis: Memetik

Die Idee des viralen Marketings basiert auf wissenschaftlichen Theorien wie der **Memetik**, einem Forschungszweig, der sich mit der Verbreitung und Weiterentwicklung von kulturellen Informationseinheiten (= Memen) in dezentralen, hochgradig vernetzten Kommunikationssystemen (z.B. dem Internet, aber auch Zielgruppen) beschäftigt. Als Meme gelten sowohl Ideen als auch für das Marketing besonders interessante Informationseinheiten wie Slogans, Logos oder Key Visuals.

Das Interessanteste an dieser Theorie ist der in ihr vorgenommene Perspektivwechsel, nach dem nicht wir Filme sehen, Bücher lesen oder eine Anzeigenseite wahrnehmen, sondern unser Gehirn nur ein Mittel für Filme, Bücher oder Anzeigenelemente ist, um sich selbst zu verbreiten. Unser Gehirn ist praktisch das Wirtstier für diese kulturellen Informationseinheiten (Viren), die dort auf die Weiterverbreitung durch uns warten. Dabei hat die erfolgreiche Verbreitung von Ideen nicht unbedingt etwas mit dem Grad ihrer Nützlichkeit oder Wahrheit zu tun, denn nichts verbreitet sich schneller als Gerüchte, Verschwörungstheorien oder Mythen.

Zusammenhang mit unterschwelliger Werbung

An dieser Stelle sei nur mit dem Thema „Unterschwellige Werbung" stellvertretend ein Beispiel aus dem Bereich Marketing angeführt. Vance Packard hat in seinem 1957 erstmals erschienenen Buch von den „Geheimen Verführern" vermutlich den ältesten und dauerhaftesten Mythos der Werbewirtschaft geschaffen. Auch wenn es bisher nicht gelungen ist, das in seinem Buch beschriebene Experiment des amerikanischen Marktforschers Vicary an anderer Stelle mit ähnlichen Ergebnissen zu wiederholen, gibt es sogar im deutschen Rundfunkstaatsvertrag einen Passus, der unterschwellige Werbung untersagt. Bei dem Experiment hat Vicary in Absprache mit einem Kinobesitzer in New Jersey angeblich während eines Films alle fünf Sekunden die Sätze „Eat Popcorn" und „Drink Coca-Cola" im Millisekunden-Bereich (die Angaben schwanken von 1/300 bis zu 1/6000 Sekunden) eingeblendet. Während des sechswöchigen Experiments soll dadurch der Popcorn-Verbrauch um 18 Prozent und der Cola-Verbrauch sogar um 57 Prozent gestiegen sein.

Weitere Unterschiede zwischen klassischer Werbung und viralem Marketing

Besonders deutlich wird der Unterschied zwischen klassischem und viralem Marketing, wenn man sich die Erfolgsfaktoren für Werbung ansieht. Während das klassische Marketing vor allem von passiven Rezipienten ausgeht und bei diesen Recall (Wiedererinnerung), Recognition (Wiedererkennung), Sympathie oder Kaufabsicht misst, beachtet das virale Marketing zusätzlich die soziale Dimension und geht von aktiven Rezipienten aus, die sich freiwillig an der Verbreitung der Markenbotschaft beteiligen.

Kultmarken

Die Neigung zur freiwilligen Weiterverbreitung von Markenbotschaften hängt sicherlich stark von der Bedeutung der Marke für ihr „Wirtstier" ab. Bei identitätsausdrückenden oder -stiftenden Marken, manche sprechen in diesem Zusammenhang von Kultmarken, dürfte die Neigung zur Weiterverbreitung selbstverständlich größer sein als bspw. bei Low-Involvement-Produkten wie FMCG des täglichen Bedarfs.

Konstante Kommunikationsbotschaft

Ein weiterer Erfolgsfaktor ist die interpretative Flexibilität, das heißt, die Fähigkeit kultureller Informationseinheiten, auch bei unterschiedlichen Interpretationen Sinn zu geben. Als Forderung für das Marketing ergibt sich daraus, Marken und ihre Botschaften möglichst über längere Zeiträume konsistent und wiedererkennbar zu kommunizieren, da dadurch der Interpretationsspielraum deutlich eingeschränkt wird. Es gibt zahlreiche Negativ-Beispiele, bei denen durch die Veränderung des kommunikativen Auftritts die Marktanteile drastisch gesunken sind. So rutschte beispielsweise der Marktanteil der Zigaretten-Marke Camel, nachdem sie sich 1990 von ihrem „meilenweit gehenden Camel-Man" verabschiedet hatte, stark ab.

Wichtig für den Erfolg der Weiterverbreitungsqualität von Memen ist ferner die Anforderung, auch Mutationen ohne größeren Schaden zu überstehen, denn dass es bei der Weitergabe von Informationen leicht zu Störungen kommen kann, wird jeder bestätigen können, der jemals „Stille Post" gespielt hat. Ansonsten besteht die häufig auftretende Gefahr, dass es zu Zuordnungsproblemen bspw. zwischen Slogan und Marke kommt. Im schlimmsten Fall verselbstständigt sich die Kopie und wird erfolgreicher als das Original.

Auch das virale Marketing wird nicht alle Probleme des modernen Marketings lösen können, zumal es sich nicht auf alle Produkte übertragen lässt, denn aus Waschmitteln oder Klobürsten lassen sich nur sehr schwer Kult-Objekte machen, deren Markenbotschaften freiwillig von den Zielgruppen weiterverbreitet werden. Mehr zum Thema lässt sich in den im Literaturverzeichnis genannten Büchern nachlesen.

Cross-Marketing
Immer häufiger kommt es zwischen Herstellern bei der Vermarktung zu strategischen Marken-Allianzen: Man agiert gemeinsam, wobei beide beteiligten Marken genannt werden (Co-Branding). Dabei kann es sich zum einen um gleichberechtigte Partnerschaften handeln. Zum anderen sind aber auch Formen möglich, in denen eine Wirtsmarke mit einer Komponentenmarke eine Symbiose eingeht (Ingredient Branding). Ein wichtiger Unterschied zwischen diesen beiden Grundformen liegt darin, dass es sich bei einer Ingredient Brand (wie beispielsweise Intel, Gore Tex oder Nutra Sweet) um Komponenten handelt, die man nicht sinnvoll alleine erwerben oder verwenden/konsumieren kann. In gewisser Weise benötigt die Komponentenmarke eine Wirtsmarke, um aus der Anonymität herauszutreten, ein für die Ingredient Brand unglaublich wichtiger Faktor im umkämpften Zulieferer-Wettbewerb. Die Erfolgsgeschichte der Marke Intel („Intel inside"), die inzwischen laut Interbrand zu den zehn wertvollsten Marken der Welt gehört, beweist eindrucksvoll die Bedeutung dieser Marketing-Strategie.

Co-Branding

Ingredient Branding

Beim Co-Branding werden häufig Neuprodukte eines Herstellers mithilfe von Komponenten eines anderen – dabei kann es sich auch nur um den etablierten Markennamen handeln – versehen, um den Absatz des Produktes zu steigern. Es gibt sogar Forscher, die das Werben mit Prominenten dem Co-Branding zuordnen, da es sich bei Prominenten auch um Marken handelt.

Beispiele

In letzter Zeit haben sich im Bereich des Co-Branding vor allem Eis-Marken besonders bemüht. So hat Häagen-Dasz einer neuen Eissorte den Sahnelikör Baileys beigemischt. Noch spannender erscheint die Zusammenarbeit zwischen „Langnese Cremissimo" (Unilever) und „Milka" (Kraft Jacobs Suchard), die einer neuen Variante des Eis beigemischt wurde, schließlich arbeiten hier zwei der weltweit größten Lebensmittelkonzerne zusammen.

Vor dem Hintergrund wachsenden Wettbewerbs, gestiegener Marketingkosten und einer hohen Floprate könnte sich hier ein neuer Trend im Konsumgüter-Marketing abzeichnen.

Neuromarketing
„New brain imaging technologies have motivated neuroeconomic studies of the internal order of the mind (...). We are only at the beginning of this enterprise, but its promise suggests a fundamental change in how we think, observe and model decision in all its contexts." (aus der Nobelpreisrede von Vernon Smith, 2002). Marketing beschäftigt sich mit dem Kaufverhalten von Menschen und versucht, dieses Wahlverhalten auf die zu vermarktenden Produkte oder Dienstleistungen zu lenken. Dass daher die Beschäftigung mit der Arbeitsweise unseres Gehirns zu den wichtigsten Aufgaben eines Marketers gehören müsste, sollte daher selbstverständlich sein. Und dass eine wissenschaftlich fundierte Beschäftigung mit unserem Gehirn gerade heute auch für die Unternehmen besonders wichtig

ist, dürfte angesichts der bereits angesprochenen Probleme, mit denen das Marketing heute zu kämpfen hat (austauschbare Produkte, hohe Wettbewerbsintensität, hybrides Kaufverhalten, Information overload ...), verständlich sein. Aber auch für Werbeagenturen, Unternehmensberatungen und Marktforschungsinstitute ergeben sich durch Erkenntnisse des Neuromarketings neue Möglichkeiten zur Profilierung des eigenen Angebotes.

→ *Neuromarketing versucht auf der Basis medizinischer Hirnforschung, ein wenig mehr Licht in die „black box" unseres Gehirns zu bringen.*

Unser Gehirn, im Durchschnitt 1,4 kg schwer, enthält ca. 100 Milliarden Nervenzellen, und jede einzelne dieser Zellen ist mit 10.000 anderen Nervenzellen vernetzt, sodass an allen geistigen Prozessen verschiedene Hirnregionen beteiligt sind. Mithilfe bildgebender Verfahren wie der Kernspintomografie (funktionale Magnet-Resonanz-Tomografie) oder der Positronen-Emissions-Tomografie (PET) können Hirnforscher heute sichtbar machen, welche Hirnareale beim Bewältigen bestimmter Aufgaben stärker durchblutet (aktiviert) werden. Insofern kann zumindest theoretisch die Lücke zwischen Reizaufnahme und Verhaltensäußerung geschlossen werden. Denn das Gehirn lässt sich so praktisch bei der Informationswahrnehmung und -verarbeitung beobachten. Und dass Beobachten exakter ist als Befragen, weiß jeder, der sich schon mal mit Markt- oder Meinungsforschung befasst hat (vgl. Kapitel 10 und 11 in diesem Band).

Per Kernspintomografie kann man das Gehirn bei der Informationsverarbeitung beobachten

Die Hirnströme, die z.B. beim Betrachten von Personen, Prominenten, Objekten, Produkten und eben auch Marken entstehen, lassen sich zwar relativ leicht sichtbar machen. Wie man aber diese Ergebnisse interpretieren soll, bleibt oft unklar oder erscheint allzu banal. So wurde in Tests etwa nachgewiesen, dass Bilder von Sport- und Kleinwagen bei Männern verschiedene Hirnregionen ansprechen, wobei die Sportwagen deutlich stärker emotionale Zentren des Gehirns aktivierten. Dafür benötigt man aber eigentlich keine Untersuchung, die schon bei kurzer Dauer, wenigen Probanden und einfachen Testdesigns schnell 250.000 € kostet (vgl. Scheier, Christian: Wie Werbung wirkt, 2007). Denn bei der eigentlich für Marketing- bzw. Markenverantwortliche entscheidenden Frage, worin sich die Hirnströme bei der Betrachtung verschiedener Marken (z.B. Porsche, Ferrari, Maserati ...) unterscheiden, helfen die Bilder aus dem Kernspintomografen nicht weiter.

Der Pepsi-Test im Kernspintomografen

Eine Wiederholung des berühmten Pepsi-Tests im Kernspintomografen hat die Ergebnisse der Ursprungsuntersuchung aus den 80er-Jahren bestätigt: Beim Blindtest bevorzugte die Mehrheit der Verbraucher Pepsi gegenüber Coca-Cola, nach Nennung der Marken kehrte sich das Verhältnis fast exakt um. Mithilfe des Kernspintomografen ließen sich die Entscheidungsprozesse zeigen. Bei der Blindverkostung „leuchtete" bei Pepsi stärker das Belohnungszentrum auf, eine Hirnregion, die zusammen mit dem emotionalen Zentrum im limbischen System für Glück, Wohlbefinden u.Ä. zuständig ist. Sobald die Marken bekannt waren, zeigte sich bei Coca-Cola bei einer insgesamt verringerten Aktivität des Gehirns eine stärkere Durchblutung einer anderen Region des Stirnhirns. Dieser Region werden höhere kognitive Funktionen zugeschrieben, die u.a. das Selbstbild einer Person ausmachen.

Die unterschiedliche Interpretation der Untersuchungsergebnisse durch verschiedene Forscher veranschaulicht das Problem beim Einsatz medizinischer Forschung für Marketingzwecke: Amerikanische Forscher führen die Präferenz für Coca-Cola auf positive Assoziationen und eine Verstärkung des Selbstwertgefühls durch die Marke zurück. Deutsche Forscher der Uni Münster verweisen darauf, dass die Marke Coca-Cola bei ihren Stammkäufern zu einer kortikalen Entlastung führt; sie gehen davon aus, dass das Gehirn bei bewährten Marken praktisch in den Energiesparmodus schaltet – angesichts des hohen Energieverbrauchs unseres Gehirns eine sinnvolle Strategie, die letztlich Markentreue belohnt.

→ *Starke Marken entlasten anscheinend unser Gehirn in Entscheidungssituationen, und genau das macht die Orientierungsfunktion von Marken aus (vgl. Kapitel 4.3 Marke).*

Die Interpretation der „Bilder" ist also immer ein Wagnis, und man sollte sich vor allzu einfachen Kausalschlüssen (Ursache → Wirkung/Motiv → Kaufentscheidung) hüten, zumal die Fallzahlen der Untersuchungen viel zu gering sind, um repräsentative Schlüsse zuzulassen.

Weiteres Verständnis des Begriffs Neuromarketing

Andererseits liefern die Daten der „Hirnscanner" auch sehr aufschlussreiche Ergebnisse, die vor allem dann ertragreich sind, wenn man den Begriff Neuromarketing etwas weiter fasst (vgl. C. Scheier: Wie Werbung wirkt. München 2007. S. 22) und Erkenntnisse aus anderen angrenzenden Bereichen integriert:

- Psychophysik (Sensorik unseres Wahrnehmungsapparates),
- Entwicklungspsychologie unseres Gehirns,
- künstliche Intelligenz (neuronale Netzwerke),
- Kulturwissenschaften (Erlernen von Bedeutungen),
- Marktforschung.

Auf der Basis dieses weiteren Begriffs des Neuromarketings lassen sich schon heute wichtige Erkenntnisse ableiten.

Abschied vom alten Leitbild der ökonomischen Theorie

„Jeder subjektive Zustand, jede Entscheidung, jedes Hören, Sehen, Lernen, Denken, Bewegen ist immer gekennzeichnet durch ein bestimmtes, typisches raumzeitliches Muster von Aktivitäten. Im Gehirn gibt es keine Unabhängigkeit. Die reine Vernunft im Sinne von Kant gibt es im Gehirn nicht, vielmehr ist alles immer eingebettet in einen emotionalen Rahmen. Ohne diese emotionalen Rahmen gibt es kein Bewusstsein." (Prof. E. Pöppel in: Marketing Journal. Sonderheft Neuromarketing 2005. S. 9). Das erscheint auch vor dem Hintergrund der hochgradigen Vernetzung unseres Gehirns folgerichtig. Wenn geistige Handlungen einer emotionalen Beeinflussung unterliegen, muss man sich vom alten Leitbild der ökonomischen Theorie, dem homo oeconomicus, der seine Entscheidungen stets auf der Basis kühler, rationaler Kosten-Nutzen-Analysen trifft, verabschieden. Rein rationale Entscheidungsprozesse gibt es nämlich gar nicht – eine Tatsache, die auch die ökonomische Theorie entdeckt hat. So beschäftigten sich die letzten Nobelpreisträger für Ökonomie fast ausnahmslos mit nicht-rationalen Entscheidungsprozessen und versuchten, Theorien zu entwickeln, die dieses Verhalten erklären bzw. prognostizieren.

In unser Gehirn gelangen mehr Informationen, als unser Bewusstsein registriert

„Wir nehmen zwar nicht immer alles wahr, aber wir sind nicht in der Lage, unser Wahrnehmungssystem daran zu hindern, immer so viel wie möglich wahrzunehmen." (M. Spitzer: Lernen. Gehirnforschung und die Schule des Lebens. Heidelberg 2002. S. 146). In unser Gehirn gelangen mehr Informationen als unser Bewusstsein registriert, und diese unbewussten Informationen werden irgendwo verarbeitet. Unser Auge kann z.B. nur 40 Bits pro Sekunde bewusst erleben – das entspricht acht Zahlen oder einem Wort von sieben bis zehn Buchstaben. Gleichzeitig versorgt unser Sinnessystem uns mit 11 Millionen Bits an Informationen, was dem Speichervolumen einer alten Floppy-Disk entspricht (zu den Zahlen vgl. C. Scheier: Wie Werbung wirkt. München 2007. S. 47). Diese mehr als 99 Prozent an Informationen werden unbewusst verarbeitet, und manchmal bleibt auch etwas hängen.

Beispiele

In einer deutschen Studie sollten Probanden Werbespots beurteilen, gleichzeitig lief am unteren Bildrand ein Info-Band, wie man es von Nachrichtensendern kennt, auf dem Gewinne und Verluste verschiedener Aktien verzeichnet waren. Die Spotbeurteilung war nur eine Ablenkung; eigentlich interessierten sich die Forscher dafür, ob und wie die Aktienkurse verarbeitet wurden. Nach der Präsentation sollten die Probanden angeben, von welchen der im Info-Band aufgeführten Unternehmen sie Aktien kaufen würden. Zur allgemeinen Überraschung wählten die meisten Teilnehmer des Tests die Unternehmen aus, die die höchsten Gewinne im Info-Band aufwiesen (vgl. auch C. Scheier: Wie Werbung wirkt. München 2007. S. 57).
Das heißt, dass Lernen und Speichern nicht nur bewusst erfolgen, sondern Informationen wie z.B. Markenwerbung auch unbewusst verarbeitet werden.

Der Aufbau unseres Bewusstseins: Pilot und Autopilot

Scheier und Held finden in ihrem lesenswerten Buch „Wie Werbung wirkt. Erkenntnisse des Neuromarketings" (Haufe 2007) für den Aufbau unseres Bewusstseins das sehr schöne Bild vom **Piloten und Autopiloten:** Während uns unser Pilot in jeder Sekunde nur mit seinem 40-Bit-Bewusstsein steuert, verarbeitet der Autopilot gleichzeitig den Rest der Umweltinformationen von 1,1 Millionen Bits. Dass unser Autopilot dabei implizit eine ganze Menge Informationen abspeichert und wohl auch für die Einstellungs- und Entscheidungsbildung verwendet, zeigt das oben beschriebene Experiment eindrucksvoll. Der Rückgriff auf automatisiertes, vom Autopiloten gesteuertes Verhalten ist darüber hinaus für das Gehirn energieökonomisch sinnvoll, denn die unbewussten Prozesse erfordern deutlich weniger Energie als die bewusste, reflektierte Steuerung durch unseren Piloten.

→ *Dass für die Ansprache des Autopiloten nicht-sprachliche Codes besonders wichtig sind, weil diese besser unbewusst, implizit gelernt werden können, dürfte spontan einleuchten.*

Bei Menschen sind diese wichtigen nicht-sprachlichen Codes vor allem Mimik, Gestik und Haltung, die oft mehr über einen Menschen bzw. die Kommunikation verraten, als man denkt. Bei Marken sind wichtige nicht-sprachliche Codes Farben, Produkt- und Verpackungsdesign, Musik, akustische Logos, Typografie, Symbole, Logos, Key Visuals ..., die oft unbewusst gewünschte Markennetzwerke in den Köpfen der Verbraucher aktivieren können (vgl. dazu auch Kapitel 8 im Band „Werbung planen").

Auf der bewussten Ebene sind Geschichten rund um die Marke besonders geeignet, zumal sie neugierig machen, sich gut merken und weitererzählen lassen (virales Marketing).

Beispiele

Hier ein weiteres Beispiel, wie wir von unserem Autopiloten (manchmal auch falsch) gesteuert werden: In einer deutschen Studie wurden Probanden im Kernspintomografen Bilder bekannter Produkte gezeigt. Neben den jeweils gleichen Produkten wurden Preise eingeblendet, die teilweise günstig, aber ab und zu auch überhöht waren. Zusätzlich blitzte ab und zu ein gelbrotes Rabattschild auf. Die Teilnehmer sollten jeweils angeben, ob sie das Produkt kaufen würden. Das Ergebnis zeigt, dass das Rabattschild sehr oft dazu veranlasste, sogar die überteuerten Produkte zu kaufen.
Das spontane Verhalten der Probanden wurde also stärker von diesem auch kulturell gelernten Symbol gesteuert als von den rational überprüfbaren Preisen. Eine Tatsache, die sich im Übrigen die zwei größten deutschen Elektrofachmärkte zunutze machen, die – anders als es die Werbung verspricht – nicht immer das günstigste Angebot haben.

„Vorliegende Erkenntnisse zur zeitlichen Organisation menschlicher Informationsverarbeitung lassen sich folgendermaßen zusammenfassen: Komplexe Dinge, die wir als Ganzes wahrnehmen (etwa ein Bild, eine Wortfolge, eine Ton- oder Bildsequenz), erfordern zur Verarbeitung einen Zeitraum von mindestens drei Sekunden. So wird jeweils nach diesen drei Sekunden ein neues ‚Zeitfenster' für Informationsverarbeitung und Wissensrepräsentation geöffnet." (Pulser/Reichart: Brain Sciences und Media Brands. In: Marketing Journal. Sonderheft Neuromarketing. S. 17).

Die Verarbeitung komplexer Sachverhalte dauert mindestens drei Sekunden

Hier geht es wieder um die bewusste Informationsverarbeitung durch unseren Piloten. Da aber Werbung normalerweise nicht das Ziel hat, ausschließlich unbewusst zu wirken, sollte man die oben angesprochene Erkenntnis bei der Kreation von Werbemitteln berücksichtigen. Das Wahrnehmungsfenster von drei Sekunden deckt sich übrigens interessanterweise mit der schon vor Jahren aufgestellten Forderung des Werbeexperten Gundolf Meyer-Hentschel, dass Anzeigen schnell sein müssten, um schon innerhalb von zwei Sekunden Wirkung zu entfalten.

→ *Da unser Gehirn nur eine begrenzte Anzahl an Bildern aufnehmen kann, sollten in Werbespots allzu hektische Schnitte unterbleiben, es sei denn, man will genau dieses hektische Image ans Unbewusste transportieren.*

Die moderne Hirnforschung bestätigt auch weitere Forderungen an die Kreation von Werbemitteln, die unter anderem von Werner Gaede in seinem fundamentalen Buch „Abweichen von der Norm" oder von Ulrich Lachmann in seinem ebenfalls jedem interessierten Leser wärmstens empfohlenen Buch „Wahrnehmung und Gestaltung von Werbung" formuliert wurden – so z.B. die Forderung nach Einfachheit, Klarheit und Wiedererkennbarkeit von Werbung. Werbung sollte von der Norm abweichen, in gewisser Weise sogar einzigartig sein, um aufzufallen. Implizites, unbewusstes Lernen setzt Konstanz bzw. Kontinuität in der Markenführung voraus. All diese Punkte begünstigen sowohl das bewusste Wahrnehmen von Werbung durch unseren Piloten als auch das unbewusste Lernen durch unseren Autopiloten (mehr Informationen zu den Themen Werbewirkung und Kreation von Werbemitteln finden Sie in den Kapiteln 7 und 8 im Band „Werbung planen").

Werbung sollte von der Norm abweichen, um aufzufallen

„Die Frage danach, wie man Menschen motiviert, ist etwa so sinnvoll wie die Frage ‚Wie erzeugt man Hunger?' Die einzige vernünftige Antwort lautet ‚Gar nicht, er stellt sich von alleine ein.'" (M. Spitzer: Lernen. Gehirnforschung und die Schule des Lebens. Heidelberg 2002, S. 192). Trotzdem steuern Motive das Verhalten, und erfolgversprechende Markenkommunikation muss versuchen, an die Motivstruktur des Menschen anzuknüpfen.

Eines der ausdifferenziertesten Modelle der menschlichen Motivstruktur wurde von dem anerkannten deutschen Psychologen Norbert Bischof entwickelt und von Hans Georg Häusel leicht abgewandelt auf das Marketing übertragen. Beide Forscher unterscheiden **drei Grundmotive des Menschen** (die Begriffe von Häusel stehen in der Klammer):

1. Sicherheit (Balance),
2. Erregung (Stimulanz) und
3. Autonomie (Dominanz).

Diese Grundmotive finden sich in jedem Menschen; die jeweiligen Anteile sind individuell verschieden. Das Sicherheitsmotiv (Balance) ist die Basis und enthält die Grundbedürfnisse des Menschen, aber auch das Bedürfnis nach Geborgenheit, Familie, Vertrauen, Stabilität etc. Hier geht es v.a. um das Erhalten des Status quo. Die beiden anderen Motive sind deutlich anders gelagert: Beim Erregungsmotiv (Stimulanz) geht es um die Suche nach Neuem, Veränderung, Spiel, Abenteuer und Kreativität, während es beim Autonomiemotiv (Dominanz) vor allem um Macht, Dominanz und Leistung geht. Für die Markenführung lassen sich aus diesen Modellen sehr interessante Schlüsse für Positionierung, Zielgruppendefinition oder auch Werbegestaltung ziehen, die in den Büchern von Häusel sehr gut dargestellt sind.

„Die Wirkung von Werbung kann nur sehr eingeschränkt durch herkömmliche Konsumentenbefragungen erfragt werden. Die durch Markenkommunikation entstehende Bedeutung der Marken ist den Kunden nicht bewusst." (C. Scheier: Wie Werbung wirkt. München 2007. S. 153). Neuere Forschungen bestätigen, dass Werbung zu 90 bis 95 Prozent unbewusst wirkt (vgl. Kapitel 7 und 8 im Band „Werbung planen"). Das heißt nicht, dass Werbung keine Wirkung erzielt, denn oft geht es bei Werbung um Bekanntmachung von Neuprodukten oder kontinu-

Werbung wirkt zu 90 bis 95 Prozent unbewusst

ierliche Bewusstseinspräsenz bereits etablierter Marken. Bei Neuprodukten hat Werbung meist die Funktion, einen Rahmen (frame) zu erzeugen, der dann für weitere Kommunikationsinstrumente genutzt wird. Dieser Rahmen kann auch unbewusst erzeugt werden (vgl. Autopilot) und dient als Vorbereitung oder Anbahnung (Priming) der Folgekontakte. Bei bereits etablierten Marken (Becks → Musik, Schiff als Symbol; Telekom → Farbe, akustisches Logo) müssen nur noch die entsprechenden Markenschemata ausgelöst werden, um die Marke in den Köpfen der Verbraucher aktuell zu halten.

Befragungen nach dem Einfluss von Werbung auf die Kaufentscheidung sind mit Vorsicht zu genießen, denn nur selten können die Konsumenten erklären, warum sie das gekauft haben, was sie gekauft haben.

Befragungen nach dem Einfluss von Werbung auf die Kaufentscheidung sind mit Vorsicht zu genießen

Beispiele

In einem amerikanischen Supermarkt wurde in der Weinabteilung für einen kurzen Zeitraum französische Hintergrundmusik eingesetzt. Im selben Zeitraum stieg der Abverkauf französischer Weine um 300 Prozent. Zufall? Nein, denn kurze Zeit später wurde das Experiment mit deutscher Hintergrundmusik wiederholt, und der Abverkauf deutscher Weine stieg ebenfalls um fast 300 Prozent. Wenn man die Kunden nach den Gründen für den Kauf befragt hätte, hätte wohl keiner zugegeben, dass die Hintergrundmusik der Auslöser war. Vermutlich ist die Musik nur vom Autopiloten wahrgenommen worden, und der bewusste Pilot weigert sich einfach auch vor sich selbst zuzugeben, dass er so leicht zu beeinflussen ist. Zudem finden Menschen im Nachhinein immer gute Gründe, die das eigene Verhalten rationalisieren, wobei auch dies mit dem Wunsch geschieht, vor sich selbst und seiner Umwelt ein konsistentes Verhalten zu zeigen. Wir „lügen" uns unsere Realität eben im Zweifel so zurecht, dass wir gut damit leben können.

In jedem Fall verändern die gewonnenen Erkenntnisse über die geistigen Prozesse bei der Wahrnehmung und Verarbeitung von Informationen die Perspektive des Marketings hin zu einem gehirngerechteren und vermutlich auch erfolgreicheren Ansatz. Der Wunsch der Unternehmen nach der Identifizierung eines „Kauf-Knopfs" im menschlichen Gehirn wird aber dank der Komplexität und Individualität dieses Organs glücklicherweise immer eine Utopie bleiben.

1.3 Grundlegende Vorgehensweisen des Marketings

Die Basis für jedes erfolgreiche Marketing und damit letztendlich der Wettbewerbsfähigkeit des gesamten Unternehmens liegt in der klaren Formulierung von Zielen. Denn nur, wenn die Ziele klar sind („Wo wollen wir hin?"), kann eine Route (Marketing-Strategie) festgelegt werden („Wie kommen wir dahin?"), die dann Erfolg versprechend im Marketing-Mix umgesetzt werden kann („Was müssen wir dafür einsetzen?"). Diese Fragen sind die Leitfragen der Marketing-Konzeption, vgl. Abb. 1.5. Den Überblick über die Instrumente des Marketing-Mix gibt Abb 1.6. Auf Marketing-Ziele kommen wir in Kapitel 2 zurück.

Effektiv handeln = das Richtige tun, effizient handeln = optimal vorgehen

In diesem Zusammenhang muss kurz der Unterschied zwischen Effektivität und Effizienz geklärt werden. Effektives Handeln meint, dass man das Richtige unternimmt, um beispielsweise ein Problem zu lösen. Effizientes Handeln meint, dass man etwas auf möglichst optimale Weise erledigt. Zur Veranschaulichung ein kleines Beispiel. Effektivität heißt, die Leiter an die richtige Wand zu stellen, während Effizienz heißt, die Leiter möglichst schnell heraufzuklettern. Dass die Frage, welches die richtige Wand (Ziel) ist, dabei die wichtigere, aber auch oft diskussionswürdigere ist, dürfte leicht einsehbar sein. In vielen Unternehmen wird trotzdem häufig nur auf die Effizienz geachtet, die sich natürlich auch gut messen lässt, doch häufig wäre ein Blick über den Tellerrand gut, denn möglicherweise hat sich unsere Zielgruppe verändert und unsere „Leiter“ lehnt inzwischen an der falschen Wand – diese Überlegungen lassen sich im Übrigen auch auf viele unserer Alltagssorgen und Probleme übertragen.

Die Marketing-Konzeption umfasst ...

Wo möchten wir hin?	Marketing-Ziele	(Ort bestimmen)
Wie gelangen wir ans Ziel?	Marketing-Strategien	(Weg festlegen)
Was müssen wir dafür einsetzen?	Marketing-Mix	(Mittel wählen)

Abb. 1.5: Bestandteile einer Marketing-Konzeption

Aufgrund der definierten Marketing-Ziele und der gewählten Marketing-Strategie ergibt sich die Frage nach den Mitteln („Werkzeugen“), die eingesetzt werden müssen, um die Ziele zu erreichen. In Wissenschaft und Praxis hat sich die Unterteilung in vier Marketing-Instrumente, die sogenannten „vier Ps“ (ursprünglich nach Mc Carthy), durchgesetzt (vgl. Abb. 1.6).

Die Marketing-Instrumente umfassen

Produktpolitik
(Product)
- Produktentwicklung
- Produkt-Design
- Verpackung
- Marketing/Marke
- Service
- Sortimentsgestaltung

Kontrahierungspolitik
(Price)
- Preishöhe
- Preisabfolge (zeitl.)
- Preisdifferenzierung
- Zahlungsbedingungen (Fristen, Preisnachlässe etc.)
- Lieferbedingungen (Übernahme der Verpackungs-, Versicherungs- und Transportkosten)

Distributionspolitik
(Place)
- Vertriebsstufen
- Vertriebswege
- Verkaufsstellen
- Logistiksysteme

Kommunikationspolitik
(Promotion)
- Werbung
- Verkaufsförderung
- Sponsoring
- Public Relations
- Direktmarketing
- Event-Marketing
- Messen
- Persönlicher Verkauf
- Productplacement

Abb. 1.6: Überblick über die klassischen Marketing-Instrumente (vier Ps)

Das klassische Marketing wird dabei sehr stark von der Unternehmensperspektive auf die zu bearbeitenden Märkte bzw. Zielgruppen geprägt, das heißt, es handelt sich um ein Inside-Out-Denken. Aus dem Investitionsgüter- und Dienstleistungs-Marketing, in denen die aktive Pflege der Geschäftsbeziehungen (vgl. oben) schon immer von besonderer Bedeutung war, kamen die ersten Ideen zu einem Perspektivwechsel im Marketing, bei dem die genaue Analyse der Beziehungen des Unternehmens zu seinen Kunden im Vordergrund stehen sollte (Outside-In). Dieser Ansatz wird daher auch **Relationship-Marketing** genannt und orientiert sich an den verschiedenen Phasen einer Geschäftsbeziehung. Je nachdem, ob das Unternehmen Neukunden gewinnen (recruitment), zufriedene Kunden an sich binden (retention) oder unzufriedene Kunden zurückgewinnen (recovery) will, können unterschiedliche Marketing-Instrumente eingesetzt werden (vgl. Abb. 1.7).

Perspektivenwechsel vom klassischen Inside-Out-Denken zum Outside-In

→ *Die drei Rs des Relationship-Marketings möchten das klassische Marketing nicht ablösen, sondern es lediglich um einen neuen Blickwinkel erweitern.*

3 R / 4 P	**Recruitment** (neue Kundengewinnen)	**Retention** (Kunden halten/binden)	**Recovery** (Kunden zurückgewinnen)
Product (Produktpolitik)	Innovation, zusätzlicher Nutzen, Verbesserung der Produkte	Zufriedenheit mit dem Produkt, Garantie- und Serviceangebote	Produkte verbessern, individuelle Leistungen bieten, „added value“ realisieren
Price (Preispolitik)	Preisvorteile, Durchführung von Aktionen	optimal gestaltetes Preis-Leistungs-Verhältnis, besondere Konditionen (z.B. Boni, Bündelungen etc.)	besondere Konditionen, Rabatte, Boni
Promotion (Kommunikations-politik)	klassische Werbung (Massenkommunikation), aber mit Response-Elementen in Print oder DRTV Direktmarketing (aktiv oder kommunikationsorientiert) neue Medien (Internet, Multimedia)	Kundenmagazin, Kundenkarte, Kundenclub, Couponing, Events, Informations-/Angebotsmailings	individuelle Kommunikation (Telefon, Besuch, Gespräch), Veranstaltungen, Events
Place (Distributions-politik)	Produktmuster, Proben Aktionen am POS	Service (Lieferung), besondere Distributionsformen (z.B. Direktvertrieb, Online-Shopping)	Exklusivvertrieb, Außendienst, besondere Vertriebswege

Abb. 1.7: Relationship-Marketing – die Kombination der drei Ps mit den vier Rs (angelehnt an: Bruhn, Manfred: Marketing. Gabler. Wiesbaden 2008)

Begründungen für den Perspektivenwechsel

Inzwischen gibt es zahlreiche Begründungen, die die Notwendigkeit dieses Perspektivwechsels stützen. Wie bereits erwähnt, müssen heute viele Unternehmen ihre Produkte auf hart umkämpften, gesättigten Märkten absetzen.

→ *Der Verdrängungswettbewerb auf diesen Märkten erhöht die Notwendigkeit, Kunden an das Unternehmen / die Marke zu binden, denn es ist für das Unternehmen preiswerter, bestehende Kunden zu halten, als neue Kunden von der Konkurrenz zu werben.*

Bei schwindender Differenzierung der Produkte verspricht erst der Aufbau einer Beziehung zwischen Marke/Unternehmen und ihren Kunden längerfristigen Erfolg. Zumal auch heute schon in vielen Unternehmen die sogenannte 20:80-Regel gilt, d.h., 20% der Kunden sind für 80% des Umsatzes verantwortlich.

20:80-Regel

Viele der in Abb. 1.7 dargestellten Maßnahmen werden heute unter dem Begriff **Efficient Customer Relationship** (ECR) zusammengefasst.

→ *Relationship-Marketing geht aber über die Außenbeziehungen des Unternehmens hinaus und kann auch auf interne Beziehungen zwischen einzelnen Mitarbeitern bzw. Abteilungen übertragen werden.*

Bei dieser Form des internen Marketings geht es darum, die Mitarbeiter aus anderen Abteilungen wie interne Kunden zu betrachten, denen die eigene Leistung möglichst optimal zur Verfügung gestellt werden soll.

1.4 Grundbegriffe der Marktbeschreibung

Kenntnis zu Nachfragern und Mitwettbewerbern

Neben Klarheit über seine Zielsetzung und den einsetzbaren Instrumenten sollte man sich auch über seine Nachfrager (bestehende und potenzielle Kunden), seine Mitwettbewerber sowie über den Markt informieren. Zur Beschreibung des Marktes haben sich im Marketing einige Größen etabliert (vgl. Abb. 1.8 und die nebenstehende Übersicht), die über zahlreiche Quellen ermittelt werden können (eigene Unternehmensdaten, Mafo-Institute, Dachverbände, statistische Ämter u.a.).

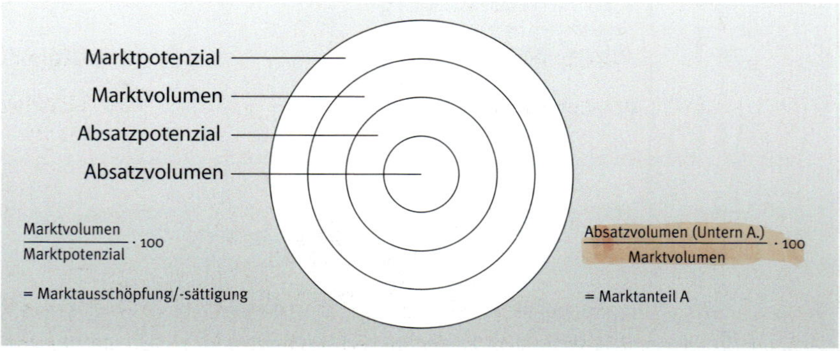

Abb. 1.8: Wichtige Marktgrößen

Wichtige Größen zur Marktbeschreibung

Marktpotenzial	gibt an, wie groß ein Absatzmarkt maximal werden kann (basiert auf Schätzungen). Das Marktpotenzial ist gemeinsam mit der Struktur des Marktes (u. a. abhängig von der Anzahl und Größe der Wettbewerber), dem Produkt-Lebenszyklus sowie der Nachfragestruktur (u. a. vorhandene und mögliche Zielgruppen, Wachstum, Markentreue, Kaufverhalten ...) ein Maß für die Attraktivität eines Marktes (wichtig bei Entscheidungen über den Markteintritt). Das Marktpotenzial kann sowohl mengen- als auch wertmäßig angegeben werden: mengenmäßig: die Höchstmenge der Einheiten eines Gutes, die auf dem Gesamtmarkt abgesetzt werden könnte, wenn alle mit der erforderlichen Kaufkraft ausgestatteten potenziellen Konsumenten das Gut kaufen würden; wertmäßig: der maximale Umsatz, der auf dem Gesamtmarkt mit einem Gut erzielt werden könnte, wenn alle mit der erforderlichen Kaufkraft ausgestatteten potenziellen Konsumenten das Gut kaufen würden.
Marktvolumen	repräsentiert den von den bisherigen Anbietern ausgeschöpften Teil des Marktpotenzials. mengenmäßig: die tatsächlich abgesetzte Menge in einem abgegrenzten Markt während eines bestimmten Zeitraumes (häufig ein Jahr); wertmäßig: der tatsächlich erzielte Umsatz in einem abgegrenzten Markt während eines bestimmten Zeitraumes.
Marktausschöpfung/ -sättigung	gibt an, wie viel Prozent des Markpotenzials das Marktvolumen bereits erreicht hat. Je geringer die Marktausschöpfung/-sättigung, umso attraktiver ist der Markt. In Abb. 1.9 wird dieser Sachverhalt beispielhaft anhand des Kosmetik-Marktes veranschaulicht.

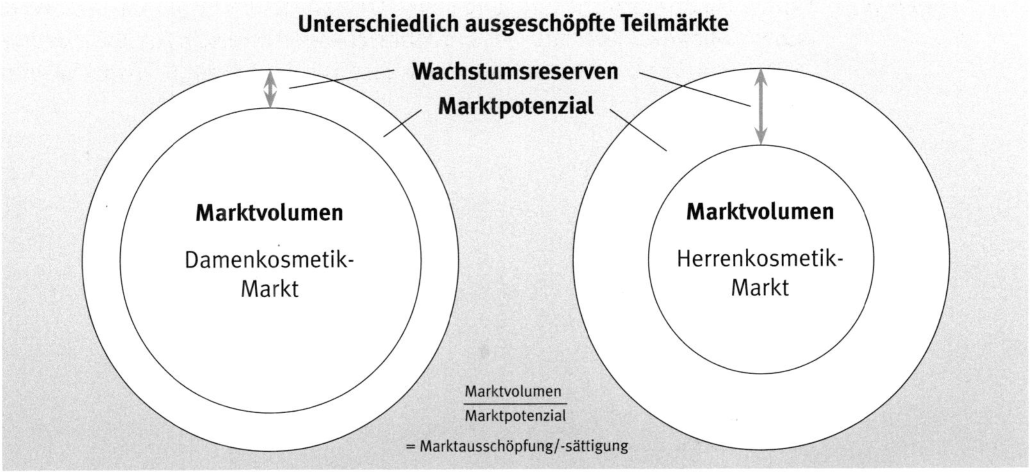

Abb. 1.9: Damenkosmetik als Beispiel für einen nahezu gesättigten Teilmarkt und Herrenkosmetik als Beispiel für einen nicht ausgeschöpften Markt. Nach: Jochen Becker: Marketing-Konzeption. Vahlen. München 2006. S. 374

Absatzpotenzial	gibt an, wie viel Stück ein Unternehmen auf einem Absatzmarkt maximal absetzen könnte (basiert auf Schätzungen), wenn alle mit der erforderlichen Kaufkraft ausgestatteten potenziellen Konsumenten das Gut bei dem Unternehmen kaufen würden.
Umsatzpotenzial	gibt an, wie viel Umsatz ein Unternehmen auf einem Absatzmarkt maximal machen könnte (basiert auf Schätzungen), wenn alle mit der erforderlichen Kaufkraft ausgestatteten potenziellen Konsumenten das Gut bei dem Unternehmen kaufen würden.
Absatzvolumen	gibt die tatsächlich von einem Unternehmen abgesetzte Menge in einem abgegrenzten Markt während eines bestimmten Zeitraumes (häufig ein Jahr) an.
Umsatzvolumen	gibt den tatsächlich erzielten Umsatz eines Unternehmens in einem abgegrenzten Markt während eines bestimmten Zeitraumes an.
Marktanteil	ist die gebräuchlichste Kennziffer zur Marktbeschreibung. Der Marktanteil ist der prozentuale Anteil des Absatz- oder Umsatzvolumens eines Unternehmens an dem Marktvolumen (mengen- und wertmäßig). Neben den absoluten Marktanteilen werden vor allem zur strategischen Geschäftsfeldplanung (Portfolio-Analyse) auch relative Marktanteile ausgewiesen. Dabei wird der eigene Marktanteil zum Marktanteil des Hauptwettbewerbers in Bezug gesetzt. Abb. 1.10 zeigt einige wichtige Bestandteile und Einflussgrößen auf den Marktanteil.

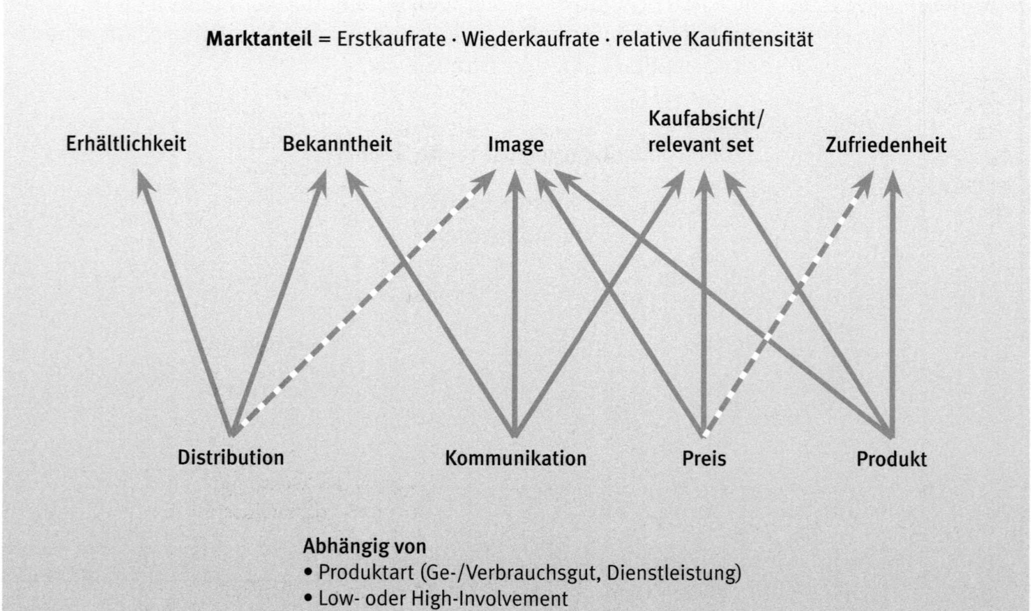

Abb. 1.10: Bestandteile und Einflussgrößen auf den Marktanteil

2 Analyse der Marketing-Situation

Die Durchführung von Marketing-Maßnahmen erfordert zunächst die Erstellung eines Marketing-Plans. Ein Marketing-Plan sollte mindestens folgende Elemente berücksichtigen:

1. Vorgabe von Marketing-Zielen,
2. Formulierung einer Marketing-Strategie,
3. Angaben zur Ausgestaltung des Marketing-Mixes,
4. Angaben zur Durchführung und Kontrolle von Marketing-Maßnahmen.

Das Vorgehen: Ausgehend von Umfeldfaktoren hin zu Unternehmensparametern

Die Ableitung von Marketing-Zielen, die Entwicklung einer Marketing-Strategie und die Planung von Maßnahmen zur Umsetzung der Strategie können nur auf der Grundlage einer gründlichen Analyse der Marketing-Situation erfolgen. Bei einer Marketing-Analyse geht man in der Regel von sehr allgemeinen Faktoren aus und konzentriert die Untersuchung schrittweise immer stärker auf das jeweilige Unternehmen. Die Marketing-Analyse startet mit der Analyse der Umfeldfaktoren (oft auch Umweltfaktoren genannt) und endet mit der Analyse des Unternehmens im Vergleich zu den Hauptwettbewerbern, siehe Abb. 2.1.

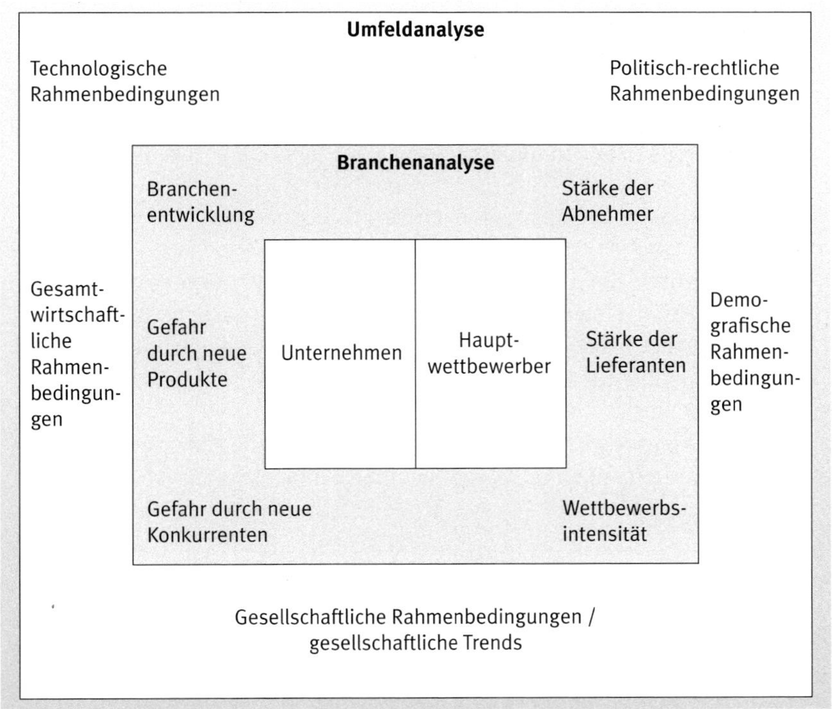

Abb. 2.1: Elemente einer Marketing-Analyse

Die einzelnen Aspekte der Analyse der Marketing-Situation werden im Folgenden teilweise am Fallbeispiel eines fiktiven Unternehmens, der „fix & fertig GmbH", verdeutlicht. Dieses Unternehmen wird hier zunächst näher vorgestellt.

Ab diesem Kapitel zieht sich ein Fallbeispiel durch den Teil I dieses Buches, das immer wieder aufgegriffen und fortgeführt wird – hier die Ausgangssituation!

Durchgehendes Fallbeispiel: fix & fertig GmbH

Die Ausgangssituation:
Das Unternehmen fix & fertig GmbH ist ein Nahrungsmittelunternehmen, das ausschließlich Fertigsuppen in Dosen herstellt. Zurzeit werden folgende Suppen in Dosengrößen von 0,5 l angeboten:

- Erbsensuppe,
- Serbische Bohnensuppe,
- Linsensuppe,
- Gemüsesuppe,
- Tomatensuppe,
- Brokkolisuppe.

Bei den Suppen handelt es sich um qualitativ hochwertige Produkte, bei denen die verwendeten Rohstoffe aus kontrolliertem Anbau stammen. Der Endverbraucherpreis liegt im mittleren Segment.

Eine Befragung hat ergeben, dass die Konsumenten die Produkte der fix & fertig GmbH als schmackhaft und qualitativ hochwertig einschätzen. Die Marke hat allerdings ein etwas „angestaubtes" Image.

Die fix & fertig GmbH setzt die Suppen im Wesentlichen an Hausfrauen ab und hat die Kommunikationsmaßnahmen auch auf diese Zielgruppe ausgerichtet.

Der Vertrieb erfolgt fast ausschließlich über Supermärkte.

Der Gesamtabsatz der fix & fertig GmbH sinkt trotz relativ hoher Werbeaufwendungen schon seit einigen Jahren kontinuierlich. Durch die anhaltende Absatzschwäche ist die Finanzsituation der fix & fertig GmbH angespannt. Herr Löffel, der geschäftsführende Gesellschafter der fix & fertig GmbH, hält die Entwicklung für bedrohlich.

Er beauftragt seinen Marketing-Leiter, Herrn Dose, die bisherige Marketing-Strategie zu überdenken und gegebenenfalls Vorschläge für neue Strategie-Ansätze zu erarbeiten.

2.1 Umfeldanalyse

Hier wird das allgemeine Umfeld, in dem das betreffende Unternehmen agiert, hinsichtlich möglicher Auswirkungen auf das Unternehmen untersucht.

2.1.1 Technologisches Umfeld

Es ist zu prüfen, ob und gegebenenfalls welche Auswirkungen die Entwicklung neuer Technologien auf das Unternehmen hat.

Beispiel

Bei Produktion und Abfüllen von Dosensuppen lässt sich ein Automatisierungsprozess annehmen, ein Detail ist z.B. ein Verschluss der Dosen, der den Dosenöffner überflüssig macht.
Für die fix & fertig GmbH könnten weiterhin z.B. neue Anbau- und Verarbeitungsmethoden der Rohstoffe bedeutsam sein. Auch die weitere Entwicklung und Anwendung der Gentechnik könnte Auswirkungen auf die fix & fertig GmbH haben.

Automatisierung

Veränderungen im Rohstoffbereich

2.1.2 Politisch-rechtliches Umfeld

Hier muss untersucht werden, welche Auswirkungen die politische Situation (national und international) und Gesetzesänderungen auf das Unternehmen und mögliche Marketing-Entscheidungen haben.

Beispiele

- Ein Regierungswechsel kann die Situation eines Unternehmens verbessern, verschlechtern oder aber auch ohne Einfluss sein.
- Die Aufnahme neuer Länder in die EU kann Auswirkungen auf ein Unternehmen haben und beispielsweise bedeuten:
  - neue Märkte oder
  - zusätzliche Konkurrenten.
- Regulierungen auf EU-Ebene haben zunehmend auch Einfluss auf inländische Unternehmen, z.B.
  - Wettbewerbsrecht,
  - gewerbliche Schutzrechte,
  - Produkthaftung,
  - Produkteigenschaften,
  - Deklarierungspflichten,
  - Werbeeinschränkungen,
  - Beihilferegeln

u.a.m.

Die Bedeutung des politisch-rechtlichen Umfeldes für die fix & fertig GmbH kann pauschal (mit den Informationen in der Situationsbeschreibung) nicht bewertet werden. Zu denken ist an Deklarierungsvorschriften über Inhalts- und Zusatzstoffe, Vorgaben bezüglich des Anbaus von Nutzpflanzen und der Haltung von Tieren, Hygienevorschriften bei der Herstellung und Verarbeitung von Lebensmitteln etc.

Regierungswechsel

Neue EU-Länder

EU-Regularien

2.1.3 Gesamtwirtschaftliche Rahmenbedingungen

Die gesamtwirtschaftliche Situation und deren Teilkomponenten beeinflussen natürlich auch die Marktchancen und den Absatz sowie die Umsatzentwicklung einzelner Unternehmen. Sie müssen daher bei der Planung von Marketing-Maßnahmen berücksichtigt werden und deshalb steht Marketing durchaus in einem engen Zusammenhang mit Volkswirtschaft. Wesentliche, zu berücksichtigende Eckdaten sind:

Marketing hängt auch von der Volkswirtschaft ab

- das Wirtschaftswachstum,
- die Arbeitslosenquote,
- die Einkommensentwicklung,
- das Preisniveau,
- der Auftragseingang u.a.m.

Beispiel

Wechselswirkung von Wirtschaftslage und Nachfrage

Eine Verschlechterung der wirtschaftlichen Lage könnte unter Umständen positive Auswirkungen auf die Absatzchancen der fix & fertig GmbH haben, da es sich bei Dosensuppen um relativ preiswerte Fertiggerichte handelt. Auch der Besuch von Restaurants wird bei Einkommenseinbußen tendenziell eingeschränkt. Es müsste allerdings beispielsweise geprüft werden, ob die Konsumenten dann wirklich mehr Fertiggerichte verwenden oder verstärkt selbst kochen.

2.1.4 Demografische Rahmenbedingungen

Schrumpfende Gesamtbevölkerung, Veränderung der Alters- und Haushaltsstruktur

Die demografische Situation in Deutschland ist u.a. durch eine schrumpfende Gesamtbevölkerung gekennzeichnet, bei der sich die Altersstruktur zunehmend in Richtung der oberen Altersklassen verschiebt. Außerdem steigt der Anteil der Ein- und Zweipersonenhaushalte an der Gesamtzahl aller Haushalte. Das hat natürlich Auswirkungen auf die Marketing-Entscheidungen von Unternehmen.

Beispiele

- Auf vielen Märkten hängt das Marktpotenzial von der Größe der Gesamtbevölke rung bzw. von der Größe bestimmter Alterssegmente ab.
- Veränderungen der Haushaltsgrößen müssen z.B. bei den Packungsgrößen berücksichtigt werden, auch laufen Kaufentscheidungsprozesse in kleinen bzw. in Singlehaushalten anders ab als in größeren Haushalten.

→ *Die Beispiele zeigen, dass demografische Veränderungen – die sich in der Regel zwar langsam vollziehen, aber eine lang andauernde Wirkung haben – bei der Marketing-Planung beachtet werden müssen.*

Der Tabelle in Abb. 2.2 können einige demografische Merkmale der Haushaltsführenden von Haushalten, in denen regelmäßig Dosensuppen verwendet werden, entnommen werden.

Wichtige Datenquelle: Die Verbraucher-Analyse (VA)

Diese Tabelle ist mit Daten der VerbraucherAnalyse (VA) zuammengestellt. Bei der VerbraucherAnalyse handelt es sich um eine Markt-Media-Analyse, die jährlich im Auftrag von Axel-Springer-Verlag AG und Bauer Media erstellt wird (zur näheren Charakterisierung siehe Abschnitt 6.13.2 im Band „Werbung planen"). Die Werte zum Zeitpunkt der Drucklegung dieses Buches dienen exemplarisch zur Bearbeitung des Fallbeispiels. Die jeweils aktuellen Werte erhalten Sie bei Interesse im Internet unter www.mediapilot.de und wer in der Praxis eine Marketing-Analyse erstellt, zieht natürlich in jedem Fall möglichst aktuelle Daten heran.

VerbraucherAnalyse – Klassik (14 Jahre +)
Basis: Haushaltsführende, 16.861 Fälle, 35,44 Mio. Personen

	Basis		Haushaltsführende, in deren Haushalt mindestens wöchentlich Dosensuppen verwendet werden		
	% vert.	Mio.	% vert.	Mio.	Index
Basis	100,0	35,44	100,0	4,38	100
Geschlecht					
Männer	17,7	6,26	28,7	1,26	163
Frauen	82,3	29,19	71,3	3,12	87
Altersgruppen					
14–19 Jahre	0,4	0,16	0,8	0,03	200
20–29 Jahre	10,7	3,79	15,2	0,66	142
30–39 Jahre	18,8	6,66	21,6	0,95	115
40–49 Jahre	19,0	6,74	18,7	0,82	98
50–59 Jahre	15,5	5,48	12,8	0,26	83
60–69 Jahre	17,3	6,14	13,5	0,59	78
70 Jahre und älter	18,3	6,48	17,4	0,76	95
Haushaltsgröße					
1 Person	36,1	12,81	47,5	2,08	131
2 Personen	33,1	11,72	26,1	1,14	79
3 Personen	14,4	5,09	12,3	0,54	86
4 Personen	12,0	4,25	9,9	0,43	83
5 Personen	3,3	1,18	3,0	0,13	90
6 Personen	1,1	0,38	1,2	0,05	114
Familienstand					
Ledig	17,7	6,26	24,4	1,07	138
Verheiratet	54,7	19,39	43,3	1,90	79
Verwitwet	16,6	5,88	17,7	0,78	107
Geschieden	11,0	3,91	14,6	0,64	133
Haushalts-Netto-Einkommen					
bis unter 500 Euro	2,2	0,78	2,5	0,11	115
500 bis unter 1.000 Euro	16,0	5,69	21,8	0,95	136
1.000 bis unter 1.500 Euro	23,2	8,22	26,1	1,14	113
1.500 bis unter 2.000 Euro	20,7	7,33	18,2	0,80	88
2.000 bis unter 2.500 Euro	16,9	5,98	14,9	0,65	88
2.500 bis unter 3.000 Euro	8,0	2,85	7,0	0,31	87
3.000 bis unter 3.500 Euro	5,7	2,03	4,2	0,19	74
3.500 bis unter 4.000 Euro	3,2	1,14	2,2	0,09	67
4.000 Euro und mehr	4,0	1,43	3,0	0,13	75

Abb. 2.2: Demografische Merkmale von Haushaltsführenden, in deren Haushalt regelmäßig Dosensuppen verwendet werden

So ist die Tabelle zu lesen

Spalten „Basis"
Insg. gibt es 35,44 Mio. Haushaltsführende in Deutschland, die 14 Jahre oder älter sind. Diese Zahl ist für die folgende Unterteilung 100%.
6,26 Mio. / 17,7% sind Männer.

Spalten „Haushaltsführende, in deren Haushalt mindestens wöchentlich Dosensuppen verwendet werden"
Es gibt insg. 4,38 Mio. solcher Haushaltsführenden. Diese Zahl ist für die nachfolgende Unterteilung 100%.
Von diesen 4,38 Mio. sind 1,26 Mio. bzw. 28,7% Männer. Der Spalte „Index" kann entnommen werden, dass der prozentuale Anteil der Männer unter dieser Personengruppe 163% des prozentualen Anteils der Männer an allen Haushaltsführenden beträgt, denn

$$\frac{28{,}7\% \cdot 100}{17{,}7\%} = 163.$$

Anders ausgedrückt: Der prozentuale Anteil der Männer an dieser Personengruppe ist das 1,63-fache des prozentualen Anteils der Männer an allen Haushaltsführenden.
Der Indexwert vergleicht allgemein den prozentualen Anteil eines Merkmals in einer Teilgruppe mit dem prozentualen Anteil dieses Merkmals in der Grundgesamtheit = Basis.
Indexwert
› 100: Merkmal ist in der Teilgruppe im Vergleich zur Basis überproportional ausgeprägt.
‹ 100: Merkmal ist in der Teilgruppe im Vergleich zur Basis unterproportional ausgeprägt.
Der Tabelle kann damit Folgendes entnommen werden:
Haushaltsführende, in deren Haushalt regelmäßig Dosensuppen verwendet werden, sind überproportional

- männlich
- zwischen 14 und 39 Jahre alt
- ledig oder geschieden.

Außerdem leben sie überproportional häufig in Einpersonenhaushalten und verfügen nur über ein niedriges bis mittleres Haushalts-Netto-Einkommen.

Weiter zum Fallbeispiel

Die Haushaltsführenden zwischen 14 und 19 Jahren sind zwar deutlich überproportional häufig in Intensivverwenderhaushalten von Dosensuppen vertreten, wegen ihrer geringen Anzahl werden sie aber nicht weiter berücksichtigt.
Die Tabelle zeigt ferner, dass für die fix & fertig GmbH die Tendenz zu Singlehaushalten günstig ist. Problematisch ist allerdings die Verschiebung der Altersstruktur in Richtung der oberen Altersklassen.

2.1.5 Gesellschaftliche Trends

Veränderte Einstellungen und Verhaltensweisen

Unter gesellschaftlichen Trends versteht man Entwicklungen oder Veränderungen von Einstellungen und Verhaltensweisen innerhalb der Gesamtbevölkerung oder innerhalb von größeren gesellschaftlichen Gruppen. Für ein Unternehmen ist es natürlich wichtig, solche Trends rechtzeitig zu erkennen und darauf angemessen zu reagieren. Vielfach bieten Branchenverbände entsprechende wissenschaftliche Informationen (zur Informationsgewinnung im Allgemeinen siehe den 2. Teil des vorliegenden Buches über Marktforschung).

Beispiel

Der Verband der Suppenindustrie e. V. hat 1996 das Deutsche Suppeninstitut gegründet (www.suppeninstitut.de). Diese Einrichtung hat folgende allgemeine Trends festgestellt, die für die fix & fertig GmbH bedeutsam sein können.

Preisbewusstsein
Konsumenten achten beim Einkauf von Lebensmitteln zunehmend auf den Preis.

Convenience
Es besteht ein starker Trend hin zu Convenience-Produkten. Immer weniger Konsumenten sind bereit und teilweise auch fähig, ihre Mahlzeiten selbst zuzubereiten. Folglich wächst die Nachfrage nach genussfertigen Lebensmitteln.

Genuss
Trotz des Wunsches nach möglichst einfacher Zubereitung möchten die Konsumenten nicht auf Genuss verzichten. Dieser Wunsch ist nicht nur auf den Konsum beschränkt, sondern auch auf das Erlebnis beim Einkauf und bei der Zubereitung.

Gesundheit
Wenn auch der Gesundheitsaspekt beim Kauf von Nahrungsmitteln zurzeit noch keine große Rolle spielt, so lässt sich doch ein grundsätzlicher Trend in diese Richtung feststellen.

Abwechslung/Innovation
Der Wunsch nach einem Erlebniskonsum führt dazu, dass Produktvielfalt und Produktinnovationen auch im Lebensmittelbereich für viele Konsumenten wichtig sind. Die Folge ist ein hoher Innovationswettbewerb der Unternehmen.

Emotionale Qualität
Die Konsumenten möchten beim Kauf und beim Genuss von Lebensmitteln auch emotional angesprochen werden und damit ein bestimmtes Lebensgefühl verbinden.

Cocooning
Die Berufs- und Lebensumwelt wird für die meisten Menschen zunehmend hektischer und komplexer. Das führt zu einem Trend, sich in das eigene Heim zurückzuziehen. Das betrifft auch den Wunsch, sich auf möglichst unkomplizierte Weise selbst sein Essen zubereiten zu können.

2.2 Branchenanalyse

Bei der Branchenanalyse spielen neben der Branchenentwicklung auch branchentypische Faktoren eine Rolle, die die Situation eines in dieser Branche tätigen Unternehmens beeinflussen.

Branchenentwicklung

Branchenentwicklung meint Marktvolumen

Die Branchenentwicklung lässt sich z.B. durch die Höhe und durch Veränderungen des Marktvolumens in dieser Branche ausdrücken. In der Regel ist hierbei eine weitere Differenzierung nach Teilmärkten oder Produktkategorien sinnvoll.

Zum Fallbeispiel: Branchenentwicklung des Suppenmarktes

Während der Lebensmittelmarkt insgesamt stagniert, weist das Marktvolumen für Fertigsuppen noch Steigerungen auf. Zum Zeitpunkt der Drucklegung des Buches betrug die Wachstumsrate bei Trockensuppen etwa 3%, bei Nassfertigsuppen 3,3%. Das Marktvolumen für Suppen insgesamt lag bei gut 504 Mio. €.

Im- und Export spielen bei Fertigsuppen in Deutschland fast keine Rolle.

Der Anteil der Instantsuppen an den Fertigsuppen ist stark wachsend.

Hinsichtlich der Beliebtheit ergibt sich bei Nassfertigsuppen folgende Rangfolge:
1. Gulaschsuppe
2./3. Tomaten- und Kartoffelsuppe
4. Ochsenschwanzsuppe
5. Hühnersuppe

Bei den Trockensuppen ist die Reihenfolge:
1. Tomatensuppe
2. Zwiebelsuppe
3. Rindfleischsuppe
4. Spargelcremesuppe
5. Hühnersuppe

Aus der Tabelle in Abb. 2.3 kann für unterschiedliche Verwendungsintensitäten die Anzahl der Verwenderhaushalte von Fertigsuppen entnommen werden.

VerbraucherAnalyse – Klassik (14 Jahre +)
Gesamtbevölkerung: 30.868 Fälle, 64,89 Mio. Personen

	Verbrauchsintensität: Fertigsuppen Haushaltsführende				
	täglich	mindestens mehrmals pro Woche	mindestens einmal pro Woche	mindestens einmal alle 14 Tage	seltener als einmal alle 14 Tage
	Mio.	Mio.	Mio.	Mio.	Mio.
Basis	0,12	1,65	6,49	13,42	16,12
Fertigsuppen in Dosen	0,07	1,13	4,38	8,90	8,13
Fertigsuppen in Päckchen/Beuteln zum Aufkochen	0,10	1,36	5,35	10,80	11,07
Sofort lösliche Fertigsuppen/Brühen	0,05	0,82	2,94	5,67	5,17

Abb. 2.3: Anzahl der Verwenderhaushalte von Fertigsuppen (Quelle: VerbraucherAnalyse)

Stärke von Abnehmern und Lieferanten

Es sollte geprüft werden, in welcher Situation die Unternehmen der Branche sich bezüglich der Abnehmer und Lieferanten befinden. Wenn die Abnehmer eine starke Position gegenüber den Unternehmen haben, können sie diesen weitgehende Vorgaben bezüglich Preise, Konditionen und Produkteigenschaften machen.

Zum Fallbeispiel

Die fix & fertig GmbH vertreibt ihre Suppen ausschließlich über Supermärkte. Die großen Handelsketten, die diese Supermärkte betreiben, haben wegen der hohen Konzentration in diesem Bereich eine extrem hohe Marktmacht gegenüber den Herstellerunternehmen der Lebensmittelbranche. Das trifft für die Lieferanten von Rohstoffen und Vorprodukten allerdings nicht zu.

Intensität des Preis-, Werbe- und Produktwettbewerbs

Wettbewerbsintensität

Das Wettbewerbsverhalten der Unternehmen kann in den verschiedenen Branchen sehr unterschiedlich sein. Es kann von einer stillschweigenden Akzeptanz der gegebenen Marktverhältnisse bis zu einem aggressiven Preis-, Werbe- und Produktwettbewerb reichen. Die Wettbewerbsintensität kann z.B. von der Anzahl der Wettbewerber, von dem Marktwachstum und von dem Fixkostenanteil beeinflusst werden. Bei einer geringen Anzahl von Unternehmen besteht die Tendenz, den Wettbewerb durch ein angepasstes Verhalten weitgehend auszuschalten. Auf einem stagnierenden oder schrumpfenden Markt können die jeweiligen Unternehmen ihren Absatz oder Umsatz nur durch eine Erhöhung des Marktanteils steigern.

Dieser Aspekt spielt bei einem hohen Fixkostenanteil eine besondere Rolle, da die Fixkosten pro Stück mit zunehmender Absatzmenge sinken (Fixkostendegression). Die Unternehmen sind hier also auf hohe Absatzmengen angewiesen, was häufig zu einem höheren Wettbewerbsdruck führt.

Zum Fallbeispiel

Auf dem Suppenmarkt ist eher eine mäßige Wettbewerbsintensität zu beobachten.

Gefahr durch neue Konkurrenten

Ein bestehendes Wettbewerbsgefüge in einem Markt kann durch neu in diesen Markt eintretende Wettbewerber empfindlich gestört werden, da diese zwangsläufig bestrebt sein müssen, einen bestimmten Marktanteil zu erreichen. Für die bisherigen Anbieter bedeutet das Marktanteilsverluste, die auf wachsenden Märkten zu einer Einschränkung der Wachstumsmöglichkeiten und auf stagnierenden Märkten sogar zu Absatzrückgängen führen. Der Neueintritt von Anbietern in einen Markt führt daher häufig auch zu einer Verschärfung des Wettbewerbs.

Gefahrenpotenzial: Störung des Wettbewerbsgefüges mit Absatzrückgängen

Die Gefahr, dass neue Anbieter in einen Markt eintreten, hängt unter anderem davon ab, inwieweit Markteintrittsbarrieren existieren, also zum Beispiel, inwieweit ein spezifisches Know-how oder ein hoher Kapitalbedarf erforderlich sind.

Wahrscheinlichkeit je nach Markteintrittsbarrieren

Zum Fallbeispiel

Ein Markteintritt in den Dosensuppenmarkt erfordert keine hoch spezialisierten Kenntnisse und einen mittleren Kapitalbedarf. Da es sich hierbei aber um einen etablierten Markt handelt, kann die Gefahr für einen Markteintritt zusätzlicher Anbieter als relativ gering eingeschätzt werden.

Gefahr durch neue Produkte

Die Marktchancen der bisherigen Produkte der Branche können durch Substitutionsgüter bedroht werden. Dabei kann es sich bei den Substitutionsgütern auch um Güter anderer Branchen handeln.

Substitutionsgüter können auch Güter anderer Branchen sein

Zum Fallbeispiel

Substitutionsprodukte für Dosensuppen sind zunächst andere Fertigsuppen, z.B. Tütensuppen.
In einem weiteren Sinne müssen aber auch alle anderen Fertigprodukte dazugerechnet werden, die die Kunden anstelle von Fertigsuppen als bequeme und schnelle Mazhlzeit wählen könnten. In diesem Bereich werden häufig neue Produkte entwickelt und erfolgreich in den Markt eingeführt. Für die fix & fertig GmbH ist daher die Gefahr durch neue Produkte relativ hoch.

2.3 Chancen-Risiko-Analyse

Chancen und Risiken aus der Umfeld- und Branchenanalyse berücksichtigen

Aus der Umfeld- und Branchenanalyse werden zunächst potenzielle Chancen und Risiken für das Unternehmen abgeleitet. Da es sich hierbei um externe Faktoren handelt, kann das Unternehmen diese nicht unmittelbar beeinflussen. Trotzdem müssen sie bei der Konzeption von Marketing-Strategien und der Planung von Marketing-Maßnahmen berücksichtigt werden.

Zum Fallbeispiel

Chancen für die fix & fertig GmbH

- Es gibt eine große Anzahl an regelmäßigen Verwendern von Fertigsuppen.
  ➔ ausreichendes Potenzial für die fix & fertig GmbH
- Der Suppenmarkt ist insgesamt wachsend, der Markt für Nassfertigsuppe wächst sogar relativ stark.
  ➔ Marktpotenzial vermutlich noch nicht ausgeschöpft
- Es besteht ein Trend zu Convenience-Produkten.
- Steigendes Preisbewusstsein
  ➔ Fertigsuppen sind relativ preiswert
- Rückzug in das eigene Heim
  ➔ tendenzielle Abkehr vom Außerhausverzehr
- Auf dem Suppenmarkt herrscht eine relativ geringe Wettbewerbsintensität.

Risiken für die fix & fertig GmbH

- Der Suppenmarkt wächst zwar zurzeit entgegen dem Trend auf dem Lebensmittelmarkt, es muss aber damit gerechnet werden, dass sich in absehbarer Zeit Sättigungstendenzen einstellen.
- Fertigsuppen gelten generell als ungesund. Eine Verstärkung des Gesundheitstrends könnte sich daher negativ auf den Absatz von Fertigsuppen auswirken.
- Dosensuppen haben eher das Image von „hausbacken“ und „traditionell“. Das widerspricht dem Trend nach Abwechslung und passt auch nicht so gut zu einem modernen Lebensgefühl.
- Die Absatzchancen von Dosensuppen werden durch neue und innovative Fertigprodukte bedroht.

2.4 Stärken-Schwächen-Analyse

Der Vergleich wird meist zum Hauptkonkurrenten gezogen

Bei der Analyse auf Unternehmensebene interessiert vor allem, welche Vor- und Nachteile das betreffende Unternehmen im Vergleich zu den Hauptkonkurrenten hat. Folgende Kriterien können hierbei berücksichtigt werden:
- Produkteigenschaften,
- Produktionssituation (Kapazität, Kosten, Qualität, Flexibilität u.a.),

- Marke(n) (Bekanntheit, Image u.a.),
- Distributionssituation (Vertriebssystem, Anzahl der Verkaufsstellen, Bedeutung der Verkaufsstellen u.a.),
- Innovationsfähigkeit (Forschung und Entwicklung, marktreife Produktideen u.a.),
- finanzielles Potenzial.

Darstellung durch ein Polaritätenprofil

Die Stärken-Schwächen-Analyse erfolgt häufig mithilfe eines Polaritätenprofils. Dabei wird für die als relevant erachteten Kriterien die Position des eigenen Unternehmens und die der Hauptkonkurrenten auf entsprechenden Ratingskalen dargestellt.

Zum Fallbeispiel

Das Stärken-Schwächen-Profil der fix & fertig GmbH könnte z.B. wie in Abb. 2.4 aussehen:

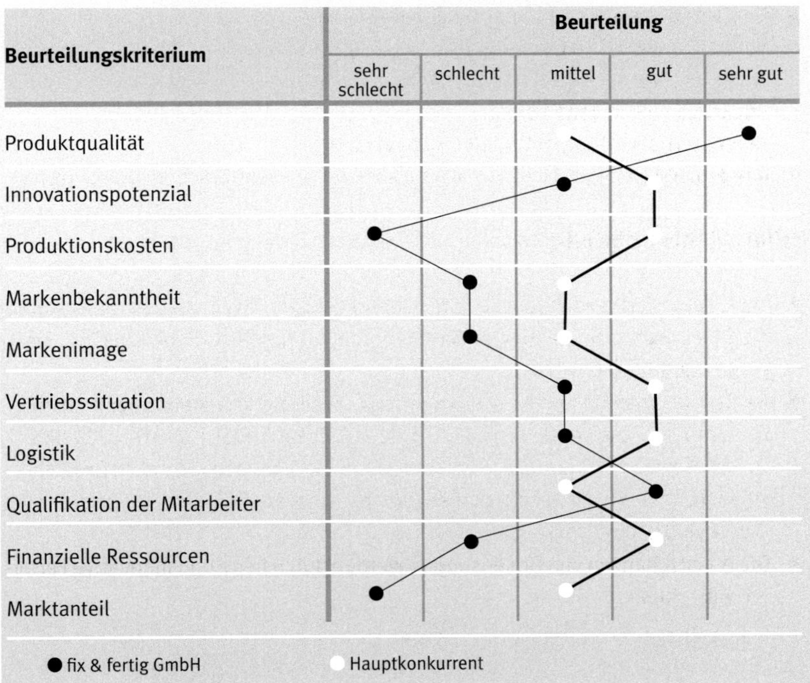

Abb. 2.4: Beispiel für ein Stärken-Schwächen-Profil der fix & fertig GmbH

Dem Polaritätenprofil kann entnommen werden, dass die fix & fertig GmbH lediglich bei der Produktqualität und bei der Qualifikation der Mitarbeiter Vorteile gegenüber dem Hauptkonkurrenten hat. Bei allen anderen Beurteilungskriterien ist sie in einer schwächeren Position.

2.5 SWOT-Analyse

SWOT = Verknüpfung äußerer und innerer Faktoren

Häufig werden die Chancen-Risiken-Analyse (externe Faktoren) und die Stärken-Schwächen-Analyse (interne Faktoren) miteinander verknüpft. Man spricht dann von einer SWOT-Analyse (Strengths-Weaknesses, Opportunities-Threats). Die Darstellung erfolgt dann z.B. in einer Matrix.

	Chancen	**Risiken**
Stärken	Chancen Stärken	Risiken Stärken
Schwächen	Chancen Schwächen	Risiken Schwächen

Abb. 2.5: Matrix für eine SWOT-Analyse

Zum Fallbeispiel

Für die fix & fertig GmbH könnte die SWOT-Matrix z.B wie folgt aussehen:

	Chancen	**Risiken**
Stärken	Trend zur Verwendung von Convenience-Produkten, verstärktes Preisbewusstsein f & f bietet qualitativ hochwertige Produkte zu günstigen Preisen	Gesundheitsaspekt bei der Ernähr. wird zunehmend wichtiger, Dosensuppen gelten als ungesund Rohstoffe der f & f stammen aus kontrolliert biologischem Anbau
Schwächen	Markt für Dosensuppen wächst relativ stark geringer Marktanteil	Absatzchancen von Dosensuppen werden durch neue innovative Fertigprodukte bedroht f & f hat nur ein mittleres Innovationspotenzial und die Marke hat ein angestaubtes Image

Abb. 2.6: Beispiel einer SWOT-Matrix der fix & fertig GmbH

3 Strategische Ansätze der Marketing-Planung

Vorgaben und Entscheidungen, die darauf abzielen, auf welchem Weg und mit welchen Mitteln die angestrebten Marketing-Ziele erreicht werden sollen, bezeichnet man als Marketing-Strategien.

Ausgangsfragen bei der Erarbeitung der Marketing-Strategie

Zur Erarbeitung von Marketing-Strategien sind diese Fragen zu berücksichtigen:
- Welche Produkte und Leistungen sollen angeboten werden (bisheriges Produkt-/Leistungsprogramm, neue Produkte/Leistungen)?
- Welche Märkte sollen bedient werden (bisherige Märkte, neue Märkte, Marktareale (lokal, regional, national, international, global)?
- Welche Kundensegmente sollen bedient werden?
- Wie soll sich das Unternehmen gegenüber Mitwettbewerbern verhalten?

Marketing-Strategien werden in der Literatur vielfach wie folgt unterschieden (vgl. insbesondere Jochen Becker: Marketing-Konzeption. München 2009):
- Marktfeldstrategien,
- Marktstimulierungsstrategien,
- Marktparzellierungsstrategien,
- Marktarealstrategien,
- Marktsegmentierungsstrategien,
- Wettbewerbsstrategien.

Voraussetzung sind Ziele

Die Ausarbeitung einer Marketing-Strategie setzt Ziele voraus, deshalb wird zunächst die Formulierung und Einordnung von Marketing-Zielen beleuchtet.

3.1 Formulierung von Zielen

Hauptanforderung: Operationalisierung von Zielen

Wichtigste Anforderung an die Formulierung von Zielen ist ihre Messbarkeit und damit ihre Überprüfbarkeit. Dazu müssen **Ziele vollständig und damit präzise formuliert** werden. Diesen Vorgang nennt man **Operationalisierung von Zielen,** bei dem die Ziele in verschiedenen Zieldimensionen festgelegt werden.

Angabe einer **Zielart**	Was will ich erreichen? (z. B. Markenbekanntheit, Image ...)
Angabe des **Objektbezuges**	Bei welchem Objekt will ich das Ziel erreichen? (z. B. Produkt, Marke, Produktgruppe/Range, Unternehmen)?
Angabe der **Zielgruppe**	Wen will ich erreichen? (z. B. nach soziodemografischen, psychografischen und verhaltensbeschreibenden Merkmalen segmentierte Gruppen)
Angabe des angestrebten **Ausmaßes** der Zielerreichung	Wie groß soll die beabsichtigte Veränderung ausfallen? (z. B. eine Steigerung der Markenbekanntheit von 15 % auf 45 %)
Angabe des **Zeitbezuges**	Bis wann soll das Ziel erreicht werden? (z. B. innerhalb eines Quartals, eines halben Jahres, eines Jahres ...)
Angabe der **Messvorschrift**	Wie und mit welcher Methode kann ich die Zielerreichung überprüfen? (z. B. aktive oder gestützte Bekanntheit)

Beispiel

Ein operationales Marketing-Ziel könnte somit beispielsweise lauten: Wir wollen innerhalb eines Jahres den Umsatz der fix-&-fertig-Dosensuppen bei der Zielgruppe der 25- bis 59-jährigen Hausfrauen von 4 Mio. € auf 6 Mio. € steigern (Fortführung des Fallbeispiels aus Kapitel 2).

Erfolg braucht aufeinander abgestimmte Zielhierarchien

Je genauer man seine Ziele erkennt und definiert, umso klarer sind die Kriterien, um zielgerechte Entscheidungen zu treffen. Zielgerechte Entscheidungen müssen in Unternehmen auf verschiedenen Ebenen getroffen werden. Erfolgreiche Unternehmen zeichnen sich vor allem durch eine gut aufeinander abgestimmte Zielhierarchie (vgl. Abb. 3.1) aus, d.h., die unteren Zielebenen lassen sich aus den oberen Zielebenen logisch ableiten. Oder anders formuliert, die unteren Zielebenen stehen in einer Mittel-Zweck-Beziehung zu den Zielen der oberen Ebene. Häufig wird dabei auch der Begriff und die Darstellung als Zielpyramide gewählt (vgl. Becker, Jochen: Marketing-Konzeption. München 2009).

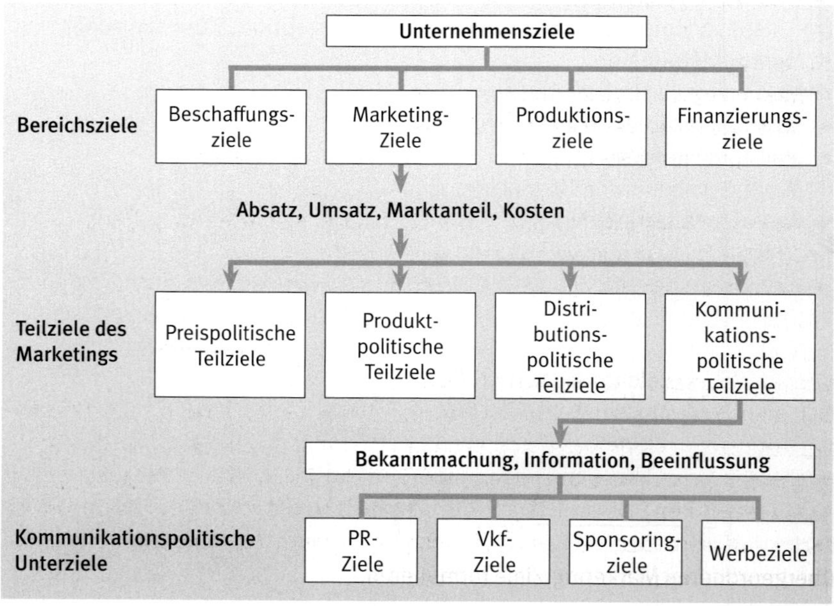

Abb. 3.1: Zielhierarchie

An der Spitze: die Unternehmensziele

An oberster Stelle der Zielhierarchie stehen die Unternehmensziele. Unternehmensziele sind Ziele, die das Unternehmen als Ganzes anstrebt.

Beispiele für Unternehmensziele:

- Gewinnziele: konkrete Gewinnvorgaben, die angestrebt werden
- Rentabilitätsziele: Vorgaben zum Beispiel zur Eigenkapital- und Gesamtkapitalrentabilität

Entsprechend den hauptsächlichen Funktionsbereichen eines Unternehmens, nämlich Beschaffung, Produktion, Absatz (Marketing) und Finanzierung, können spezifische Bereichsziele formuliert werden. In diesem Buch über Marketing behandeln wir natürlich nur die Aufschlüsselung möglicher Marketing-Ziele.

Auf zweiter Stufe: Funktionsbereichsziele

3.1.1 Marketing-Ziele

Marketing-Ziele sind Zielvorgaben, die sich auf den Einsatz des gesamten Marketing-Mixes beziehen. Bei Marketing-Zielen handelt es sich insbesondere um

- Absatz-/Umsatzziele (Ausbau, Sicherung, Stabilisierung),
- Marktanteilsziele (Ausbau, Sicherung, Stabilisierung) und
- Kostenziele.

Wichtigste Kategorien der Marketing-Ziele:
– Absatz/Umsatz
– Marktanteil
– Kosten

Beispiele für typische Marketing-Ziele

Expansionsziele:
- Neulancierung von Produktinnovationen/-variationen im Markt
- Absatzverstärkung des gegebenen Produktprogramms/Sortimentes
- Ausbau und Erweiterung von Marktanteilen

Erhaltungsziele:
- Sicherung von Umsatz und Marktanteilen
- Konstanthalten der bisherigen Nachfrage
- Verlagerung der Nachfrage auf andere Käuferkreise und Märkte

Kostenreduktions-, Nachfragelenkungs- und Absatzrationalisierungsziele:
- *Nivellierung von Umsatzschwankungen = ausgleich
- Nachfrageangleichung an Verfügbarkeitsrhythmen bestimmter Objekte

3.1.2 Unterziele zu Marketing-Zielen

Das Marketing-Mix setzt sich aus den vier Instrumentalbereichen des Marketings zusammen, der Produktpolitik, der Kontrahierungspolitik, der Distributionspolitik und der Kommunikationspolitik (die in den folgenden Kapiteln 4 bis 7 des vorliegenden Buches dann im Einzelnen behandelt werden). Für jedes dieser Marketing-Instrumente lassen sich wieder spezifische Teilziele als Unterziele der übergeordneten Marketing-Ziele formulieren.

Auf dritter Stufe innerhalb des Marketings: Die Ziele des Marketing-Mixes

Beispiele

Produktpolitik – Ziele zu
- Produktgestaltung/ Produktentwicklung,
- Verpackungen,
- Markenführung,
- Sortimentsgestaltung,
- Serviceleistungen.

Kontrahierungspolitik – Ziele zu
- Preisführerschaft anstreben,
- Durchsetzung bestimmter Absatzpreise,
- Preisverfall aufhalten,
- Durchsetzung bestimmter Lieferungs-/Zahlungsbed.

Distributionspolitik – Ziele zu
- Anzahl der einbezogenen Absatzstellen,
- Art/Image der Absatzstellen,
- Umsatz der Absatzstellen,
- Einflussmöglichkeiten auf die Absatzmittler.

Beispiele zu Kommunikationszielen

Kommunikation bedeutet bekannt machen, informieren und beeinflussen

Kommunikationsziele beziehen sich auf das gesamte Kommunikationsmix des Unternehmens. Im Wesentlichen unterscheidet man bei den Kommunikationszielen zwischen:

- Bekanntmachungszielen,
- Informationszielen,
- Beeinflussungszielen.

Diese übergeordneten Kommunikationsziele lassen sich allgemein und bezogen auf einzelne Kommunikationsinstrumente natürlich weiter differenzieren. Nachfolgend werden dazu einige Beispiele angegeben. Eine differenziertere Darstellung finden Sie in dem Buch „Kommunikationspolitik für Werbe- und Kommunikationsberufe“, das im gleichen Verlag erschienen ist.

Bekanntmachung/Information

- Erhöhung des Bekanntheitsgrades eines Produkts oder eines Unternehmens,
- die Funktionsweise eines Produkts / einer Dienstleistung erläutern,
- das verfügbare Serviceangebot beschreiben,
- auf neue Anwendungsmöglichkeiten eines Produkts hinweisen,
- über eine Aktion (z.B. Event, Preisreduzierung) informieren.

Beeinflussung (Allgemein)

- Weckung von Bedürfnissen,
- Überzeugung der Zielpersonen zur Erhöhung der Kauffrequenz, der Kaufmenge (vor allem bei Käufern/Verwender der Marke), d.h. Beeinflussung bestehender Verbrauchs- oder Verwendungsgewohnheiten,
- Abbau von Vorbehalten gegenüber dem Produkt / der Produktgruppe oder dem Unternehmen (vor allem bei Nicht-Käufern/Nicht-Verwendern der Marke),
- Präferenz für eine Marke aufbauen („relevant set“),
- zum Markenwechsel ermutigen,
- zum Probekauf animieren.

Beeinflussung (Image)

- Wecken von Vertrauen und Sympathie,
- Aufbau und Festigung eines positiven Wert- und Vorstellungsbildes (Image),
- Korrekturen des Wert- und Vorstellungsbildes,
- Übertragung des positiven Wert- und Vorstellungsbildes eines Objektes auf ein anderes (Imagetransfer).

In der Praxis herausragend: Images

Zwei der wichtigsten bzw. die beiden klassischen Werbeziele (aus der Liste der genannten Beispiele) sind in der Praxis die Bekanntmachung und der Aufbau oder die Veränderung von Images. Für den Begriff des Image wird auf Abschnitt 2.3.3 im Band „Kommunikationspolitik“ verwiesen und für die dahinter liegende Kommunikationstheorie auf Kapitel 7 des Bandes „Werbung planen“.

3.2 Produkt-/Marktstrategien (Marktfeldstrategien)

Im Rahmen von Produkt-/Marktstrategien müssen Entscheidungen darüber getroffen werden, welche Produkte/Leistungen ein Unternehmen anbieten will und welche Märkte bearbeitet werden sollen. Einen guten Überblick über mögliche strategische Ansatzpunkte zur Auswahl von Produkten/Leistungen und Märkten bietet die sogenannte Produkt-Markt-Matrix, die bereits in den 60er-Jahren von Ansoff entwickelt wurde (Ansoff'sche Matrix der Marketing-Strategien).

Überblick schafft die Produkt-Markt-Matrix nach Ansoff

Zur Veranschaulichung der Theorie wird in diesem Abschnitt das Fallbeispiel des Modellunternehmens „fix & fertig GmbH“ fortgeführt, das auf der Seite 38 vorgestellt und schon in Kapitel 2 immer wieder herangezogen wurde.

Ansoff unterscheidet die Produkte/Leistungen und Märkte danach, ob sie bereits angeboten bzw. bearbeitet werden (bestehende Produkte/Leistungen bzw. Märkte) oder ob sie noch nicht zum Produktionsprogramm eines Unternehmens gehören bzw. noch nicht bearbeitet werden (neue Produkte/Leistungen bzw. Märkte). Durch Kombination ergeben sich folglich vier Möglichkeiten, die als strategische Ansatzpunkte für ein Unternehmen dienen können und in der Matrix in Abb. 3.2 dargestellt sind.

Grundunterscheidung: bestehende oder neue Produkte und bearbeitete oder neue Märkte = vier Möglichkeiten

Märkte / Produkte, Leistungen	bestehende	neue
bestehende	**Marktdurchdringung** • Marktbesetzung • Verdrängung	**Marktentwicklung** • Internationalisierung • Marktsegmentierung
neue	**Produktentwicklung** • neues Produkt • Produktdifferenzierung	**Diversifikation** • horizontal • lateral • vertikal

Abb. 3.2: Produkt-Markt-Matrix nach Ansoff

3.2.1 Marktdurchdringung

Hierunter versteht man eine Absatzausweitung in den zurzeit besetzten Märkten/Marktsegmenten mit dem bestehenden Produkt-/Leistungsprogramm. Für diese Strategie bieten sich zwei mögliche Ansatzpunkte:

Absatzausweitung in besetzten Märkten

Marktbesetzung: (nur bei nicht gesättigten Märkten möglich)

bessere Ausschöpfung des Marktpotenzials durch
- neue Verwender,
- Steigerung von Verwendungshäufigkeit und verwendeten Mengen.

Marktverdrängung: Absatzausweitung auf Kosten der Konkurrenz (Steigerung des Marktanteils).

Fortführung Fallbeispiel

Die zunächst einfachste Möglichkeit für die fix & fertig GmbH besteht darin, mit dem bestehenden Dosensuppenprogramm das bisher bearbeitete Marktsegment (Hausfrauen) stärker zu durchdringen, d.h. den Dosensuppenabsatz bei den Hausfrauen zu vergrößern.

Mögliche Ansatzpunkte der fix & fertig GmbH bei einer **Marktbesetzung**:
1. Hausfrauen, die bisher noch keine Dosensuppen verwenden, zur Verwendung von fix-&-fertig-Dosensuppen überzeugen, z.B. durch Werbung, Vkf-Maßnahmen, Preismaßnahmen, andere Vertriebswege etc.
2. Bei den Hausfrauen, die schon Dosensuppen von fix & fertig verwenden, die Verwendungshäufigkeit oder Menge steigern.
   Mögliche Maßnahmen: Werbung, Vkf, Preismaßnahmen,Packungsgrößen etc.

Mögliche Ansatzpunkte der fix & fertig GmbH bei einer **Marktverdrängung**:
Verwender von anderen Dosensuppenmarken dazu bringen, die Dosensuppen von fix & fertig zu verwenden.
Mögliche **Maßnahmen**: Werbung, Vkf, Preisaktionen, Sonderaktionen etc.

3.2.2 Marktentwicklung

Angebot auf neuen Märkten

Hier versucht das Unternehmen, die gleichen Produkte/Leistungen auf neuen Märkten anzubieten. Es könnte dabei andere oder zusätzliche Marktsegmente erschließen oder die Produkte/Leistungen auf neuen, räumlich getrennten Märkten anbieten, z.B. durch Export. In der Regel werden dabei die bisherigen Märkte nicht vernachlässigt, sondern die neuen Märkte zusätzlich bearbeitet.

Fortführung Fallbeispiel

Falls das Marktpotenzial bereits ausgeschöpft ist und Verdrängungsstrategien nicht Erfolg versprechend sind, könnte die fix & fertig GmbH versuchen, ihre Dosensuppen zusätzlich auf anderen, bisher nicht bearbeiteten Märkten anzubieten.

Beispiel für Marktsegmentierungsstrategien:
- Erschließung der Marktsegmente der jungen oder der alten Singles

Beispiel für eine räumliche Ausdehnung des Absatzgebietes
- Export der Dosensuppen nach Belgien, Niederlande etc.

3.2.3 Produktentwicklung

Angebot neuer oder veränderter Produkte

Bei dieser Strategievariante werden zusätzlich veränderte oder neue Produkte auf den bisher bearbeiteten Märkten angeboten. Hierbei kann es sich um Produktdifferenzierungen (verschiedene Produktvarianten des gleichen Produktes), quasi neue Produkte, die an bestehende Produkte anknüpfen, oder völlig neue Produkte für den gleichen Markt handeln.

Fortführung Fallbeispiel

Wenn die fix & fertig GmbH mit den bestehenden Produkten weder auf den zurzeit bearbeiteten Märkten noch auf neuen Märkten ihren Absatz dauerhaft steigern kann, kann sie versuchen, ihre Produkte zu verändern oder neue Produkte für den Suppenmarkt zu entwickeln. Die fix & fertig GmbH könnte z.B. versuchen, durch verschiedene Varianten der bisherigen Dosensuppen das Potenzial der bisher bearbeiteten Märkte (Marktsegmente) besser auszuschöpfen, z.B., es werden sämige Erbsensuppen und klare Erbsensuppen mit ganzen Erbsen für das Marktsegment der Hausfrauen angeboten oder es werden zusätzliche Dosensuppen, z.B. Gulaschsuppe, angeboten.
= Produktdifferenzierung

Die fix & fertig GmbH könnte auch versuchen, völlig neue Suppen für Hausfrauen anzubieten, indem sie neben Dosensuppen auch andere Suppen, z.B. Fertigsuppen in Päckchen oder Beuteln zum Aufkochen, sofort lösliche Fertigsuppen etc. herstellt.
= Produktneuentwicklung innerhalb des gleichen Marktes

3.2.4 Diversifikation

Schließlich besteht auch noch die Möglichkeit, neue Produkte für neue Märkte anzubieten. In einem solchen Fall spricht man von einer Diversifikation. Hierbei lassen sich drei Varianten unterscheiden:

Neue Produkte auf neuen Märkten anbieten

- **Horizontale** Diversifikation: Die neuen Produkte sind den alten so ähnlich, dass gleiche Produktionsanlagen, Absatzwege, gleiches Personal genutzt werden können.

- **Vertikale** Diversifikation: Es werden vor- oder nachgelagerte Produkte oder Leistungen produziert.

- **Laterale** Diversifikation: Die neuen Produkte haben keinen technischen Bezug zu den alten.

Fortführung Fallbeispiel

Wenn die fix & fertig GmbH neue Produkte außerhalb des Suppenmarktes herstellt und damit auch neue Märkte bedient, spricht man von einer Diversifikation.

- Beispiel für eine horizontale Diversifikation: Die fix & fertig GmbH stellt neben Dosensuppen auch Gemüsekonserven her.
- Beispiel für eine vertikale Diversifikation: Die fix & fertig GmbH produziert die verwendeten Gemüse für die Dosensuppen selbst, evtl. zusätzlicher Verkauf an andere Unternehmen.
- Beispiel für eine laterale Diversifikation: Die fix & fertig GmbH stellt neben Dosensuppen auch kleine Küchenmaschinen her.

3.2.5 Aufwand und Risiko der Produkt-/Marktstrategien

Mit den vorgestellten Strategiealternativen sind unterschiedliche Risiken und Erfolgswahrscheinlichkeiten verbunden. W. Formatschek nennt in seinem Buch „Erfolgreiche Marketing-Konzepte" Durchschnittswerte für Erfolgswahrscheinlichkeiten und Aufwände. Daraus ergibt sich folgende sinnvolle Reihenfolge:

Sinnvolle Reihenfolge nach Risiko und Aufwand

1. Marktdurchdringung (Erfolgschance hoch, überschaubare Kosten),
2. Marktentwicklung (Erfolgschance und Kosten im Mittelfeld),
3. Produktentwicklung (Erfolgschance niedrig, Kosten hoch),
4. Diversifikation (begrenzte Erfolgschance, aber hohe Kosten).

3.3 Marktwahlstrategien

Genauere Bestimmung der Märkte

Im Zusammenhang mit der Produkt-Markt-Matrix von Ansoff wird hinsichtlich der Marktwahl nur zwischen alten und neuen Märkten unterschieden. In diesem Abschnitt wird die Frage, auf welchen Märkten ein Unternehmen seine Produkte oder Leistungen anbieten sollte, ausführlicher behandelt.

3.3.1 Mehrdimensionaler Ansatz zur Bestimmung von Märkten

Bei der Bestimmung von Zielmärkten wird in der Literatur zwischen ein- und mehrdimensionalen Ansätzen unterschieden, wobei die mehrdimensionalen Ansätze häufig auf das Schema von Abell zurückgreifen. Abell verwendet bei der Zielmarktbestimmung die drei Dimensionen

- Funktion,
- Technologie und
- Marktsegmente.

Funktion = Verwendungsmöglichkeit

Mit **Funktion** ist gemeint, welche Verwendungs- bzw. Anwendungsmöglichkeiten die Produkte eines Unternehmens für die potenziellen Kunden bieten. Unter dem Begriff **Technologie** werden die verschiedenen möglichen Verfahren zur Funktionserfüllung beim Kunden zusammengefasst. **Marktsegmente** meint die Aufteilung des Gesamtmarktes in möglichst homogene Kundengruppen. Die Methode der Marktsegmentierung wird im folgenden Unterkapitel noch ausführlicher dargestellt.

Marktsegment = möglichst homogene Kundengruppe

Zur Verdeutlichung soll das Abell-Schema an dem Fallbeispiel der fix & fertig GmbH konkretisiert werden.

Konkretisierung für das Fallbeispiel

Funktion:	Die Dosensuppen können als Vorsuppe, Hauptspeise, Zwischenmahlzeit oder Snack verwendet werden.
Technologie:	Bei Dosensuppen kommt es unter dem Aspekt der Technologie darauf an, auf welche Art und Weise die Suppe schließlich auf den Tisch kommt. Hierbei spielt zum Beispiel eine Rolle, wie die Dosen zu öffnen sind und wie die Suppe erhitzt und zubereitet wird.

Beispiele:

- Erhitzung in der Dose auf dem Herd,
- Erhitzung in der Dose in der Mikrowelle,
- Erhitzung im Topf,
- Öffnung mit Dosenöffner,
- Öffnung durch speziellen Öffnungsmechanismus,
- Suppe ist bereits verzehrfertig,
- Suppe besteht aus Konzentrat und muss mit Wasser verdünnt werden.

Sollte die fix & fertig GmbH neben Dosensuppen auch noch andere Suppenarten herstellen, wären weitere Differenzierungen möglich, etwa Instant- und Tütensuppen zum Kochen oder Aufgießen.

Marktsegmente:
- junge Singles
- ältere Singles
- Paare
- Familien mit Kindern

Märkte durch Kombination der Ausprägung der Dimensionen definieren

Durch Kombination der möglichen Ausprägungen der drei Dimensionen lassen sich schließlich Märkte bestimmen und definieren, die das Unternehmen bearbeiten will. Die fix & fertig GmbH könnte z.B. verzehrfertige Dosensuppen für junge Singles herstellen, bei denen die Suppen in den Dosen in der Mikrowelle erhitzt werden können und die Dosen mit einem speziellen Öffnungsmechanismus versehen sind. Teilweise werden die verschiedenen Wahlmöglichkeiten durch eine grafische Darstellung veranschaulicht. Eine entsprechende Darstellung für das Beispiel der fix & fertig GmbH finden Sie in der folgenden Abb. 3.3:

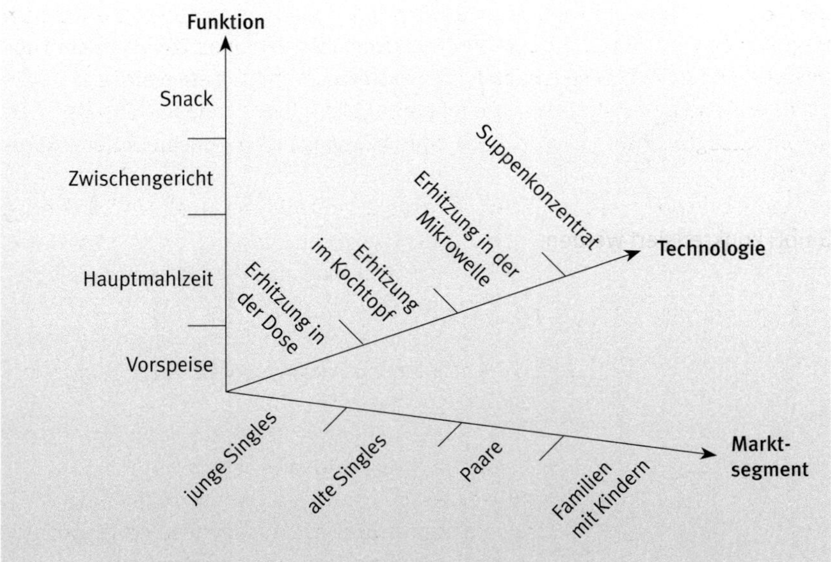

Abb. 3.3: Marktfeldbestimmung unter Berücksichtigung von drei Dimensionen (Beispiel)

3.3.2 Marktparzellierungsstrategien

Unter den eindimensionalen Ansätzen der Marktwahl ist die Marktsegmentierung ein bewährtes Konzept, das breite Anwendung findet. Jochen Becker spricht in diesem Zusammenhang von Marktparzellierungsstrategien, wobei dieser Begriff aber nicht nur die Marktsegmentierung umfasst. Er unterscheidet zunächst vier grundsätzliche Optionsmöglichkeiten eines Unternehmens.

<table>
<tr><th colspan="2">Überblick über die vier grundlegend</th></tr>
<tr>
<td>1. Massenmarktstrategie: undifferenzierte Bedienung von Massenmärkten

2. Marktsegmentierungsstrategie: Aufspaltung des Gesamtmarktes in homogene Teilmärkte, die differenziert bearbeitet werden
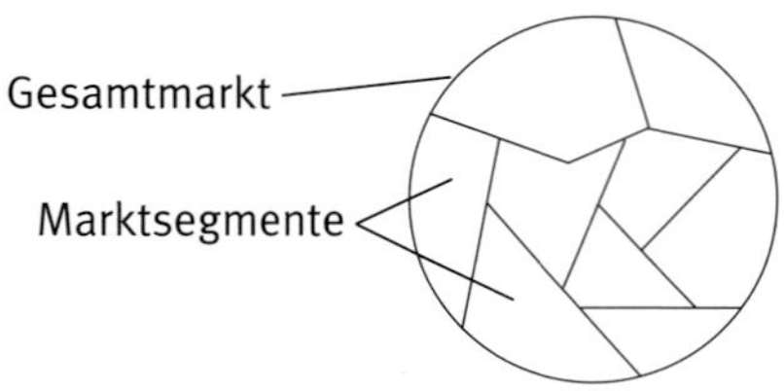
</td>
<td>Beispiele/Fallbeispiel

Die fix & fertig GmbH segmentiert den Gesamtsuppenmarkt, indem sie den genannten Marktsegmenten spezielle Angebote macht.

• Marktsegment: Personen, die Probleme mit hohen Cholesterinwerten haben.
↓
• Spezielles Angebot: cholesterinfreie Fertigsuppen

• Marktsegment: Personen, die beim Essen auf Kalorien achten.
↓
• Spezielles Angebot: kalorienreduzierte Fertigsuppen

• Marktsegment: Personen, die Wert auf eine vitamin- und mineralstoffreiche Ernährung legen.
↓
• Spezielles Angebot: Fertigsuppen mit Zusätzen an Vitaminen und Mineralien

• Marktsegment: Personen, die hauptsächlich Wert auf den Geschmack legen.
↓
• Spezielles Angebot: normale Fertigsuppen mit besonderer Geschmacksausprägung</td>
</tr>
</table>

arktparzellierungsstrategien

3. **Totale Marktabdeckung**: Der Gesamtmarkt wird bearbeitet
   a) totale Abdeckung eines Massenmarktes

   b) Totale Marktabdeckung bei einer Marktsegmentierung (alle Marktsegmente werden bearbeitet)

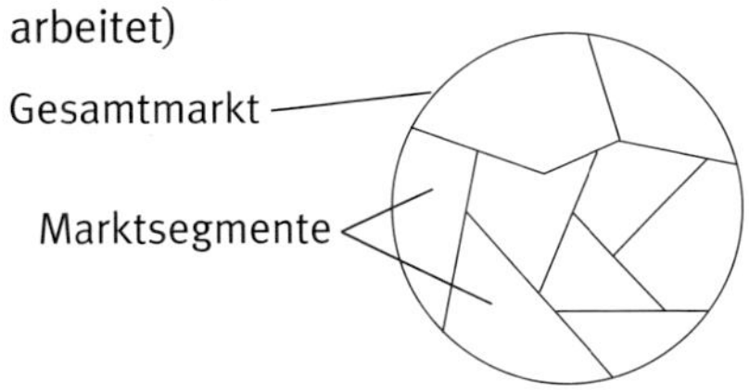

4. **Partielle Marktabdeckung**: nur ein Teil des Gesamtmarktes wird bearbeitet
   a) partielle Massenmarktabdeckung

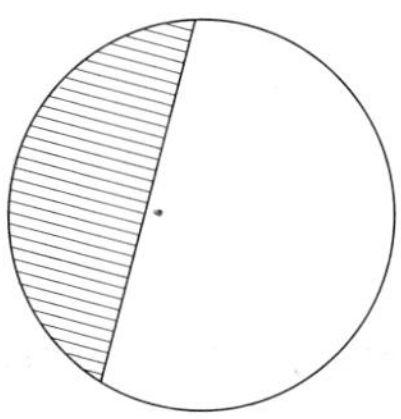

   b) partielle Marktabdeckung bei Marktsegmentierung

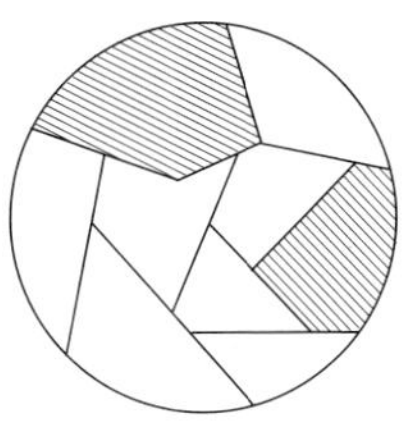

Beispiele/Fallbeispiel:

a) Die fix & fertig GmbH stellt alle Arten von Fertigsuppen her. Es handelt sich um einen Massenmarkt, da in 29,55 Mio. von insg. 35,44 Mio. Haushalten zumindest gelegentlich Fertigsuppen verwendet werden.

b) Die fix & fertig GmbH bearbeitet alle vier der oben beschriebenen Marktsegmente.

a) Die fix & fertig GmbH stellt alle möglichen Arten von Dosensuppen her (15,85 Mio. Haushalte verwenden zumindest gelegentlich Dosensuppen). Es handelt sich um eine partielle Marktabdeckung, da der Dosensuppenmarkt nur ein Teilmarkt des gesamten Fertigsuppenmarktes ist.

b) Die fix & fertig GmbH stellt nur cholesterinfreie und kalorienreduzierte Fertigsuppen her.

Abb. 3.4 zeigt noch einmal die verschiedenen Strategievarianten im Zusammenhang.

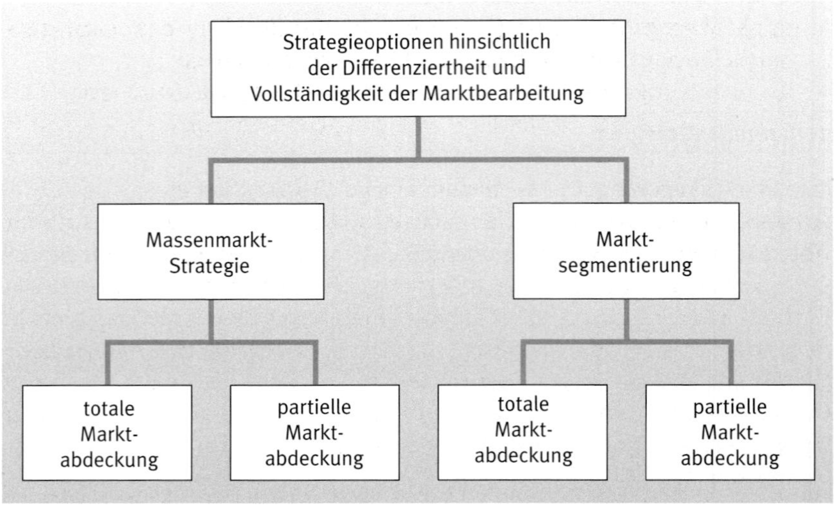

Abb. 3.4: Marktparzellierungsstrategien

3.3.3 Marktsegmentierungsstrategien

In diesem Unterkapitel wird das Konzept der Marktsegmentierung ausführlicher dargestellt, da es die Grundlage für eine differenzierte Marktbearbeitung ist.

Aufspaltung des Marktes in homogene Teilmärkte

Unter einer Marktsegmentierung versteht man die Aufspaltung des Gesamtmarktes in homogene Teilmärkte, die auch als Marktsegmente bezeichnet werden.

Ausdifferenzierung des Markteting-Mix

Der Vorteil besteht darin, dass das Marketing-Mix gezielt auf die Erfordernisse der jeweiligen Marktsegmente und die Bedürfnisse deren Mitglieder ausgerichtet werden kann. Dadurch können bestehende Marktpotenziale besser und gezielter ausgeschöpft werden. Die Vorgehensweise bei einer Marktsegmentierung ist im Wesentlichen mit einer Zielgruppenanalyse identisch. Ausführliche und differenzierte Erläuterungen zur Zielgruppenanalyse finden Sie in Kapitel 3 des Bandes „Kommunikationspolitik für Werbe- und Kommunikationsberufe".

Zur Durchführung einer Marktsegmentierung benötigt man Kriterien, mit deren Hilfe die Marktteilnehmer den einzelnen Marktsegmenten zugeordnet werden können. Bei der Auswahl der Segmentierungskriterien muss unterschieden werden, ob es sich um einen Konsum- oder Investitionsgütermarkt handelt. Bei Konsumgütermärkten benutzt man als Abgrenzungskriterien üblicherweise:

Segmentierungskriterien

- soziodemografische Kriterien,
- psychografische Kriterien und/oder
- kauf- und konsumbezogene Kriterien.

Mögliche Segmentierungskriterien für Investitionsgütermärkte sind:

- Branchenbezogene Kriterien (Art der Branche, Branchenkonjunktur, Konkurrenzintensität etc.),

- unternehmensbezogene Kriterien (Umsatzgrößenklasse, Mitarbeiterzahl, Rechtsform, Kauf- und Produktverwendungsverhalten, Form der Aufbau- und Ablauforganisation im Einkauf etc.),
- gruppenbezogene Kriterien (Größe und Zusammensetzung des Einkaufsgremiums (Buying Center), Arbeitsaufteilung, Kompetenzen etc.),
- personenbezogene Kriterien (soziodemografische, psychologische und Verhaltensmerkmale der am Einkauf beteiligten Personen).

3.3.3.1 *Segmentierung mithilfe soziodemografischer Kriterien*

Bei soziodemografischen Kriterien handelt es sich um Merkmale wie Geschlecht, Alter, Familienstand, Haushaltsgröße, Schulabschluss, Beruf, Einkommen usw. Der Zusammenhang zwischen einer Merkmalskonstellation und einem bestimmten Kauf- oder Konsumverhalten ist bei soziodemografischen Merkmalen deutlich geringer als bei psychografischen Merkmalen und kauf- bzw. konsumbezogenen Merkmalen. Wegen der einfachen Verfügbarkeit und der hohen Objektivität soziodemografischer Merkmale werden sie jedoch nach wie vor häufig zur Beschreibung von Zielgruppen verwendet.

Vorteil: einfach verfügbar, aber Nachteil: kein unmittelbarer Bezug zu Kaufverhalten

Fortführung Fallbeispiel

Abb. 3.5 zeigt ein Beispiel für eine Segmentierung des Fertigsuppenmarktes mithilfe von zwei soziodemografischen Kriterien. Die Daten entstammen der Verbraucher-Analyse (VA), vgl. dazu noch einmal Seite 41.

Haushaltsgröße ↑ / Alter →			
Segment 1 Alter: 14–29 Jahre Haushaltsgröße: 3+ Segmentgröße: 0,92 Mio. Personen	**Segment 2** Alter: 30–49 Jahre Haushaltsgröße: 3+ Segmentgröße: 6,96 Mio. Personen	**Segment 3** Alter: 50–69 Jahre Haushaltsgröße: 3+ Segmentgröße: 1,46 Mio. Personen	**Segment 4** Alter: 70+ Jahre Haushaltsgröße: 3+ Segmentgröße: 0,12 Mio. Personen
Segment 5 Alter: 14–29 Jahre Haushaltsgröße: 2 Segmentgröße: 0,82 Mio. Personen	**Segment 6** Alter: 30–49 Jahre Haushaltsgröße: 2 Segmentgröße: 2,09 Mio. Personen	**Segment 7** Alter: 50–69 Jahre Haushaltsgröße: 2 Segmentgröße: 5,05 Mio. Personen	**Segment 8** Alter: 70+ Jahre Haushaltsgröße: 2 Segmentgröße: 1,60 Mio. Personen
Segment 9 Alter: 14–29 Jahre Haushaltsgröße: 1 Segmentgröße: 1,76 Mio. Personen	**Segment 10** Alter: 30–49 Jahre Haushaltsgröße: 1 Segmentgröße: 2,60 Mio. Personen	**Segment 11** Alter: 50–69 Jahre Haushaltsgröße: 1 Segmentgröße: 2,90 Mio. Personen	**Segment 12** Alter: 70+ Jahre Haushaltsgröße: 1 Segmentgröße: 3,26 Mio. Personen

Abb. 3.5: Beispiel für eine Segmentierung mit soziodemografischen Kriterien

VerbraucherAnalyse – Klassik (14 Jahre +)
Grundgesamtheit: Alle Haushaltsführenden, in deren Haushalt
Fertigsuppen verwendet werden: 14.056 Fälle, 29,55 Mio. Personen

	Basis		Segment 9 14–29 Jahre Haushaltsgröße 1			Segment 5 14–29 Jahre Haushaltsgröße 2			Segment 1 14–29 Jahre Haushaltsgröße 3+			Segment 10 30–49 Jahre Haushaltsgröße 1			Segment 6 30–49 Jahre Haushaltsgröße 2			Segment 2 30–49 Jahre Haushaltsgröße 3+		
	% vert.	Mio.	% vert.	Mio.	Index	% vert.	Mio.	Index	% vert.	Mio.	Index	% vert.	Mio.	Index	% vert.	Mio.	Index	% vert.	Mio.	Index
Basis	100,0	29,55	100,0	1,76	100	100,0	0,82	100	100,0	0,92	100	100,0	2,60	100	100,0	2,09	100	100,0	6,96	100
Fertigsuppen insgesamt Haushalte mit intensiver Verwendung (mindestens 1 x pro Woche)	22,0	6,49	33,7	0,59	153	26,1	0,22	119	25,3	0,23	115	30,0	0,78	137	20,6	0,43	94	18,8	1,31	86
Haushalte mit intensiver und mittlerer Verwendung (mind. 1 x alle 14 Tage)	45,4	13,42	64,0	1,13	141	50,7	0,42	112	48,7	0,45	107	53,9	1,40	119	43,4	0,91	96	43,2	3,01	95
Haushalte mit gelegentlicher Verwendung (seltener als 1 x alle 14 Tage)	54,6	16,12	36,0	0,63	66	49,3	0,41	90	51,3	0,47	94	46,1	1,20	84	56,6	1,80	104	56,8	3,95	104
Dosensuppen Haushalte mit intensiver Verwendung (mindestens 1 x pro Woche)	14,8	4,38	23,2	0,41	156	14,6	0,12	98	18,6	0,17	125	23,9	0,62	161	14,0	0,29	95	12,3	0,85	83
Haushalte mit intensiver und mittlerer Verwendung (mind. 1 x alle 14 Tage)	30,1	8,90	44,9	0,79	149	31,5	0,26	104	34,6	0,32	115	42,4	1,10	141	30,1	0,63	100	27,5	1,92	91
Haushalte mit gelegentlicher Verwendung (seltener als 1 x alle 14 Tage)	27,5	8,13	18,9	0,33	69	19,3	0,16	70	24,2	0,22	88	27,5	0,72	100	30,6	0,64	111	26,6	1,85	97

	Basis		Segment 11 50–69 Jahre Haushaltsgröße 1			Segment 7 50–69 Jahre Haushaltsgröße 2			Segment 3 50–69 Jahre Haushaltsgröße 3+			Segment 12 70+ Jahre Haushaltsgröße 1			Segment 8 70+ Jahre Haushaltsgröße 2			Segment 4 70+ Jahre Haushaltsgröße 3+		
	% vert.	Mio.	% vert.	Mio.	Index	% vert.	Mio.	Index	% vert.	Mio.	Index	% vert.	Mio.	Index	% vert.	Mio.	Index	% vert.	Mio.	Index
Basis	100,0	29,55	100,0	2,90	100	100,0	5,05	100	100,0	1,46	100	100,0	3,26	100	100,0	1,60	100	100,0	0,12	100
Fertigsuppen insgesamt Haushalte mit intensiver Verwendung (mindestens 1 x pro Woche)	22,0	6,49	24,4	0,71	111	17,6	0,89	80	13,5	0,20	61	25,3	0,83	115	17,2	0,27	78	28,0	0,03	128
Haushalte mit intensiver und mittlerer Verwendung (mind. 1 x alle 14 Tage)	45,4	13,42	48,8	1,42	107	39,5	2,00	87	35,2	0,51	77	46,9	1,53	103	38,8	0,62	86	29,2	0,03	64
Haushalte mit gelegentlicher Verwendung (seltener als 1 x alle 14 Tage)	54,6	16,12	51,2	1,48	94	60,5	3,05	111	64,8	0,94	119	53,1	1,73	97	61,2	0,98	112	70,8	0,08	130
Dosensuppen Haushalte mit intensiver Verwendung (mindestens 1 x pro Woche)	14,8	4,38	16,4	0,48	111	11,2	0,57	76	7,4	0,11	50	17,6	0,57	119	10,2	0,16	69	23,3	0,03	157
Haushalte mit intensiver und mittlerer Verwendung (mind. 1 x alle 14 Tage)	30,1	8,90	33,1	0,96	110	23,9	1,21	79	19,4	0,28	65	31,1	1,01	103	24,2	0,39	80	23,5	0,03	78
Haushalte mit gelegentlicher Verwendung (seltener als 1 x alle 14 Tage)	27,5	8,13	28,3	0,82	103	31,0	1,56	113	30,0	0,44	109	27,1	0,89	99	29,1	0,46	106	31,0	0,04	113

Abb. 3.6: Verwendung von Fertig- und Dosensuppen in den demografischen Segmenten

Die Grundgesamtheit umfasst insgesamt 29,55 Mio. Haushaltsführende. Abb. 3.6 zeigt, wie die VerbraucherAnalyse herangezogen werden kann, um Marktsegmente einzuordnen. Es zeigt sich, dass für die fix & fertig GmbH die Segmente 5, 9, 10 und 11 interessant sind. In diesen Segmenten befinden sich viele Haushalte, in denen Fertigsuppen allgemein, aber speziell auch Dosensuppen relativ häufig verwendet werden. Die fix & fertig GmbH könnte sich also beispielsweise auf Singles allgemein und junge Paare konzentrieren.

3.3.3.2 Segmentierung mithilfe psychografischer Kriterien

Psychografische Merkmale sind z.B.

- Motive (Beweggründe für Konsumhandlungen),
- Einstellungen (Werthaltungen, Überzeugungen, Handlungstendenzen),
- Meinungen,
- Interessen,
- Freizeitverhalten,
- Lebensstil u.a.

Psychografische Merkmale haben für die Realisierung von Marketing-Zielen eine wesentlich größere Bedeutung als soziodemografische. Ein bestimmtes Konsum- oder Kaufverhalten lässt sich aufgrund psychografischer Eigenschaften der Zielpersonen mit deutlich höherer Wahrscheinlichkeit prognostizieren, als das bei soziodemografischen Kriterien der Fall ist. Psychografische Kriterien haben allerdings den Nachteil, dass sie schwierig zu erheben sind. Da die Merkmale äußerlich nicht sichtbar sind, gestaltet sich auch die Auffindung von Personen mit den entsprechenden Merkmalsausprägungen schwierig.

Vorteil: engere Beziehung zum Kaufverhalten, aber Nachteil: schwieriger zu erheben

Anwendung im Fallbeispiel

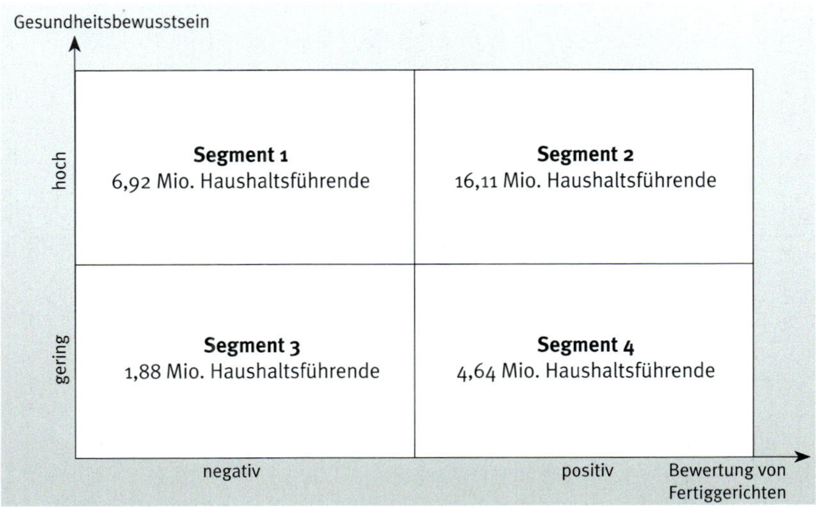

Abb. 3.7: Beispiel für eine Segmentierung mit psychografischen Kriterien – Grundgesamtheit wieder wie zuvor 29,55 Mio. Haushalte mit mind. gelegentlicher Dosensuppenverwendung

VerbraucherAnalyse – Klassik (14 Jahre +)
Grundgesamtheit: Alle Haushaltsführenden, in deren Haushalt
Fertigsuppen verwendet werden: 14.056 Fälle, 29,55 Mio. Personen

	Basis		Segment 1 hohes Gesundheitsbewusstsein, negative Bewertung von Fertigprodukten			Segment 2 hohes Gesundheitsbewusstsein, positive Bewertung von Fertigprodukten			Segment 3 geringes Gesundheitsbewusstsein, negative Bewertung von Fertigprodukten			Segment 4 geringes Gesundheitsbewusstsein, positive Bewertung von Fertigprodukten		
	% vert.	Mio.	% vert.	Mio.	Index	% vert.	Mio.	Index	% vert.	Mio.	Index	% vert.	Mio.	Index
Basis	100,0	29,55	100,0	6,92	100	100,0	16,11	100	100,0	1,88	100	100,0	4,64	100
Fertigsuppen insgesamt Haushalte mit intensiver Verwendung (mindestens 1 x pro Woche)	22,0	6,49	17,5	1,21	80	22,4	3,61	102	20,4	0,38	93 2	7,6	1,28	126
Haushalte mit intensiver und mittlerer Verwendung (mind. 1 x alle 14 Tage)	45,4	13,42	37,4	2,59	82	47,1	7,59	104	44,4	0,83	98	51,9	2,41	114
Haushalte mit gelegentlicher Verwendung (seltener als 1 x alle 14 Tage)	54,6	16,12	62,6	4,33	115	52,9	8,52	97	55,6	1,04	102	48,1	2,23	88
Dosensuppen Haushalte mit intensiver Verwendung (mindestens 1 x pro Woche)	14,8	4,38	10,5	0,73	71	15,2	2,45	103	12,7	0,24	86	20,8	0,97	140
Haushalte mit intensiver und mittlerer Verwendung (mind. 1 x alle 14 Tage)	30,1	8,90	22,1	1,53	73	31,7	5,10	105	27,7	0,52	92	37,6	1,75	125
Haushalte mit gelegentlicher Verwendung (seltener als 1 x alle 14 Tage)	27,5	8,13	28,1	1,95	102	27,8	4,47	101	27,3	0,51	99	25,9	1,20	94

Abb. 3.8: Verwendung von Fertig- und Dosensuppen in den psychografischen Segmenten

Wie aus der Tabelle in Abb. 3.8 entnommen werden kann, finden sich erwartungsgemäß vor allem in Segment 4 im Vergleich zur Grundgesamtheit überproportional viele Haushalte mit intensiver und mittlerer Verwendung von Fertig- und Dosensuppen. Obwohl die Verwendungsintensität von Dosen- und Fertigsuppen in Segment 2 nur durchschnittlich ist (die Indexwerte liegen in der Nähe von 100), ist das Segment wegen seiner Größe für die fix & fertig GmbH trotzdem interessant.

3.3.3.3 Segmentierung mithilfe kauf- und konsumbezogener Kriterien

Bei dieser Merkmalskategorie spielen unter anderem folgende Aspekte eine Rolle:

- Käufer/Nichtkäufer,
- Kaufvolumen/Kauffrequenz,
- Preis-/Qualitätsverhalten,
- Markenbewusstsein/Markentreue,
- Einkaufsstättenwahl,
- Art der Kaufentscheidung (individuell, kollektiv, geplant, spontan etc.),
- Verwender/Nichtverwender,
- Verwendungshäufigkeiten/Verwendungsmengen,
- Besitzer/Nichtbesitzer.

Da die Merkmale das tatsächliche Kauf- und Konsumverhalten berücksichtigen, sind sie natürlich sehr gut geeignet, um Marktsegmente und Zielgruppen abzugrenzen. Sie haben folglich eine hohe Bedeutung bei der Erreichung der Marketing-Ziele. Nachteilig ist jedoch, dass die Kriterien immer nur das Verhalten in der Vergangenheit beschreiben. Kriterien des Kauf- und Konsumverhaltens eignen sich daher nur dann für eine Marktsegmentierung, wenn vorausgesetzt werden kann, dass sich das Verhalten in der Zukunft nicht ändert. Abb 3.9 zeigt das Prinzip im Beispiel. Weiter verdeutlicht wird die Segmentierung mithilfe von Kriterien des Kauf- und Konsumverhaltens dann mithilfe des Fallbeispiels zum Fertigsuppenmarkt.

Vorteil: engster Zusammenhang zum Konsumverhalten, aber Nachteil: vergangenheitsbezogen

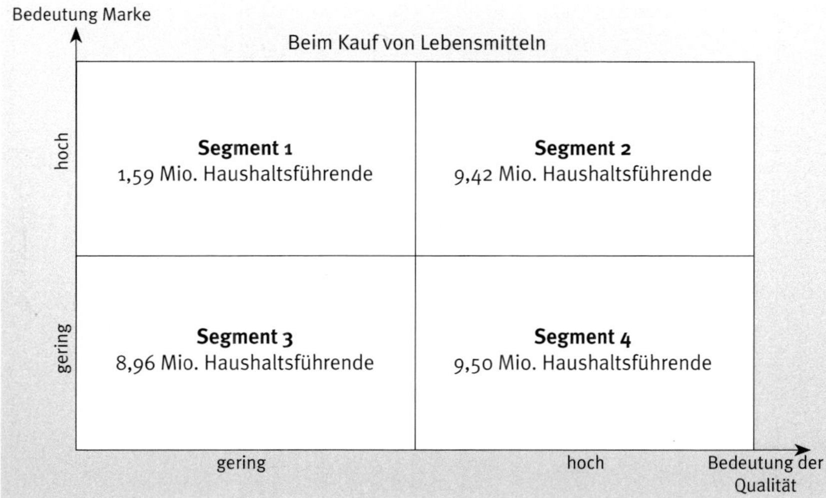

Abb. 3.9: Beispiel für eine Segmentierung mit kauf- und konsumbezogenen Kriterien

Anwendung im Fallbeispiel

Die Grundgesamtheit besteht wieder aus allen Haushaltsführenden, in deren Haushalt zumindest gelegentlich Fertigsuppen verwendet werden. Die entsprechenden Daten wurden ebenfalls der VerbraucherAnalyse entnommen.

VerbraucherAnalyse – Klassik (14 Jahre +)
Grundgesamtheit: Alle Haushaltsführenden, in deren Haushalt
Fertigsuppen verwendet werden: 14.056 Fälle, 29,55 Mio. Personen

	Basis		Segment 1			Segment 2			Segment 3			Segment 4		
			Beim Einkauf von Lebensmitteln ist die Marke wichtig, die Qualität ist nicht so wichtig			Beim Einkauf von Lebensmitteln sind Marke und Qualität wichtig			Beim Einkauf von Lebensmitteln sind Marke und Qualität nicht so wichtig			Beim Einkauf von Lebensmitteln ist die Marke nicht so wichtig, die Qualität ist aber wichtig		
	% vert.	Mio.	% vert.	Mio.	Index	% vert.	Mio.	Index	% vert.	Mio.	Index	% vert.	Mio.	Index
Basis	26,38	29,55	100,0	1,59	100	100,0	9,42	100	100,0	8,96	100	100,0	9,58	100
Fertigsuppen insgesamt Haushalte mit intensiver Verwendung (mindestens 1 x pro Woche)	22,00	6,49	26,1	0,41	119	23,5	2,21	107	22,3	2,00	102	19,4	1,86	89
Haushalte mit intensiver und mittlerer Verwendung (mind. 1 x alle 14 Tage)	45,40	13,42	48,8	0,77	107	47,6	4,49	105	46,0	4,12	101	42,2	4,04	93
Haushalte mit gelegentlicher Verwendung (seltener als 1 x alle 14 Tage)	54,60	16,12	51,2	0,81	94	52,4	4,94	96	54,0	4,84	99	57,8	5,54	106
Dosensuppen Haushalte mit intensiver Verwendung (mindestens 1 x pro Woche)	14,80	4,38	17,6	0,28	118	15,6	1,47	105	15,9	1,42	107	12,7	1,22	86
Haushalte mit intensiver und mittlerer Verwendung (mind. 1 x alle 14 Tage)	30,10	8,90	30,1	0,48	100	31,4	2,96	104	31,6	2,83	105	27,4	2,63	91
Haushalte mit gelegentlicher Verwendung (seltener als 1 x alle 14 Tage)	27,50	8,13	25,1	0,40	91	26,5	2,50	96	28,7	2,57	104	27,9	2,67	101

Abb. 3.10: Verwendung von Fertig- und Dosensuppen in den Segmenten, die mit kauf- und konsumbezogenen Kriterien gebildet wurden

Diese Tabelle (Abb. 3.10) zeigt genauer, dass beim Kauf von Fertig- und Dosensuppen weder die Marke noch die Qualität eine besondere Rolle spielen. Es müsste daher genauer untersucht werden, inwieweit sich diese beiden Merkmale als Segmentierungskriterium eignen. Lediglich in dem Segment 1 sind die Haushalte mit intensiver Suppenverwendung im Vergleich zur Grundgesamtheit (Basis) deutlich überproportional vertreten.

3.3.3.4 *Ablauf einer Marktsegmentierung*

In der Regel verwendet man bei einer Marktsegmentierung eine Vielzahl von Merkmalen. Das bedeutet, dass die Marktsegmente in der Praxis nicht auf eine so einfache Weise gebildet werden können wie in den Beispielen zuvor. Es ergibt sich hierbei der folgende typische Ablauf:

In der Praxis: Verwendung einer Vielzahl von Merkmalen

1. **Datenerhebung**
   Beschaffung von Informationen, z.B. über:
   - Produktmerkmale und ihre Beurteilung,
   - Bekanntheit und Beurteilung von Marken,
   - Produktverwendungsprofile,
   - Einstellungen zur Produktkategorie,
   - quantitative und qualitative Merkmale von Verwendern und potenziellen Verwendern bzw. Besitzern.

   Falls möglich und vorhanden, können die Daten aus Sekundärmaterial ermittelt werden, häufig ist jedoch eine Primärerhebung notwendig.

   Ggf: Sekundärerhebung

2. **Analyse**
   Es werden zunächst die Kriterien ermittelt, die bei der Segmentierung berücksichtigt werden sollen. Hierbei kann eine Faktorenanalyse hilfreich sein, da damit die hauptsächlichen Einflussfaktoren z.B. für den Konsum oder für Kaufentscheidungsprozesse abgeleitet werden können. Bezüglich der ermittelten Segmentierungskriterien wird die Grundgesamtheit dann einer Clusteranalyse unterzogen, und dadurch werden die Segmente ermittelt. Durch die Clusteranalyse wird die Grundgesamtheit so in Teilgruppen zerlegt, dass die Mitglieder der gleichen Teilgruppe bezüglich aller Segmentierungskriterien möglichst ähnlich sind, sich aber von den Mitgliedern anderer Teilgruppen möglichst stark unterscheiden. Die erhaltenen Teilgruppen bezeichnet man als Cluster. Jedes Cluster bildet ein Marktsegment. Durch das beschriebene Verfahren wird also der Gesamtmarkt in weitgehend homogene Teilmärkte aufgegliedert.

   Hilfsmittel: Faktorenanalyse und Clusteranalyse

3. **Profilerstellung**
   Jedes Cluster wird nun mithilfe der Segmentierungskriterien und möglicherweise zusätzlicher Merkmale genauer beschrieben und charakterisiert.

   (Zum Thema Clusteranalyse vgl. Abschnitt 4.2 des Bandes „Kommunikationspolitik“, dort findet sich auch ein durchgerechnetes Beispiel.)

3.3.3.5 *Lifestyle-Ansatz*

Häufig erfolgt eine Marktsegmentierung unter Berücksichtigung des sogenannten Lifestyle-Ansatzes. Dabei geht man davon aus, dass das Konsumverhalten von Menschen stark von deren Lebensstil geprägt wird. Vereinfacht ausgedrückt ist der Lebensstil eines Menschen die Art und Weise, wie er seine Zeit verbringt und sein Geld ausgibt. Häufig erfolgt eine Operationalisierung des Lebensstils mithilfe des AIO-Ansatzes:

Operationalisierung durch den AIO-Ansatz

Activities:	beobachtbares Verhalten in der Freizeit und im Berufsleben
Interests:	bedeutsame und wichtige Objekte und Aspekte für die Person
Opinions:	Meinungen

Dieser Ansatz liegt auch den sogenannten Lifestyle-Typologien zugrunde. Im Rahmen von Lifestyle-Typologien wird versucht, eine Grundgesamtheit so in Teilgruppen zu zerlegen, dass den einzelnen Typen (Teilgruppen) bestimmte typische Lebensstile zugeordnet werden können.

Solche Typologien können auch für eine Marktsegmentierung verwendet werden.

3.3.3.6 Anforderungen an die Marktsegmente

Damit eine Marktsegmentierung effektiv für die Bestimmung von Zielmärkten genutzt werden kann, müssen die Marktsegmente bestimmten Anforderungen genügen:

- **Verhaltensrelevanz:** Die Teilsegmente sollten einen unmittelbaren Bezug zum Kauf- und Konsumverhalten der Abnehmer haben.
- **Messbarkeit:** Die verwendeten Kriterien müssen eindeutig durch die vorhandenen Methoden der Marketing-Forschung messbar sein.
- **Zeitliche Stabilität:** Die Kriterien sollen nicht kurzfristigen Modeströmungen unterliegen.
- **Bezug zur Marktbearbeitung:** Die Teilsegmente müssen differenziert bearbeitet werden können.
- **Ausreichende Segmentgröße:** Die identifizierten Teilsegmente müssen ein hinreichendes Potenzial aufweisen, um eine gezielte Ansprache ökonomisch rechtfertigen zu können.
- **Ansprechbarkeit** und **Zugänglichkeit:** Es muss möglich sein, die Teilsegmente mit den Instrumenten des Kommunikationsmixes gezielt zu erreichen.

3.3.3.7 Marktbearbeitungsstrategien (Marktwahl)

Darstellungsmittel: Matrix

Nachdem eine Marktsegmentierung durchgeführt wurde, muss entschieden werden, welche Marktsegmente bearbeitet und welche Produkte auf den jeweiligen Teilmärkten angeboten werden sollen. Die potenziellen Möglichkeiten lassen sich gut in einer Matrix darstellen, was für das Fallbeispiel nachfolgend veranschaulicht wird.

Anwendung Fallbeispiel

Die bei der Produkt-Marktwahl unterscheidbaren, typischen Strategiealternativen führen nach den bisherigen Betrachtungen für das Modellunernehmen fix & fertig GmbH auf die Möglichkeiten, die in Abb. 3.11 beispielhaft zu einer Matrix zusammengestellt sind.

	Singles (S)	Paare (P)	Mehrpersonenhaushalte (M)
Dosensuppen (D)	**D/S**	**D/P**	**D/M**
Tütensuppen zum Aufkochen (T)	**T/S**	**T/P**	**T/M**
Instantsuppen (I)	**I/S**	**I/P**	**I/M**

Abb. 3.11: Beispiel für mögliche Marktbearbeitungsstrategien der fix & fertig GmbH

Nischenkonzept
Das Unternehmen konzentriert sich auf einen Teilmarkt. Die fix & fertig GmbH könnte z.B. ausschließlich Dosensuppen für Singles herstellen (D/S). Diese Strategie könnten Unternehmen verfolgen, die wegen ihrer geringen Größe nur einen abgegrenzten, spezialisierten Markt effektiv bearbeiten können.

Produktspezialisierung
Das Unternehmen konzentriert sich auf ein bestimmtes Produkt, bietet dieses aber allen Zielgruppen an. Für die fix & fertig GmbH könnte das bedeuten, dass sie ausschließlich Dosensuppen herstellt, diese aber Singles, Paaren und Mehrpersonenhaushalten anbietet (D/S, D/P, D/M). Durch eine Produktspezialisierung könnte ein Unternehmen z.B. Kompetenzvorteile gegenüber Mitwettbewerbern erlangen.

Marktspezialisierung
Das Unternehmen konzentriert sich auf eine bestimmte Zielgruppe, bietet dieser aber die gesamte Produktpalette an. Die fix & fertig GmbH könnte sich hierbei auf die Singlehaushalte beschränken, diesen aber sowohl Dosensuppen, Tütensuppen zum Aufkochen und Instantsuppen anbieten (D/S, T/S, I/S).

Selektive Spezialisierung
Das Unternehmen bietet speziellen Teilgruppen spezifische Produkte an.
Wenn die fix & fertig GmbH diese Strategie verfolgen würde, könnte sie z.B. Singlehaushalten Instantsuppen (S/I), Paaren Tütensuppen zum Aufkochen (T/P) und Mehrpersonenhaushalten Dosensuppen (D/M) anbieten.

Gesamtmarktabdeckung
Schließlich könnte das Unternehmen auch die gesamte Produktpalette allen Zielgruppen anbieten. Für die fix & fertig GmbH würde das bedeuten, dass sie Dosensuppen, Tütensuppen zum Aufkochen und Instantsuppen herstellt und versucht, diese an Singlehaushalte, Paare und Mehrpersonenhaushalte abzusetzen.

3.4 Wettbewerbsstrategien

Primär im Blickpunkt: entweder Abnehmer oder Konkurrenten

Im Zusammenhang mit der strategischen Ausrichtung eines Unternehmens müssen auch Entscheidungen darüber getroffen werden, wie das Unternehmen sich gegenüber den Mitwettbewerbern verhalten und von diesen abgrenzen soll. Bei strategischen Ansätzen, die auf dieses Problemfeld zielen, kann grundsätzlich zwischen abnehmergerichteten und konkurrenzgerichteten Strategien unterschieden werden.

3.4.1 Abnehmergerichtete Strategien

Bei den abnehmergerichteten Strategien geht es darum, Präferenzen der Abnehmer für die Produkte des eigenen Unternehmens zu erlangen und dadurch Wettbewerbsvorteile zu erzielen. Nach der Systematik von Porter können sich diese Vorteile im Wesentlichen auf die Qualität oder auf den Preis beziehen. Außerdem kann danach unterschieden werden, ob die strategische Ausrichtung auf den Gesamtmarkt oder auf einen Teilmarkt zielt (vgl. Abb. 3.12).
Damit lassen sich vier strategische Grundkonzeptionen unterscheiden:

Qualität und Leistung deutlich vor aller Konkurrenz

- **Strategie der Qualitätsführerschaft:** Hierbei wird versucht, sich durch Qualitäts- und Leistungsvorteile des gesamten Sortiments von der Konkurrenz abzuheben. Bei der Strategie der Qualitätsführerschaft deckt der Anbieter durch sein Sortiment den Gesamtmarkt ab und versucht dabei die beste Qualität anzubieten, wofür er allerdings auch einen höheren Preis verlangt.

Beispiel

Im Beispiel der fix & fertig GmbH soll der Gesamtmarkt durch den Fertigsuppenmarkt abgegrenzt sein. Ein Anbieter verfolgt eine Strategie der Qualitätsführerschaft, wenn er durch sein Sortiment diesen Markt komplett abdeckt, also alle möglichen Arten von Fertigsuppen und jeweils die beste Qualität anbietet.

Preis durch Kostenvorteil deutlich günstiger als Konkurrenz

- **Strategie der Kostenführerschaft:** Dabei versucht der Anbieter Kostenvorteile gegenüber seinen Mitkonkurrenten zu erreichen, damit er seine Produkte zu einem geringeren Preis als diese anbieten kann, wobei angestrebt wird, die Kostenführerschaft auf dem Gesamtmarkt zu realisieren. Diese Strategie zielt in der Regel auf hohe Marktanteile ab, da die damit verbundenen Mengeneffekte mit einer zusätzlichen Kostendegression einhergehen.

Beispiel

Die fix & fertig GmbH müsste versuchen, das gesamte Fertigsuppensortiment zu einem niedrigeren Preis anzubieten als ihre Konkurrenten.

Qualität im Teilmarkt besser als Konkurrenz

- **Strategie der selektiven Qualitätsführerschaft:** Hierbei konzentriert sich der Anbieter auf einen Teilmarkt und versucht auf diesem Teilmarkt durch Realisierung von Leistungsvorteilen Qualitätsführer zu werden, wodurch auch ein höherer Preis für seine Produkte gerechtfertigt ist.

Beispiel

Die fix & fertig GmbH könnte sich auf den Teilmarkt der Dosensuppen konzentrieren und versuchen, auf diesem Teilmarkt Qualitätsführer zu werden.

- **Strategie der selektiven Kostenführerschaft:** Ein Anbieter, der diese Strategie verfolgt, versucht auf einem Teilmarkt Kostenführer zu werden, damit er auf diesem Teilmarkt die Preise seiner Mitwettbewerber unterbieten kann, um dadurch auf diesem Teilmarkt Wettbewerbsvorteile zu erlangen.

Preis im Teilmarkt günstiger als Konkurrenz

Beispiel

Die fix & fertig GmbH könnte versuchen, auf dem Teilmarkt der Dosensuppen durch Rationalisierung und Einkaufsvorteile bei Rohstoffen günstiger zu produzieren als andere Fertigsuppenanbieter und diese Kostenvorteile dann im Preis weitergeben.

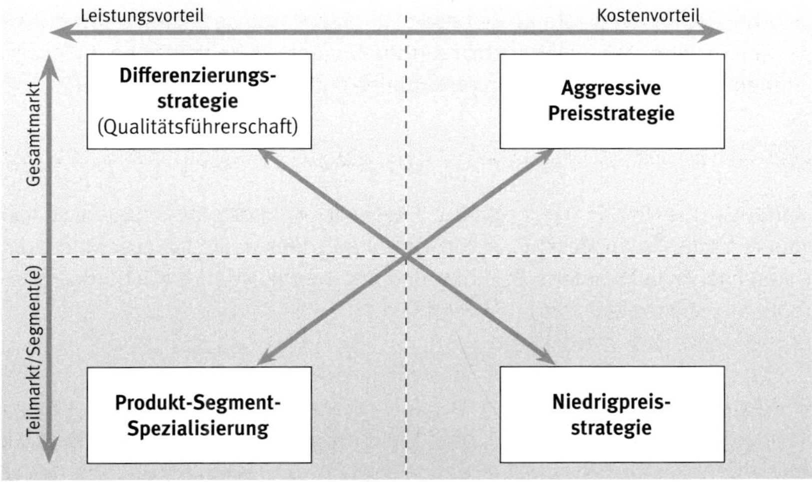

Abb. 3.12: Wettbewerbsstrategien nach Porter

3.4.2 Erfahrungskurveneffekt

Kosten- und Preisstrategien beruhen auf Kostenmanagement und Mengenvorteil

Strategien, die darauf abzielen, Wettbewerbsvorteile durch niedrige Preise zu erreichen, basieren häufig auf dem sogenannten **Erfahrungskurveneffekt**, der von der Boston Consulting Group (BCG) auf der Grundlage empirischer Untersuchungen formuliert wurde.

Das Konzept geht von der Annahme aus, dass die Stückkosten eines Produktes mit zunehmender Absatzmenge sinken. Untersuchungen der BCG haben ergeben, dass die variablen Stückkosten mit einer Verdoppelung der im Zeitablauf kumulierten Produktions- und Absatzmengen zwischen 20% und 30% sinken (Abb. 3.13).

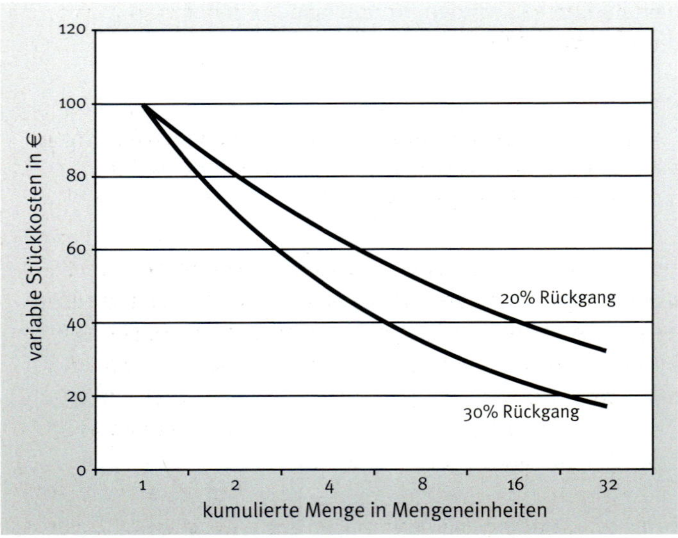

Abb. 3.13: Erfahrungskurveneffekt

Diese Beobachtung wird damit erklärt, dass die Beschaffungskosten von Rohstoffen und Vorprodukten mit zunehmender Menge sinken (Mengennachlässe) und außerdem die Produktion größerer Mengen rationeller und damit kostengünstiger erfolgen kann. Die Verfolgung einer Preis-Mengen-Strategie setzt also neben einem konsequenten Kostenmanagement auch möglichst große Produktions- und Absatzmengen voraus. Preis-Mengen-Strategien erfordern daher einen hohen Marktanteil.

3.4.3 Konkurrenzgerichtete Strategien

Während abnehmergerichtete Wettbewerbsstrategien bei den Konsumenten ansetzen, zielen konkurrenzgerichtete Strategien unmittelbar auf die Mitwettbewerber. Sie unterscheiden sich im Wesentlichen hinsichtlich der Konfliktausrichtung gegenüber den Konkurrenten. Es können hierbei vier hauptsächliche Strategievarianten unterschieden werden.

- **Kooperationsstrategien**
  Unternehmen, die diese Strategietypen anwenden, versuchen durch stillschweigendes Einverständnis über das Marktverhalten oder durch formale Kooperationen den Wettbewerbsdruck zu verringern.
  Diese Strategievarianten können vor allem für solche Anbieter vorteilhaft sein, die über keinen klaren Wettbewerbsvorteil verfügen.
  Gerade auf oligopolistischen Märkten sind informelle Kooperationen, z.B. hinsichtlich des Preiswettbewerbs, häufig für alle Anbieter vorteilhafter als Preiskämpfe. (Vergleiche hierzu den Abschnitt „Preisbildung auf oligopolistischen Märkten" im Kapitel 5).

- **Konfliktstrategien**
  Konfliktstrategien sind durch ein aggressives Verhalten gegenüber den Wettbewerbern gekennzeichnet. Ziel dieser Strategien ist es in der Regel, die Konkurrenten zu schwächen oder ganz aus dem Markt zu verdrängen, um dadurch die eigenen Marktanteile zu vergrößern.

- **Ausweichstrategien**
  Diese Strategievarianten sind in der Regel durch ein innovatives Verhalten geprägt. Es wird versucht, sich durch Produktinnovationen von den Wettbewerbern abzugrenzen und Produktimitationen zu erschweren sowie sie möglichst lange zu verhindern.

- **Anpassungsstrategien**
  Hierbei wird das eigene Verhalten den Aktivitäten der Wettbewerber angepasst. Diese Strategien sind eher defensiv ausgerichtet, da lediglich versucht wird, die eigene Position zu verteidigen.

3.4.4 Situationsaufgabe zu Wettbewerbsstrategien

Situationsdarstellung
Die Aufgabe bezieht sich auf die Darstellung der Ausgangssituation zum Unternehmen fix & fertig GmbH auf Seite 38 f. Zur Vereinfachung sei angenommen, dass neben der fix & fertig GmbH nur noch drei weitere Unternehmen, A, B und C Dosensuppen anbieten:

A ist ein großes, finanzkräftiges Unternehmen, das eine Vielzahl von Nahrungsmitteln und Convenience-Produkten herstellt und teilweise unter verschiedenen Marken vertreibt. Neben Dosensuppen bietet das Unternehmen auch alle anderen Arten von Fertigsuppen an. Das Angebot im Bereich der Dosen- und Fertigsuppen ist vielfältig und sehr differenziert. Es werden verschiedene Marken angeboten, die sowohl das untere als auch das obere Preis- und Qualitätssegment abdecken. Im Bereich der Fertigsuppen versucht A den Gesamtmarkt zu bedienen. Alle Produkte werden von A stark beworben. Der Vertrieb erfolgt über Supermärkte und Discounter.

B hat sich auf die Herstellung von Fertig- und Tiefkühlprodukten spezialisiert. Das Angebot ist vielfältig, aber wenig differenziert. Im Segment der Dosensuppen werden nur drei verschiedene Suppen angeboten: Fischsuppe, Tomatensuppe und Lauchcreme-Suppe. Tüten- und Instantsuppen stellt B gar nicht her. Qualität und Preise von B sind hoch. Der Vertrieb erfolgt über Feinkostläden und Lebensmittelabteilungen exklusiver Warenhäuser. B stellt in seiner Kommunikation vor allem den Qualitätsaspekt und die weitgehende Naturbelassenheit seiner Fertigprodukte heraus.

C ist ein Unternehmen, das wie A alle möglichen Arten von Nahrungsmitteln und auch die gesamte Palette an Fertigsuppen herstellt. Dosensuppen werden aber nur als Randsortiment geführt. Die Produkte von C sind von mittlerer Qualität, der Preis liegt im unteren Bereich. Der Vertrieb erfolgt fast ausschließlich über preisaggressive Discounter.

Im Bereich der Dosensuppen verteilen sich die Marktanteile wie folgt:

Marktanteil von A:	40%
Marktanteil von B:	15%
Marktanteil von C:	30%
Marktanteil fix & fertig GmbH:	15%

Das Kostensenkungspotenzial der fix & fertig GmbH ist zur Zeit ausgeschöpft. Wenn es gelingt, die Absatzmengen in Zukunft nennenswert zu steigern, könnten durch entsprechende Mengeneffekte die Kosten weiter gesenkt werden.
Auf dem Dosensuppenmarkt war in den letzten Jahren weder ein Preiswettbewerb noch ein ausgeprägter Werbewettbewerb zu beobachten. Die augenblickliche finanzielle Situation der fix & fertig GmbH erlaubt zurzeit keine aufwändigen Konkurrenzkämpfe.

Arbeitsauftrag
Machen Sie einen begründeten Vorschlag, welche Wettbewerbs- und welche Produktstrategie Sie der fix & fertig GmbH empfehlen würden. Berücksichtigen Sie dabei auch die in Abb. 3.14 abgedruckte Kreuztabelle zur Struktur der Haushaltsführenden in Verwenderhaushalten von Dosen- und Fertigsuppen.

VerbraucherAnalyse – Klassik (14 Jahre +) Grundgesamtheit: Alle Haushaltsführenden. 16.861 Fälle, 35,44 Mio. Personen	**Basis**		Haushaltsführende in Haushalten mit mindestens mittlerer Verwendungsintensität von Dosensuppen(mindestens 1 x alle14 Tage)			Haushaltsführende in Haushalten mit mindestens mittlerer Verwendungsintensität von Fertigsuppen allgemein (mindestens 1 x alle 14 Tage)		
	% vert.	**Mio.**	**% vert.**	**Mio.**	**Index**	**% vert.**	**Mio.**	**Index**
Basis	100,0	35,44	100,0	8,90	100	100,0	13,42	100
Geschlecht								
Männer	17,7	6,26	25,1	2,23	142	21,7	2,91	123
Frauen	82,3	29,19	71,9	6,67	91	78,3	10,51	95
Altersgruppen								
14 – 19 Jahre	0,4	0,16	0,7	0,06	151	0,7	0,10	166
20 – 29 Jahre	10,7	3,79	14,7	1,31	138	14,1	1,89	132
30 – 39 Jahre	18,8	6,66	21,8	1,94	116	20,9	2,81	111
40 – 49 Jahre	19,0	6,74	19,2	1,71	101	18,7	2,51	98
50 – 59 Jahre	15,5	5,48	13,8	1,23	89	14,3	1,92	92
60 – 69 Jahre	17,3	6,14	13,8	1,22	79	14,9	2,01	86
70 Jahre und älter	18,3	6,48	16,1	1,43	88	16,3	2,19	89
Familienstand								
Ledig	17,7	6,26	23,4	2,08	133	21,9	2,94	124
Verheiratet	54,7	19,39	47,3	4,21	86	49,6	6,66	91
Verwitwet	16,6	5,88	16,1	1,43	97	16,0	2,14	96
Geschieden	11,0	3,91	13,2	1,18	120	12,5	1,67	113
Haushalts-Netto-Einkommen								
bis unter 500 Euro	2,2	0,78	2,5	0,22	112	2,6	0,35	117
500 bis unter 1.000 Euro	16,0	5,69	18,8	1,68	117	17,3	2,33	108
1.000 bis unter 1.500 Euro	23,2	8,22	24,9	2,22	107	24,5	3,29	106
1.500 bis unter 2.000 Euro	20,7	7,33	20,0	1,78	97	20,0	2,68	97
2.000 bis unter 2.500 Euro	16,9	5,98	15,3	1,36	91	16,2	2,17	96
2.500 bis unter 3.000 Euro	8,0	2,85	7,7	0,69	96	8,0	1,07	99
3.000 bis unter 3.500 Euro	5,7	2,03	4,6	0,41	81	5,2	0,70	91
3.500 bis unter 4.000 Euro	3,2	1,14	2,9	0,25	89	2,8	0,38	87
4.000 Euro und mehr	4,0	1,43	3,2	0,28	78	3,4	0,46	85
Hauptsache ist, dass das Essen schmeckt, Kalorien spielen dabei eine untergeordnete Rolle								
stimme voll und ganz zu	9,0	3,19	11,7	1,05	130	10,6	1,42	118
stimme weitgehend zu	32,0	11,34	35,2	3,13	110	34,8	4,67	109
stimme eher nicht zu	42,2	14,96	38,6	3,43	91	39,8	5,34	94
stimme überhaupt nicht zu	16,8	5,94	14,5	1,29	86	14,8	1,98	88
Hausarbeit ist ein notwendiges Übel, man sollte sie so schnell wie möglich hinter sich bringen								
stimme voll und ganz zu	17,8	6,31	20,7	1,84	116	19,4	2,61	109
stimme weitgehend zu	45,3	16,06	46,1	4,10	102	46,0	6,18	102
stimme eher nicht zu	29,0	10,29	26,8	2,39	92	28,1	3,77	97
stimme überhaupt nicht zu	7,9	2,79	6,4	0,57	81	6,4	0,87	82
Ich koche am liebsten Gerichte, die schnell gehen								
stimme voll und ganz zu	13,0	4,62	17,8	1,59	137	16,9	2,27	130
stimme weitgehend zu	42,8	15,16	47,3	4,21	111	46,4	6,23	109
stimme eher nicht zu	35,7	12,64	29,2	2,59	82	30,5	4,10	86
stimme überhaupt nicht zu	8,5	3,03	5,7	0,51	67	6,1	0,82	72
Fertigprodukte sind eine sinnvolle Erleichterung								
stimme voll und ganz zu	16,3	5,77	25,1	2,14	148	21,3	2,86	131
stimme weitgehend zu	50,8	17,99	52,9	4,71	104	53,2	7,15	105
stimme eher nicht zu	24,5	8,69	18,3	1,63	75	20,3	2,73	83
stimme überhaupt nicht zu	8,4	2,99	4,7	0,42	56	5,2	0,69	61
Beim Einkauf von Lebensmitteln achten wir mehr auf die Marke als auf den Preis								
stimme voll und ganz zu	6,2	2,20	6,5	0,58	106	6,4	0,86	104
stimme weitgehend zu	30,9	10,97	32,1	2,86	104	32,8	4,40	106
stimme eher nicht zu	43,5	15,41	42,4	3,77	97	42,7	5,73	98
stimme überhaupt nicht zu	19,4	6,87	18,9	1,69	98	18,1	2,43	93

Abb. 3.14: Struktur der Haushaltsführenden in Verwenderhaushalten von Dosen- und Fertigsuppen (Quelle: VerbraucherAnalyse)

3.4.5 Lösungshinweise zur Situationsaufgabe zu Wettbewerbsstrategien

Auswertung der Kreuztabelle

Haushaltsführende in Verwenderhaushalten von Fertig- und Dosensuppen

Merkmale mit überproportionaler Ausprägung

	Verwenderhaushalte von Dosensuppen		Verwenderhaushalte von Fertigsuppen	
Merkmal	Prozentanteil	Potenzial in Mio.	Prozentanteil	Potenzial in Mio.
Männer	25,1%	2,23	21,7%	2,91
untere/mittlere Altersklasse				
Alter 20–29 Jahre	14,7%	1,31	14,1%	1,89
Alter 30–39 Jahre	21,9%	1,94	20,9%	2,81
Single				
ledig	23,4%	2,08	21,9%	2,94
geschieden	13,2%	1,18	12,5%	1,67
untere bis mittlere Einkommensklasse (Haushalts-Netto-Einkommen bis 1.500,00 Euro)	46,2%	4,12	44,4%	5,97
Geschmack ist wichtig	46,9%	4,18	45,4%	6,09
Convenience-Aspekt wird geschätzt				
Hausarbeit wird sehr ungern verrichtet	20,7%	1,84	19,4%	2,61
Schnellgerichte werden bevorzugt	65,1%	5,80	63,3%	8,50
Fertigprodukte werden geschätzt	77,0%	6,95	74,5%	10,01
Marke ist wichtiger als Preis	38,6%	3,44	39,2%	5,26

Strategievorschläge für die fix & fertig GmbH

Eine Abdeckung des gesamten Fertigsuppenmarktes ist für die fix & fertig GmbH nicht sinnvoll, da sie in neue Fertigungsanlagen investieren müsste; außerdem müssten neue Produkte (Trockensuppen) entwickelt werden. Das würde die augenblicklichen finanziellen Möglichkeiten der fix & fertig GmbH überfordern.

Bei einer Differenzierungsstrategie auf dem Gesamtfertigsuppenmarkt würde die fix & fertig GmbH außerdem gegen A konkurrieren müssen, gegen den sie sich kaum durchsetzen kann.

Bei einer aggressiven Niedrigpreisstrategie würde die fix & fertig GmbH gegen A und C antreten müssen, wobei C bereits als preisgünstiger Anbieter positioniert ist und einen doppelt so großen Marktanteil wie die fix & fertig GmbH besitzt. Außerdem ist das Kostensenkungs- und damit vermutlich auch das Preissenkungspotenzial der fix & fertig GmbH zurzeit erschöpft.

Eine selektive Niedrigpreisstrategie ist nicht sinnvoll, da das entsprechende Potenzial bereits durch A und C weitgehend ausgeschöpft ist.

Die fix & fertig GmbH sollte **eine selektive Qualitätsführerschaft anstreben**, indem sie sich auf den Dosensuppenmarkt konzentriert und versucht, hier Qualitätsführer zu werden. Dabei könnte eine Abgrenzung gegenüber B durch eine Betonung des guten Geschmacks und eine Herausstellung des Covenience-Aspektes erfolgen. Immerhin legen 46,9% der Haushaltsführenden von Haushalten, in denen regelmäßig Dosensuppen verwendet werden, und 45,4% der Haushaltsführenden von Haushalten, in denen regelmäßig Fertigsuppen verwendet werden, hauptsächlich Wert auf guten Geschmack. Die fix & fertig GmbH hat den Vorteil, dass die Konsumenten fix-&-fertig-Dosensuppen als schmackhaft einschätzen. Der Convenience-Aspekt wird zurzeit von keinem der Wettbewerber herausgestellt, ist für Dosen- und Fertigsuppenverwender aber sehr wichtig (vgl. Kreuztabelle). Zudem weist der gesellschaftliche Trend in die Richtung „leichter leben". Der Convenience-Aspekt müsste dann im Rahmen der Produktpolitik stärker berücksichtigt werden (verschiedene Packungsgrößen, einfache Öffnungsmechanismen, evtl. Wiederverschließbarkeit, Verpackungen, die in der Mikrowelle erhitzt werden können etc.).

Evtl. könnte eine Konzentration auf das Segment der Singles erfolgen, da diese besonders intensiv Dosensuppen verwenden. Im Rahmen der Konfliktstrategie sollte versucht werden, die bisherige informelle Kooperationsstrategie beizubehalten, da eine Verschärfung des Wettbewerbs für die fix & fertig GmbH wegen der angespannten finanziellen Situation nachteilig wäre.

3.5 Marktstimulierungsstrategien

Einen ähnlichen Ansatz wie die von Porter formulierten Wettbewerbsstrategien haben die sogenannten Marktstimulierungsstrategien (vgl. Jochen Becker, Marketingkonzeption, München 2009). Hier unterscheidet man zwischen der Präferenzstrategie und der Preis-Mengen-Strategie.

Bei der **Präferenzstrategie** konzentriert sich das Unternehmen auf Qualitätswettbewerb. Es versucht, durch hohe Qualität oder Qualitätsanmutung Präferenzen für die Marke bei den Konsumenten zu erlangen. Unternehmen, die eine Präferenzstrategie verfolgen, verlangen wegen der hohen Qualität oder Qualitätsanmutung ihrer Produkte einen überdurchschnittlichen Preis. Bei der **Preis-Mengen-Strategie** konzentriert sich das betreffende Unternehmen ausschließlich auf den Preiswettbewerb und verzichtet weitgehend auf andere präferenzbildende Maßnahmen.

Häufig unterteilt man den Gesamtmarkt in drei Marktschichten:

- Der **obere Markt** umfasst qualitäts- und markenorientierte Konsumenten, die bereit sind, für hohe Qualität einen hohen Preis zu zahlen.
- In der **mittleren Marktschicht** befinden sich Konsumenten, die einen mittleren Preis zahlen wollen, dafür aber auch nur eine mittlere Qualität erwarten.
- Im **unteren Markt** befinden sich die sogenannten Preiskäufer, die einen möglichst geringen Preis zahlen wollen, dafür aber auch eine geringe Qualität in Kauf nehmen.

Präferenzstrategie: wesentliche Aspekte

- Prinzip: Hochpreiskonzept über den Aufbau von Präferenzen durch ein klares Markenimage und eine eigenständige Positionierung, um sich von Konkurrenzmarken abzugrenzen
- Ziel: Gewinn vor Umsatz und Marktanteil
- Hauptzielgruppe: sogenannte Markenkäufer, bei denen die Marke vor dem Preis rangiert; oberer und mittlerer Markt
- Charakteristik: überdurchschnittliche Produktqualität, attraktive Verpackung, Image orientierte Markenprofilierung, starke Mediawerbung
- Prinzipielle Vorteile: Chance des Aufbaus einer eigenständigen Marktposition, mittel- und langfristig hohe Ertragschancen
- Prinzipielle Nachteile: hoher Mitteleinsatz, v.a. hohe Vorinvestitionen in den Markenaufbau bzw. in die innovative Produktentwicklung, damit hohe Verlustgefahr, falls das Konzept scheitert

Preis-Mengen-Strategie: wesentliche Aspekte

- PRINZIP: Niedrigpreiskonzept, d.h. Verzicht auf den Aufbau echter Präferenzen, Kundenfindung/-bindung erfolgt allein über eine aggressive Preispolitik
- ZIEL: Umsatz/Marktanteil vor Gewinn
- HAUPTZIELGRUPPE: sogenannte Preiskäufer, bei denen der Preis vor der Marke rangiert; unterer Markt
- CHARAKTERISTIK: durchschnittliche bis geringe Produktqualität, rationelle, zweckmäßige Verpackung, keine Markenprofilierung, geringe Mediawerbung
- PRINZIPIELLE VORTEILE: Verzicht auf den sonst üblichen Mitteleinsatz in Marketing und Vertrieb, speziell für aufwändige Mediawerbung, Ertragschancen bei kostenoptimaler Fertigungsstruktur, rationeller Logistik und effizientem Vertriebssystem
- PRINZIPIELLE NACHTEILE: wegen einseitigen Preiswettbewerbs und des Verzichts auf den Aufbau echter, dauerhafter Präferenzen besteht die Gefahr eines ruinösen Wettbewerbs

3.6 STRATEGISCHE ANALYSEINSTRUMENTE

Bei der Entwicklung von Marketing-Strategien werden oft verschiedene Analyseinstrumente verwendet. Die bekanntesten sind die Produktlebenszyklusanalyse und die Portfolioanalyse, die nun ausführlicher dargestellt werden.

3.6.1 Produktlebenszyklusanalyse

Die Ausrichtung des Marketing-Mixes hängt u.a. davon ab, welchen Reifegrad die Produkte besitzen. Dieser Aspekt wird durch das Modell des Produktlebenszyklus berücksichtigt. Dieses Konzept geht davon aus, dass Produkte im Marktgeschehen nur über eine begrenzte Lebensdauer verfügen und während ihrer Entwicklung bestimmte idealtypische Phasen durchlaufen. Die Anzahl der Phasen, die hier unterschieden werden, ist in der Literatur nicht einheitlich. Sie reichen von vier bis zu sieben Phasen. Die nachfolgenden Erläuterungen gehen von einem Lebenszyklusmodell mit fünf Phasen aus.

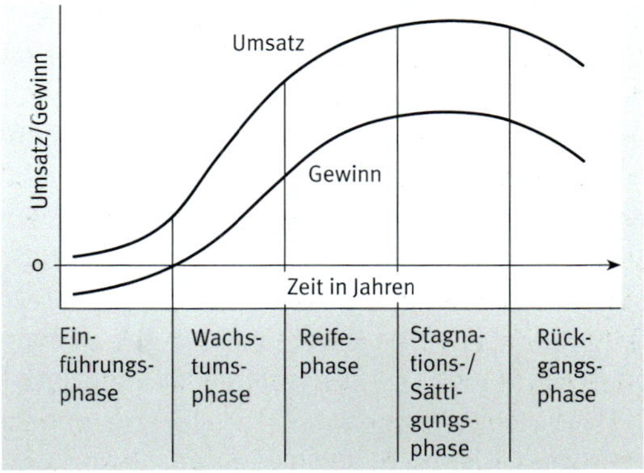

Abb. 3.15: Produktlebenszyklusphasen

3.6.1.1 Kennzeichnung der Phasen

- Einführungsphase
  In der Einführungsphase werden nur geringe Umsätze erzielt, obwohl hohe Anfangsinvestitionen zu tragen sind. Gewinne und häufig auch Deckungsbeiträge sind negativ.

- Wachstumsphase
  Mit dem Überschreiten der Gewinnschwelle kommt das Produkt in die Wachstumsphase. In dieser Phase steigen die Umsätze stark an und es muss verstärkt mit dem Auftreten von Konkurrenten gerechnet werden. Die Wachstumsphase endet, wenn die Umsatzzuwächse wieder zurückgehen.

- Reifephase
  Die Umsätze nehmen zwar noch weiter zu, das Umsatzwachstum wird aber immer geringer. Wegen der hohen Umsätze und den vergleichsweise geringen Kosten werden in dieser Phase hohe Gewinne erzielt.

- Stagnations-/Sättigungsphase
  Der Umsatz verharrt zunächst noch auf hohem Niveau, fällt aber schließlich. Das gilt auch für die Entwicklung des Gewinns.

- Rückgangsphase
  Umsätze und Gewinne sind in dieser Phase stark rückläufig. Im weiteren Verlauf kommt es sogar zu Verlusten.

3.6.1.2 Begründung des Produktlebenszyklus

Typisch: S-Kurve durch Diffusion und Adaption

Die Vorstellung eines S-förmigen Verlaufs der Produktlebenszykluskurve wird für neu entwickelte Produkte häufig durch die Theorie der Diffusion und Adaption von Innovationen begründet.

→ *Unter Diffusion versteht man die Verbreitung eines neuen Produktes innerhalb der Gesamtheit aller potenziellen Nachfrager.*

Dabei werden die Konsumenten hinsichtlich ihrer Neigung, Neuerungen zu akzeptieren, differenziert. Man unterscheidet dabei fünf Gruppen:

Konsumentengruppen hinsichtlich Adaption von Produktneuerungen

1. Innovatoren
Die Mitglieder dieser Gruppe sind Innovationen gegenüber sehr aufgeschlossen und verfügen über eine hohe Risikobereitschaft. Sie sind gut gebildet, einkommensstark und tendenziell jung. Da sie Massenmedien intensiv nutzen, sind sie auch gut informiert. An der Gesamtbevölkerung haben sie einen Anteil von 2,5%.

2. Frühadopter
Sie haben ähnliche Eigenschaften wie die Innovatoren, verfügen aber über eine geringere Risikobereitschaft, was sich auch in einer etwas geringeren Innovationsneigung ausdrückt. Die Frühadoptoren machen etwa 13,5% der Gesamtbevölkerung aus.

3. Frühe Mehrheit
Angehörige dieser Gruppe akzeptieren Neuerungen erst, wenn sie bereits im Markt etabliert sind. Sie sind eher auf Sicherheit bedacht. Ihr sozioökonomischer Status ist leicht überdurchschnittlich. Ihr Anteil an der Gesamtbevölkerung beträgt 34%.

4. Späte Mehrheit
Angehörige der späten Mehrheit begegnen Neuerungen mit großer Skepsis und akzeptieren Innovationen erst durch Druck von Mitgliedern ihrer sozialen Gruppe. Ihr soziodemografischer Status ist leicht unterdurchschnittlich. Sie haben an der Gesamtbevölkerung einen Anteil von 34%.

5. Zauderer
Zauderer setzen sich aus verschiedenen Teilgruppen zusammen:

- Personen, die generell innovationsfeindlich sind, und
- Personen, die lediglich bestimmte Innovationen ablehnen.

Sie sind vergangenheitsorientiert und Traditionen verhaftet. Ihr sozioökonomischer Status ist meist niedrig. Die Zauderer haben an der Gesamtbevölkerung einen Anteil von 16%.

Abb. 3.16 zeigt die Anteile der Adopterklassen innerhalb einer Normalverteilungskurve.

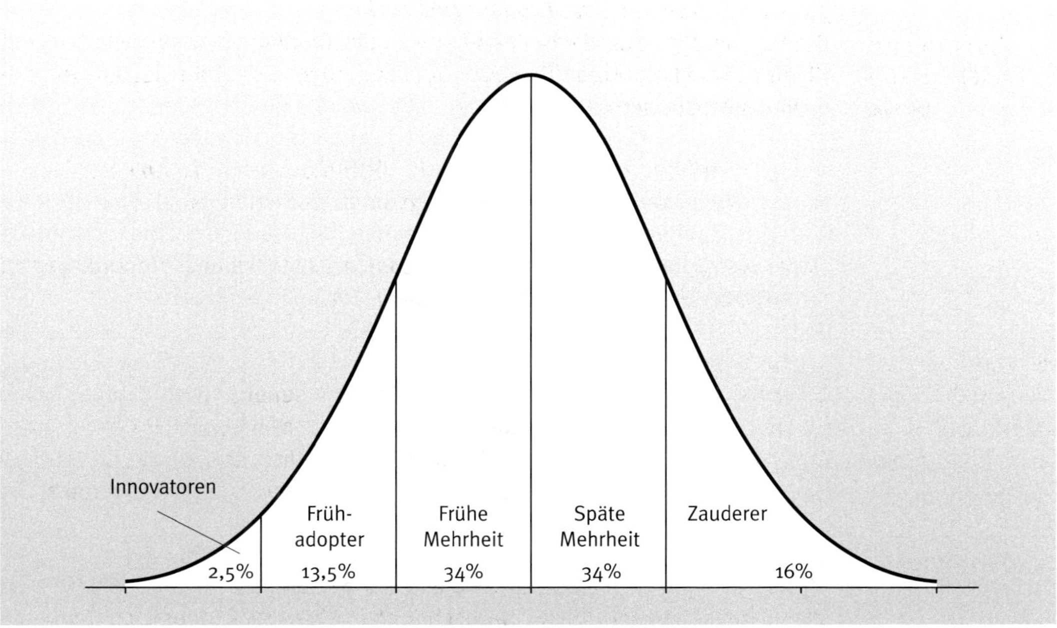

Abb. 3.16: Adopterklassen

Kumuliert man beginnend mit den Innovatoren die Personen der jeweiligen Gruppen, so erhält man eine S-förmige Kurve wie bei der Kurve des Produktlebenszyklus. Vgl. hierzu Abb. 3.17.

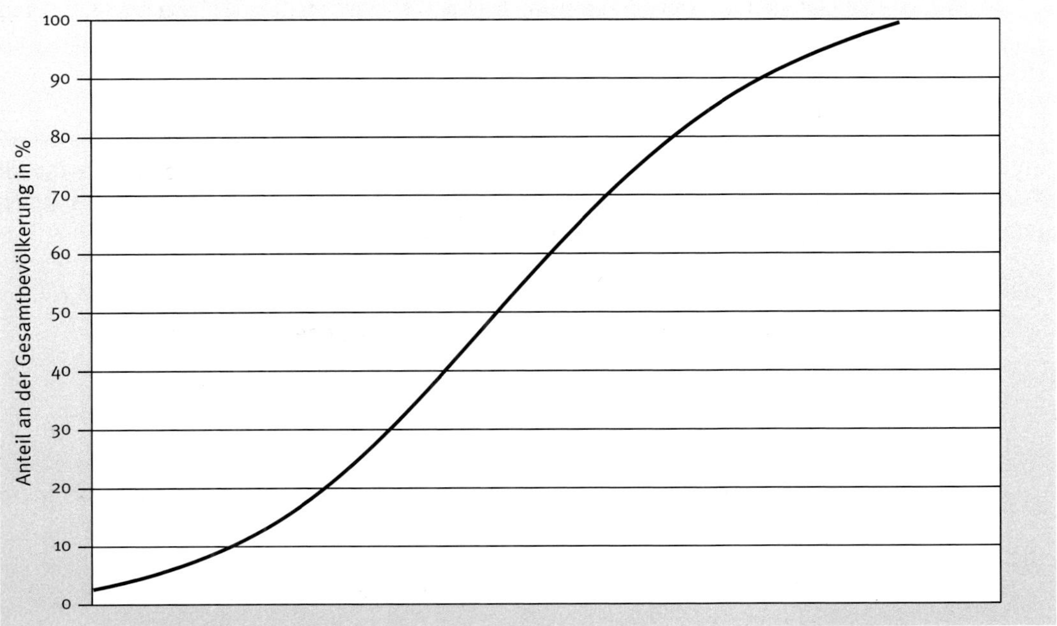

Abb. 3.17: Kumulation der Adopterklassen

Der Verlauf der Produktlebenszykluskurve lässt sich damit wie folgt erklären:

- In der Einführungsphase erreicht man zunächst nur die Innovatoren und einen Teil der Frühadoptoren.
- In der Wachstumsphase kommen dann weitere Frühadoptoren und zunehmend Angehörige der frühen Mehrheit dazu, sodass sich der Absatz beschleunigt.
- Im weiteren Verlauf werden dann auch die späte Mehrheit und schließlich ein Teil der Zauderer erreicht. Wegen des zunehmend geringer werdenden Anteils der Erstkäufer verlangsamt sich das Absatzwachstum und das Produkt geht in die Reifephase über.

		Phasen des
Merkmale	**Einführung**	**Wachstum**
Absatzvolumen/Umsatzvolumen	gering	schnell wachsend
Kosten pro Kunde	hoch	sinkend
Gewinne	negativ	steigend
Kunden	Innovatoren	Frühadopter, teilweise frühe Mehrheit
Anzahl der Konkurrenten	nur einige	zunehmend
Unternehmens-/Marketing-/Werbeziele	Bekanntheit schaffen, Erstkäufe generieren	größtmöglicher Marktanteil
Produkt Produktdifferenzierung, Produktvariation S. 83	ein Grundprodukt anbieten	Produktvariation, Produktdifferenzierung, Serviceleistungen
Preisgestaltung (Preisstrategien vergl. Kap. 5.1.3)	Penetrationsstrategie, d.h. niedriger Einführungspreis oder Skimmingstrategie, d.h. hoher Einführungspreis	Preissenkungen, um Wettbewerber abzuwehren
Distribution	Distributionsnetz selektiv aufbauen	Distributionsnetz ausbauen
Werbung	hohe Werbeaufwendungen (Produkt bei relevanten Zielgruppen und im Handel bekannt machen)	weiter hoch, um Produkt im Massenmarkt bekannt/interessant zu machen und durchzusetzen

Schließlich werden nur noch Ersatzkäufe getätigt und es kommt zu einer Stabilisierung und Stagnation der Absätze auf hohem Niveau. Das Produkt befindet sich also in der Stagnationsphase.
- Mit dem Auftreten von Ersatzprodukten gehen dann schließlich die Absätze zurück und es wird die Rückgangsphase eingeläutet.

3.6.1.3 Ausgestaltung des Marketing-Mixes in den Produktlebenszyklusphasen

Die unten stehende Tabelle charakterisiert die Phasen des Produktlebenszyklus und gibt für jede Phase Hinweise zur Ausgestaltung des Marketing-Mixes.

Produktlebenszyklus		
Reife	**Sättigung**	**Rückgang**
langsam wachsend	auf hohem Niveau stagnierend	rückläufig
niedrig	niedrig	niedrig, aber steigend
hoch	hoch	fallend
teilweise frühe und späte Mehrheit	späte Mehrheit, Zauderer	späte Mehrheit, Zauderer
tendenziell abnehmend	gleichbleibend, Tendenz nach unten	abnehmend
größtmöglicher Gewinn bei gleichzeitiger Sicherung des Marktanteils	Gewinnabschöpfung, Marktanteil und Absatzmenge stabilisieren	Kostensenkung und optimale Ausschöpfung des Gewinnpotenzials
evtl. weitere Produktdifferenzierungen und -variationen, evtl. zusätzliche Marken anbieten	keine Produktveränderungen	keine Produktveränderungen, absatzschwache Artikel eliminieren
Versuch, den Preis zu stabilisieren, Reaktion auf das Verhalten der Wettbewerber	Tendenz zu Preissenkungen, evtl. Anpassung an das Verhalten der Wettbewerber	Preissenkungen
Distributionsnetz weiter ausbauen	Distributionsnetz halten, sich aber evtl. aus unrentablen Verkaufsstellen zurückziehen	Distributionsnetz selektiv auslichten
Unterscheidungsmerkmale und Vorteile der Marke betonen	Erinnerungs- und Erhaltungswerbung, Werbevolumen tendenziell reduzieren	Werbung auf geringes Niveau herabfahren, weitgehend nur noch Erinnerungswerbung

3.6.1.4 Situationsaufgabe zum Produktlebenszyklus

Das Unternehmen Kitschlux GmbH stellt seit einigen Jahren Lampen in Form bekannter Gebäude, z.B. Brandenburger Tor, Kölner Dom etc. in Tiffanytechnik her. Die folgende Tabelle zeigt die Absatzentwicklung der Kitschlux GmbH mit den Schmucklampen seit der Markteinführung.

Jahr	Absatz in Stück
1. Jahr	10.000
2. Jahr	11.000
3. Jahr	13.000
4. Jahr	18.000
5. Jahr	28.000
6. Jahr	39.200
7. Jahr	50.960
8. Jahr	61.150
9. Jahr	67.270
10. Jahr	70.630

Aufgaben

1. Die Kitschlux GmbH verkauft die Lampen zu einem Preis von 175,00 € pro Stück an den Einzelhandel. Die Fixkosten betragen 200.000,00 € pro Jahr, die variablen Stückkosten haben sich wie folgt entwickelt:

variable Stückkosten	
1. und 2. Jahr	42,50 €
3. und 4. Jahr	37,50 €
5. und 6. Jahr	32,50 €
7. bis 10. Jahr	25,00 €

1a. Äußern Sie Vermutungen, warum die variablen Stückkosten im Zeitablauf sinken.

1b. Ergänzen Sie die folgende Tabelle.

Jahr	Erlös in €	var. Kosten in €	Fixkosten in €	Gesamtkosten in €	Erfolg in €
1. Jahr	1.750.000	425.000	2.000.000	2.425.000	−675.000
2. Jahr	1.925.000	467.500	2.000.000	2.467.500	−542.500
3. Jahr	2.275.000	487.500	2.000.000	2.487.500	−212.500
4. Jahr	3.150.000	675.000	2.000.000	2.675.000	+475.000
5. Jahr	4.900.000	910.000	2.000.000	2.910.000	+1.990.000
6. Jahr	6.860.000	1.274.000	2.000.000	3.274.000	+3.586.000
7. Jahr	8.918.000	1.274.000	2.000.000	3.274.000	+5.644.000
8. Jahr	10.701.250	1.528.750	2.000.000	3.528.750	+7.172.500
9. Jahr					
10. Jahr					

2. Angenommen, die Umsatzentwicklung der Kitschlux GmbH entspricht im Bereich der Schmucklampen dem idealtypischen Verlauf eines Produktlebenszyklus. Teilen Sie die Umsatzentwicklung während der ersten zehn Jahre in die entsprechenden Lebenszyklusphasen ein und erläutern Sie Ihre Einteilung. Stellen Sie außerdem die Umsatz- und Gewinnentwicklung grafisch dar.

3. Wie werden sich die Werbeaufwendungen im Zeitablauf entwickeln?

4. Im Rahmen der Produktentwicklung lassen sich u.a. folgende Arten unterscheiden (dies wird später im Kapitel 4 über Produktpolitik vertieft, blättern Sie bei Interesse entsprechend vor):

   Produktvariation (wird auch als Produktmodifikation bezeichnet):
   Veränderung bestimmter Eigenschaften von auf dem Markt eingeführten Produkten – das veränderte Produkt ersetzt jeweils das ursprüngliche.

   Produktdifferenzierung (wird auch als Produktvariation bezeichnet):
   Entwicklung und Vermarktung zusätzlicher Varianten zu den schon auf dem Markt vorhandenen Produkten.

   Produktelimination:
   Das Produkt bzw. Produktprogramm wird nicht weiter produziert und vermarktet.

   Welche der genannten Maßnahmen der Produktentwicklungspolitik würden Sie der Kitschlux GmbH während der jeweiligen Phasen des Produktlebenszyklus empfehlen? Begründen Sie Ihre Ansicht. Geben Sie für den Fall der Schmucklampen konkrete Beispiele für mögliche Produktvariationen und Produktdifferenzierungen.

3.6.1.5 *Lösungen zur Situationsaufgabe zum Produktlebenszyklus*

1a. Die variablen Stückkosten nehmen mit steigender Produktionsmenge aus folgenden Gründen ab:
- höhere Preisnachlässe beim Einkauf der Rohstoffe (Glas) aufgrund der höheren Bestellmenge,
- kürzere Produktionszeiten durch zunehmende Erfahrung (Erfahrungskurveneffekt),
- rationellere Produktion durch höhere Stückzahlen (Erfahrungskurveneffekt),
- weniger Ausschuss wegen der gestiegenen Erfahrung (Erfahrungskurveneffekt).

1b. Komplettierung der Tabelle

Jahr	Erlös in €	var. Kosten in €	Fixkosten in €	Gesamtkosten in €	Erfolg in €
...					
8. Jahr	10.701.250	1.528.750	2.000.000	3.528.750	+ 7.172.500
9. Jahr	11.772.250	1.681.750	2.000.000	3.681.750	+ 8.090.500
10. Jahr	12.360.250	1.765.750	2.000.000	3.765.750	+ 8.594.500

2. Zunächst die berechneten Werte als Tabelle:

Jahr	Absatz in Stück	Veränderung in Stück	Umsatz in Mio. €	Veränderung in Mio. €
1. Jahr	10.000		1.750.000	
2. Jahr	11.000	+1.000	1.925.000	175.000
3. Jahr	13.000	+2.000	2.275.000	350.000
4. Jahr	18.000	+5.000	3.150.000	875.000
5. Jahr	28.000	+10.000	4.900.000	1.750.000
6. Jahr	39.200	+11.200	6.860.000	1.960.000
7. Jahr	50.960	+11.760	8.918.000	2.058.000
8. Jahr	61.150	+10.190	10.701.250	1.783.250
9. Jahr	67.270	+6.120	11.772.250	1.071.000
10. Jahr	70.630	+3.360	12.360.250	588.000

Die Einführungsphase endet mit dem Erreichen der Gewinnschwelle. Diese wird innerhalb des vierten Jahres erreicht (vgl. hierzu 1b).

➔ Einführungsphase: erstes Jahr bis etwa erstes Drittel des vierten Jahres

Die Wachstumsphase beginnt mit dem Erreichen der Gewinnschwelle und endet, wenn die Absatzzuwächse (Umsatzzuwächse) ihr Maximum erreichen.

➔ Wachstumsphase: ab erstem Drittel des vierten Jahres bis Ende siebtes Jahr

In der Reifephase sind noch Absatzzuwächse zu verzeichnen, die Absatzzuwächse nehmen jedoch von Jahr zu Jahr ab.

➔ Reifephase: ab achtem Jahr

Die Stagnations- und die Rückgangsphase werden in dem vorliegenden Beispiel nicht erreicht.

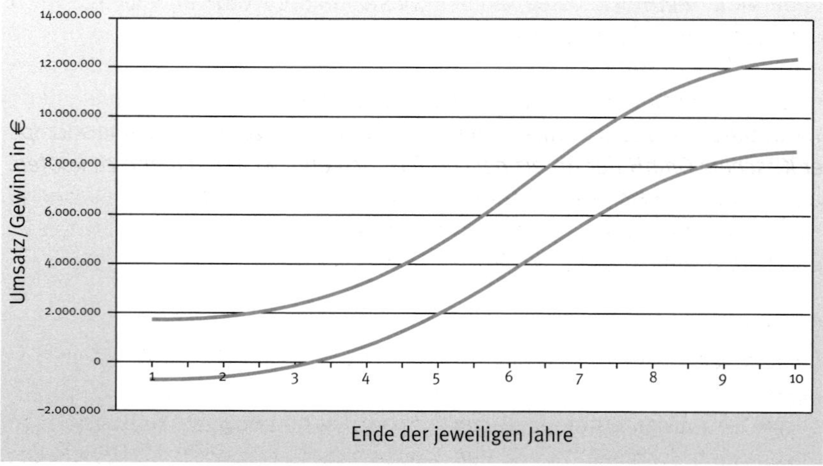

Abb. 3.18: Umsatz- und Gewinnentwicklung der Kitschlux GmbH

3. Werbeaufwendungen

Einführungsphase: (1 Jahr – 1. Drittel 4. Jahr)	Hohe Werbeaufwendungen, da das Produkt bekannt gemacht werden muss.
Wachstumsphase: (ab 1. Drittel 4. Jahr – Ende 7. Jahr)	Weiterhin hohe Werbeaufwendungen, da in dieser Phase Konkurrenten in den Markt eintreten und der eigene Marktanteil gesichert werden muss, außerdem muss der Bekanntheitsgrad weiter ausgebaut werden.
Reifephase (ab 8. Jahr):	Die Werbeaufwendungen sind geringer als in der Wachstumsphase. Trotzdem kann die Werbung nicht eingestellt werden, da weiterhin eine Abgrenzung gegenüber den Konkurrenten notwendig ist und die Nachfrage stabilisiert werden muss.

4. Produktentwicklung

EINFÜHRUNGSPHASE
Beschränktes Programm anbieten, z.B. zwei bis drei Gebäude als Lampen. Weder Produktvariationen noch Produktdifferenzierungen in dieser Phase.
Grund: Ein differenziertes Produktionsprogramm verursacht hohe Kosten, die durch die geringen Umsätze in der Einführungsphase nicht gedeckt sind. Außerdem könnte ein differenziertes Produktionsprogramm die Konsumenten in dieser Phase verwirren, da das Produkt ja zunächst bekannt gemacht werden muss.

WACHSTUMSPHASE
Produktvariationen: Verbesserung der ursprünglichen Lampen (evtl. zusätzliche Funktionen und Eigenschaften)
Grund: In der Wachstumsphase werden vermutlich Nachahmer als Konkurrenten in den Markt eintreten. Durch die Produktvariationen kann sich die Kitschlux GmbH besser von diesen abgrenzen.

Produktdifferenzierungen: zusätzliche Gebäude als Lampen anbieten
Grund: *Durch die Produktdifferenzierung wird für Besitzer einer Schmucklampe der Kitschlux GmbH der Anreiz geschaffen, sich eine weitere Lampe zu kaufen. Durch das differenziertere Angebot wird zudem eine größere Bevölkerungsgruppe angesprochen. Durch diese Maßnahmen lässt sich neben einer Ausweitung des Absatzvolumens auch der Marktanteil erhöhen.*

REIFEPHASE
Zu Beginn der Reifephase weitere Produktvariationen und Produktdifferenzierungen.
Allgemeine Erläuterungen: In dieser Phase hat das Marktvolumen einen hohen Wert erreicht. Ein hoher Marktanteil beschert dem betreffenden Unternehmen daher einen hohen Umsatz und damit verbunden hohe Gewinne.

Begründung für weitere Produktvariationen: Abgrenzung von der Konkurrenz durch den damit verbundenen Qualitätsanspruch. Hiermit ist die Zielsetzung verbunden, den Marktanteil in dem deutlich langsamer wachsenden Markt zumindest zu halten, möglichst sogar auszudehnen.

Begründung für weitere Produktdifferenzierungen:
- *bessere Ausschöpfung des Marktpotenzials (Gewinnung neuer Käufer, Generierung von Zusatzkäufen),*
- *Stabilisierung bzw. Ausdehnung des Marktanteils.*

ENDE DER REIFEPHASE UND RÜCKGANGPHASE
Es sollten keine weiteren Produktvariationen oder -differenzierungen mehr vorgenommen werden, um die Produktionskosten möglichst niedrig zu halten.

Dadurch können hohe Gewinne aufgrund der zunächst noch hohen Umsätze abgeschöpft werden. Die Produktion von Produktvarianten, die sich schlecht verkaufen, kann nach und nach eingestellt werden (Bereinigung des Produktionsprogramms), um dadurch weitere Kosten einzusparen.

3.6.2 Marktlebenszyklus

Der Produktlebenszyklus betrachtet die Absatz- bzw. Umsatzentwicklung eines bestimmten Produktes bzw. einer bestimmten Marke. I.d.R. wird eine Produktart, z.B. ein Fernseher, aber von verschiedenen Unternehmen angeboten. Neben dem eigenen Absatz bzw. Umsatz sollte ein Unternehmen daher die Entwicklung des Gesamtmarktes, d.h. des mengen- oder wertmäßigen Marktvolumens, berücksichtigen. Hier spricht man von einem Marktzyklus oder Marktlebenszyklus. Man geht davon aus, dass der Verlauf des Marktlebenszyklus hinsichtlich der Form dem des Produktlebenszyklus entspricht. Eine Abgrenzung der Phasen ist aber nicht eindeutig möglich, da bei der Marktlebenszykluskurve keine Gewinnschwelle identifiziert werden kann. In der Literatur wird hier zwischen vier und fünf Phasen unterschieden. Die folgende Darstellung orientiert sich an einem vierphasigen Marktlebenszyklus mit den Phasen:
- junger Markt,
- wachsender Markt,
- reifer Markt,
- rückläufiger Markt.

Anders als beim Produktlebenszyklus ist hier die Trennung zwischen jungem und wachsendem Markt nicht eindeutig möglich. Während im jungen Markt zwar ein überproportionales Wachstum zu verzeichnen ist, steigt das Wachstum im wachsenden Markt deutlich stärker. Der reife Markt ist durch eine weitgehende Stagnation gekennzeichnet. Das beinhaltet auch geringe Zu- oder Abnahmen des Marktvolumens. In der Phase des rückläufigen Marktes ist der Rückgang des Marktvolumens deutlich. Ausgangspunkt für einen Marktlebenszyklus ist ein Pionierunternehmen, das ein neues Produkt in den Markt einführt. Der Zusammenhang zwischen Produkt- und Marktlebenszyklus wird an dem folgenden fiktiven Beispiel erläutert.

Beispiel

Das Unternehmen Robotec GmbH führt einen Serviceroboter in den deutschen Markt ein, der bei der Betreuung pflegebedürftiger Personen eingesetzt werden kann. Der Serviceroboter kann unterstützend von Pflegekräften eingesetzt werden, er kann aber auch durch die pflegebedürftigen Personen selbst gesteuert werden und bietet diesen so die Möglichkeit, länger ein eigenständiges Leben zu führen. Die Absatzzahlen für Robotec GmbH und Gesamtmarkt können der Tabelle entnommen werden. Außerdem ist die Marktlebenszykluskurve für Serviceroboter angegeben.

Jahr	Absatzvolumen der Robotec GmbH	Absatzänderung der Robotec GmbH	Wachstumsrate des Absatzvolumens der Robotec GmbH	mengenmäßiges Marktvolumen	Wachstumsrate des Marktvolumens	mengenmäßiger Marktanteil der Robotec GmbH
1	100	100		100		100,00
2	250	150	150,00	250	150,00	100,00
3	600	350	140,00	800	220,00	75,00
4	1.200	600	100,00	2.000	150,00	60,00
5	3.500	2.300	191,67	6.000	200,00	58,33
6	9.000	5.500	157,14	24.000	300,00	37,50
7	18.000	9.000	100,00	72.000	200,00	25,00
8	30.000	12.000	66,67	124.000	72,22	24,19
9	48.000	18.000	60,00	164.000	32,26	29,27
10	68.000	20.000	41,67	194.000	18,29	35,05
11	83.000	15.000	22,06	214.000	10,31	38,79
12	88.000	5.000	6,02	224.000	4,67	39,29
13	91.000	3.000	3,41	226.000	0,89	40,27
14	93.000	2.000	2,20	225.000	−0,44	41,33
15	94.500	1.500	1,61	221.000	−1,78	42,76
16	95.500	1.000	1,06	211.000	−4,52	45,26
17	96.500	1.000	1,05	201.000	−4,74	48,01
18	97.250	750	0,78	186.000	−7,46	52,28
19	97.750	500	0,51	166.000	−10,75	58,89

Abb. 3.19: Absatzzahlen für die Robotec GmbH und den Gesamtmarkt

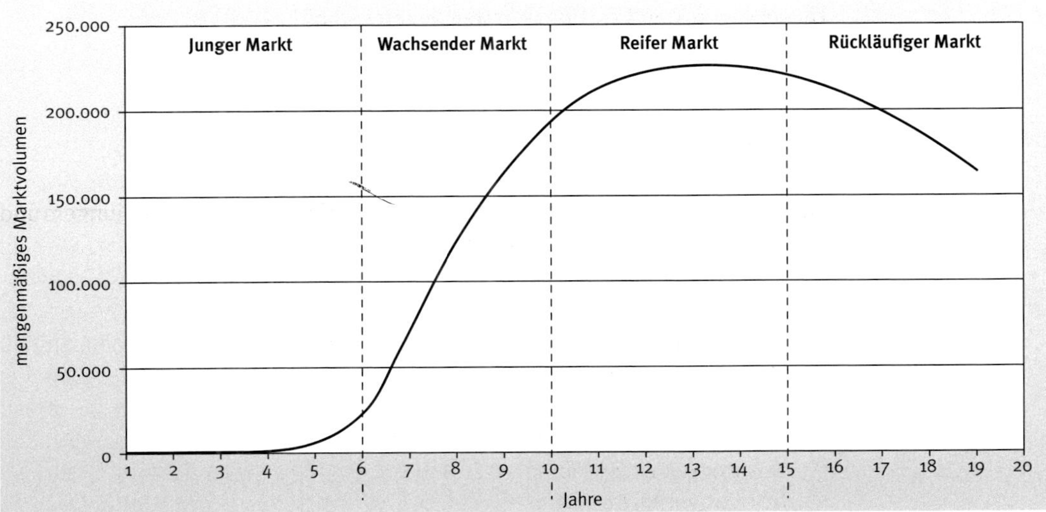

Abb. 3.20: Marktlebenszyklus

Zur Vereinfachung erfolgt der Vergleich zwischen dem Produktlebenszyklus der Robotec GmbH und dem Marktlebenszyklus für Serviceroboter nur anhand der Absatzentwicklung. Es sei zudem angenommen, dass die Robotec GmbH zum Ende des dritten Jahres die Gewinnschwelle ereicht.

Die Robotec GmbH ist in den ersten beiden Jahren alleiniger Anbieter der Serviceroboter. Ihr Absatzvolumen ist daher gleich dem Marktvolumen, und sie hat einen Marktanteil von 100%. Ab dem dritten Jahr treten zusätzliche Anbieter in den Markt für Serviceroboter ein. Das Marktvolumen ist jetzt größer als das Absatzvolumen der Robotec GmbH. Die Robotec GmbH befindet sich ab dem vierten Jahr in der Wachstumsphase. Obwohl das Absatzvolumen der Robotec GmbH überproportional stark wächst, ist die Wachstumsrate des Marktvolumens deutlich größer, was durch den Eintritt zusätzlicher Anbieter in den Markt erklärt werden kann.

Ab dem sechsten Jahr tritt der Gesamtmarkt in die Wachstumsphase ein, da das Marktvolumen im Vergleich zur Anfangsphase einen relativ großen Wert erreicht und in den Folgejahren weiter stark wächst. Trotz des überproportionalen Absatzwachstums der Robotec GmbH nimmt der Marktanteil durch das Hinzukommen zusätzlicher Anbieter zunächst kontinuierlich ab.

Ab dem elften Jahr befindet sich die Robotec GmbH in der Reifephase, die etwa bis zum Ende des 14. Jahres andauert. Die Stagnationsphase wird von der Robotec GmbH während des betrachteten Zeitraums nicht verlassen. Ab dem neunten Jahr entwickelt sich die Robotec GmbH besser als der Gesamtmarkt, was sich in steigenden Marktanteilen und höheren Wachstumsraten im Vergleich zum Gesamtmarkt ausdrückt. Der Robotec GmbH ist es offenbar gelungen, in dem sich konsolidierenden Gesamtmarkt ihre Position entgegen dem Markttrend weiter auszubauen.

3.6.3 Portfolioanalyse

Begriffsgenese aus dem Bankenwesen

Der Begriff Portfolioanalyse bzw. Portfoliomanagement ist aus dem Bankenwesen entlehnt. Hier versteht man unter einem Portfolio die Vermögensstruktur eines Individuums (Aufteilung des Vermögens auf verschiedene Anlageformen, wie z.B. Bankeinlagen, festverzinsliche Wertpapiere, Aktien, Sachanlagen, wie Immobilen etc.). Auch bei einem Wertpapierfonds spricht man von einem Portfolio. Der Portfoliomanager, z.B. Fondsmanager, ist bestrebt, die Zusammensetzung des Fondsportfolios unter Risiko-, Rendite-, Wachstumserwartungsaspekten etc. optimal zu gestalten.

Verallgemeinert: Portfolio = Zusammensetzung Produktionsprogramm

→ *Übertragen auf die Unternehmensführung versteht man unter einem Portfolio die Zusammensetzung des Produktionsprogramms. Auch hier sind bei der Zusammensetzung Aspekte wie Rendite, Wachstum, Risiko etc. zu berücksichtigen.*

Die einzelnen Produktbereiche werden in der Regel als **strategische Geschäftseinheiten** bezeichnet.

Im Rahmen einer Portfolioanalyse werden die strategischen Geschäftseinheiten in ein sogenanntes Portfoliodiagramm eingetragen.

Hierbei werden grundsätzlich zwei Aspekte berücksichtigt:

- die **Marktattraktivität** und
- die **relative Wettbewerbsposition** im Vergleich zu den Mitwettbewerbern oder zu dem Hauptkonkurrenten.

Bei der einfachen Variante einer Portfolioanalyse, die von der Unternehmensberatung „Boston-Consulting-Group“ entwickelt wurde, wird die Marktattraktivität durch das **Marktwachstum** in Prozent und die relative Wettbewerbsposition durch den **relativen Marktanteil** ausgedrückt. Dabei ergibt sich der relative Marktanteil als Quotient aus dem eigenen Marktanteil und dem Marktanteil des jeweiligen Hauptkonkurrenten. Bei dem zugehörigen Portfoliodiagramm werden vier Felder berücksichtigt. Es wird auch häufig als Vierfeldportfolio bezeichnet.

Vereinfachte Variante (Boston Consulting) mit vier Feldern

Beispiel

strategische Geschäftseinheit	Marktwachstum	eigener Marktanteil	Marktanteil Hauptkonkurrent	relativer Marktanteil
A	18 %	18 %	15 %	1,2
B	1 %	10 %	25 %	0,4
C	5 %	25 %	10 %	2,5

Abb. 3.21: Ausgangstabelle zur Erstellung eines Portfoliodiagramms

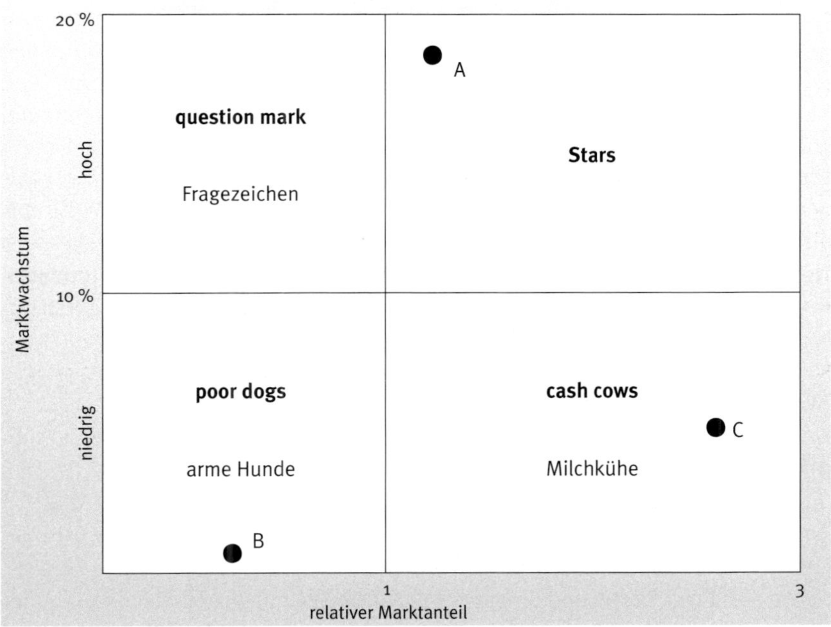

Abb. 3.22: Beispiel für ein Portfoliodiagramm

3.6.3.1 Bedeutung des Marktwachstums für die Marktattraktivität

Marktwachstum verheißt Absatz-/Umsatzsteigerung

Ein hohes Marktwachstum verheißt bei einem konstanten Marktanteil ein entsprechend wachsendes Absatz- bzw. Umsatzvolumen. Es ist also deutlich attraktiver, auf einem wachsenden Markt einen bestimmten Marktanteil zu realisieren als auf einem stagnierenden oder schrumpfenden Markt.

3.6.3.2 Bedeutung des relativen Marktanteils

Hoher Marktanteil bringt positive Effekte

Ein hoher Marktanteil bedeutet, dass ein entsprechend hoher Anteil des Marktvolumens auf das betreffende Unternehmen entfällt. Das Unternehmen profitiert damit von einem Marktwachstum deutlich stärker als ein Unternehmen mit einem geringeren Marktanteil. Ein hoher Marktanteil im Vergleich zu den Mitkonkurrenten bedeutet ferner ein entsprechend hohes Produktionsvolumen mit den damit verbundenen Effekten:

- **geringere variable Kosten** durch den höheren Erfahrungskurveneffekt und bessere Möglichkeiten einer rationelleren Produktion aufgrund der größeren Stückzahlen,
- **stärkere Fixkostendegression,** da sich die gesamten Fixkosten auf eine größere Stückzahl verteilen.

Aufgrund dieser Effekte sinken in der Regel die Stückkosten bei einer Vergrößerung des Absatzvolumens. Dadurch steigt der Gewinn überproportional. Ein Unternehmen mit einem hohen Marktanteil hat daher in der Regel geringere Stückkosten und einen höheren Gewinn als ein Unternehmen mit einem niedrigeren Marktanteil.

Ein relativer Marktanteil, der größer als 1 ist, bedeutet, dass das betreffende Unternehmen einen größeren Marktanteil als der Hauptkonkurrent besitzt. Aufgrund des mit dem höheren Marktanteil verbundenen höheren Absatzvolumens und den damit verbundenen Produktions- und Gewinneffekten ist damit eine bessere Wettbewerbssituation verbunden (höherer Preissenkungsspielraum, mehr Mittel zur Produktverbesserung und Produktentwicklung vorhanden, mehr Mittel für Kommunikationsmaßnahmen vorhanden etc.).

3.6.3.3 Normstrategien

Den einzelnen Feldern des Portfoliodiagramms lassen sich bestimmte Normstrategien zuordnen. Im Wesentlichen können hierbei die folgenden Strategien unterschieden werden.

Den Feldern des Portfolios entsprechen bevorzugte Strategien

Investitions-Wachstums-Strategie

Hoher Mittelaufwand (Produktentwicklung, Werbung), um den Geschäftsbereich weiter zu stärken und auszubauen.

Abschöpfungsstrategie

Der Mittelaufwand sollte sich darauf beschränken, die Marktstellung im Wesentlichen zu halten. Kostensenkungspotenziale sind zu nutzen. Ein möglichst hoher Mittelrückfluss (Cashflow) ist anzustreben. Mittel- bis langfristig wird eine Aufgabe des Geschäftsbereiches angestrebt oder in Kauf genommen.

Desinvestitionsstrategie

Verringerung des Mittelaufwandes, die Strategie zielt auf eine Elimination des Geschäftsbereiches ab.

Den jeweiligen Feldern des Portfoliodiagramms lassen sich jetzt entsprechende Normstrategien zuordnen.

Fragezeichen
Bei strategischen Geschäftseinheiten, die sich hier befinden, liegt hohes Marktwachstum vor, die Einheiten befinden sich jedoch in einer ungünstigen Wettbewerbsposition. Die Unternehmensleitung sollte entscheiden, ob sie in diese Geschäftseinheiten weiter investieren will, um die Wettbewerbsposition zu verbessern $\Rightarrow$ Investitionsstrategie, oder ob sie diese Geschäftsbereiche aufgeben sollte $\Rightarrow$ Desinvestitionsstrategie.

Arme Hunde
Wegen des geringen Marktwachstums und der ungünstigen Wettbewerbsposition sollte für Produkte in diesem Feld eine Desinvestitionsstrategie erwogen werden.

Stars
Hier liegt ein hohes Marktwachstum vor und die strategischen Geschäftseinheiten befinden sich in einer günstigen Wettbewerbsposition. Wegen des hohen Wachstums sollten die Marktanteile mindestens gehalten oder sogar noch weiter ausgebaut werden. Es empfiehlt sich also eine Investitions-Wachstumsstrategie.

Cash-Kühe
Das Marktwachstum ist hier zwar gering, die Produkte in diesem Feld erwirtschaften aber in der Regel ein hohes absolutes Umsatzvolumen. Außerdem befinden sie sich in einer günstigen Wettbewerbsposition. Es sollte daher eine Abschöpfungsstrategie verfolgt werden.

Zusammensetzung des Produktportfolios
Das Portfolio sollte sowohl Produkte enthalten, die heute Gewinn abwerfen (Milchkühe, Stars), wie Produkte, in die man heute investiert, damit sie in Zukunft Gewinn abwerfen (Fragezeichen).

Das optimale Portfolio ist gemischt

3.6.3.4 Zusammenhang zwischen dem Produktportfolio und dem Produktlebenszyklus

Häufig werden die Felder der Portfoliomatrix mit den entsprechenden Phasen des Produktlebenszyklus in Verbindung gebracht, siehe Abb. 3.23:

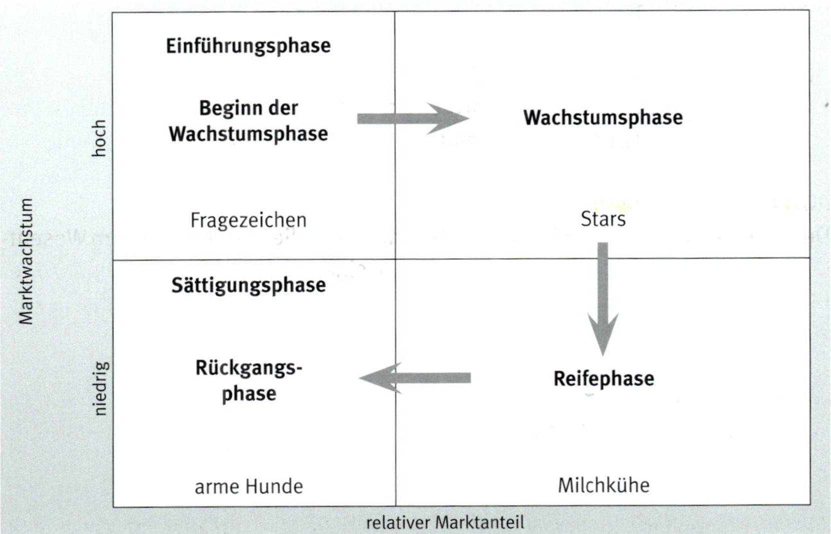

Abb. 3.23: Zusammenhang zwischen den Feldern des Portfolios und Produktlebenszyklus

Differenziertes Portfolio mit neun Feldern nach Mc Kinsey

3.6.3.5 Neun-Felder-Portfolio

Neben dem Vier-Felder-Portfolio (Relativer Marktanteils-/Marktwachstums-Portfolio) gibt es auch ein Neun-Felder-Portfolio. Es berücksichtigt wesentlich mehr als zwei Faktoren, die Erstellung ist allerdings auch deutlich aufwendiger. Es wurde von der Unternehmensberatung McKinsey & Co. entwickelt und berücksichtigt die Dimensionen

- relative Wettbewerbsvorteile und
- Marktattraktivität
  (daher wird es auch Wettbewerbsvorteils-/Marktattraktivitäts-Portfolio genannt).

Die beiden Dimensionen setzen sich aus einer Vielzahl von Einzelindikatoren zusammen, siehe die unten stehenden Beispiele.

Beispiele für Dimensionen

Relative Wettbewerbsvorteile

RELATIVE MARKTPOSITION
- Marktanteil
- Umsatz
- Unternehmensgröße
- Wachstumsrate
- Rentabilität

RELATIVE PRODUKTIONSPOSITION
- Know-how
- Standortvorteile
- Kostenvorteile in der Produktion
- Lizenzen

RELATIVES FORSCHUNGS- UND ENTWICKLUNGSPOTENZIAL
- Grundlagenforschung
- Innovationspotenzial der Mitarbeiter
- Innovationsfreudigkeit der Organisation

RELATIVE QUALIFIKATION DER FÜHRUNGSKRÄFTE UND MITARBEITER
- Führungssysteme
- Qualifikation der Mitarbeiter
- Motivation der Mitarbeiter

... jeweils im Vergleich zum stärksten Konkurrenten

Marktattraktivität

MARKTWACHSTUM

MARKTGRÖSSE (VOLUMEN)
(mit verschiedenen Parametern zu bestimmen)

MARKTQUALITÄT
- Branchenrentabilität
- Anzahl und Struktur potenzieller Abnehmer
- Substitutionsmöglichkeiten
- Phase im Marktlebenszyklus
- etc.

UMFELDSITUATION
- Abhängigkeit von Konjunktur
- Abhängigkeit von Gesetzgebung
- weitere Einflüsse aus der Volkswirtschaft und z.B. seitens EU
- Abhängigkeit von öffentlicher Meinung
- etc.

3.6.3.6 *Punktbewertungsverfahren*

Wenn man sich entschieden hat, welche Kriterien zur Bewertung der relativen Wettbewerbsposition und zur Bewertung der Marktattraktivität verwendet werden sollen, müssen die jeweiligen Kriterien bezogen auf das betreffende Unternehmen bewertet und die Bewertungen zu einem Punktwert zusammengefasst werden. Hierbei verwendet man in der Regel das sogenannte Punktbewertungsverfahren (Scoring-Modell), dessen Abfolge nachfolgend erläutert wird.

Hilfsmittel zur Kriterienbewertung: Scoring-Modelle

Abfolge beim Scoring-Modell

- Auswahl der Indikatoren für die relative Wettbewerbsposition und die Marktattraktivität.
- Jeder Indikator wird durch Zuweisung eines Punktwertes bewertet, z.B. 1 = ungünstig bis 5 = günstig.
- Festlegung von Gewichtungsfaktoren für die einzelnen Indikatoren. Durch die Gewichtungsfaktoren kann die unterschiedliche Bedeutung der Indikatoren berücksichtigt werden. Die Summe der Gewichtungsfaktoren je Dimension sollte 100 ergeben.
- Multiplikation der Punktwerte mit den Gewichtungsfaktoren.
- Addition der gewichteten Punktwerte für die Indikatoren je Dimension und jeweils Division der Summe durch 100.
- Die so ermittelten Wertepaare werden in das zugehörige Diagramm eingetragen.

Beispiele

Strategische Geschäftseinheit X

DIMENSION: MARKTATTRAKTIVITÄT
(angenommen werden sechs Indikatoren A bis F)

Indikator	Punktwert	Gewichtungsfaktor	Gewichteter Punktwert
A	2	20	40
B	5	10	50
C	4	40	160
D	1	10	10
E	3	10	30
F	4	10	40
		100	330:100
			= 3,3

Die Strategische Geschäftseinheit X wird bezüglich der Marktattraktivität mit 3,3 bewertet.

DIMENSION: RELATIVE WETTBEWERBSPOSITION
(angenommen werden sechs Indikatoren G bis L)

Indikator	Punktwert	Gewichtungsfaktor	Gewichteter Punktwert
G	4	30	120
H	1	5	5
I	3	25	75
J	2	10	20
K	5	20	100
L	4	10	40
		100	360:100
			= 3,6

Die Strategische Geschäftseinheit X wird bezüglich der relativen Wettbewerbsposition mit 3,6 bewertet.

3.6.3.7 Normstrategien bei einem Neun-Felder-Portfolio

Auch den Feldern des Neun-Felder-Portfolios lassen sich wieder Normstrategien zuordnen, die in Abb. 3.24 (Abbildung eines Neun-Felder-Portfolios) kurz dargestellt sind

Marktattraktivität \ relative Wettbewerbsvorteile	niedrig	mittel	hoch
hoch	Investition oder Rückzug	Investition	Marktführerschaft halten
mittel	Investition in stärkste Segmente Höhere Rentabilität durch Produktionssteigerung	Übergang Konzentration auf gewinnträchtige, risikoarme Segmente	Begrenzte Expansion Suche nach risikoarmen Expansionsmöglichkeiten, geringe Investitionen, Rationalisierung
niedrig	Desinvestition	Abschöpfung und stufenweise Desinvestition	Abschöpfung

Abb. 3.24: Normstrategien bei einem Neun-Felder-Portfolio

3.6.3.8 Situationsaufgabe zur Portfolioanalyse

Die Situationsaufgabe bezieht sich auf das Beispiel der Kitschlux GmbH und schließt sich an die Situationsaufgabe zur Produktlebenszyklusanalyse an. Lesen Sie bei Bedarf als Hintergrundinformation noch einmal die grundlegende Situationsbeschreibung in Abschnitt 3.6.1.4 nach.

Die Kitschlux GmbH stellt insgesamt folgende Lampenprogramme her:

- Schmucklampen
- Stehlampen
- Deckenlampen
- Gartenleuchten

Hinweis: Neben den Gebäudeschmucklampen in Tiffanytechnik (vgl. 3.6.1.4) stellt die Kitschlux GmbH auch noch andere Schmucklampen her.

Die unten stehende Tabelle gibt das durchschnittliche Marktwachstum während der letzten drei Jahre, den Marktanteil der Kitschlux GmbH und den Marktanteil des jeweils stärksten Wettbewerbers an.

Strategische Geschäftseinheit	Markt-volumen in Mio. €	Marktwachs-tum in %	Marktanteil Kitschlux in %	Umsatz-volumen Kitschlux in Mio. €	Marktanteil stärkster Konkurrent in %
Schmucklampen	400	18	9	36	15
Leselampen	2.400	1	2	48	10
Deckenlampen	5.200	3	18	936	8
Gartenleuchten	650	15	18	117	10

Hinweis: In diesem Beispiel handelt es sich bei dem angegebenen Marktvolumina, dem Marktwachstum und den Marktanteilen um fiktive Werte, sie sind also – anders bei bei einigen anderen Beispielen in diesem Buch – nicht etwa Verbraucher- oder Branchenstudien entnommen.

Aufgaben

a) Erläutern Sie, was man unter dem Marktwachstum und unter dem Marktanteil versteht.

b) Kennzeichnen Sie die Positionen der strategischen Geschäftseinheiten der Kitschlux GmbH in dem folgenden Diagramm (Marktanteils-/Marktwachstumsportfolio) durch Kreise (bitte auf ein Blatt/ins Heft abzeichnen und Kreise eintragen). Drücken Sie die Größe des Absatzvolumens durch die Größe der Kreise aus.

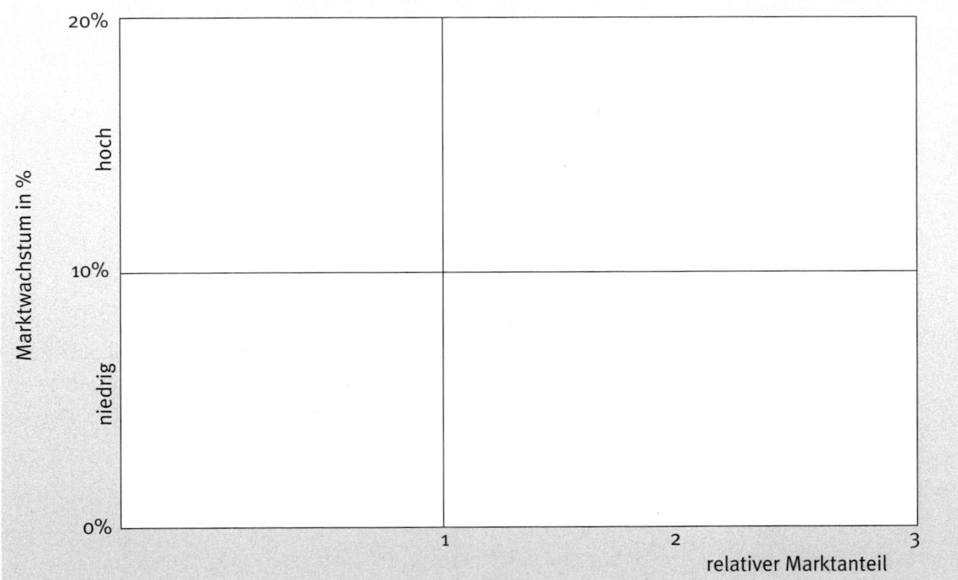

c) Geben Sie für die einzelnen strategischen Geschäftseinheiten der Kitschlux GmbH jeweils an, welche Strategie Sie der Kitschlux GmbH empfehlen würden, und begründen Sie Ihre Empfehlung.

3.6.3.9 Lösungshinweise zur Situationsaufgabe zur Portfolioanalyse

Zu a)
Marktwachstum:
Prozentuale Veränderung des Marktvolumens im Zeitablauf

Marktanteil:
Prozentualer Anteil des Absatz- oder Umsatzvolumens der Kitschlux GmbH am Marktvolumen (mengen- bzw. wertmäßig)

Zu b)

Strategische Geschäfts-einheit	Markt-volumen in Mio. €	Markt-wachstum in %	Marktanteil Kitschlux in Mio. €	Umsatzvolu-men Kitschlux in Mio.	Marktanteil stärkster Konkurrent	relativer Markt-anteil
Schmucklampen	400	18	9	36	15	0,6
Leselampen	2.400	1	2	48	10	0,2
Deckenlampen	5.200	3	18	936	8	2,25
Gartenleuchten	650	15	18	117	10	1,8

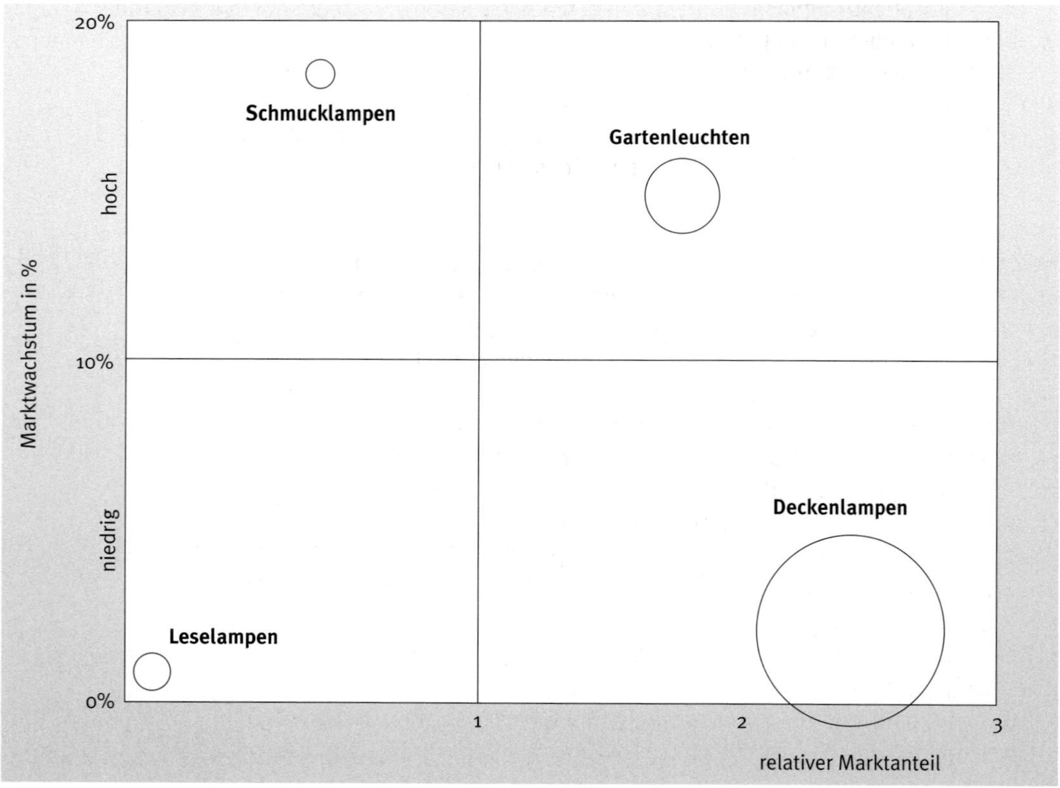

Abb. 3.25: Portfoliodiagramm der Kitschlux GmbH

Zu c) Strategiempfehlungen

SCHMUCKLAMPEN

Der Markt für Schmucklampen ist stark wachsend, allerdings hat die Kitschlux GmbH mit 0,6 nur einen geringen relativen Marktanteil und befindet sich damit in einer ungünstigen Wettbewerbsposition im Vergleich zu dem stärksten Wettbewerber. Das Umsatzvolumen ist mit 36 Mio. € das kleinste von allen strategischen Geschäftseinheiten. Das hängt unter anderem auch mit dem vergleichsweise geringen Marktvolumen der Produktgruppe Schmucklampen zusammen. Wegen des hohen Marktwachstums ist jedoch damit zu rechnen, dass in den nächsten Jahren das Marktvolumen für diese Produktgruppe deutlich steigen wird. Wenn es der Kitschlux GmbH gelingen sollte, den augenblicklichen Marktanteil zu halten oder besser noch zu steigern, würde folglich auch das Umsatzvolumen in Zukunft deutlich steigen.

Die Kitschlux GmbH sollte sich entscheiden, ob sie sich aus dem Markt für Schmucklampen zurückziehen oder in diese Geschäftseinheit weiter investieren will. Im zweiten Fall müsste die Kitschlux GmbH versuchen, den Marktanteil zu vergrößern, um dadurch ihre Wettbewerbsposition zu verbessern. Das ist mit einem Risiko verbunden, da die Investitionsaufwendungen für den weiteren Ausbau dieser Geschäftseinheit vermutlich zunächst die Deckungsbeiträge, die in diesem Geschäftsbereich erzielt werden, übersteigen werden.

Wenn die Kitschlux GmbH sich für eine Investitionsstrategie entscheidet, bieten sich hierfür folgende Möglichkeiten:

- stärkere Marktdurchdringung durch geeignete Kommunikationsmaßnahmen, z.B. Werbung, Vkf oder durch preispolitische Maßnahmen,
- produktpolitische Maßnahmen, z.B. Verbesserung der bereits angebotenen Schmucklampen, Entwicklung völlig neuer Schmucklampen.

LESELAMPEN

Leselampen ist die strategische Geschäftseinheit mit dem zweithöchsten Marktvolumen, allerdings wächst das Marktvolumen nur noch langsam bzw. stagniert fast. Wegen des niedrigen absoluten Marktanteils erzielt die Kitschlux GmbH trotz des relativ hohen Marktvolumens nur ein vergleichsweise niedriges Umsatzvolumen. Die Kitschlux GmbH hat in diesem Marktbereich eine ungünstige Wettbewerbsposition. Wegen des nur gering wachsenden Marktes kann ein deutlicher Anstieg des Umsatzvolumens nur durch eine Vergrößerung des Marktanteils erreicht werden. Hierbei ist dann jedoch mit entsprechenden Reaktionen der Mitwettbewerber zu rechnen. Da die Kitschlux GmbH in diesem Produktfeld eine sehr ungünstige Wettbewerbsposition hat, sind die Erfolgsaussichten für eine Ausdehnung des Marktanteils gering. Es ist folglich eher eine Desinvestitionsstrategie zu empfehlen:

- keine Vergrößerung, sondern gegebenenfalls sogar eine Verringerung des Mitteleinsatzes,
- je nach Entwicklung des Geschäftsbereiches sollte eine Elimination erwogen werden.

Deckenlampen

Der Markt für Deckenlampen weist nur ein geringes Wachstum auf. Mit 18% hat die Kitschlux GmbH einen relativ hohen absoluten Marktanteil und bedingt durch das hohe Marktvolumen auch ein sehr hohes Umsatzvolumen. Im Vergleich zu dem stärksten Wettbewerber hat die Kitschlux GmbH eine dominante Marktstellung. Mit diesem Geschäftsbereich erzielt die Kitschlux GmbH den hauptsächlichen Unternehmensumsatz. Sie sollte daher auf jeden Fall versuchen, den Marktanteil zu halten. Hierzu sollten entsprechende Mittel für kommunikations- und produktpolitische Maßnahmen eingesetzt werden. Trotzdem ist wegen des geringen Marktwachstums für diesen Geschäftsbereich eine Abschöpfungsstrategie zu empfehlen. Kostensenkungspotenziale sind zu nutzen und es sollte ein möglichst hoher Mittelrückfluss angestrebt werden. Eine stärkere Marktbesetzung ist wegen des vermutlich weitgehend gesättigten Marktes wohl kaum möglich. Eventuell könnte versucht werden, durch eine Marktverdrängungsstrategie den Marktanteil weiter auszudehnen.

Gartenleuchten

Der Markt für Gartenleuchten wächst nur geringfügig schwächer als der für Schmucklampen. Auf diesem Markt hat die Kitschlux GmbH sowohl einen hohen absoluten als auch einen hohen relativen Marktanteil. Das Umsatzvolumen der Kitschlux GmbH ist mit 117 Mio. € das zweithöchste von allen Geschäftsbereichen. Wegen des hohen Marktwachstums und des großen absoluten Marktanteils der Kitschlux GmbH ist damit zu rechnen, dass die Kitschlux GmbH das Umsatzvolumen im Bereich Gartenleuchten in Zukunft stark ausdehnen kann. Voraussetzung hierfür ist jedoch, dass es dem Unternehmen gelingt, den Marktanteil zu halten. Die Voraussetzungen hierfür sind sehr gut. Aufgrund des hohen relativen Marktanteils profitiert die Kitschlux GmbH von dem Marktwachstum mehr als der stärkste Wettbewerber. Das bietet der Kitschlux GmbH die Möglichkeit, ihre gute Wettbewerbsposition noch weiter auszubauen. Die Kitschlux GmbH sollte also versuchen, den Marktanteil mindestens zu halten und evtl. noch weiter auszubauen. Neben kommunikationspolitischen Maßnahmen spielt hierbei aber sicher auch die Produktpolitik eine große Rolle. Hierzu zählen Produktverbesserungen und eine weitere Differenzierung des Angebots. Auch preispolitische Maßnahmen wären denkbar, da die mit dem steigenden Umsatzvolumen verbundenen Kostensenkungs-Effekte einen Preissenkungsspielraum eröffnen.

4 Produktpolitik

Die Produktpolitik betrifft zunächst die Entwicklung von Produkten und/oder Leistungen, die potenziellen Kunden helfen, relevante Probleme zu lösen bzw. ihre Bedürfnisse zu befriedigen. Auf modernen Me-too-Märkten heißt das häufig, dass Produkte den Kunden einen höheren Nutzen versprechen müssen als mögliche Konkurrenzangebote.

Produktnutzen erwächst aus dem Produktkern und dem Produktdesign

Dieses Nutzenversprechen erwächst zunächst aus dem Produktkern („Produktinneres") und aus dem Produktdesign („Produktäußeres"). Diese beiden Bereiche umfassen demnach sowohl die technisch-funktionale Leistung (Grund- und evtl. Zusatznutzen) als auch die formal-ästhetische Leistung des Produktes.

Je nach Produktkategorie verschiebt sich die Bedeutung von Produktkern und Produktdesign auf die Kaufentscheidung der Zielgruppen. Man muss beispielsweise von der Nutzung her zwischen Gebrauchsgut und Verbrauchsgut unterscheiden oder von der inneren Beteiligung des Käufers her zwischen High-Involvement-Gut und Low-Involvement-Gut. Verkürzt gesagt, dürfte beim Kauf von Uhren das Produktdesign eine größere Rolle spielen, während beim Waschmittelkauf der Produktkern für die Kaufentscheidung wichtiger ist.

→ *Die Entwicklung von Produktkern und Produktdesign wird als Produktpolitik im engeren Sinne bezeichnet.*

Zur Produktpolitik zählen auch die Verpackung und die Markierung

Zur Produktpolitik im weiteren Sinn zählt die Verpackung und Markierung („Benennung") des Produktes. Diese Bereiche schaffen einen Wiedererkennungswert für das Produkt, der bei kommunikativer Unterstützung noch verstärkt werden kann und helfen soll, dem Produkt eine unverwechselbare Position in den Köpfen der Verbraucher zu geben. In modernen Märkten wächst die Bedeutung der Markenführung für den Erfolg eines Unternehmens, weil der Wettbewerb um die Bewusstseinspräsenz bei den Zielgruppen immer härter wird. Auf jeden Bundesbürger dröhnen pro Tag zwischen 2.000 und 3.000 Werbeimpulse nieder. Zur Illustration der Problematik noch ein interessanter Vergleich. Der aktive Wortschatz eines Deutschen besteht im Durchschnitt aus ca. 2.000 Wörtern (passiver Wortschatz mehr als 10.000 Wörter). In Deutschland gibt es aber über 50.000 Marken, von denen fast 4.000 mit einem Werbebudget von über 0,5 Millionen Euro beworben werden. All diese Marken kämpfen um die knappste Ressource der Informationsgesellschaft, die Aufmerksamkeit der Konsumenten. All diese 4.000 Produktnamen sollen mit erheblichem finanziellem Aufwand in unseren Köpfen verankert werden, obwohl die Kapazität und die Bereitschaft zur Aufnahme eher gering sind. Diese Ausgangssituation hat natürlich Konsequenzen für die Produktprogrammpolitik eines Unternehmens sowie deren markentechnische Umsetzung.

→ *Ein weiterer Aspekt der Produktpolitik, der immer stärker an Bedeutung gewinnt, sind Kundendienst- und Serviceleistungen, die die eigentliche Hauptleistung des Produktes ergänzen („added value").*

Added value: Kundendienst und Service

Added values sind im Investitionsgüterbereich oft unabdingbar

Im Investitionsgüterbereich sind diese Zusatzleistungen sogar häufig der entscheidende Faktor für die Auftragsvergabe, doch auch im Konsumgüterbereich (vor allem bei Gebrauchsgütern) werden Kundendienst- und Serviceleistungen immer stärker zur Profilierung des eigenen Angebotes genutzt. Die Produktpolitik schafft somit die grundlegende Voraussetzung für den Einsatz anderer Marketing-Instrumente (Distributionspolitik, Kommunikationspolitik, Preispolitik) und damit für den Erfolg des Unternehmens.

Im Folgenden sollen zunächst die einzelnen Schritte von der Ideenfindung bis zur Markteinführung kurz dargestellt werden (vgl. Abb. 4.1), bevor die Aspekte Verpackung, Markenführung, Service- und Produktprogrammpolitik erläutert werden.

4.1 Neuproduktentwicklung

Vorgehen: Erst Ideen entwickeln, danach Realisierbarkeit systematisch bewerten

Die Produktentwicklung beginnt mit der Ideen-Suche, bei der man sich verschiedener Kreativitätstechniken bedienen kann. In diesem Stadium kommt es mehr auf die neuen Ideen und nicht so sehr auf die technische Realisierbarkeit der Ideen an, diese werden erst in einer späteren Phase überprüft (Screening) und anschließend beispielsweise mithilfe eines Scoring-/Punktbewertungsverfahrens bewertet.

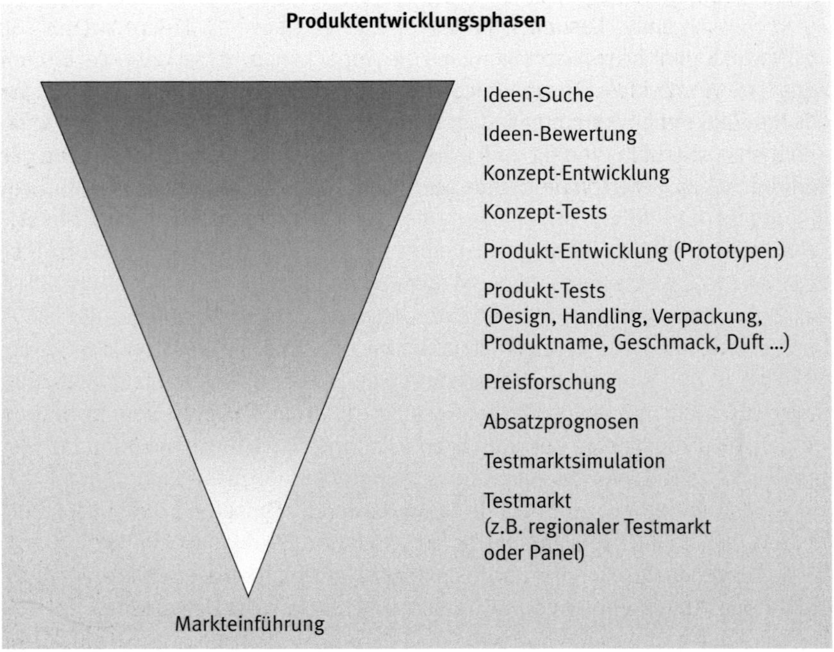

Abb. 4.1: Phasen bei der Neuproduktentwicklung

Kreativitätstechniken:
- intuitiv-assoziativ
- logisch-diskursiv

Zur Ideenfindung lassen sich logisch-diskursive und intuitiv-assoziative Kreativitätstechniken einsetzen. Die folgende Seite gibt einen groben Überblick.

Überblick über wesentliche Kreativitäts-Verfahren

Logisch-diskursive Verfahren

Morphologischer Kasten
Dies ist eine Tabelle, bei der in der Vorspalte zu einem gegebenen Problem relevante Parameter aufgelistet werden. Zu den einzelnen Parametern können in den waagerechten Kästchen Ausprägungen (zulässige Gestaltungs-/Lösungsmöglichkeiten) gesammelt werden.

Morphologische Matrix
In der Vorspalte und in der Kopfspalte werden Parameter eingetragen. Die Kästchen in den Kreuzungspunkten enthalten dann Ausprägungen, die beide Parameter berücksichtigen.

Intuitiv-assoziative Verfahren

Semantische Intuition (erzwungene Beziehungen)
Aus dem Suchfeld werden zufällig Begriffe von schon existierenden Lösungen aufgelistet und paarweise kombiniert, dabei werden zusammengesetzte Wörter in ihre Bestandteile zerlegt. Durch die Paarbildung entstehen Kunstwörter, die daraufhin überprüft werden, ob sie die gedankliche Vorstellung einer Neuerung provozieren.

Brainstorming/Brainwriting
Ziel ist, in kurzer Zeit eine möglichst große Anzahl von Ideen zu einem definierten Problem zu artikulieren. Es gibt zahlreiche Variationen, z. B.:

Brainstorming
- Organisatorische Voraussetzungen:
  - 5–8 Teilnehmer
  - möglichst homogen hinsichtlich hierarchischer Stufe und möglichst heterogen hinsichtlich Kenntnissen und Erfahrungen
  - ein Moderator
  - Dauer: 20 bis 40 Minuten
- Grundregeln:
  - freies und ungehemmtes Aussprechen von Gedanken (Quantität geht vor Qualität), d. h., der Fantasie freien Lauf lassen
  - Wertung und Kritik sind streng verboten (keine „Killerphrasen“), d.h. grundsätzlich positive Einstellung aller Teilnehmer zu eigenen und fremden Ideen
  - Ideen anderer Teilnehmer können aufgegriffen oder weiterentwickelt werden (kein Urheberrecht, jede Idee ist Gruppeneigentum)

Brainwriting (Methode 635)
Zum Namen: 6 steht für die Anzahl der Teilnehmer, 3 steht für die Anzahl der Vorschläge je Runde, 5 steht für die verfügbare Zeit pro Runde (Minuten). Die Gruppengröße kann von der Anzahl 6 auch nach oben oder unten abweichen.
- Organisatorische Voraussetzungen:
  – 6 Teilnehmer
  – Dauer 30 Minuten
- Ablauf:

❶ Jedes Gruppenmitglied schreibt 3 Lösungsmöglichkeiten zur vorgegebenen Problemstellung auf ein DIN-A4-Blatt mit 3 Spalten und 6 Zeilen. Im 1. Durchgang werden in die 1. Zeile von jedem Teilnehmer 3 Ideen eingetragen (max. 5 Min.).
❷ Dann wird das Blatt an den linken Nachbarn weitergegeben, dieser ergänzt das Blatt um 3 weitere neue Lösungsvorschläge oder entwickelt die Ideen des Nachbarn weiter.
❸ Zettel weitergeben, bis jeder 5mal dran war.

Mind-Mapping
- Organisatorische Voraussetzungen:
  – Teilnehmer variabel (allein bis Großgruppe)
  – in größeren Gruppen einen Moderator
  – Dauer 30 Minuten
- Ablauf:

❶ Thema oder Fragestellung in die Mitte eines DIN-A3-Blattes eintragen und umkringeln.
❷ Einige wichtige Aspekte überlegen und als Hauptäste an den Kreis malen.
❸ Nun alle weiteren Gedanken notieren, wobei Gedanken, die sich zu einem Hauptast zuordnen lassen, an diesen angehängt werden, neue Aspekte werden zu einem neuen Hauptast, auch Unteräste lassen sich weiter verzweigen.

Von den Produktideen, die in der Ideensammlungsphase ermittelt wurden, werden im Rahmen einer Grobauswahl diejenigen, für die die größte Erfolgswahrscheinlichkeit vermutet wird, ausgewählt.

Grobe Vorauswahl und dann Detailauswahl im Konsens

Für den Fall, dass nach einer ersten Sichtung mehrere attraktive Alternativen möglich sind, sollte man versuchen, einen Konsens zwischen allen an der Entscheidung beteiligten Personen zu erzielen. Zur Veranschaulichung der Vorgehensweise ein konkretes Beispiel.

Beispiel

Wir ziehen, ähnlich zu den Kapiteln 2 und 3, ein Fallbeispiel heran, in diesem Fall handelt es sich um die Lecker Schmecker AG, die Lebensmittel und insbesondere Frühstücksprodukte herstellt. Ein Team der Lecker Schmecker AG hat folgende Ideen für Produktinnovationen im Bereich Cornflakes entwickelt:

- Cornflakes mit Füllungen (Früchte, Nüsse, Schokoladenkreme, Konfitüre),
- Cornflakes in Kugelform,
- Cornflakes in Puzzleform mit Motiven,
- Cornflakes mit Schokoladenüberzug,
- Cornflakes mit Aromastoffen, z.B. mit Apfelgeschmack etc.

Solche Produktideen müssen generell von verschiedenen Mitgliedern des Unternehmens, z.B. Produktmanager, Produktionsleiter, Finanzierungsexperte, Controller, Marktforscher, Marketingmitarbeiter etc. bewertet werden. Um diesen Prozess zu objektivieren und zu einer tragfähigen Entscheidung der Gruppe zu gelangen, kann folgende Vorgehensweise gewählt werden:

Vorgehensweise zur Anwendung eines Punktbewertungsverfahrens (Scoring)

1. Sammlung von Kriterien, die für die konkrete Entscheidung relevant sind (mögliche Beispiele siehe unten im Kasten)
2. Gewichtung der einzelnen Kriterien (z.B. Prozentzahlen mit Summe = 100% oder Dezimalzahlen mit Summe = 1,0)
3. Jede Alternative wird pro Kriterium mit einem Punktwert versehen
   Beispiel: von 5 Punkte = sehr gut bis 1 Punkt = sehr schlecht

Beispiele für Realisierungskriterien

- technische Realisierbarkeit
- Investitionsvolumen
- Finanzierungsmöglichkeit
- Kundennutzen
- Erschließung neuer Käuferschichten
- Marktpotenzial
- Aufnahmebereitschaft des Handels
- Handelsprofilierung
- Kooperationsbereitschaft des Handels
- Abgrenzung von der Konkurrenz
- Wettbewerbsvorteil
- Markteintrittsbarrieren
- Nachahmungsgefahr durch die Konkurrenz
- erwartete Gegenaktionen der Konkurrenz
- rechtliche Beschränkungen
- Umweltfreundlichkeit
- konjunkturelle Einflüsse
- Trends etc.

---

4. Multiplikation des Punktwertes mit dem Gewichtungsfaktor pro Kriterium führt zum Ergebnis für die jeweilige Alternative
5. Addition der Einzelergebnisse pro Alternative und Entscheidung für die Alternative mit höchster Punktzahl (bei Gewichtungssumme 100 ggf. durch 100 dividieren, dies liefert ein aussagekräftigeres Ergebnis zwischen 1 und 5)

Beispiel

relevante Kriterien	Alternativen Punkte (z.B. 1 – 5) A	B	Gewichtungs-faktoren	Ergebnis (Punkte x Gewichtung) Alternativen	
Investitionsvolumen	1	5	30	30	150
Marktpotenzial	5	2	20	100	40
Aufnahmebereitschaft des Handels	3	5	15	45	75
Abgrenzung von der Konkurrenz	5	2	10	50	20
...					
			$\Sigma = 1{,}0$ oder 100	225	285

Nach Abschluss der Vorauswahl wird für die verbleibenden Ideen ein Produktkonzept entwickelt. Das Produktkonzept besteht in der Regel aus einem Bild (Zeichnung, Skizze etc.), evtl. auch einem Modell oder Prototypen und einer verbalen Erläuterung. Die verbale Erläuterung enthält:

- Produktbeschreibung,
- Verwendungszweck,
- Produktvorteile,
- Kundensegment und
- Produktpositionierung.

Beispiel

Im obigen Beispiel könnte sich die Lecker Schmecker AG für die Entwicklung von Cornflakes mit Konfitürefüllung entscheiden. Die Produktbeschreibung könnte wie folgt aussehen:

- Produktbeschreibung: Cornflakes mit Hohlraum, der mit Konfitüre gefüllt ist

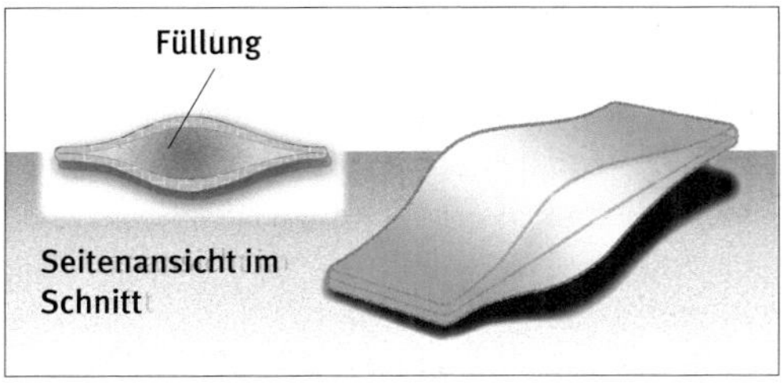

Abb. 4.2: Produktabbildung

- Verwendungszweck: Hauptsächl. Frühstücksnahrung, aber auch kleine Zwischenmahlzeit
- Produktvorteile: Ideale Verbindung zwischen gesunder, ballaststoffreicher Ernährung und süßem Genuss
- Kundensegmente:
  Kernsegment: Kinder und Jugendliche zwischen 6 und 16 Jahren, die Süßes lieben
  Randsegment: Erwachsene (20–50 Jahre), die eine Vorliebe für Süßes haben und sich trotzdem gesund ernähren wollen
- Produktpositionierung: gesunder Genuss

Im weiteren Verlauf sind Testpersonen einbezogen (Tests und „Bare bones“)

Das Produktkonzept wird ausgewählten Testpersonen vorgestellt, die dazu Fragen beantworten müssen. Durch den Test sollen Akzeptanz und Marktchancen der neuen Produkte und deren Konzeptionen ermittelt werden. Im Konsumgüter-Marketing werden teilweise Produktverfilmungen, sogenannte „Bare bones“ entwickelt, in denen das zu testende Produkt gezeigt wird und ein Off-Sprecher die Produktvorteile kurz erläutert. Anschließend werden diese zwischen 3.000 und 10.000 € teuren Filme Probanden gezeigt, die angeben sollen, ob sie sich vorstellen könnten, ein solches Produkt zu kaufen. Falls dabei bestimmte vom Unternehmen festgelegte Benchmarks nicht erreicht werden, wird auf die Weiterentwicklung des Produktes verzichtet. Ansonsten kann es sich bei den Tests sowohl um Volltests als auch um Partialtests handeln. Bei den Volltests erhalten die Testpersonen Prototypen des Produktes, die sie entweder im Labor oder über einen längeren Zeitraum zu Hause („Home-use-Test“) testen sollen. Bei den Partialtests geht es um den Test ausgewählter Produkteigenschaften wie Geschmack, Name, Duft, Verpackung etc. Die Entscheidung, welches Testverfahren geeignet ist, liegt beim Produktmanagement und ist von verschiedenen Faktoren abhängig. Zu ihnen zählen das Entwicklungsstadium, in dem sich das Produkt befindet, das finanzielle Risiko eines Flops oder die Angst vor Nachahmung durch die Konkurrenz.

Möglich sind Volltest (Home-use, Labor) und Partialtest

In dieser Phase der Produktentwicklung können bspw. folgende Fragen geklärt werden:

- Befriedigt der Produktnutzen vorhandene Bedürfnisse?
- Wird der Produktnutzen verstanden?
- Bestehen Präferenzen und Kaufabsichten für das neue Produkt?
- Besteht eine ausreichende Abgrenzung zu Konkurrenzprodukten?
- Welche Produkte/Marken könnten durch das neue Produkt substituiert werden?
- Bestehen mögliche Kaufbarrieren?
- Vorschläge für Produktverbesserungen

Je nach Testergebnis erfolgt eine Produktverbesserung/-modifikation

Aufgrund der Testergebnisse können die Produktideen und Produktkonzepte verbessert und modifiziert werden. Konzepte und Ideen, denen aufgrund der Testergebnisse keine Chancen eingeräumt werden, würden fallen gelassen, denn es ist trotz der bis dahin entstandenen Kosten billiger, die Produktentwicklung abzubrechen, als mit erheblichem Marketing-Aufwand ein Produkt auf den Markt zu bringen, das sich nach kurzer Zeit als Flop erweist.

Beispiel

Allein in den Lebensmitteleinzelhandel gelangen pro Jahr mehr als 20.000 neue Produkte. Mehr als die Hälfte dieser Produkte werden schon im ersten Jahr wieder aus den Regalen genommen. Die allgemeine Floprate bei Produktneueinführungen liegt zwischen 70 und 85%. Allerdings machen große Markenartikel-Hersteller wie Maggi einen Großteil ihres Umsatzes mit Produkten, die nicht älter als zwei Jahre sind, das heißt also Produktinnovationen sind für Unternehmen immer ein Risiko, aber auch eine existenzielle Notwendigkeit (vgl. zu den Zahlen Esch, Franz Rudolf: Strategien und Techniken der Markenführung. Vahlen. München 2008).

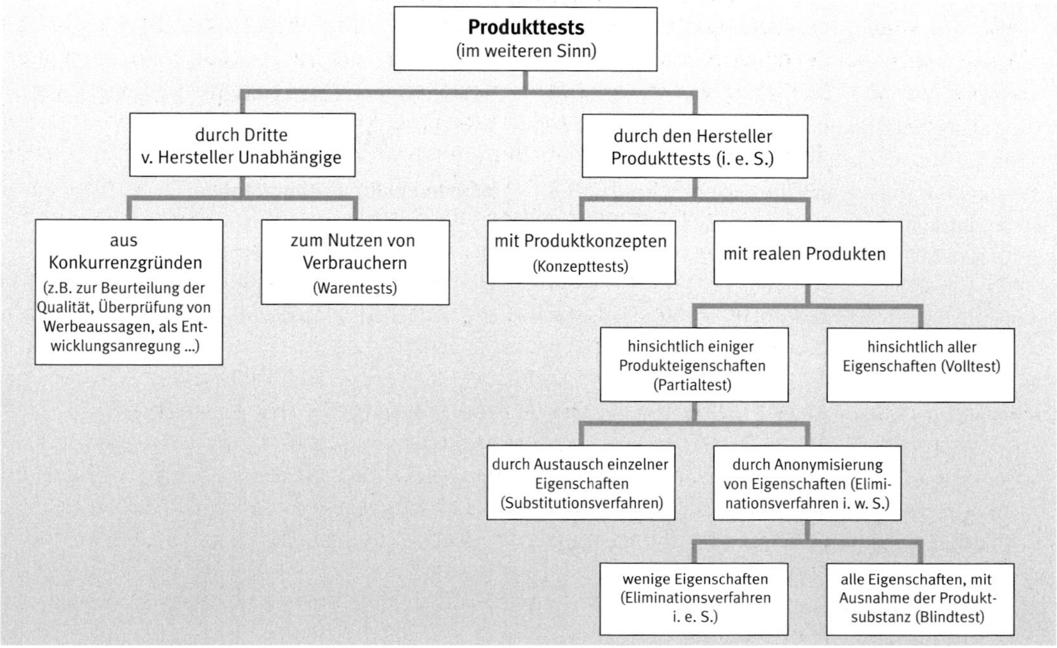

Abb. 4.3: Typen von Produkttests

Weiterhin werden die Produktkonzepte, die die erste Testphase überstanden haben, einer Wirtschaftlichkeitsprüfung unterzogen. Dafür muss das Produktmanagement Umsatzprognosen und Kostenschätzungen vornehmen.

Für tauglich getestete Produkte wird die Wirtschaftlichkeit geprüft

Gängige Verfahren der Wirtschaftlichkeitsprüfung

Zu nennen sind

- Break-even-Analyse,
- Amortisationsrechnung (Pay-off-Rechnung) und
- Verfahren zur Renditeermittlung.

1. Break-even-Analyse

Bei einer Break-even-Analyse wird bestimmt, ab welcher Absatzmenge die Kosten gedeckt werden.

Wenn eine höhere Menge abgesetzt werden kann, wird Gewinn erwirtschaftet, ist die Absatzmenge kleiner, entsteht Verlust. Die Unternehmensleitung muss durch entsprechende Marktprognosen abschätzen, ob die notwendige Absatzmenge realistisch ist. Kommt das Unternehmen zum Ergebnis, dass diese Absatzmenge in absehbarer Zeit nicht erreichbar ist, sollte auf eine Markteinführung des Produktes verzichtet werden. Ein Nachteil dieses Verfahrens liegt darin, dass Forschungs- und Entwicklungskosten nicht explizit ausgewiesen und die zeitliche Verteilung der Geldströme nicht berücksichtigt werden.

Beispiel zur Break-even-Analyse

Produkteinführung von gefüllten Cornflakes:

Die Anfangsinvestitionen (Produktionsanlagen) seien 2,4 Mio. €, die über die Abschreibungen gleichmäßig (lineare Abschreibung) auf den Nutzungszeitraum (geplante Nutzungsdauer 8 Jahre) verteilt werden.

- jährliche Abschreibung 300.000,00 €
- fixe Produktionskosten pro Jahr 1.000.000,00 €
- Kosten für Werbung pro Jahr 3.000.000,00 €
- variable Kosten pro 500 g Packung 0,50 €
- Preis pro 500 g Packung 2,50 €

Absatzmenge pro Jahr: x

Umsatz-Erlös pro Jahr	=	Kosten pro Jahr
$2{,}50\,€ \cdot x$	=	$0{,}50\,€ \cdot x + 4.300.000\,€$
$\Leftrightarrow$ x	=	2.150.000 Stück

Damit die Kosten gedeckt werden, müssen jedes Jahr 2.150.000 Packungen zu je 500 g abgesetzt werden.

allgemein: Break-even-Menge

x = Absatzmenge pro Jahr
p = Preis pro Mengeneinheit
k_v = variable Kosten pro Mengeneinheit
K_F = Fixkosten

Umsatzfunktion = Kostenfunktion
Umsatz-Erlös pro Jahr = Kosten pro Jahr

$$x \cdot p = x \cdot k_v + K_F$$
$$\Leftrightarrow \quad x \cdot (p - k_v) = K_F$$
$$\Leftrightarrow \quad x = \frac{K_F}{P - K_V}$$

Die Break-even-Menge lässt sich auch grafisch ermitteln, sie befindet sich da, wo sich die Erlös- und die Kostenfunktion schneiden (vgl. Abb. 4.4).

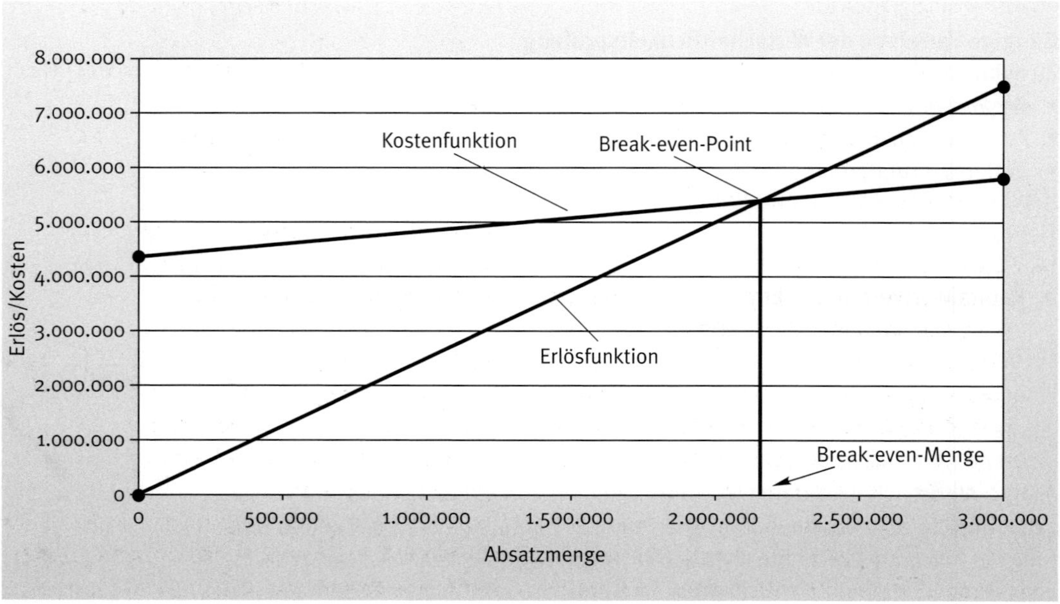

Abb. 4.4: Grafische Ermittlung der Break-even-Menge

2. Amortisationsrechnung (Pay-off-Rechnung)

→ *Bei der Amortisationsrechnung versucht man zu berechnen, nach welcher Zeit die Anfangsinvestitionen zurückgeflossen sind.*

Die Amortisationsrechnung dient hauptsächlich zur Risikoabschätzung, da das Risiko einer Investition mit zunehmender Pay-off-Periode steigt. Zudem werden Schätzungen der Rückflüsse immer ungewisser, je weiter die betreffenden Perioden in die Zukunft hineinreichen.

Beispiel

Anfangsinvestition: 2.400.000,00 €

erwartete jährliche Rückflüsse:

1. Jahr	− 400.000 €
2. Jahr	600.000 €
3. Jahr	1.200.000 €
4. Jahr	1.000.000 €
5. Jahr	1.200.000 €

Die Amortisationszeit oder Pay-off-Periode beträgt in dem Beispiel 4 Jahre.

− 400.000 + 600.000 + 1.200.000 + 1.000.000
= 2.400.000

3. Verfahren zur Renditeermittlung

Man unterscheidet:

- Kapitalwertverfahren: Ermittelt wird, ob die Investition in dem betrachteten Investitionszeitraum eine höhere, niedrigere oder gleiche Verzinsung als die verlangte Mindestverzinsung erbringt. Hierbei wird die zeitliche Struktur der Rückflüsse berücksichtigt.
- Interne Zinssatzmethode: Ermittelt den Zinssatz, mit dem die Anfangsinvestitionen verzinst werden. Hierbei wird ebenfalls die zeitliche Struktur der Rückflüsse berücksichtigt.

Beispiel

Als Beispiel wird hier die Produkteinführung eines neuen Fahrradtyps gewählt.

Entwicklungskosten (Anfangsinvestition):
800.000,00 €
(Die Entwicklungskosten fallen zum Zeitpunkt der Produkteinführung an.)

sonstige Anfangsinvestitionen (Produktionsanlagen etc.)
2.400.000,00 € (Die sonstigen Anfangsinvestitionen fallen ebenfalls zum Zeitpunkt der Produkteinführung an.)

fixe Produktionskosten (Euro):

1. Jahr	2. Jahr	3. Jahr	4. Jahr	5. Jahr
0,7 Mio.	0,7 Mio.	0,7 Mio.	0,8Mio.	1,0 Mio.

variable Kosten pro Fahrrad (Euro):

1. Jahr	2. Jahr	3. Jahr	4. Jahr	5. Jahr
650	600	550	500	450

Aufwendungen für Werbung und für Verkaufsförderung (Euro):

1. Jahr	2. Jahr	3. Jahr	4. Jahr	5. Jahr
0,4 Mio.	0,3 Mio.	0,2 Mio.	0,1 Mio.	0,1 Mio.

Preis pro Fahrrad (Abgabepreis an den Handel in Euro)

1. Jahr	2. Jahr	3. Jahr	4. Jahr	5. Jahr
850	800	800	700	650

geschätzte Absatzmengen (in Stück):

1. Jahr	2. Jahr	3. Jahr	4. Jahr	5. Jahr
4.200	6.400	10.800	11.000	10.000

Zur Vereinfachung der Rechnung wird davon ausgegangen, dass die Auszahlungen und die Einzahlungen jeweils am Ende des Jahres erfolgen.
Die Rechnung soll auf 5 Jahre begrenzt werden, da sie sonst zu spekulativ wird.
Die Geschäftsführung des Fahrradherstellers strebt für diesen Zeitraum eine Verzinsung des eingesetzten Kapitals von mindestens 10% an (Vergleichszinssatz).

Bei einem Kalkulationsszinssatz von 10 % ergibt sich ein Kapitalwert von 139.025,53 € (vgl. Tabellen). Da der Kapitalwert positiv ist, ist die tatsächliche Verzinsung höher als 10 %. Der Fahrradhersteller kann also die angestrebte Verzinsung von mindestens 10 % erreichen.
Bei einem Kalkulationszinssatz von 12 % ergibt sich ein negativer Kapitalwert von –86.877,38 €. Die tatsächliche Verzinsung, also der interne Zinssatz, muss demnach zwischen 10 % und 12 % liegen. Mithilfe des grafischen Verfahrens (vgl. Abb. 4.5) ermittelt man einen internen Zinssatz von ungefähr 11,225 % (gerundet 11,2 %). Da der interne Zinssatz derjenige Kalkulationszinssatz ist, bei dem sich ein Kapitalwert von 0 ergibt, lässt sich durch Probieren (Excel-Tabelle) der genaue Wert des internen Zinssatzes mit 11,209344 % ermitteln. Die Berechnung des Kapitalwertes beruht aber nur auf Schätzungen der Kosten und der Absatzmengen. Daher macht es natürlich keinen Sinn, den internen Zinssatz auf mehr als eine Dezimalstelle abzuschätzen.

Produktneueinführung Fahrrad				**Ermittlung des Kapitalwertes bei einem Kalkulationszinssatz von 10 %**							
Jahr	Preis in €	Absatz in Stück	Einzahlungen in €	Anfangsinvestitionen	Fixkosten in €	var. Kosten in €	Werbung in €	Auszahlungen in €	Erw. Rückflüsse	Zinsfaktor	Gegenwartswert in €
0	0	0	0	3.200.000	0	0	0	3.200.000	–3.200.000	1	–3.200.000,00
1	850	4.200	3.570.000	0	700.000	2.730.000	400.000	3.830.000	–260.000	0,9090909	–236.363,64
2	850	6.400	5.440.000	0	700.000	3.840.000	300.000	4.840.000	600.000	0,8264463	495.867,77
3	750	10.800	8.100.000	0	700.000	5.940.000	200.000	6.840.000	1.260.000	0,7513148	946.656,65
4	750	11.000	8.250.000	0	800.000	5.500.000	100.000	6.400.000	1.850.000	0,6830135	1.263.574,89
5	700	10.000	7.000.000	0	1.000.000	4.500.000	100.000	5.600.000	1.400.000	0,6209213	869.289,85
									Kapitalwert	139.025,50	

Produktneueinführung Fahrrad				**Ermittlung des Kapitalwertes bei einem Kalkulationszinssatz von 12 %**							
Jahr	Preis in €	Absatz in Stück	Einzahlungen in €	Anfangsinvestitionen	Fixkosten in €	var. Kosten in €	Werbung in €	Auszahlungen in €	Erw. Rückflüsse	Zinsfaktor	Gegenwartswert in €
0	0	0	0	3.200.000	0	0	0	3.200.000	–3.200.000	1	–3.200.000,00
1	850	4.200	3.570.000	0	700.000	2.730.000	400.000	3.830.000	–260.000	0,89285714	–232.142,86
2	850	6.400	5.440.000	0	700.000	3.840.000	300.000	4.840.000	600.000	0,79719388	478.316,33
3	750	10.800	8.100.000	0	700.000	5.940.000	200.000	6.840.000	1.260.000	0,71178025	896.843,11
4	750	11.000	8.250.000	0	800.000	5.500.000	100.000	6.400.000	1.850.000	0,63551808	1.175.708,45
5	700	10.000	7.000.000	0	1.000.000	4.500.000	100.000	5.600.000	1.400.000	0,56742686	794.397,60
									Kapitalwert	–86.877,38	

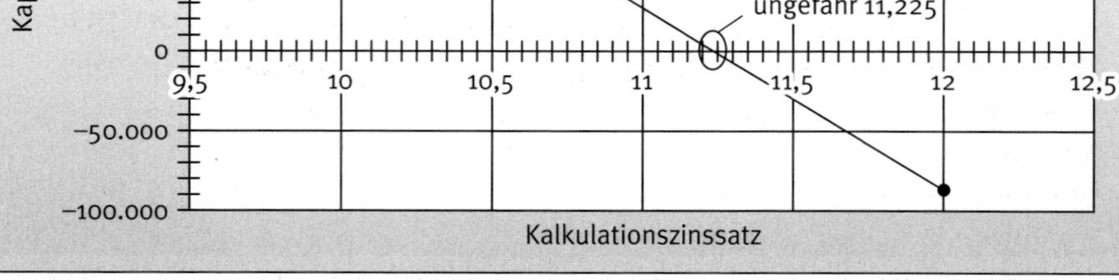

Abb. 4.5: Grafische Ermittlung des internen Zinssatzes

4.2 VERPACKUNG

Vor dem Hintergrund von Studienergebnissen, die zeigen, dass ein hoher Prozentsatz der Kaufentscheidungen erst am POS (Point-of-Sale = Einkaufsort) fällt (manche nennen 75%!), wird die besondere Bedeutung der Verpackung für das Marketing verständlich.

Kaufentscheidungen fallen zum großen Teil erst am POS

→ *Die Verpackungspolitik befasst sich mit sämtlichen Maßnahmen, die mit der Umhüllung von Produkten verbunden sind.*

Verpackungsfunktionen:

- Schutz und Sicherung der Produkte bei Transport und Lagerung,
- Dimensionierung für den Verkaufs- und Verwendungsvorgang (Packungsgröße),
- Präsentation und Verkaufsförderung in der Einkaufsstätte (Wiedererkennbarkeit),
- Ge- und Verbrauchserleichterungen beim Konsum,
- Vermittlung eines added value (Verpackungsdesign als emotionaler Zusatznutzen),
- Übermittlung der Markenbotschaft (Imagetransfer),
- Rationalisierung der Warenwirtschaft zwischen Industrie und Handel (Efficient Consumer Response vgl. Abb. 1.4 im Abschnitt/Kapitel 1 Grundlagen),
- Vermeidung von Umweltproblemen.

Die Verpackung hat zahlreiche Funktionen ...

Die unterschiedlichen Bezugsgruppen (Hersteller, Handel, Endverbraucher) haben natürlich ganz unterschiedliche Anforderungen an die Verpackung, die die Verpackung als Bindeglied in der Wertschöpfungs- oder Kommunikationskette zwischen den Beteiligten nach Möglichkeit alle erfüllen soll.

... und diese unterscheiden sich je nach Bezugsgruppe

Aus Herstellersicht	Aus Handelssicht	Aus Endverbrauchersicht
Eignung als Informations- und Imageträger (Einzigartigkeit, Unterscheidbarkeit, Wieder-Erkennbarkeit bzw. Erinnerung an die Werbebotschaft, Unterstützung des Produktnutzens)	produktspezifische Information (Selbstverkäuflichkeit)	Erleichterung des Produktverbrauchs (Packungsgröße, Handling, Wiederverschließbarkeit, Sichtbarkeit des Inhalts, Wiederverwendungsmöglichkeit) $\Rightarrow$ Convenience/Bequemlichkeit
gute Schutzfunktion	geringer Platzbedarf im Lager und Verkaufsregal	problemlos entsorgbar, geringe Abfallmenge
physische Distribution zum Handel kostengünstig (Verladevorgang, Transport)	optimale Präsentation im Verkaufsregal	Eignung als Prestigeobjekt (Design)
geringe Herstellungskosten	gut lagerbar	

Die Verpackung wird als Erstes wahrgenommen

Die Verpackung von Produkten wird als Erstes wahrgenommen, das heißt, sie vermittelt den ersten Eindruck, den sich ein potenzieller Neukunde von einer Marke macht. Um die besondere Bedeutung der Verpackung für das Marketing zu unterstreichen, reicht der Hinweis auf die Bedeutung des ersten Eindrucks für unsere Beurteilung unbekannter Personen, egal ob wir sie im privaten oder beruflichen Bereich treffen. Auch hier entscheidet oft der erste Eindruck, ob wir uns weiter mit einer Person beschäftigen wollen. Ein Befund, der sich mit psychologischen Studien deckt, die zeigen, dass wir schon innerhalb der ersten zehn Sekunden eine Entscheidung über Sympathie oder Antipathie treffen. In den meisten Fällen handelt es sich bei diesen ersten Eindrücken – wie bei uns auch – um visuelle Reize. Bei der Gestaltung einer völlig neuen Verpackung spielt auch die Wahl der Farben eine besondere Rolle (mehr zum Thema Farbassoziationen im Kapitel 8 im Band „Werbung planen"). Es gibt aber noch mindestens einen weiteren Sinneskanal, den Verpackungen ansprechen können, den Tastsinn, denn es besteht natürlich die Möglichkeit, die Verpackung anzufassen. In bestimmten Produktgruppen können diese haptischen Reize helfen, die Markenbotschaft bzw. den Produktnutzen zu unterstreichen.

Verpackungen wirken visuell und sprechen den Tastsinn an

Der Verbraucher nimmt die Verpackung mit nach Hause, sie macht das Produkt/die Marke begreif- und damit erlebbar. Die Verpackung muss den Markenkern ausdrücken und unterstützen, denn häufig haben die Verbraucher über die Verpackung mehr Kontakte mit der Marke als durch klassische Werbung.

→ *Man kann sagen, dass die Verpackung hilft, das innere Markenbild des Verbrauchers zu personifizieren, und dass sie insofern ein wichtiges Symbol für die Markenpersönlichkeit darstellt.*

Beispiel

Machen Sie einen kleinen Test – löst die Nennung der folgenden Markennamen bei Ihnen schon eine Vorstellung von der Verpackung aus oder nicht?

- Coca-Cola
- Maggi
- Toblerone
- Ritter Sport
- Odol

Den Erfolg dieser Marken verdanken sie nicht zuletzt ihrem einzigartigen Verpackungsdesign.

Beispiel

Das Beispiel Odol soll näher aufgegriffen werden, es ist eine der ersten Marken, bei denen die Verpackung für die Vermarktung extrem wichtig war (und ist). Odol, das Zahnöl (odous = Zahn; oleum=Öl), war ein kompliziertes Produkt, das den Verbrauchern in der Werbung schwer kurz zu erklären war. Also kreierte man die einzigartige und gut wieder erkennbare Verpackung, die Odol-Flasche.

Manchmal eignen sich Verpackungen sogar als Prestigeobjekt oder unterstützen die Persönlichkeit des Verwenders.

Verpackung kann auch Prestigeobjekt sein

Beispiele

Entsprechende Beispiele sind aus der Getränkebranche bekannt. Der Trend im Bier-Markt zu kleinen Longneck-Flaschen hat bestimmt mit der Lässigkeit zu tun, die der Konsument damit verbindet. Eine Apollinaris-Flasche wurde mit einem Preis für Gebrauchsdesign ausgezeichnet, weil die edel und streng anmutende Flasche einen Beitrag zur modernen Tischkultur leiste und eine zeitgemäße Alternative zur Karaffe bilde.

Auch innovative Verpackungsveränderungen können langfristig den Markterfolg sichern, wie das Beispiel Gerolsteiner zeigt. Als erster deutscher Mineralbrunnen setzte Gerolsteiner auf die leichten PET-Flaschen, eroberte die Marktführerschaft und hat sie seitdem erfolgreich verteidigt.

Ganz besondere Bedeutung haben Verpackungen auch bei geplanten Markendehnungen / Line extensions, da man hier entscheiden muss, welche Elemente einer Verpackung für die neue Produktlinie übernommen werden können und welche anders gestaltet werden müssen. Nivea macht seit Jahren vor, wie das geht.

Markendehnungen und Relaunchs stellen besondere Anforderungen hinsichtlich der Verpackung

Gerade beim Relaunch von Marken wird meist als Erstes Hand an die Verpackung gelegt. Das liegt natürlich daran, dass auch Marken aktuell bleiben wollen und daher gelegentlich ein kleines Face Lifting benötigen. Manchmal liegt es aber auch daran, dass es für einen neuen Produktmanager die einfachste Möglichkeit darstellt, erste Spuren zu hinterlassen. Wenn es aber echte Probleme mit der Marke gibt, genügt es nicht, nur die Oberfläche zu verändern, sondern dann muss sich auch etwas an der Produktsubstanz verändern – im Übrigen Sachverhalte, die auch auf unser persönliches Leben zutreffen.

4.3 Marke und Markenstrategien

4.3.1 Begriff und Bestandteile der Marke

Eine ganz entscheidende Rolle für den Erfolg eines Neuproduktes spielt die Benennung oder Markierung des Produktes, denn sie ist bei entsprechender kommunikativer Unterstützung zusammen mit Produktdesign und Verpackung der sichtbare Teil der Produktpersönlichkeit bzw. des Markenkerns. Die Marke ist das Zeichen, mit dem Waren oder Dienstleistungen eines Unternehmens gekennzeichnet werden, um sie von denen anderer Unternehmen zu unterscheiden. Durch Eintragung ins Markenregister erhalten sie einen zehnjährigen Schutz vor Nachahmungen, der mehrmals verlängerbar ist. Inzwischen werden jedes Jahr ca. 80.000 Markennamen beim Patentamt eingetragen.

Marke als Zeichen, das eine Ware oder Dienstleistung kennzeichnet

Als Marke können laut § 3 Markengesetz verschiedene Zeichen eingetragen werden (vgl. zum Thema Markenschutz Kapitel 9 im Band „Werbung planen“):

Als Marke eintragbare Zeichen

- Wortzeichen (z.B. Persil, Nivea, Eon, Adidas),
- Bildzeichen (z.B. der Bär von Bärenmarke, der Kranich von Lufthansa, der Apfel von Apple, die springende Raubkatze von Puma, Mercedesstern),
- Wort-Bildzeichen (z.B. BAYER-Kreuz, TUI-Logo),
- Zahlzeichen (z.B. 4711; 8 x 4),
- Farbzeichen (z.B. das Gelb von Yello-Strom, das Rot von Eon),
- Buchstabenzeichen (z.B. AEG, BP, IBM, hp, GfK),
- Hörzeichen (z.B. Erkennungsmelodie von McDonald's oder Telekom),
- dreidimensionale Formen (z.B. die Kühlerfigur von Rolls-Royce, Michelin-Männchen, aber auch die Form einer Ware oder ihrer Verpackung wie die Coca-Cola-Flasche, Odol-Flasche).

Marken sind geschützt!

Wichtiger Hinweis:
Wie im Impressum dieses Buches vermerkt, sind eingetragene Marken- und Warenzeichen nicht frei verwendbar und müssen bei ihrer Verwendung gekennzeichnet werden (z.B. Marke™ oder Marke®). Das ist hier bei der exemplarischen Nennung zu Anschauungszwecken aus praktischen Gründen unterblieben und bedeutet nicht, dass Markennamen oder Warenzeichen beliebig verwendet werden dürfen!

Meistens besteht eine Marke aus den beiden Elementen Markenname (aussprechbarer Teil der Marke) und Markenzeichen (Symbol, Logo, Grafik, Farbe, Schriftzug etc.). Die verwendeten Bildsymbole sind besonders wirksam, wenn sie z.B. konkreten Bezug zur Produkt-/Unternehmensleistung nehmen und dadurch bei den Zielgruppen sog. innere Bilder erzeugen (vgl. dazu den von Werner Kroeber-Riel geprägten Imagery-Begriff in Kapitel 7 Werbewirkungsmodelle im Band „Werbung planen"). Abstrakte Bildsymbole ohne konkreten Sinngehalt führen dagegen häufig zu diffusen Markenbildern bei den Zielgruppen.

Markennamen erzeugen Sprach- und Gefühlswelten

➔ *Markennamen erzeugen Sprach- und Gefühlswelten und darüber hinaus Vertrauen. Deshalb sollten sie prägnant, assoziationsstark und einfach sein – also im besten Sinne merkfähig bzw. denkwürdig.*

Gerade Kunstnamen (Beispiele sind Aventis, Avanza, Avensis, Novartis, Tenovis, Febreze etc.) und einfach aus dem Englischen (Dove, Dawn) übernommene Marken folgen häufig diesem Gebot nicht unbedingt.

Beispiel

In einer Studie des Genfer Instituts für Markentechnik stellte sich heraus, dass 39% der Befragten bei Avanza, einer Strommarke des RWE-Konzerns, auf eine Versicherung tippten.

Bei internationalen Marken müssen sprachliche Unterschiede beachtet werden

Es stellt zugegebenermaßen eine große Herausforderung dar, für ein international zu vermarktendes Produkt einen überall gleich gut geeigneten Markennamen zu finden. In der Literatur findet man zahlreiche Beispiele aus der Automobil-Branche, von denen einige prägnante genannt werden sollen.

Beispiele

Der Fiat Regata macht in Schweden Probleme, weil dies „streitsüchtige Frau" bedeutet, Lada Nova wird im Spanischen mit „fährt nicht" oder „läuft nicht" assoziiert und im Spanischen gibt es auch Schwierigkeiten mit VW Vento („furzen")und mit Mitsubishi Pajero („Wichser"). Die Liste ist noch länger (Uno heißt auf Finnisch Trottel, Mist auf Englisch zwar Nebel, aber auf Deutsch ...).

Weitere interessante Informationen zum Thema Entwicklung von Markennamen (Assoziationen, Imagery, Klang, Typografie) finden sich bei Franz-Rudolf Esch: Strategie und Technik der Markenführung. Vahlen. München 2008.

Begriffsgenese: was markieren ursprünglich bedeutete

Bei der Beantwortung der Frage, was eine Marke eigentlich ist, lohnt sich ein kurzer Blick in die Geschichte.

Der deutsche Begriff „brandmarken" bedeutet laut Wahrig Deutsches Wörterbuch: „... ursprünglich ein Schandmal einbrennen. Eine Brandmarke war ein Zeichen, das Gefangenen und Verbrechern eingebrannt wurde." Diese negativen Assoziationen sind möglicherweise ein Grund, warum sich auch in Deutschland der englische Begriff „Branding" durchgesetzt hat, obwohl auch dieser in seiner ursprünglichen Bedeutung nicht unbedingt positiv besetzt ist: Branding ist das gewollte und bewusste Erzeugen einer dauerhaften Narbe mit heißem Metall. Da beim modernen „Branding" nicht mehr Besitzansprüche an Tieren markiert werden, geht es inzwischen weniger schmerzhaft zu, doch auch hier sollen sich Marken durch geschicktes Marketing ins Gedächtnis der Verbraucher einbrennen.

Branding – ins Gedächtnis „einbrennen"

Die Verwendung von Zeichen zur Darstellung der Produktherkunft ist so alt wie Handwerk und Handel, denn schon die Hellenen und Römer markierten ihre Produkte, um eine bestimmte Qualität hervorzuheben und diese dann teurer zu verkaufen. Die Tradition, dafür Logos und Signets zu verwenden, lässt sich ebenfalls von der Antike bis heute verfolgen (vgl. dazu Abb. 4.6).

Klassische Funktionen der Marke: Herkunft, Qualität, Signal, Differenzierung, Schutz

Nach dem klassischen Verständnis ist eine Marke also zunächst einmal das physische Kennzeichen für die Herkunft einer Ware (Markierungsfunktion). Das markierte Produkt garantiert dem Verbraucher eine konstante Qualität (Garantiefunktion), und ermöglicht ihm, die Produkte leicht wiederzuerkennen (Signalfunktion). Dem Anbieter hilft die Marke, sich von der Konkurrenz zu unterscheiden (Differenzierungsfunktion) und schützt vor Nachahmung (Schutzfunktion). Durch gezielte Nutzenversprechen und den Aufbau von Images lassen sich die Produkte besser in den Köpfen der Verbraucher profilieren bzw. positionieren, schaffen dadurch Markenpräferenzen, die bis zu langfristiger Markentreue/-bindung führen kann (Absatzfunktion).

Für das Neuromarketing ist eine Marke ein „Stimulus, der zur kortikalen Entlastung der rationalen Hirnzentren führt, bei gleichzeitiger Aktivitätssteigerung der emotionalen Zentren." Passmann, Kenning, Deppe (Universität Münster). Unser Hirn schaltet quasi auf Kauf-Automatik um. Und das ist auch sinnvoll, denn inzwischen weiß man, dass Preise im Schmerzzentrum und Marken im Belohnungszentrum verarbeitet werden.

Abb. 4.6: Logos, Signets und Markenzeichen vom Mittelalter bis heute
Oben links: Karolus-Signet (Karl I./der Große) – in der Mitte Händler- und Handwerksmarken aus dem 14. Jahrhundert – oben rechts figürlich-verbale Handwerksmarke aus dem 18. Jahrhundert – unten links das Zeichen von Albrecht Dürer – unten in der Mitte das Zeichen des Klingenschmieds Peter Henkel aus Solingen – unten rechts die heute gültige Woolmark (Abdruck mit freundlicher Genehmigung aus Adrian Frutiger. Der Mensch und seine Zeichen. Fourier Verlag. Wiesbaden 2000).

In der Regel lassen sich mit Marken auch höhere Preise am Markt erzielen (Preisfunktion). Nach diesem klassischen Markenverständnis müssen Marken folgende Merkmale aufweisen:

Merkmale von Marken nach klassischem Verständnis

- Markierung (Markenname, Markenzeichen),
- gleichbleibende Qualität,
- gleichbleibende Quantität,
- gleiche Aufmachung,
- überregionaler Vertrieb (Ubiquität = Produkt muss überall erhältlich sein),
- Verbraucherwerbung,
- hoher Bekanntheitsgrad,
- relative Preiskonstanz.

Einige der klassischen Merkmale und Funktionen eines Markenartikels sind, wie die folgenden Ausführungen zeigen, auch heute noch von Bedeutung. Ein anderes Merkmal, wie z.B. die Ubiquität, stößt bei Luxusmarken (wie etwa Prada, Gucci, Lous Vuitton etc.) an ihre Grenzen. Diese Marken dürfen gar nicht überall erhältlich sein, da sie ansonsten ihren Mythos verlieren würden. Außerdem wird der Begriff des Markenartikels inzwischen auch auf prominente Personen oder für Vorprodukte (Ingredient Branding) angewendet.

Ingredient Branding:
Immer häufiger kommt es zwischen Herstellern zu strategischen Marken-Allianzen, das heißt, bei der Vermarktung eines Produktes werden beide beteiligten Marken genannt (Co-Branding). Dabei kann es sich um gleichberechtigte Partnerschaften handeln, es sind aber auch Formen möglich, in denen eine Wirtsmarke mit einer Komponentenmarke eine Symbiose eingeht, was vor allem dann geschieht, wenn sich Vorprodukte, die nicht alleine kauf- bzw. nutzbar sind, mit einer Hersteller-Marke verbinden (Ingredient Branding). In gewisser Weise benötigt die Komponentenmarke eine Wirtsmarke, um aus der Anonymität bzw. Austauschbarkeit herauszutreten, ein für die Ingredient Brand unglaublich wichtiger Faktor im umkämpften Zulieferer-Wettbewerb. Außerdem festigt sich die Beziehung zum Hersteller und ermöglicht möglicherweise höhere Preise und Gewinne. Komponentenmarken wie Gore-Tex, Nutra Sweet, Teflon, Dolby, Vibram oder Intel sind nur einige Beispiele für erfolgreiches Ingredient Branding, wobei die Erfolgsgeschichte der Marke Intel („Intel inside"), die inzwischen laut Interbrand zu den zehn wertvollsten Marken der Welt gehört, der eindrucksvollste Beweis für die Bedeutung dieser Marketing-Strategie ist. Grundsätzlich lassen sich **vier strategische Ansätze** für Ingredient Branding unterscheiden:

1. Neue Wirts-(Hersteller-)Marke + etablierte Komponenten-(Zulieferer-) Marke
   → Aufwertung der neuen Marke durch die Bekanntheit, Glaubwürdigkeit und das Vertrauen der Zielgruppen in die Komponenten-Marke (z. B. vertreibt ein neuer Outdoor-Hersteller seine Produkte mit Gore-Tex).
2. Die etablierte Wirts-Marke gleicht mit der Komponenten-Marke eigene Kompetenzdefizite aus.
   → Ein Kaugummi-Hersteller verwendet Nutra Sweet (ohne Zucker) oder eine Zahnpasta-Marke für ein zahnfreundliches bzw. -pflegendes Kaugummi.
3. Die Komponenten-Marke wird als Standard zur Erhaltung der Wettbewerbsfähigkeit der Wirtsmarke benötigt.
   → Dies gilt inzwischen vor allem bei PCs, bei denen Intel zum Standard geworden ist (Intel inside).
4. Die etablierte Wirts-Marke sucht mithilfe der Komponenten-Marke nach Möglichkeiten, sich von den Wettbewerbern zu differenzieren.
   → Die Verwendung von besonders teuren, edlen Zulieferern bei der Innenausstattung von Luxus-Pkws.

4.3.2 Markenführung

Früher zeigten Marken den Verbrauchern an, dass es sich um Produkte von besonderer Qualität handelte, die Marke war kaufbare Sicherheit. Die Herkunft der Marke war treibende Kraft für das Kaufverhalten, dies gilt heute vielleicht noch im Investitionsgüter-Marketing (Markenzeichen „Made in Germany").

Aus dem Beschaffungskonsum zur Bedürfnisbefriedigung ist in vielen Fällen Erlebniskonsum geworden, sodass nicht mehr der Gebrauchs-, sondern eher der Erlebniswert einer Ware bei der Kaufentscheidung zählt. Das sichtbare Zeichen für diesen virtuellen oder auch spirituellen Mehrwert bildet die Marke. Oder wie David Ogilvy (1911–1999), Mitbegründer der Agentur Ogilvy&Mather, formulierte: „Brand is the consumers' idea of a product". Heute überwiegt eher eine wirkungsbezogene Sichtweise auf Marken, d.h., eine Marke wird als verdichtete Information über alle mit ihr in den Köpfen der Verbraucher verknüpften Assoziationen betrachtet. Sie fungiert wie ein kognitiver Anker (information chunk), der die vom Hersteller gewünschten Images oder Schemata auslöst.

... führt dazu, dass die Marke ein Erlebnis garantieren muss

„Brand is the consumers idea of a product" (Ogilvy)

„Schemata sind große, komplexe Wissenseinheiten, die typische Eigenschaften und feste standardisierte Vorstellungen umfassen, die man von Objekten, Personen oder Ereignissen hat, auch von Marken und Unternehmen. Sie enthalten nicht nur Sachverhalte, Semantisches, sondern auch Bildhaftes, Emotionales, Haptisches, Gerüche usw." (Lachmann, 2003, S. 57). Ein Großteil unseres Wissens wird im Gehirn durch Schemata repräsentiert. Durch Schlüsselreize wird dann das entsprechende Schema mit all seinen Elementen abgerufen (positiv wie z.B. „Weihnachten" oder „Karibik" oder negativ besetzte wie „Krieg" oder „Terroranschlag"). Man sieht an den Beispielen, dass Schemata unsere Wahrnehmung steuern, denn sie verändern unsere Erwartungen an die aufzunehmende Information. Von Bedeutung sind dabei Schlüsselreize, die bei fast allen das entsprechende Schema auslösen, wobei die konkrete Ausgestaltung des Schemas individuell sein kann. Eine Bild des Eiffelturms wird bei allen das Schema „Paris" auslösen, was der Einzelne damit verbindet, hängt stark von individuellen Erfahrungen, Urteilen, Vorurteilen oder Erwartungen ab.

Schemata und Schlüsselreize als Grundlage

→ *Unternehmen müssen im jeweiligen Marktsegment für die Zielgruppe wichtige Schemata finden. Anschließend muss ein eigenständiges Markenschema entwickelt, emotional aufgeladen und häufig wiederholt werden, damit die Markenwelt in den Köpfen verankert wird.*

Dabei kommt der Festlegung und Penetration des Schlüsselreizes hohe Bedeutung zu, schließlich soll dieser den Abruf des Markenschemas auslösen.

Beispiel

Der Anfang des 20. Jahrhunderts von Suchard entwickelten Schokomarke Milka – ein Markenname durch geniale Verknüpfung von **Mil**ch und **Ka**kao – gelang es, von Anfang an das allgemeine Schema „Alpenmilch" durch die lila Farbe für sich zu variieren und eine eigenständige Position zu besetzen. Aber als dann in den 70er-Jahren noch die „Lila Kuh" (verantwortliche Agentur: Young&Rubicam) als Schlüsselbild hinzukam, war der Markterfolg nicht mehr zu stoppen.

Nur verhältnismäßig wenigen Marken gelingt der Aufbau von Marken-Schemata und die Verankerung geeigneter Schlüsselbilder. Aber wenn dies gelingt, sind die betreffenden Unternehmen am Markt äußerst erfolgreich (was man z.B. Marlboro, Bacardi, Milka oder Langnese mit ihren weithin bekannten Schemata unterstellen kann).

Erfolgreiche Marken sind mehr als garantierte Produktqualität

Heute wird verstärkt versucht, Marken als Medium der Gefühle zu nutzen, das heißt, Marken dienen der Identitätsfindung und Weltorientierung ihrer Käufer/Verwender.

Die Verwendung bestimmter Marken hilft den Menschen, ihre Persönlichkeit auszudrücken, Verbundenheit mit anderen Menschen zu empfinden (Community) und dient somit teilweise auch als mythischer Sinnstifter.

Alexander Biel, amerikanischer Kommunikationsforscher, hat die Bedeutung von Marken für den modernen Menschen einmal so zusammengefasst: „Marken möblieren nicht einfach die Umgebung, in der ich lebe. Sie kleiden mich, und während sie das tun, helfen sie mir zu definieren, wer ich bin. Und sie helfen zu definieren, wer ich nicht bin: Wenn ich Ihnen sagen sollte, welche Marken ich nicht verwende, würden Sie noch mehr über mich lernen." (C. Niepmann: Wirkungsmodelle der Werbung. Marketing Journal. Hamburg 1999. S. 67)

Marken helfen orientieren und stiften Sinn

Diese Zusammenhänge lassen sich anhand des von der Werbeagentur BBDO verwendeten **Stufen-Modells der Markenführung** (vgl. Abb. 4.7) sowie der unterschiedlichen Dimensionen der Marken-Identität (vgl. Abb. 4.8) aufzeigen.

Die Abbildungen zeichnen den Weg eines Produktes von der Markenware zum Mythos nach, wobei der Sprung auf diese letzte Stufe nur wenigen Marken gelingt. Erfolgreiche Markenführung muss aber in jedem Fall versuchen, eine Marke innerhalb dieses Systems weiterzuentwickeln.

Die folgende Zusammenfassung soll noch einmal verdeutlichen, was Marken heute für Konsumenten leisten können:

Zusammenfassung der heutigen Rolle von Marken

- Marken versprechen den Käufern eine gleichbleibend hohe Qualität ⇒ Marken schaffen **Sicherheit und Vertrauen**.
- Marken verschaffen den Käufern eine Orientierung in der immer unübersichtlicher werdenden Warenwelt, denn Marken machen objektive oder subjektiv empfundene Unterschiede zwischen Produkten transparent ⇒ Marken schaffen **Unterschiede**.
- Marken machen die Unterschiede zwischen den Produkten wiedererkennbar ⇒ Marken schaffen **Stammkunden** (Markentreue).
- Marken helfen den Käufern beim Ausdruck ihrer Persönlichkeit (Selbstbild/Selbstverwirklichung), denn sie bieten den Konsumenten Identifikationsangebote (z.B. bei Status-/Prestige- oder Szeneprodukten) ⇒ Marken schaffen **Markenwelten**. Marken trennen, Marken vereinen, denn jeder definiert sich über Marken.
- Marken erfüllen sowohl die Sehnsucht, Teil von etwas Größerem zu sein (in der Masse aufgehen) und fungieren in solchen Fällen fast als Religionsersatz, als auch die Sehnsucht nach Individualisierung (Mass customization) ⇒ Marken schaffen **Lebensorientierung**.

Marken sind die „Götter" der Konsumgesellschaft

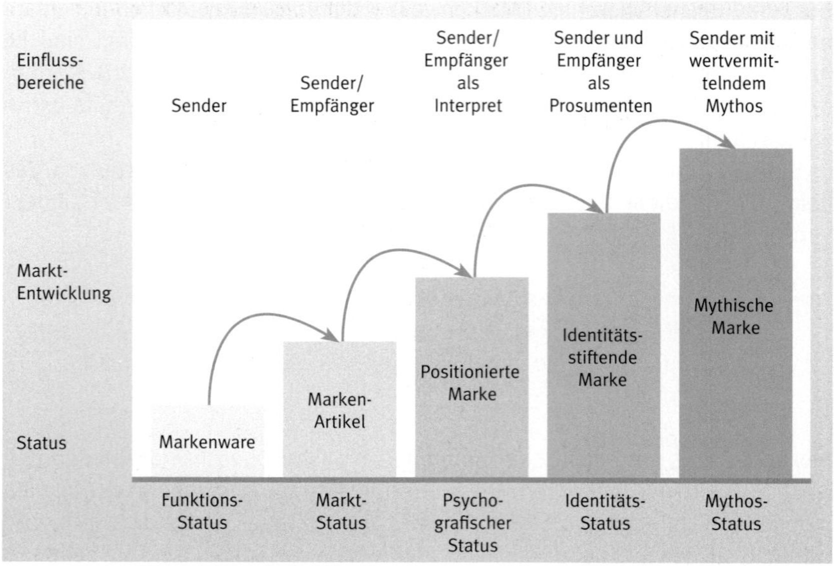

Abb. 4.7: Stufenmodell für Markenführung der Werbeagentur BBDO Deutschland

Aufgabe: Ordnen Sie den Stufen jeweils einige Ihnen bekannte Marken zu. Tipps: Markenware findet sich im Discountbereich, die Handelsmarken bieten Marken-Artikel, Waschmittel stellen sich oft als positionierte Marke dar, Zigaretten- und Parfummarken zielen auf Identitäts- und Sinnstiftung, und zum Mythos werden nur wenige, darunter die edlen Motorrad- und Automarken.

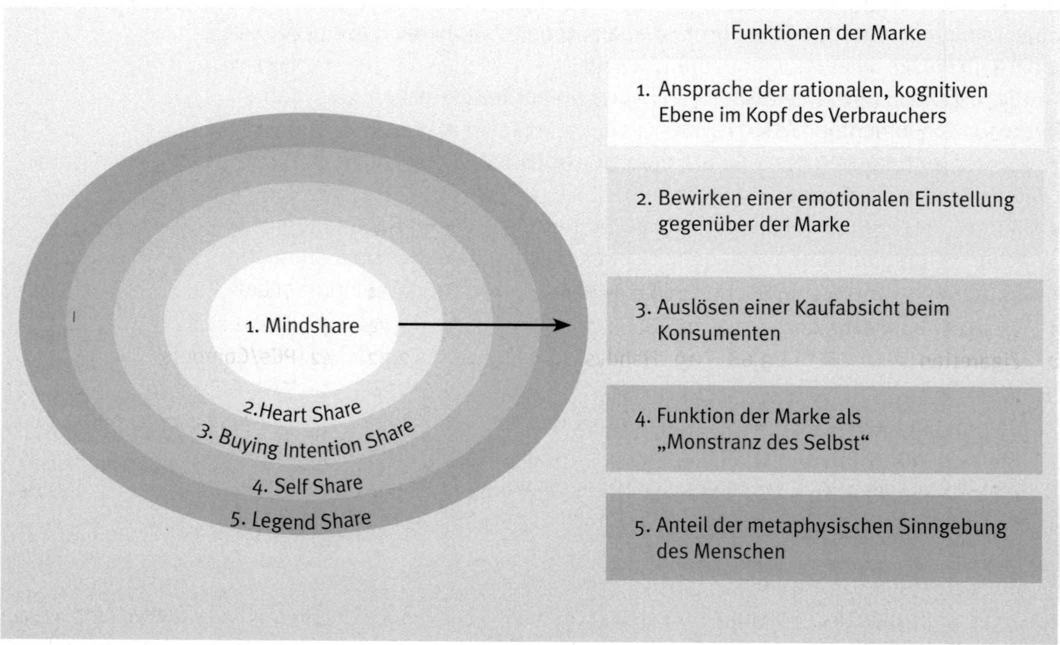

Abb. 4.8: Dimensionen der Marken-Identität

Die Unternehmensberatung McKinsey ordnet Marken drei zentrale Funktionen zu (vgl. Abb. 4.9).

Abb. 4.9: Grundfunktionen einer Marke nach McKinsey

Die Bedeutung der Marke hängt von der Produktkategorie ab

Die wahrgenommene Bedeutung von Marken hängt stark von der Produktkategorie ab. Während in einigen Produktkategorien Marken ganz entscheidenden Einfluss auf den Kaufentscheidungsprozess haben, spielen sie in anderen kaum eine Rolle. In diesen Fällen ist die Marke vielleicht vielen bekannt, wenigen vertraut, kommt bei noch wenigeren in die engere Wahl (relevant set), wird von ganz wenigen gekauft und markentreu ist dann so gut wie keiner mehr.

In einer vom MarketingCentrum Münster in Zusammenarbeit mit der Unternehmensberatung McKinsey und der GfK (Gesellschaft für Konsumforschung) durchgeführten Umfrage ergaben sich auf die Frage „Wie relevant sind Marken bei Produkten?" bei 45 Produktkategorien folgende Ergebnisse (Auswahl):

(0=unwichtig ... 5= sehr wichtig):

1	Designer-Sonnenbrillen	3,73
2	Zigaretten	3,68
3	Bier	3,44
4	Pkw (Mittelklasse)	3,28
6	Kopfschmerzmittel	3,11
7	Tafelschokolade	3,08
8	Waschmittel	3,08
9	Sportschuhe	3,07
10	Champagner	3,07
11	Erfrischungsgetränke	3,02
12	Mobilfunkanbieter	2,96
13	Duschgel	2,90
14	Joghurt	2,82
18	Bankkonten	2,74
19	Handys	2,72
25	Pauschalfernreisen	2,56
27	Waschmaschinen	2,50
29	Reifen	2,44
31	Spiele-Software	2,41
32	Fastfood-Restaurants	2,40
33	Telefonanbieter (Festnetz)	2,37
34	Kaufhäuser	2,37
36	Discounter	2,34
37	Fernseher	2,32
39	Baumärkte	2,30
40	Kfz-Versicherungen	2,29
42	PCs/Computer	2,09
43	Kaffeemaschinen	2,02
44	Papiertaschentücher	1,92
45	Strom	1,65

Aus: McK Wissen 03: Das Magazin von McKinsey. 1. Jahrgang 2002. S. 80 f.

Die Tabelle stellt die Zusammenfassung aus drei Teilbefragungen dar, in denen nach drei von den Wissenschaftlern am MarketingCentrum Münster vorgegebenen Kategorien befragt wurde. Dabei ging es um die folgenden Kategorien, die in der einen oder anderen Form schon mehrfach erwähnt wurden:

1. Risikoreduktion
   - Marken reduzieren das Kaufrisiko, indem sie für eine konstante Qualität stehen.
2. Informations-Effizienz
   - Marken bündeln Informationen zu Produkten und bieten damit Kauforientierung.
3. Stiftung eines ideellen Nutzens
   - Marken verkörpern bestimmte Wunsch-Images und stiften insofern einen ideellen Zusatznutzen.

Die angeführten Punkte zeigen auf, welche besondere Bedeutung Marken für den Produkt- und damit den Unternehmenserfolg haben, denn starke Marken bieten erhebliche Vorteile für die Unternehmen:

Vorteile von starken Marken für das jeweilige Unternehmen

- Differenzierung von der Konkurrenz, die neben den Produkteigenschaften vor allem über emotionale Kategorien erreicht werden soll.
- Die Möglichkeit zu starker Markenbindung (Markentreue) verringert die Kosten, denn es ist billiger, Kunden zu halten, als neue zu gewinnen. Außerdem besitzt man eine stabilere Umsatzbasis.

Der Share of mind bestimmt den Share of market

- Vor dem Hintergrund weitgehend gesättigter Märkte, auf denen Marktanteile häufig nur auf Kosten der Konkurrenz gewonnen werden können, ist eine breite Stammkunden-Basis auch als Markteintrittsbarriere für die Konkurrenz zu sehen und schützt insofern vor Angriffen der Wettbewerber.

Marken provozieren den Halo-Effekt

- Starke Marken können den Halo-Effekt hervorrufen, d.h., wenn ein von den Menschen als wichtig empfundenes Merkmal positiv gesehen wird, werden auch andere Merkmale positiv gesehen. Dieser Effekt lässt sich immer beim Vergleich zwischen den Testergebnissen von Blindverkostungen und normalen Verkostungen beobachten. Häufig schneiden bekannte Marken bei Blindverkostungen lange nicht so gut ab wie in den Fällen, wo ihr positiv bewertetes Images durch die Namensnennung bekannt ist.

  Die Marke kann wichtiger für das Geschmackserlebnis sein als der Geschmack

  So können selbst eingefleischte Cola-Trinker ihre Marke im Blindtest oft nicht von Cola-Produkten der Konkurrenz unterscheiden. Forscher gehen davon aus, dass die Marke für unser Geschmackserlebnis doppelt so wichtig ist wie der Geschmack selbst (vgl. dazu Esch, Franz Rudolf: Strategien und Techniken der Markenführung. Vahlen. München 2008). Angeblich bevorzugen z.B. Frauen im Blindtest manche preiswerte Parfums gegenüber Chanel No. 5, was bei Offenlegung der Marke undenkbar wäre (vgl. Esch).

  Außerdem erhöht der Halo-Effekt die Wirksamkeit der Marketing-Instrumente. Eine mögliche Wirkungskette könnte folgendermaßen aussehen: Eine sympathische Marke macht sympathische Werbung, was wiederum die Sympathie für die Marke stützt oder sogar erhöht.
- Es lassen sich höhere Preise und Umsätze erzielen. Ein schönes Beispiel sind die in derselben Automobilfabrik mithilfe der gleichen Plattform gefertigten Pkws unterschiedlicher Hersteller.

- Marken mit einem hohen Markenwert bieten ein größeres Potenzial für Markenerweiterungen (vgl. dazu auch Familienmarkenstrategie und Produktprogrammpolitik), das heißt, das Unternehmen kann wesentlich einfacher neue Märkte bzw. Zielgruppen erschließen (vgl. Nivea, Milka).
- Möglichkeit, über Lizenzierungen zusätzlichen Umsatz zu erzielen. Außerdem evtl. Ansprache neuer Zielgruppen und Stärkung des Marken-Images.
- Starke Marken verbessern die Position des Herstellers gegenüber dem Handel, da der Handel Produkte, die stark von den Verbrauchern nachgefragt werden, eher in sein Sortiment aufnehmen wird und ihnen insofern knappen Regalplatz einräumt.
- Unternehmen mit starken Marken wachsen überproportional stark. Das zeigt sich vor allem bei börsennotierten Unternehmen. Insofern machen starke Marken Unternehmen krisensicherer.

4.3.3 Ermittlung des Markenwertes

Entstehen von Wertvorstellungen beim Konsumenten

Auf die Frage, wie bzw. wodurch markenspezifische, handlungsrelevante Wertvorstellungen beim Konsumenten entstehen, formuliert Klaus Brandmeyer: „Durch Eindrücke, die er aus verschiedenen Richtungen im Laufe der Zeit empfängt:
- Durch eigene, reale Produkt- und Markenerfahrungen (beim Kauf, beim Gebrauch, beim Vergleich mit anderen Produkten/Marken und ihren Leistungen).
- Durch Werbung, d.h. symbolische Kontakte mit der Marke.
- Durch Kommunikation mit Menschen, die die Marke kennen, wozu auch Kritiker und Ablehner gehören können.
- Durch bloße Beobachtung anderer Verwender. Wer sind diese anderen, wie gehen sie mit dem Produkt / der Marke um?
- Durch Wahrnehmung am Ort des Kaufs: Wie ist das Produkt platziert, welches ist sein Umfeld, wie ist der Preis, wie sehen die verkaufsfördernden Maßnahmen aus (Grabbeltisch oder Depot?).
- Durch redaktionelle Mitteilungen der Medien: PR-Berichte, aber auch Warentests oder andere, publikumswirksame Veröffentlichungen.

Wie der Konsument diese Eindrücke verarbeitet und wie sehr er sein Verhalten davon beeinflussen lässt, hängt gewiss davon ab, welche Bedeutung die Produktkategorie in seinem persönlichen und sehr situativen Konsumsystem hat." (Klaus Brandmeyer: Achtung Marke. Stern-Bibliothek. Gruner+Jahr. Hamburg 2002. S. 134 f.)

Branding als immaterielle Summe

David Ogilvy fasste den Weg zu diesem Ziel einmal wie folgt zusammen: „Branding ist die immaterielle Summe der Attribute eines Produktes: sein Name, Verpackung und Preis, seine Geschichte, seine Reputation und die Art, wie es beworben wird."

Marken als eigentliches Kapital und im Wert evtl. höher als Anlagevermögen

In der modernen Wissensgesellschaft stellen Marken also das eigentliche Kapital der Unternehmen dar. Das wird immer wieder dann besonders deutlich, wenn es zu Firmenübernahmen kommt, denn dann taucht die Notwendigkeit auf, den Wert des zu übernehmenden Unternehmens zu ermitteln. Dabei fällt auf, dass der Markenwert häufig höher liegt als das gesamte Anlage- und Umlauf-Vermögen des Unternehmens.

Das Problem der Ermittlung des Markenwertes taucht aber auch bei Fragen der Lizenzierung (Beispiel: Vermarktung von Düften mit den Namen von Modeherstellern) oder beim Franchising-Geschäft auf.

Das Marktforschungsinstitut Interbrand (http://www.interbrand.com) ermittelt jedes Jahr die wertvollsten Markennamen. Im letzten Jahr standen mit Coca-Cola (70,4 Mrd. US-$), IBM (64,7 Mrd. US-$) und Microsoft (60,8 Mrd. US-$) drei amerikanische Unternehmen an der Spitze, als erstes deutsches Unternehmen taucht Mercedes (25,1 Mrd. US-$) an zwölfter Stelle auf.

Die Ermittlung von Markenwerten differiert je nach Bewertungskriterien

Die Problematik der Markenwert-Ermittlung zeigt sich besonders deutlich, wenn man die Ergebnisse unterschiedlicher Marktforschungsinstitute vergleicht – auch Nielsen, Semion, Millward Brown und andere Consulting-Unternehmen bieten Markenwert-Studien an –, da kommt es vor, dass für die gleiche Marke Differenzen von mehr als 100% auftauchen. Das liegt unter anderem daran, dass bei der monetären Markenbewertung die Auswahl und Gewichtung der Kriterien subjektiv erfolgt (vgl. zu Kriterien der Markenbewertung die Abb. 4.10 und 4.11) und sehr viele verhaltenswissenschaftliche Größen berücksichtigt werden müssen, schließlich befindet sich der Wert der Marke vor allem in den Köpfen der Verbraucher. Darüber hinaus muss auf sehr viele Prognosen zurückgegriffen werden.

Kategorien (maximaler Punktwert)	**Kriterien/Verwendete Daten**
1. Marktführerschaft 25 Punkte	• Gegenwärtiger Status und Rolle (Marktanteil, Marktanteile der Wettbewerber, Marktsegment, regionale und internationale Aspekte u.a.) • Wie wurde diese Position erreicht? (Marktstruktur, Breite der Konsumentenbasis, Handelsdurchsetzung, Produktvorteile, Verbraucherimage u.a.) • Zukunftsaspekte
2. Stabilität (Überlebensfähigkeit) 15 Punkte	• Historie (Produkte mit Markennamen, Alter, Langlebigkeit u.a.) • Aktuelle Position (Produktrange, visuelle Präsentation, Verbraucherakzeptanz, Unabhängigkeit von Vertriebssystemen u.a.) • Zukünftige Entwicklung
3. Markt 10 Punkte	• Übersicht (Wettbewerbsstruktur, Marktsegment, Verbraucherbindung, Wert, Volumen) • Trend (Verbrauchernachfrage, markenunabhängige Einflüsse, Marktdynamik) • Zukunftsaspekte
4. Internationalität (Eignung, kulturelle/geografische Grenzen zu überschreiten) 25 Punkte	• Gegenwart (Vertretung auf ausländischen Märkten, Bedeutung in diesen Märkten u.a.) • Vergangenheit (Export-Historie, Stabilität der Marke, Werbung im Ausland u.a.) • Zukunftsperspektiven
5. Trend der Marke 10 Punkte	• Entwicklung (Verkaufsvolumen, Verkaufswert, Marktanteil) • Status (Wettbewerbstrend, Gefahren) • Planung (Entwicklungspläne, zukünftige Chancen u.a.)
6. Marketing-Unterstützung 10 Punkte	• Qualität und Kontinuität (Werbeaktivitäten, VkF, Handelsunterstützung, Präsenz im Geschäft) • Qualität (Entwicklung der Markenpersönlichkeit, Kongruenz von Botschaft und Image, Durchsetzung von Markenwerten) • Zukünftige Strategie
7. Rechtlicher Schutz der Marke 5 Punkte	

Abb. 4.10: Markenbewertungssystem von A.C. Nielsen

Fast noch wichtiger ist die eigentlich immaterielle Natur des Markenwertes, denn der Wert einer Marke repräsentiert sich eben in den Köpfen der Verbraucher. Klaus Brandmeyer, der 1994 zu den Mitbegründern des Instituts für Markentechnik in Genf gehörte, definiert den Begriff „Markenwert" so: „Der Markenwert ist die Gesamtheit aller positiven und negativen Vorstellungen, die im Konsumenten ganz oder teilweise aktiviert werden, wenn er das Markenzeichen wahrnimmt, und die sich in ökonomischen Daten des Markenwettbewerbs spiegeln." (Klaus Brandmeyer: Achtung Marke. Stern-Bibliothek. Gruner+Jahr. Hamburg 2002. S. 135). Das unten abgebildete Markenwert-Modell von Nielsen (Abb. 4.11) basiert übrigens auch auf den Ideen von Klaus Brandmeyer.

Kategorien/Kriterien	Verwendete Daten
Was gibt der Markt her? 1. Der Wert des Marktes 2. Die Entwicklung des Marktes 3. Die Wertschöpfung eines Marktes	Zu 1. Größenpotenzial des relevanten Marktes Zu 2. Lebenszyklus – Stadium des Marktes Zu 3. Gewinnpotenzial aller Anbieter
Welchen Anteil holt sich die Marke aus ihrem Markt? 4. Der wertmäßige Anteil 5. Der relative Marktanteil 6. Die Marktanteils-Entwicklung 7. Der Gewinn-Marktanteil	Zu 4. Anteil des eigenen Umsatzes am Gesamt-Umsatz des Marktes Zu 5. Anteil des eigenen Marktanteils im Vergleich zum Marktführer Zu 6. Entwicklung der letzten drei Jahre Zu 7. Analyse der Ursachen der Gewinnentwicklung
Wie bewertet der Handel die Marke? 8. Die gewichtete Distribution 9. Die Handelsattraktivität der Marke	Zu 8. Anteil des Umsatzes der Geschäfte, die die Marke führen, im Vergleich zum Gesamtumsatz aller Geschäfte, die die Produktgruppe führen Zu 9. Rangplatz im Regal (Sicherheit vor Auslistung)
Was tut das Unternehmen für die Marke? 10. Die Produktqualität 11. Das Preisverhalten der Marke 12. Der Share of Voice	Zu 10. Beurteilung durch neutrale Experten Zu 11. Rolle des Preises bei der Umsatz- und Marktanteilsentwicklung Zu 12. Werbeaufwand im Vergleich zum Werbeaufwand im relevanten Markt
Wie stark sind die Konsumenten mit der Marke verbunden? 13. Die Markentreue 14. Das Vertrauenskapital der Marke 15. Der Share of Mind 16. Werbe-Erinnerung (Recall) 17. Marken-Identifikation (Recognition)	Zu 13. Bindungs- und Zufriedenheitsgrad beim Verbraucher Zu 14. Messung der Markenpersönlichkeit Zu 15. Messung der spontan abgerufenen Marken (Brand Awareness) Zu 16. Messung der spontan abgerufenen Bild- oder Textelemente (z.B. Slogan ...) Zu 17. Verbindung der Werbeelemente mit der richtigen Marke (Slogan, Key-Visual ...)
Wie groß ist der Geltungsbereich der Marke? 18. Die Internationalität der Marke 19. Internationaler Markenschutz	Zu 18. Grad der Verbindung der Marke über ihre Stammregion hinaus Zu 19. Grad des Warenzeichenschutzes

Abb. 4.11: Markenbewertungs-System von A. C. Nielsen

Bilanzierung Markenwert nur nach US-GAAP möglich

Die Bilanzierung des Markenwertes ist in Deutschland nur bei Unternehmenskäufen erlaubt, während die Bilanzierung des eigenen Markenwertes bisher im Gegensatz zu den USA verboten ist. Dies wird aber auch jetzt schon von deutschen Unternehmen vorgenommen, die an der New Yorker Börse notiert sind, da hier das Vermögen nach amerikanischen Bilanzierungsregeln (US-GAAP) ausgewiesen werden muss.

Bilanztechnische Annahme: Markenwert nimmt ab

Bei der bisherigen deutschen Praxis wird die bei Unternehmenskäufen bezahlte Summe, die über das tatsächlich vorhandene Vermögen hinausgeht, als immaterielles Anlagevermögen erfasst und über eine festgelegte Nutzungsdauer abgeschrieben. Dabei wird davon ausgegangen, dass sich Marken abnutzen, vor dem Hintergrund von Markenklassikern eigentlich eine absurde Vorstellung. Denn, siehe Beispiel AEG unten, es lebt die Marke oft weiter, wenn der materielle Teil des Unternehmens gar nicht mehr existiert. Dies gilt allerdings wirklich nur für Markenklassiker und es ist ein langer Weg dorthin, wie Vilim Vasata (langjähriger Chef von BBDO Deutschland) in einem Geprăch mit der Fachzeitschrift w&v formulierte: „Nur die wirklichen Marken macht der Marken-Handel hart, die Weichen müssen weichen."

Als kleine Anregung, über den Tellerrand des Marketings zu gucken, ein Zitat des kürzlich verstorbenen Zeit-Feuilleton-Chefs Rudolf Walther Leonhardt (1921–2003), das den gleichen Grundtenor enthält, sich aber mit literarischen Klassikern beschäftigt. Er schrieb 1973: „Wenn diese Kolumne längst vergessen sein wird, ebenso wie der, der sie jetzt liest, dann werden die Klassiker noch immer gesehen und gehört, gelesen und gespielt, bekämpft und bewundert werden. Wer sich aus dieser kulturellen Tradition ausschließt, schadet nicht den Klassikern, sondern nur sich selbst."

Geschichte erfolgreicher Marken

Erfolgreiche Marken brauchen eine Geschichte, die teilweise sogar zum Mythos werden kann. Das Geheimnis um die Rezeptur von Coca-Cola oder die Kleiderordnung beim Tennisturnier von Wimbledon, solche Kleinigkeiten halten Marken im Gespräch, machen sie einzigartig und bringen den Zugang zu den Köpfen und Herzen der Menschen. Die Geschichten, die Marken erzählen, werden dabei Teil des kulturellen Gewebes unserer Zivilisation. Erfolgreichen Marken gelingt es, dem Roman der modernen Konsumgesellschaft ein paar Kapitel hinzuzufügen.

Das Beispiel von AEG

Dass diese Geschichten sogar über die physische Existenz des Unternehmens hinausgehen können, zeigt das Beispiel der 1883 gegründeten AEG. Schon 1914 entwickelte das Unternehmen eine Corporate Identity, die sich nach außen durch eine einheitliche Hausschrift und die Wortmarke AEG zeigte, aber auch nach innen ein starkes Wir-Gefühl hervorrief.
Die Innovativität und Langlebigkeit der Produkte ließ AEG schnell zum Synonym für Qualität im Elektrobereich werden. Die besondere Beziehung der Verbraucher zur Marke AEG zeigt sich auch darin, dass sich der seit 1959 geschützte Markenname „Foen", für den von AEG entwickelten weltweit ersten Haartrockner, zum umgangssprachlichen Begriff für die gesamte Produktgattung entwickelt hat. Durch kontinuierliche Markenpflege gelang es, die Marke von der Unternehmenskrise abzukoppeln.
Nach der Übernahme des Elektrokonzerns durch die Daimler Benz AG (1988) wurden zu-

nächst 1994 die Kernbereiche Hausgeräte und Lichttechnik an Elektrolux (Schweden) bzw. Philips (Niederlande) mitsamt den Markenrechten verkauft. Elektrolux vertreibt z.B. unter der Marke AEG Elektroherde, Waschmaschinen und Geschirrspüler. Nach der kompletten Verschmelzung des Restes mit Daimler hörte das Unternehmen AEG 1996 auf zu existieren. Mit der Verwaltung der verbliebenen Markenrechte und Lizenzen beschäftigt sich seitdem eine Daimler-Tochter, sodass die „virtuelle“ Marke heute durch ein Dutzend lizenzierte Produzenten für Hausgeräte, Lampen und Elektrowerkzeuge weiterlebt. Die Stärke der Marke AEG hat dennoch nicht gelitten, denn laut Kommunikations-Analyse 2010 (Gruner+Jahr) liegt die Marke AEG im Bereich elektrische Hausgeräte in allen drei befragten Kategorien auf dem ersten Platz: Bekanntheit 97%, Sympathie 71% und Verwendung 70%.

4.3.4 Ziele der Markenführung

Bevor ein Produkt in den Taschen der Verbraucher landet, wird normalerweise ein längerer Prozess durchlaufen. Die in Abb. 4.12 dargestellten Zielgrößen der Markennavigation illustrieren die Komplexität dieses Prozesses (vgl. auch Kapitel 7 Werbewirkungsmodelle im Band „Werbung planen“). Während die ökonomischen Zielgrößen noch überschaubar sind, sieht es bei den verhaltenswissenschaftlichen Zielgrößen schon ganz anders aus. Hier gibt es sehr viele gegenseitige Abhängigkeiten und Einflussmöglichkeiten, die zudem ganz stark von persönlichen Faktoren wie z.B. dem Interesse an der Produktart (Involvement) abhängen.

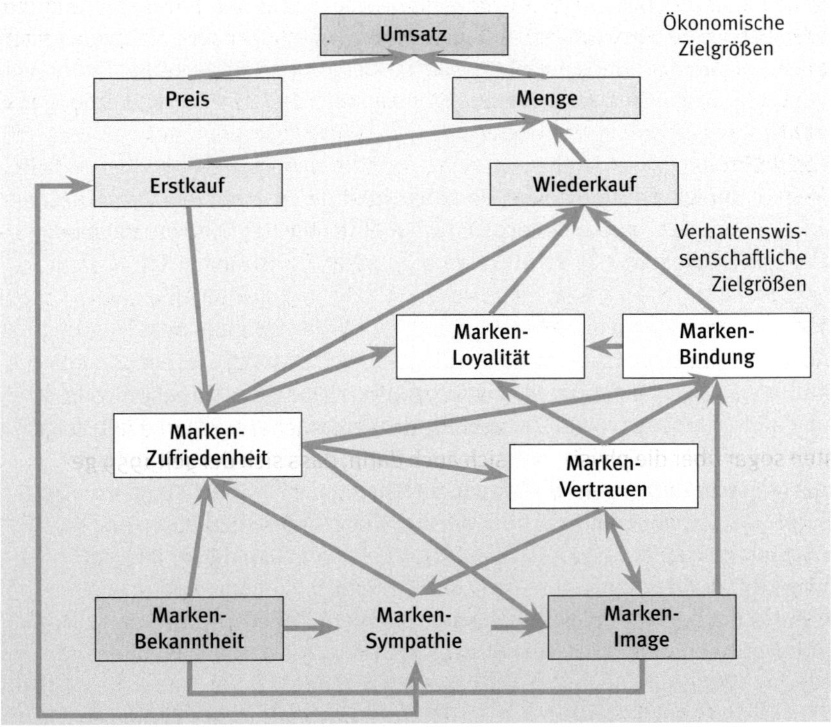

Abb. 4.12: Steuerungsgrößen für die Markenführung (in Anlehnung an Franz-Rudolf Esch: Strategie und Technik der Markenführung. Vahlen. München 2008)

Marken müssen Bekanntheit erlangen

Nur Bekannheit unterstützt den Halo-Effekt

Eine zentrale Voraussetzung ist die Bekanntheit einer Marke, denn nur in seltenen Fällen greifen Verbraucher auf unbekannte Marken zurück. Insofern ist die Bekanntheit einer Marke häufig eine notwendige Bedingung für den Erfolg. Das heißt aber, dass eine Marke ohne eine ausreichende Anzahl an Mindest- und Wiederholungskontakten keine Chance im Markt hat, zumal nur bekannte Marken vom Halo-Effekt profitieren.

Beispiel

In einem 1992 von den amerikanischen Forschern Chernatony und McDonald durchgeführten Coca-Cola/Pepsi-Experiment machte eine Gruppe von Probanden einen sogenannten Blindtest, das heißt, sie kannten die Marken der zu testenden Getränke nicht, die andere Gruppe kannte die Namen. Die Ergebnisse zeigen, dass beim „Blindversuch" die Probanden Pepsi minimal bevorzugten. Wenn jedoch bekannt war, welches Produkt gerade getrunken wurde, kam es zu einer eindeutigen Bevorzugung von Coca-Cola. Da Coca-Cola die bekanntere Marke ist, übertragen sich anscheinend die mit der Marke positiv assoziierten Eigenschaften auf die gesamte Produktpalette (Halo-Effekt).

Bekannte Marken profitieren auch vom Mere-exposure-Effekt

Einen weiteren positiven Nebeneffekt einer höheren Markenbekanntheit beschreibt der Mere-exposure-Effekt, das heißt die bloße Darbietung der Marke führt selbst bei beiläufiger Wahrnehmung dazu, dass die Sympathie und das Vertrauen in die Marke steigt. Gerade vor dem Hintergrund von bis zu 90% nicht oder nur gering an Werbung interessierten Zielgruppen ein wichtiger Faktor (vgl. ausführlich zu diesen Zusammenhängen Kapitel 7 und 8 im Band „Werbung planen").

➔ *Um eine ausreichende Markenbekanntheit aufzubauen, diese auszubauen und zu erhalten, sind möglichst viele Kontakte mit der Marke notwendig.*

Die Marke braucht eine klare Positionierung und gute Wiedererkennbarkeit

Auf der Ebene der klassischen Werbung ist für die optimale Aussteuerung der Kontaktchancen der Bereich der Mediaplanung zuständig, aber mindestens genauso wichtig sind die Bereiche strategische Planung und Kreation (was näher im Band „Werbung planen" behandelt wird). Strategische Planung und Kreation müssen eine klare Positionierung für die Marke finden und die Selbstähnlichkeit der Marke garantieren. Selbstähnlichkeit heißt, die Zielgruppe muss die Marke sofort wiedererkennen, egal über welches Element des Marketing- und Kommunikations-Mixes die Ansprache erfolgt. In diesem Zusammenhang kommt der integrierten Kommunikation (vgl. dazu Kapitel 1 Kommunikationsmodelle im Band „Kommunikationspolitik") eine besondere Bedeutung zu. Über die kommunikative Ebene hinaus, spielen die in Abb. 4.15 zusammengestellten Faktoren für das Wiedererkennen von Marken eine besondere Rolle. Dabei können entscheidende Impulse auch durch das Produkt- und Verpackungsdesign sowie die Präsentation am POS erfolgen.

Eine genauere Betrachtung der Markenbekanntheit führt zu einer Unterscheidung zwischen Tiefe und Breite der Markenbekanntheit. Die (Verarbeitungs-) Tiefe der Markenbekanntheit hängt damit zusammen, wie stark die Marke in den Köpfen der Verbraucher verankert ist. Zur Beschreibung lässt sich auf die auf den amerikanischen Marketing-Professor D. Aaker zurückgehende Markenbekanntheitspyramide (vgl. Abb. 4.13) zurückgreifen. Es ist zwar erstrebenswert, mit seiner Marke exklusive Markenerinnerung und damit die Spitze der Pyramide zu erreichen, doch ist das Erreichen dieser Position in den Köpfen der Verbraucher gar nicht in allen Produktkategorien notwendig. Zur Markenbekanntheit (Brand Awareness), gehört eben nicht nur ungestützte Bekanntheit (Recall), sondern auch das Wiedererkennen (Recognition vgl. zu den Begriffen auch Abb. 4.14). So dürfte es bei einem neuen Anbieter von Fertigpizza, der natürlich zunächst Bekanntheit und Probekäufe anstrebt, weniger um das freie Erinnern an die Marke gehen – eine unter vielen Pizza-Marken wird sich kaum jemand so schnell merken – sondern eher um das Wiedererkennen des Logos, der Farben oder der Verpackung im Handel. Dies gilt grundsätzlich für alle Produkte, bei denen die Kaufentscheidung erst am POS fällt (z.B. bei FMCG des täglichen Bedarfs oder Impuls-Artikeln). Die Beispiele zeigen, dass bei der Beantwortung der Frage, wie tief eine Marke in den Köpfen der Verbraucher verankert sein muss, damit die Marke gekauft wird, das Involvement gegenüber der Produktkategorie eine entscheidende Rolle spielt (vgl. zum Involvement-Begriff Kapitel 7 und 8 im Band „Werbung planen"). Beim Recall geht es darum, dass sich der Verbraucher ohne jede Hilfe an die Marken erinnert (z.B.: Welche Waschmittel-Marken kennen Sie?). Um passive Markenbekanntheit (=Recognition) handelt es sich, wenn die Befragten als Hilfe eine Liste mit Produkten bzw. Marken erhalten oder gefragt werden, ob sie die Marke XY kennen. Gerade bei High-Involvement-Käufen ist mindestens eine aktive Markenbekanntheit (Recall) notwendig, damit die Marke überhaupt in den Kreis möglicher Kaufalternativen rückt. Grundsätzlich steigt die Kaufwahrscheinlichkeit mit der Höhe der Stellung in der Markenbekanntheitspyramide. Aber auch bei Low-Involvement-Käufen greifen Verbraucher eher zu bekannten als zu völlig unbekannten Marken, es sei denn, sie sind reine Preiskäufer.

Unterscheidung von Breite und Tiefe der Markenbekanntheit

Tiefe = „Verankerungsgrad"

Angestrebt wird Wiedererkennen ...

... aktiv als Recall und ...

... passiv als Recognition

Neben der Tiefe der Markenbekanntheit kann auch die Breite eine Rolle spielen. Unter der Breite der Markenbekanntheit versteht man, dass die Bezugsgröße für die Bekanntheit der Marke wichtig ist. „Für eine Marke wie Harley Davidson ist es sicher nicht kriegsentscheidend, ob sie über eine hohe aktive Markenbekanntheit bei Motorrädern verfügt. Hingegen ist die Top-of-Mind-Bekanntheit in Bezug auf die Dimensionen Freiheit und Abenteuer bei Motorrädern für diese Marke existenziell." (Esch, Franz Rudolf: Strategie und Technik der Markenführung. Vahlen. München 2008. S. 75). Als Bezugsgrößen der Markenbekanntheit können herangezogen werden:

- Produktkategorie,
- Entscheidungssituation,
- Attribute,
- Nutzenvorstellungen und
- Einstellungen

(vgl. dazu Esch).

Breite = Bekanntheitsgrad, dies hinsichtlich einer sinnvollen Bezugsgröße

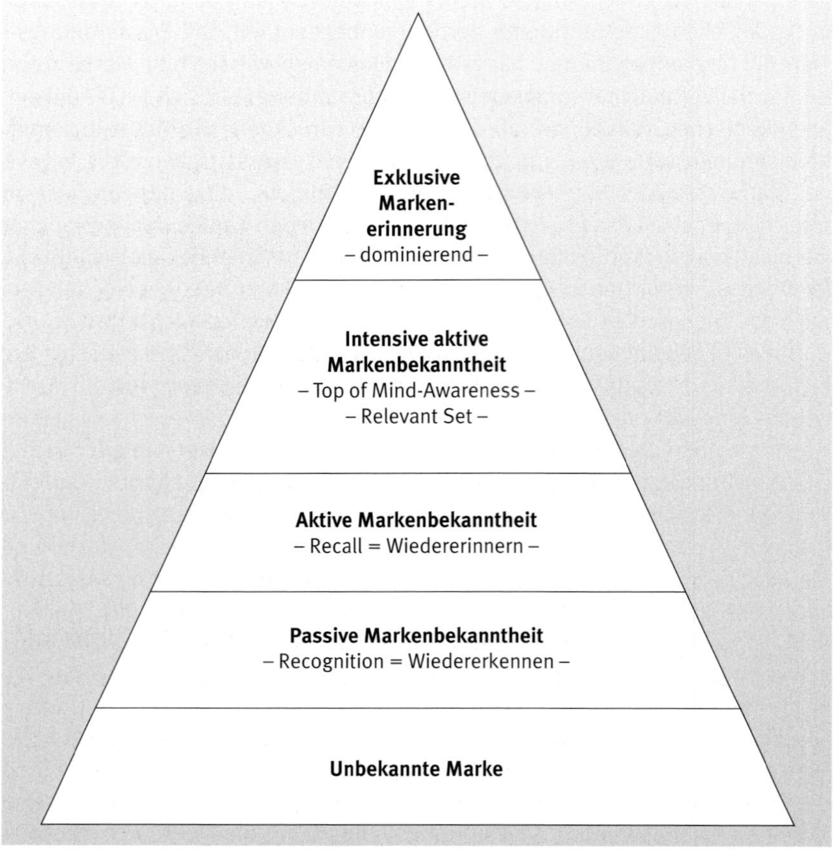

Abb. 4.13: Markenbekanntheitspyramide nach Aaker (ähnlich dargestellt in Esch: Strategie und Technik der Markenführung. Vahlen. München 2008)

Markenbekanntheit ist Voraussetzung für die Bildung einer Einstellung zur Marke

Die Markenbekanntheit bildet also die notwendige Voraussetzung für die Einstellung zur Marke, denn nur, wenn man eine Vorstellung von einer Marke hat, zieht man möglicherweise einen Kauf in Betracht. Insofern stellt Markenbekanntheit eine notwendige Bedingung für den Erfolg einer Marke dar, während es sich beim Marken-Image um eine hinreichende Bedingung handelt. Die Kraft und Bedeutung für den Kauf, die vom Marken-Image ausgeht, hängt dabei ganz stark von der Klarheit und Stärke der verankerten Schemata bzw. Assoziationen ab. Dabei lassen sich Markenimages durch die in Abb. 4.14 aufgelisteten Merkmale beschreiben. Assoziationen können eher kognitiv oder emotional geprägt sein, wobei sich starke Marken vor allem durch die emotionalen Inhalte, die mit der Marke verknüpft sind, auszeichnen. Je stärker die Verbindung zwischen den ausgelösten und gewünschten Assoziationen und der Marke, umso erfolgreicher ist die Marke. Diese gesicherte Erkenntnis wird schon in einfachen Beispielen plastisch deutlich: Stellen Sie sich vor, jemanden nachts zu wecken und nach Assoziationen zu griffigen Marken zu fragen – beispielsweise zu Marlboro dürfte ein großer Teil der Personen Begriffe wie Freiheit und Abenteuer, Cowboy etc. nennen und im Falle von Nivea mit etwas wie Pflege antworten.

Assoziationen können kognitiv oder emotional sein

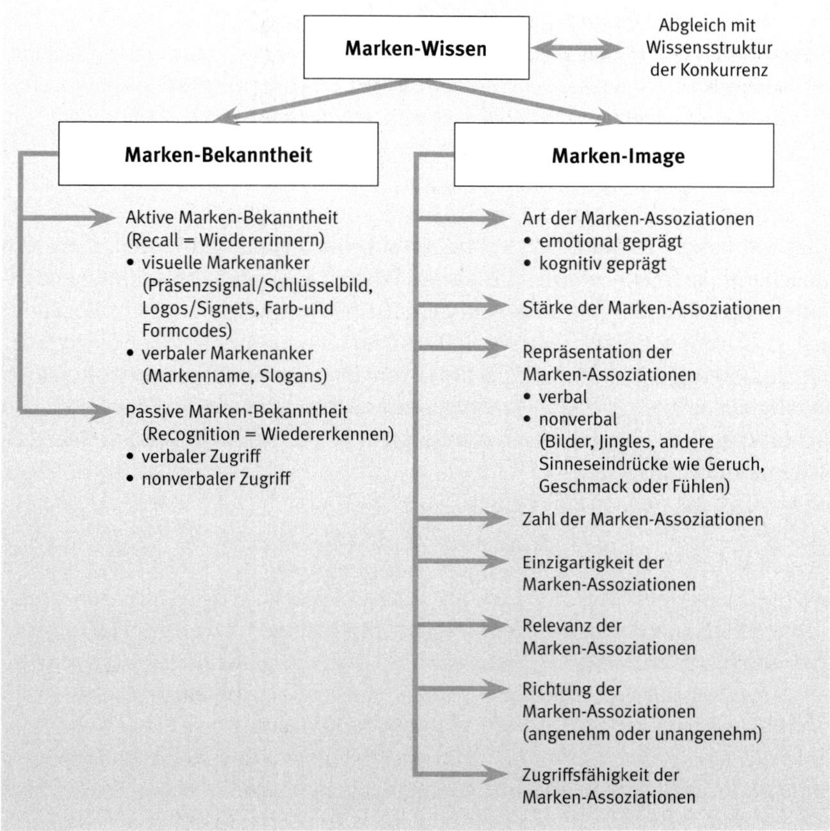

Abb. 4.14: Operationalisierung des Markenwissens (aus Franz-Rudolf Esch: Strategie und Technik der Markenführung. Vahlen. München 2008)

Ein weiterer Aspekt ist die Art und Weise, wie die Assoziationen in unserem Gehirn abgespeichert sind. Dabei kommt es neben der verbalen vor allem auf die nonverbale Repräsentation an, das heißt, alle Sinneskanäle des Menschen sollten genutzt werden. Dass bei Nahrungsmitteln dem Geschmack und dem Aussehen, bei Textilien dem Fühlen, bei CDs dem Hören oder bei Parfums dem Geruch eine besondere Rolle zukommt, leuchtet unmittelbar ein, doch lassen sich auch bei diesen Produkten Assoziationen über die anderen Sinneskanäle verankern.

Zur Verankerung von Markenschemata sollen alle Sinneskanäle genutzt werden, aber bevorzugt nonverbale

Von entscheidender Bedeutung für die Qualität und kaufverhaltenssteuernde Kraft der Assoziationen ist die Klarheit und Lebendigkeit (Vividness) dieser inneren Markenbilder (vgl. dazu auch den Exkurs zum Imagery-Begriff von Kroeber-Riel im Band „Werbung planen“, Kapitel 8). Die lila Kuh von Milka oder der Marlboro-Cowboy sind nur zwei besonders gelungene Beispiele für nonverbal repräsentierte innere Markenbilder. Dass bei der Erzeugung und Verankerung dieser inneren Markenbilder klassische Werbung eine wichtige Rolle spielt, versteht sich von selbst. Ein große Anzahl von Assoziationen zu einer Marke führt dazu, dass sich ein echtes Marken-Schema bilden kann, was man mit einer Art Netzwerk von Bildern und Begriffen beschreiben kann.

Herausragende Kriterien für Markenbilder: Klarheit und Lebendigkeit

Beispiel

Mit Milka verbindet man deutlich mehr Bilder und Begriffe – unter anderem lila Kuh, Alpenmilch, verschiedene Produkte, Verpackung, Slogan, typischer Geschmack etc. – als mit vielen anderen Schokoladenmarken (vgl. dazu auch Esch, Franz Rudolf: Strategien und Techniken der Markenführung. München 2008).

Dies hat neben der größeren Klarheit und Lebendigkeit den Vorteil, dass sich neue Produkte relativ problemlos an das Schema andocken lassen (Markendehnung/line extension mit Vorteilen auch für Markenfamilien, was in Abschnitt 4.3.7 noch näher aufgegriffen wird). Dass die Marken-Assoziationen einzigartig, für die Zielgruppe relevant und am besten angenehm sein sollten, ist wohl selbstverständlich. Die Zugriffsfähigkeit verweist noch einmal auf die Wichtigkeit von Schlüsselreizen, da es diesen besonders gut gelingt, das gewünschte Markenschema sofort auszulösen.

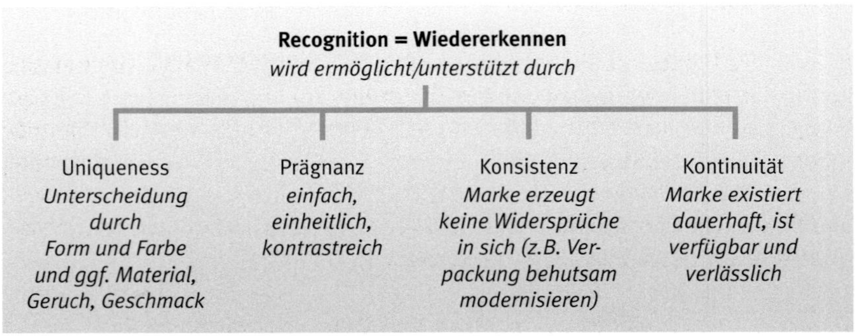

Abb. 4.15: Einflussfaktoren für das Wiedererkennen von Marken

Markensympathie ist nachgewiesener Erfolgsfaktor

→ *Die Markensympathie bildet ein wichtiges Bindeglied zwischen Markenbekanntheit und Markenverwendung.*

Beispiel

Wie wichtig dieses Bindeglied ist, zeigt beispielhaft ein Ergebnis aus der Kommunikationsanalyse 2008 (Herausgeber: Brigitte). Von 100 Kosmetikmarken, die eine Frau kennt, verwendet sie nur 14, von Kosmetikmarken, die sie sympathisch findet, verwendet sie 43 Marken.

Markendreiklang: Bekanntheit, Sympathie, Verwendung

Die Kommunikationsanalyse arbeitet im Übrigen schon seit 1983 mit dem Markendreiklang aus Bekanntheit, Sympathie und Verwendung. In einer neueren Studie von Brigitte wurde versucht herauszufinden, was Sympathie eigentlich ausmacht bzw. wie Sympathie entsteht. Ein wichtiges Ergebnis war, dass es drei zentrale Grundpfeiler für Markensympathie gibt: Funktionalität, emotionaler Mehrwert und kommunikative Präsenz.

Noch weiter gehend muss eine Marke versuchen, über die Sympathie zur geliebten, weil dann exklusiven Marke zu werden. Heute treibt der Wunsch von Marken, geliebt zu werden, teilweise skurille Blüten (ein Beispiel gibt der Musiksender VIVA mit seinem Slogan „VIVA liebt dich" für eine Kampagne).

Damit „Markenliebe" überhaupt entstehen kann, ist Vertrauen in die Marke notwendig. Ein hoher Grad an Vertrauen der Verbraucher zeichnet erfolgreiche Marken aus.

Voraussetzung für hohe Sympathie ist das Vertrauen in die Marke

Beispiel

Eine amerikanische Studie hat Ende der 90er-Jahre ergeben, dass das Vertrauen in Marken teilweise höher ist als das Vertrauen in Institutionen wie Kirche, Polizei und Parlament. Hier einige ausgewählte Zahlen, wem amerikanische Verbraucher vertrauen: Hausarzt 85%, Kellogg's 84%, Heinz 81%, Coca-Cola 65%, Kirche 64%, Polizei 62%, Parlament 16% und Presse 7% (vgl. Franz-Rudolf Esch: Strategie und Technik der Markenführung. Vahlen. München 2008).

In jedem Fall reduziert ein hohes Markenvertrauen das subjektiv empfundene Kaufrisiko. Markenvertrauen entsteht durch eine Kombination aus Bekanntheit, Image, aber vor allem aus (persönlichen) Produkterfahrungen. Es gibt Umfragen – auch für den deutschen Markt – nach den vertrauensvollsten Marken (beispielsweise von Reader's Digest), jedoch keine Gegenüberstellung zur jeweiligen Marktposition. Deshalb lässt sich nur vermuten, dass Marktführerschaft mit hohem Vertrauen einhergeht und umgekehrt.

Vertrauen entsteht durch Bekanntheit, Image und vor allem Produkterfahrungen

Markenloyalität oder Markenbindung stellt den höchsten Wert dar, den eine Marke erreichen kann, denn dann erwirtschaftet sie über Wiederholungs- oder sogar Gewohnheitskäufe kontinuierlich Return on Investment.

Wiederholungs- oder sogar Gewohnheitskäufe kommen natürlich vor allem bei Low-Involvement-Gütern des täglichen Bedarfs vor, aber wenn man zum Beispiel weiß, dass Autobesitzer im Laufe ihres Lebens durchschnittlich fünf bis sechs Pkws kaufen, sieht man, dass auch im High-Involvement-Bereich ein hohes Investitionspotenzial vorhanden ist, das in gelungener Marken- bzw. Kundenbindung steckt und sich ausschöpfen lässt.

Die Unterscheidung zwischen Markenloyalität und Markenbindung wird erst in den letzten Jahren gemacht, dabei erfasst der Aspekt der Markenbindung eher die gefühlsmäßige (emotionale) Bindung an die Marke, während die Markenloyalität eher auf das Kaufverhalten abzielt. „Demnach geht die Markenbindung über die klassische Markenloyalität hinaus: Loyalität setzt die Nutzung der Marke voraus. Eine Markenbindung kann man jedoch auch zu Marken besitzen, die man noch nie selbst genutzt hat, sondern lediglich durch die reale oder mediale Umwelt erfahren konnte: Ferrari-Fans mit starker Markenbindung sind noch lange kein Ferrari-Eigentümer." (aus: Esch, Franz Rudolf: Strategie und Technik der Markenführung. Vahlen. München 2008. S. 79).

Markenloyalität zielt auf Kaufverhalten, Markenbindung auf emotionale Bindung

Unter anderem dienen Communities der Markenbindung

An diesem Beispiel merkt man schon, dass vor allem Markenbindung eine Möglichkeit zum Aufbau von Vereinigungen von Markenanhängern oder Fans (Community) beinhalten kann. Markenloyalität und -bindung werden natürlich stark von der Zufriedenheit mit der Marke beeinflusst, aber auch die anderen Zielgrößen wie Image, Sympathie und Bekanntheit spielen wieder eine Rolle (vgl. noch einmal Abb. 4.11). „Markenzufriedenheit wiederum entsteht durch den Vergleich der gemachten Markenerfahrungen (=wahrgenommene Leistung) mit den subjektiven Erwartungen (=Soll-Ist-Vergleich). Hierbei handelt es sich um eine hochgradig subjektive Einschätzung, die einer starken Image-Verzerrung unterliegt. Je positiver das Image, umso eher schätzt man die Leistung einer Marke positiv ein." (aus Esch, Franz Rudolf: Strategie und Technik der Markenführung. Vahlen. München 2008. S. 79)

4.3.5 Analyse der Marken-Identität und Marken-Positionierung

4.3.5.1 Begriffe und Wirkungsweise

Marke schafft Beziehung

In jeder Berührung eines Kunden mit einer Marke steckt ein Tauschhandel, der oft weit über Geld gegen Produkt bzw. gekaufte Sicherheit hinausgeht. Natürlich spielt gerade beim täglichen Bedarf (FMCG) auch die schnelle Information eine Rolle, das heißt, man hat keine Lust und Zeit, sich mit der langwierigen Auswahl austauschbarer Produkte zu beschäftigen und greift daher zur bekannten (Gewohnheitskäufe) oder billigsten Alternative. In vielen anderen Fällen integriert der Kunde die Marke in seinen Persönlichkeits- oder Werte-Mix, das heißt, es entstehen Beziehungen und – im übertragenen Sinn – Flirts, Seitensprünge, aber eben auch lebenslange Bindungen. Daher möchte man, bevor man sich auf eine Marke einlässt, wissen, mit wem man es zu tun hat. In diesem Prozess spielt der Marken-Kern bzw. die Markenstory eine besondere Rolle.

→ *Dabei bezeichnet der Begriff „Marken-Kern" die spezifische Markenkompetenz, die die Verbraucher einer Marke zuordnen. Dieser Kern ist ein zentraler Bestandteil der angestrebten Positionierung der Marke und deckt sich im Idealfall mit dem Marken-Image in den Köpfen der Verbraucher.*

Wichtiger Unterschied: Fremdbild von der Marke und Selbstbild („Soll-Image")

Die Abbildung 4.16 versucht, den wichtigen Unterschied zwischen dem Selbstbild einer Marke (Soll-Image), das als Steuerungsgröße für die Markenführung seine Konkretisierung in der Markenpositionierung findet, und dem von den Zielgruppen über Verhalten, Kommunikation und Aussehen erlebbaren Fremdbild der Marke (Ist-Image) zu verdeutlichen. Bei starken, erfolgreichen Marken ist das erlebbare Fremdbild weitgehend identisch mit dem „gewollten" Selbstbild, auch wenn sich erfolgreiche Marken dem Zeitgeist anpassen und wandeln müssen.

Bei erfolgreichen Marken findet sich der Markenkern bereits im Motto des Unternehmens (die Bedeutung des Mottos für die Corporate Identity wird im Band „Kommunikationspolitik" Kapitel 6 näher behandelt). Hinzu kommt die kontinuierliche Kommunikation zur Vermittlung des Markenkerns. Die Stärke dieses Markenkerns in den Köpfen der Verbraucher stellt einen erheblichen Wert dar, der sich sogar beziffern lässt (siehe Thema Markenwert).

Das innere Bild einer Marke bildet sich in den Köpfen der Verbraucher als Ergebnis aus tatsächlichen und hineininterpretierten Eigenschaften, Wahrnehmungen und Vorstellungen, Erinnerungen und Gewohnheiten sowie der über Jahre wachsenden Vertrautheit. Bei genauerer Betrachtung starker Marken wie Nivea, Persil oder Marlboro zeigt sich, dass sie sich vor allem durch ihre Beständigkeit auszeichnen, obwohl sie sich natürlich im Laufe der Zeit verändert haben, aber eben langsam und organisch wie lebende Persönlichkeiten auch. Der Markenwert liegt also vor allem in den Köpfen der Verbraucher (Positionierung). Marken sind insofern eigentlich nichts anderes als die kommunikative Erfindung von Unternehmen, denn diese versuchen, den Zielgruppen die Marke bekannt zu machen, ein bestimmtes Marken-Image aufzubauen und im Idealfall den Kauf der Marke zur Gewohnheit werden zu lassen. Marken sind lebende Systeme, das heißt, sie verändern und entwickeln sich. Manche Marken gelten nach einigen Jahren als „angestaubt" und werden dann einem sogenannten Relaunch unterzogen. Eine solche Aktualisierung der Marken kann sowohl bei den äußerlich sichtbaren Elementen der Marke (Verhalten, Kommunikation und Aussehen) ansetzen, als auch bei der Markenpositionierung. Marken lassen sich insofern im Gegensatz zu Menschen wiederbeleben.

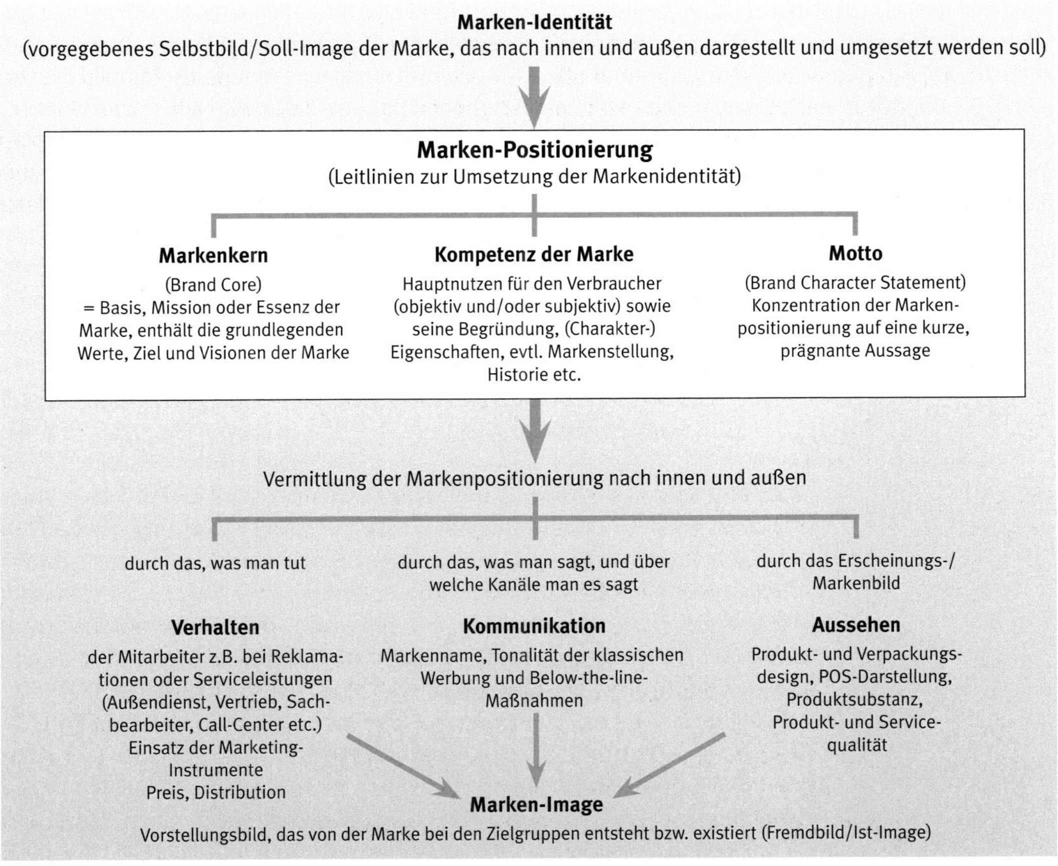

Abb. 4.16: Zusammenhänge zwischen Marken-Identität, Positionierung und Marken-Image

4.3.5.2 *Exkurs: Methoden zur Ermittlung von Markenkernen und -identitäten*

Bei der Suche nach dem Markenkern bzw. der Markenidentität greifen Marktforschungsinstitute und Werbeagenturen vor allem auf Befragungen zurück, die sich nach Aufbau und Fragestellungen zwar unterscheiden, aber im Ansatz vergleichbar sind. Im Folgenden sollen einige Methoden kurz dargestellt werden.

Das Marktforschungsinstitut **Icon Brand Navigation** setzt auf das sogenannte Markensteuerrad (vgl. Abb. 4.17 und 4.18), das dabei helfen soll, sowohl die rationalen Elemente einer Marke (Kompetenz, Benefit & Reason why) als auch die emotionale Seite (Tonalität und Markenbild) einer Marke zu erfassen. Der Ansatz basiert auf hirnphysiologischen Erkenntnissen über den Aufbau unseres Gehirns, wonach die linke Hirnhemisphäre verstärkt für die rationalen oder kognitiven Prozesse zuständig ist, während die rechte eher der emotionalen Verarbeitung dient (vgl. auch Kapitel 8 Kreation im Band „Werbung planen"). Die Begriffe Benefit, Reason why und Tonality sind im Übrigen die Bestandteile einer Copy-Strategie (vgl. dazu Kapitel 1 Werbestrategie im Band „Werbung planen").

Abb. 4.17: Das Markensteuerrad (vgl. www.icon-brand-navigation.com, Begriffe abgewandelt und ergänzt)

Zur Bestimmung der Markenidentität einer bereits im Markt befindlichen Marke versucht Icon (Abb. 4.18) durch Synthese aus Selbstbild des Unternehmens (Ist-Steuerrad aus Expertensicht) und Fremdbild der Verbraucher (Ist-Steuerrad aus Verbrauchersicht) ein Soll-Steuerrad zu entwickeln, aus dem die Markenidentität und Kommunikationsvorgaben abgeleitet werden.

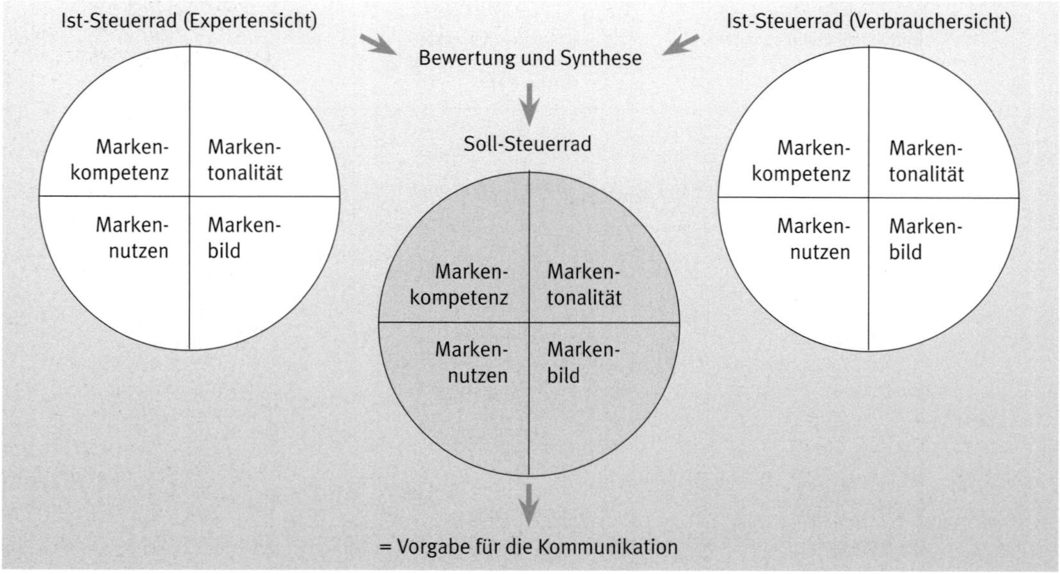

Abb. 4.18: Bestimmung der Marken-Identität nach Icon (ähnliche Darstellung auch in Esch)

Die Aufteilung in Selbst- und Fremdbild findet sich auch bei der von der Werbeagentur **Grey Worldwide** entwickelten und verwendeten Markenkern-Analyse. Durch standardisierte Tests mit anonymisierter Werbung und tiefenpsychologische Einzelbefragungen erfahren die strategischen Planer von Grey beispielsweise etwas über das äußere Profil einer Marke. Dabei werden alle visuellen, verbalen und akustischen Schlüsselreize (Key-signals) einer Marke, die sie unverwechselbar machen sollen, auf den Prüfstand gestellt. Neben dem Test bezüglich der Einzigartigkeit der verwendeten Key-signals wird in einer zusätzlichen Befragung überprüft, ob die Key-signals einen Zusatznutzen (Added Value) für die Marke transportieren (Inhalt der Marke) und ob dieser klar transportiert wird (Wiedererkennbarkeit), denn dann steigern die verwendeten Logos, Slogans, Produktverpackungen etc. das Wertschöpfungspotenzial der Marke (Brand Value Signal). Im Ergebnis liefert das Modell den Marken-Kern und hilft beim Ausbau der Stärken bzw. bei der Verringerung der Schwächen.

Die Analyse des Marken-Kerns liefert auch die Basis für die strategische Markenplanung, das Modell ist in Abb. 4.20 dargesellt. Hinter den Komponenten stehen Konzepte, die geschützte Bezeichnungen tragen.

Herausragend ist dabei Brand Synergy 130®, die Komponente, die vor allem die Kommunikation der Marke betrifft. Je nach Ausgestaltung des ökonomischen Prinzips soll das Modell bei gegebenem Etat 30% mehr Kommunikationsleistung bringen oder bei gegebenem Ziel 30% weniger Mitteleinsatz erfordern. Dabei spielt vor allem die integrierte Kommunikation eine wichtige Rolle (vgl. dazu Band „Kommunikationspolitik"). Die beiden Komponenten Brand Potential Stretching® und Brand Architecture® sind für die Markenführung sehr interessant, denn hier wird überprüft, wie sich durch geschickte Dehnung der Marke über neue Produktvarianten oder sogar völlig neue Produktbereiche das Potenzial der Marke optimal ausschöpfen lässt (vgl. dazu die späteren Ausführungen zum Thema Markendehnung und Markenarchitektur).

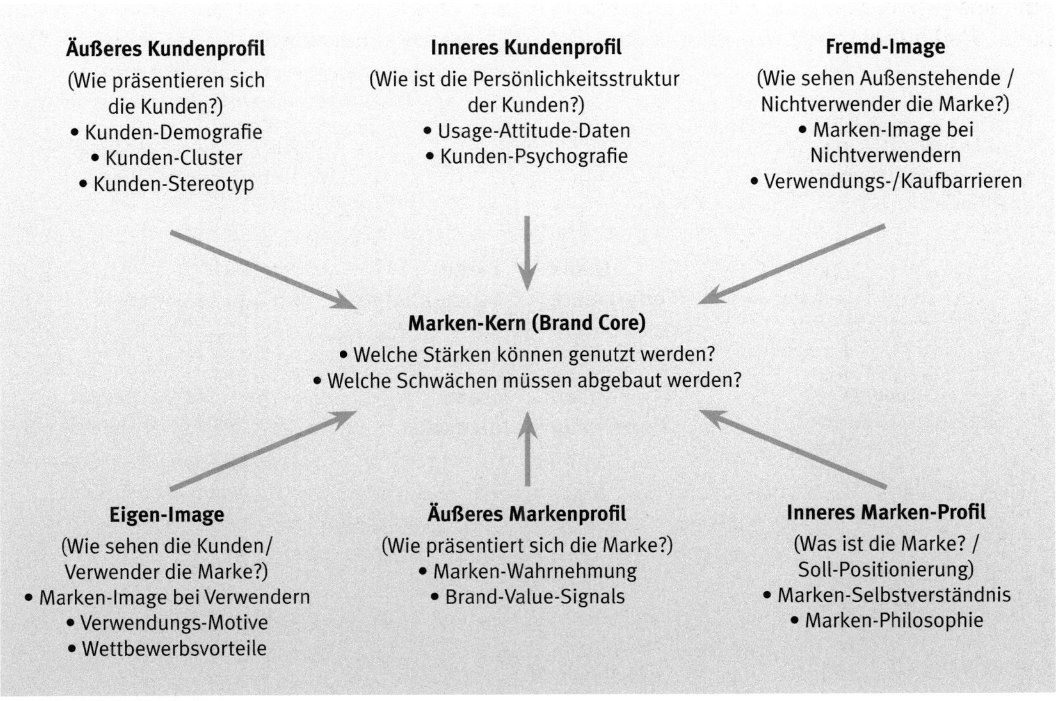

Abb. 4.19: Analyse des Markenkerns bei Grey Worldwide

Wie strukturiert man das Portfolio einer Marke zur optimalen Ausschöpfung des Markenkapitals?
Brand Architecture®

Welches Wertschöpfungspotenzial bietet die Marke als Dachmarke?
Brand Potential Stretching®

Wie steigert man die Effizienz der Markenführung (integrierte Kommunikation) und erhöht messbar die Wirkung des Budgets (Verteilung auf die einzelnen Disziplinen)?
Brand Synergy 130®

Wie wird eine Marke unverwechselbar und schafft eine höhere Wertschöpfung?
Brand Value Signal Check®

Wie steigert man die Wertschöpfung einer Marke durch die Balance zwischen rationalen und emotionalen Values?
The Whole Brain®

Wie schafft man Added Value für die Marke?
Brand Character®

Wo liegen die Kernkompetenzen der Marke heute? Wo besteht Korrekturbedarf?
Brand Core Analysis®

Abb. 4.20: Strategische Markenplanung bei Grey Worldwide

Abb. 4.21: Analyse des Marken-Kerns laut BBDO

Auch die Werbeagentur **BBDO Deutschland** betrachtet in ihrem Modell (vgl. Abb. 4.21)

- Leistung (Produktnutzen / Benefit / Brand Character),
- Unterscheidungskraft (Uniqueness),
- Signalstärke (Markenbild) und
- Produktpersönlichkeit (Tonalität).

Dies ist grundsätzlich vergleichbar mit anderen vorgestellten Modellen. In Abb. 4.22 lässt sich noch einmal gut verfolgen, wie der Prozess des Marken-Managements bei BBDO Deutschland – und in ähnlicher Form auch bei allen anderen seriösen Anbietern von Beratungsdienstleistungen im Bereich Marke – ablaufen muss.

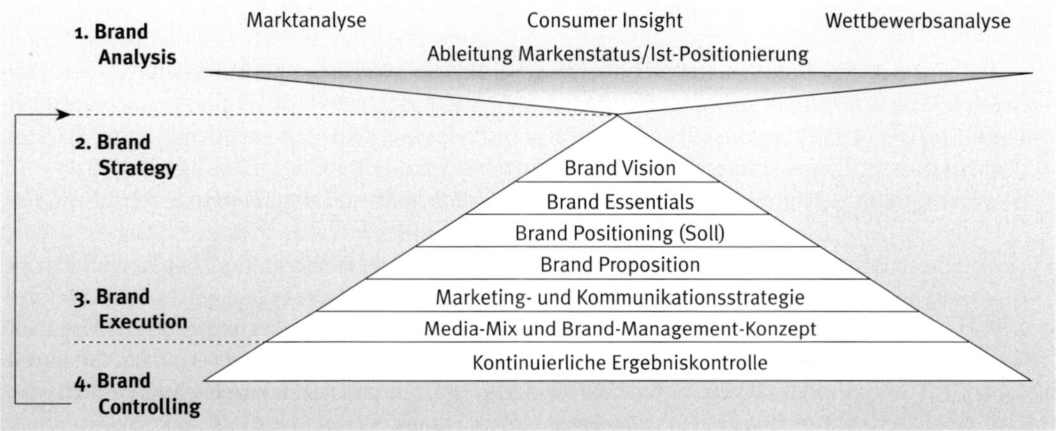

Abb. 4.22: Prozess des Markenmanagements nach BBDO

1. Brand Analysis:

- Festlegung des Anforderungsprofils
- Information-Audit
- Bestandsaufnahme der Markenwahrnehmung aus mehreren Perspektiven
- Identifizierung und Segmentierung der Kernzielgruppen und Verwendertypologien (Consumer Insight)
- Wettbewerbs-Analyse und Ermittlung von Benchmarks
- Stärken- und Schwächen-Analyse (SWOT-Analyse)
- Erstellung eines Ist-Profils/ Markenstatus
- Ableitung strategischer Leitlinien und Ziele (quantitativ und qualitativ) etc.

2. Brand Strategy:

- Definition der Markenvision und Brand Essentials
- Festlegung der Markenpositionierung im relevanten Wettbewerbsumfeld
- Ableitung der Marken- und Kommunikationsstrategie
- Formulierung der Brand- und Advertising-Proposition
- Formulierung der Creative Guidelines
- Festlegung des Media-Mix, Planung der Detail-Konzepte
- Ausarbeitung Media-Strategie

3. Brand Execution

- Kampagnenentwicklung
- Überprüfung der Kampagnenansätze auf Basis von qualitativen Pre-Tests
- Ausgestaltung und Realisierung der festgelegten Kommunikations-Disziplinen
- Entwicklung eines Brand-Management-Konzepts
- Konzeption einer Marken- und CI-Bibel
- Empfehlungen bei Budget-Allokation (Verteilung) etc.

4. Brand Controlling

- Kontinuierliche Überprüfung der vereinbarten Marketing- und Kommunikationsziele
- Durchführung von quantitativen und qualitativen Ergebniskontrollen (vgl. Kap. 16)
- Überprüfung des Markenwerts (Brand Equity) auf Basis von Berechnungen
- Cost-Benefit-Analysen

4.3.6 Grundlegende Markenstrategien

Strategien sind variabel, aber grundlegende Konzeptionen müssen dauerhaft bleiben

Auf der strategischen Ebene kann sich ein Unternehmen bei der Entwicklung und Positionierung von Marken für verschiedene Möglichkeiten entscheiden. Wichtig ist nur, dass Markenartikel langfristig strategisch gepflegt werden, d.h., grundlegende Konzeptionen und Leitsätze dürfen nicht durch taktische Maßnahmen (z.B. Preisaktionen) aufgeweicht werden, da sonst der Markenkern verwässert, der Verbraucher verwirrt und der Markenwert aufs Spiel gesetzt wird.

Die möglichen Positionen polarisieren sich, das Mittelfeld wird unergiebig

In Abbildung 4.23 sind einige wichtige strategische Grundpositionen markiert, die sich vor allem im Lebensmitteleinzelhandel, aber auch auf anderen Märkten finden. Wie man sieht, ist vor allem der Bereich in der Mitte für Marken gefährlich. Früher befand sich in diesem Bereich der größte Teil der Käufer, doch durch zunehmenden Wohlstand, Austauschbarkeit der Produkte und ein gleichzeitig gewachsenes Preisbewusstsein zeigt sich heute auf den meisten Märkten eine stärkere Polarisierung. In der Mitte des Marktes gibt es inzwischen eine Art „Bermuda-Dreieck“, in dem schwache Marken Gefahr laufen, zu verschwinden. Dies betrifft häufig mittelständische Anbieter, aber auch B- und C-Marken großer Hersteller. Die gefährdeten Marken sind weder besonders billig noch fallen sie durch eine besondere Qualität bzw. ein besonderes Image auf. Man sollte daher versuchen, diesen Bereich so schnell wie möglich in die eine oder andere Richtung zu verlassen. Das ist aber nicht immer leicht, wie das Beispiel mittelständischer Marken zeigt. Die Richtung Preisführerschaft ist meistens durch die Kostenstruktur sowie die nicht ausreichend hohen Absatzstückzahlen versperrt, zumal in diesem Segment sehr viele Handelsmarken positioniert sind, denen der Regalplatz im Gegensatz zu den Herstellermarken garantiert ist. Auf der anderen Seite erfordert der Aufbau einer klassischen Hersteller- oder sogar Premium-Marke enorm hohe Marketing-Aufwendungen. Einen Ausweg bietet die Spezialisierung auf Nischen-Produkte oder der Verzicht auf eigene Marken, sodass man nur noch als Zulieferer für den Handel auftritt. Die beiden strategischen Grundoptionen Präferenz- und Discount-Strategie können in jedem Markt verfolgt werden und ihre Merkmale sind in Abb. 4.24 kurz charakterisiert.

Beispiele

Im Markt der Molkerei- und Tiefkühlprodukte lassen sich momentan sowohl Trading-Up-Tendenzen (vgl. Produktprogrammpolitik) in Richtung Premium-Marke (vor allem von Herstellern verfolgt) als auch der weitere Vormarsch der Handelsmarken im preissensiblen Volumen-/Massengeschäft beobachten.
Auch der Schokoladenmarkt bewegt sich zurzeit in zwei Richtungen: Hohe Qualität zu hohen Preisen verkauft sich gut, ebenso die Massenware der Discounter. Bei stagnierendem Gesamtmarkt sind die Umsätze mit Handelsmarken gestiegen. Auf der anderen Seite konnte ein Hersteller exotischer Tafelschokoladen (Chili-Schokolade, Salz-Schokolade, 75%-Kakao-Tafeln, Jahrgangsschokolade etc.) seinen Umsatz mit hochpreisigen Tafeln ebenfalls steigern. Generell gibt es den Preis- oder den Markenkäufer nicht mehr. Der moderne Konsument fliegt schon mal ganz billig in eine Stadt, wohnt aber dort komfortabel und teuer („Smart Shopper“).

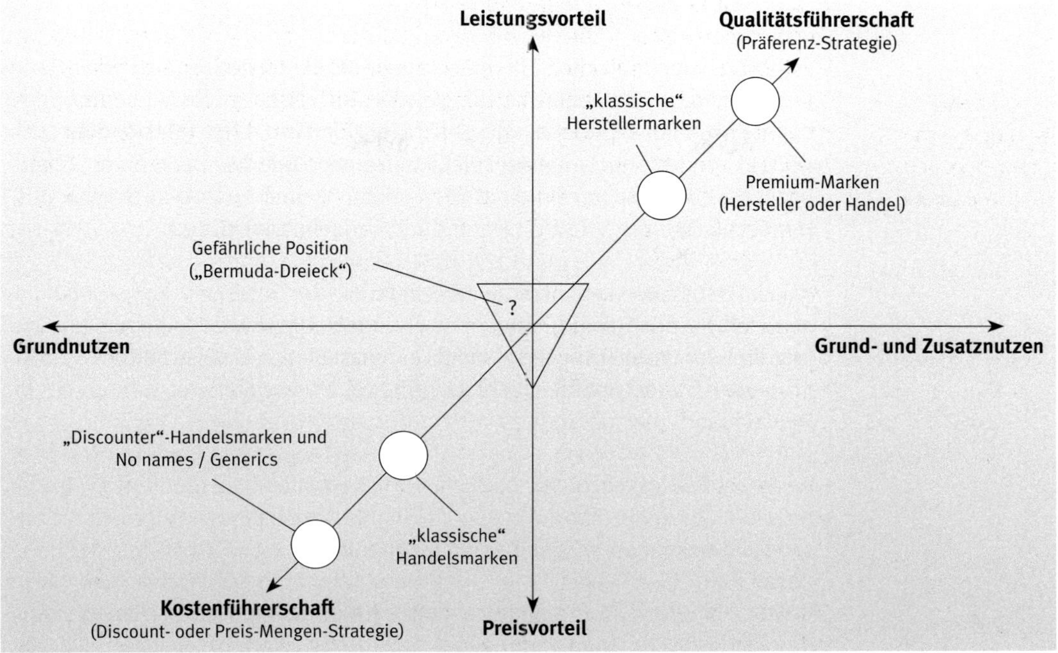

Abb. 4.23: Strategische Grundpositionierungen von Marken (Darstellung in Anlehnung an Jochen Becker: Marketing-Strategien. Vahlen. München 2000. S. 75)

	Marke	Discount
Marktsegmente	gehobene Segmente	untere Segemente
Zielgruppe	Käufer von Markenprodukten, die mehr auf Qualität und weniger auf den Preis achten	preisbewusste Käufer, die den Preis vor die Qualität stellen
Ziel	Gewinnerzielung (Unternehmenswachstum qualitativ)	Umsatzerzielung (Unternehmenswachstum quantitativ)
Prinzip	Qualitätswettbewerb, mehrdimensionaler Marketing-Mix (alle nicht-preislichen Instrumente)	Preiswettbewerb, eindimensional (Preis als zentrales Instrument)
Charakteristik	Hochpreiskonzept mit Markenaufbau	Niedrigpreiskonzept ohne oder mit Me-too-Marken
Vorgehensweise	langsamer, mehrjähriger Aufbau (Markenpersönlichkeit entwickeln)	schneller Aufbau, aggressives Preisimage

Abb. 4.24: Gegenüberstellung der Markenartikel- bzw. Präferenzstrategie und der Discount- bzw. Preis-Mengen-Strategie

Handelsmarken – eine Erfolgsgeschichte

1978 nahm der Deutsche Supermarkt als erstes deutsches Unternehmen Handelsmarken in sein Sortiment auf, wobei es sich anfangs vor allem um sogenannte No-names/Generics wie „A+P" (Tengelmann), „Tip" (Metro) oder „ja" (REWE) handelte. Im Laufe der Zeit kamen eigene Handelsmarken wie „Erlenhof " (REWE), „Master Product" (Tengelmann) oder auch Öko-Marken des Handels („Füllhorn"/REWE, „Naturkind"/Tengelmann) hinzu.

Was im deutschen Lebensmitteleinzelhandel – im Gegensatz zum Ausland – noch fehlt, sind Premium-Marken des Handels. Diese werden im Ausland erfolgreich zur Profilierung des Handels genutzt. Beispielsweise halten in Großbritannien Handelsmarken mehr als 50 % des Marktvolumens, während es in Deutschland „nur" 37 % sind.

An dieser Erfolgsgeschichte haben natürlich vor allem die „echten" Discounter wie Aldi, Lidl, Penny, netto oder Plus ihren Anteil, die teilweise fast ihr gesamtes Sortiment mit Eigenmarken füllen (Aldi: ca. 95%). Der Erfolg der Handelsmarke „TCM" von Tchibo – das Unternehmen macht inzwischen mehr Umsatz mit den TCM-Produkten als mit Kaffee – ist ein weiterer Beleg dafür, dass Verbraucher gerne zu den Handelsmarken greifen. Dies gilt natürlich vor allem für alle Güter, die von den Verbrauchern als Low-Involvement-Güter wahrgenommen werden, aber auch bei High-Involvement-Gütern des sichtbaren Konsums, wie z.B. Champagner, gilt es heute nicht mehr als unfein, seinen Gästen Discount-Produkte anzubieten.

Der Handel verfolgt mit Handelsmarken folgende Ziele (vgl. auch Abb. 4.24):

1. Ertragssteigerung
   Da der Einkauf bei den Markenartikel-Herstellern entfällt, steigt der Einfluss auf die Kalkulation, sodass sich höhere Handelsspannen erzielen lassen.
2. Profilierung und Differenzierung von der Konkurrenz im Handel
   Handelsmarken werden exklusiv in den eigenen Geschäften angeboten. Falls diese ein besonders gutes Preis-Leistungs-Verhältnis haben, kann sich das Image des Händlers verbessern und es kommt im Idealfall sogar zu Einkaufsstättenbindung.
3. Sortimentsoptimierung
   Es besteht die Möglichkeit, schlecht laufende Hersteller-Marken (B- und C-Marken) auszulisten und durch eigene Marken zu ersetzen. Durch die kleinere Anzahl an Lieferanten kann die Zusammenarbeit im Sinne von ECR-Maßnahmen (vgl. Kapitel 1) intensiviert werden.
4. Stärkung der Verhandlungsposition gegenüber den Herstellern
   Der Druck auf die Hersteller von schwächeren Marken bei Preisverhandlungen steigt, da diese durch Handelsmarken ersetzt werden können.
5. Erhöhung des Zusammengehörigkeitsgefühls innerhalb des Konzerns
   Am Erfolg der eigenen Marken sind die einzelnen Händler vor Ort häufig mehr interessiert als am Erfolg anonymer Hersteller-Marken.

4.3.7 Basisstrategien für Hersteller-Marken

4.3.7.1 Einzelmarkenstrategie

Für jedes Marktsegment wird eine eigene Marke geschaffen, die jeweils exakt auf die Bedürfnisse der Zielgruppe abgestimmt ist. Dahinter steckt das Prinzip:

ein Produkt = ein Nutzenversprechen = eine Marke

Beispiel

a) Ariel, Pampers, Dawn, Meister Proper sind Einzelmarken von Procter&Gamble.
b) Duplo, Giotto, Raffaelo, Rocher, hanuta, Mon Chérie, Ferrero Küßchen, nutella, yogurette, Kinderschokolade sind alles Einzelmarken von Ferrero.

Vorteile:

- gezielte Ansprache einzelner Zielgruppensegmente
- Aufbau unverwechselbarer, klarer Markenpersönlichkeit, indem das Bedürfnisprofil der Konsumenten und das Problemlösungsprofil der Marke optimal aufeinander abgestimmt werden können (klare Profilierung bzw. Positionierung)
- Profilierungs- und Positionierungsfreiheiten im Produktlebenszyklus (beispielsweise bei Relaunch)
- kaum Gefahr negativer Ausstrahlungseffekte auf andere Marken
- geringer Koordinationsbedarf bei den unterschiedlichen Marken

Risiken:

- Die Einzelmarke muss in allen Lebenszyklusphasen alleine die Marketing-Aufwendungen tragen.
- Ungenügende Amortisation der aufgewendeten Mittel bei kurzer Lebensdauer der Einzelmarke, das heißt, dass die Break-even-Menge nicht erreicht wird.
- Marktvolumen oder Marktpotenzial verträgt keine weitere Marke.
- fehlende Stützung der Produktmarke durch angrenzende Marken
- nur langsamer Aufbau einer Markenpersönlichkeit
- immer größere Probleme, geeignete und schutzfähige Namen zu finden

4.3.7.2 Mehrmarkenstrategie

Auch hier gibt es für jedes Produkt eine eigene Marke, aber es werden in einem Produktbereich mindestens zwei Marken parallel geführt, die auf das gleiche Segment bzw. den Gesamtmarkt ausgerichtet sind.

Diese Strategie kommt in Unternehmen mit einem breit gefächerten Programm zum Tragen, hier geht man häufig von der Einzelmarkenstrategie zur Mehrmarkenstrategie über, um den Markt in der gewünschten Breite bedienen zu können.

Beispiele

a) Henkel bietet im Segment der Waschmittel Persil, Spee und Der weiße Riese an.
b) Unilever bietet im Margarine-Segment die Marken Rama, Lätta, Du darfst, Becel, Sanella und Flora Soft an.
c) Die Metro AG führt im Segment Elektro-Handel die Marken Media-Markt und Saturn.

d) Die Abgrenzung ist nicht immer eindeutig. Die oben für Ferrero genannten Süßwaren stellen eher unterschiedliche Produkte dar, dagegen gehört die Palette von Nestlé im Segment Schokolade – Smarties, Lion, Yes, Rolo und Choco Crossies – eher in eine Kategorie und es handelt sich um eine Mehrmarkenstrategie.

Vorteile:

- bessere Marktausschöpfung
- Chance, dass Markenwechsler nicht an die Konkurrenz verloren werden
- erhöhte Markteintrittsbarrieren für Konkurrenzmarken dank breiterer Regalflächenabdeckung
- Schutz der übrigen Produkte vor einem Preiskampf durch Einführung einer Discountmarke

Risiken:

- geringe Umsatzzuwächse durch die Einführung neuer Marken im gleichen Segment, dadurch keine optimale Verwendung der finanziellen und personellen Unternehmensressourcen
- Gefahr der gegenseitigen Kannibalisierung der jeweiligen Marken

4.3.7.3 Familienmarkenstrategie

Unter einer Familienmarke (auch als Produktgruppen- oder Range-Marke bezeichnet) werden mehrere verwandte Produkte geführt.

Beispiele

a) Das Unternehmen Beiersdorf führt unter der Familienmarke Nivea eine Vielzahl von Pflegeprodukten, wie: Allzweckcreme, Körpermilch, Sonnencreme, Haarshampoo, Duschgel, Rasiercreme, After Shave, dekorative Kosmetik.

b) Das Unternehmen Kraft Jacobs Suchard führt unter der Familienmarke Milka eine Vielzahl von Schokoladeprodukten.

Vorteile

- Verringerung des Floprisikos, durch Starthilfe der Familienmarke kommt es zu schnellerer Akzeptanz im Handel und bei den Verbrauchern
- Verjüngung des Images der Muttermarke durch neue Produkte
- gegenseitige Stärkung der Produkte, die unter der Familienmarke geführt werden, und bessere Positionsabsicherung (positiver Imagetransfer)
- geringere Marketing-Kosten für die einzelnen Produkte der Markenfamilie durch Nutzung von Synergien

Risiken

- Der Markenkern der Ausgangsmarke begrenzt die Innovationsmöglichkeiten, d.h., bei der Profilierung neuer Produkte muss Rücksicht auf die Basispositionierung genommen werden.
- Gefahr der Markenüberdehnung und Markenverwässerung (zu viele unterschiedliche Produkte werden unter der Kernmarke positioniert).
- negative Ausstrahlungseffekte (Imagetransfer) unter den Produkten der Markenfamilie bei unterschiedlichen Qualitätsniveaus, Images bzw. fehlender Affinität
- höherer Abstimmungsaufwand zwischen den Produkten der Markenfamilie
- Handel muss möglichst viele Produkte des Familienmarkensystems übernehmen (Regalplatz knapp und hart umkämpft)

4.3.7.4 Dachmarkenstrategie

Sämtliche Produkte eines Unternehmens werden unter einer Marke (meist dem Unternehmensnamen oder dem Namen des Firmeninhabers) zusammengefasst.

Beispiele

BMW, Microsoft, Hennessy, Fielmann

Vorteile:
Im Wesentlichen identisch mit den Vorteilen einer Markenfamilienstrategie, teilweise jedoch mit höherem Gewicht.

Risiken:

- Gefahr der Markenerosion, wenn die Konsumenten den Kompetenzanspruch nicht mehr für alle Produkte akzeptieren
- Die klare Positionierung einzelner Produkte ist deutlich erschwert, sodass sich sehr „spitze" Zielgruppen kaum gezielt bearbeiten lassen.

Im Übrigen bestehen bei der Dachmarkenstrategie die gleichen Risiken wie bei der Markenfamilienstrategie, allerdings wie bei den Vorteilen auch hier teilweise mit einem höheren Gewicht.

4.3.7.5 Kombinierte Markenstrategien und weitere Unterscheidungen

Die Reinformen werden in der Praxis häufig miteinander kombiniert. So lassen sich Dachmarken mit Einzelmarken kombinieren (Spee von Henkel), wobei der Hinweis auf die Dachmarke manchmal nur in der Einführungsphase genutzt wird, um zunächst einen positiven Imagetransfer zu erzeugen. Andere Unternehmen kombinieren Dachmarken mit Markenfamilien.

Beispiele

a) Unter dem Firmennamen Dr. Oetker stehen die Markenfamilien: „Gutes Backen", „Feine Desserts", „Junge Küche", „Moderne Kost", „Perfektes Einmachen" und „Köstliches Eis".
b) Im Automobil-Bereich werden sogar drei Basisstrategien miteinander verknüpft (Volkswagen/Dachmarke – Golf/Marken-Familie – TDI, GTI .../Einzelmarke).

Markenarten	Hersteller-Marke	Handels-Marke	Dienstleistungs-Marke
Einzelmarke	Nutella, Rocher, Raffaelo, Persil, Spee, Pringles, Pampers, Fairy, ...	Erlenbrunn (Sekt), Cucina (Olivenöl), beide Aldi	Capital, Stern, Schöner Wohnen (alle Gruner + Jahr)
Familienmarke	Nivea, Hansaplast, Milka, Du darfst	Zokett (Küchen-/Taschentücher ...), Ombiamed (Seife ...), Erlenhof	Bild (Bild Sport, Bild, Bild der Frau, Computerbild ...), Geo
Dachmarke	Dr. Oetker, BMW, Vodafone, Kodak, Pelikan, Rodenstock	Ikea, Obi, Hornbach	Allianz, SAP, Microsoft, Deutsche Bahn, Deutsche Bank, McKinsey, Eon
Regional	Schlösser-Alt, Früh Kölsch	Otto Mess, Stüssgen	Verkehrsverbund Rhein-Ruhr, Stadtwerke Düsseldorf
National	Veltins, Bitburger, Krombacher, Warsteiner	Real, Douglas, Karstadt, Kaufhof	ADAC, Victoria-Versicherung, Yello
International	Becks, Budweiser, Heineken, Tuborg	Aldi, Wal-Mart	BBDO, Grey, TBWA, Young&Rubicam, Ogilvy, Publicis

Abb. 4.25: Beispiele für unterschiedliche Markentypen

Hinzu kommen die Unterscheidung aus Abb. 4.25 nach

- Herstellermarke,
- Handelsmarke und
- Dienstleistungsmarke

sowie die unterschiedliche regionale Reichweite der Marken. Die in der Abbildung zusammengestellten Beispiele illustrieren diesen Zusammenhang auch kurz.

Tendenz: Markenfokussierung

4.3.7.6 Entwicklungstendenzen

Große internationale Hersteller (wie etwa Unilever und Nestlé) sind momentan dabei, Strategien zur Markenfokussierung umzusetzen, das heißt, die Devise lautet:

Weniger, dafür aber kräftigere Marken.

Beispiel

So verfolgt Unilever seit 1999 das „Path-to-Growth"-Programm, das eine Reduktion von weltweit ursprünglich 1.600 auf letztlich 400 Marken vorsieht. Dass eine solche Strategie Sinn macht, zeigt sich schon daran, dass Unilever mit diesen 400 Marken schon heute 84% seiner Erlöse erzielt. Eine weitere empirische Bestätigung des 20:80-Prinzips, d.h. mit 20% meiner Kunden/Marken werden 80% des Umsatzes gemacht.

Dies ist zum einen eine Reaktion auf den zunehmenden Wettbewerb um die Aufmerksamkeit der Verbraucher, das heißt, die Marketing-Aufwendungen, um eine Marke in den Köpfen der Verbraucher zu etablieren oder auch nur zu halten, sind in den letzten Jahren stetig gestiegen. Außerdem stellen die Handelsmarken eine erhebliche Konkurrenz dar, die zudem den Vorteil garantierten Regalplatzes hat. Hinzu kommt, dass die Flop-Quote gerade bei Neuprodukten im Lebensmittelbereich enorm hoch ist.

Um das Risiko teurer Flops zu minimieren, greifen immer mehr Unternehmen dazu, ihre bekannte Marke gezielt zu erweitern (Line extensions / Markendehnung). Das neue Produkt profitiert dabei von der Bekanntheit und vom Image der Muttermarke, sodass es sich leichter im Handel platzieren und am Markt etablieren lässt (vgl. den Abschnitt über Familienmarke). Hinzu kommt, dass im Idealfall das neue Produkt auch auf das Markenkonto der Familien-Marke „einzahlt". Die größte Gefahr besteht in der Verwässerung des Marken-Kernes, weshalb in einigen Fällen Marken-Techniker vor einer Überdehnung einer Marke warnen. Dies passiert immer dann, wenn eine Marke ihren Kernkompetenzbereich verlässt.

→ *Erfolgreiche Markendehnungen erfordern insofern zwei Dinge: Eine hohe Qualitätseinschätzung der Mutter-Marke, d.h. ein starker Markenkern, und eine Ähnlichkeit zwischen der Muttermarke und dem Neuprodukt.*

Beispiel

Ein gutes Beispiel sind Modemarken, die in Lizenz Düfte mit ihrem Markennamen vertreiben. Sowohl Bekleidung als auch Parfums sind Ausdrucksmittel für unsere Persönlichkeit, sodass Produktähnlichkeit gegeben ist. Wenn es sich um eine erfolgreiche Modemarke handelt, setzt sich das Produkt auch am Markt durch und stärkt darüber hinaus das Image der Mode-Marke.

Erfolgsbeispiel langjähriger Markenführung und -dehnung: Nivea

Nivea ist heute mit 2,1 Mrd. € Umsatz eine der weltweit großen Körperpflege-Marken. Mehr als 50% des Konzernumsatzes von Beiersdorf entfallen auf Nivea (andere Marken des Konzerns sind beispielsweise Labello und Hansaplast).
Die 1911 erfundene Nivea-Creme aus Wasser, Öl, Schafswollfett, Glycerin sowie Maiglöckchen- und Rosenduft ist bis heute unverändert geblieben. In Deutschland werden rund 120 Mio. der blauen Dose produziert, die aber nur noch ca. 7% des Konzernumsatzes ausmachen.
Schon die Kombination von Name und Verpackungsgestaltung war eine geniale Zusammenstellung. Nivea leitet sich aus dem lateinischen nivis = Schnee ab und das Blau und Weiß der Dose symbolisiert Himmel und Wasser. Dass damit Reinheit und über Jahrzehnte durch konsequente Markenführung Pflege assoziiert werden, versteht sich fast von selbst.
Dennoch begann die Markendehnung erst Anfang der 80er-Jahre. Da kamen mit Nivea Bath Care, Nivea for Men, Nivea Sun und Nivea Hair Care die ersten neuen Produkte hinzu. Anfang der 90er-Jahre folgten Nivea Milk, Nivea Visage und Nivea Deodorant und Mitte der 90er-Jahre Nivea Vital, Nivea Soft, Nivea Lip Care und Nivea Baby. In den letzten Jahren wurde das Marken-Portfolio noch um Nivea Beauté und Nivea Hand erweitert, sodass inzwischen mehr als 500 Produkte unter der Marke Nivea vermarktet werden.
Doch auch hier gilt: Wenn die Marke ihren Kernkompetenzbereich verlässt, wird es schwierig. Kann man sich möglicherweise Nivea-Küchenprodukte vorstellen? Aber auch schon eine Zahnpasta hätte vermutlich erhebliche Probleme.

4.3.8 Markenarchitektur

Wichtiger als die eher bloße Einordnung in Einzel-, Familien- oder Dachmarken ist in der Praxis der Aufbau einer Markenarchitektur. Nivea ist, wie oben dargestellt, ein gutes Anschauungsmuster: Die Marke Nivea fungiert als deutliche Stützung der Einzelmarken, man spricht von Endorsed Brand (vgl. zum Begriff Abb. 4.26/4.27).

Die Gesamtstruktur der Marken eines Unternehmens heißt auch Markenarchitektur

→ *Allgemein versteht man unter einer Markenarchitektur die Anordnung aller Marken eines Unternehmens zur Festlegung der Positionierung.*

Die Architektur berücksichtigt Einzelstärken und Beziehungen zwischen Marken

Dabei beachtet man aus dem strategischen Blickwinkel die Beziehung der Marken und der jeweiligen Produkt-Markt-Beziehungen. Es sollen sowohl Synergiepotenziale zwischen den Marken ausgenutzt als auch die Eigenständigkeit der Marken betont werden. Bei der Ausgestaltung der Markenarchitektur kann man auf verschiedene Modelle zurückgreifen, von denen zwei kurz vorgestellt werden.

Verwendung des Unternehmensnamens

Das Modell von Laforet und Saunders (Abb. 4.26) orientiert sich bei seiner Einteilung an der Verwendung des Unternehmensnamens in unterschiedlichen Kombinationen. Eine Analyse des englischen Marktes ergab, dass der Einsatz nur eines Namens in der Praxis selten anzutreffen ist, weil fast alle Unternehmen mehr als einen Typ benutzten.

„Driver" für die Kaufentscheidung

Das zweite Modell nach Aaker (Abb. 4.27) orientiert sich am Ausmaß der Verknüpfung der verbundenen Marken. Darüber hinaus versucht das Modell herauszuarbeiten, welche Marke die treibende Kraft („Driver") für die Kaufentscheidung ist.

Möglich sind Branded House oder House of Brands

Auf der einen Seite des Spektrums steht das „Branded House", hier dominiert die Unternehmensmarke bei der Produktmarkierung (vgl. Dachmarke) und auf der anderen Seite steht das „House of Brands", bei dem die Einzelmarken dominieren (vgl. in den oben genannten Beispielen z.B. die Firma Ferrero). Dieses Modell hilft dabei, Einsparmöglichkeiten und eigenständige Positionierungschancen zu erkennen und auszunutzen, dabei gilt auch hier, dass große Konzerne innerhalb ihrer Markenarchitektur durchaus unterschiedliche Markentypen pflegen können (vgl. das nachfolgende TUI-Beispiel).

Die größten Synergie-Effekte, die vor allem im gegenseitigen Imagetransfer, aber auch in der Reduzierung von Marketing-Kosten liegen, gibt es natürlich beim „Branded House", denn hier zahlt jedes Produkt auf das Konto der Dachmarke ein. Die beste Möglichkeit, Produkte eigenständig zu positionieren, ergibt sich im „House of Brands" (vgl. Vorteile der Einzelmarke).

Basiskriterien für die Ausgestaltung der Markenarchitektur

Die Darstellung der beiden Modelle findet sich in vergleichbarer Form wiederum in Esch, „Strategie und Technik der Markenführung" 2008, wo das Thema auch weiter vertieft wird. Esch fasst ferner die Kriterien zusammen, die bei der konkreten Wahl einer möglichen Markenarchitektur (bei der man sich selten an die Reinkultur hält und meistens Mischformen konzipiert) herangezogen werden:

- Ein Konzept im Stil des Branded House ist bevorzugt sinnvoll, wenn die übergeordnete Marke das Angebot durch positive Assoziationen, Vertrauen der Konsumenten in die übergeordnete Marke und hohe Präsenz unterstützt. Auch Kommunikationssynergien sprechen dafür, sich für eine übergeordnete Marke zu entscheiden (Unternehmensname, Dachmarke).
- Für ein Konzept im Stil des House of Brands mit dominanten Einzelmarken sprechen
  - Vorteile aus eigenständigen Markenassoziationen,
  - innovative Produkte,
  - Handelskonflikte zwischen den Produkten bzw. Marken (z.B., wenn ein Unternehmen durch Produktdifferenzierung gleichermaßen ein Hochpreis- und ein Discountsegment bedient).

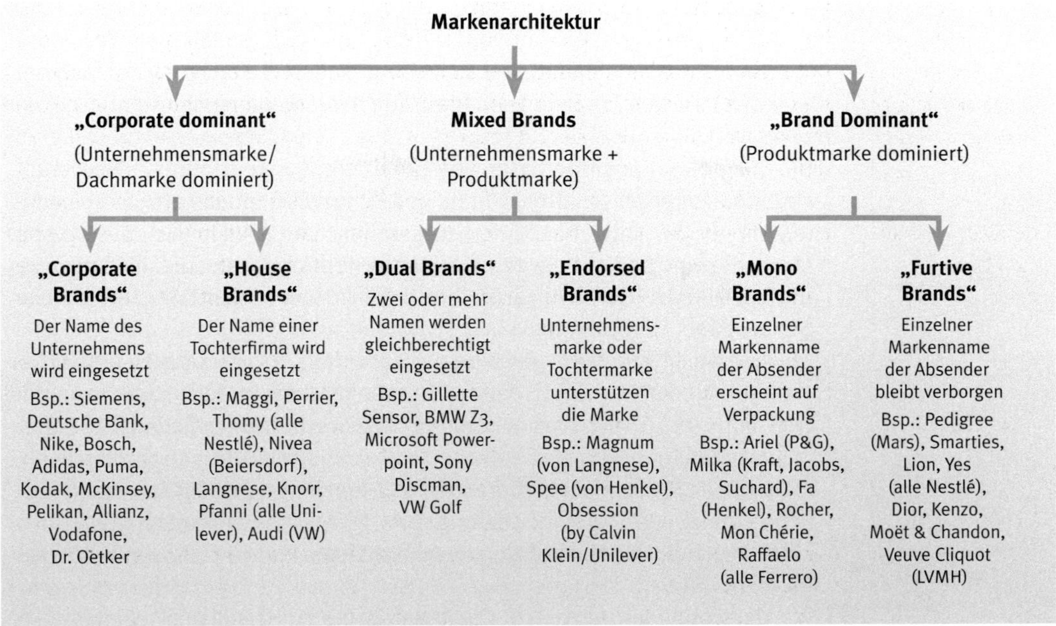

Abb. 4.26: Modell einer Markenarchitektur nach Laforet und Saunders (mit eigenen Beispielen und ohne Gewähr, je nach Bewertung gelangt man zu einer anderen Einordnung)

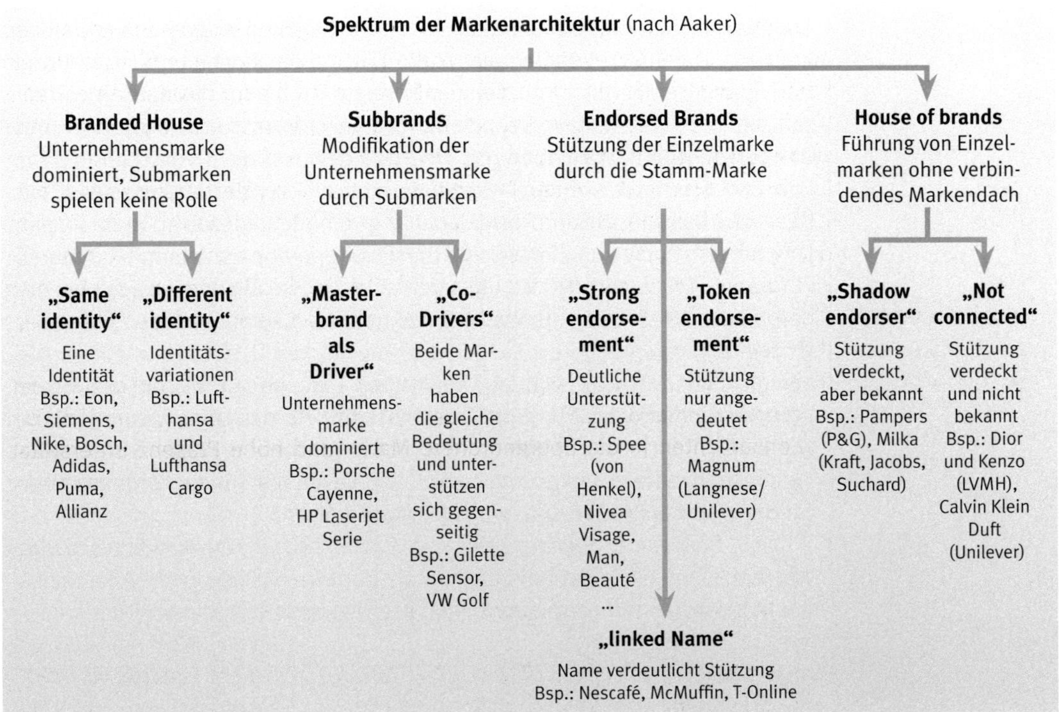

Abb. 4.27: Modell einer Markenarchitektur nach Aaker (ebenfalls mit eigenen Beispielen versehen)

Fallstudie: Touristikkonzern TUI

In diesem Zusammenhang lohnt sich eine genauere Betrachtung der Markenwelt des aus dem Mischkonzern Preussag hervorgegangenen Touristik-Konzerns TUI.

Die TUI besteht aus Hunderten von Unternehmen, Reisebüros, Reiseveranstaltern, Fluggesellschaften, Hotels und ist inzwischen das größte Reiseunternehmen der Welt. Das Unternehmen beschäftigt weltweit über 70.000 Menschen und bedient die gesamte Wertschöpfungskette, die mit Reisen zu tun hat. Die wichtigsten Absatzmärkte liegen immer noch in Europa (vor allem Deutschland, Großbritannien und Schweden).

Die Vielzahl unterschiedlicher Marken führte dazu, dass die Marke sehr diffus wahrgenommen wurde. TUI hatte sich im Gegensatz zu vielen anderen Anbietern schon früh für den Weg der Qualitätsführerschaft entschieden (vgl. Präferenz-Strategie). Um den Preisabstand zu den Billiganbietern zu rechtfertigen, muss die Marke zu einer emotionalen und sinnstiftenden Marke werden (vgl. noch einmal das Stufenmodell in Abb. 4.7). Grundvoraussetzung war eine **klare Vision für die Marke** und den **Aufbau eines klareren und einheitlichen Markenbildes**.

Aus der Grundidee, eine Marke zu kreieren, die für Reisen und Lebensfreude stehen sollte, entwickelte sich die Vision: „TUI is the most beautiful time of the Year." und ein neues (World-of TUI)-Logo. Das TUI-Logo erfüllt im Übrigen eine wichtige Anforderung, die der berühmte Typograph Erich Weidemann so ausdrückte: „Ein gutes Logo muss man mit dem dicken Zeh in den Sand schreiben können". Die Kunden sollten die Marke TUI von der Buchung bis zum Hotel durchgängig einheitlich wahrnehmen können. Doch auch das hat seine Grenzen, wie der Vorstandsvorsitzende Dr. Michael Frenzel in einem Interview mit der ZEIT mitteilt: „Wir haben das TUI-Logo bewusst nicht von High-End bis Low-End gespreizt, sondern wir haben eine differenzierte Markenwelt mit Basis-Marken wie ‚Airtours' oder ‚1-2-Fly' geschaffen, die wir im High- und im Low-Bereich einsetzen können und die keine erkennbare Affinität zur Marke TUI haben. Der zweite Werkzeugkasten sind unsere ‚aligned brands', bei denen wir das TUI-Zeichen als Masterbrand benutzen, es aber mit der Stärke der Einzelmarken kombinieren. Ein Beispiel: Die Marken TUI und Thomson sind in der gleichen Farbwelt sichtbar. Als drittes Bein haben wir die ‚endorsed brands'. Hier wird das Produkt wie Robinson durch das Logo ‚Member of the world of TUI' unterstützt. Dahinter steckt der Konzern TUI AG, der dieses Markenportfolio entwickelt hat und belebt. Mit diesen Markenelementen können wir die gesamte Produktspreizung gut abdecken."

Wie man sieht, ein gutes Beispiel, wie ein Konzern mithilfe einer differenzierten Markenarchitektur versucht, sein Absatzpotenzial optimal auszuschöpfen.

4.3.9 Übungsaufgabe zur Markenstrategie

Situationsbeschreibung

Anders als in anderen „klassischen" Weinländern Europas ist in Deutschland die Offenheit gegenüber internationalem Wein besonders groß (50% des Weinkonsums wird mit ausländischem Wein gedeckt) und das Interesse an Wein aus Übersee wächst weiterhin.

Der kalifornische Weinproduzent G hat sich in den letzten Jahren durch verbesserte Qualitäten sowie hohe Marketing-Aufwendungen als hochwertige Qualitätsmarke am deutschen Markt positioniert. G ist mit einem Absatzvolumen von rund 15 Mio. Litern jährlich in Deutschland schon jetzt der erfolgreichste kalifornische Weinproduzent.

Die Angebotspalette reicht von Spitzenweinen (Preis bis 25 € pro Flasche), die auch in der Gastronomie angeboten werden, bis zu Markenwein-Kollektionen (3 € bis 7,50 €). Das Unternehmen bietet dabei fast ausschließlich populäre Traubensorten – z.B. Chardonnay bei Weiß- und Cabernet Sauvignon und Merlot bei Rotwein – an, die aber im Gegensatz zu ihrer vor allem französischen Konkurrenz wesentlich früher trinkreif sind.

Das Unternehmen vertreibt die unterschiedlichen Produktlinien alle unter der Dachmarke G. G ist in über 70% aller Supermarktregale vertreten und wird zunehmend auch vom Fachhandel akzeptiert. Mit der preiswertesten Kollektion „G Wine Cellars" ist das Unternehmen inzwischen sogar die Nummer eins der Markenweine im Lebensmitteleinzelhandel.

In allen Segmenten werden G-Weine von den Verbrauchern wegen ihres guten Preis-Leistungs-Verhältnisses geschätzt. Das Unternehmen möchte darüber hinaus auch weiterhin das Image des Familienbetriebs pflegen, dessen Motto lautet:

„Die Arbeit im Weinberg ist kein Acht-Stunden-Job. Sie ist unser Leben, unsere Leidenschaft."

Neuere Marktforschungsstudien zeigen, dass drei Viertel aller ausländischen Weine in Verbrauchermärkten und Discountläden gekauft werden. G möchte daher mit neuen, sehr preiswerten Rot- und Weißweinen auch diesen Vertriebskanal nutzen.

In der Marketing-Abteilung wird überlegt, ob man den Wein unter der Dachmarke G oder als Einzelmarken in den Markt einführen soll.

Aufgabe

Erörtern Sie für die vorliegende Situation mögliche Vor- und Nachteile der beiden Alternativen und geben Sie dem Unternehmen eine begründete Empfehlung.

Lösungshinweise

Für eine Einführung der Discount-Weine unter der Dachmarke G spricht, dass

- die Discount-Weine sowohl beim Handel als auch bei den Endverbrauchern schneller akzeptiert werden. Beim Handel wird die Listung erleichtert und die Endverbraucher werden eher zu Probekäufen greifen, da sie die Marke schon kennen und ein hohes Qualitäts-Image damit verbinden.
- geringere Marketing-Kosten für die neuen Weine notwendig sind, da die Dachmarke schon bekannt ist und schon über ein gutes Image verfügt.

Gegen eine Einführung der Discount-Weine unter der Dachmarke G spricht, dass

- der Markenkern der eingeführten Dachmarke verwässert werden könnte. Discount-Weine werden vor allem über den Preis verkauft, sodass ein besonders billiges Produkt das Qualitäts-Image der anderen Produkte beschädigen könnte.

- Falls das Preis-Leistungs-Verhältnis sich als besonders gut herausstellen sollte, besteht die Gefahr der Kannibalisierung, d.h., Käufer, die bisher einen teureren Wein von G gekauft haben, wechseln zum Discountwein.

Für eine Einführung der Discount-Weine als Einzelmarken spricht, dass
- das Segment der Preiskäufer sehr gezielt angesprochen wird. Wenn die Qualität des Produktes stimmt, kann es auch in diesem Segment zu Wiederholungskäufen und damit zu Markenbindung kommen.
- keine Gefahr negativer Ausstrahlungseffekte auf die Dachmarke besteht, weil den Konsumenten nicht klar ist, wer hinter den Einzel-Marken steht.

Gegen eine Einführung der Discount-Weine als Einzelmarken spricht, dass
- die Einzelmarken in allen Lebenszyklusphasen alleine die Marketing-Aufwendungen tragen müssen. Allerdings sind diese bei einer Discount-Marke, die vor allem über den Preis verkauft wird, nicht sehr hoch. Nach der Einführungsphase muss eigentlich fast nichts mehr für das Produkt getan werden.
- das Marktvolumen oder Marktpotenzial keine weiteren Discount-Weine verträgt. Ohne Daten kann nur spekuliert werden, doch dürften sich bei entsprechender Qualität und hoher Affinität der Deutschen zu ausländischen und speziell kalifornischen Weinen weitere Marken etablieren können.

Fazit
Die oben aufgeführten Vor- und Nachteile sprechen eindeutig für die Einführung der Discountweine als Einzelmarken.

4.4 Servicepolitik

Zusatz- und Serviceleistungen beeinflussen die Kaufentscheidung

Neben der Hauptleistung spielen inzwischen in vielen Bereichen Zusatz- oder Serviceleistungen bei der Kaufentscheidung eine entscheidende Rolle.

➔ *Serviceleistungen sind sämtliche immateriellen, die Hauptleistung unterstützenden oder eigenständigen Leistungen, die den Kundennutzen steigern sollen.*

Durch besondere Serviceleistungen kann sich ein Unternehmen nicht nur gegenüber seiner Konkurrenz profilieren, sondern erhöht auch die Kundenbindung und verbessert das Unternehmensimage. Nachfolgend ein Überblick, was im Einzelnen zur Servicepolitik zählt.

Garantieleistungen
- Garantieumfang (z.B. Mobilitätsgarantie von Autohäusern),
- Garantiedauer (z.B. Lifetime-Garantie, ein Beispiel bietet der Bekleidungshersteller Land's End),
- Lieferleistungen (vor allem bei Just-in-time-Produktion wichtig),
- Lieferbereitschaft (z.B. Reaktionsbereitschaft auf Kundenwünsche),
- Lieferzuverlässigkeit (z.B. gelieferte Produktqualität oder Termintreue).

Kundendienstpolitik

Zur Kundendienstpolitik zählen sowohl technische und als auch kaufmännische Leistungen, und dies

- vor,
- während oder
- nach der Nutzung (vgl. Abb. 4.28),

die teilweise zur Nutzung des Produkts notwendig sind (Muss-Leistungen). Darüber hinaus gibt es marktübliche Standards, die vom Kunden erwartet und auch von den meisten Wettbewerbern erbracht werden (Soll-Leistungen), sowie Kann-Leistungen, die zwar nicht vom Kunden erwartet werden, aber spezifische Bedürfnisse des Kunden erfüllen (vgl. nachfolgend Value-Added-Services).

Muss- und Soll-Leistungen

Zeitpunkt der Nutzung / Art des Kunden-Services	Vor der Inanspruchnahme	Während der Nutzung	Nach der Nutzung
Technische Leistungen	• Technische Beratung • Erarbeitung von Projektlösungen • Demontage alter Anlagen	• Technische Einweisung • Installation • Reparatur/ Wartung	• Umbauarbeiten • Erweiterungen • Abbau und Entsorgung
Kaufmännische Leistungen	• Bestelldienst • Testlieferung • Kaufmännische Beratung (Wirtschaftlichkeit)	• Schriftl. Anleitung • Schulung • Ersatzteilversorg. • Beschwerde-management • Telefon-/ Online-Hilfe	• Information über Neu-Entwicklungen • Rabatte bei Updates

Abb. 4.28: Formen von Kundendienstleistungen (aus: Bruhn, Manfred: Marketing. Gabler. Wiesbaden 2008)

Value-Added-Services

Damit wird angestrebt, Zusatznutzen für den Kunden zu schaffen, der nur am Rande mit der eigentlichen Hauptleistung zu tun hat (z.B. Rundum-Betreuung von Kindern bei Ikea). Value-Added-Services können natürlich im Rahmen der oben beschriebenen Bereiche (Garantie-, Lieferleistungen oder Kundendienstpolitik) erbracht werden, doch sind auch „echte" zusätzliche Service-Angebote denkbar.

Bei der Entscheidung eines Unternehmens, sich mithilfe zusätzlicher Serviceleistungen von den Wettbewerbern abzugrenzen, sollte überlegt werden, ob sie von den Kunden wirklich als zusätzliche Leistung betrachtet werden und insofern zur Profilierung des Unternehmens beitragen können. Die in der Abbildung 4.29 dargestellten Profilierungsfelder versuchen, diesen Gedanken aufzugreifen.

Services aus dem Profilierungsfeld I nutzen der Basismarke nur dann etwas, wenn sie von den Zielgruppen als besonders innovativ und neben der Primärleistung als nützlich empfunden werden. Im Profilierungsfeld II muss die Qualität des angebotenen Services die Kundenerwartungen übertreffen, da diese Services erwartet und auch von den Wettbewerbern angeboten werden. Im Profilierungsfeld III hängt es sehr stark von der Kundenwahrnehmung und -zufriedenheit ab, ob der angebotene Service in die Profilierung der Primärleistung einzahlt.

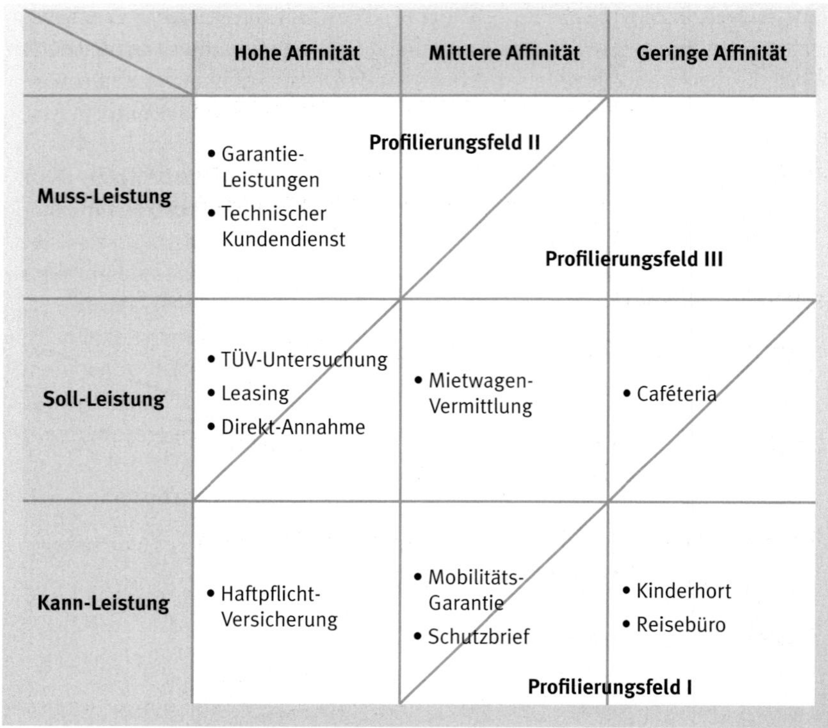

Abb. 4.29: Value-Added-Services (aus: Bruhn, Manfred: Marketing. Gabler. Wiesbaden 2008)

4.5 PRODUKTPROGRAMMPOLITIK

Programm- und Sortimentspolitik

Die Produktpolitik umfasst nicht nur die Neuproduktentwicklung, sondern auch Entscheidungen, welche Arten von Produkten in welchen Ausführungen (Varianten/Sorten) den Kunden angeboten werden sollen. Dieser Bereich der Festlegung eines Produkt-Mixes wird als Programm- oder Sortimentspolitik bezeichnet.

→ *Sortimentspolitik umfasst sämtliche Entscheidungen, die mit einer Erstellung und Umstrukturierung (Erweiterung oder Elimination) von Leistungsangeboten in einem Gesamtsystem verbunden sind.*

Dabei muss man zwischen Hersteller- und Handelssortimenten unterscheiden:

Hersteller (Produktprogramm):

Programmbreite:	Anzahl der Produktlinien, die zur Lösung unterschiedlicher Probleme des Nachfragers geeignet sind
Beispiel:	Henkel produziert Waschmittel, Klebstoffe, Haarpflegeprodukte, Körperpflegeprodukte
Programmtiefe:	Anzahl der Artikel innerhalb einer Produktlinie, die zur Lösung eines ähnlichen Grundproblems geeignet sind
Beispiel:	Produktlinie Waschmittel: Voll-, Fein-, Buntwaschmittel; Produktlinie Haarpflege: Haarshampoos für fettiges, schuppiges, coloriertes Haar

Handel (Sortiment):

Sortimentsbreite:	Anzahl der Warengruppen, die das Handelsunternehmen führt
Beispiel:	Ein Warenhaus führt die Warengruppen: Lebensmittel, Haushaltswaren, Schuhe, Textilien ...
Sortimentstiefe:	Anzahl der Artikelgruppen, Artikelsorten, Artikel innerhalb einer Warengruppe
Beispiel:	Warengruppe Textilien: Artikelgruppen: Damenober-, Herren-, Kinder-, Berufsbekleidung, Unterwäsche, Heimtextilien etc. innerhalb der Artikelgruppe Damenoberbekleidung: Artikelsorten: Kostüme, Röcke, Kleider, Blazer, Blusen, Hosen, ... Artikel innerhalb einer Artikelsorte: Unterscheidung nach Größe, Farbe, Stoff, ...

Im Folgenden sollen einige Entscheidungsalternativen in der Programmpolitik auf der Hersteller-Ebene dargestellt werden. Grundsätzlich besteht die Möglichkeit,

- das Produktprogramm/Sortiment so zu belassen, wie es ist,
- es auszuweiten oder
- es einzuengen

(vgl. Abb. 4.30).

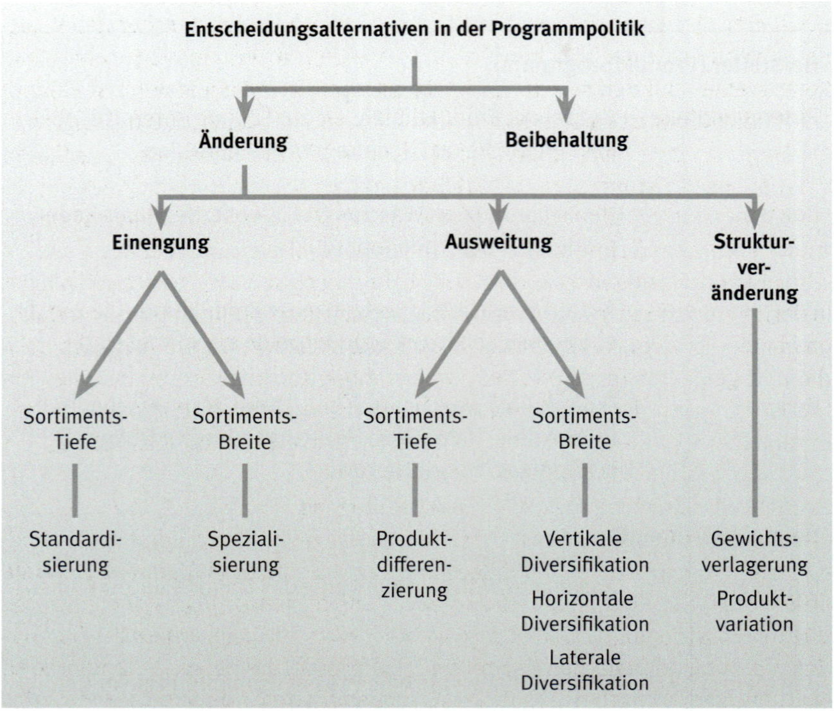

Abb. 4.30: Entscheidungsalternativen in der Programmpolitik

Bei einer **Produktverbesserung bzw. Modifikation** eines bestehenden Produktes wird das bestehende Produkt durch das neue ersetzt (Produktvariation), sodass das Sortiment eigentlich unverändert bleibt. Darüber hinaus kann es zu Gewichtsverlagerungen kommen, das heißt, der Schwerpunkt der Marketing- oder sogar der Unternehmensaktivitäten verschiebt sich. Zwei aktuelle und ganz extreme Beispiele für Umstrukturierungen sind die Entwicklungen von Mannesmann und Preussag, beides Unternehmen, die ihre Wurzeln im Stahlgeschäft hatten. Mannesmann erweiterte zunächst in eigener Regie sein Geschäftsfeld um den Mobilfunk (laterale Diversifikation), nach der Fusion mit Vodafone zog sich das Unternehmen aus der Stahlbranche zurück und verlor sogar den Unternehmensnamen. Eine ähnliche Geschichte hat die Preussag hinter sich. Aus einem stark diversifizierten Unternehmen der Grundstoff-Industrie wurde innerhalb von zehn Jahren mit der World of TUI-Gruppe der größte Reiseanbieter der Welt.

Aktuelle Beispiele für Umstrukturierungen

Bei einer **Programm-/Sortimentserweiterung** muss entschieden werden, in welchem Umfang zusätzliche Produkte in das Programm/Sortiment aufgenommen werden sollen. Die Programm-/Sortimentserweiterung kann sich auf folgende Entscheidungen beziehen:

Diversifikation und Produktdifferenzierung

- Einführung neuer Produktlinien (Diversifikation) und/oder
- Ausdehnung innerhalb einer Produktlinie (Produktdifferenzierung).

Durch die Einführung neuer Produktlinien (Erhöhung der Programm-/Sortimentsbreite) möchte das Unternehmen neue Märkte erschließen und dadurch Wachstumsmöglichkeiten nutzen. Außerdem wird das unternehmerische Risiko auf weitere Leistungsbereiche verteilt (vertikale, horizontale oder laterale Diversifikation). Bei einer horizontalen Diversifikation befindet sich der neue Leistungsbereich auf der gleichen Produktionsstufe, oft lassen sich vorhandene Kompetenzen auf den neuen Bereich übertragen. Wenn ein Pkw-Hersteller mit der Produktion von Lkw oder Motorrädern beginnt, handelt es sich beispielsweise um horizontale Diversifikation. Bei einer vertikalen Diversifikation befindet sich der neue Leistungsbereich auf einer vor- oder nachgelagerten Produktionsstufe. Das kann bei einem Saft- oder einem Babykostproduzenten beispielsweise der Anbau der Rohprodukte sein. In der Automobilbranche kommt diese Diversifikation auf eine vorgelagerte Stufe kaum noch vor, da die meisten Hersteller in den letzten Jahren im Rahmen des Outsourcing und der Just-in-time-Produktion immer mehr Komponenten von Zulieferern beziehen. Dafür findet sich noch die nachgelagerte Diversifikation in ein weitgehend händlergebundenes Vertriebssystem. Bei der lateralen Diversifikation besteht zwischen alten und neuen Leistungsbereichen kein sichtbarer Zusammenhang (Beispiele siehe oben).

Horizontale ...

... und vertikale Diversifikation

Durch die Ausdehnung innerhalb einer bestehenden Produktlinie (Beispiel: Einführung neuer Geschmacksvarianten bei Soft-Drinks = Produktdifferenzierung) wird die Sortimentstiefe erhöht. Dadurch sollen bestehende Kundenpotenziale besser ausgeschöpft, aber auch neue Kundengruppen gewonnen werden (Marktdurchdringung). Außerdem erhöht sich möglicherweise die Sortimentsattraktivität für den Handel. Falls der Handel die neuen Varianten listet, entsteht eine Markteintrittsbarriere für die Konkurrenz, da der Regalplatz des Handels beschränkt ist. Ein erfreulicher Nebeneffekt kann in einer verbesserten Kapazitätsauslastung mit einhergehenden Stückkostensenkungen liegen. Bei dieser strategischen Alternative kann in zwei Richtungen vorgegangen werden:

Marktdurchdringung

Strategie des Trading down
Ein Unternehmen ist bereits in oberen Qualitätsklassen erfolgreich und versucht, mit Produkten in unteren Qualitäts- und Preisklassen präsent zu werden („Preis-Mengen- oder Discount-Strategie"). Hauptziel ist die Erschließung von Niedrigpreissegmenten. Der Gefahr eines Imageverlustes wird dadurch begegnet, dass die Produkte unter einer anderen Marke angeboten werden (Einzelmarken-Strategie). Ein schönes Beispiel ist Mercedes-Benz, die den Kleinstwagen Smart bewusst unter einer eigenen Marke vertreiben, um das Image der Marke Mercedes nicht zu verwässern. Im Übrigen beginnt Mercedes gerade mit der Produktdifferenzierung des Smart (Cabrio, Roadster).

Strategie des Trading up
Ein Unternehmen ist bestrebt, durch Produkte höheren Qualitätsniveaus eine Ausdehnung innerhalb der Produktlinie vorzunehmen. Zielsetzung ist die Erschließung des Hochpreissegmentes. Auch hierbei bietet es sich aus Imagegründen an, die Qualitätsprodukte unter einer speziellen Exklusiv- oder Premium-Marke anzubieten. Auch hier ein kurzes Beispiel aus der Automobilbranche. Volkswagen war bisher vor allem im Segment der Klein- und Mittelklasse tätig, doch seit 2002 wird mit dem Phaeton erstmals ein Pkw im Luxus-Segment angeboten.

In bestimmten Fällen muss ein Hersteller sein Produktprogramm einengen, zahlreiche Beispiele von Unternehmen, die sich auf ihre Kernkompetenzen zurückziehen, um international wettbewerbsfähig zu bleiben, belegen diese Tendenz. Bei dieser Form der Spezialisierung werden ganze Produktlinien eingestellt, sodass die angebotene Programmbreite sinkt. Die andere Alternative ist die Einengung der Programmtiefe, bei der nur einzelne Produkte aus dem Programm genommen werden, ohne dabei die Produktlinie aufzugeben (Sorten- oder Typenreduktion/ Standardisierung).

Entscheidungskriterien für die Verringerung der Programmbreite oder -tiefe

Als Entscheidungskriterien für die Verringerung der Programmbreite (Spezialisierung) oder der Programmtiefe (Standardisierung) können quantitative und qualitative Kriterien herangezogen werden:

- quantitative Entscheidungskriterien:
  - sinkende Absatzmengen und Umsätze
  - sinkende Marktanteile
  - sinkende Umschlaggeschwindigkeiten
  - sinkende Deckungsbeiträge und Renditen
- qualitative Entscheidungskriterien:
  - Einführung verbesserter Produkte der Konkurrenten
  - negative Imagewirkung für das Gesamtsortiment
  - Änderungen der Einstellungen von Konsumenten
  - Kunden erwarten, dass das Produkt im Programm vorhanden ist
  - Gesetzesänderungen

Vor der endgültigen Entscheidung über die tatsächliche Eliminierung müssen allerdings auch mögliche Folgewirkungen der Eliminationsentscheidung berücksichtigt werden. So kann es zu Imageverlusten bei Konsumenten oder im Handel kommen. Außerdem können Konkurrenten durch die Herausnahme des Artikels Vorteile entstehen, die man unbedingt verhindern möchte.

5 Kontrahierungspolitik

Die Kontrahierungspolitik als Marketing-Instrument umfasst die Bereiche
- Preispolitik,
- Konditionenpolitik,
- Kreditpolitik und
- Zugabepolitik.

Abb. 5.1 gibt einen Überblick über alle vier Bereiche, aber das vorliegende Kapitel in diesem einführenden Buch zum Marketing konzentriert sich dann hauptsächlich auf die Preispolitik.

Der Preis, den ein Unternehmen für ein Produkt verlangt, hat für das Unternehmen eine doppelte Bedeutung:
- Je höher der Preis ist, umso höher ist bei einer bestimmten Absatzmenge der Gewinn.
- Die Preishöhe beeinflusst die absetzbare Menge des Produktes. Typischerweise kann bei einem höheren Preis nur eine geringere Menge abgesetzt werden.

Der Preis bestimmt den Gewinn, beeinflusst aber auch die absetzbare Menge

Ein Unternehmen sollte bzw. muss bei Preisentscheidungen immer beide Aspekte berücksichtigen.

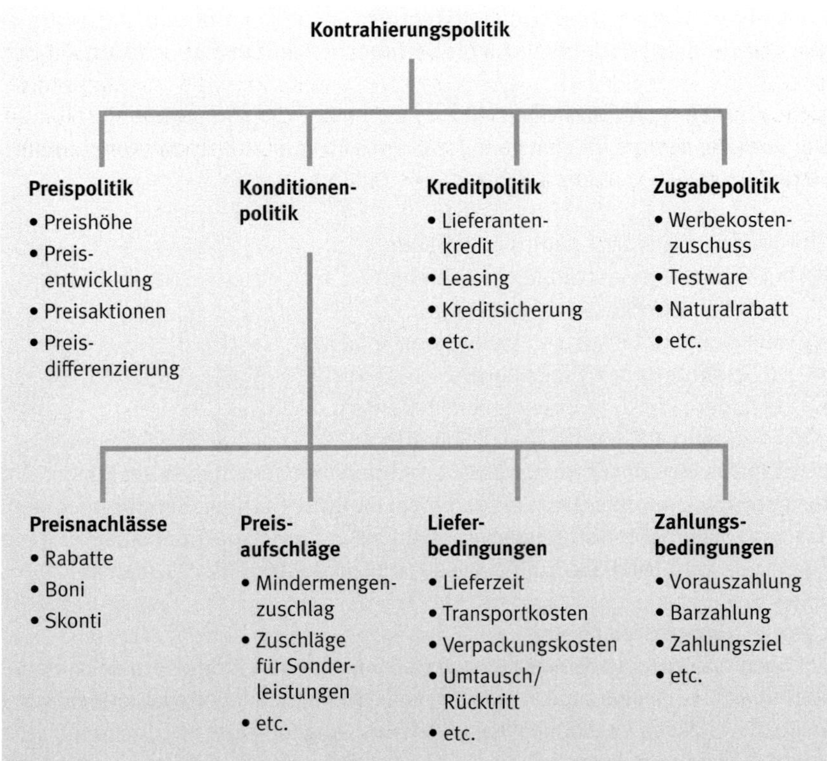

Abb. 5.1: Übersicht Kontrahierungspolitik

5.1 Preisstrategien

5.1.1 Passive Preispolitik

Passiv: Orientierung am Markt oder am Preisführer

Bei der passiven Preispolitik erfolgt eine Orientierung der Preisstellung am Marktpreis ähnlicher Produkte oder an der Preisstellung bestimmter Konkurrenten (Preisführer). Mögliche Gründe für eine passive Preispolitik sind:

- Vermeidung von Preiskämpfen mit Konkurrenten,
- Vermeidung von Risiken aufgrund von Unsicherheiten über die Preiselastizität,
- Vermeidung von organisatorischen und werbepolitischen Aufwendungen (Preistests, Organisation von Preisempfehlungen, Preiswerbung etc.),
- Eindämmung des Preisinteresses der Abnehmer,
- langfristige Sicherung eines hohen Preisniveaus.

5.1.2 Aktive Preispolitik

Aktiv: Entwicklung eigener Strategie

Hierbei erfolgt ein planvoller Einsatz preispolitischer Parameter im Rahmen des Marketing-Mixes. Es lassen sich im Wesentlichen die im Folgenden angesprochenen Strategiemöglichkeiten unterscheiden.

5.1.2.1 Hochpreisstrategie

Oft verbunden mit Qualitätsführerschaft

Der Anbieter ist bestrebt, den höchsten Preis im Vergleich zu den Konkurrenten im Markt durchzusetzen. Hochpreispolitik wird häufig verfolgt, wenn neben der Preisführerschaft auch eine Qualitätsführerschaft angestrebt wird. Diese Strategie ist sinnvoll, wenn der Preis für die Verbraucher ein Qualitätsindikator ist.

5.1.2.2 Niedrigpreisstrategie

Der Anbieter ist bemüht, den geringsten Preis im Vergleich zu den Konkurrenten zu fordern.

Eine Niedrigpreispolitik kann sinnvoll sein

- bei hoher Preiselastizität der Nachfrager,
- bei hoher Stückkostendegression,
- wenn Kapazitäten ausgelastet werden sollen,
- zur Schaffung eines Preisimages,
- bei hohem Preisinteresse der Konsumenten.

Gefahr: Preiskampf

Beim Verfolgen einer Niedrigpreisstrategie muss mit Reaktionen der Konkurrenten gerechnet werden. Das kann zu einem Preiskrieg führen. Ein Unternehmen, das eine Niedrigpreisstrategie verfolgen will, muss also über ausreichende finanzielle Mittel verfügen, um einen solchen Preiskampf durchzuhalten.

5.1.2.3 Preispositionierung

Produkt geeignet im Preis-Qualitätsfeld zu positionieren

Auf vielen Absatzmärkten lassen sich die angebotenen Produkte unterschiedlichen Qualitätsniveaus zuordnen, auch wenn der funktionale Verwendungszweck weitgehend gleich ist. Mit den verschiedenen Qualitätsklassen korrespondieren unterschiedliche Preislagen. Für eine Unternehmung, die auf solchen Märkten operiert, ergibt sich die Möglichkeit, ihr Produkt im Preis-Qualitätsfeld selbstständig zu positionieren. Hierbei handelt es sich u.a. um ein Problem der Marktsegmentierung, bei der vor allem die Qualitätspräferenzen und die Preisbereitschaft der Abnehmer berücksichtigt werden, um in sich homogene, untereinander aber möglichst heterogene Käufergruppen zu identifizieren, die mit jeweils spezifischen Preis-Leistungs-Kombinationen angesprochen werden können. Eine Preispositionierung im Preis-Qualitätsfeld kann aber auch unter Wettbewerbsgesichtspunkten erfolgen. Der Zusammenhang wird anhand der Abb. 5.2 näher erläutert.

Preis-Leistungs-Kombinationen auf Käufergruppen abgestimmt

Qualität / Preis	niedrig	mittel	hoch
hoch	**Vorteils-strategien**		**Premium-strategie**
mittel		**Mittelfeld-strategie**	
niedrig	**Billigwaren-strategie**		**Übervorteilungs-strategie**

Abb. 5.2: Positionierung im Preis-Qualitätsfeld (in Anlehnung an Kotler/Bliemel: Marketing-Management. Schäffer-Poeschel. Stuttgart 2007)

Die Felder 1 bis 9 in der Abb. 5.2 entsprechen bestimmten Preis-Qualitätskombinationen. Bei den Feldern auf der Diagonalen (3, 5, 7) entspricht der Preis dem jeweiligen Qualitätsniveau. Für hohe Qualität wird auch ein hoher Preis verlangt (Feld 3), entsprechend werden Produkte mit einer geringen Qualität auch zu einem niedrigen Preis angeboten (Feld 7).

In der Diagonalen entsprechen sich Preis und Qualität

Anbieter in den Feldern 1, 2 und 4 befinden sich in einer Position, die es ihnen ermöglicht, Konkurrenten in den Diagonalfeldern anzugreifen, da sie die gleiche Qualität zu einem günstigeren Preis (Felder 1 und 2 gegenüber Feld 3 und Feld 4 gegenüber Feld 5) oder höhere Qualität zum gleichen Preis bieten (Felder 1 und 4 gegenüber Feld 7 und Feld 2 gegenüber Feld 5). Kotler spricht in diesem Zusammenhang von einer Vorteilsstrategie, da den Kunden der Vorteil einer höheren Qualität oder eines niedrigeren Preises im Vergleich zu den Anbietern auf den Diagonalfeldern geboten wird. Anbieter in den Feldern unterhalb der Diagonalen (Felder 6, 8, 9) übervorteilen dagegen die Nachfrager im Vergleich zu den Anbietern auf den Diagonalfeldern, da sie gemessen an der Qualität zu hohe Preise verlangen. Entsprechende Preis-Qualitätsstrategien führen in der Regel nicht zu einem langfristigen Erfolg, da sie bei den Kunden Unzufriedenheit hervorrufen.

5.1.3 Planung der Preisabfolgen im Lebenszyklus

Hinsichtlich der Preisplanung im Zeitablauf wird üblicherweise zwischen der Skimming- und der Penetrationsstrategie unterschieden, die nachfolgend ausführlicher dargestellt werden.

5.1.3.1 Skimming-Strategie (Abschöpfungsstrategie)

Über dem optimalen Preis einführen und langsam absenken

Der Einführungspreis liegt über dem kurzfristig optimalen Preis und wird im Zeitablauf schrittweise abgesenkt (Abb. 5.3).

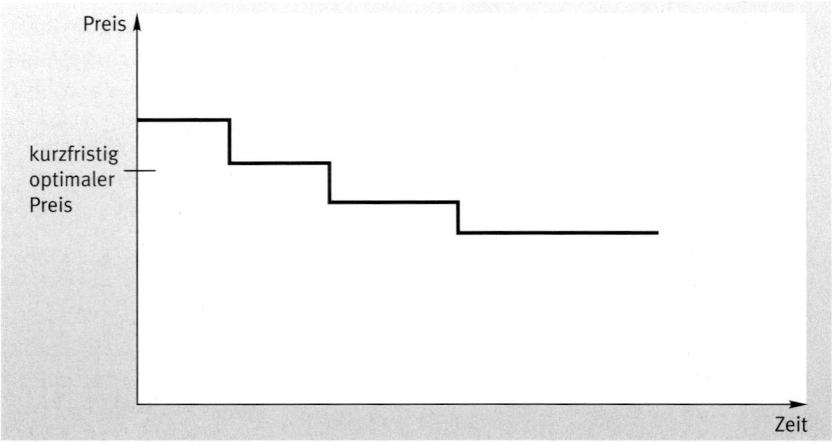

Abb. 5.3: Preisabfolge bei der Skimming-Strategie

Eine Skimming-Strategie kann sinnvoll sein

- bei Produkten mit hohem Innovationsgrad (langsame Marktdurchdringung, niedriger Einführungspreis beseitigt die Marktwiderstände in der Regel nicht), vorwiegende Käufer in der Einführungsphase sind Frühadopter (hohes Einkommen, geringes Preisinteresse), mit zunehmender Verbreitung und Auftreten neuer Anbieter kann der Preis gesenkt werden),
- geringe Preiselastizität in der Einführungsphase,
- Monopolstellung in der Einführungsphase (Patent, technischer Vorsprung etc.),
- Konzentrationstendenz bei Absatzmittlern (bei hoher Konzentration ist mit starkem Preisdruck durch den Handel zu rechnen, hoher Einführungspreis schafft Preissenkungsspielraum),
- Produktpositionierung im höherwertigen Preis-Qualitätsfeld.

5.1.3.2 Penetrationsstrategie

Unter dem optimalen Preis einführen und dann steigern

Der Einführungspreis liegt deutlich unterhalb des kurzfristig optimalen Preises. Nach der Einführungsphase kann der Preis dann evtl. erhöht werden, unverändert bleiben oder sogar noch weiter gesenkt werden.

Eine Penetrationsstrategie kann sinnvoll sein

- bei hoher Stückkostendegression im Zeitablauf (Erfahrungskurveneffekt),
- bei geringer Produktüberlegenheit,
- bei geringem Innovationsgrad,
- wenn Konkurrenten durch niedrige Einführungspreise vom Markteintritt abgehalten werden sollen,
- bei hohem Carryover-Effekt (Absatz der Vorperiode beeinflusst den Absatz der Folgeperiode günstig, d.h., es gibt gute Erfahrungen mit dem Produkt, Produkt wird weiterempfohlen etc.)

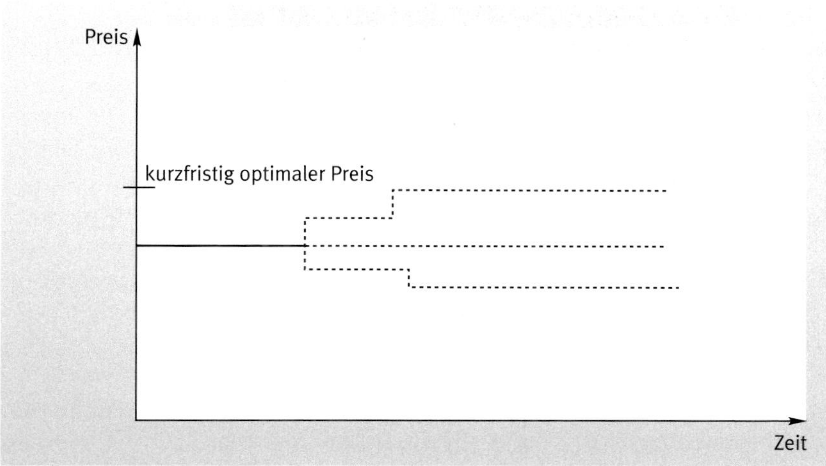

Abb. 5.4: Penetrationsstrategie

Beispiel zur Bedeutung des Erfahrungskurveneffektes

Es sei angenommen, ein Unternehmen A führt ein Produkt als Pionier ein. In der 3. Periode tritt ein Konkurrent in den Markt ein. Folgende Tabelle gibt die Absatzmengen, die kumulierten Absatzmengen und die Entwicklung der Stückkosten unter Annahme einer 30%igen Lernrate für beide Unternehmen an:

	Unternehmen A			Unternehmen B		
Periode	Absatzmenge in der Periode	kumulierte Absatzmenge	Stück-kosten	Absatzmenge in der Periode	kumulierte Absatzmenge	Stück kosten
1	100	100	10	–	–	–
2	140	240	6,37	–	–	–
3	200	440	4,66	100	100	10
4	280	720	3,62	140	240	6,37
5	380	1.100	2,91	200	440	4,66
6	460	1.560	2,43	280	720	3,62

Aufgrund des Erfahrungskurveneffektes sinken die Stückkosten in den ersten Perioden sehr schnell. Das gilt vor allem, wenn in den ersten Perioden ein relativ hohes Absatzwachstum unterstellt wird.

Ein Mitwettbewerber, der z.B. in der 3. Periode in den Markt eintritt (Unternehmen B), müsste in der 3. Periode bereits einen Anfangsabsatz von 440 haben, wenn er unter sonst gleichen Bedingungen gleiche Stückkosten wie der Pionier A haben wollte. Bei gleichen Stückkosten müsste der Anfangsabsatz von B damit mehr als doppelt so groß sein wie der von A in der 3. Periode, denn A setzt in der 3. Periode 200 Einheiten ab, hat aber eine kumulierte Absatzmenge von 440 Einheiten.
Bleibt B dagegen deutlich unter den 440 Einheiten, hat er wesentlich höhere Stückkosten als A und damit eine ungünstigere Wettbewerbsposition. Aufgrund des starken Stückkostenrückgangs in den ersten Perioden könnte A den Preis bei dem Markteintritt von B merklich senken und damit dessen Markterfolg behindern.Vergleichen Sie hierzu Abb. 5.5.

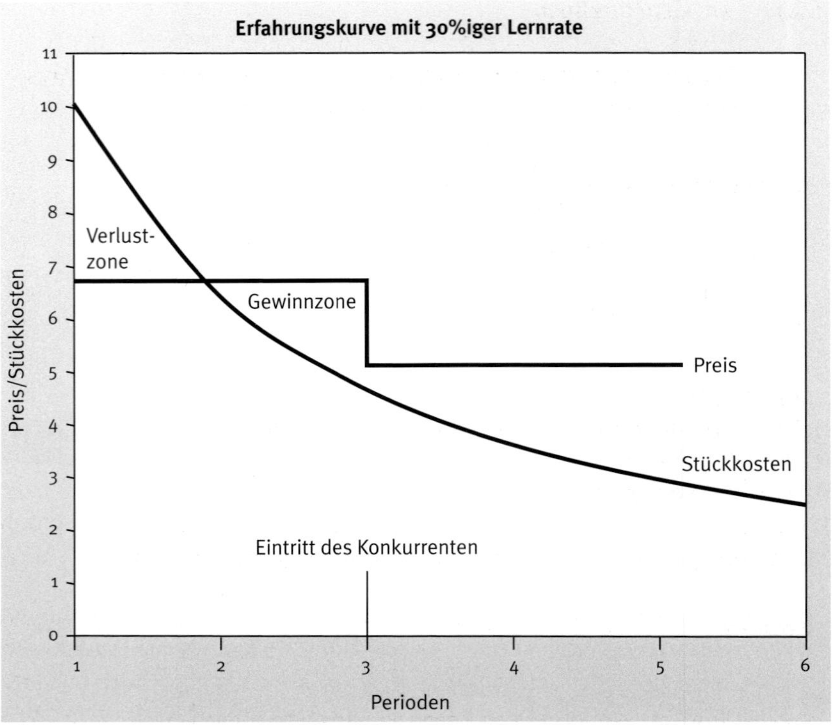

Abb. 5.5: Penetrationsstrategie unter Berücksichtigung des Erfahrungskurveneffektes

5.2 Verfahren der Preisbestimmung

Unter kurzfristigen Aspekten lassen sich im Wesentlichen die folgenden Verfahren der Preisbestimmung unterscheiden:

- kostenorientierte Verfahren,
- marktorientierte Verfahren und
- marginalanalytische Verfahren.

5.2.1 Kostenorientierte Verfahren

Grundlage ist die Kostenträgerrechnung

Bei der kostenorientierten Preisbestimmung erfolgt die Preiskalkulation auf der Grundlage der Kostenträgerrechnung. Hierbei muss bei Mehrproduktunternehmen zwischen direkt zurechenbaren Kosten (Einzelkosten) und nicht direkt zurechenbaren Kosten (Gemeinkosten) unterschieden werden. Einzelkosten sind z.B. Fertigungskosten, direkt zurechenbare Energiekosten, direkt zurechenbare Lohnkosten etc. Gemeinkosten sind Kosten, die für mehrere Produkte (Kostenträger) zusammen anfallen, die den einzelnen Produkten in ihrer Höhe aber nicht eindeutig zugeordnet werden können. Hierzu zählen z.B. Verwaltungskosten, Vertriebskosten, Kapitaldienstkosten etc. Die Gemeinkosten müssen auf die einzelnen Kostenträger (Produkte) nach einem geeigneten Schlüssel verteilt werden. Problematisch hierbei ist, dass eine falsche Verteilung der Gemeinkosten dann auch zu falschen Preisen führt.

5.2.1.1 *Vollkostenrechnung*

Der Preis soll die Vollkosten decken

Bei der Preisbestimmung nach dem Vollkostenprinzip müssen die gesamten Kosten durch den Preis gedeckt werden.

$$\text{Stückkosten (k)} = \frac{\text{Gesamtkosten (K)}}{\text{Stückzahl (x)}}$$

$$\text{Preis (p)} = \text{Stückkosten} + \text{Gewinnzuschlag (g)}$$

$$p = k + \frac{g \cdot k}{100} \qquad p = k\left(1 + \frac{g}{100}\right)$$

5.2.1.2 *Teilkostenrechnung*

Bei der Teilkostenrechnung unterscheidet man zwischen

- fixen Kosten und
- variablen Kosten.

Die variablen Kosten variieren mit der Ausbringungsmenge, während die fixen Kosten weitgehend unabhängig von der Ausbringungsmenge anfallen.

Beispiele

variable Kosten:	Materialkosten, Energiekosten für den Betrieb von Produktionsanlagen, leistungsbezogene Lohnkosten, z.B. Akkordlohn etc.
fixe Kosten:	Raumkosten, Zinsen, Zeitlöhne etc.

Grundlage für die Preiskalkulation sind zunächst nur die variablen Kosten. In der Regel wird auf die variablen Kosten ein Zuschlag berechnet. Dadurch soll gewährleistet werden, dass zumindest ein Teil der fixen Kosten gedeckt wird (Deckungsspanne).

Zieht man von dem Erlös die variablen Kosten ab, so erhält man den sogenannten Deckungsbeitrag. Dieser Betrag trägt zur Deckung der fixen Kosten bei.

Gelegentlich unterscheidet man auch zwischen dem Deckungsbeitrag I und dem Deckungsbeitrag II. Den Deckungsbeitrag I erhält man als Differenz zwischen Umsatzerlösen und variablen Kosten. Zieht man vom Deckungsbeitrag I noch die direkt zurechenbaren Fixkosten ab, so erhält man den Deckungsbeitrag II. Wenn nichts weiter gesagt wird, ist mit dem Deckungsbeitrag immer der Deckungsbeitrag I gemeint.

$$\text{Preis} = \text{variable Kosten} + \frac{\text{variable Kosten} \cdot \text{Zuschlagsatz}}{100}$$

Der Preis soll die zurechenbaren Kosten und einen Teil der Gemeinkosten decken

Der Preis sollte die variablen Kosten, die direkt zurechenbaren fixen Kosten und zumindest einen Teil der fixen Gemeinkosten decken.

Untergliedertes Fallbeispiel

Die folgenden Beispiele 1 bis 3 im vorliegenden Abschnitt und 4 bis 6 in den nachfolgenden Abschnitten beziehen sich auf das Fallbeispiel der (fiktiven) Schlümli AG, die zwei Produkte auf den gleichen Produktionsanlagen herstellt. Die Produkte heißen Schlupp (S) und Mumpel (M).

Hier die Kostenstruktur und Erlöserwartung:

- Für S fallen an direkt zurechenbaren Einzelkosten 5,00 € pro Stück (variable Stückkosten) und 1,5 Mio. € Fixkosten pro Jahr an.
- Für M fallen an direkt zurechenbaren Einzelkosten 2,00 € pro Stück (variable Stückkosten) und 0,7 Mio. € Fixkosten an.
- An Gemeinkosten fallen pro Jahr 2 Mio. € als Fixkosten für beide Produkte zusammen an.
- Die Gemeinkosten werden im Verhältnis 3:2 auf die Produkte S und M verteilt. Der Marketing-Leiter erwartet, dass in den nächsten Jahren von S 1 Mio. Stück und von M 1,2 Mio. Stück abgesetzt werden können.

Beispiel 1

Es soll ermittelt werden, welcher Preis für M verlangt werden müsste, wenn

- die Kosten gedeckt werden sollen,
- ein Gewinn von 20% der Selbstkosten erzielt werden soll.

Ermittlung der kalkulatorischen Stückkosten für M unter der Voraussetzung, dass 1,2 Mio. Stück hergestellt werden:

	variable Kosten	(1,2 Mio. Stück · 2 €/Stück)	2,4 Mio. €
+	fixe Einzelkosten		0,7 Mio. €
+	fixer Gemeinkostenanteil	(2 Mio. € · 2/5)	0,8 Mio. €
=	Gesamtkosten		3,9 Mio. €

$$\text{Vollkostenpreis} = \frac{3{,}9 \text{ Mio. €}}{1{,}2 \text{ Mio. Stück}} = 3{,}25 \text{ €/Stück}$$

Bei einer Produktions- und Absatzmenge von 1,2 Mio. Stück würden die Kosten gerade gedeckt, wenn M zu einem Preis von 3,25 €/Stück verkauft wird.

Ermittlung des notwendigen Preises für M, wenn ein Gewinn von 20% der Selbstkosten erzielt werden soll:

	Selbstkosten pro Stück	3,25 €
+	Gewinnzuschlag (20%)	0,65 €
=	Angebotspreis	3,90 €

Bei einer Produktions- und Absatzmenge von 1,2 Mio. Stück müsste M zu einem Preis von 3,90 € pro Stück verkauft werden, wenn ein Gewinn von 20% der Selbstkosten erzielt werden soll.

Beispiel 2

Angenommen, zu einem Preis von 3,90 €/Stück können tatsächlich nur 700.000 Stück von M abgesetzt werden. Der Produktmanager von M erwartet für das folgende Jahr keine wesentliche Besserung. Sollte unter dieser Voraussetzung die Produktion von M aufgegeben werden, wenn hierdurch die fixen Gemeinkosten um 0,3 Mio. € reduziert würden?

Ermittlung des Erfolgs für M:

	Erlös (3,90 €/Stück · 0,7 Mio. Stück)	2,73 Mio. €
–	variable Kosten (2 €/Stück · 0,7 Mio. Stück)	1,4 Mio. €
=	**Deckungsbeitrag (Deckungsbeitrag I)**	**1,33 Mio. €**
–	fixe Einzelkosten	0,7 Mio. €
=	**Deckungsbeitrag II**	**0,63 Mio. €**
–	fixer Gemeinkostenanteil	0,8 Mio. €
=	**Erfolg (Verlust)**	**– 0,17 Mio. €**

Durch Produktion und Verkauf von M werden die gesamten Einzelkosten (variable und fixe Einzelkosten) und zusätzlich 0,63 Mio. € der fixen Gemeinkosten gedeckt. Durch die Einstellung der Produktion von M würden die Gemeinkosten zwar um 0,3 Mio. € geringer ausfallen, gleichzeitig würde aber auch der Deckungsbeitrag von 0,63 Mio. € fortfallen. Durch die Einstellung der Produktion von M würde der Gesamterfolg um 0,33 Mio. € (= 0,63 Mio. € – 0,3 Mio. €) niedriger ausfallen, als wenn weiter produziert würde. Unter den gegebenen Bedingungen wäre es also zu empfehlen, M weiter zu produzieren.

Beispiel 3

Die folgende Tabelle gibt an, welche Mengen von M zu den jeweiligen Preisen abgesetzt werden können.

Preis in €	3,25	3,30	3,40	3,50	3,60	3,90	4,10	4,14	4,30	4,50	4,60
absetzbare Menge in Stück	1.200.000	1.171.429	1.114.286	1.057.143	1.000.000	700.000	500.000	460.000	300.000	100.000	0

Die Unternehmensleitung kennt diesen Zusammenhang aber nicht. Sie versucht für das folgende Jahr die Selbstkosten zu decken, indem sie den Preis unter Berücksichtigung des erwarteten Absatzes von 700.000 Stück neu berechnet:

	variable Kosten (700.000 · 2 €)	1,4 Mio. €
+	Fixkosten direkt zurechenbar	0,7 Mio. €
+	Gemeinfixkosten	0,8 Mio. €
=	Selbstkosten gesamt	2,9 Mio. €

$$\text{Stückkosten} = \frac{2{,}9 \text{ Mio. €}}{0{,}7 \text{ Mio. Stück}} = 4{,}14 \text{ €/Stück}$$

Die Unternehmensleitung würde feststellen (vgl. Tabelle), dass sie zu dem Preis von 4,14 € nicht die erwarteten 700.000 Stück, sondern tatsächlich nur 460.000 Stück absetzt und damit wieder die Selbstkosten nicht decken würde.
Wenn das Unternehmen auf diese Weise fortfahren würde, müsste es im nächsten Jahr einen so hohen Preis verlangen, dass gar nichts mehr abgesetzt werden könnte. Durch die naive Anwendung des Vollkostenprinzips hätte man sich also selbst „aus dem Markt kalkuliert", obwohl es Preisstellungen gibt, bei denen das Unternehmen einen Gewinn erzielen könnte, z.B. bei einem Preis von 3,40 €.

	Erlös	(3,40 € · 1.114.286)	3.788.572,40
–	variable Kosten	(2 € · 1.114.286)	2.228.572,00
=	Deckungsbeitrag I		1.560.000,40
–	direkt zurechenbare Fixkosten		700.000,00
=	Deckungsbeitrag II		860.000,40
–	fixer Gemeinkostenanteil		800.000,00
=	Gewinn		60.000,40

In Abb. 5.6 sind der Verlauf der Stückkostenkurve und der Preisabsatzfunktion von Mumpel dargestellt. Das Unternehmen erzielt dann einen Gewinn, wenn der Graph der Preisabsatzfunktion oberhalb des Graphen der Stückkostenfunktion verläuft, da dann der erzielte Preis höher ist als die Stückkosten. Es ist ersichtlich, dass dieses in zwei Abschnitten der Fall ist. Eine genaue Rechnung ergibt: Preis › Stückkosten, wenn: 3,25 € ‹ Preis ‹ 3,75 € oder 2,80 € ‹ Preis ‹ 3,25 €. Bei einem Preis von 2,80 € bzw. 3,25 € sind Stückkosten und Preis gerade gleich.

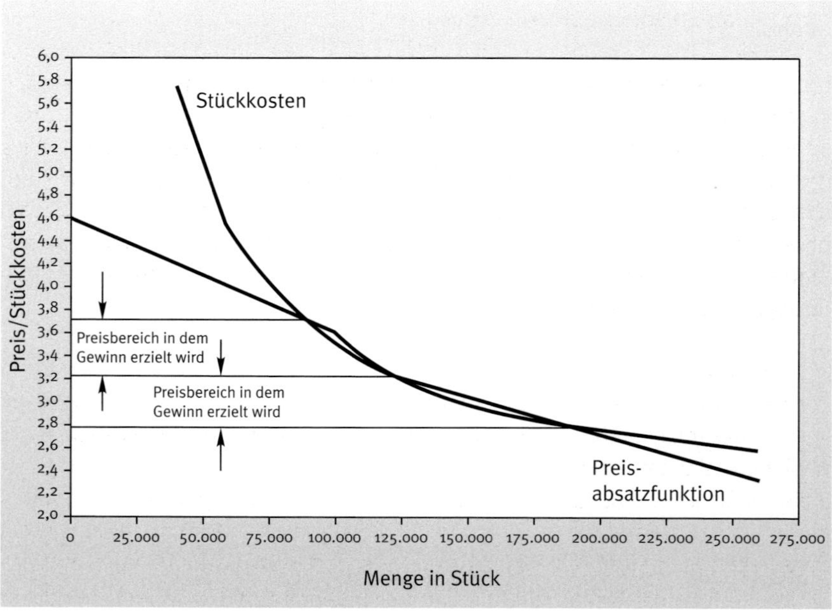

Abb. 5.6: Preisbereiche für Mumpel, in denen Gewinnerzielung möglich ist

5.2.1.3 *Bewertung der kostenorientierten Verfahren*

Wie das obige Beispiel zeigt, kann die Anwendung der kostenorientierten Preisbestimmung zu Problemen führen. Der Hauptnachteil besteht darin, dass die kostenorientierte Preiskalkulation nicht die Preisabhängigkeit des Absatzes und, damit verbunden, die Absatzabhängigkeit der Kosten berücksichtigt. Das kann zu einem Zirkelschluss führen, siehe Abb. 5.7.

Preisbestimmung nur über die Kosten lässt preisbedingte Absatzänderung außer Acht

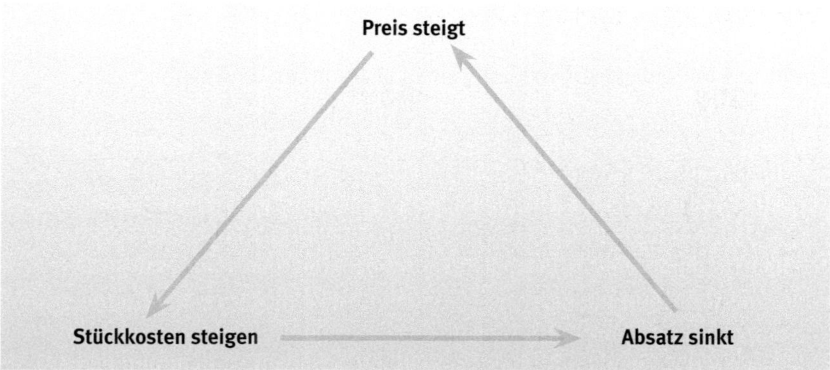

Abb. 5.7: Zirkelschluss bei der Preisbestimmung mithilfe der Vollkostenrechnung

Problematisch ist darüber hinaus auch die Schätzung der Absatzmenge. Außerdem wird die Verrechnung der Gemeinkosten dem Kostenverursachungsprinzip häufig nicht gerecht.

Sinnvoll sind kostenorientierte Verfahren dann, wenn feste Bestellungen vorliegen und hierfür die Preise kalkuliert werden sollen.

Sinnvoll bei festen Bestellungen

5.2.2 Marktorientierte Verfahren

Marktorientierte Verfahren berücksichtigen neben den Kosten auch die Reaktionen der Marktteilnehmer. Bei den kostenorientierten Verfahren werden bestimmte monetäre Ziele, wie positiver Deckungsbeitrag oder Kostendeckung oder ein bestimmter Gewinn, vorgegeben und der Preis dann so kalkuliert, dass das angestrebte Ziel erreicht wird. Voraussetzung dafür ist natürlich, dass die angestrebten Absatzmengen auch wirklich abgesetzt werden. Bei den marktorientierten Verfahren geht man im Prinzip umgekehrt vor. Es werden aus dem Marktgeschehen Preise abgeleitet und diese in einer Rückrechnung auf ihre Erfolgswirkung hin überprüft.

Vorgehen: Preise aus dem Markt ableiten und dann kalkulatorisch überprüfen

5.2.2.1 *Break-even-Analyse*

Ein mögliches Instrument, das im Rahmen der marktorientierten Preisbestimmung eingesetzt werden kann, ist die Break-even-Analyse. Bei einer Break-even-Analyse im Zusammenhang mit der Preispolitik werden für verschiedene Preise die erforderlichen Absatzmengen für das Erreichen der Gewinnschwelle oder eines bestimmten Gewinns ermittelt. Die zugehörigen Mengen bezeichnet man als Break-even-Mengen. Die Schnittpunkte zwischen der Kosten- und der Umsatzkurve heißen Break-even-points. Die Preisentscheidung hängt davon ab, welche Absatzmengen das Management als realistisch ansieht.

Ermittlung der Break-even-Menge:

$$\begin{aligned}
& \text{Erlös} &&= \text{Kosten} \\
& p \cdot x &&= k_v \cdot x + K_f \\
\Leftrightarrow\ & p \cdot x - k_v \cdot x &&= K_f \\
\Leftrightarrow\ & x(p - k_v) &&= K_f \\
\Leftrightarrow\ & x = \frac{K_f}{p - k_v}
\end{aligned}$$

Ermittlung der Menge zur Erzielung eines bestimmten Gewinns:

$$\begin{aligned}
& \text{Erlös} - \text{Kosten} &&= \text{Gewinn} \\
& p \cdot x - (k_v \cdot x + K_f) &&= G \\
\Leftrightarrow\ & p \cdot x - k_v \cdot x - K_f &&= G \\
\Leftrightarrow\ & p \cdot x - k_v \cdot x &&= G + K_f \\
\Leftrightarrow\ & x(p - k_v) &&= G + K_f \\
\Leftrightarrow\ & x = \frac{G + K_f}{p - k_v}
\end{aligned}$$

Dabei bedeuten:
- p vorgegebener Preis
- x Menge
- k_v variable Stückkosten
- K_f Fixkosten
- G angestrebter Gewinn

Beispiel 4

(Fallbeispiel Schlümli AG, Grunddaten siehe S. 164)

Von Schlupp (S) wurden im vergangenen Jahr zu einem Preis von 9,00 € pro Stück 700.000 Stück abgesetzt und damit ein Gewinn von 100.000,00 € erzielt.

Für die neue Preisplanung möchte die Unternehmensleitung wissen:

- Wie viel Stück zu einem Preis von 8,00 € und zu einem Preis von 10,00 € pro Jahr abgesetzt werden müssen, damit die Selbstkosten gedeckt sind.
- Wie viel Stück zu einem Preis von 8,00 € und zu einem Preis von 10,00 € pro Jahr abgesetzt werden müssen, damit ein Gewinn von 100.000,00 € erzielt wird.

Für Schlupp fallen pro Jahr an:

fixe Einzelkosten:		1,5 Mio. €
+	fixe Gemeinkosten (2 Mio. € · 3/5)	1,2 Mio. €
=	gesamte Fixkosten	2,7 Mio. €
Die variablen Stückkosten betragen		5,00 €

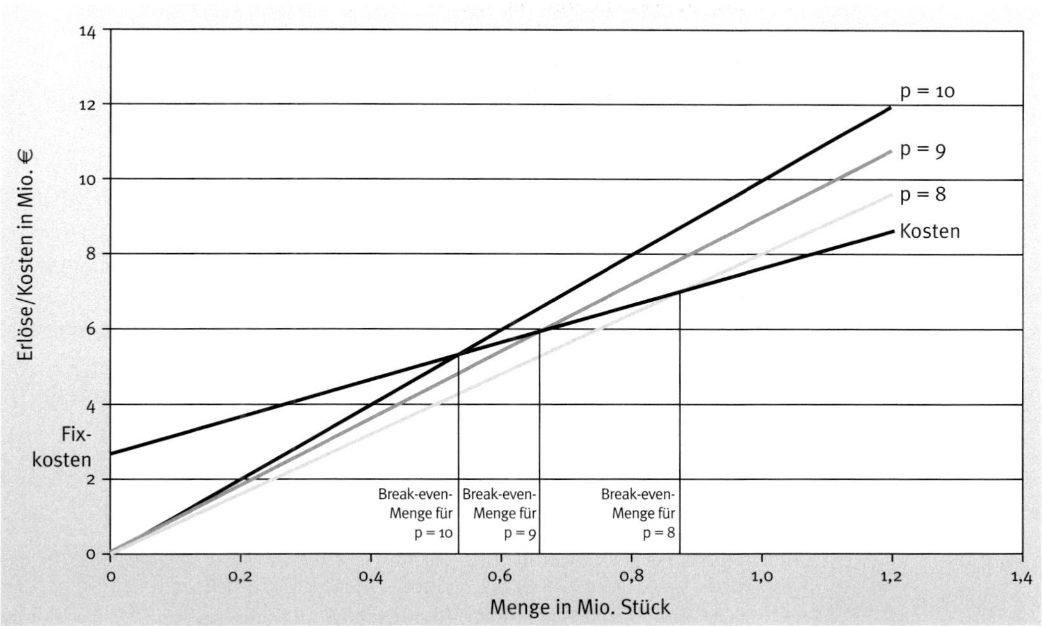

Abb. 5.8: Break-even-Diagramme zum Beispiel 4

p = 8

Break-even-Menge: $x = \frac{2{,}7 \text{ Mio. €}}{8 \text{ €} - 5 \text{ €}} = 0{,}9$ Mio. Stück

notwendige Menge für einen Gewinn von 100.000,00 €: $x = \frac{2{,}7 \text{ Mio. €} + 0{,}1 \text{ Mio. €}}{8 \text{ €} - 5 \text{ €}} = 0{,}93$ Mio. Stück

p = 10

Break-even-Menge: $x = \frac{2{,}7 \text{ Mio. €}}{10 \text{ €} - 5 \text{ €}} = 0{,}54$ Mio. Stück

notwendige Menge für einen Gewinn von 100.000,00 €: $x = \frac{2{,}7 \text{ Mio. €} + 0{,}1 \text{ Mio. €}}{10 \text{ €} - 5 \text{ €}} = 0{,}56$ Mio. Stück

5.2.2.2 Deckungsbeitragsrate

Anteil des Umsatzes, der zur Fixkosten-deckung beiträgt

Eine weitere Methode, die im Rahmen der marktorientierten Verfahren eingesetzt werden kann, ist das Konzept der Deckungsbeitragsrate. Die Deckungsbeitragsrate gibt an, welcher Anteil des Umsatzes zur Deckung der Fixkosten beiträgt. Die Deckungsbeitragsrate kann sowohl auf den Deckungsbeitrag pro Stück als auch auf den gesamten Deckungsbeitrag bezogen werden.

$DR = \frac{(p - k_v)}{p}$ (Deckungsbeitragsrate bezogen auf den Deckungsbeitrag pro Stück)

Dabei bedeuten:

p = Preis pro Stück und k_v = variable Stückkosten

Durch Erweiterung des obigen Quotienten mit der Menge (x) erhält man:

$$DR = \frac{(p - k_v) \cdot x}{p \cdot x} \Leftrightarrow DR = \frac{px - k_v x}{px} \Leftrightarrow DR = \frac{U - K_v}{U}$$

(Deckungsbeitragsrate bezogen auf den Umsatz)

Hierbei ist U der Umsatz und K_v sind die gesamten variablen Kosten.
Das Konzept der Deckungsbeitragsrate baut auf der Break-even-Analyse auf. Es ist ein Hilfsmittel, mit dem die notwendigen Absatzmengen und Umsätze schnell ermittelt werden können, die zur Überschreitung der Gewinnschwelle oder zur Erzielung eines bestimmten Gewinns notwendig sind.

Anwendungen: Absätze und Umsätze ermitteln, mit denen die Gewinnschwelle überschritten wird

Die Deckungsbeitragsrate kann verwendet werden, um den Break-even-Umsatz bei einem Preis (p) zu bestimmen.

$$\text{Break-even-Umsatz} = \text{Break-even-Menge} \cdot p = \frac{K_f}{p - k_v} \cdot p = \frac{K_f}{\frac{p - k_v}{p}} = \frac{K_f}{DR}$$

Entsprechend erhält man:

$$\text{notwendiger Umsatz zur Erzielung eines Gewinnes (G)} = \frac{K_f + G}{DR}$$

Beispiel 5

Das Beispiel bezieht sich auf das Produkt Schlupp im Fallbeispiel.
Ausgangspunkt ist ein Preis von 9,00 € pro Stück.
Die Fixkosten betragen 2,7 Mio. €, der angestrebte Gewinn beträgt 0,1 Mio. €.

Unten stehende Tabelle zeigt, was Preissenkungen oder Preiserhöhungen bewirken. Eine Preissenkung von 9,00 € auf 8,00 € (– 11,11%.) bedeutet, dass der Umsatz um 18,52% und der Absatz um 33,33% zunehmen müssten, damit der gleiche Gewinn wie vorher erzielt wird, senkt man auf 7,00 € (–22,22%), sogar 55,56%, bzw. 100%. Die prozentuale Absatzsteigerung müsste also das Dreifache bzw. fast das Fünffache der prozentualen Preissenkung betragen, weshalb eine Verbesserung der Gewinnsituation durch Preissenkung hier eher unwahrscheinlich erscheint.

Preiserhöhungen könnten hingegen Erfolg versprechender sein. Eine Preiserhöhung von 9,00 € auf 10,00 € (11,11%) bedeutet, dass der Umsatzrückgang höchstens ebenfalls 11,11%, der Absatzrückgang aber maximal 20% betragen dürfte, wenn der Gewinn nicht vermindert werden soll. Bei einer prozentualen Preissteigerung von 22,22% (Preissteigerung von 9,00 € auf 11,00 €) darf der Rückgang des Umsatzes 18,51%, der Absatzrückgang maximal 33,33% betragen, ohne dass Gewinneinbußen entstehen.

(1)	Preis in €/ Stück	7,00	8,00	9,00	10,00	11,00
(2)	Preisänderung in %	–22,22	–11,11	0	11,11	22,22
(3)	Deckungsbeitragsrate (((1) – (5€) / (1))	0,2857	0,375	0,4444	0,5	0,5454
(4)	erforderlicher Umsatz für (2,8 Mio. / (3)) Gewinn (100.000 €) in Mio. €	9,8	7,4667	6,3	5,6	5,1338
(5)	Umsatzänderung in %	55,56	18,52	0	–11,11	–18,51
(6)	erforderlicher Absatz für ((4) / p) Gewinn (100.000 €) in Mio. Stück	1,4	0,93333	0,7	0,56	0,46667
(7)	Absatzänderung in %	100	33,33	0	–20	–33,33

Generell erhält das Management eines Unternehmens durch eine Analyse und Interpretation solcher Werte Hinweise, ob und inwieweit eine Preisänderung die Gewinnsituation verbessern könnte.

5.2.2.3 Preiselastizitäten

Die Preisbestimmung mithilfe von Deckungsbeitragsraten lässt sich sinnvoll mit dem Instrument der Preiselastizitäten verknüpfen.

Berücksichtigung der Absatzveränderungen aufgrund von Preisänderungen

Den Zusammenhang zwischen einer Preisveränderung und der daraus resultierenden Nachfrageveränderung drückt man häufig durch einen Preiselastizitätskoeffizienten aus: Der Preiselastizitätskoeffizient der Nachfrage gibt an, um wie viel Prozent sich die nachgefragte Menge im Durchschnitt verändert, wenn der Preis um 1% verändert wird.

$$E_N = \frac{\text{Mengenveränderung in \%}}{\text{Preisveränderung in \%}}$$

Eine Veränderung berechnet sich dabei immer als neuer Wert minus alter Wert.

$$\text{Mengenveränderung in \%} = \frac{x_1 - x_0}{x_0} \cdot 100 \qquad \text{Preisveränderung in \%} = \frac{P_1 - P_0}{P_0} \cdot 100$$

Dabei bedeuten: x_0: alte Menge, x_1: neue Menge, p_0: alter Preis, p_1: neuer Preis

Häufig schreibt man für die Differenzen: $x_1 - x_0 = \Delta x$ und $p_1 - p_0 = \Delta p$

Damit schreibt man die Gleichung für E_N wie folgt:

$$E_N = \frac{\frac{\Delta x}{x_0} \cdot 100}{\frac{\Delta P}{P_0} \cdot 100}$$

Durch 100 kürzen und mit dem Kehrwert des unteren Bruches multiplizieren:

$$E_N = \frac{\Delta x}{x_0} \cdot \frac{P_0}{\Delta_p}$$

Durch Vertauschen der Nenner ergibt sich schließlich:

$$E_N = \frac{\Delta x}{\Delta_p} \cdot \frac{P_0}{x_0}$$

Wenn sich Preise und Nachfrage – typischermaßen – gegenläufig verhalten, ist E_N negativ

Bei einem typischen Nachfrageverhalten bewirkt eine Preiserhöhung eine Verringerung, eine Preissenkung dagegen eine Vergrößerung der nachgefragten Menge. Der Preiselastizitätskoeffizient ist daher bei einem solchen Nachfrageverhalten immer negativ. Häufig lässt man zur Vereinfachung das negative Vorzeichen vor dem Koeffizienten fort. Folgende Fälle sind möglich:

Mögliche Fälle: Elastisch

- Ist der Zahlenwert des Koeffizienten größer als 1 ($E_N < -1$), dann ist die prozentuale Mengenveränderung größer als die prozentuale Preisveränderung. Man spricht dann von einem elastischen Nachfrageverhalten.

Unelastisch

- Liegt der Zahlenwert des Koeffizienten zwischen 0 und 1 ($-1 < E_N < 0$), dann ist die prozentuale Mengenveränderung geringer als die prozentuale Preisveränderung und man spricht von einem unelastischen Nachfrageverhalten.

Proportionalelastisch

Vollkommen unelastisch

Untypisches Nachfrageverhalten

- Bei einem Preiselastizitätskoeffizienten von – 1 sind prozentuale Preisänderung und prozentuale Mengenänderung gleich und es liegt ein proportionalelastisches Nachfrageverhalten vor.
- Ein Preiselastizitätskoeffizient von 0 bedeutet, dass die Nachfrager überhaupt nicht auf Preisveränderungen reagieren, das Nachfrageverhalten ist daher völlig unelastisch.
- Ein positiver Preiselastizitätskoeffizient bedeutet, dass ein untypisches Nachfrageverhalten vorliegt.

Beispiel 6

Damit bei einer Preissenkung von Schlupp von 9,00 € auf 8,00 € der Gewinn nicht unter 100.000,00 € sinkt, muss für die Preiselastizität von Schlupp gelten:

$$E_{N\ (Schlupp)} \leq \frac{33{,}33\ \%}{-\ 11{,}11\ \%} = -3$$

Bei Preissenkung von 9,00 € auf 7,00 € müsste der Preiselastizitätskoeffizient von Schlupp sogar kleiner oder gleich

$\frac{100\ \%}{-\ 22{,}22\ \%} = -4{,}5$ sein, damit der Gewinn nicht unter 100.000,00 € sinkt.

Bei einer Preiserhöhung von 9,00 € auf 10,00 € muss gelten:

$$E_{N\ (Schlupp)} \geq \frac{-20\ \%}{11{,}11\ \%} = -1{,}8$$

5.2.2.4 *Bewertung der marktorientierten Verfahren*

Marktrealistische Planung, aber Preise können nicht gewinnoptimiert ermittelt werden

Die marktorientierten Verfahren besitzen gegenüber den rein kostenorientierten Verfahren den Vorteil, dass sie die Preisabhängigkeit der absetzbaren Menge berücksichtigen und daher eine realistischere Planungsgrundlage bieten. Diese Verfahren erlauben allerdings nicht die Bestimmung eines gewinnoptimalen Preises.

5.3 Marginalanalytische Verfahren

5.3.1 Berechnung des gewinnoptimalen Preises

Dies erfolgt mit marginalanalytischen Verfahren, setzt allerdings die Kenntnis einer sogenannten Preisabsatzfunktion voraus.

Notwendig: Zu jedem Preis wissen, welche Menge abgesetzt werden kann (Preisabsatzfunktion)

Eine Preisabsatzfunktion beschreibt den Zusammenhang zwischen dem Preis eines Produktes und der absetzbaren Menge.

Bei einem (ideal-)typischen Nachfrageverhalten der Konsumenten kann zu einem höheren Preis nur eine geringere Menge abgesetzt werden. Der Graph der Preisabsatzfunktion verläuft also fallend. Die Kenntnis dieser Funktion, die angibt, welche Menge zu welchem Preis nachgefragt wird, stellt in der Praxis ein Problem dar. Die Bestimmung des Preisoptimums erfolgt bei den marginalanalytischen Verfahren mit Methoden der Differenzialrechnung.

Beispiel

Die Fluggesellschaft „Sturzflug GmbH“ fliegt mit Großraumflugzeugen, die 590 Personen transportieren können, täglich die Strecke Düsseldorf – Berlin. Die Gesellschaft hat für die Strecke die folgende Preisabsatzfunktion ermittelt:
$x(p) = -2{,}5\,p + 600$
Dabei ist p der Preis in € für einen einfachen Flug von Düsseldorf nach Berlin oder von Berlin nach Düsseldorf. x(p) gibt an, wie viele Personen zu dem Preis p fliegen. Die variablen Kosten pro Flug (und Person) betragen 4,00 €, der Fixkostenanteil pro Flug liegt bei 15.000,00 €. Der geschäftsführende Gesellschafter Geier möchte wissen, welchen Preis er pro Flug verlangen sollte, wenn er einen maximalen Gewinn erzielen will.

1. Ermittlung der Umsatzfunktion (Erlösfunktion):
   Umsatz = Preis · Menge
   $U(p) = p \cdot x(p)$
   $U(p) = p \cdot (-2{,}5p + 600)$
   $U(p) = -2{,}5p^2 + 600p$

2. Ermittlung der variablen Kosten
   var. Kosten = var. Stückkosten · Menge
   $Kv(p) = 4 \cdot x(p)$
   $Kv(p) = 4 \cdot (-2{,}5p + 600)$
   $Kv(p) = -10p + 2.400$

3. Ermittlung der Deckungsbeitragsfunktion:
   Deckungsbeitrag = Erlös – variable Kosten
   $DB(p) = U(p) - Kv(p)$
   $DB(p) = -2{,}5p^2 + 600p - (-10p + 2.400)$
   $DB(p) = -2{,}5p^2 + 600p + 10p - 2.400$
   $DB(p) = -2{,}5p^2 + 610p - 2.400$

4. Ermittlung der Gewinnfunktion
   Gewinn = Deckungsbeitrag – Fixkosten
   $G(p) = DB(p) - 15.000$
   $D(p) = -2{,}5p^2 + 610p - 17.400$

Hinweis: Ab hier muss man nun die Differenzialrechnung heranziehen. Wem diese Kenntnisse fehlen, der kann dies überspringen und direkt bei den Ergebnissen weiterlesen.

5. Eine Funktion besitzt an der Stelle ein relatives Maximum, an der die 1. Ableitung Null wird und die zweite Ableitung negativ ist.

   Bildung der 1. Ableitung der Gewinnfunktion:
   $G'(p) = -5p + 610$
   Nullstellen von G'(p) bestimmen:
   $-5p + 600 = 0 \Leftrightarrow p = 122$

   Bildung der 2. Ableitung der Gewinnfunktion:
   $G''(p) = -5$
   $G''(122) = -5 < 0$

   Für p = 122 wird also die 1. Ableitung der Gewinnfunktion Null und die 2. Ableitung ist negativ. Das bedeutet: Der gewinnoptimale Preis für einen einfachen Flug beträgt also 122,00 €.

   Da bei der Bildung der 1. Ableitung die Fixkosten wegfallen, haben also die Gewinnfunktion und die Deckungsbeitragsfunktion identische Ableitungsfunktionen. Das bedeutet, dass der Preis, bei dem ein maximaler Deckungsbeitrag erzielt wird, immer auch der gewinnoptimale Preis ist.

Ergebnisse:
Den Preis von 122 €, der als gewinnoptimal errechnet wurde, kann man auch aus den Kurven (Abb. 5.9 und 5.10) ablesen, diese haben ihre Höchstpunkte bei p = 122.
Durch Einsetzen in die Deckungsbeitrags- und Gewinnfunktion erhält man
$DB(122) = 34.810$ und $G(120) = 19.810$.

Bei einem Preis von 122,00 € pro Flug wird pro Flug ein Deckungsbeitrag von 34.810,00 € und ein Gewinn von 19.810,00 € erzielt.

In den Abb. 5.9 und 5.10 auf der folgenden Seite findet man diese Zusammenhänge noch einmal grafisch dargestellt.

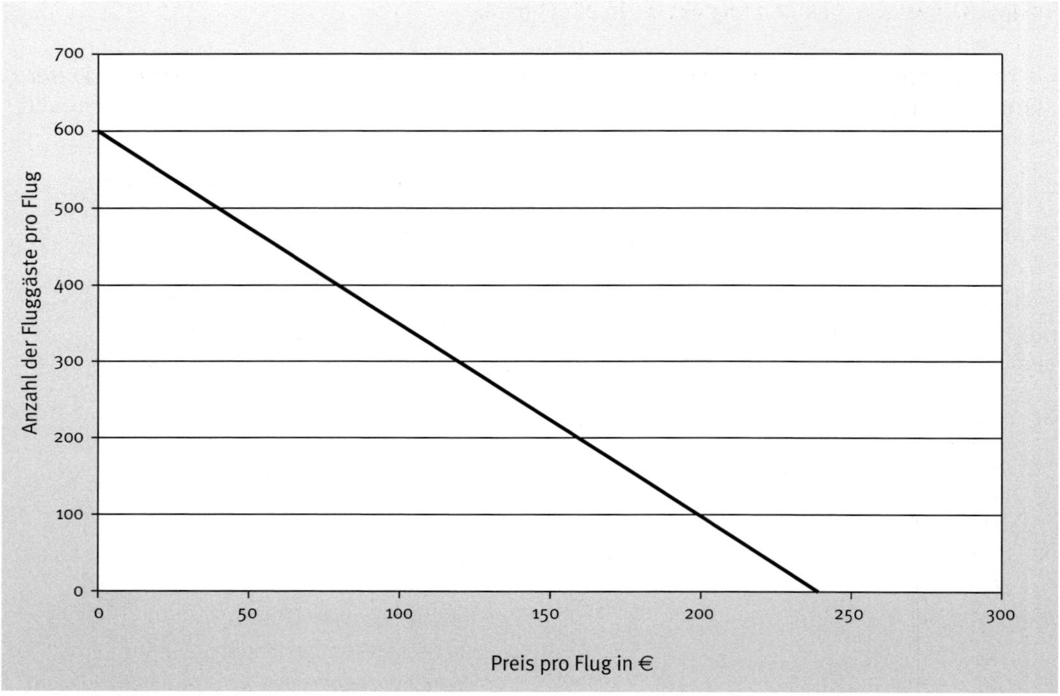

Abb. 5.9: Preisabsatzfunktion der Sturzflug GmbH

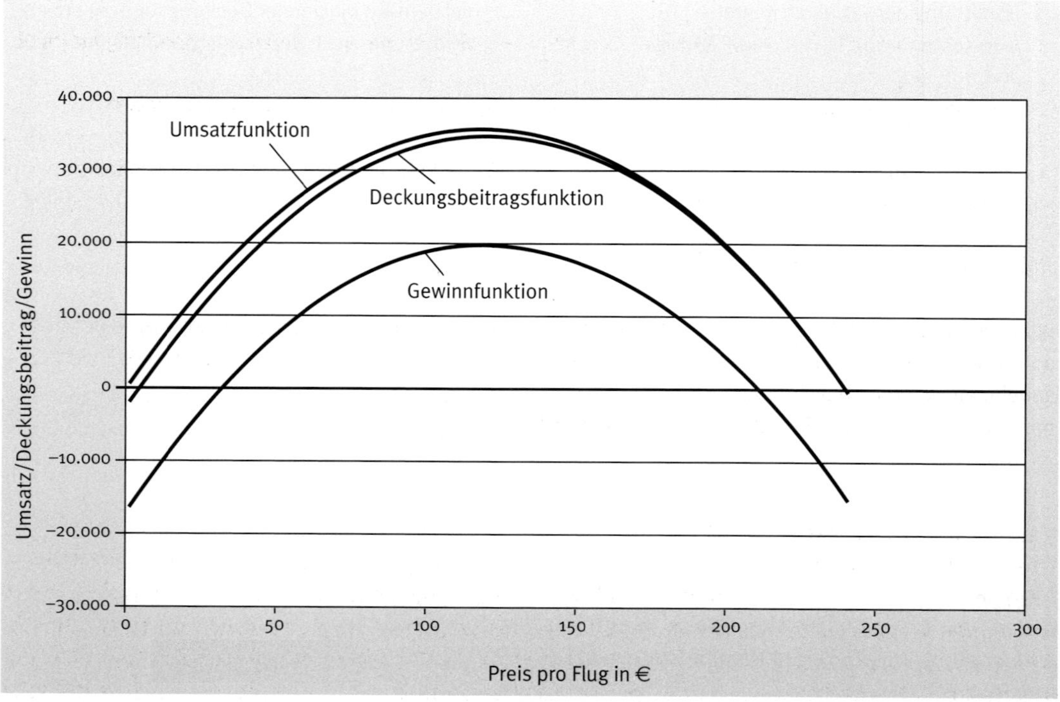

Abb. 5.10: Umsatz-, Deckungsbeitrags- und Gewinnfunktion der Sturzflug GmbH

Exkurs: Allgemeine Bestimmung des optimalen Preises

Die Vorgehensweise, die oben beispielhaft erläutert wurde, wird hier für eine lineare Preisabsatzfunktion und eine lineare Kostenfunktion allgemein dargestellt.

Preisabsatzfunktion: $x(p) = m \cdot p + b$ ($m < 0$, da die Funktion fallend verläuft)

Umsatzfunktion: $U(p) = p \cdot (m \cdot p + b) \Leftrightarrow U(p) = m \cdot p^2 + b \cdot p$

variable Kosten: $K_v(p) = k_v \cdot (m \cdot p + b) \Leftrightarrow K_v(p) = k_v \cdot m \cdot p + k_v \cdot b$

Deckungsbeitragsfunktion: $DB(p) = U(p) - K_v(p) \Leftrightarrow DB(p) = m \cdot p^2 + b \cdot p - k_v \cdot m \cdot p - k_v \cdot b$

$\Leftrightarrow DB(p) = m \cdot p^2 + p \cdot (b - k_v \cdot m) - k_v \cdot b$

Gewinnfunktion: $G(p) = m \cdot p^2 + p \cdot (b - k_v \cdot m) - k_v \cdot b - K_f$

Ableitung der Gewinnfunktion: $G'(p) = 2 \cdot m \cdot p + b - k_v \cdot m$

Nullstelle der Ableitung der Gewinnfunktion: $G'(p) = 0 \Leftrightarrow 2 \cdot m \cdot p + b - k_v \cdot m = 0$

$$\Leftrightarrow p = \frac{-b}{2 \cdot m} + \frac{k_v \cdot m}{2 \cdot m} \Leftrightarrow p = \frac{-b}{2 \cdot m} + \frac{k_v}{2}$$

$$\Leftrightarrow p = \frac{1}{2} \cdot \left(\frac{-b}{m} + k_v \right)$$

2. Ableitung der Gewinnfunktion: $G''(p) = 2 \cdot m$ (Da $m < 0$, ist $G''(p)$ für alle p negativ.)

Bei einem Preis von $p = \frac{1}{2} \cdot \left(\frac{-b}{m} + k_v \right)$ wird also sowohl der Gewinn als auch der Deckungsbeitrag maximal.

Der Ausdruck $\frac{-b}{m}$, der in der Formel für den optimalen Preis vorkommt, bestimmt bei einer linearen

Preisabsatzfunktion den sogenannten Höchstpreis, das ist der Preis, zu dem nichts mehr abgesetzt werden könnte, bei dem also $x(p) = 0$.

$$x(p) = 0 \Leftrightarrow m \cdot p + b = 0 \Leftrightarrow p = \frac{-b}{m}$$

Bei einer linearen Preisabsatzfunktion und bei einer linearen Kostenfunktion lässt sich die Formel für den optimalen Preis, das ist der Preis, bei dem der Deckungsbeitrag und der Gewinn einen maximalen Wert annehmen, wie folgt beschreiben:
optimaler Preis = 0,5 · (Höchstpreis + variable Stückkosten)

5.3.2 Exkurs: Punktelastizität

Ebenfalls mit Mitteln der Differenzialrechnung lässt sich als Kenngröße die sogenannte Punktelastizität bestimmen – für jeden Preis kann eine Elastizität angegeben werden. Mit den betreffenden Funktionen kann eine Preisspanne dann in unelastische, proportionalelastische und elastische Abschnitte gegliedert werden. Die mathematische Ableitung und die Anwendung auf den obigen Fall der Sturzflug GmbH erfolgen im nächsten Beispiel, das Leser/innen ohne entsprechende mathematische Vorkenntnisse wiederum überschlagen können.

Beispiel

Allgemeine Herleitung

Für den Preiselastizitätskoeffizienten der Nachfrage gilt:

$$E_N = \frac{\Delta x}{\Delta p} \cdot \frac{P_o}{x_o}$$

Dabei gibt Δx die Veränderung der Menge und Δp die Preisveränderung an. Im Rahmen der marginalanalytischen Verfahren überlegt man sich, welche Änderungstendenz sich für die Menge ergibt, wenn der Preis um einen unendlich kleinen Wert verändert wird. Man ersetzt in der obigen Gleichung Δp durch dp und Δx durch dx. dp und dx stehen dabei für eine infinitesimale Änderung des Preises bzw. der Absatzmenge. Statt p_0 und x_0 schreibt man außerdem p und x. So erhält man:

$$E_N = \frac{dx}{dp} \cdot \frac{P}{x}$$

Den zugehörigen Wert für E_N bezeichnet man als Punktelastizität. Berücksichtigt man, dass die Menge x eine Funktion des Preises p ist, dann lässt sich leicht zeigen, dass der Quotient dp/dx gleich der ersten Ableitung der Preisabsatzfunktion x(p) ist. Damit ergibt sich für die Punktelastizität die folgende Gleichung:

$$E_N(p) = x'(p) \cdot \frac{p}{x(p)}$$

Anwendung auf das Fallbeispiel

Zu ermitteln sind die Preisbereiche, in denen die Fluggäste der Sturzflug GmbH

- elastisch,
- proportionalelastisch,
- unelastisch

auf Preisveränderungen reagieren

Es gilt: $x(p) = -2{,}5p + 600 \Rightarrow x'(p) = -2{,}5$ und $E_N(p) = \frac{-2{,}5\,p}{-2{,}5\,p + 600}$

Die Fluggäste verhalten sich unelastisch, wenn: $0 > E_N(p) > -1$

$$\frac{-2{,}5\,p}{-2{,}5\,p + 600} < 0 \Leftrightarrow -2{,}5p < 0 \text{ (für } p < 240) \Leftrightarrow p > 0 \text{ und } p < 240$$

$$\frac{-2{,}5\,p}{-2{,}5\,p + 600} > -1 \Leftrightarrow -2{,}5p > 2{,}5\,p - 600 \text{ (für } p < 240) \Leftrightarrow -5p > -600 \text{ (für } p < 240)$$

$$\Leftrightarrow p < 120$$

Die Fluggäste reagieren also im Preisbereich $0 < p < 120$ unelastisch.

Entsprechend lässt sich zeigen:

proportionalelastische Preisreaktion für	$p = 120$
elastische Preisreaktion für:	$120 < p < 240$

Es können gewinnoptimale Preise ermittelt werden, aber die Preisabsatzfunktion muss bekannt sein

5.3.3 Bewertung der marginalanalytischen Verfahren

Die marginalanalytischen Verfahren der Preisbestimmung haben den Vorteil, dass sich damit explizit optimale Preise bestimmen lassen. Das Hauptproblem dieser Verfahren ist, wie schon erwähnt, die notwendige Kenntnis einer Preisabsatzfunktion, die sich in der Realität nur bedingt bestimmen lässt.

5.4 Berücksichtigung der Marktform bei der Preisbildung

Häufig berücksichtigt man bei der Preisbestimmung verschiedene Marktformen, die man hinsichtlich der Anzahl der Anbieter und Nachfrager auf dem jeweiligen Markt unterscheidet. Nachfolgend wird die Preisbildung im

- Monopol (ein Anbieter, viele Nachfrager),
- Oligopol (wenige Anbieter, viele Nachfrager) und
- Polypol (viele Anbieter, viele Nachfrager)

näher dargestellt. In der Theorie wird dabei auch noch zwischen vollkommenen und unvollkommenen Märkten unterschieden. Auf einem vollkommenen Markt haben die Nachfrager keinerlei Präferenzen für bestimmte Anbieter, außerdem besteht vollkommene Markttransparenz, die Nachfrager sind also jederzeit über die Preise aller Anbieter informiert. Es wird ferner angenommen, dass sie auf Preisveränderungen ohne jede Zeitverzögerung reagieren. Da die Bedingungen für einen vollkommenen Markt auf realen Märkten in aller Regel nicht gegeben sind, wird im Folgenden immer von unvollkommenen Märkten ausgegangen.

Drei typische Marktformen

Idealtypisch ist der vollkommene Markt

Nachfolgend wird aber realistisch ein unvollkommener Markt angenommen

5.4.1 Preisbildung im Monopol (Angebotsmonopol)

Auf diesem Markt gibt es nur einen Anbieter. Die Nachfrager können entscheiden, ob sie das angebotene Produkt zum jeweiligen Preis kaufen wollen oder nicht, können aber nicht zu einem anderen Anbieter ausweichen. Bei einer normalen Reaktion der Nachfrager muss der Monopolist davon ausgehen, dass er bei einer Preiserhöhung weniger, bei einer Preissenkung mehr absetzen kann.

Nur ein Anbieter existiert – Nachfrager reagieren ausschließlich auf den Preis

Beispiel

Die Killefit GmbH hat für die Herstellung von Killefit eine Monopolstellung. Da sie alleiniger Anbieter ist, kann sie den Verkaufspreis prinzipiell frei festlegen. Sie muss allerdings mit Reaktionen der Nachfrager rechnen. Bei einer Preiserhöhung kann sie nur eine geringere Menge absetzen. Aufgrund von Marktforschungsergebnissen wurde folgende Preisabsatzfunktion für den Zeitraum von einem Monat ermittelt:
$x(p) = -1000\,p + 50.000$

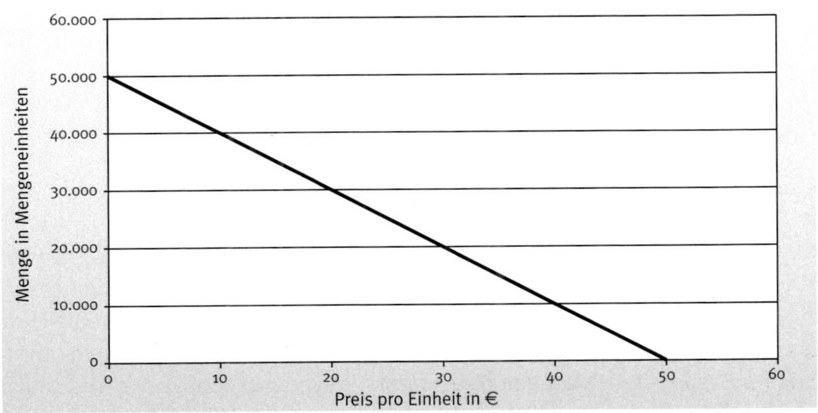

Abb. 5.11: Preisabsatzfunktion der Killefit GmbH

Die variablen Kosten bei der Herstellung von Killefit betragen pro Einheit 10,00 €. Zusätzlich fallen pro Monat Fixkosten von 100.000,00 € an.

Aus Abb. 5.11 kann entnommen werden, dass der Höchstpreis 50 € beträgt. Wenn die Killefit GmbH also 50,00 € für eine Einheit Killefit verlangt, kann sie nichts mehr absetzen. Rechnerisch lässt sich der Höchstpreis wie folgt ermitteln:
$x(p) = 0 \Leftrightarrow -1.000p + 50.000 = 0 \Leftrightarrow p = 50$

Der Abbildung kann auch entnommen werden, dass die Sättigungsmenge 50.000 Einheiten pro Monat beträgt. Selbst wenn die Killefit GmbH das Killefit verschenken würde, wären die Konsumenten nicht bereit, mehr als 50.000 Einheiten pro Monat abzunehmen. Die Sättigungsmenge lässt sich rechnerisch ermitteln, indem in die Preisabsatzfunktion für den Preis ein Wert von Null eingesetzt wird:
$p = 0 \Rightarrow x(0) = 50.000.$

Da die variablen Stückkosten 10,00 € pro Einheit betragen, lautet die Kostenfunktion:
$K(x) = 10x + 100.000.$

Die Kostenfunktion gibt an, welche Kosten der Killefit GmbH pro Monat entstehen, wenn sie monatlich x Einheiten Killefit herstellt. Die Killefit GmbH hat eine lineare Preisabsatzfunktion und eine lineare Kostenfunktion. Der optimale Preis lässt sich also mit der Formel:
optimaler Preis =
0,5 · (Höchstpreis + variable Stückkosten)
bestimmen (siehe S. 175)
Für die Killefit GmbH ergibt sich damit ein optimaler Preis von $0{,}5 \cdot (50 + 10) = 30$.

Wenn die Killefit GmbH also pro Einheit Killefit einen Preis von 30,00 € verlangt, erzielt sie einen maximalen Gewinn und auch einen maximalen Deckungsbeitrag. Um die zugehörigen Werte zu berechnen, wird zunächst ermittelt, welche Menge die Killefit GmbH bei einem Preis von 30,00 € pro Monat absetzen kann.
$x(30) = -1.000 \cdot 30 + 50.000 = 20.000$
Bei einem Preis von 30,00 € pro Einheit setzt die Killefit GmbH pro Monat 20.000 Einheiten ab.

Für den Deckungsbeitrag pro Einheit gilt:
Deckungsbeitrag pro Einheit
= Preis – variable Stückkosten
Bei einem Preis von 30 € und variablen Stückkosten von 10 € beträgt der Deckungsbeitrag pro Stück also 20 €.

Um den gesamten Deckungsbeitrag pro Monat zu ermitteln, muss der Deckungsbeitrag pro Stück noch mit der Absatzmenge von 20.000 multipliziert werden. Man erhält dann einen Wert von 400.000,00 €. Wenn die Killefit GmbH den optimalen Preis verlangt, erzielt sie pro Monat einen Deckungsbeitrag von 400.000,00 €.

Subtrahiert man von dem Deckungsbeitrag pro Monat die monatlichen Fixkosten von 100.000 €, so ergibt sich ein monatlicher Gewinn von 300.000,00 €.

Nachfolgend die Ergebnisse als Übersicht:

optimaler Preis:	30,00 €
Deckungsbeitrag pro Stück:	20,00 €
maximaler Deckungsbeitrag pro Monat:	400.000,00 €
maximaler Gewinn pro Monat:	300.000,00 €

5.4.2 Heterogenes Polypol

Viele Nachfrager und viele Anbieter und in der Folge wenig Wechselwirkung zwischen den Anbietern

Auf einem polypolistischen Markt gibt es sehr viele Anbieter und sehr viele Nachfrager. Jeder Anbieter verfügt nur über einen sehr kleinen Marktanteil, der sich aufgrund der begrenzten Kapazitäten der einzelnen Polypolisten auch nicht nennenswert steigern lässt. Wegen des verschwindend geringen Marktanteils der einzelnen Polypolisten haben preis- und absatzpolitische Maßnahmen eines Anbieters auf die Absatzmengen der anderen Polypolisten fast keine Auswirkungen. Diese haben daher auch keine Veranlassung, auf Preisveränderungen eines einzelnen Anbieters zu reagieren.

Beispiel

Angenommen, auf einem polypolistischen Markt gibt es 10.000 Anbieter und das Marktvolumen besteht aus 10 Mio. Mengeneinheiten, zu dem alle Anbieter zu gleichen Teilen beitragen. Jeder Anbieter setzt also pro Jahr 1.000 Mengeneinheiten ab. Jeder Polypolist hat damit einen mengenmäßigen Marktanteil von 0,01%. Es sei ferner angenommen, dass ein Anbieter durch eine Preissenkung und gleichzeitige Erhöhung seiner Kapaziäten seine Absatzmenge zulasten seiner Mitanbieter auf 2.000 Mengeneinheiten verdoppelt. Wenn die Absatzeinbuße sich gleichmäßig auf alle Anbieter verteilt, verringert sich die Absatzmenge jedes Polypolisten auf 999,90 Einheiten pro Jahr und der Marktanteil auf 0,009999%, also um 0,000001%. Die übrigen Anbieter merken also von der Absatzverdoppelung eines ihrer Mitanbieter fast nichts.

Die Konsumenten haben aber in der Regel aus den verschiedensten Gründen Präferenzen für bestimmte Anbieter. Außerdem haben sie auch nur eine beschränkte Marktübersicht. Hieraus folgt, dass die einzelnen Polypolisten in gewissen Grenzen einen Preisgestaltungsspielraum haben. Man spricht dann von einem heterogenen Polypol. Anhand des folgenden Beispiels werden die Zusammenhänge ausführlicher dargestellt.

Beispiel zum heterogenen Polypol

Egon Pachulke besitzt mehrere Erdbeerfelder, auf denen er seine Erdbeeren der Marke Erika anbaut. Die Erdbeeren verkauft er an einem Verkaufsstand direkt ab Feld. Pachulke hat eine gewisse Anzahl von Stammkunden, die ihre Erdbeeren vorwiegend bei ihm kaufen. Aufgrund seiner langjährigen Erfahrung hat er festgestellt, dass die abgesetzte Menge pro Jahr so mit dem Preis variiert, wie in der unten stehenden Tabelle dargestellt. Abb. 5.12 zeigt den zugehörigen Verlauf der Preisabsatzfunktion von Pachulke. Die variablen Kosten pro kg betragen 0,75 €, die Fixkosten pro Jahr betragen 20.000,00 €

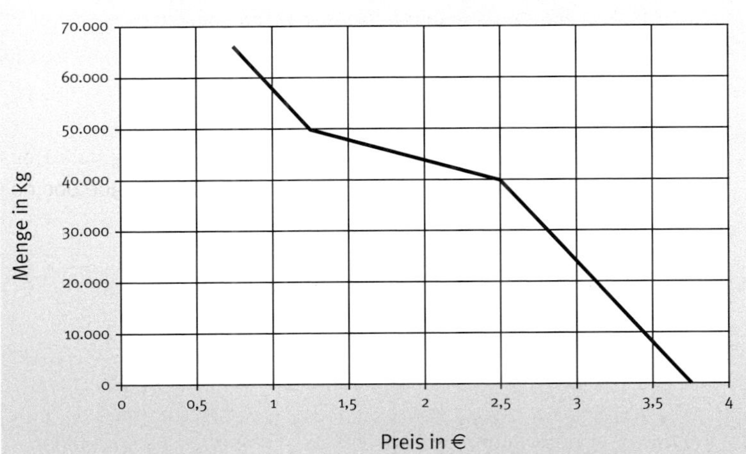

Preis in €	Menge in kg
0,75	66.000
1,00	58.000
1,25	50.000
1,50	48.000
1,75	46.000
2,00	44.000
2,25	42.000
2,50	40.000
2,75	32.000
3,00	24.000
3,50	8.000
3,75	0

Abb. 5.12: Preisabsatzfunktion von Egon Pachulke

Der mittlere Teil der Preisabsatzfunktion beschreibt das Verhalten der Stammkundschaft. In Abhängigkeit des Preises kaufen die Stammkunden mehr oder weniger Erdbeeren bei Pachulke. Erhöht Pachulke den Preis über 2,50 € pro kg, verliert er darüber hinaus Stammkunden an die Konkurrenz. Der Nachfragerückgang ist also stärker als im Bereich zwischen 1,25 € und 2,50 €. Die Preisabsatzfunktion verläuft deshalb im Bereich oberhalb von 2,50 € steiler. Das bewirkt den Knick im Punkt P1 (2,50 € /40.000 kg). Senkt Pachulke seinen Preis unter 1,25 €, gewinnt er zusätzliche Kunden von seinen Konkurrenten hinzu. Der Nachfragezuwachs ist also stärker als im mittleren Bereich (1,25 € bis 2,50 €). Die Preisabsatzfunktion verläuft daher im Bereich unterhalb von 1,25 € steiler als im mittleren Bereich. Das bewirkt den Knick im Punkt P2 (1,25 € /50.000 kg).

Den mittleren Preisbereich bezeichnet man auch als monopolistischen Bereich des Polypolisten, da er in diesem Bereich im Wesentlichen unabhängig von seiner Konkurrenz agieren kann.

Wenn der optimale Preis für Pachulke ermittelt werden soll, dann muss man berücksichtigen, dass durch den geknickten Verlauf des Graphen der Preisabsatzfunktion diese aus drei verschiedenen Funktionstermen zusammengesetzt ist. Der optimale Preis lässt sich aber auch hier durch den Einsatz marginalanalytischer Methoden bestimmen, der Aufwand ist allerdings etwas höher.

Preisabsatzfunktion von Pachulke

$$x(p) = \begin{cases} -32.000\,p + 90.000 & \text{für } 0 \le p < 1{,}25 \\ -8.000\,p + 60.000 & \text{für } 1{,}25 \le p \le 2{,}5 \\ -32.000\,p + 120.000 & \text{für } 2{,}5 < p \le 3{,}75 \end{cases}$$

Für die Umsatzfunktion ergibt sich damit:

$$U(p) = \begin{cases} -32.000\,p^2 + 90.000\,p & \text{für } 0 \le p < 1{,}25 \\ -8.000\,p^2 + 60.000\,p & \text{für } 1{,}25 \le p \le 2{,}5 \\ -32.000\,p^2 + 120.000\,p & \text{für } 2{,}5 < p \le 3{,}75 \end{cases}$$

Für die Kostenfunktion gilt: $K(p) = 0{,}75 \cdot x(p) + 20.000$

Setzt man für x(p) die Funktionsterme der Preisabsatzfunktion ein, so erhält man für die Kostenfunktion:

$$K(p) = \begin{cases} -24.000\,p + 87.500 & \text{für } 0 \le p < 1{,}25 \\ -6.000\,p + 65.000 & \text{für } 1{,}25 \le p \le 2{,}5 \\ -24.000\,p + 110.000 & \text{für } 2{,}5 < p \le 3{,}75 \end{cases}$$

Da für die Gewinnfunktion allgemein $G(p) = U(p) - K(p)$ gilt, ergibt sich für die Gewinnfunktion von Pachulke:

$$G(p) = \begin{cases} -32.000\,p^2 + 114.000p - 87.500 & \text{für } 0 \le p < 1{,}25 \\ -8.000\,p^2 + 66.000p - 65.000 & \text{für } 1{,}25 \le p \le 2{,}5 \\ -32.000\,p^2 + 144.000p - 110.000 & \text{für } 2{,}5 < p \le 3{,}75 \end{cases}$$

Der Grafik in Abb. 5.13 kann entnommen werden, dass der optimale Preis für den Händler 2,50 € beträgt, also am oberen Ende des monopolistischen Bereichs von Pachulke liegt.

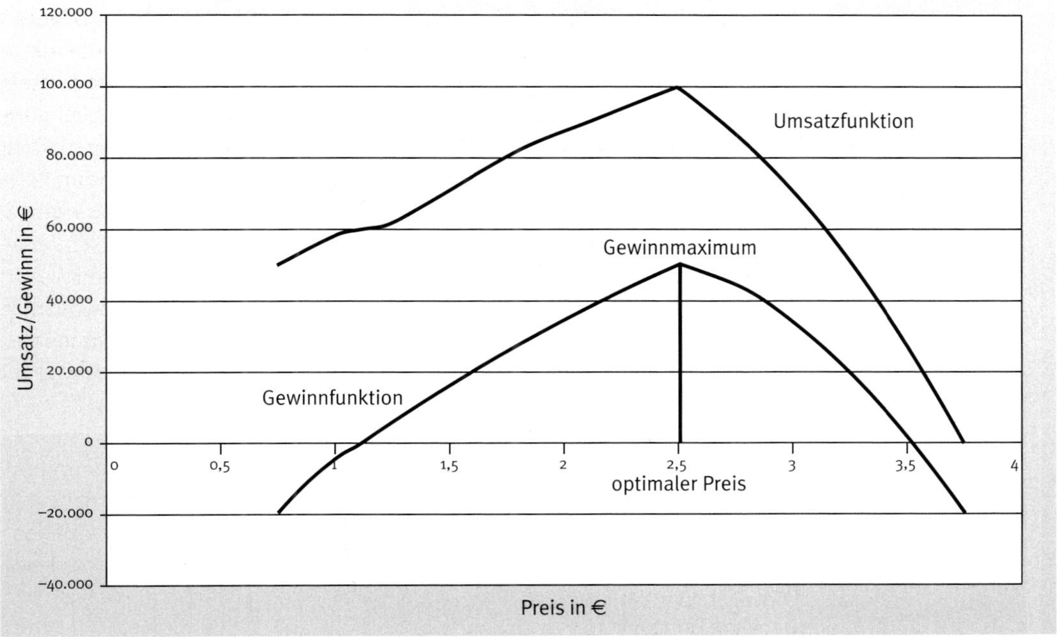

Abb. 5.13: Umsatz- und Gewinnfunktion von Pachulke

Der optimale Preis kann auch hier relativ einfach rechnerisch bestimmt werden. Die einzelnen Abschnitte der Preisabsatzfunktion sind linear. Da auch die Kostenfunktion linear ist, lässt sich für die einzelnen Abschnitte der theoretische optimale Preis mithilfe der Formel von Seite 175 bestimmen. Dabei ist zu berücksichtigen, dass die variablen Stückkosten 0,75 € betragen. In der folgenden Tabelle sind die entsprechenden Informationen zusammengetragen:

Preisbereich	theoretischer Höchstpreis	theoretischer optimaler Preis	Gewinn an der unteren Grenze	Gewinn an der oberen Grenze
$0 \le p < 1{,}25$	2,8125	1,78125	−87.500	5.000
$1{,}25 \le p \le 2{,}5$	7,5	4,125	5.000	50.000
$2{,}5 < p \le 3{,}75$	3,75	2,25	50.000	−20.000

Beim ersten Preisbereich liegt der theoretisch optimale Preis oberhalb der oberen Grenze. Bezogen auf diesen Preisbereich wird der maximale Gewinn an der oberen Grenze angenommen und beträgt 5.000 €

Beim zweiten Preisbereich liegt der theoretisch otimale Preis ebenfalls oberhalb der oberen Grenze. Bezogen auf diesen Preisbereich wird der maximale Gewinn an der oberen Grenze dieses Preisbereichs angenommen und beträgt 50.000,00 €.

Beim dritten Preisbereich liegt der theoretisch optimale Preis unterhalb der unteren Grenze. Bezogen auf diesen Preisbereich wird der maximale Gewinn daher an dessen unterer Grenze angenommen und beträgt 50.000 €.

Der optimale Preis für Pachulke beträgt folglich 2,50 € und der maximale Gewinn beträgt dann 50.000 € pro Jahr.

5.4.3 Preisbildung im Oligopol

Nur wenige Anbieter, deren Preise in Wechselwirkung stehen

Bei einem Oligopol gibt es nur wenige Anbieter. Auf jeden Anbieter entfällt damit ein deutlich größerer Marktanteil, als das bei einem Polypol der Fall ist. Preisveränderungen eines Oligopolisten wirken sich damit merklich auf die Absatzmengen der übrigen Anbieter aus, sodass diese gegebenenfalls mit entsprechenden Aktionen darauf reagieren. Die Zusammenhänge werden auch für diese Marktform an einem Beispiel ausführlich dargestellt.

Beispiel zur Preisbildung im Oligopol

Die Allplatsch AG (A) stellt neben der Bimplatsch GmbH (B) und der Cumplatsch AG (C) Klumpatsch her. Die Markenbezeichnung für den Klumpatsch ist jeweils mit der Firmenbezeichnung identisch. Die gesamtwirtschaftliche Nachfragefunktion für Klumpatsch lautet:
$x(p) = -100p + 6.000$

Dabei ist p der Durchschnittspreis aller drei Anbieter und x die insgesamt nachgefragte Menge pro Monat. Zurzeit beträgt der Durchschnittspreis der drei Anbieter 30,00 €/kg, was zu einer insgesamt nachgefragten Menge von 3.000 kg pro Monat führt. Die Preise und Absatzmengen der einzelnen Anbieter können der folgenden Tabelle entnommen werden.

Anbieter	Preis/ kg	abgesetzte Menge/ Monat
A	30,00 €	1.000 kg
B	32,00 €	800 kg
C	28,00 €	1.200 kg

A senkt den Preis von 30,00 €/kg auf 24,00 €/kg.
Angenommen, B und C reagieren zunächst nicht auf die Preissenkung des A.
Nach der Preissenkung setzt A 1.600 kg/Monat ab.
Der Durchschnittspreis aller drei Anbieter beträgt nach der Preissenkung noch 28,00 €/kg. Setzt man den neuen Durchschnittspreis in die gesamtwirtschaftliche Absatzfunktion ein, so erhält man einen Wert von 3.200 kg. Alle drei Anbieter setzen nach der Preissenkung des A also insgesamt 3.200 kg/Monat ab. Davon entfallen auf A 1.600 kg. Für B und C zusammen verbleiben noch 1.600 kg.
Vergleicht man die Absatzmengen und Marktanteile des A vor und nach der Preissenkung, dann ergibt sich folgendes Bild:

Situation vor der Preissenkung des A:	
Absatzvolumen A	1.000 kg/Monat
Marktvolumen	3.000 kg/Monat
Marktanteil des A	33,33%

Situation nach der Preissenkung des A:	
Absatzvolumen des A	1.600 kg/Monat
Marktvolumen	3.200 kg/Monat
Marktanteil des A	50%

A steigert sein Absatzvolumen durch die Preissenkung um 600 kg/Monat. Davon stammen 200 kg aus der Ausdehnung des Marktvolumens. Die restlichen 400 kg zieht A von seinen Konkurrenten B und C ab. Dadurch erhöht A seinen Marktanteil von 33,33% auf 50%. Die Preissenkung des A führt bei B und C zu empfindlichen Marktanteilsverlusten. Sie werden daher vermutlich ebenfalls ihre Preise senken, um ihre alten Marktanteile zurückzuerobern.
Es sei angenommen, dass B und C nach zwei Monaten ihre Preise so anpassen, dass die ursprünglichen Preisverhältnisse der drei Anbieter wiederhergestellt werden. Damit ergeben sich folgende Preise:
A: 24,00 €/kg, B: 25,60 €/kg, C: 22,40 €/kg

Geht man davon aus, dass bei den ursprünglichen Preisverhältnissen auch wieder die ursrünglichen Verhältnisse der Absatzmengen erreicht werden, dann lassen sich die Absatzmengen der drei Anbieter nach der Preissenkungsrunde wie folgt ermitteln:

Nach der Preissenkungsrunde beträgt der Durchschnittspreis aller drei Anbieter 24,00 €/kg.
Bei einem Durchschnittspreis von 24,00 €/kg ergibt sich ein Marktvolumen von 3.600 kg/Monat.

Davon entfallen auf	A:	1.200 kg/Monat
	B:	960 kg/Monat
	C:	1.440 kg/Monat

Die variablen Stückkosten von A betragen 10,00 €/kg. Durch einen Vergleich der Deckungsbeiträge vor und nach der Preissenkung soll untersucht werden, wie sich die Preissenkung auf den Deckungsbeitrag von A ausgewirkt hat.

Ermittlung des Deckungsbeitrags von A vor der Preissenkungsrunde:

	Erlös	30,00 €/kg · 1.000 kg	=	30.000,00 €
–	variable Kosten	10,00 €/kg · 1.000 kg	=	10.000,00 €
=	Deckungsbeitrag			20.000,00 €

Ermittlung des Deckungsbeitrags von A nach der Preissenkungsrunde:

	Erlös	24,00 €/kg · 1.200 kg	=	28.800,00 €
–	variable Kosten	10,00 €/kg · 1.200 kg	=	12.000,00 €
=	Deckungsbeitrag			16.800,00 €

Der Deckungsbeitrag des A verringert sich nennenswert (und die Einschätzung mag bis drastisch gehen) von 20.000,00 € auf 16.800,00 € pro Monat.

Die vorstehenden Überlegungen haben gezeigt, dass auf einem oligopolistischen Markt bei Preissenkungen aufgrund der zu erwartenden Reaktion der Konkurrenten mit einer Verringerung des Deckungsbeitrags gerechnet werden muss. Im Folgenden sollen entsprechende Überlegungen für eine mögliche Preiserhöhung eines Oligopolisten angestellt werden. Dabei wird wieder von der ursprünglichen Situation ausge-

gangen. Es wird angenommen, dass A den Preis für Klumpatsch auf 33,00 €/kg erhöht. Es wird ferner angenommen, dass B und C auf diese Preiserhöhung nicht reagieren und sich dadurch der Absatz von A auf 600 kg/Monat verringert. Der Durchschnittspreis aller drei Anbieter beträgt nach der Preiserhöhung des A 31,00 €/kg. Setzt man den neuen Durchschnittspreis in die Preisabsatzfunktion ein, so ergibt sich ein Marktvolumen von 2.900 kg. Durch die Preiserhöhung
des A hat sich das Marktvolumen also von 3.000 kg/Monat um 100 kg/Monat auf 2.900 kg/Monat verringert. Da B und C auf die Preiserhöhung des A nicht reagieren, verliert dieser einen großen Teil (300 kg/Monat) seines ursprünglichen Absatzvolumens an seine Konkurrenten.

Setzt man einen abschnittsweise linearen Verlauf voraus, dann erhält man für A die in der Abb. 5.14 dargestellte Preisabsatzfunktion. Die Preisabsatzfunktion hat im Punkt P(30 €/1.000 kg) einen Knick. Dieser Knick resultiert aus dem Verhalten der Konkurrenten, wenn A ausgehend von der Preisabsatzkonstellation 30 €/1.000 kg den Preis senkt bzw. erhöht.

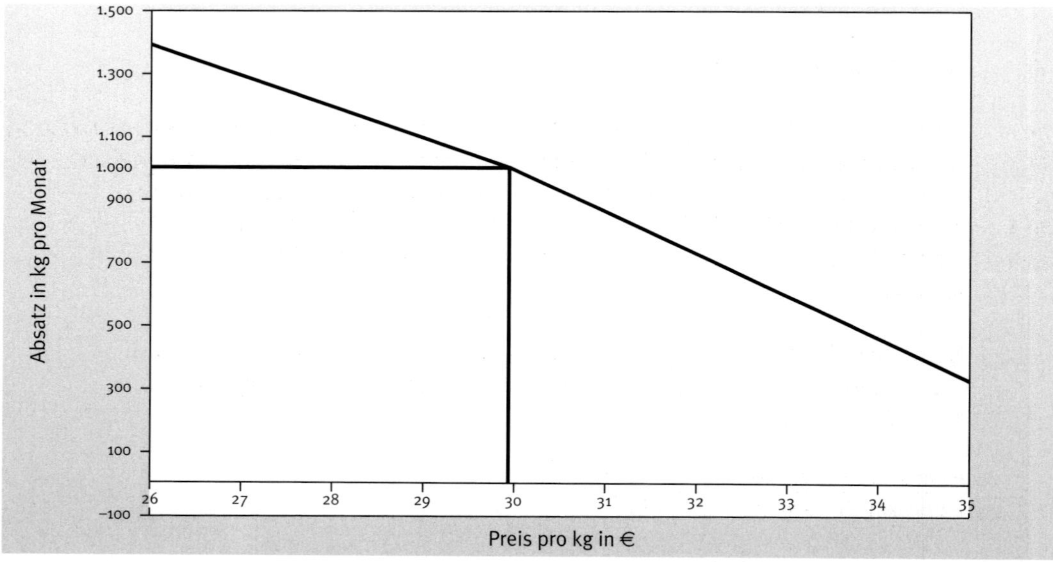

Abb 5.14: Ausschnitt der Preisabsatzfunktion der Allplatsch AG

Auch für den Fall der Preiserhöhung soll ein Vergleich der Deckungsbeiträge vorgenommen werden. Auf Seite 183 wurde gezeigt, dass A bei einem Preis von 30 € pro kg einen Deckungsbeitrag von 20.000,00 € pro Monat erzielt.
Ermittlung des Deckungsbeitrags von A nach der Preiserhöhung

Ermittlung des Deckungsbeitrags von A nach der Preiserhöhung

	Erlös	33,00 €/kg · 600 kg	=	19.800,00 €
–	variable Kosten	10,00 €/kg · 600 kg	=	6.000,00 €
=	Deckungsbeitrag			13.800,00 €

Durch die Preiserhöhung vermindert sich der Deckungsbeitrag pro Monat von 20.000,00 € auf 13.800,00 €.

Die Ergebnisse des Beispiels lassen sich wie folgt zusammenfassen:
Bei einer Preissenkung muss der einzelne Oligopolist mit Preisreaktionen der Konkurrenten rechnen, sodass sich nach der Preissenkungsrunde die alten Marktanteile zu einem niedrigeren Preisniveau ergeben. Ein Absatzzuwachs erfolgt nur anteilmäßig entsprechend der Ausdehnung des Marktvolumens. Auf gesättigten Märkten ist das Wachstum des Marktvolumens in der Regel deutlich unterproportional im Vergleich zum Rückgang des Preisniveaus. Die Oligopolisten müssen also befürchten, dass sich durch eine Preissenkung ihre Gewinnsituation deutlich verschlechtert. Erhöht ein Oligopolist den Preis, dann besteht für ihn die Gefahr, dass seine Konkurrenten ihm hierbei nicht folgen. Folglich wird er mit einem deutlichen Marktanteilsverlust rechnen müssen, wodurch seine Gewinnsituation verschlechtert wird. Aufgrund der dargelegten Mechanismen sind Preisveränderungen im Oligopol also mit einem beträchtlichen Risiko für den einzelnen Oligopolisten verbunden. Das führt dazu, dass auf oligopolistischen Märkten eine große Preisstarrheit beobachtet werden kann.

Gefahr beim Oligopol: Nach Preissenkung gleiche Marktanteile auf niedrigem Preisniveau

oder

Marktanteilsverlust durch Preiserhöhung

Deshalb: vielfach Preisstarrheit

5.5 Kreuzpreiselastizität

Wie in dem vorausgehenden Unterkapitel dargelegt, wird auf oligopolistischen Märkten die Nachfrage nach einem Produkt nicht nur von dem Preis des Produktes selbst, sondern auch von den Preisen der Konkurrenzprodukte beeinflusst. Die Auswirkungen, die eine Preisänderung eines Produktes j auf die Absatzmenge eines anderen Produktes i hat, wird mithilfe der sogenannten Kreuzpreiselastizität ausgedrückt.

Wechselwirkungen der Preise verschiedener Produkte

Die Kreuzpreiselastizität Eij gibt an, um wie viel Prozent sich die Absatzmenge des Produktes i ändert, wenn der Preis des Produktes j um 1% verändert wird.

$$E_{ij} = \frac{\text{Änderung der Absatzmenge von i in \%}}{\text{Änderung des Preises von j in \%}}$$

also:

$$E_{ij} = \frac{\frac{\Delta x_i}{x_i}}{\frac{\Delta p_j}{p_j}} \Leftrightarrow Eij = \frac{\Delta x_i}{\Delta p_j} \cdot \frac{p_j}{x_i}$$

Dabei bedeuten:
Δx_i = neue Absatzmenge von i – alte Absatzmenge von i
x_i = alte Absatzmenge von i
Δp_j = neuer Preis von j – alter Preis von j
p_j = alter Preis von j

Ergänzung für mathematisch Interessierte:

Interessiert man sich für die Änderung der Absatzmenge von i, wenn der Preis von j nur um einen infinitesimal kleinen Wert verändert wird, dann erhält man durch Grenzwertbildung $\Delta p_j \rightarrow 0$ aus der obigen Gleichung:

$$\varepsilon_{ij} = \frac{\delta x_j}{\delta p_j} \cdot \frac{p_j}{x_i}$$

($\frac{\delta x_j}{\delta p_j}$) partielle Ableitung der Preisabsatzfunktion $x(p_i; p_j; ...)$ nach p_j.

5.6 PREISDIFFERENZIERUNG

Unter einer Preisdifferenzierung versteht man allgemein, dass für gleiche/ähnliche Güter von verschiedenen Kunden(gruppen) unterschiedliche Preise verlangt werden, wozu zwischen den Preisklassen Barrieren aufgebaut werden. Dieses Vorgehen wird zunächst an einem Fallbeispiel betrachtet.

Beispiel

Wir greifen dazu auf die Sturzflug GmbH zurück, die auf Seite 173 vorgestellt wurde und fassen noch einmal die wesentlichen Informationen dazu zusammen:

Unternehmen:	Fluggesellschaft
Linie:	Düsseldorf–Berlin, Berlin–Düsseldorf
Kapazität pro Flug:	590 Personen
Preisabsatzfunktion:	$x(p) = -2{,}5p + 600$, dabei: p = Preis pro Person für einen einfachen Flug, x(p) = Anzahl der Personen, die zu einem Preis von p fliegen
variable Kosten pro Fluggast:	4,00 €
Fixkostenanteil pro Flug:	15.000,00 €

Der optimale Einheitspreis der Sturzflug GmbH ist derjenige Preis, bei dem das Unternehmen einen maximalen Gewinn pro Flug erzielt. Da dieser gleichbedeutend mit einem maximalen Deckungsbeitrag ist, wird bei den folgenden Überlegungen nur der Deckungsbeitrag berücksichtigt. Einheitspreis bedeutet hierbei, dass von jedem Kunden der gleiche Preis verlangt wird. Wir nutzen die Formel von S. 175:

$$\text{optimaler Preis} = 0{,}5 \cdot (\text{Höchstpreis} + \text{variable Stückkosten})$$

Der Höchstpreis ist dabei derjenige Preis, zu dem niemand mehr fliegen würde, bei dem also $x(p) = 0$ ist:
$x(p) = 0 \Leftrightarrow -2{,}5p + 600 = 0 \Leftrightarrow p = 240$

Damit gilt für den optimalen Einheitspreis: $0{,}5 \cdot (240 + 4) = 122$
Der maximale Deckungsbeitrag, der damit erzielt wird, ist in der Grafik in Abb. 5.15 als Fläche gekennzeichnet.
Zu dem Preis von 122,00 € würden pro Tag $x(122) = -2{,}5 \cdot 122 + 600 = 295$ Personen mitfliegen. Die Sturzflug GmbH würde bei diesem Preis einen Deckungsbeitrag von $(122 - 4) \cdot 295 = 34.810$ € erzielen.
Die Sturzflug GmbH hat hierbei allerdings ein Problem. Die Transportkapazität beträgt tatsächlich 590 Personen pro Flug, d.h., 295 Plätze bleiben pro Flug unbesetzt. Die Sturzflug GmbH verschenkt offenbar Deckungsbeitragspotenzial, denn jeder zusätzliche Fluggast, der bereit ist, mehr als die variablen Stückkosten (im Beispiel 4,00 €) zu zahlen, würde den gesamten Deckungsbeitrag vergrößern. Darüber hinaus wird zusätzliches Deckungsbeitragspotenzial verschenkt, weil es offenbar Personen gibt, die bereit sind, mehr als 122,00 € pro Flug zu zahlen, tatsächlich aber für 122,00 € fliegen. Vergleichen Sie hierzu die Abb. 5.16.

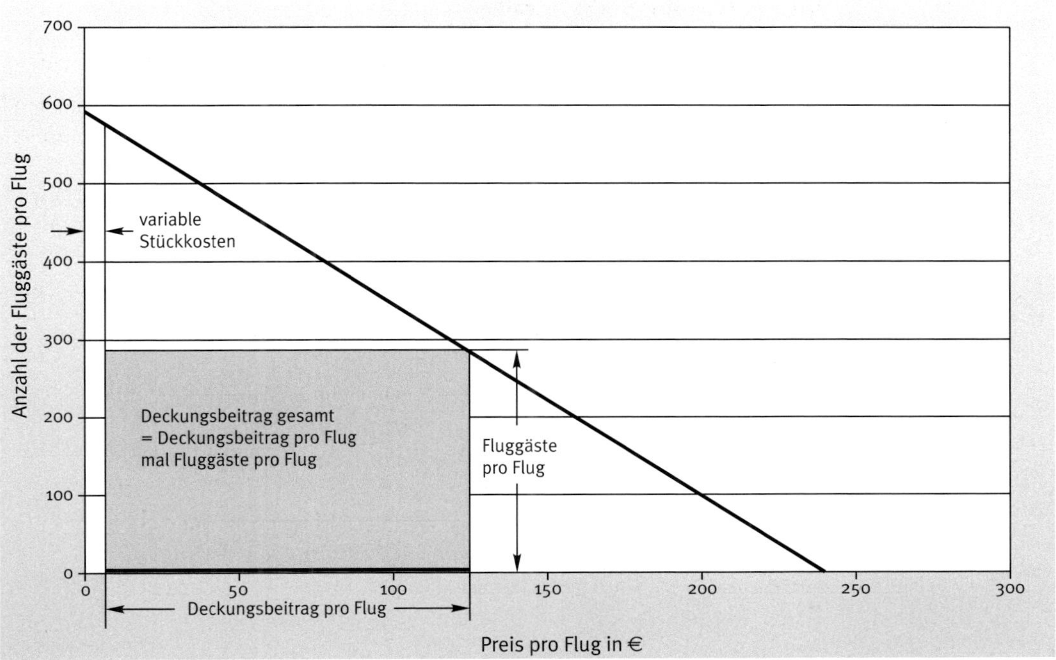

Abb. 5.15: Grafische Darstellung des Deckungsbeitrags der Sturzflug GmbH beim optimalen Einheitspreis

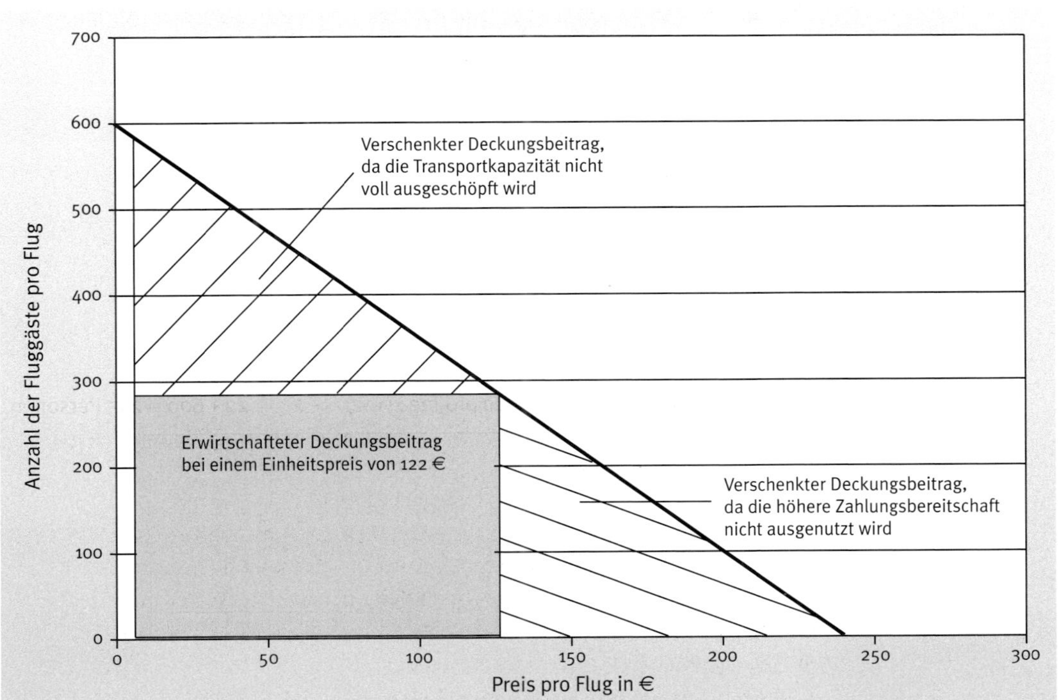

Abb. 5.16: Verschenktes Deckungsbeitragspotenzial beim optimalen Einheitspreis

Preisdifferenzierung in Preise oberhalb und/ oder unterhalb des optimalen Preises

Die Sturzflug GmbH könnte den Deckungsbeitrag pro Flug alleine dadurch vergrößern, dass sie keinen Einheitspreis, sondern verschiedene Preise pro Flug verlangt.

- Preis 1 oberhalb des optimalen Einheitspreises
  ⇒ Abschöpfung von zusätzlichem Deckungsbeitragspotenzial bei Personen mit einer höheren Preisbereitschaft als dem optimalen Einheitspreis und
- Preis 2 unterhalb des optimalen Einheitspreises
  ⇒ Abschöpfung von zusätzlichem Deckungsbeitragspotenzial bei Personen, die zu dem optimalen Einheitspreis nicht fliegen würden.

Solch eine Vorgehensweise bezeichnet man als Preisdifferenzierung.

Allgemein versteht man unter einer Preisdifferenzierung, dass für Güter gleicher oder sehr ähnlicher Art von verschiedenen Kunden(gruppen) unterschiedliche Preise verlangt werden.

Aber: Kunden mit höherer Preisbereitschaft nicht auf Niedrigpreise umlenken!

Preisdifferenzierung funktioniert nur, wenn es gelingt, Personen mit einer höheren Preisbereitschaft davon abzuhalten, das Gut zu dem niedrigeren Preis zu erwerben. Dazu müssen zwischen den verschiedenen Preisklassen Barrieren errichtet werden. Es gibt verschiedene Möglichkeiten, Barrieren zwischen den Preisklassen aufzubauen. In Abhängigkeit der jeweiligen Barrierearten unterscheidet man entsprechende Arten der Preisdifferenzierung.

Zeitliche Preisdifferenzierung:
Unterschiedliche Preise für die gleiche Leistung / das gleiche Produkt zu verschiedenen Zeiten.

Beispiele

Differenzierung nach:

Tageszeit	z.B. Telefontarif (unterschiedlicher Preis pro Einheit je nach Tageszeit)
Wochentagen	z.B. günstigere Kinopreise an bestimmten Wochentagen, Wochenendpreise in Hotels
Jahreszeiten	z.B. Vor-, Haupt-, Nebensaisontarife im Touristikbereich

Leistungsbezogene Preisdifferenzierung:
Zu einer Hauptleistung wird der Umfang einer Nebenleistung zusammen mit dem Preis differenziert.

Beispiele

- unterschiedliche Preise für 1. und 2. Klasse,
- unterschiedliche Preise für Fahrt mit Regionalexpress oder IC,
- Selbstabholerpreise (Transportleistung),
- Barzahlungspreise (Kreditleistung),
- Preisstaffeln für Theater, Kino etc.

Kundenbezogene Preisdifferenzierung
(personenbezogene Preisdifferenzierung)
Unterschiedliche Preise für die gleiche Leistung in Abhängigkeit von Kundenmerkmalen, z.B.

- soziodemografische Merkmale,
- Kaufverhalten (Menge, Treue etc.),
- Verwendungszweck (private Verwendung, gewerbliche Verwendung etc.).

Beispiele

- Sonderversicherungstarife für Angehörige des öffentlichen Dienstes (soziodemografisch),
- ermäßigte Eintrittspreise für Studenten, Rentner, Schüler (soziodemografisch),
- Preisnachlässe in Abhängigkeit der Abnahmemenge (Kaufverhalten),
- unterschiedliche Stromtarife für Industrie und private Haushalte (Verwendungszweck),
- Zweitmarken mit niedrigeren Preisen für preisinteressierte Verbraucher (Kaufverhalten).

Regionale Preisdifferenzierung
Das gleiche Produkt wird an unterschiedlichen Nachfrage- oder Angebotsorten zu unterschiedlichen Preisen angeboten (transportbedingte Preisunterschiede sind leistungsbedingt).

Beispiel

Das gleiche Pkw-Modell wird in unterschiedlichen Ländern zu unterschiedlichen Preisen angeboten.

Ergänzend mag hier noch darauf hingewiesen werden, dass eine jede differenzierte Preisregelung natürlich das Wettbewerbsrecht beachten muss und dass Preise nicht willkürlich differenziert werden können.

Fortführung Fallbeispiel Sturzflug GbmH

Im vorliegenden Fall könnte die Sturzflug GmbH beispielsweise eine 1. Klasse und eine 2. Klasse einführen und dafür unterschiedliche Preise verlangen. Es würde sich hierbei um eine leistungsbezogene Preisdifferenzierung handeln, da zu der Hauptleistung – Flug von Düsseldorf nach Berlin oder von Berlin nach Düsseldorf – in der 1. Klasse zusätzliche Nebenleistungen, z.B. bessere Sitze, besseres Essen etc. zu einem höheren Preis geboten werden.
Das Ganze lohnt sich natürlich nur, wenn die Kosten für die Nebenleistungen geringer sind als der Preisaufschlag. Im vorliegenden Fall lassen sich mithilfe marginalanalytischer Verfahren die folgenden ganzzahlig gerundeten optimalen Preise ermitteln:

- Preis für einen Flug in der 1. Klasse: 162,00 €
- Preis für einen Flug in der 2. Klasse: 82,00 €

Ermittlung der zugehörigen Deckungsbeiträge:
Anzahl der Personen, die zu einem Preis von 162,00 € fliegen:
x(162) = 195 Personen

Deckungsbeitrag:
162 € · 195 – 4 € · 195 = 30.810,00 €

Anzahl der Personen, die zu einem Preis von 82,00 € fliegen:
x(82) = 395 Personen (gesamt) – 195 Personen (zu 162 Euro) = 200 Personen

Deckungsbeitrag:
82 € · 200 – 4 € · 200 = 15.600,00€

gesamter Deckungsbeitrag:
30.810,00 € + 15.600,00 € = 46.410,00 €

Gegenüber dem Deckungsbeitrag bei dem optimalen Einheitspreis würde bei einer Preisdifferenzierung mit zwei Preisklassen der Deckungsbeitrag um 33,3% zunehmen. Dabei sind allerdings noch nicht mögliche Kosten berücksichtigt, die mit der Preisdifferenzierung verbunden sein können.

In der Abbildung 5.17 sind die Zusammenhänge noch einmal grafisch dargestellt.

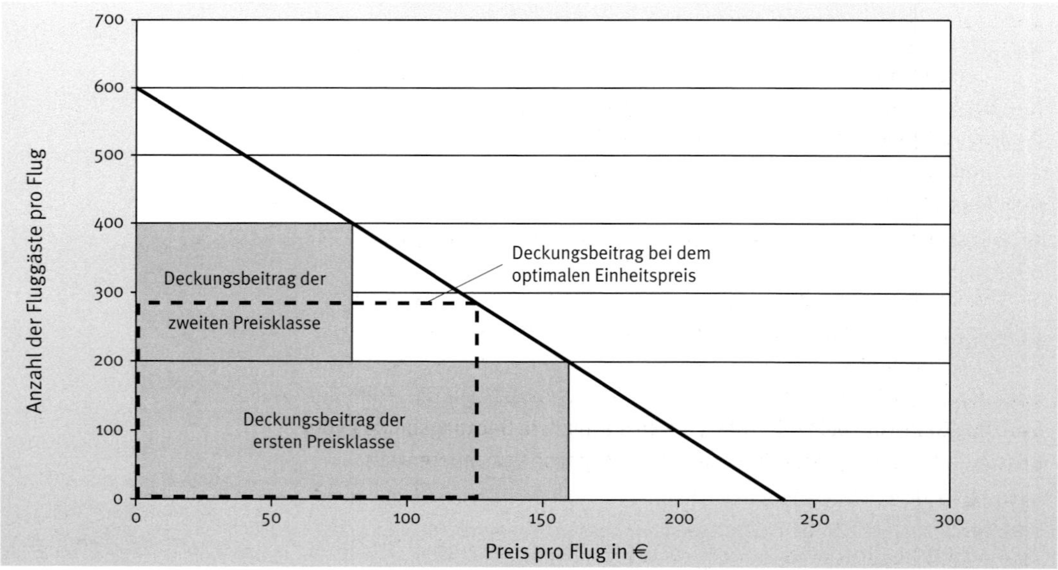

Abb. 5.17: Deckungsbeitrag bei Preisdifferenzierung mit zwei Preisklassen

Wenn die Fluggesellschaft von jedem Kunden genau den Preis verlangen würde, den er für einen Flug zu zahlen bereit wäre, könnte sie das maximale Deckungsbeitragspotenzial ausschöpfen. Dieses Potenzial besteht aus der gekennzeichneten Dreiecksfläche in Abb. 5.18.

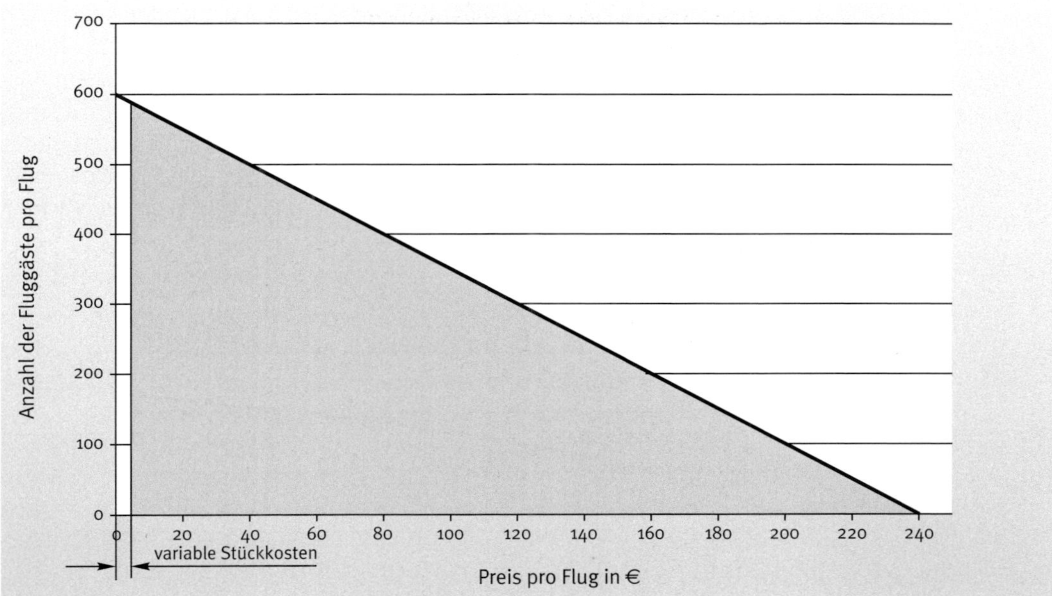

Abb. 5.18: Maximales Deckungsbeitragspotenzial

Die Größe des maximalen Deckungsbeitragspozenzials lässt sich ermitteln, indem man die Größe der Dreiecksfläche bestimmt. Dies erfolgt mit der Formel:

$$\text{Dreiecksfläche} = \frac{1}{2} \cdot \text{Grundseite} \cdot \text{Höhe}$$

Die Grundseite des Dreiecks ist die Differenz aus dem Höchstpreis und den variablen Stückkosten. Die Länge der Grundseite beträgt also: 240 – 4 =236
Die Höhe ist gleich der Anzahl der Fluggäste, die zu einem Preis fliegen würden, der den variablen Stückkosten entspricht, also: x(4) = 590
Damit ergibt sich:

$$\text{maximales Deckungsbeitragspotenzial} = \frac{1}{2} \cdot 236 \cdot 590 = 69.620\ €$$

Der maximale Deckungsbeitrag von 34.810,00 €, den man bei dem optimalen Einheitspreis von 122,00 € erzielt, entspricht genau der Hälfte des maximalen Deckungsbeitragspotenzials. Man schöpft mit dem optimalen Einheitspreis also offenbar nur 50% des maximalen Deckungsbeitragspotenzials aus. Differenziert die Sturzflug GmbH in zwei Preisstufen, erzielt sie mit dem Deckungsbeitrag von 46.410,00 € rund 66,66% des maximalen Deckungsbeitragspotenzials.

Diese ermittelten Ausschöpfungsgrade des maximalen Deckungsbeitragspotenzials gelten nicht nur in diesem Beispiel, sondern allgemein.

Allgemeine Faustregel: ein Preis schöpft 50 % ab, zwei Preise 66 %

Bei einem Einheitspreis lassen sich also immer höchstens 50% des maximalen Deckungsbeitragspotenzials ausschöpfen. Bei einer Preisdifferenzierung mit zwei Preisstufen ist der Ausschöpfungsgrad maximal 66,66%.

Preisdifferenzierung kann nicht beliebig erfolgen, da die Kosten dann steigen

Es ist ersichtlich, dass der Auschöpfungsgrad mit zunehmender Anzahl von Preisstufen größer wird, die Entwicklung ist in Abb. 5.19 dargestellt. Die Kurve, die den Zusammenhang zwischen der Anzahl der Preisklassen und dem Ausschöpfungsgrad des Deckungsbeitragspotenzials angibt, verläuft stark degressiv. Mit jeder weiteren Preisklasse wird der Zuwachs des Ausschöpfungsgrades geringer, während anzunehmen ist, dass die Zusatzkosten steigen und der Differenzierungsaufwand bei einer großen Anzahl von Preisklassen nicht mehr vom zusätzlichen Deckungsbeitrag gedeckt wird.

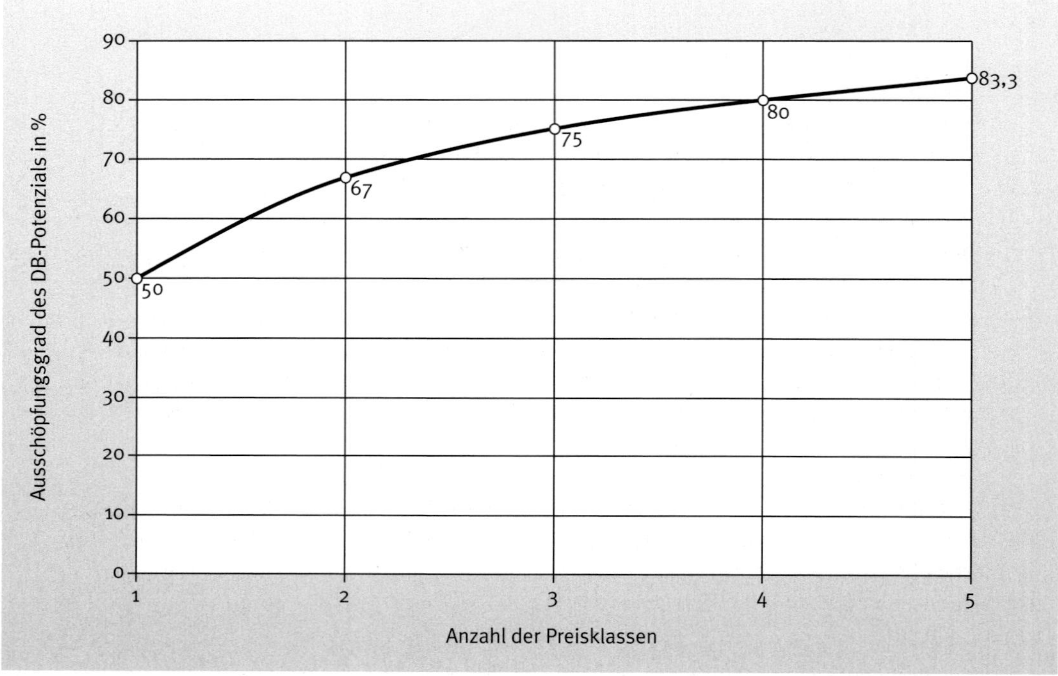

Abb. 5.19: Ausschöpfung des maximalen Deckungsbeitragspotenzials in Abhängigkeit der Anzahl der Preisklassen

Beispiele aus der Praxis

Einige Fluglinien verfahren so, dass sie eine große Anzahl von Preisklassen unterscheiden, aber für die einzelnen Preisklassen Kontingente vorgeben und auf diese Weise ohne großen Aufwand Barrieren zwischen den Preisklassen errichten können. Meist handelt sich um eine Art zeitlicher Preisdifferenzierung (je früher man bucht, umso größer ist die Wahrscheinlichkeit, dass die Kontingente der günstigen Preisklassen noch nicht ausgeschöpft sind).
Auch das bei Drucklegung gültige Preissystem der Deutschen Bahn AG funktioniert in ähnlicher Weise.
Es gibt auch Fluglinien, die ihre Flugplätze im Internet versteigern. Auf diese Weise lassen sich die Preise sogar tendenziell den individuellen Preisbereitschaften der Fluggäste anpassen.

5.7 Preispsychologie

Betrachtet man die Preise in einem Supermarkt, dann fällt auf, dass viele Preise die Endziffer 9 aufweisen. Der Grund dafür sind bestimmte Vorstellungen über die Preiswahrnehmung der Konsumenten, die es z.B. sinnvoll erscheinen lassen, für ein Produkt nicht 2,01 € oder 1,97 € zu verlangen, sondern in beiden Fällen einen Preis von 1,99 €. In diesem Kapitel werden psychologische Modellvorstellungen zur Preiswahrnehmung dargestellt, die unter anderem eine Begründung für die Vorliebe des Handels für die sogenannten 9er-Preise bieten. Unter Preiswahrnehmung wird dabei die Einordnung objektiver Preisinformationen in ein subjektives Kategoriensystem verstanden.

Sogenannte 9er-Preise enden mit der Ziffer 9 und gelten als psychologisch günstig

5.7.1 Preisvereinfachung

Konsumenten befinden sich häufig in der zwiespältigen Situation, dass sie bemüht sind, sich ökonomisch zu verhalten. Sie wollen bei ihren Einkäufen also ein möglichst günstiges Preis-Leistungs-Verhältnis realisieren. Die Vielzahl der Preis- und Produktinformationen, die sie dabei berücksichtigen müssten, würden sie allerdings sehr schnell überfordern. Bei der Preiswahrnehmung und -beurteilung wirken daher häufig Vereinfachungsmechanismen, die die Konsumenten bei dieser schwierigen Aufgabe entlasten. Teilweise sind sich die Konsumenten gar nicht bewusst, dass ihr Verhalten von solchen Mechanismen gesteuert wird. In der Literatur unterscheidet man in diesem Zusammenhang Preisschwelleneffekte und Effekte der letzten Ziffer (Preisfigureneffekte).

Genauer unterscheidet man Preisschwelleneffekte und Effekte der letzten Ziffern

5.7.1.1 Preisschwellenkonzept

Man geht bei diesem Konzept davon aus, dass die Konsumenten bei der Preisbeurteilung nicht den exakten Preis berücksichtigen, sondern Preiskategorien bilden, die jeweils durch eine obere und untere Preisgrenze abgegrenzt werden. Alle Preise für ein bestimmtes Produkt, die sich in der gleichen Preiskategorie befinden, werden als sehr ähnlich wahrgenommen und bewertet. Die oberen und unteren Preisgrenzen der Preiskategorien bezeichnet man dabei als Preisschwellen.

Preisschwellen basieren auf Preiskategorien

Beispiel

Angenommen, eine Person hat für die Bewertung der Preisgünstigkeit von Tomaten ein Kategoriensystem, bei dem eine Preiskategorie durch die Preisspanne von 2,00 € bis 2,49 € pro kg bestimmt ist. Kilogramm-Preise in diesem Preisbereich werden als ähnlich günstig wahrgenommen. Preise von 2,13 € und 2,33 € pro kg würden von dieser Person also ähnlich bewertet. Ein Preis von 1,99 € pro kg würde dagegen als deutlich günstiger empfunden. Die Preisbewertungsfunktion weist also an den jeweiligen Schwellenpreisen Sprünge auf (vgl. Abb. 5.20).

Für Entscheidungen im Rahmen der Preispolitik ist es wichtig zu wissen, wo sich Preisschwellen befinden. Es wird vermutet, dass sich Preisschwellen bei den sogenannten Glattpreisen befinden, also bei 1 €, 2 €, 10 €, 100 € etc. Schwächere

Preisschwellen vermutet man bei anderen glatten Preisen, z.B. 0,50 €, 1,80 € etc. Teilweise konnten die Vermutungen, dass sich bei glatten Preisen tendenziell Preisschwellen befinden, empirisch verifiziert werden, die Ergebnisse sind aber nicht einheitlich. Wenn ein Anbieter z.B. weiß, dass sich bei 2,00 € eine Preisschwelle befindet, dann ist es für ihn günstiger, einen Preis von 1,99 € statt eines Preises von 1,90 € zu verlangen.

→ *Es macht also Sinn, sich der Preisschwelle von unten möglichst stark anzunähern, diese aber nicht zu überschreiten. Falls die Preisschwelle überschritten werden soll, z.B., um eine Preiserhöhung weiterzugeben, ist eine deutliche Überschreitung zu empfehlen.*

Dabei darf die Schwelle der nächsten Preiskategorie nicht überschritten werden.

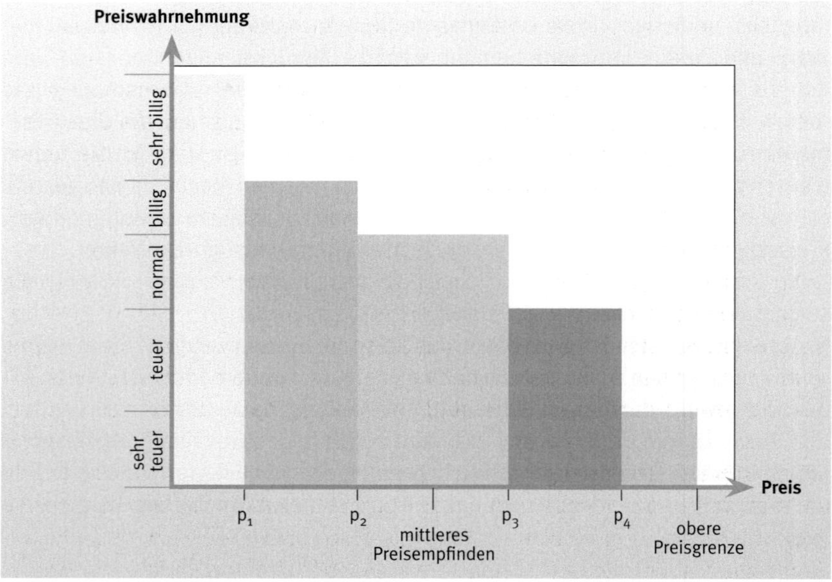

Abb. 5.20: Preisschwellenkonzept

Beispiel:

Angenommen, es befinden sich bei 2,00 € und bei 2,20 € Preisschwellen und ein Preis von zurzeit 1,99 € soll angehoben werden, dann ist es günstiger, den Preis nicht auf z.B. 2,05 € anzuheben, sondern auf 2,19 €, da 2,05 € und 2,19 € von den Konsumenten als ähnlich günstig wahrgenommen werden.

5.7.1.2 *Effekte der letzten Ziffer*

Die Vermutung, dass sich Preisschwellen eher bei glatten Preisen befinden, führt u.a. zu den häufig zu beobachtenden 9er-Preisen. Weitere Ursache für deren Beliebtheit bei den Anbietern sind Vorstellungen über damit verbundene Wahrnehmungseffekte bei den Konsumenten. Man unterscheidet hierbei:

- Unterschätzungseffekt
  Konsumenten neigen dazu, gebrochene Preise zu unterschätzen. Ein Preis von 2,99 € wird dabei im günstigsten Fall als 2 € und etwas Kleingeld wahrgenommen.
- Bedeutungseffekt
  Neuner-Preise werden von den Konsumenten so interpretiert, dass sie äußerst knapp kalkuliert wurden und sie damit den kleinstmöglichen Preis darstellen.

Bei den 9er-Preisen setzt man auch auf Wahrnehmungseffekte

Bei einem Experiment wurden drei Ausführungen eines Warenhauskataloges, die sich nur in der Art der Preisangaben unterschieden, an jeweils unterschiedliche Personengruppen verschickt.
1. Variante: alle Preise endeten auf 00
2. Variante: alle Preise endeten auf 88
3. Variante: alle Preise endeten auf 99.
Die Umsätze der 1. und 2. Variante waren in etwa gleich, bei der 3. Version waren sie etwa 10% höher.
Die höheren Umsätze bei der 3. Version lassen sich nicht mit dem Unterschätzungseffekt erklären, denn der hätte ja erst recht bei den 88er-Preisen wirken müssen. Die Experimentatoren erklärten das Ergebnis mit dem Bedeutungseffekt, der durch eine Nachbefragung auch bestätigt wurde.

- Gedächtniseffekt
  Konsumenten lesen Preise von links nach rechts. Die erste Ziffer hat dabei die größte Bedeutung, da sie im Stellenwertsystem an der höchsten Stelle steht. Es wird vermutet, dass sich Konsumenten bei gebrochenen Preisen wegen ihrer begrenzten Speicherfähigkeit nur an die linke Ziffer erinnern und bei der Rekonstruktion der Restziffern dazu neigen, diese zu unterschätzen.

5.7.2 Preisverankerung

Im Rahmen der sogenannten Referenzpreistheorie geht man davon aus, dass die Bewertung eines Preises nicht von dessen absoluter Höhe, sondern davon abhängt, wie stark der Preis von einem Referenzpreisniveau abweicht. Für die Bewertung ist dabei natürlich auch wichtig, ob der jeweilige Preis über oder unter dem Referenzpreis liegt. Mit Referenzpreis ist dabei ein Preis gemeint, der von den Konsumenten als normal für das Produkt angesehen wird. Die Höhe des Referenzpreises, der auch häufig als Preisanker bezeichnet wird, hängt von verschiedenen Einflussgrößen ab:

Preisanker sind als normal angesehene Referenzpreise

- Relevante Kontextpreise
  Dazu zählen z.B. die Preise von Konkurrenzprodukten der gleichen Qualität, aber auch unverbindliche Preisempfehlungen der Hersteller.
- Residualreize
  Hierzu zählen: Preise, die in der Vergangenheit für gleiche oder ähnliche Produkte bezahlt wurden, Preisinformationen aus anderen Quellen, z.B. Preiswerbung, Bekannte etc., Preiserwartungen für die Zukunft, absolute obere und untere Preisschwellen, z.B. bis zu welcher Preisgrenze kommt ein Kauf des Gutes überhaupt infrage?

5.7.3 Prospect-Theorie

Erklärungsansätze, wie Abweichungen vom Referenzpreis durch Konsumenten bewertet werden, bietet u.a. die Prospect-Theorie. Sie verknüpft die Abweichungen vom Referenzpreis mit Nutzenempfindungen der Konsumenten. Dabei werden Abweichungen nach unten als Gewinne bezeichnet, da der verlangte Preis unter dem als normal angesehenen liegt. Entsprechend sind Abweichungen nach oben Verluste. Der Graph der Nutzenfunktion hat sowohl beim Gewinn- als auch beim Verlustzweig einen degressiven Verlauf. Gleich große Gewinn- und Verlustzuwächse haben mit zunehmendem Abstand vom Referenzpunkt geringer werdende Bedeutung für die Nutzenveränderung (vgl. Abb. 5.21).

Die Abweichungen rund um den Preisanker haben die größte Bedeutung

$N(20) - N(10) > N(40) - N(30)$ und $|N(-20) - N(-10)| > |N(-40) - N(-30)|$

| ... | steht dabei für den Betrag = den positiven Wert der jeweiligen Differenz.

Daraus folgt: Beim Kauf eines Gutes, das aus mehreren Komponenten besteht, werden Preisnachlässe auf die einzelnen Komponenten günstiger bewertet als ein Gesamtnachlass auf den Komplettpreis.

Beispiel

Kauft jemand einen Computer, dann ist es günstiger, z.B. auf die Festplatte 20 € Nachlass, auf die Tastatur 10 € Nachlass, auf den Prozessor 15 € Nachlass und auf das CD-ROM-Laufwerk 10 € Nachlass zu geben als (20 € + 10 € + 15 € + 10 €) 55 € Nachlass auf den kompletten Computer.

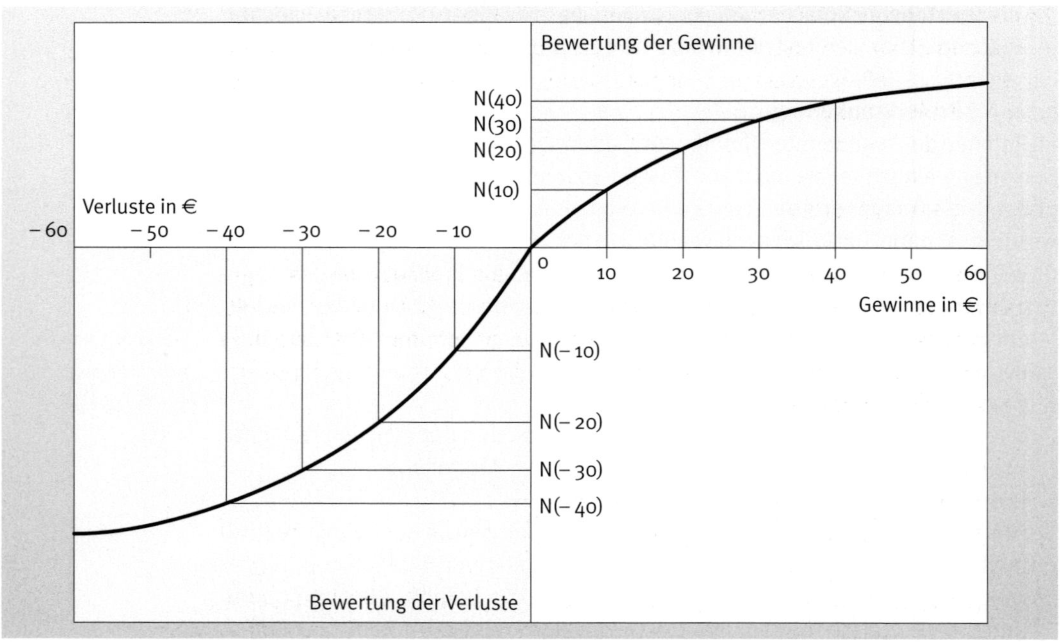

Abb. 5.21: Graph der Nutzenfunktion nach der Prospect-Theorie

Der gleiche Effekt bewirkt, dass z.B. Preise einzelner Komponenten, die als überhöht empfunden werden, die Gesamtbewertung überproportional beeinträchtigen können.

Beispiel

Angenommen, die folgenden beiden Computerangebote liegen vor:

Angebot 1	Angebot 2
Tastatur 5 € unter Referenzpreis,	3 € unter Referenzpreis,
CD-ROM-Laufwerk 15 € unter Referenzpreis,	12 € unter Referenzpreis,
Prozessor 30 € unter Referenzpreis,	15 € unter Referenzpreis,
Preis Festplatte 15 € über Referenzpreis	5 € unter Referenzpreis

Obwohl beide Angebote insgesamt 35 € unter dem Referenzpreis liegen, würde vermutlich das zweite Angebot als günstiger bewertet, da der Verlust bei der Festplatte des ersten Angebotes den Gesamtnutzen überproportional senken würde. Dieser Effekt wird dadurch verstärkt, dass ein Verlust das Nutzenempfinden stärker beeinflusst als ein gleich hoher Gewinn, also $|N(-30)| > N(30)$. Diese Verlustaversion führt dazu, dass der Verlustzweig der Nutzenfunktion steiler verläuft als der Gewinnzweig.

5.7.4 Auswirkungen des Preises auf die Qualitätsanmutung

Preise werden auch als Qualitätsindikator herangezogen, teils abhängig vom Involvement

Viele Konsumenten verbinden die Preishöhe eines Produktes mit einer Vorstellung über die Qualität. Höherpreisigen Produkten wird dabei in der Regel auch eine höhere Qualität zugeschrieben. Dieser Aspekt ist besonders relevant, wenn die Konsumenten nicht in der Lage sind, die Qualität anhand anderer Kriterien zu bewerten. Tendenziell wird der Zusammenhang von Preis und Qualität auch von dem Produktinvolvement beeinflusst. Personen mit einem niedrigen Produktinvolvement schließen von einem hohen Preis eher auf eine hohe Qualität als Personen mit einem hohen Produktinvolvement.

5.8 Preisaktionen

Unter einer Preisaktion versteht man die systematische Veränderung des Angebotspreises innerhalb der Planperiode. Der Preis wird also für einen kurzen Zeitraum gesenkt und danach wieder auf die alte Höhe angehoben. Preisaktionen werden in der Regel werblich unterstützt und es wird auch auf die zeitliche Befristung der Preissenkung hingewiesen.

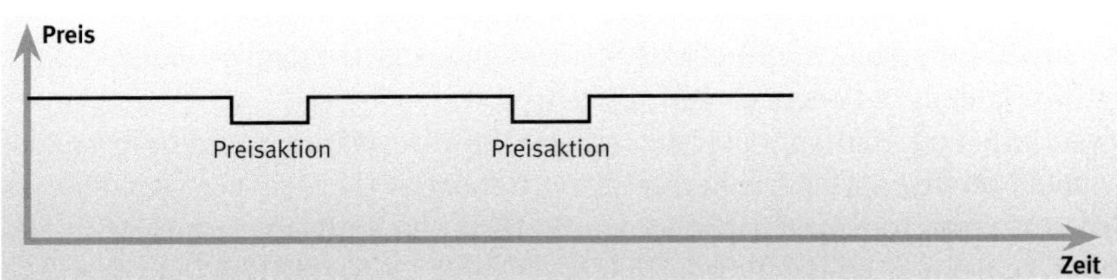

Abb. 5.22: Preisaktionen

Mögliche Ziele von Preisaktionen

Hersteller können mit Preisaktionen folgende Ziele verfolgen:
- Überwälzung von Lagerkosten auf den Handel, da der Handel dazu neigt, zu den Aktionspreisen seine Lagerbestände aufzufüllen,
- Verbesserung des Distributionsgrades und der Marktpräsenz, wenn es gelingt, dadurch zusätzliche Händler dazu zu bewegen, das Produkt zu dem Aktionspreis probeweise zu ordern,
- Steigerung des Endverbraucherabsatzes durch
  - Gewinnung neuer Kunden (Markenwechsel),
  - Bindung alter Kunden,
  - Erhöhung der Verbrauchsintensität,
  - Impulskäufe.

  Das setzt allerdings voraus, dass die Händler die Preissenkung auch an die Endverbraucher weitergeben. Es ist daher sinnvoll, Preisaktionen vorher mit dem Handel abzusprechen.

Mit Preisaktionen können aber auch Probleme und Nachteile für den Hersteller verbunden sein, vor allem, wenn sie regelmäßig durchgeführt werden und die Verbraucher bzw. der Handel sich darauf einstellen:

Gefahren von Preisaktionen für den Hersteller

- Gefahr der Absorption der Preisreduktion durch den Handel,
- Förderung der Markenilloyalität von Verbrauchern, die Verbraucher kaufen immer gerade die Marke, die zum Aktionspreis angeboten wird,
- Imagegefährdung bei prestigeträchtigen Produkten,
- Senkung der Preisbereitschaft der Kunden, indem die Kunden sich auf die Preisaktionen einstellen und nur zu den Aktionspreisen kaufen,
- Preisverfall im Zeitablauf.

5.9 Einflussnahme von Markenartikelherstellern auf den Endverbraucherpreis

Hersteller von Markenartikeln, die ihre Produkte über den Handel vertreiben, haben in der Regel keinen unmittelbaren Einfluss auf den Endverbraucherpreis ihrer Produkte, denn gemäß § 14 KartG. sind Verträge, die die Preishoheit selbstständiger Absatzmittler einschränken, grundsätzlich verboten. Für die Markenartikelhersteller ist das insofern problematisch, da sich daraus mögliche Gefahren und Nachteile ergeben können, z.B.:

Mittelbare Rückwirkung der Preisgestaltung im Handel auf die Hersteller

- Preisverfall auf der Einzelhandelsstufe durch horizontalen Wettbewerb der Händler, der auf den vertikalen Wettbewerb (Hersteller – Händler) zurückschlägt und dadurch den Preisdruck erhöht,
- Imagegefährdung durch Lockvogelangebote einzelner Händler,
- Gefährdung der Markentreue der Konsumenten durch ständige Preisaktionen des Handels mit wechselnden Marken,
- Absatz- und Marktanteilsverluste durch im Vergleich zu Konkurrenzmarken relativ hohe Endverbraucherpreise des Handels.

Die Möglichkeiten der Hersteller, auf die Höhe der Endverbraucherpreise Einfluss zu nehmen, sind sehr begrenzt. Man kann hierbei zwischen direkter und indirekter Einflussnahme unterscheiden.

Zu den direkten Einflussmöglichkeiten zählen die Preisbindung und die unverbindliche Preisempfehlung.

Preisbindung

Bei der Preisbindung kann der Hersteller die Händler bindend verpflichten, die vom Hersteller festgesetzten Endverbraucherpreise zu verlangen. Preisbindungen sind aber nur noch bei Verlagserzeugnissen (Bücher, Zeitschriften) zulässig (§ 15 KartG). Wegen der staatlich vorgegebenen Kalkulationsspannen für Medikamente gilt das aber faktisch auch für Pharmazeutika. Auch bei Tabakprodukten existiert aufgrund der steuerrechtlichen Regelungen praktisch eine Preisbindung.

Unverbindliche Preisempfehlung

Bei der unverbindlichen Preisempfehlung gibt der Hersteller dem Handel lediglich eine Empfehlung zu dem Endverbraucherpreis, der Handel muss sich aber nicht an die Empfehlung halten. Die unverbindliche Preisempfehlung kann als Handelspreisempfehlung oder als Verbraucherpreisempfehlung erfolgen. Bei der Handelspreisempfehlung wird nur der Handel über den empfohlenen Endverbraucherpreis informiert, bei der Verbraucherpreisempfehlung erfolgt die Information auch an die Endverbraucher, z.B. im Rahmen der Werbung oder durch Aufdruck des empfohlenen Preises auf die Verpackung. Durch die Verbraucherpreisempfehlung kann der Hersteller es dem Handel erschweren einen höheren als den empfohlenen Preis zu verlangen. Gemäß § 23 KartG müssen für eine unverbindliche Preisempfehlung folgende Voraussetzungen erfüllt sein:

Kartellrechtliche Voraussetzungen

- Markencharakter der preisempfohlenen Ware,
- vorhandener Wettbewerb mit gleichartigen Waren anderer Hersteller,
- ausdrückliche Kennzeichnung der Unverbindlichkeit,
- Verzicht auf jegliche Druckmittel zur Durchsetzung der Preisempfehlung,
- Angemessenheit des empfohlenen Preises im Vergleich zum Marktpreis.

Einflussmöglichkeiten der Hersteller auf die Endverbraucherpreise

Möglichkeiten der indirekten Einflussnahme auf den Endverbraucherpreis sind z.B.:

- hohe Abgabepreise an den Handel (falls durchsetzbar), meist in Verbindung mit Kommunikationsmaßnahmen, die den Endverbrauchern den hohen Preis begründen, z.B. durch Qualitätsargumente (Asbach Uralt), damit verbunden ist dann häufig auch eine größere Bereitschaft des Handels, höhere Endverbraucherpreise zu fordern,
- distributionspolitische Maßnahmen
  - gezielte Selektion von Absatzmittlern,
  - spezielle indirekte Vertriebsformen, z.B.
    Vertragshändler,
    Franchising,
    Kommissionsverträge.

5.10 Übungen

Aufgabe 1

Egon Schnarchi betreibt in einer Großstadt ein Burger-Restaurant. Gemäß seinem Motto: „Die Stärke liegt in der Konzentration“, sind in seinem Restaurant ausschließlich drei verschiedene Burger-Arten erhältlich:

Burger	variable Stückkosten
Schmatzi	1,00 €
Schlecki	0,75 €
Mampfi	1,50 €

Die Fixkosten betragen pro Tag 1.500,00 €. Es handelt sich ausschließlich um Gemeinkosten. Schnarchi verteilt die Fixkosten gleichmäßig auf die drei Burger-Arten.

Die folgende Tabelle gibt an, welche Preise Schnarchi zurzeit für seine Burger verlangt und welche Absätze er im Durchschnitt pro Tag erzielt.

Burger	Preis	Absatz Stück/Tag
Schmatzi	2,00 €	700
Schlecki	1,75 €	800
Mampfi	2,75 €	280

a) Zeigen Sie, dass mit dem Burger Mampfi pro Tag ein kalkulatorischer Verlust von 150,00 € pro Tag erzielt wird.

b) Unter welcher Voraussetzung sollte Schnarchi den Burger Mampfi trotz des Verlustes weiter anbieten?

c) Welche Menge müsste Schnarchi pro Tag zu einem Preis von 2,75 € von dem Burger Mampfi absetzen, wenn er
   c1) Kostendeckung für Mampfi erreichen will
   c2) einen Gewinn von 100,00 € pro Tag mit Mampfi erreichen will?

Hinweis: Berücksichtigen Sie für Mampfi Fixkosten von 500,00 € pro Tag.

d) Schnarchi hat festgestellt, dass für den Burger Schlecki im Preisbereich von 1,35 € bis 2,15 € der Preiselastizitätskoeffizient der Nachfrage einen Wert von –3,5 hat. Welche Auswirkung auf den Deckungsbeitrag pro Tag hätte eine Preissenkung für den Burger Schlecki von 1,75 € auf 1,40 €?

e) Schnarchi erwägt, den Preis für den Burger Schmatzi auf 2,25 € zu erhöhen. Welchen Wert dürfte der Preiselastizitätskoeffizient für Schmatzi nicht unterschreiten, wenn dadurch der Deckungsbeitrag pro Tag nicht verringert werden soll?

Lösungen zu Aufgabe 1

zu a)

	Erlös pro Tag	(2,75 € · 280 Stück pro Tag)	770,00 €
–	variable Kosten	(1,50 € · 280 Stück pro Tag)	420,00 €
=	**Deckungsbeitrag pro Tag**		**350,00 €**
–	kalkulatorischer Fixkostenanteil pro Tag		500,00 €
=	**Erfolg (Verlust)**		**–150,00 €**

Bei einem zugewiesenen Fixkostenanteil von 500,00 € pro Tag ergibt sich für den Burger Mampfi ein Verlust von 150,00 € pro Tag.

zu b)

Der Rechnung zu a) kann entnommen werden, dass mit dem Burger Mampfi pro Tag ein Deckungsbeitrag von 350,00 € erwirtschaftet wird. Schnarchi sollte diesen Burger nur dann aus seinem Angebot nehmen, wenn sich die Fixkosten um mehr als 350,00 € verringern.

zu c1)

Es muss die Break-even-Menge ermittelt werden. Die Gleichung dafür lautet (vgl. S. 169):

$$x = \frac{K_f}{p - k_v} \text{ und damit } x = \frac{500}{2{,}75 - 1{,}50} = 400$$

Es müssten pro Tag 400 Burger von Mampfi abgesetzt werden.

zu c2)

Die Gleichung zur Ermittlung der Menge zur Erzielung eines bestimmten Gewinns (G) lautet:

$$x = \frac{G + K_f}{p - k_v} \text{ und damit } x = \frac{100 + 500}{2{,}75 - 1{,}50} = 480$$

Es müssten pro Tag 480 Burger von Mampfi abgesetzt werden.

zu d)

Die Preissenkung von 1,75 € auf 1,40 €, also um –0,35 € absolut, entspricht –20%. Durch Einsetzen in die Gleichung für den Preiselastizitätskoeffizient erhält man:

$$-3{,}5 = \frac{x\%}{-20\%} \quad \Leftrightarrow \quad x\% = 70\%$$

Die Absatzmenge würde sich also um 70% erhöhen. 70% von 800 sind 560. Durch die Preissenkung erhöht sich also die nachgefragte Menge um 560 auf 1.360 verkaufte Burger von Schlecki pro Tag.

Der Deckungsbeitrag pro Burger beträgt nach der Preissenkung:

1,40 € – 0,75 € = 0,65 €,

das macht pro Tag einen Deckungsbeitrag von 0,65 € · 1360 = 884,00 €.

Vor der Preissenkung wurde pro Tag ein Deckungsbeitrag von

(1,75 € – 0,75 d) · 800 = 800,00 € erzielt.

Durch die Preissenkung würde sich also der Deckungsbeitrag um 84,00 € pro Tag erhöhen.

zu e)

Bei einem Preis von 2,00 € erzielt Schnarchi mit dem Burger Schmatzi pro Tag einen Deckungsbeitrag von (2,00 € – 1,00 €) · 700 = 700,00 €.

Es muss zunächst ermittelt werden, auf welchen Wert die Absatzmenge zurückgehen darf, wenn bei dem erhöhten Preis von 2,25 € auch ein Deckungsbeitrag von 700,00 € erwirtschaftet werden soll.

Der entsprechende Ansatz dazu lautet:

$$(2{,}25 - 1) \cdot x = 700 \Leftrightarrow x = 560$$

Wenn durch die Preiserhöhung die Absatzmenge nicht unter 560 Stück pro Tag sinkt, wird der Deckungsbeitrag auch nicht unter 700,00 € pro Tag sinken. Liegt die Absatzmenge dagegen über 560 Stück pro Tag, wird sogar ein höherer Deckungsbeitrag als 700,00 € pro Tag erzielt.

Die Preiserhöhung von 2,00 € auf 2,25 € entspricht einer absoluten Preisveränderung von 0,25 € und einer prozentualen Preisänderung von 12,5%.

Ein Rückgang der Absatzmenge von 700 Stück pro Tag auf 560 Stück pro Tag entspricht einer absoluten Veränderung der Absatzmenge um –140 Stück und einer prozentualen Veränderung der Absatzmenge von –20%. Für den Preiselastizitätskoeffizienten der Nachfrage ergibt sich damit:

$$EN = \frac{-20\%}{12{,}5\%} = -1{,}6$$

Damit der Deckungsbeitrag durch die Preiserhöhung nicht unter den alten Wert von 700,00 € pro Tag sinkt, muss also gelten: EN ≥ – 1,6.

Aufgabe 2

Hans Christian Sonnenscheinfindichgut betreibt in einer mittleren Stadt ein Sonnenstudio. Die variablen Kosten pro Person und pro Besonnungseinheit betragen 1,00 €. Die Fixkosten liegen bei 4.000,00 € im Monat. Die Kapazitätsgrenze liegt bei 18.000 Besonnungseinheiten im Monat.

Die Preisabsatzfunktion lautet zurzeit:
$x(p) = -2.000\,p + 20.000$

Dabei steht p für den Preis für eine Besonnungseinheit und x(p) gibt an, wie viele Besonnungseinheiten zu dem jeweiligen Preis pro Monat abgesetzt werden können.

a) Zeigen Sie, dass der optimale Einheitspreis für eine Besonnungseinheit 5,50 € beträgt.
b) Sonnenscheinfindichgut verlangt zurzeit den optimalen Einheitspreis von 5,50 € pro Besonnungseinheit. Ermitteln Sie, welchen Deckungsbeitrag er damit pro Monat erzielt.
c) Stellen Sie das maximale Deckungsbeitragspotenzial, das theoretisch erzielt werden könnte, wenn von jedem Kunden genau der Preis verlangt wird, den dieser zu zahlen bereit ist, grafisch dar. Berechnen Sie außerdem das maximale Deckungsbeitragspotenzial.
d) Sonnenscheinfindichgut möchte durch eine Preisdifferenzierung das Deckungsbeitragspotenzial besser ausschöpfen. Er bietet dazu ein Gutscheinheft für 10 Besonnungseinheiten für insgesamt 40,00 € an. Beim Kauf eines Gutscheinheftes kostet dann also eine Besonnungseinheit nur 4,00 €, der Einzelpreis für eine Besonnungseinheit beträgt dagegen 7,00 €. Die Anzahl der Gutscheinhefte, die pro Monat zu dem ermäßigten Preis abgegeben werden, ist auf 600 limitiert. Zu dem ermäßigten Preis werden also nur 6.000 Besonnungseinheiten pro Monat abgesetzt. Es sei vorausgesetzt, dass für die beiden Vertriebsarten nach wie vor die oben angegebene Nachfragefunktion gilt.
   d1) Erläutern Sie, um welche Art der Preisdifferenzierung es sich handelt.
   d2) Ermitteln Sie den Deckungsbeitrag, den Sonnenscheinfindichgut nach der Preisdifferenzierung erzielt und stellen Sie den Zusammenhang grafisch dar.

Lösungen zu Aufgabe 2

zu a)
Da es sich bei der Preisabsatzfunktion und bei der Kostenfunktion jeweils um eine lineare Funktion handelt, kann der optimale Preis mit folgender Formel berechnet werden:
optimaler Preis
= 0,5 · (Höchstpreis + variable Stückkosten)

Ermittlung des Höchstpreises
$-2.000p + 20.000 = 0$ und daraus $p = 10$
Dies führt auf

optimaler Preis = 0,5 · (10 + 1) = 5,50

zu b)
Mithilfe der Preisabsatzfunktion wird ermittelt, wie viele Besonnungseinheiten zum Preis von 5,50 € pro Monat abgesetzt werden können:
$x(5,5) = -2.000 \cdot 5,5 + 20.000 = 9.000$
Den Deckungsbeitrag pro Monat erhält man, indem man den Deckungsbeitrag pro Besonnungseinheit mit der Anzahl der Besonnungseinheiten multipliziert, die pro Monat abgesetzt werden.
Deckungsbeitrag pro Monat
= (5,50 € − 1 €) · 9.000 = 40.500,00 €

zu c)

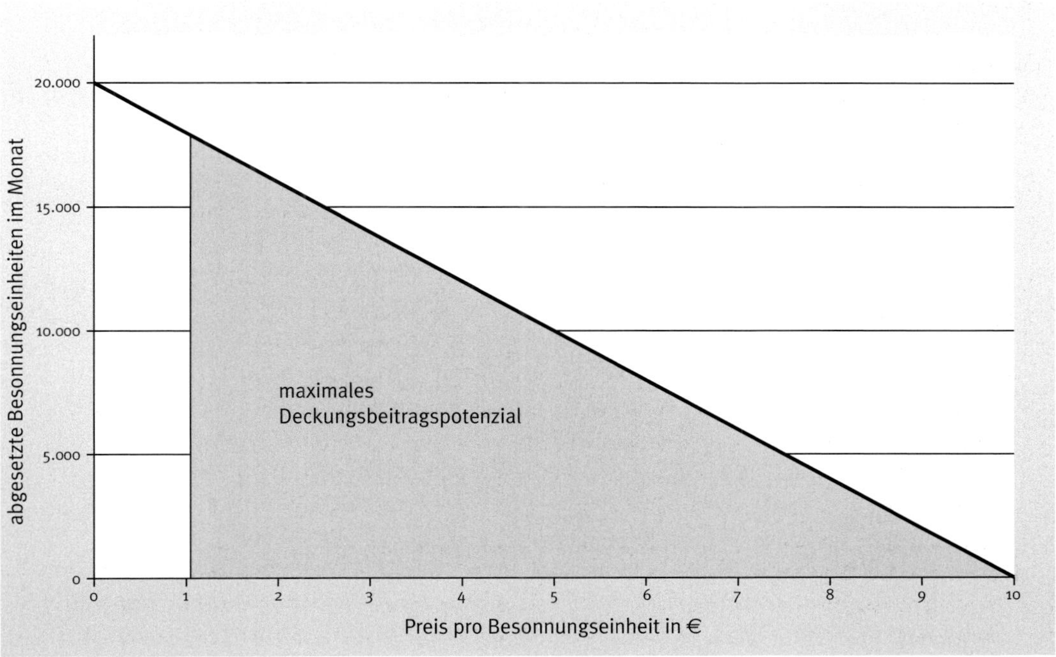

Abb. 5.23: Maximales Deckungsbeitragspotenzial

Die Größe des maximalen Deckungsbeitragspotenzials lässt sich berechnen, indem die Größe der Dreiecksfläche in der Abb. 5.23 mit folgender Formel bestimmt wird.
Dreiecksfläche = 0,5 · Grundseite · Höhe
Die Länge der Grundseite ist die Differenz aus dem Höchstpreis (10) und den variablen Kosten pro Besonnungseinheit (1). Die Höhe ist gleich der Anzahl der Besonnungseinheiten, die zu einem Preis von 1,00 € abgesetzt werden kann.

$$\begin{aligned} & \text{max. DB-potenzial} = 0{,}5 \cdot (10 - 1) \cdot x(1) \\ \Leftrightarrow\ & \text{max. DB-potenzial} = 0{,}5 \cdot 9 \cdot 18.000 \\ \Leftrightarrow\ & \text{max. DB-potenzial} = 81.000{,}00\ € \end{aligned}$$

zu d1)
Es handelt sich um eine kundenbezogene Preisdifferenzierung, wobei hier nach dem Kaufverhalten (Menge) differenziert wird. Da die Anzahl der ermäßigten Gutscheinhefte pro Monat limitiert ist, handelt es sich auch um eine Art zeitlicher Preisdifferenzierung.

zu d2)
Zu einem Preis von 7,00 € pro Besonnungseinheit werden pro Monat x(7) = 6.000 Besonnungseinheiten abgenommen. (Dieser Betrag lässt sich mit Hilfe der Preisabsatzfunktion berechnen).

Durch den Vertrieb einzelner Besonnungseinheiten wird pro Monat ein Deckungsbeitrag von (7,00 € – 1,00 €) · 6.000 = 36.000,00 € erzielt.

Zu einem Preis von 4,00 € pro Besonnungseinheit würden pro Monat x(4) = 12.000 Besonnungseinheiten abgenommen (vgl. wiederum Grafik). Tatsächlich stehen aber nur 6.000 Besonnungseinheiten zu diesem Preis zur Verfügung. Die übrigen 6.000 Besonnungseinheiten werden im Einzelverkauf zu einem Preis von 7,00 € vertrieben. Sonnenscheinfindichgut verkauft im Rahmen der Preisdifferenzierung also insgesamt 12.000 Besonnungseinheiten pro Monat.

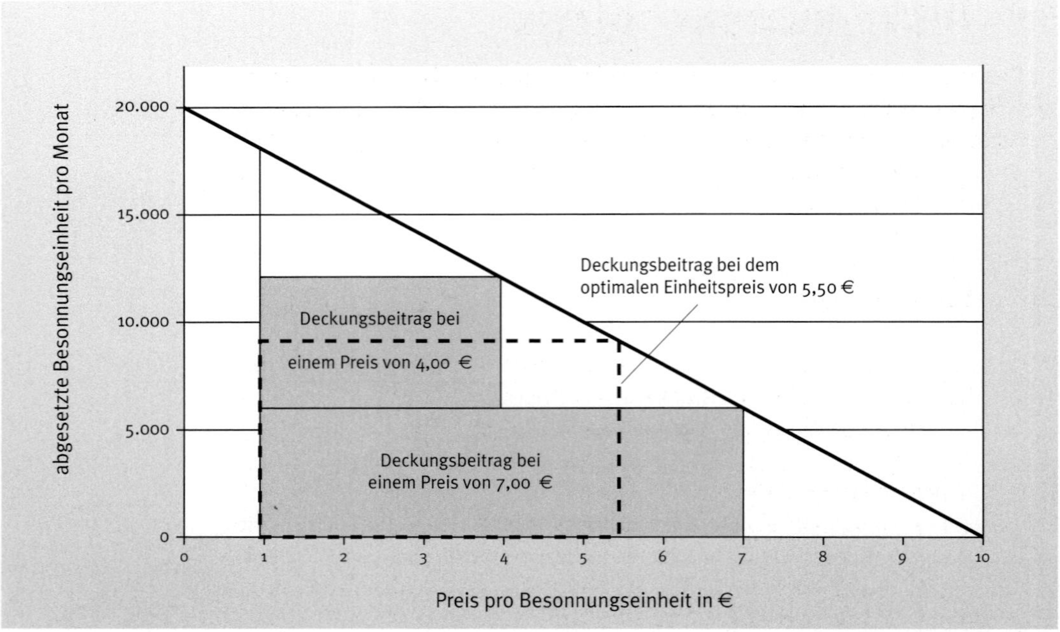

Abb. 5.24: Deckungsbeitrag bei Preisdifferenzierung und beim optimalen Einheitspreis

Mit den 6.000 Besonnungseinheiten, die zu einem Preis von 4,00 € vertrieben werden, erzielt Sonnenscheinfindichgut pro Monat einen Deckungsbeitrag von (4,00 € – 1,00 €) · 6.000 = 18.000 €.

Der gesamte Deckungsbeitrag bei Preisdifferenzierung beträgt also:
36.000,00 € + 18.000,00 € = 54.000,00 €.

Bei den Beispielen vorne im Kapitel und den oben stehenden beiden Aufgaben 1 und 2 ist die Preisabsatzfunktion jeweils linear und der zugehörige Graph deshalb eine Gerade. Abgesehen davon, dass man in der Praxis vielfach überhaupt nicht über eine entsprechende Preisabsatzfunktion verfügt (eine bereits erwähnte Schwierigkeit beim Einsatz der Verfahren), gibt es zahlreiche Fälle, in denen diese Funktion nicht linear ist. Man gewinnt die Funktion in der Regel aus empirischen Daten und ermittelt mit mathematischen Näherungsverfahren eine Gleichung für die Kurve. Die weitere Berechnung erfordert dann tiefer gehende Kenntnisse der Differenzial- und Integralrechnung.

6 Distributionspolitik

Die Distributionspolitik umfasst alle Entscheidungen, die im Zusammenhang mit dem Weg eines Produktes oder einer Leistung vom Produzenten zum Endverbraucher oder -verwender gefällt werden müssen. Die Distributionspolitik ist für ein Unternehmen sehr wichtig, da es nur dann erfolgreich sein kann, wenn die produzierten Produkte auch abgesetzt werden können.

6.1 Vertriebsziele

Im Rahmen der Distributionspolitik wird häufig zwischen ökonomisch orientierten Vertriebszielen, versorgungsorientierten Vertriebszielen und psychologisch orientierten Vertriebszielen unterschieden (Bruhn, 2010).

6.1.1 Ökonomisch orientierte Vertriebsziele

Ziele dieser Art sind unmittelbar an dem Unternehmenserfolg ausgerichtet und lassen sich im Wesentlichen den Marketing-Zielen unterordnen (vgl. auch die Ausführungen zur Zielhierarchie in Kapitel 2 dieses Bandes). Zu den ökonomisch ausgerichteten Vertriebszielen gehören z.B.

- Absatzziele,
- Umsatzziele,
- Marktanteilziele,
- Kostenziele (Vertriebskosten),
- Preisziele.

Angestrebt werden Stabilisierung, Steigerung oder ein bestimmter Wert.

6.1.2 Versorgungsorientierte Vertriebsziele

Bei diesen Vertriebszielen geht es zum einen darum, dass die Produkte in ausreichend vielen und in den richtigen Verkaufsstellen erhältlich sind. Ferner muss eine ausreichende Lieferfähigkeit gesichert sein. Beispiele für versorgungsorientierte Vertriebsziele sind

- ausreichender Distributionsgrad (numerisch, gewichtet) (vgl. Kap. 13.4.2),
- Veränderung des Bevorratungsverhaltens des Handels (Lagerbestände),
- Lieferfähigkeit, weiter ausdifferenziert in
  - Lieferbereitschaft,
  - Lieferzeit,
  - Zuverlässigkeit.

6.1.3 Psychologisch orientierte Vertriebsziele

Bei der Auswahl von Verkaufsstellen spielen auch Imagefaktoren und Qualitätsaspekte eine Rolle, da das Ansehen und die Beratungsqualität der Verkaufsstellen auch das Image der dort vertriebenen Produkte beeinflussen kann. Psychologisch orientierte Vertriebsziele berücksichtigen daher

- das Ansehen des Vertriebskanals,
- die Gewährleistung einer qualifizierten Beratung,
- das Kooperationsverhalten des Handels.

6.2 Vertriebsarten (Absatzwege)

Im Zusammenhang mit der Vertriebsart lassen sich zunächst zwei Entscheidungsbereiche unterscheiden, nämlich

- die horizontale und
- die vertikale Struktur

des Vertriebs. Abbildung 6.1 gibt hierzu einen Überblick.

6.3 Vertikale Vertriebsstruktur

Hinsichtlich der Anzahl der Absatzstufen kann man zwischen direkten und indirekten und bei den indirekten Vertriebsformen noch weiter zwischen ein- und mehrstufigem Vertrieb differenzieren.

6.3.1 Direkter Vertrieb

Bei dem direkten Vertrieb setzt der Hersteller seine Produkte direkt an die Endabnehmer ab, ohne unternehmensfremde Absatzorgane einzusetzen. Nachfolgend werden die wesentlichen direkten Vertriebsmöglichkeiten kurz dargestellt.

6.3.1.1 Vertrieb durch Reisende

Reisende sind Angestellte des Unternehmens, die Kunden und potenzielle Kunden im Auftrag des Unternehmens aufsuchen.

- Sie nehmen Bestellungen entgegen.
- Sie bahnen Verkäufe an und/oder tätigen Verkaufsabschlüsse.
- Sie betreiben Kontaktpflege und beraten potenzielle Kunden.

6.3.1.2 Verkaufsniederlassungen

Hierunter versteht man Verkaufsstellen des Herstellers, in denen er seine Produkte direkt verkaufen und potenzielle Kunden beraten kann.

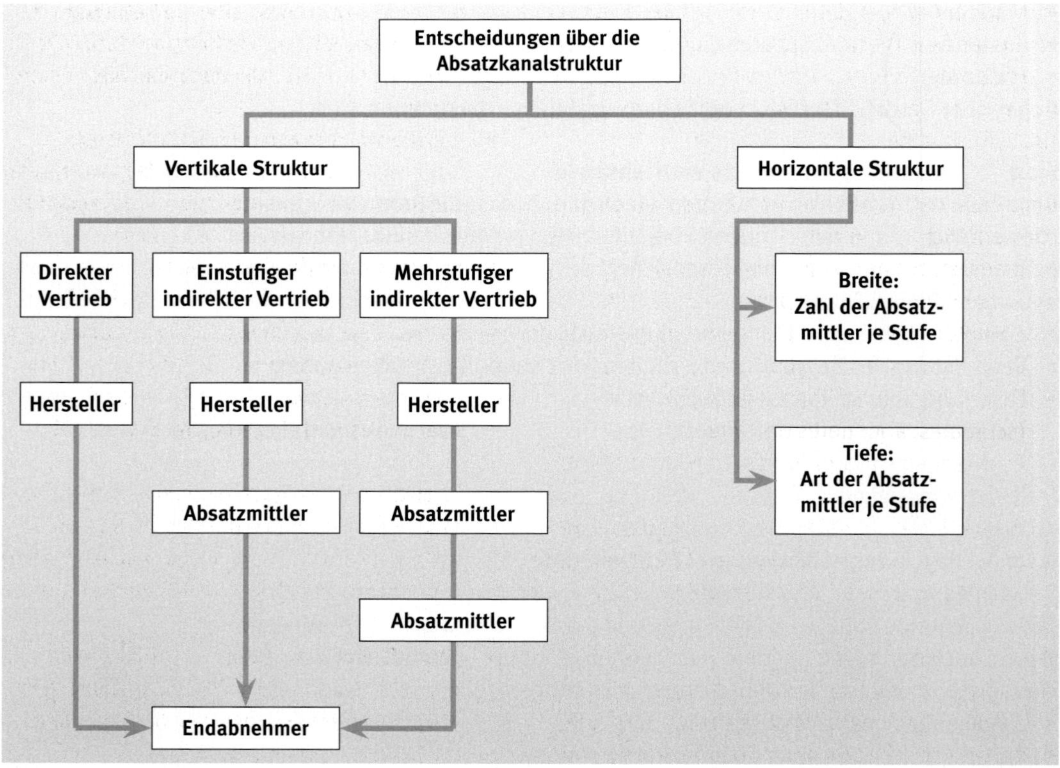

Abb. 6.1: Übersicht über die mögliche Struktur von Absatzwegen (nach Bruhn, Marketing, 1999, S. 254)

6.3.1.3 Sonstige direkte Vertriebsformen

Neben dem Einsatz von Reisenden und dem Verkauf über eigene Verkaufsniederlassungen gibt es noch eine Vielzahl anderer direkter Vertriebsformen, z.B.

- Katalogverkauf,
- Vertrieb durch Direktmailings,
- Vertrieb über Homeparties (z.B. Tupperware),
- Telefonverkauf (soweit zulässig),
- Vertrieb über das Internet,
- Teleshopping,
- Verkauf auf Messen und Ausstellungen.

6.3.2 Indirekter Vertrieb

Hier werden in die Vermarktungskette bewusst unternehmensfremde, rechtlich selbstständige Absatzmittler eingeschaltet. Die indirekten Vertriebsarten werden kurz dargestellt.

6.3.2.1 Großhandel

Großhändler kaufen und verkaufen Waren auf eigene Rechnung und im eigenen Namen.

Der Einkauf erfolgt dabei direkt bei den Herstellern oder bei anderen Großhändlern. Abgesetzt werden die Waren an Unternehmen (Einzelhandel, andere Großhändler, Weiterverarbeiter) oder Großverbraucher.

Innerhalb des Großhandels unterscheidet man folgende Betriebsformen:

- Binnengroßhändler (nur im Inland tätig),
- Außenhändler (Ex-/Import),
- Sortimentsgroßhandel (breites, aber flaches Sortiment, meist Konsumgüter),
- Fachgroßhändler/Spezialgroßhändler (schmales, aber tiefes Sortiment),
- Cash-and-carry-Großhandel (Abholgroßhandel),
- Rack-Jobber (Regalgroßhändler) mieten Regalfläche im Einzelhandel zum Warenverkauf auf eigene Rechnung und eigenes Risiko.

6.3.2.2 Einzelhandel

Auch der Einzelhandel kauft und verkauft Waren auf eigene Rechnung. Im Gegensatz zum Großhandel setzen die Einzelhändler ihre Waren aber nahezu ausschließlich an Endverbraucher ab.

Wichtigste Betriebsformen des Einzelhandels:

- **Fachgeschäft**: nur Waren einer bestimmten Branche oder Bedarfskategorie, tiefes, aber schmales Sortiment, Bedienungsprinzip mit qualifiziertem Personal vorherrschend.
- **Spezialgeschäft**: ähnlich wie Fachgeschäft, aber noch tieferes und schmaleres Sortiment.
- **Fachmarkt**: Ähnlichkeiten zum Fachgeschäft, ist aber nicht warengattungs- bzw. branchenorientiert, sondern bedarfs- und zielgruppenorientiert; Selbstbedienungsprinzip überwiegt. Beispiele: Drogeriemärkte, Baumärkte.
- **Warenhaus**: Großbetrieb des Einzelhandels, in dem Waren aus zahlreichen Branchen angeboten werden, z.B. Bekleidung, Textilien, Hausrat, Wohnbedarf, Nahrungs- und Genussmittel.
- **Kaufhaus**: ebenfalls Großbetrieb des Einzelhandels, ähnlich strukturiert wie ein Warenhaus, jedoch engeres, aber tieferes Sortiment; teils Konzentration auf eine Warengattung, z.B. Bekleidung; unterscheidet sich von Fachgeschäften durch Sortimentsbreite und Betriebsgröße.
- **Versandhandel**: Betriebsform, bei der der Vertrieb über Kataloge oder auch über das Internet erfolgt.
- **Supermarkt**: bietet hauptsächlich Waren des täglichen Bedarfs und ergänzende problemlose andere Waren in Selbstbedienung an; Verkaufsfläche zwischen 400 m^2 und 1.000 m^2.
- **Verbrauchermarkt**: Geschäfte mit einem warenhausähnlichen Sortiment; Verkaufsfläche mindestens 1.000 m^2, häufig sogar bis 5.000 m^2; im Unterschied zum Warenhaus zentrale Kassenausgänge, außerdem ist die Preispolitik aggressiver und es wird ein geringerer Service geboten.
- **Discounter**: konsequente Niedrigpreispolitik, in der Regel auf Waren des täglichen Bedarfs und problemlose Ergänzungsartikel beschränkt; häufig flaches Sortiment, spartanische Ausstattung.
- **Einkaufszentrum**: Zusammenfassung einer Vielzahl selbstständiger Einzelhandels- und Dienstleistungsunternehmen in räumlich geschlossener Einheit.

6.3.2.3 Herstellergebundene indirekte Absatzorgane (vertragliche Bindung)

Sonderformen des indirekten Vertriebs bilden die sogenannten herstellergebundenen Absatzorgane. Hierbei behält der Hersteller trotz des indirekten Absatzes je nach Art der vertraglichen Bindung eine mehr oder weniger starke Kontrolle über den Absatzprozess.

- Vertragshändler

Hier besteht eine vertragliche Bindung zwischen Hersteller und Händler, die auf Dauer angelegt ist. Der Händler verkauft in eigenem Namen auf eigene Rechnung.

Der Vertragshändler muss sich in der Regel verpflichten

- ausschließlich das Sortiment des Herstellers zu führen,
- die Preis- und Konditionenpolitik des Herstellers zu beachten und
- evtl. bestimmte Serviceleistungen zu erbringen und die Waren des Herstellers vorrätig zu halten.

Der Hersteller unterstützt die Händler durch Werbung und Vkf-Maßnahmen. Teilweise besteht auch Gebietsschutz, d.h., der Hersteller vertreibt seine Waren innerhalb eines abgegrenzten räumlichen Gebietes nur an einen Händler.

- Franchising

Ähnlich wie beim Vertragshändler besteht auch hier eine enge vertragliche Bindung zwischen Hersteller (Franchisegeber) und Händler (Franchisenehmer), die auf Dauer angelegt ist.

Der Franchisenehmer ist rechtlich selbstständig. Der Franchisegeber stellt dem Franchisenehmer neben dem Markenprodukt auch ein Absatz- und Verkaufskonzept zur Verfügung. Die Marken- und Produktwerbung erfolgt in aller Regel auch durch den Franchisegeber., evtl. übernimmt dieser auch die Ausgestaltung und Ausstattung der Verkaufsräume. Durch den einheitlichen Auftritt erscheinen die Absatzstellen wie Filialunternehmen des Franchisegebers. Die Franchisenehmer müssen meist eine Gebühr für die Leistungen des Franchisegebers zahlen.

- Handelsvertreter

Handelsvertreter sind selbstständige Gewerbetreibende, die für ein anderes Unternehmen in dessen Namen Geschäfte abschließen oder vermitteln. Die vertragliche Bindung ist auf Dauer angelegt. Die Vergütung der Handelsvertreter erfolgt durch Provisionen und evtl. einem Fixum.

Der Status des Handelsvertreters ist im Handelsgesetzbuch (§ 84, Abs. 1, S. 1) geregelt. Er ist Kaufmann, wenn sein Geschäftsbetrieb in kaufmännischer Weise eingerichtet oder er im Handelsregister eingetragen ist. Anders als der Kommissionär, der in eigenem Namen handelt (siehe unten), schließt er Geschäfte in fremdem Namen ab. Seine ständige Tätigkeit für ein (oder mehrere) Unternehmen unterscheidet ihn wiederum vom Handelsmakler (siehe ebenfalls unten).

Da Handelsvertreter dauerhaft und in enger Bindung ans Unternehmen tätig sind, muss ihre Verpflichtung bei den betreffenden Entscheidungen zur Distributionspolitik sorgfältig getroffen werden. Auf der Kostenseite sind vertragliche und finanzielle Verpflichtungen (nach HGB) zu beachten. Obwohl der Handelsvertreter selbstständig arbeitet, vertritt er das Unternehmen und wirkt für dieses nach außen, er muss sich also auch in Vorgaben der Kommunikationspolitik einfügen.

- Kommissionär

Kommissionäre sind selbstständige Gewerbetreibende, die im eigenen Namen, aber für die Rechnung ihrer Auftraggeber Waren verkaufen. Kommissionäre sind zwar in der Regel im Besitz der Kommissionsware, erwerben aber nicht das Eigentum daran. Kommissionäre erhalten für ihre Leistung eine Provision. Wenn sie auch für den Zahlungseingang haften, erhalten sie dafür eine zusätzliche Provision (Delkredereprovision).

- Makler

Ein Makler ist ein selbstständiger Gewerbetreibender, der Geschäfte vermittelt. Er muss die Interessen beider Seiten (d.h. Verkäufer und Käufer) wahren. Er bekommt hierfür eine Provision (Maklergebühr). Es besteht in der Regel keine dauerhafte vertragliche Bindung zwischen dem Verkäufer oder Käufer und dem Makler.

6.4 Bewertung von Vertriebssystemen

Bei der Bewertung und Auswahl von Vertriebssystemen können verschiedene Kriterien berücksichtigt werden, z.B.:

- Kosten des Vertriebsweges, Unterteilung in fixe und variable Vertriebswegekosten (Fixum, Festgehälter, Provisionen, Kalkulationszuschläge etc.),
- Intensität der Marktbearbeitung,
- Möglichkeit der Einflussnahme,
- Anzahl der in den Vertriebsweg eingeschalteten Stufen (mit der Anzahl der Stufen vermindert sich die Möglichkeit zur Einflussnahme und steigen die variablen Kosten),
- Höhe des Betreuungsaufwandes,
- Kenntnisse über die Marktsituation,
- Notwendigkeit zur Errichtung von Vertriebs-/Serviceniederlassungen und Auslieferungslagern,
- Übernahme der Lagerkosten durch den Vertriebspartner,
- Übernahme des Absatzrisikos durch den Vertriebspartner,
- Qualität des Verkaufspersonals,
- Übernahme von Serviceleistungen/Kundendienstleistungen,
- Image,
- Einkaufsverhalten der Konsumenten,
- Vertriebskanäle der Konkurrenten.

Die Bewertung kann mithilfe bestimmter Techniken erfolgen. Mögliche Verfahren, die hierbei eingesetzt werden können, sind:

- Punktbewertungsverfahren,
- Portfolioanalysen,
- Stärken- und Schwächenanalyse der verschiedenen Absatzwege oder
- Wirtschaftlichkeits- und Investitionsrechnungsverfahren.

Bei dem Kostenvergleich verschiedener Vertriebswege werden häufig sogenannte Breakeven-Mengen berechnet. Das macht immer dann Sinn, wenn sich die zu vergleichenden Vertriebsarten in den variablen und fixen Vertriebskosten unterscheiden.

Beispiel

Ein Unternehmen steht vor der Entscheidung, ein Produkt durch den Einsatz von Reisenden oder durch Handelsvertreter zu vertreiben. Bei dem Vertrieb durch Handelsvertreter fallen pro Monat fixe Betreuungskosten von 5.000,00 € an und die Handelsvertreter erhalten eine Provision von 15% des Umsatzes. Bei dem Vertrieb durch Reisende entstehen dem Unternehmen pro Monat fixe Lohnkosten von 20.000,00 €. Die Reisenden erhalten zusätzlich eine Umsatzprovision von 5%. Das Unternehmen möchte wissen, ab welchem Monatsumsatz der Vertrieb durch Reisende kostengünstiger ist als der Vertrieb durch Handelsvertreter.

Der Monatsumsatz wird mit x bezeichnet.

Bei dem Einsatz von Handelsvertretern fallen pro Monat folgende Kosten an:

	fixe Vertriebskosten	5.000,00 €
+	variable Vertriebskosten	0,15 x
=	Gesamtkosten	0,15 x + 5.000

Die monatlichen Kosten beim Einsatz von Reisenden ergeben sich durch folgende Rechnung:

	fixe Vertriebskosten	20.000,00 €
+	variable Kosten	0,05 x
=	Gesamtkosten	0,05 x + 20.000

Die Gesamtkosten der beiden Vertriebswege werden gleichgesetzt:

$$
\begin{aligned}
& 0{,}15x + 5.000 && = 0{,}05x + 20.000 \\
\Leftrightarrow\ & 0{,}1x && = 15.000 \\
\Leftrightarrow\ & x && = 150.000
\end{aligned}
$$

Liegt der Umsatz pro Monat unter 150.000,00 €, ist der Vertrieb über Handelsvertreter kostengünstiger. Bei einem Umsatz von genau 150.000,00 € verursachen beide Vertriebsformen gleich hohe Vertriebskosten und bei einem Monatsumsatz, der über 150.000,00 € liegt, ist der Vertrieb durch Handelsreisende kostengünstiger.
Abb. 6.2 zeigt den Zusammenhang in einer grafischen Darstellung.

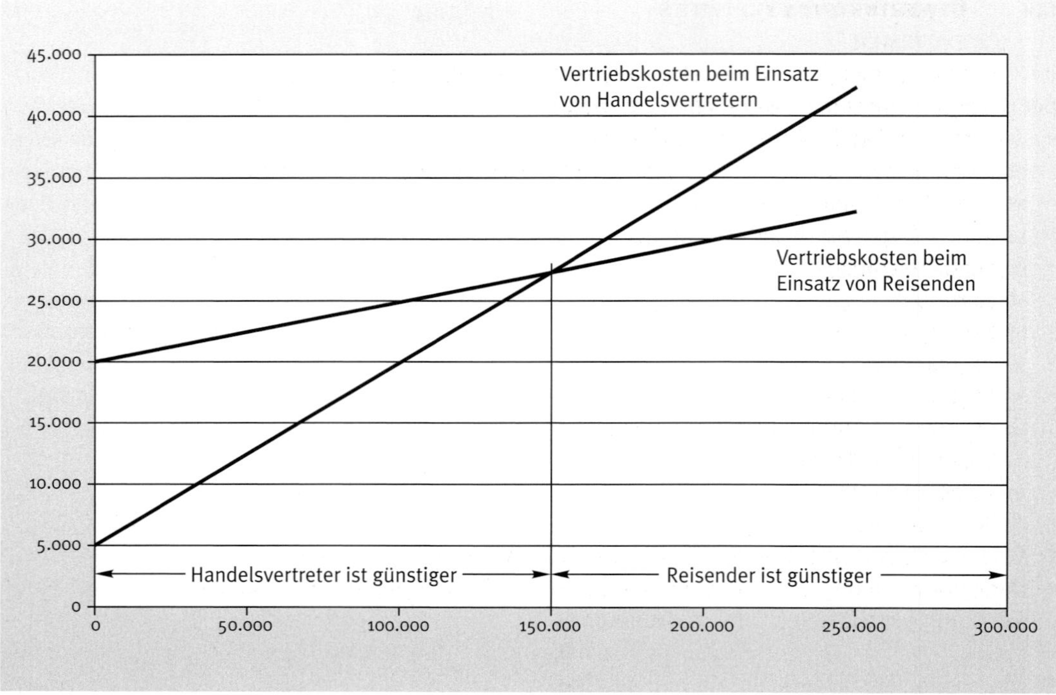

Abb. 6.2: Vertriebskostenvergleich

6.5 Horizontale Vertriebsstruktur

Hat sich ein Unternehmen dazu entschieden, indirekt zu vertreiben, muss im nächsten Schritt festgelegt werden, welche Absatzmittler und wie viele Absatzmittler auf den jeweiligen Stufen eingesetzt werden sollen. Wenn ein Unternehmen seine Produkte z.B. über den Einzelhandel vertreiben will, muss hinsichtlich der Art der Absatzmittler eine Entscheidung über die Betriebsform erfolgen, etwa Vertrieb über Supermärkte und Discounter.

Bezogen auf die Anzahl der einbezogenen Absatzmittler unterscheidet man zwischen Universalvertrieb, Selektivvertrieb und Exklusivvertrieb.

Universalvertrieb

Selektivvertrieb

Exklusivvertrieb/ Gebietsschutz

Beim Universalvertrieb wird versucht, möglichst viele Absatzmittler der betreffenden Betriebsformen in den Vertrieb einzubeziehen, um damit eine weitgehend flächendeckende Präsenz zu erreichen. Im Rahmen des Selektivvertriebs würde eine Selektion der Absatzmittler nach bestimmten Bewertungskriterien, z.B. Größe, Standort, Abnahmemengen, Image etc. bei der Auswahl berücksichtigt werden. Beim Exklusivvertrieb garantiert man den Absatzmittlern innerhalb eines bestimmten räumlichen Vertriebsgebietes eine Alleinstellung, indem exklusiv nur an diese Absatzmittler vertrieben wird. Exklusivvertrieb findet man z.B. beim Einsatz von Vertragshändlern.

6.6 Logistiksysteme

Im Zusammenhang mit der physischen Distribution der Waren spielen auch Aspekte der Logistik eine große Rolle. Hierzu gehören:

- die Organisation der Auftragsabwicklung,
  Kriterien sind zum Beispiel Schnelligkeit und Zuverlässigkeit bei der Bearbeitung von Kundenaufträgen,
- Entscheidungen zur Lagerhaltung wie
  - Eigen-/Fremdlager,
  - Lagermengen,
  - Lagerorte,
  - Lagerarten,
  - Lagerorganisation und
- der Warentransport mit Entscheidungen zu
  - Eigen-/Fremdtransport,
  - Transportmittel,
  - Transportwege.

Logistik ist ein umfassendes, eigenständiges Thema, das im Rahmen einer Einführung ins Marketing nicht näher behandelt werden kann, sondern wozu man eigenständige Fachliteratur heranziehen muss.

6.7 Situationsaufgabe zur Distributionspolitik

Die Pedaltreter GmbH ist ein mittelgroßes Düsseldorfer Unternehmen, das sich auf die Herstellung und den Vertrieb von Fahrrädern spezialisiert hat. Die Pedaltreter GmbH stellt im Wesentlichen qualitativ hochwertige Fahrräder für den Freizeitbereich her. Die Produktpalette besteht zurzeit aus drei Typen:

City-Rad:	**Town**	Preise:	500,00 € ... 600,00 €
Trekking-Rad:	**World**	Preise:	1.200,00 € ... 1.500,00 €
Mountainbike:	**Rockclimber**	Preise:	2.500,00 € ... 3.000,00 €

Die Preise für die jeweiligen Fahrräder variieren in Abhängigkeit der Ausstattung.

Das Vertriebsgebiet ist Düsseldorf und Umgebung. Das Unternehmen verkauft die Fahrräder in eigenen Verkaufsräumen am Produktionsstandort. Die Zielgruppe besteht aus Männern und Frauen zwischen 20 und 50 Jahren mit mindestens mittlerem Einkommen, die unkonventionell, sportlich aktiv und qualitätsbewusst sind.
Die Pedaltreter GmbH möchte expandieren und daher ihr Vertriebsgebiet ausweiten. Es ist geplant, die Fahrräder in der gesamten Bundesrepublik Deutschland zu vertreiben.

Produktionskapazität, Personalsituation und finanzielle Ressourcen der Pedaltreter GmbH:

Mitarbeiter

Funktionsbereiche	Anzahl
Geschäftsführung	2
Absatz/Vertrieb	5
Verwaltung	5
Produktion	60

Absatz/Kapazität pro Jahr (jeweils Stück Fahrräder)

Produkt	Absatzmenge	Kapazität
Town	12.000	25.000
World	4.000	15.000
Rockclimber	2.000	10.000

Im Zusammenhang mit der Ausweitung des Vertriebsgebietes müssen auch Entscheidungen über die Vertriebsform getroffen werden, wobei die Geschäftsführung der Pedaltreter GmbH eine bundesweite Distribution anstrebt.

Marktinformationen
(Zahlen nach „Das Fahrrad – Produktion und Nachfrage", M. Deckarm)

In Deutschland verkaufte Fahrradtypen:

Fahrradtyp	Anteil in %
Kinder-, Jugend-, BMX-Räder	14,5
City-Räder	20,5
Touren-Räder	5,1
Trekking-Räder	20,5
straßentaugliche MTB	3,8
ATB, einfache MTB	21,4
Wettkampf MTB	10,3
Rennmaschinen	2,1
sonstige Räder	1,7

Absatzwege Verkaufsstelle	Anteil in %
Fachhandel	50
SB-Warenhäuser, Baumärkte	33
Versandhandel	5
Warenhäuser	4
sonstige (z.B. Autofirmen, Kaffeeröster)	8

Herkunft der in Deutschland verkauften Fahrräder:

Herkunft	Anteil in %
inländische Produkte	59
EU-Länder und Schweiz	17
osteuropäische Länder	13
ostasiatische Länder	6
USA	1
sonstige Länder	4

Anschaffungsgründe für ein Fahrrad:

- Erstbedarf bei Kindern und Jugendlichen,
- Ersatzbedarf (Reparatur nicht möglich oder zu teuer, technische oder optische Veralterung, nicht mehr modern)
- Zweitrad oder Spezialrad (z.B. sportliche MTB zusätzlich zum „Stadtgefährt", Rennmaschine zum Training/Wettkampf, Transportrad)

Kaufmotive:

- Bedürfnis nach Mobilität
- Hobby, Freizeit- und Urlaubsbeschäftigung
- Prestige, Mode, Lebensstil
- preisgünstiges Verkehrsmittel
- schnelles Verkehrsmittel (in der Stadt)
- Fitness- und Gesundheitsgerät
- Sportgerät
- Transportgerät
- Geschenk/Fortbewegungsmittel/Spielzeug für Kinder

Aktuelle Trends auf dem Fahrradmarkt:

- Für jeden Zweck und für jedes Bedürfnis das passende Rad (Typenvielfalt noch steigerbar)
- individuelle Ausstattung: Farbe, Lenker, Licht, Sattel, Schaltung, Schloss
- Komfort beim Radfahren: Federgabeln, gefederte Sattelstützen, Gel-gefüllte Sättel, ergonomische Lenker, dämpfende Griffe, leichtere Materialien für weniger Kraftaufwand usw.
- hochwertige Materialien, innovative Komponenten (z.B. Beleuchtung, Bremsen)

Konkurrenzsituation:
Der Fahrradmarkt ist sehr zersplittert. Es gibt etwa zehn inländische Hersteller, die pro Jahr mehr als 100.000 Fahrräder produzieren. Darüber hinaus gibt es eine Vielzahl kleinerer inländischer Fahrradhersteller und außerdem ausländische Hersteller, die ihre Fahrräder in Deutschland absetzen (vergl. Tabelle: Herkunft der in Deutschland abgesetzten Fahrräder).

(Quelle für die aktuellen Trends und die Konkurrenzsituation ist wiederum: „Das Fahrrad – Produktion und Nachfrage", M. Deckarm)

Aufgaben

a) Geben Sie an, welche Aspekte bei der Wahl des Vertriebsweges im vorliegenden Fall berücksichtigt werden sollten.

b) Prüfen Sie, ob für die Pedaltreter GmbH direkter Vertrieb grundsätzlich infrage kommt. Geben Sie ggf. diejenigen direkten Vertriebsarten an, die Sie der Pedaltreter GmbH empfehlen würden. Ihre Angaben sind ausreichend zu begründen.

c) Prüfen Sie, ob für die Pedaltreter GmbH herstellergebundene indirekte Vertriebsarten grundsätzlich infrage kommen. Geben Sie ggf. herstellergebundene indirekte Vertriebsarten an, die Sie dabei empfehlen würden. Ihre Angaben sind ausreichend zu begründen.

d) Die Geschäftsführung der Pedaltreter GmbH entschließt sich zu einem indirekten Vertrieb über den Einzelhandel. Geben Sie an, welche Betriebsformen Sie der Pedaltreter GmbH empfehlen würden und begründen Sie Ihre Empfehlung.

e) Die Geschäftsführung der Pedaltreter GmbH möchte die Fahrräder über den Facheinzelhandel vertreiben. Sie erwägt folgende alternative Vorgehensweisen:
   - Vertrieb der Fahrräder über einen eigenen Außendienst (Reisende) an den Facheinzelhandel,
   - Vertrieb der Fahrräder über den Fachgroßhandel an den Facheinzelhandel.

   Um eine ausreichende Marktabdeckung zu erreichen, müssten bei dem unmittelbaren Vertrieb an den Facheinzelhandel 14 Außendienstmitarbeiter eingesetzt werden. Für den Vertrieb über den Fachgroßhandel würde man zwei Außendienstmitarbeiter benötigen.

   Die Fixkosten einschl. Spesen betragen pro Außendienstmitarbeiter 90.000,00 € pro Jahr. Zusätzlich erhalten die Reisenden eine Umsatzprovision von 2% des Herstellerumsatzes. Der durchschnittliche Kalkulationszuschlagsatz der Großhändler beträgt 40% des Herstellerumsatzes.
   - Ermitteln Sie, ab welchem Herstellerumsatz der Vertrieb über den Fachgroßhandel günstiger ist als der unmittelbare Vertrieb an den Facheinzelhandel.
   - Machen Sie einen begründeten Vorschlag, welche der beiden Vertriebsformen Sie der Pedaltreter GmbH empfehlen würden. Berücksichtigen Sie dabei neben den Kosten auch andere Aspekte (Vor-, Nachteile) der jeweiligen Vertriebsmöglichkeit in dem vorliegenden Fall.

Lösungsvorschläge

Zu a): Da es sich bei den Fahrrädern der Pedaltreter GmbH um qualitativ sehr hochwertige Fahrräder handelt, sollten folgende Aspekte besonders berücksichtigt werden:

- Beratungsqualität (Qualifikation des Verkaufspersonals),
- Image der Vertriebsform,
- Übernahme von Serviceleistungen/Kundendienst durch den Vertriebspartner.

Darüber hinaus sollten natürlich auch die Kosten, der notwendige Betreuungsaufwand (vgl. Anzahl der Mitarbeiter im Vertrieb) und das Einkaufsverhalten der Konsumenten berücksichtigt werden.

Zu b): Wegen der geringen Anzahl an Modellen, der beschränkten Kapazität, der angestrebten bundesweiten Distribution und des hohen Beratungsbedarfs kommen im Wesentlichen nur folgende direkte Vertriebsformen infrage:

- Katalogverkauf,
- Verkauf über das Internet.

Hierbei ist allerdings zu berücksichtigen, dass Beratungs- und Servicequalität unter Umständen nicht ausreichend gewährleistet sind. Außerdem werden die Versandkosten unverhältnismäßig hoch sein.
Der bundesweite, direkte Vertrieb über eigene Verkaufsniederlassungen oder Reisende dürfte vermutlich zu hohe Kosten verursachen. Außerdem wäre das damit verbundene Risiko in dieser Phase zu hoch.

Zu c): Wegen der geringen Anzahl an Modellen und der beschränkten Kapazität kommen im Wesentlichen nur folgende herstellergebundene Absatzorgane infrage:

- Kommissionär,
- Vertragshändler.

Bei dem Vertrieb über Kommissionäre müsste geprüft werden, ob hierdurch eine ausreichende Beratungs- und Servicequalität gewährleistet werden kann. Nachteilig ist außerdem, dass das Absatzrisiko bei der Pedaltreter GmbH bleibt.
Es ist fraglich, ob aufgrund des beschränkten Produktionsprogramms der Pedaltreter GmbH Händler als Vertragshändler gewonnen werden können. Hierbei müsste vermutlich akzeptiert werden, dass die Händler auch andere Hersteller führen. Der Vertrieb über Vertragshändler würde allerdings eine entsprechende Servicequalität gewährleisten.

Zu d): Vertrieb über Fachgeschäfte oder Spezialgeschäfte
Gründe

- Einkaufsverhalten der Konsumenten (50% kaufen Fahrräder im Fachhandel),
- hohe Kompetenz und Beratungsqualität des Verkaufspersonals,
- gutes Image (korrespondiert mit der hohen Qualität der Pedaltreter-Fahrräder),
- Übernahme von Serviceleistungen (Reparaturen, Kundendienst etc.) gewährleistet.

Zu e)
Herstellerumsatz: x

Vertrieb über Reisende an Facheinzelhandel

	variable Kosten (Provision)	0,02 x
+	fixe Kosten (14 · 90.000)	1.260.000
=	Gesamtkosten	0,02x + 1.260.000

Vertrieb über Fachgroßhandel an Facheinzelhandel

	variable Kosten (Provision)	0,02x
+	variable Kosten (Kalkulationszuschlag)	0,40x
=	variable Kosten gesamt	0,42x
+	fixe Kosten (2 · 90.000)	180.000
=	Gesamtkosten	0,42x + 180.000

$$0{,}42\,x + 180.000 = 0{,}02\,x + 1.260.000$$
$$\Leftrightarrow 0{,}4\,x = 1.080.000$$
$$\Leftrightarrow x = 2.700.000$$

Vorteile des Fachgroßhändlers:
- Großhändler ist im Markt eingeführt und hat bereits Kundenkontakte,
- Großhändler trägt evtl. Lagerkosten,
- Großhändler trägt Absatzrisiko,
- relativ geringe fixe Vertriebskosten (geringes Risiko),
- geringere Anforderungen an die Logistik.

Nachteile des Fachgroßhändlers:
- relativ hohe variable Vertriebskosten (mindestens zwei Absatzstufen),
- geringere Intensität der Marktbearbeitung,
- geringer Einfluss auf die Distribution,
- Fachgroßhändler führt vermutlich Konkurrenzprodukte.

Vorteile von Reisenden:
- geringe variable Vertriebskosten,
- intensivere Marktbearbeitung möglich,
- absolute Kontrolle der Distribution und der Auswahl der Verkaufsstellen,
- Kooperationen/Aktionen mit den Vertriebspartnern möglich.

Nachteile von Reisenden:
- sehr hohe fixe Vertriebskosten (hohes Risiko),
- Pedaltreter GmbH trägt alleiniges Risiko für Absatz an Facheinzelhandel,
- hoher Koordinationsaufwand,
- hohe Anforderungen an die Logistik,
- Pedaltreter GmbH muss Außendienst neu aufbauen.

Gesamtbewertung
Berücksichtigt man den bisherigen Absatz und die Kapazitäten der Pedaltreter GmbH, dann erscheint ein Herstellerumsatz von deutlich mehr als 2.700.000,00 € pro Jahr sehr wahrscheinlich. Der Einsatz von Reisenden wäre damit kostengünstiger als der Vertrieb über Fachgroßhändler. Auch die übrigen Vorteile der Reisenden lassen diese Vertriebsalternative grundsätzlich vorteilhafter erscheinen. Gleichzeitig sollten aber auch der Risikoaspekt und die zusätzlichen Anforderungen (Aufbau und Koordination eines Außendienstes, Anforderungen an die Logistik etc.) bei der Entscheidung berücksichtigt werden. Es müsste also geprüft werden, ob die Pedaltreter GmbH diesen gestiegenen Anforderungen gerecht werden kann.

6.8 Electronic Business (eBusiness) und Electronic Commerce (eCommerce)

Die Bedeutung des elektronischen Handels ist stark gewachsen

Mit der zunehmenden Verbreitung des Internets ist die Bedeutung des elektronischen Handels in den letzten Jahren stark gewachsen. Neben dem eBusiness/ eCommerce spielt hier auch das sogenannte Mobile Business (mBusiness) eine zunehmende Rolle. Die genannten Begriffe werden teilweise mit einer unterschiedlichen Bedeutung belegt, sodass es sinnvoll erscheint, zunächst eine Begriffsabgrenzung vorzunehmen.

6.8.1 Begriffsabgrenzung

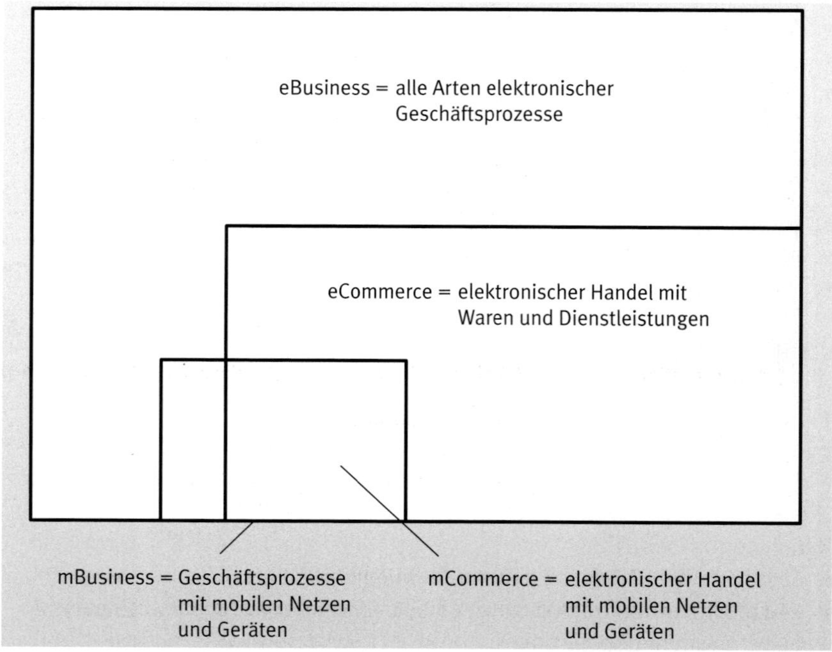

Abb. 6.3: Abgrenzung eBusiness, eCommerce, mBusiness, mCommerce

Üblicherweise wird **eBusiness** als Obergriff für alle elektronischen Geschäftsprozesse verstanden. Teilweise werden eBusiness und eCommerce synonym verwendet, i.d.R. wird **eCommerce** aber als Teilbereich des eBusiness verstanden und auf den Handel mit Waren und Dienstleistungen über elektronische Medien beschränkt. In diesem Sinne wäre z.B. Onlinebanking zwar dem eBusiness, aber nicht dem eCommerce zuzurechnen. Der Internethandel mit Büchern würde dagegen auch zum Bereich des eCommerce gehören. **mBusiness**, ebenfalls ein Teilbereich des eBusiness, bezieht sich auf Aktivitäten und Geschäftsprozesse, die über mobile Netze und Geräte, z.B. Handys, abgewickelt werden.

6.8.2 Möglichkeiten elektronischer Geschäftsbeziehungen

Im eBusiness werden üblicherweise folgende Gruppierungen unterschieden: Unternehmen (B = Business), Konsumenten (C = Consumer), öffentliche Verwaltung (A = Administration). Damit lassen sich im Zusammenhang mit dem eBusiness insgesamt neun mögliche Kombinationen unterscheiden:

		Leistungsnachfrager		
		Business	**Consumer**	**Administration**
Leistungsanbieter	Business	**Business to Business (B2B)** Ein Unternehmen bestellt bei seinem Lieferanten online Waren.	**Business to Consumer (B2C)** Ein Onlinehändler verkauft Bücher an Endverbraucher.	**Business to Administration (B2A)** Elektronische Serviceleistungen von Unternehmen für öffentliche Verwaltungen.
	Consumer	**Consumer to Business (C2B)** Jobbörsen mit Stellengesuchen von Privatpersonen.	**Consumer to Consumer (C2C)** Kleinanzeigen von Privatpersonen im Internet.	**Consumer to Administration (C2A)** Bürger erklären im Internet ihre Bereitschaft, an dem „Dreck-weg-Tag" einer Gemeinde teilzunehmen.
	Administration	**Administration to Business (A2B)** Eine Gemeinde bietet per Internet Gewerbeflächen für Unternehmen an.	**Administration to Consumer (A2C)** Eine Gemeinde bietet ihren Bürgern die Möglichkeit, an der Gemeindewahl per Internet teilzunehmen.	**Administration to Administration (A2A)** Elektronischer Datenaustausch verschiedener Behörden.

Abb. 6.4: Arten elektronischer Geschäftsbeziehungen (nach Hermanns/Sauter, 2001, S. 25)

Bei A2A, A2B und A2C spricht man auch von electronic Government. Unter Marketing-Gesichtspunkten ist nur eCommerce bedeutsam.

6.8.3 Wertschöpfung im Rahmen des eCommerce

Im Rahmen des eCommerce erfolgt ein Teil der Wertschöpfung durch den Einsatz elektronischer Medien, z.B. das Internet. Die Wertschöpfung eines Unternehmens berechnet sich grundsätzlich als Differenz zwischen der Gesamtleistung (Umsatzerlös) abzüglich der Vorleistungen (zugekauftes Material, fremde Dienstleistungen, Zinsen etc.).

Beispiel:

Ein Computershop kauft für 220,00 € Einzelkomponenten und baut diese zu einem Computer zusammen, den er für 400,00 € verkauft. Seine Wertschöpfung beträgt 400,00 € – 220,00 € = 180,00 €.

Einzelne Wertschöpfungsaktivitäten lassen sich zu einer Wertschöpfungskette verbinden. Bei der Herstellung und dem Vertrieb von Verlagsprodukten könnte sie z.B. wie folgt aussehen:

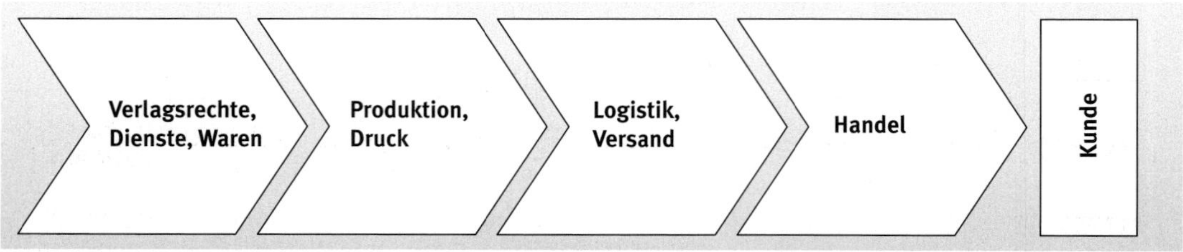

Abb. 6.5: Vereinfachte Wertschöpfungskette bei Produktion und traditionellem Vertrieb von Verlagsprodukten

Durch den Einsatz elektronischer Medien lässt sich ein Teil der Wertschöpfung in der Kette abschöpfen. Die Höhe der abschöpfbaren Wertschöpfung bezeichnet man als digitales Wertschöpfungspotenzial. Das digitale Wertschöpfungspotenzial ist bei digitalisierbaren Gütern (Musik, Informationen, Software etc.) grundsätzlich größer als bei nicht digitalisierbaren Gütern.

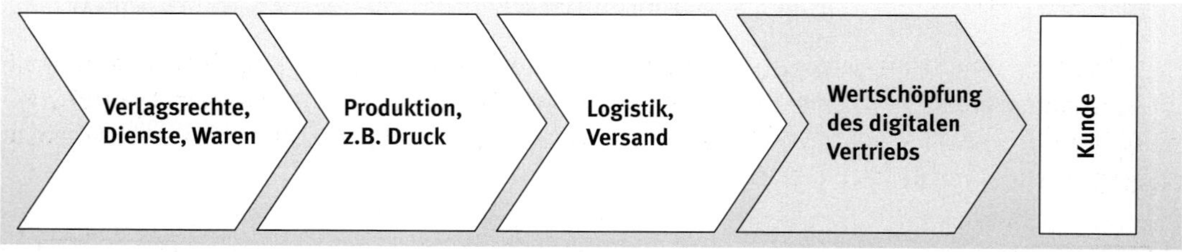

Abb. 6.6: Vereinfachte Wertschöpfungskette bei Produktion und digitalem Vertrieb von nicht digitalisierbaren Verlagsprodukten

Abb. 6.7: Vereinfachte Wertschöpfungskette bei Produktion und digitalem Vertrieb von digitalisierbaren Verlagsprodukten

Das digitale Wertschöpfungspotenzial hängt allerdings auch von der Struktur und der Komplexität der Wertschöpfungskette ab. So lassen sich z.B. bestimmte Bestandteile der Wertschöpfungskette wie Beratung, After-Sales-Service u.a. auch bei nicht digitalisierbaren Gütern mithilfe elektronischer Medien bereitstellen. In diesem Zusammenhang spielen die Begriffe Disintermediation und Reintermediation eine Rolle. Intermediäre sind im Zusammenhang mit dem Vertrieb eigenständige Zwischenhändler, die in die Wertschöpfungskette eingebunden sind und einen Teil der Wertschöpfung übernehmen, z.B. Groß- und Einzelhändler. Im Zusammenhang mit dem eCommerce bedeutet **Disintermediation** die völlige oder teilweise Ausschaltung solcher Intermediäre im Zusammenhang mit dem Vertrieb. Die folgende Abbildung veranschaulicht eine zunehmende Disintermediation.

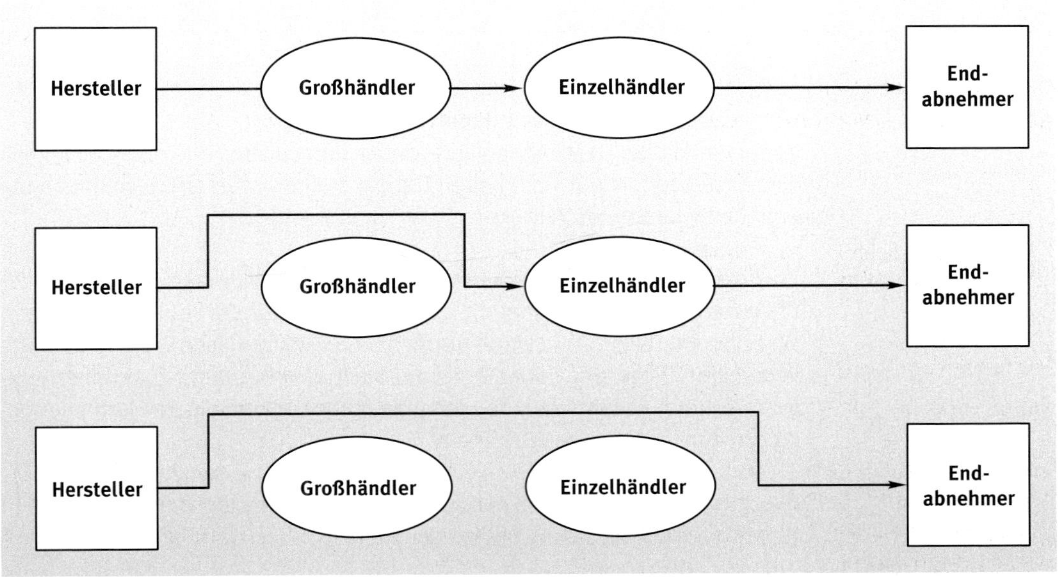

Abb. 6.8: Disintermediation (Abb. 6.5-6.8. in Anlehnung an ein Skript von Prof. Detlef Schoder, Köln, 2003/2004)

Ursprünglich war erwartet worden, dass im Zusammenhang mit dem eCommerce die Disintermediation zunehmen würde. Diese Tendenz wird allerdings durch Intermediäre, die ebenfalls den elektronischen Vertriebskanal nutzen, zumindest teilweise wieder rückgängig gemacht. In diesem Zusammenhang spricht man von **Reintermediation**.

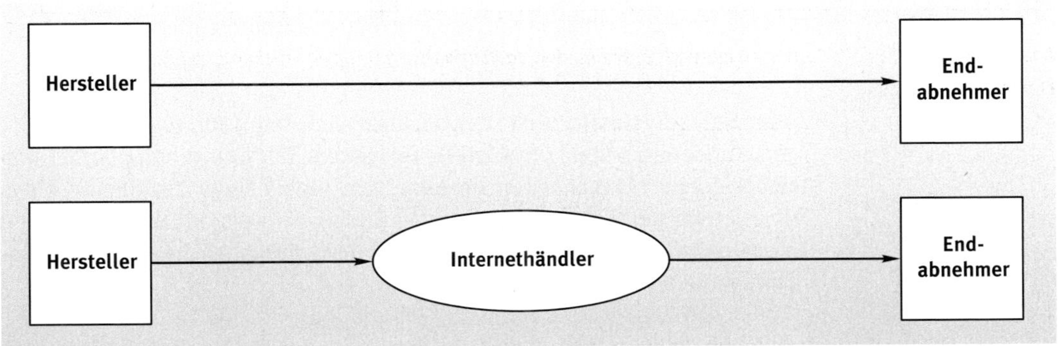

Abb. 6.9: Reintermediation

Durch den elektronischen Handel kann die Intermediation im Vergleich zum traditionellen Handel sogar zunehmen.

Beispiel:

Endabnehmer A fragt bei dem Internethändler B die Lieferung eines Buches an.
B kann das Buch nicht liefern und stellt durch eine Anfrage bei dem Verlag fest, dass das Buch nicht mehr lieferbar ist.
B fragt daraufhin bei verschiedenen Buchhändlern an, ob sie das Buch noch vorrätig haben. Händler D hat noch ein Exemplar und liefert es an B, B liefert daraufhin weiter an A.

6.8.4 Grundstruktur von eCommerce-Geschäften

Trotz der Vielfalt der Geschäftsabläufe, die im Rahmen des eCommerce möglich und auch zu beobachten sind, haben Transaktionen in diesem Zusammenhang eine einheitliche Grundstruktur:

Aussagekräftige und detaillierte Produktinformationen

- **Produktinformation/Selektion:** Der Anbieter muss aussagekräftige und detaillierte Informationen über die angebotenen Produkte auf elektronischem Wege bereitstellen. Dazu werden sogenannte elektronische Produktkataloge verwendet. Diese sind in der Regel mit Such- und Beratungsfunktionen ausgestattet, um dem Kunden das schnelle Auffinden und die Selektion der gewünschten Produkte zu erleichtern.

- **Bestellsystem**: Die Kunden müssen die Möglichkeit haben, die gewünschten Waren auf elektronischem Wege zu bestellen.

Digitalisierbare Güter können auf elektronischem Wege zugestellt werden

- **Bezahl- und Distributionssystem**: Es müssen Regelungen bestehen, wie die bestellte Ware bezahlt und erhalten werden kann. Gängige Zahlungsarten beim eCommerce sind Kreditkartenzahlung und das Lastschriftverfahren, bei dem der Käufer dem Verkäufer die Genehmigung erteilt, das Konto des Käufers mit dem Kaufpreis zu belasten. Hinsichtlich des Distributionssystems ist zu unterscheiden, ob es sich um digitalisierbare Güter handelt oder nicht. Digitalisierbare Güter können auf elektronischem Wege, beispielsweise per Download, zugestellt werden, bei nicht digitalisierbaren Gütern ist ein physisches Distributionssystem erforderlich.

- **After-Sales-Systeme**: Es ist sinnvoll, auch nach dem Kauf weiter Kontakt mit dem Kunden zu halten, um Anstöße für weitere Käufe zu geben. Hierbei sind verschiedene Möglichkeiten denkbar, z.B. regelmäßige Zusendung eines Newsletters per E-Mail, Angebote per E-Mail, Hinweis auf Sonderaktionen oder Gewinnspiele per E-Mail. Hierbei sind natürlich mögliche gesetzliche Beschränkungen zu beachten.

Die folgende Abbildung stellt die Grundstruktur einer elektronischen Geschäftsabwicklung als Übersicht dar.

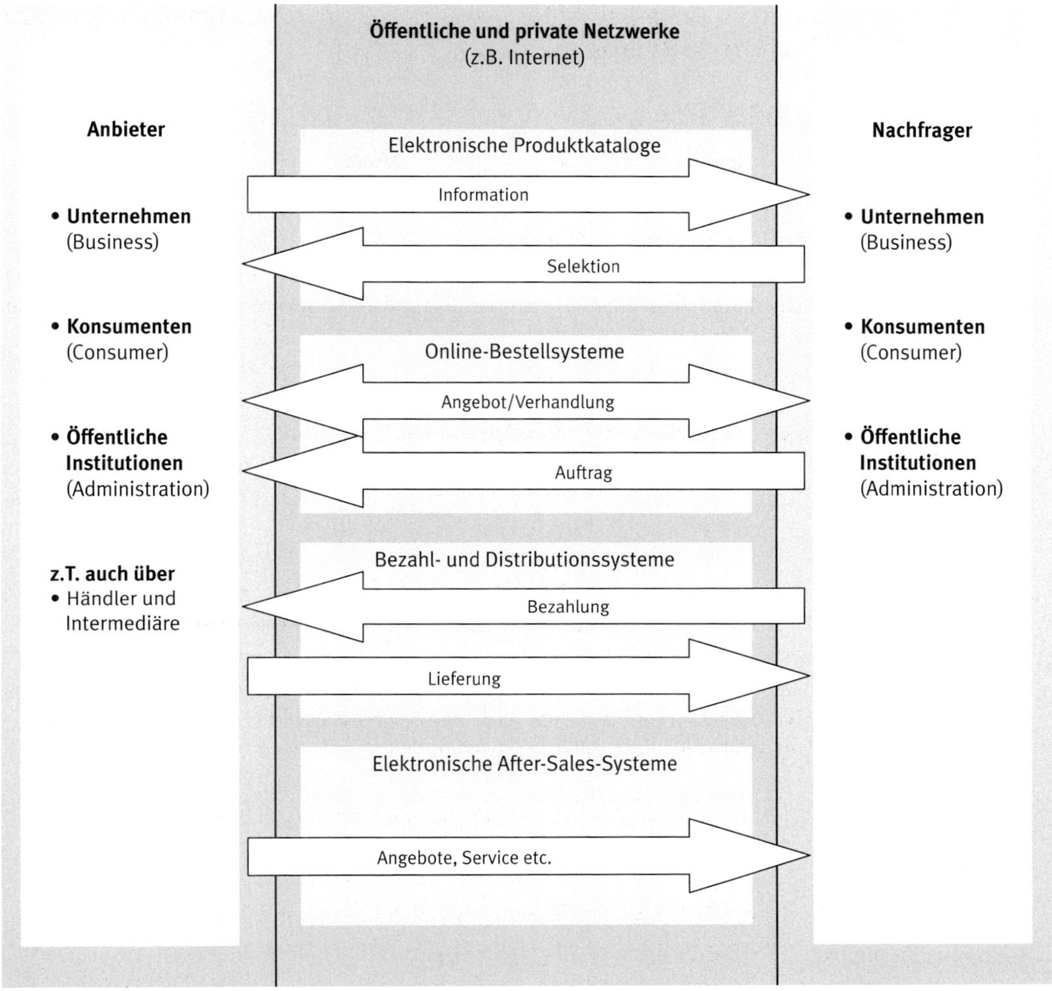

Abb. 6.10: Grundstruktur von eCommerce-Geschäften (Quelle: Hermanns/Sauter: Management-Handbuch Electronic Commerce. Vahlen. München 2001)

6.8.5 Internetbasierte Geschäftsmodelle

Unter einem Geschäftsmodell versteht man allgemein eine abstrahierende Beschreibung der Geschäftstätigkeit eines Unternehmens. Das Modell erklärt also den Leistungserstellungsprozess ausgehend von den zu beschaffenden externen Ressourcen bis zum fertigen Produkt (vgl. Abb. 6.11).

Entsprechend versteht man unter einem internetbasierten Geschäftsmodell die abstrahierende Beschreibung der Geschäftstätigkeit eines Unternehmens, das einen Teil seiner Geschäftstätigkeit durch den Einsatz von Internettechnologie erzielt.

Es lassen sich hierbei vier Geschäftstypen unterscheiden: Content, Commerce, Context und Connection.

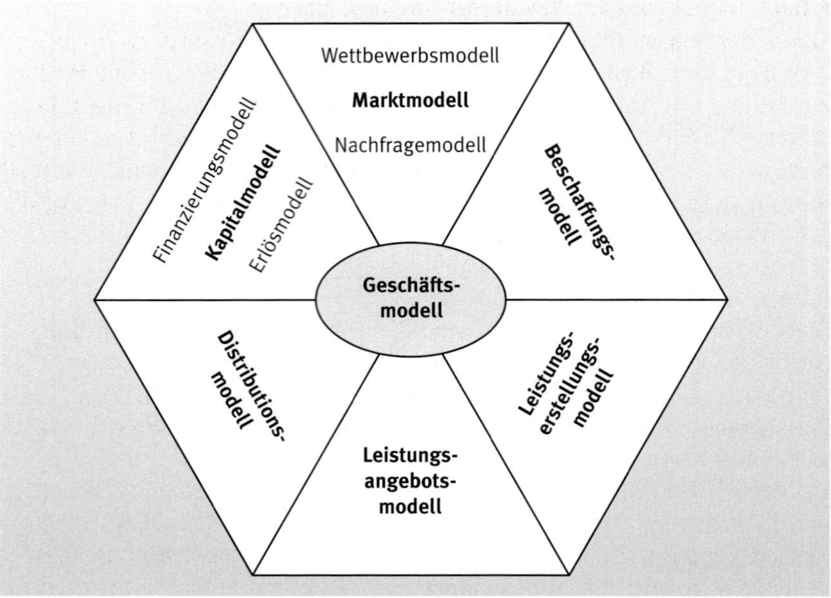

Abb. 6.11: Geschäftsmodell (Quelle: B. Wirtz: Electronic Business. Gabler. Wiesbaden 2010)

	Content	Commerce	Context	Connection
Definition	Sammlung, Selektion, Systematisierung, Kompilierung und Bereitstellung von Inhalten	Anbahnung, Aushandlung und/oder Abwicklung von Geschäftstransaktionen	Klassifikation und Systematisierung von im Internet verfügbaren Informationen	Herstellung der Möglichkeiten des Informationsaustausches in Netzwerken
Ziel	Onlinebereitstellung von konsumentenzentrierten Inhalten	Ergänzung bzw. Substitution traditioneller Transaktionsphasen durch das Internet	• Komplexitätsreduktion • Navigation	Schaffung von technologischen, kommerziellen oder rein kommunikativen Konnektionen in Netzen
Erlösmodell*	Indirekte Erlösmodelle	Transaktionsunabhängige direkte und indirekte Erlösmodelle	Indirekte Erlösmodelle	Direkte und indirekte Erlösmodelle
Beispiele	• Financial Times Deutschland • Spiegel Online • MP3.com	• Amazon • Dell • Ebay	• Yahoo! • Lycos • Google	• AOL • outpost.com • GMX

*) *Mit Erlösmodell ist hier gemeint, auf welche Art und Weise das Angebot zu Erlösen führt. Bei direkten Erlösmodellen wird der Erlös durch eine Nutzung des Angebots erzielt. Bei indirekten Erlösmodellen erfolgt die Erlöserzielung z.B., indem andere Unternehmen Werbebanner auf den Internetseiten des Anbieters schalten.*

Abb. 6.12: Geschäftstypen im eCommerce (Quelle: B. Wirtz: Electronic Business. Gabler. Wiesbaden 2010)

6.8.6 Typisierung von Business-Webs nach Tapscott

Eine andere Klassifizierung der Internetgeschäfte liefert D. Tapscott. Er geht von dem Begriff des Business-Webs (B-Web) aus. Tapscott definiert ein B-Web als ein System von Anbietern, Distributoren, Commerce-Service-Providern, Infrastruktur-Providern und Kunden, die das Internet als hauptsächliches Kommunikations-, Geschäfts- und/oder Transaktionsinstrument nutzen. Tapscott unterscheidet insgesamt fünf Arten von Business-Webs, die wiederum in verschiedenen Formen auftreten können.

Tapscott unterscheidet fünf Arten von Business-Webs

6.8.6.1 B-Web-Agora

Diese Web-Form ist eine Art elektronischer Marktplatz, auf dem Angebot und Nachfrage aufeinandertreffen und über Preise verhandelt wird. Der Preisbildungsprozess ist hier dynamisch, d.h., durch die Reaktionen der Nachfrager verändert sich der Preis im Zeitablauf. Ein typisches Beispiel für den Web-Typ Agora ist die Internetauktionsplattform eBay®.

Der Begriff Agora stammt aus dem Griechischen und benannte ursprünglich den Ort, an dem die Volksversammlungen im antiken Griechenland stattfanden. Später wurde das Wort auch zur Bezeichnung eines Marktes verwendet. Der Betreiber einer Web-Agora stellt den organisatorischen Rahmen und ein Regelwerk für den elektronischen Marktplatz zur Verfügung und erhält dafür eine Provision. Die eigentlichen Geschäftsabwicklungen werden von den Käufern und Verkäufern selbst vorgenommen. Bei einer ausreichend großen Teilnehmerzahl ist das Produktangebot breit gefächert und differenziert. Es gibt allerdings auch Agoren, die auf einen bestimmten Produktbereich spezialisiert sind.

In einer Web-Agora nehmen Käufer und Verkäufer die Geschäftsabwicklungen selbst vor

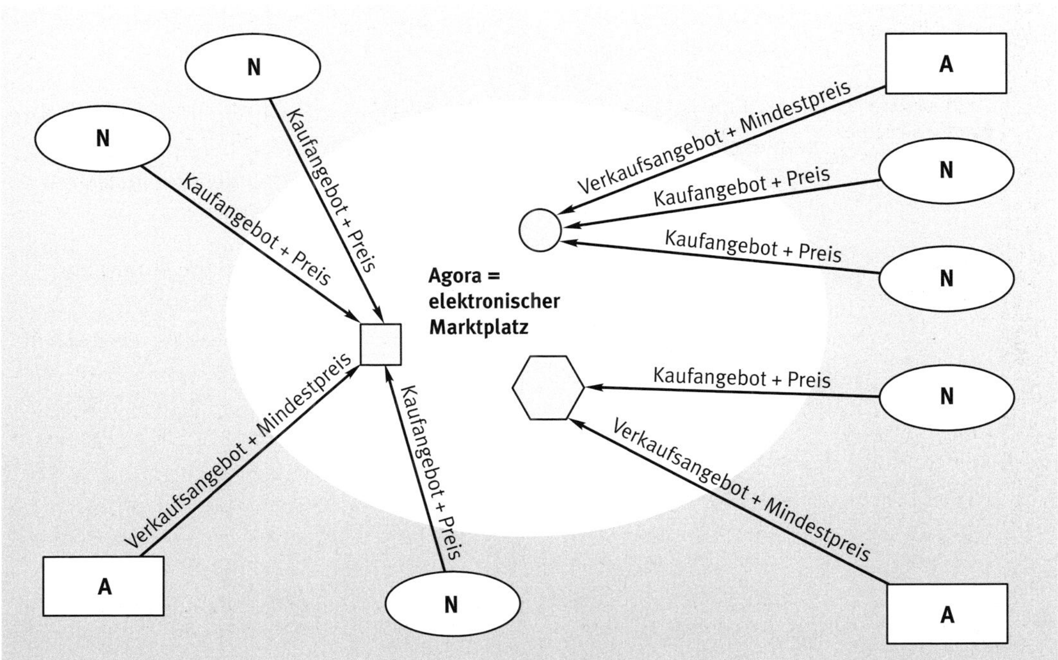

Abb. 6.13: B-Web-Agora

6.8.6.2 B-Web-Aggregator

Bei diesem Web-Typ handelt es sich um einen elektronischen Laden, wie z.B. Amazon. Der Aggregator kauft die Waren bei verschiedenen Herstellern und bietet sie in seinem elektronischen Laden zu von ihm festgesetzten Preisen an. Durch intelligente Softwareagenten kann der Kunde bei der Suche und der Produktauswahl unterstützt und beraten werden. Ein Softwareagent ist ein Computerprogramm, das ...

Softwareagent

- unabhängig von Benutzereingriffen arbeitet,
- infolge eigener Initiative Aktionen auslösen kann,
- auf Veränderungen reagiert,
- mit anderen Softwareagenten kommunizieren kann,
- lernfähig ist, d.h., seine Aktionen aufgrund von Beobachtungen und zuvor getätigten Entscheidungen anpasst.

Cross-Selling-Aktivitäten

Die Softwareagenten können außerdem Cross-Selling-Aktivitäten unterstützen, indem sie den Käufer z.B. darauf hinweisen, dass andere Käufer des Produkts A auch die Produkte B und C gekauft haben.

Allgemein versteht man unter Cross-Selling, wenn einem Käufer zu einem bestimmten Produkt passende Zusatzprodukte angeboten werden.

Ziel von Cross-Selling-Maßnahmen ist es, den Umsatz pro Kaufakt zu erhöhen. Die Kunden haben bei vielen Web-Aggregatoren die Möglichkeit, zu den gekauften Produkten Bewertungen abzugeben, die der Web-Aggregator der Produktbeschreibung beifügt. Dadurch erhalten potenzielle andere Kunden eine zusätzliche Entscheidungshilfe.

Häufig läuft die Geschäftsabwicklung bei diesem Web-Typ in Form eines **Streckengeschäftes** ab: Der Kunde bestellt angebotene Ware bei dem Web-Aggregator. Dieser leitet die Bestellung weiter an den betreffenden Hersteller, der die Ware an den Kunden versendet (vgl. Abb. 6.14).

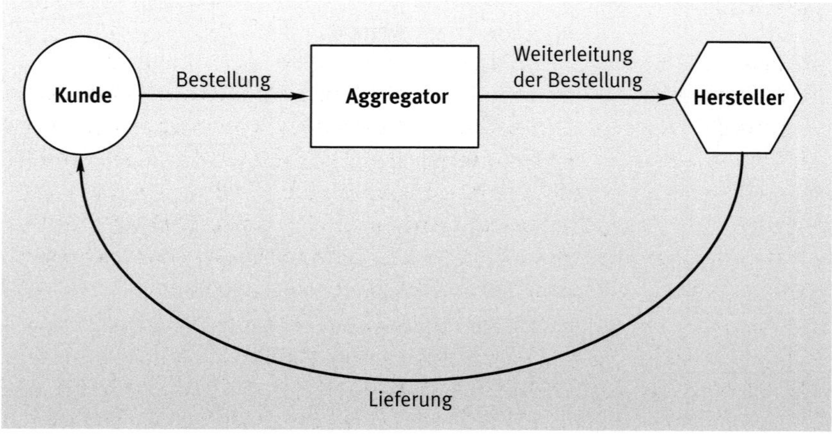

Abb. 6.14: Streckengeschäft beim B-Web-Aggregator

Der Aggregator hat den Vorteil, dass er die Käufe der Kunden registriert und auf dieser Basis Kundenprofile erstellt, die es ihm ermöglichen, die Kunden im Rahmen des Customer-Relationship-Managements (CMR) optimal zu betreuen.

Der Aggregator erstellt Kundenprofile

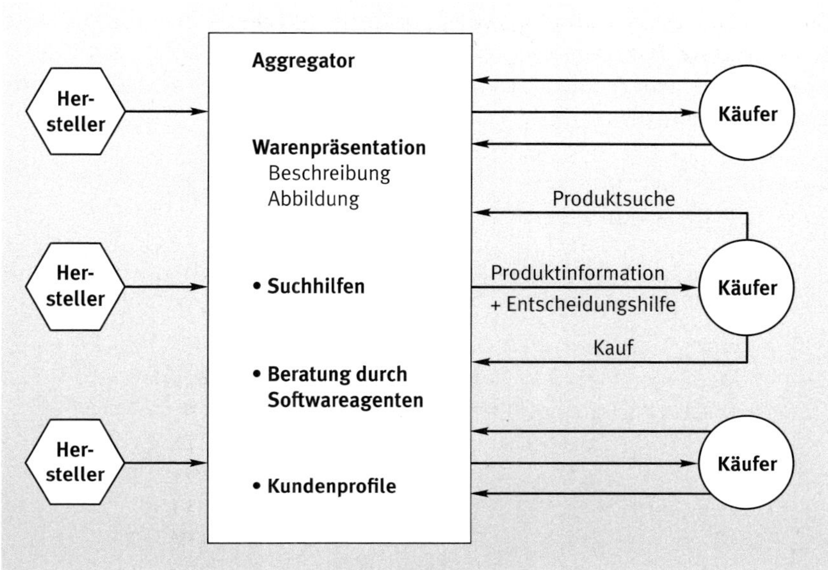

Abb. 6.15: B-Web-Aggregator

6.8.6.3 B-Web-Integrator (Value Chain)

Bei dieser Form eines Business-Webs wird ein Produkt oder eine Leistung nach den Wünschen des Kunden unter Beteiligung verschiedener Unternehmen erstellt und geliefert. Der Integrator hat dabei die Aufgabe, das Business-Web zu koordinieren, zu kontrollieren und die Leistungsbeiträge der beteiligten Unternehmen zu dem vom Kunden gewünschten Produkt zu integrieren. Abb. 6.16 zeigt eine schematische Visualisierung des Web-Typs Integrator.

Der Web-Integrator koordiniert und kontrolliert das Business-Web

Beispiel:

Ein Beispiel für diesen Web-Typ ist das Unternehmen Dell, das Computer und Computersysteme direkt an Unternehmen und Privatpersonen im Rahmen des eCommerce vertreibt (vgl. Abb. 6.17). Die Integrationsleistung von Dell besteht darin, dass gemäß den Kundenwünschen die notwendigen Komponenten von den Herstellern oder Zulieferanten nach Bedarf bezogen und die gewünschten Computer bzw. Computersysteme produziert werden. So erspart sich Dell die Lagerkosten und kann zudem gewährleisten, dass stets die neueste Computertechnologie angeboten wird – bei dem hohen Innovationsfortschritt in der Computerbranche ein nicht zu vernachlässigender Vorteil. Die Kunden werden bei der Konfiguration und Zusammenstellung der Computer durch intelligente Expertensysteme unterstützt. Für Großkunden übernimmt Dell zusätzlich noch weitere Dienstleistungen.

Da Dell durch sein Geschäftsmodell kundenindividuelle Bedürfnisse zu günstigen Preisen befriedigen kann, spricht man in diesem Zusammenhang auch von **Mass Customisation**. Allgemein versteht man unter Mass Customisation (kundenindividuelle Massenproduktion) die Produktion von Gütern und Leistungen für einen großen Absatzmarkt, wobei die unterschiedlichen Bedürfnisse jedes einzelnen Nachfragers berücksichtigt werden. Trotz dieser Kundenindividualisierung werden die Produkte zu Preisen angeboten, die denen einer Massenproduktion entsprechen.

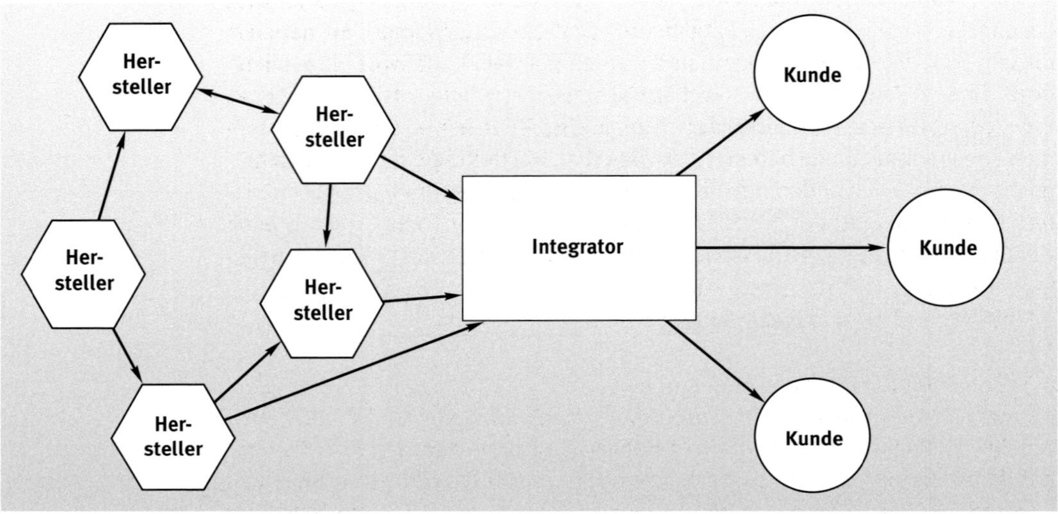

Abb. 6.16: B-Web-Integrator (Quelle: in Anlehnung an Tapscott et al.: Digital Capital. Harvard Business School Press. Boston 2000)

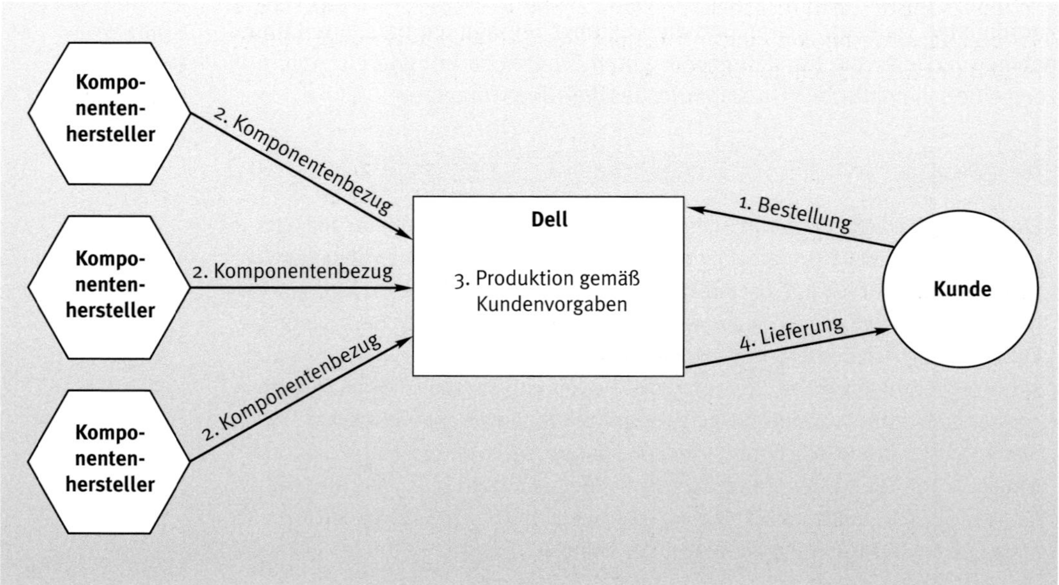

Abb. 6.17: Geschäftsabwicklung von Dell

6.8.6.4 B-Web-Allianz

Unter einer Allianz versteht man eine Gemeinschaft gleichberechtigter Partner, die sich gemeinsam einem bestimmten Problem bzw. einer bestimmten Aufgabe widmen oder gemeinsame Interessen verfolgen und sich dabei über das Internet austauschen. Allianzen können dauerhaft bestehen oder auch nur zeitlich befristet, indem sie sich auflösen, nachdem für die gemeinsame Problemstellung eine befriedigende Lösung gefunden wurde.

In einer Allianz verfolgen gleichberechtigte Partner gemeinsame Interessen

Kennzeichnend für Allianzen ist, dass die Mitglieder sowohl Lösungsbeiträge zu der vorliegenden Problemstellung produzieren (Producer) als auch Lösungsbeiträge von anderen Mitgliedern nachfragen (Consumer). Sie haben in diesem Sinn eine Doppelfunktion und werden mit dem Kunstwort **„Prosumer"** bezeichnet. Allianzen können sowohl zwischen Unternehmen als auch zwischen Privatpersonen bestehen. Es sind auch gemischte Allianzen, an denen Unternehmen und Privatpersonen beteiligt sind, denkbar. Die Beiträge der einzelnen Mitglieder stehen allen anderen frei zur Verfügung. Beispiele für Allianzen sind: Internetspielgemeinschaften; Forschungsgemeinschaften, z.B. das Human Genome Project zur Entschlüsselung des menschlichen Genoms; Entwicklungsgemeinschaften, z.B. das Linux-Projekt, eine Allianz, die das Betriebssystem „Linux" entwickelt hat und weiter fortentwickelt.

6.8.6.5 B-Web-Distributor

Hierbei handelt es sich um Netzwerke, durch die Produkte (materiell und immateriell) vom Anbieter zum Abnehmer gelangen. Distributionsnetzwerke, die nicht auf dem Internet basieren (Old Economy), sind z.B. Elektrizitätsunternehmen (Stromnetz), Telefongesellschaften (Telefonnetz), die Post (Transportnetz). Im Rahmen der Internet-Ökonomie sind Distributoren z.B. Netzwerkoperatoren, die für den Zugriff auf Internetprotokolle sorgen, z.B. Clasicnet. Dazu gehören aber auch neue logistische Unternehmen wie UPS, die bei der Erbringung ihrer Dienstleistung Internettechnologie einsetzen. Die folgende Abbildung verdeutlicht das Prinzip eines B-Webs vom Typ Distributor.

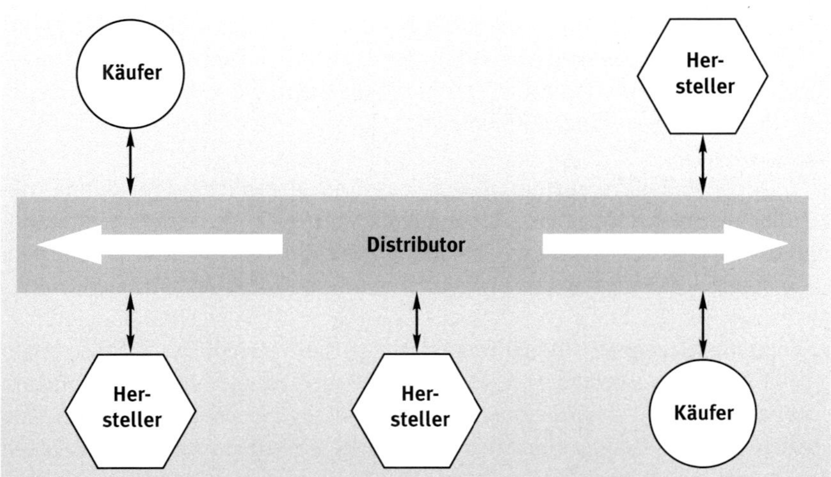

Abb. 6.18: B-Web-Distributor (Quelle: Tapscott et al., Boston 2000)

6.8.7 Preisbildung beim eCommerce

Im eCommerce besteht eine hohe Preistransparenz

Beim Preismanagement von Produkten, die im Rahmen des eCommerce angeboten werden, ist zu berücksichtigen, dass bei dieser Vertriebsform grundsätzlich eine hohe Preistransparenz besteht, da die Käufer relativ leicht die Preise verschiedener Anbieter vergleichen können. Solche Preisvergleiche lassen sich durch den Einsatz von sogenannten **Shopping Robots** sogar noch automatisieren. Shopping Robots sind Programme, die selbstständig Preisvergleiche durchführen und das günstigste Angebot heraussuchen. Um hier eine Abgrenzung zu erreichen, bieten sich im Wesentlichen folgende Verfahren an:

- Preisdifferenzierung,
- Preisbündelung,
- dynamische Preisbildung.

6.8.7.1 Preisdifferenzierung

Preisdifferenzierung erschwert den Preisvergleich

Durch Preisdifferenzierung lässt sich grundsätzlich ein höherer Gewinn im Vergleich zu einem Einheitspreis erzielen. Preisdifferenzierung erschwert zudem den Preisvergleich (zur Preisdifferenzierung und ihren grundsätzlichen Verfahren vgl. Kap. 5.6).

➔ *Voraussetzung für eine Preisdifferenzierung ist, dass es gelingt, Barrieren zwischen die einzelnen Preisklassen zu ziehen.*

Personen mit einer höheren Preisbereitschaft müssen davon abgehalten werden, das Produkt zu dem geringeren Preis zu kaufen. Räumliche und personenbezogene Preisdifferenzierungen sind im Rahmen des eCommerce problematisch, da eine räumliche Trennung nicht möglich ist und bei einer personenbezogenen Preisdifferenzierung das Problem der Kontrolle besteht. Wenn z.B. ein bestimmtes Produkt an Personen unter 30 Jahren zu einem geringeren Preis abgegeben werden soll als an Personen, die 30 Jahre oder älter sind, müsste das Alter des Käufers überprüft werden. Da es sich bei eCommerce-Geschäften in aller Regel um Distanzkäufe handelt, dürfte das problematisch sein.

Geeignet sind dagegen alle Arten der Preisdifferenzierung, die mit einer Selbstselektion verbunden sind. Das heißt, die Segmentierung der verschiedenen Käufergruppen erfolgt automatisch.

- **Zeitliche Preisdifferenzierung**: Möglichkeiten der zeitlichen Preisdifferenzierung bestehen darin, dass z.B. die Zugangskosten für bestimmte Informationen oder Serviceleistungen in Abhängigkeit der Zeit differenziert werden. Besonders günstige Angebote können zeitlich befristet werden.

- **Leistungsbezogene Preisdifferenzierung**: Unterschiedliche Ausführungen des Produktes werden zu verschiedenen Preisen angeboten. Eine Software wird z.B. mit Zusatzfunktionen zu einem höheren Preis angeboten als eine abgespeckte Version. Der Preis kann auch in Verbindung mit zusätzlichen Supportleistungen variiert werden.

6.8.7.2 Preisbündelung

> *Unter einer Preisbündelung versteht man, dass mehrere Produkte zu einem Gesamtpreis angeboten werden.*

Wenn nur die Möglichkeit besteht, das gesamte Produktbündel zu erwerben, spricht man von einer reinen Preisbündelung. Werden die Produkte sowohl einzeln als auch im Bündel angeboten, liegt eine gemischte Bündelung vor. Ein Softwareunternehmen bietet z.B. Softwarekomponenten einzeln und als Gesamtpaket an. In diesem Fall liegt eine gemischte Bündelung vor. Bei einer gemischten Bündelung ist die Summe der Preise für die Einzelprodukte in aller Regel höher als der Preis für das Produktbündel. Durch die Preisbündelung wird wie bei der Preisdifferenzierung der Preisvergleich erschwert.

6.8.7.3 Dynamische Preisbildung

Gerade der elektronische Vertrieb bietet sich für dynamische Preisbildungsprozesse an.

> *Eine dynamische Preisbildung liegt vor, wenn der Preis nicht starr ist, sondern kurzfristige Preisänderungen, z.B. aufgrund von Nachfragereaktionen, möglich sind.*

Gängiges Verfahren der dynamischen Preisbildung im eCommerce: die Auktion

Ein gängiges Verfahren der dynamischen Preisbildung im elektronischen Handel ist die Auktion. Typisch ist hier die sogenannte Englische Auktion, bei der der Bietprozess bei einem Mindestpreis beginnt und der Höchstbietende den Zuschlag erhält. Jeder Teilnehmer kann dabei so häufig bieten, wie er will. Bei Auktionen im elektronischen Handel wird in der Regel ein bestimmter Zeitpunkt vorgegeben, zu dem die Auktion endet. Der Bieter, der zu diesem Zeitpunkt das höchste Gebot hält, bekommt den Zuschlag. Auktionen haben den Vorteil, dass sie die Preisbereitschaft der Käufer offenlegen.

Andere Maßnahmen mit Preiseffekten

Maßnahmen, die einen höheren Preis als die Wettbewerber ermöglichen, sind:

- **Conveniencevorteil**: Dieser Vorteil entsteht etwa durch geringeren Suchaufwand, z.B. indem man über verschiedene Eingangsportale zu den Produkten gelenkt wird.
- **Vertrauensvorteil**: Gerade bei Internetgeschäften sind die Konsumenten geneigt, einen höheren Preis zu akzeptieren, wenn sie dem Anbieter ein größeres Vertrauen entgegenbringen.

6.8.7.4 Preisstrategien bei digitalisierbaren Gütern

Bei digitalisierbaren Gütern, z.B. Software, besteht häufig die Situation, dass ihre Produktion mit sehr hohen Entwicklungskosten (Fixkosten) verbunden ist, während die Vervielfältigungskosten vernachlässigt werden können. Hier ist häufig die Strategie erfolgreich, die Software zunächst kostenlos zu verbreiten

(Follow-the-Free-Prinzip), um schnell einen großen Kundenkreis (Netzwerkeffekt) und eine Kundenbindung (Lock-in-Effekt) zu erreichen. In der Folge werden dann kostenpflichtige Zusatz- und/oder Komplementärleistungen oder leistungsstärkere Produktversionen angeboten. Teilweise wird auch die Strategie verfolgt, zunächst eine kostenlose Demoversion zu verbreiten, die aber nur während eines begrenzten Zeitraums genutzt werden kann. Nach Ablauf der kostenfreien Nutzungszeit wird dann eine kostenpflichtige Version angeboten.

7 Kommunikationspolitik

Die Kommunikationspolitik („Promotion") gehört, vgl. dazu den Abschnitt 1.3 im 1. Kapitel, zu den sogenannten vier Ps. Sie ist ein „gleichwertiges" Marketing-Instrument neben Produkt-, Kontrahierungs- und Distributionspolitik. Das vorliegende Kapitel beschränkt sich auf einen kompakten Überblick für Leser/innen, die eine erste Einführung suchen. Das Thema wird dann im getrennten Band „Kommunikationspolitik" entsprechend vertieft und erweitert. Einzelne Vertiefungen, zum Beispiel der Komplex der Werbewirkung, werden ferner im Band „Werbung planen" behandelt.

7.1 Grundlagen der Kommunikationspolitik

Unter Kommunikationspolitik versteht man den Einsatz aller Kommunikationsinstrumente/-maßnahmen, mit denen Unternehmen versuchen, gewünschte Botschaften relevanten Zielgruppen zu vermitteln.

Kommunikation erfolgt extern und intern

Dabei umfasst Kommunikationspolitik sowohl Maßnahmen der externen als auch der internen Kommunikation.

Einseitige Kommunikation birgt mehr Missverständnisse als zweiseitige (Dialog)

Kommunikation lässt sich als Austausch von Botschaften zwischen Sender und Empfänger mit dem Ziel der Verständigung/Beeinflussung beschreiben. Wie schwierig sich Verständigung zwischen Sender und Empfänger gestalten kann, erleben wir im täglichen Umgang mit Lebenspartnern, Freunden, Kollegen, Vorgesetzten etc. Verständigung wird erleichtert, wenn Kommunikationsprozesse zweiseitig ablaufen, denn durch den Dialog erhalten beide Teilnehmer immer wieder Rückmeldungen über den Stand der Verständigung.

Formel von Laswell

Der Kommunikationsforscher Laswell hat den Vorgang der Kommunikation in einer prägnanten Formel ausgedrückt:

Wer?
Sagt was?
Über welchen Weg?
Zu wem?
Mit welcher Wirkung ?

Diese Grundsätze gelten natürlich auch für werbliche Kommunikation, wobei hier der Aspekt der Verhaltensbeeinflussung im Vordergrund steht. In Abb. 7.1 ist die Formel von Laswell auf werbliche Kommunikation übertragen und ein grundsätzliches Kommunikationsmodell zur Werbung skizziert worden.

Vielfach ist werbliche Kommunikation immer noch „Einbahnstraßen-Kommunikation", sodass der Sender das Feed-back (Rückkopplung) nur durch Marktforschung (Werbewirkungsforschung bzw. Werbeerfolgsdiagnose, Werbeerfolgskontrolle) ermitteln kann. Allerdings wächst momentan die Bedeutung der Kommunikationsinstrumente, mit denen sich ein Dialog zur Zielgruppe aufbauen und pflegen lässt.

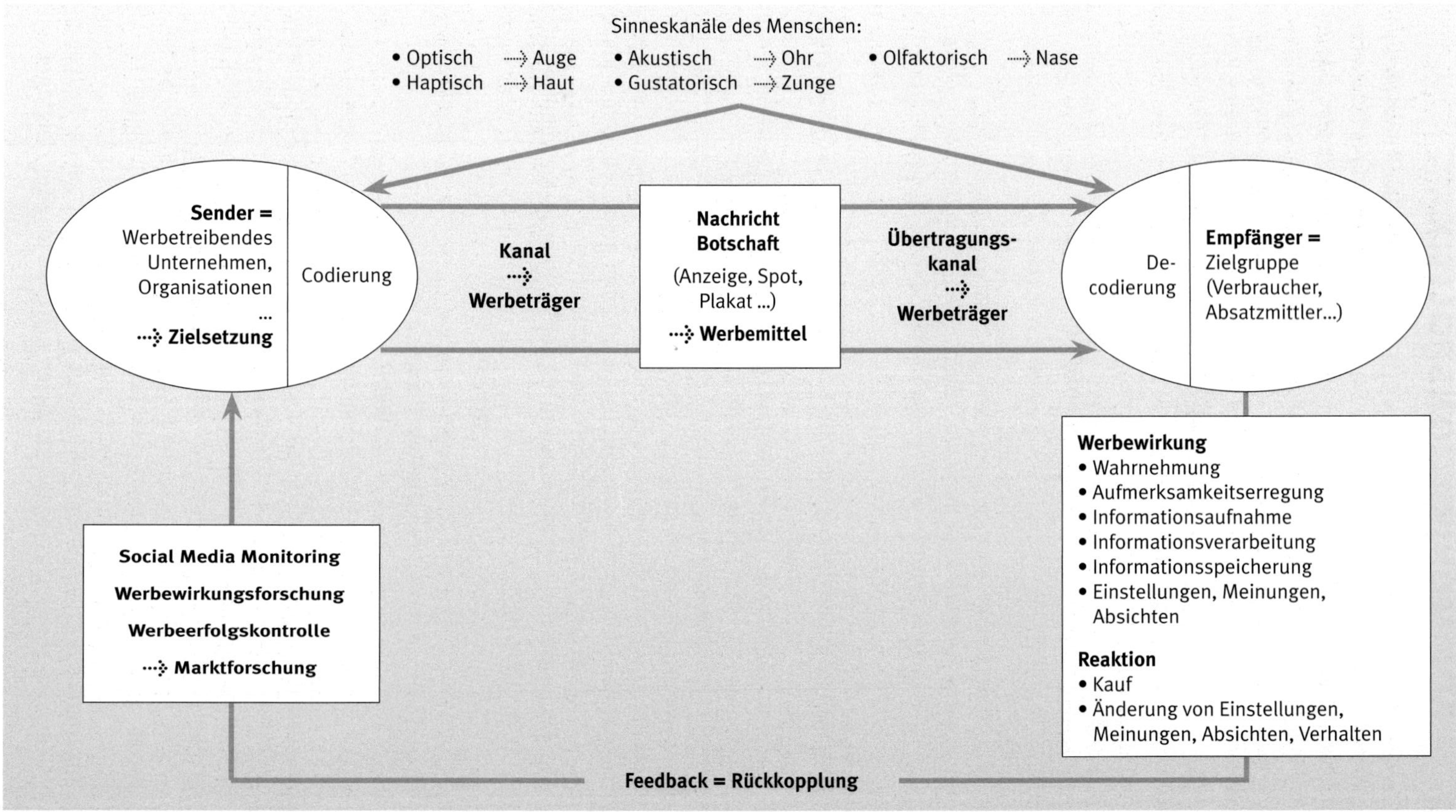

Abb. 7.1: Kommunikationsmodell

Charakteristika von Kommunikationsinstrumenten	
1. Persönliche/direkte	⇔ unpersönliche/ indirekte/ mediale Kommunikation
2. Zweiseitige	⇔ einseitige Kommunikation
3. Einstufige	⇔ zweistufige Kommunikation
4. Personen-/organisations-spezifisch gerichtet	⇔ an ein anonymes Massenpublikum gerichtet
5. Mittels Form- und/ oder Stoffzeichen (physische)	⇔ mittels Wort-, Schrift-, Bild- oder Tonzeichen

Eine Zusammenfassung der Elemente bzw. Instrumente der Kommunikationspolitik mit ihren Kurzdefinitionen stellt Abb. 7.2 auf der folgenden Seite dar. Hier sind die wichtigsten Instrumente des sogenannten Below-the-line-Bereiches (wie PR, Verkaufsförderung, Sponsoring, Event- und Direktmarketing) parallel zur „klassischen" Werbung (Above-the-line-Bereich) dargestellt. Die Begriffe above- und below-the-line sind historisch gewachsen, wobei die klassische (Massen-)Werbung die längere Tradition aufweist – erste Formen wie die Litfaß-Säule tauchten schon im 19. Jahrhundert auf – und insofern lange Zeit im Kommunikationsorchester den Ton angab. Man könnte sagen, dass die klassische Werbung die „Linie" für andere Kommunikationsdisziplinen vorgab. Dies stimmt heute so nicht mehr, denn auch von Kommunikationsdisziplinen wie Events können entscheidende Impulse für die Markenführung ausgehen.

Marketingkommunikation umfasst „below the line" und die klassische Werbung

In diesem Zusammenhang spielt das Konzept der integrierten Kommunikation eine entscheidende Rolle. Unter integrierter Kommunikation wird hier die inhaltliche und formale Abstimmung aller Maßnahmen der Marktkommunikation verstanden, um die von der Kommunikation erzeugten Eindrücke zu vereinheitlichen und zu verstärken. Die durch die Kommunikationsinstrumente hervorgerufenen Wirkungen sollen sich gegenseitig unterstützen.

Inhaltliche und formale Abstimmung aller Maßnahmen ...

Die integrierte Kommunikation zeichnet sich durch die durchgängige Umsetzung eines Kommunikationskonzeptes aus, bei der durch Abstimmung im Zeitablauf (zeitliche Integration) und der eingesetzten Kommunikationsinstrumente (inhaltliche Integration) die Kontaktwirkungen optimiert werden. Denn durch integrierte Kommunikation wird sowohl die Erinnerung an die Kommunikation erleichtert als auch Präferenzen für die Marke verstärkt oder gefestigt. Aus Sicht Werbetreibender lässt sich eine Zersplitterung der Kommunikationswirkung vermeiden und insofern ein klareres Bild der Marke transportieren.

... nach einem Kommunikationskonzept

Entsprechend dem ökonomischen Prinzip können mit dem gegebenen jährlichen Kommunikationsbudget die Kontaktwirkungen mit der Zielgruppe optimiert oder die bisher erzielten Kontaktwirkungen mit einem geringeren Kommunikationsbudget erreicht werden als bei zersplitterter Kommunikation. Somit lassen sich mithilfe effizienter Integration der Kommunikationsinstrumente **Kostensenkungspotenziale ausschöpfen** bzw. lässt sich durch **Nutzung der Synergieeffekte** das vorhandene **Budget optimal verteilen**. Die integrierte Kommunikation betrifft somit auch strategische Aspekte, da nur durch eine langfristige Ausrichtung der Kommunikation Synergieeffekte erreichbar sind. Damit das gelingen kann, muss es auch weiterhin einen „Dirigenten" im Kommunikations-Orchester geben, der weiß, wohin die (Marken-)Kommunikation gerichtet sein bzw. wie die Botschaft „klingen" soll. Wer das sein soll, bestimmt letztlich das Unternehmen, das Kommunikationspolitik betreibt.

Effiziente Integration bringt auch Budgetvorteile

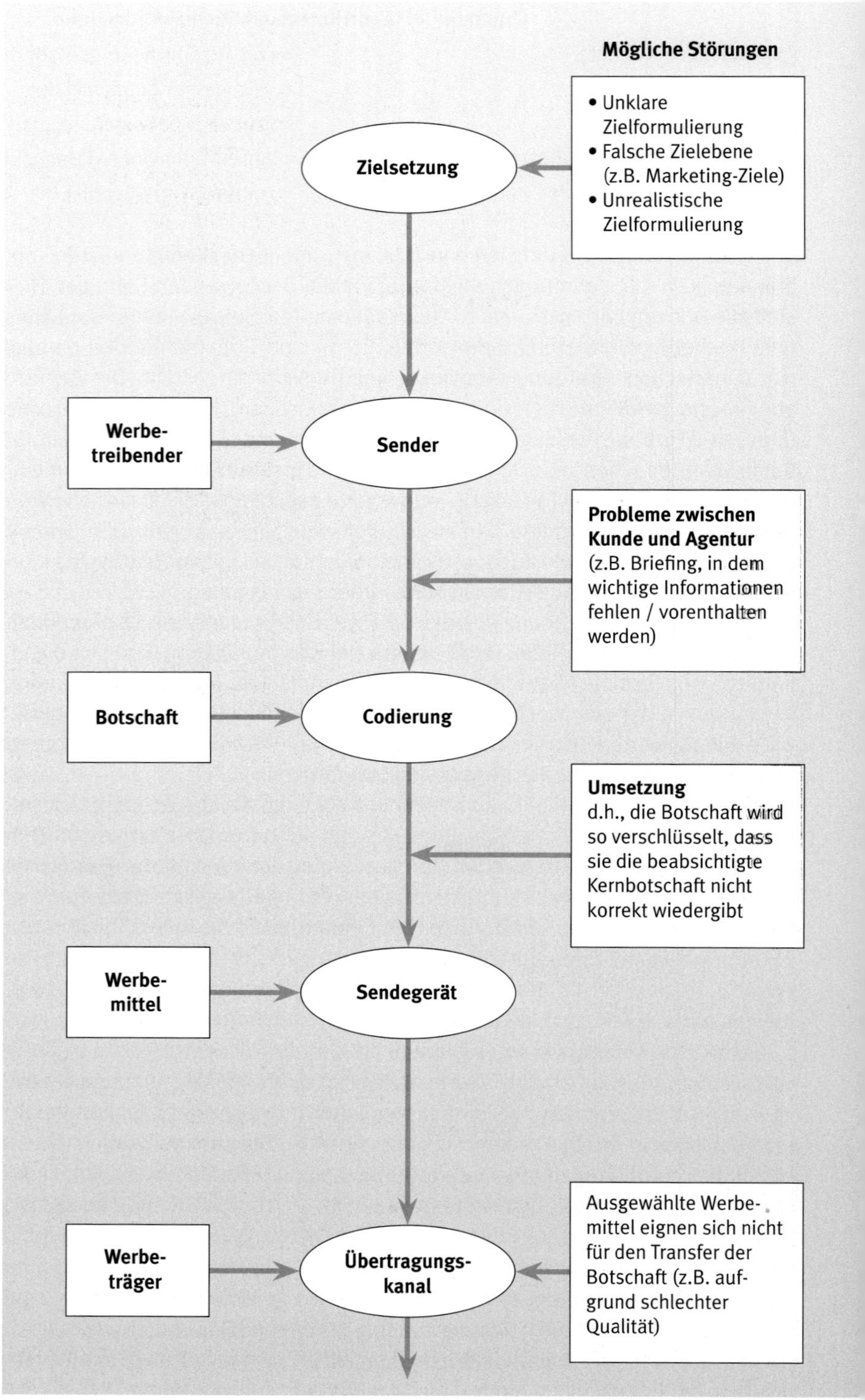

Abb. 7.2: Elemente des Kommunikations-Prozesses

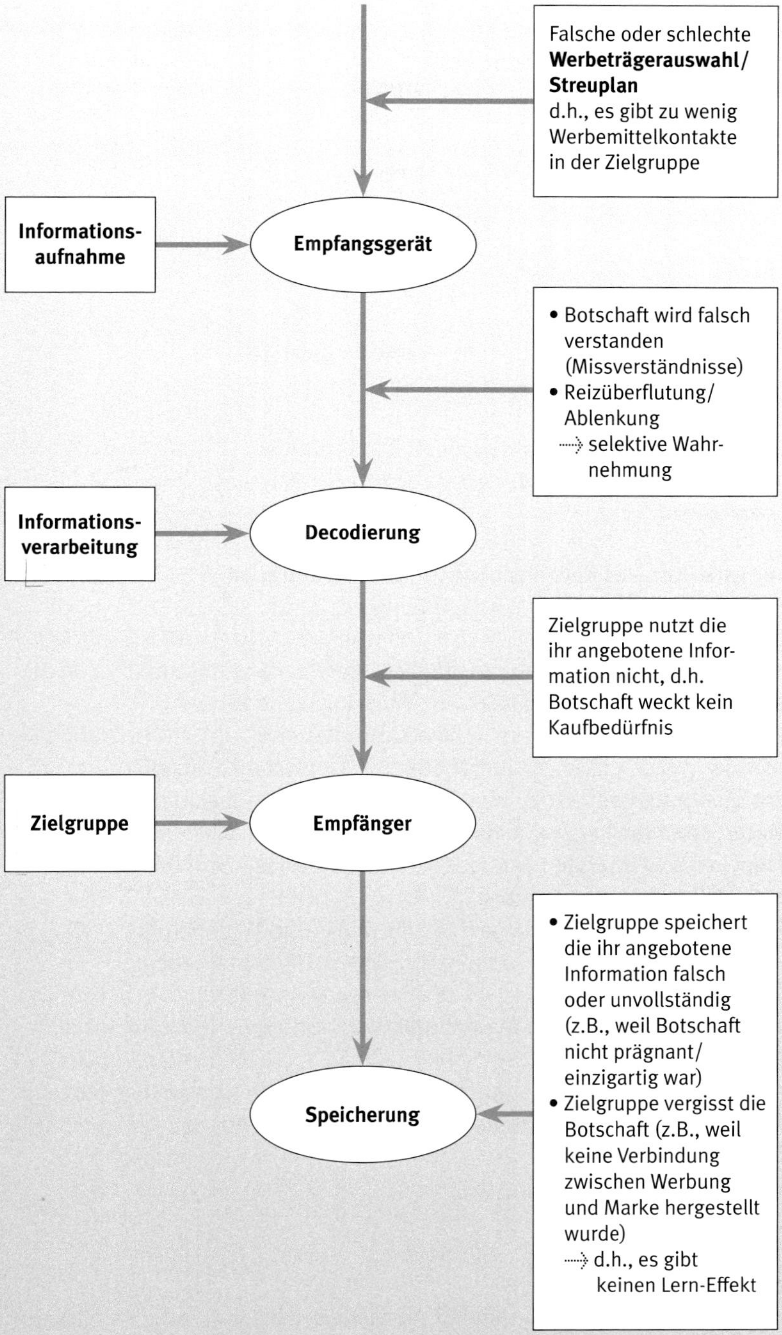
Falsche oder schlechte **Werbeträgerauswahl/ Streuplan** d.h., es gibt zu wenig Werbemittelkontakte in der Zielgruppe
Informations-aufnahme
Empfangsgerät
• Botschaft wird falsch verstanden (Missverständnisse)
• Reizüberflutung/ Ablenkung → selektive Wahrnehmung
Informations-verarbeitung
Decodierung
Zielgruppe nutzt die ihr angebotene Information nicht, d.h. Botschaft weckt kein Kaufbedürfnis
Zielgruppe
Empfänger
Speicherung
• Zielgruppe speichert die ihr angebotene Information falsch oder unvollständig (z.B., weil Botschaft nicht prägnant/ einzigartig war)
• Zielgruppe vergisst die Botschaft (z.B., weil keine Verbindung zwischen Werbung und Marke hergestellt wurde) → d.h., es gibt keinen Lern-Effekt

Das folgende Schema fasst die Aspekte zusammen, die Grundbestandteile jeden Kommunikationskonzepts sind:

1. **Situations-Analyse** (Ist-Zustand), vgl. dazu Kapitel 2 über Analyse der Marketing-Situation im vorliegenden Buch.

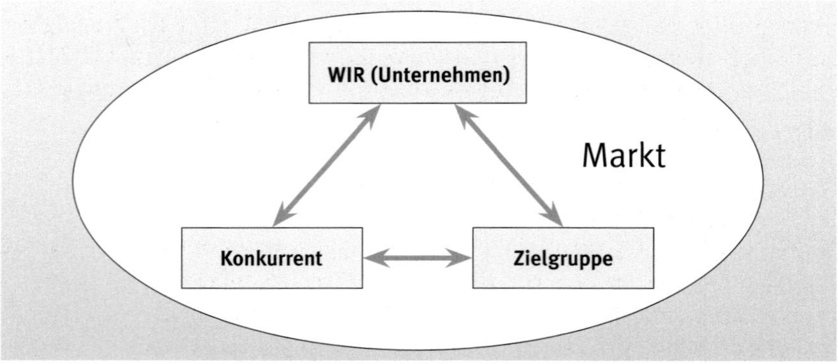

Abb. 7.3: Das Unternehmen steht mit seinen Bezugsgruppen (Konkurrenz, Zielgruppen) im Markt in Wechselwirkung

2. **Herausarbeiten des Kern-Problems / der Kern-Aufgabe**

3. **Planung**
   a) Eventuell Festlegung einer Positionierung (vgl. dazu Abschnitt 7.5 in diesem Buch und vertiefend im Band „Werbung planen").
   b) Entscheidung über die kommunikative Zielsetzung, u.a. mit Operationalisierung (vgl. 7.2, und im Kapitel 3 über strategische Ansätze),
   c) Entscheidung über die zu bearbeitende Zielgruppe (vgl. dazu 7.3 und im Band „Kommunikationspolitik"),
   d) Entscheidung über den Zeithorizont und das einsetzbare Budget (vgl. 7.5 und im Band „Werbung planen"),
   e) Entscheidung über die einzusetzenden Mittel und Maßnahmen:
      – below-the-line (PR, VkF, Sponsoring, Event, Direktmarketing ....,
      – klassische Werbung.
      Dazu gehören 1. die Kreation mit Copy-Strategie und Entwicklung/Gestaltung der Botschaft (Werbemittel) und 2. die Mediaplanung (Werbeträger-Auswahl, d.h., Inter- und Intra-Media-Vergleich und Zusammenstellung eines Streuplans. Darauf wird in den folgenden Abschnitten überblickartig eingegangen.

4. **Durchführung**

5. **Erfolgskontrolle**
   Die Erfolgskontrolle gewinnt immer mehr an Bedeutung und dies gilt gleichermaßen für den Below-the-line-Bereich und die klassische Werbung (wo die Werbeerfolgskontrolle ökonomisch und außerökonomisch erfolgen kann).

7.2 Ziele

Wir knüpfen unmittelbar an Kapitel 3 an und rekapitulieren: Die Basis für jedes erfolgreiche Marketing und damit letztendlich der Wettbewerbsfähigkeit des gesamten Unternehmens liegt in der klaren Formulierung von Zielen. Denn nur, wenn die Ziele klar sind („Wo wollen wir hin?"), kann eine Route (Marketing-Strategie) festgelegt werden („Wie kommen wir dahin?"), die dann Erfolg versprechend umgesetzt werden kann („Was müssen wir dafür einsetzen?" / Instrumente des Marketing-Mixes). Bei den Werbezielen zeigt sich die Bedeutung von Zielen wie folgt:

An den Werbezielen bemessen sich Etat, Werbe-Druck und Kreation

Werbeziele sind die Orientierungs-/Richtgröße für
- die Höhe des Werbeetats,
- den auszuübenden Werbedruck (Auswahl der Mediengattungen und der Einzelmedien, bei klassischer Werbung Anzahl der Schaltungen, zeitliche Verteilung der Schaltungen etc., also die Media-Planung und
- die Werbemittel-Gestaltung (Kreation).

Werbeziele sind immer nur Teil der Marketing-Ziele

Kommunikationsziele sind naturgemäß die Ziele, die hauptsächlich durch die Kommunikation des Unternehmens beeinflusst bzw. erreicht werden können. Dies ist auch die entscheidende Abgrenzungsmöglichkeit zu den Marketing-Zielen, die – weitergehend – auch von anderen Elementen des Marketing-Mixes beeinflussbar sind. Es gibt sehr viele unterschiedliche Kommunikationsziele, in Kapitel 3 sind einige exemplarisch genannt (vgl. dazu weitergehende Ausführungen im Band „Kommunikationspolitik").
Wie für alle Ziele sind auch für Kommunikations- und für Werbeziele die wichtigste Anforderung an diese ihre Formulierung, die Messbarkeit und damit ihre Überprüfbarkeit. Zu diesem Zweck müssen Ziele vollständig und damit präzise formuliert werden (Operationalisierung).

7.3 Zielgruppen

Zielgruppen werden grundsätzlich unter Berücksichtigung der Marketing- und Werbeziele abgegrenzt. Beachtet werden muss, bei welchen Personen oder Personengruppen die angestrebten Ziele erreicht werden können. Weiterhin müssen bei einer Zielgruppenabgrenzung folgende Aspekte berücksichtigt werden:

Kriterien für die Zielgruppenabgrenzung

- Trennschärfe: Es sollte für jede Person aus der Grundgesamtheit klar sein, ob sie zur Zielgruppe gehört oder nicht.
- Auffindbarkeit: Die Zielgruppenbeschreibung sollte so gefasst sein, dass die Zielpersonen mit diesen Eigenschaften auch tatsächlich existieren und identifiziert werden können.
- Erreichbarkeit: Die Zielpersonen müssen mit Marketing- und Kommunikationsmaßnahmen auch tatsächlich erreicht werden können.
- Homogenität: Die Zielgruppen sollten möglichst homogen sein, d.h., die in einer Zielgruppe zusammengefassten Personen sollten sich bezüglich der als relevant erachteten Merkmale möglichst wenig unterscheiden.

Auch die Art der wirtschaftlichen Güter beeinflusst die Zielgruppenabgrenzung

Wichtig für die Zielgruppenanalyse ist die Art der Güter, die beworben werden sollen. Hier ist zunächst zwischen Sachgütern und Dienstleistungen zu unterscheiden. Bei den Sachgütern muss wiederum zwischen Konsum- und Produktionsgütern differenziert werden. Schließlich ist sowohl bei den Konsum- als auch bei den Produktionsgütern wichtig, ob es sich um Verbrauchsgüter handelt, die nur einmal verwendet werden, oder um Gebrauchsgüter, die in der Regel über einen längeren Zeitraum verwendet werden können. Daneben spielt es auch eine Rolle, ob es sich um echte Innovationen handelt oder die zu bewerbenden Objekte schon im Markt eingeführt sind.

7.3.1 Zielgruppenabgrenzung bei Produktionsgütern

Zweistufiger Abgrenzungsprozess

Die Zielgruppenabgrenzung bei Produktionsgütern erfolgt in einem zweistufigen Prozess. In der ersten Stufe müssen die Unternehmen, in der zweiten Stufe geeignete Personen innerhalb der Unternehmen abgegrenzt werden. Innerhalb der Unternehmen geht man davon aus, dass Einkaufentscheidungen in der Regel von mehreren Personen getroffen werden. Dieses Einkaufsgremium bezeichnet man üblicherweise als Buying Center.

7.3.2 Zielgruppenmerkmale

Üblicherweise werden bei der Beschreibung von Zielgruppen drei Merkmalsarten unterschieden:

Typische Klassifizierungsmerkmale

- demografische Merkmale,
- psychografische Merkmale und
- Merkmale des beobachtbaren Konsumverhaltens.

Eine weitere Klassifizierungsmöglichkeit ist die Unterteilung in verhaltensbestimmende und verhaltensbeschreibende Merkmale. Vergleichen Sie hierzu Abb. 7.4.

7.3.2.1 Verhaltensdispositionen

Hierbei handelt es sich um Merkmale, bei denen je nach Ausprägung auf ein bestimmtes zukünftiges Verhalten geschlossen werden kann.

Der Zusammenhang zwischen einer bestimmten Merkmalskonstellation und einem bestimmten Kauf- oder Konsumverhalten ist bei demografischen Merkmalen deutlich geringer als bei psychografischen Merkmalen. Wegen der einfachen Verfügbarkeit und der hohen Objektivität demografischer Merkmale werden sie jedoch nach wie vor recht häufig zur Beschreibung von Zielgruppen verwendet.

7.3.2.2 Verhaltensdeskriptionen

Durch Merkmale dieser Gruppe wird das tatsächliche Kauf- und Konsumverhalten von Personen beschrieben.

Je mehr Merkmale zur Charakterisierung einer Zielgruppe verwendet werden, umso homogener sind in der Regel die Gruppenmitglieder im Sinne der Marketing-Ziele. Hierbei muss jedoch berücksichtigt werden, dass mit der Anzahl der verwendeten Merkmale zwar der Homogenitätsgrad wächst, gleichzeitig aber auch die Anzahl der Personen, die zu der so abgegrenzten Zielgruppe gehören, abnimmt.

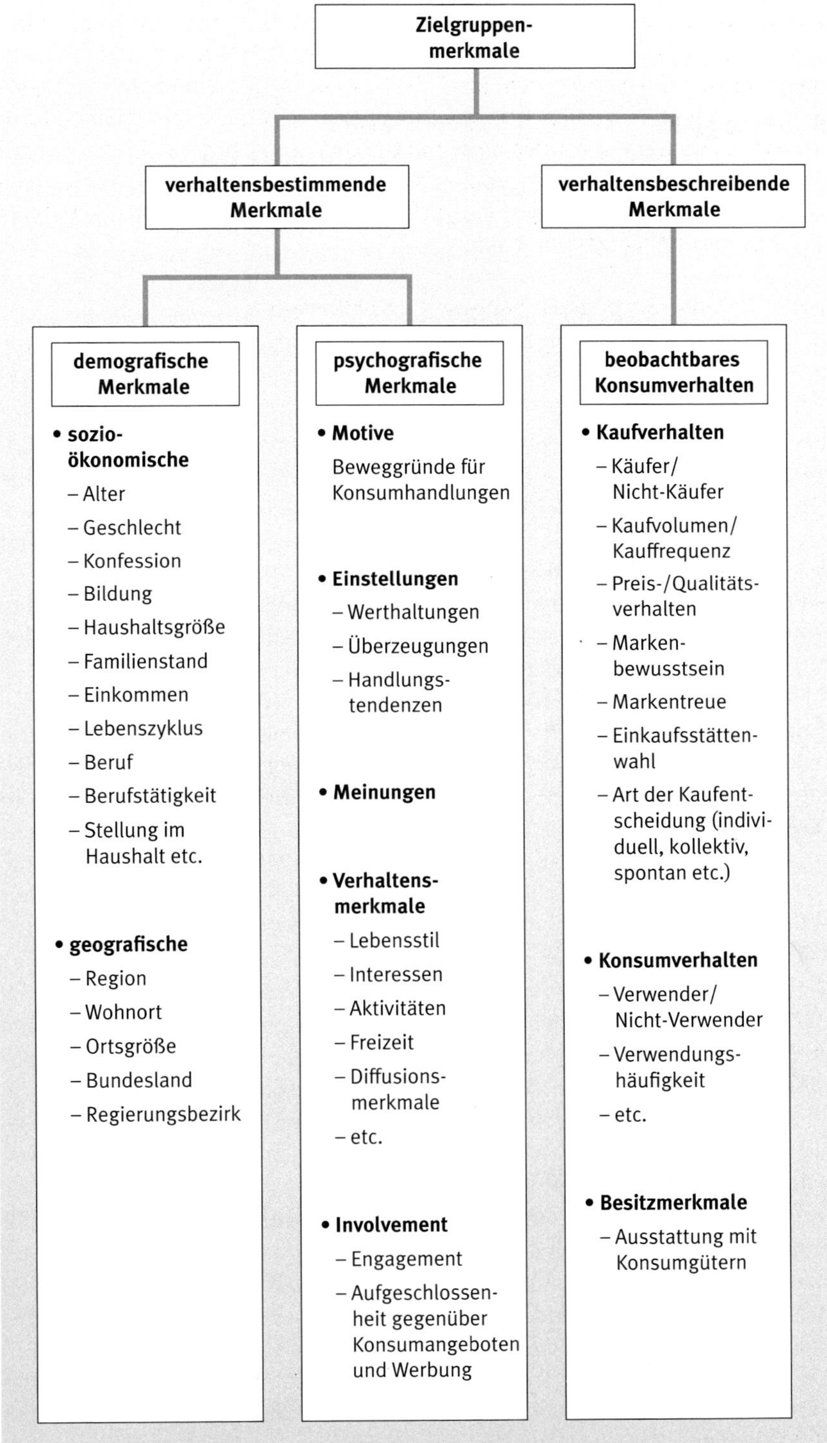

Abb. 7.4: Zielgruppenmerkmale

7.4 Below-the-Line-Kommunikationsinstrumente

7.4.1 Public Relations (PR)

Begriff und Ziele

Ein Unternehmen, das seine Produkte verkaufen möchte, muss hierfür selbstverständlich werben, um deren besondere Eigenschaften herauszustellen und um die Produkte mit einem positiven Image zu versehen. Darüber hinaus sind häufig auch gezielte Kaufanreize, z.B. Verkaufsförderungsmaßnahmen sinnvoll.

→ *Der Verkaufserfolg eines Produktes wird aber auch davon beeinflusst, welches Image das herstellende Unternehmen in der Öffentlichkeit hat.*

Kommunikation zum Unternehmen als solches

Viele Unternehmen versuchen daher neben der Produktwerbung auch das gesamte Unternehmen durch geeignete Kommunikationsmaßnahmen ins rechte Licht zu rücken. Kommunikationsmaßnahmen, die sich auf ein ganzes Unternehmen und nicht nur auf Produkte oder Marken beziehen, fallen in der Regel unter die Kategorie **Öffentlichkeitsarbeit** bzw. Public Relations, abgekürzt PR. Inzwischen wird aber PR auch produktspezifisch eingesetzt, diese sogenannte **Produkt-PR** wird beispielsweise bei Neuprodukteinführungen oder Jubiläen etablierter Marken eingesetzt.

PR wird in Literatur und Fachlandschaft nicht einheitlich definiert, wir greifen eine Definition heraus: „PR (Öffentlichkeitsarbeit) als Kommunikationsinstrument beinhaltet Planung, Organisation, Durchführung und Kontrolle aller Aktivitäten eines Unternehmens, um bei ausgewählten Zielgruppen (extern und intern) um Verständnis und Vertrauen zu werben und damit gleichzeitig Ziele der Unternehmenskommunikation zu erreichen." (Aus: Manfred Bruhn: Marketing. Gabler. München 2008). Weitere Definitionen und die Auffächerung typischer PR-Ziele finden sich in Kapitel 5 im Band „Kommunikationspolitik".

Erscheinungsformen

Die Erscheinungsformen der PR sind von den anzusprechenden Dialoggruppen abhängig, d.h. von den Personengruppen, mit denen die Unternehmung kommunizieren will und bei denen sie ihre PR-Ziele erreichen möchte.

Die wichtigsten Dialoggruppen

Dialoggruppen der Öffentlichkeitsarbeit können nach verschiedenen Gesichtspunkten gegliedert werden. Es lassen sich z.B. mittelbare (Multiplikatoren wie Medienvertreter, Meinungsbilder) und unmittelbare (z.B. Händler, Mitarbeiter) sowie interne und externe Teilöffentlichkeiten unterscheiden. Bei PR-Maßnahmen, die sich an interne Dialoggruppen wenden, spricht man häufig auch von **Human Relations**. PR-Maßnahmen, mit denen man sich an Kapitalgeber wendet, bezeichnet man als **Investor Relations**; richtet man sich an die breite Öffentlichkeit, dann handelt es sich um **Public Relations**. So vielfältig wie die Dialoggruppen der PR sind auch die zur Verfügung stehenden Maßnahmen, die von der Pressekonferenz bis zum schwarzen Brett reichen (nähere Informationen finden sich in Kapitel 5 im Band Kommunikationspolitik).

Im Zusammenhang mit PR muss auch kurz der Begriff Corporate Identity (CI) erwähnt werden, denn das Bild, das die Dialoggruppen von einem Unternehmen haben, lässt sich durch eine formulierte und vor allem gelebte Corporate Identity gezielt beeinflussen.

Die CI ist ein Vorstellungsbild

Unter einer CI versteht man ein auf der Basis einer vorhandenen Unternehmenskultur entwickeltes Vorstellungsbild über ein Unternehmen oder eine Organisation, das in die Köpfe der Verbraucher transportiert bzw. vermittelt werden soll.

Unternehmensleitbild

Dieses zu vermittelnde Vorstellungsbild ist ein Soll-Bild (Soll-Image), d.h. so möchte das Unternehmen oder die Organisation wahrgenommen werden (Selbst-Bild). Das Vorstellungsbild schlägt sich zunächst in einem Unternehmensleitbild (Mission/Unternehmensphilosophie) nieder. Dieses Leitbild setzt sich häufig aus Leitideen, Leitsätzen und einem prägnanten Motto zusammen. Man kann es mit dem Markenkern von Produkten vergleichen (s. Kapitel 4.3 Marke).
Das Vorstellungsbild soll

- nach innen gegenüber den Mitarbeitern und
- nach außen gegenüber der Öffentlichkeit, den Kunden, Lieferanten etc.

vermittelt werden.

Vermittlung der CI durch Behaviour, Communications und Design

Dies geschieht durch das, was man tut (**Corporate Behaviour**), was und wie man es sagt (**Corporate Communications**) sowie durch das visuelle Erscheinungsbild (**Corporate Design**).
Von dem Begriff Corporate Identity muss das sogenannte Corporate Image (CIm) unterschieden werden. Während es sich bei der Corporate Identity um ein Soll-Vorstellungsbild handelt, das vermittelt werden soll, ist das Corporate Image das tatsächliche Vorstellungsbild, das von der Organisation existiert.

Ziel eines Unternehmens muss sein, eine möglichst weitgehende Übereinstimmung von CI (Selbstbild des Unternehmens) und CIm (Fremdbild der Ziel-/Dialoggruppen vom Unternehmen) zu erreichen.

Weitere Informationen zu den Themen PR und CI finden sich in den Kapiteln 5 und 6 im Band Kommunikationspolitik.

7.4.2 Verkaufsförderung

7.4.2.1 Begriff und Ziele

Verkaufsförderung ist Unterstützung

Verkaufsförderung hat – grob gesagt – die Aufgabe, den Absatz von Waren oder Dienstleistungen zu unterstützen. Da das aber z.B. auch für die Werbung zutrifft, ist eine genauere Begriffsbildung notwendig, um Verkaufsförderung von anderen absatzpolitischen Instrumenten abzugrenzen.
Der Bund Deutscher Verkaufsförderer und Trainer e. V. (BDVT) definiert Verkaufsförderung wie folgt: „Verkaufsförderung umfasst alle Planungen, Methoden und zeitlich begrenzten Maßnahmen, die der Unterstützung der Anbieter und Abnehmer dienen, den Absatz von Produkten und Dienstleistungen kurzfristig zu fördern."

Wesentliche Aspekte von Verkaufsförderung sind also:

- **Zeitliche Begrenzung:** VkF-Maßnahmen beziehen sich auf einen klar begrenzten Zeitraum.
- **Kurzfristigkeit:** VkF-Maßnahmen sind kurzfristig angelegt; schnelle Wirkung wird erwartet.
- **Unterstützung von Anbietern:** Mit Anbieter sind hier die Hersteller oder die Zwischenhändler von Produkten und Dienstleistungen gemeint. Diese sollen durch VkF-Maßnahmen bei ihren Absatzbemühungen unterstützt werden.
- **Unterstützung von Abnehmern:** Mit Abnehmer sind hier Händler oder andere Absatzmittler gemeint, die in den Vertrieb der Produkte oder Dienstleistungen einbezogen sind. Auch sie sollen bei ihren Absatzbemühungen unterstützt werden.

Erscheinungsformen
Die Definition des BDVT legt nahe, grundsätzlich drei Gruppen zu unterscheiden, die bei VkF-Aktionen berücksichtigt werden können:
- Mitarbeiter des Herstellers,
- Händler/ Absatzmittler und
- Endverbraucher.

Häufig spricht man in diesem Zusammenhang auch von den drei Ebenen der Verkaufsförderung (vgl. Abb. 7.5).
- Herstellerebene: Mitarbeiter des Herstellers als Zielgruppe
- Händlerebene: Händler und Absatzmittler als Zielgruppe
- Verbraucherebene: Endverbraucher als Zielgruppe

Ziele
Im Rahmen der Verkaufsförderung können im Wesentlichen zwei Hauptziele unterschieden werden:
- die Förderung des Hineinverkaufs in den Handel und
- die Förderung des Abverkaufs aus dem Handel.

Bezogen auf die jeweilige Ebene der Verkaufsförderung lassen sich weitere spezifischere Teilziele formulieren:

Ziele auf Herstellerebene
Maßnahmen, die auf der Herstellerebene ansetzen, haben bei einem mehrstufigen Vertrieb immer das Ziel, den **Hineinverkauf in den Handel** zu unterstützen.

Beispiele

- Verstärkung der Motivation der Außendienstmitarbeiter,
- Intensivierung der Außendienstaktivitäten,
- Verbesserung der Produktkenntnisse der Außendienstmitarbeiter,
- Verbesserung der Verkaufsfähigkeiten der Außendienstmitarbeiter etc.

Ziele auf Handelsebene
Maßnahmen, die auf der Handelsebene ansetzen, können das Ziel haben, den Hineinverkauf zu unterstützen, es kann aber auch angestrebt sein, den Abverkauf zu fördern.

Beispiele

- Produktlistung erreichen,
- Vergrößerung der Bestellmengen,
- anderen Bestellrhythmus erreichen,
- Verbesserung der Produktplatzierung in den Verkaufsräumen,
- Zweitplatzierung erreichen etc.

Ziele auf Endverbraucherebene
Maßnahmen auf Endverbraucherebene haben immer das Ziel, den Abverkauf aus dem Handel zu fördern.

Beispiele

- Erzielung von Probekäufen,
- Wiederholungskäufe erreichen,
- Impulskäufe anregen,
- höhere Kaufmengen erreichen,
- Kaufhäufigkeit erhöhen.

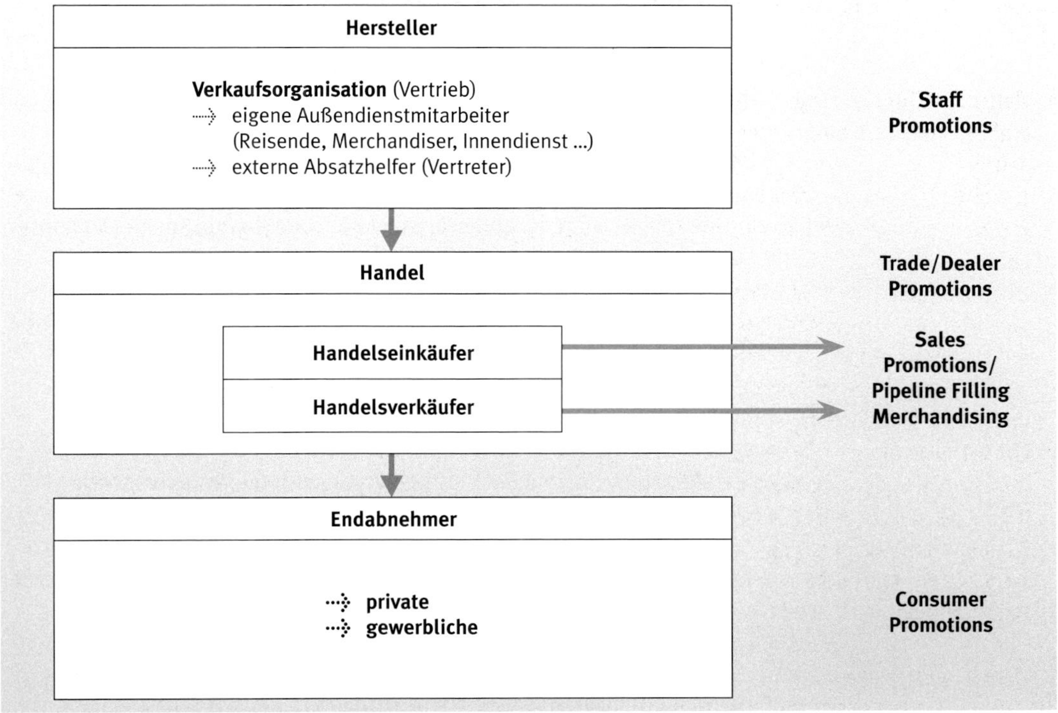

Abb. 7.5: Ebenen der Verkaufsförderung

7.4.2.2 Verkaufsförderungsmaßnahmen

Auch bei den Maßnahmen ist es sinnvoll, zwischen den drei Ebenen der Verkaufsförderung zu differenzieren. Vor dem Einsatz von Maßnahmen sollten Untersuchungen über deren Eignung und Wirksamkeit vorgenommen werden. Im Folgenden sind nur einige knappe Beispiele aufgelistet, da nähere Informationen im Kapitel 8 des Bandes „Kommunikationspolitik" zu finden sind.

Maßnahmen auf Herstellerebene (Staff-Promotion):
- Schulung,
- Information,
- Stimulation,
- Ausstattung.

Maßnahmen auf Handelsebene (Trade-Promotion/Dealer-Promotion)

Hier sollte danach unterschieden werden, ob der Hineinverkauf in den Handel oder der Handel beim Abverkauf unterstützt werden soll.

Beispiele für Hineinverkaufsmaßnahmen

- finanzielle Anreize (Rabatte, Werbekostenzuschüsse etc.),
- Anreize durch Leistungen des Herstellers (Einsatz von Regalpflegern etc.),
- Informationen (Händlerkonferenzen etc.).

Beispiele für Herausverkaufsmaßnahmen

- Ausstattung (Displays, Floorsticker, Deckenhänger etc.),
- Informationsschriften für Verbraucher,
- Zweitplatzierungen.

Maßnahmen auf Endverbraucherebene (Consumer-Promotion)
- Preismaßnahmen (Sonderpreise etc.),
- packungsbezogene Maßnahmen (Geschenkpackungen, Zweitnutzen etc.),
- Zugaben (Muster, Proben oder Geschenke),
- Aktionen.

7.4.3 Sponsoring

7.4.3.1 Begriff und Ziele

Unter Sponsoring versteht man die Planung, Organisation, Durchführung und Kontrolle von:

- Zuwendungen (Finanz-, Sach- und/oder Dienstleistungen) des Unternehmens = Sponsor
- an eine Person, Personengruppe, Organisation oder Institution (= Gesponserter) aus dem gesellschaftlichen Umfeld des Unternehmens
- gegen die Gewährung von Rechten zur kommunikativen Nutzung von Personen, Personengruppen, Organisationen oder Institutionen und/oder Aktivitäten des Gesponserten (= Gegenleistung)
- auf der Basis einer vertraglichen Vereinbarung.

Primär kommunikative Ziele

Als kommunikative Ziele stehen im Sponsoring vor allem:

- die Beeinflussung von Images (Aufbau, Verbesserung, Transfer) sowie
- die Erhöhung des Bekanntheitsgrades im Vordergrund.

Weitere Sponsoringziele

Darüber hinaus gibt es eine Fülle weiterer Sponsoring-Ziele, die u.a. auch von der in der Sponsoring-Strategie festgelegten Sponsoring-Art abhängen:

- genauere Ansprache spezifischer Zielgruppen,
- Verbesserung des Kundenkontaktes/Kontaktpflege bei Dialoggruppen,
- Aufbau oder Intensivierung der Kundenbindung,
- Beitrag zur Corporate Identity,
- Mitarbeitermotivation,
- Medienpräsenz („Markenerinnerungspflege“),
- Steigerung der Werbewirkung (integrierte Kommunikation),
- Anknüpfungspunkt für andere Kommunikationsmaßnahmen,
- Marke erlebbar machen,
- Schaffung von Aktualität, Dynamik und Sympathie für eine Marke,
- Dokumentation gesellschaftlicher Verantwortung,
- Neukundengewinnung,
- Erhöhung des Abverkaufs (eher mittel-/langfristig),
- Anknüpfungspunkt für POS-Maßnahmen.

7.4.3.2 Erscheinungsformen

Bei der Definition der Zielgruppen können grundsätzlich alle für das Unternehmen relevanten Dialoggruppen in den Blick genommen werden (Kunden, Händler, Mitarbeiter, Lieferanten, Politiker, Journalisten, Meinungsführer etc.).

Bei der Entscheidung über die zu nutzende Sponsoring-Art im Rahmen der Sponsoring-Strategie wird unter anderem darauf geachtet, dass die Schnittmenge zwischen der Zielgruppe des Sponsors und dem Zielpublikum des Gesponserten möglichst groß ist.

Wenn die Sponsoring-Ziele und die anzusprechende Zielgruppe feststehen, muss das Unternehmen im Rahmen der Sponsoring-Strategie in einer ersten Stufe (Grobauswahl) entscheiden:

- in welchen Sponsoring-Bereichen sich das Unternehmen engagieren will (Sport, Kultur, Soziales, Ökologie, Medien) und
- welche Sponsoring-Art (z.B. Sportart) gefördert werden soll.

Typische Sponsoringbereiche und -arten

Ein entscheidendes Kriterium für den Erfolg von Sponsoring-Maßnahmen liegt in der Glaubwürdigkeit, d.h., die Zielgruppe muss dem Unternehmen das Engagement für eine bestimmte Sache abnehmen. Aus diesem Grund wird nach Verbindungslinien zwischen dem Sponsor und dem Gesponserten gesucht. Diese Verbindungslinien (Affinitäten) können in drei Bereichen geprüft werden:

Entscheidend ist die Glaubwürdigkeit

1. Produktaffinität: Es besteht ein Zusammenhang zwischen dem Produkt und dem gesponserten Bereich (z.B. Zeitmessung im Sport, Kranich als Logo der Lufthansa im Zusammenhang mit Schutz des Kranichs/Ökologie),
2. Zielgruppenaffinität: Interesse der Unternehmenszielgruppe am gesponserten Bereich (möglichst große Schnittmenge zwischen der Zielgruppe des Sponsors und dem Zielpublikum des Gesponserten),
3. Imageaffinität: Aufdecken von Ähnlichkeiten zwischen dem tatsächlichen oder angestrebten Image des Unternehmens mit dem Image des gesponserten Bereichs. Diese Imageaffinitäten können sich sowohl auf das Unternehmensimage als auch auf das Produktmarkenimage beziehen.

Bei der Suche nach geeigneten Sponsorships kann man grundsätzlich auf die oben schon aufgezählten Bereiche zurückgreifen: Sport-Sponsoring, Kultur-Sponsoring, Sozio-Sponsoring, Öko-Sponsoring und Medien-Sponsoring (zur näheren Beschreibung sowie den Vor- und Nachteilen siehe Kapitel 7 im Band „Kommunikationspolitik“).

7.4.4 Marketing-Event

7.4.4.1 Begriff und Ziele

Unter Event versteht man
- inszenierte Ereignisse in Form von Veranstaltungen/Aktionen,
- die dem Adressaten (z.B. Endverbraucher, Händler, Mitarbeiter, Meinungsführer etc.)
- firmen- oder produktbezogene Kommunikationsinhalte
- erlebnisorientiert vermitteln.

Bei einem Event findet eine Reduktion der Botschaften/Reize auf einen bestimmten Ort, für eine bestimmte Zeit, für eine klar umrissene Zielgruppe statt. Die symbolische Inszenierung der Marke, die die Teilnehmer ganzheitlich, d.h. mit allen Sinnen, aktiv erleben können (Location, Lichttechnik, Catering, Showbeiträge, eigenes Handeln), macht die besondere Qualität dieses Kommunikationsinstrumentes aus. Der Konsument bleibt nicht mehr nur Empfänger der Botschaft, sondern er erhält die Möglichkeit, seine Alltagswelt zu verlassen und temporär die konstruierte Markenwelt emotional zu erleben. Durch tatsächliches Erleben und direkte Erfahrung kann eine deutlich intensivere Einstellungs- und Verhaltensbeeinflussung erreicht werden als durch massenmediale Kommunikation.

Im Vordergrund: das ganzheitliche Erleben

Im Event wird eine dialogische Kommunikation, die Interaktion einschließt, zwischen dem Unternehmen / der Marke und den Zielgruppen möglich.

→ *Auch Events können nur dann wirklich erfolgreich sein, wenn sie in den Kommunikations-Mix integriert sind, so, wenn zum Beispiel in der klassischen Werbung aufgebaute Marken-Images in einem Event erlebbar gemacht werden.*

Weitere Eventziele

Neben den grundsätzlichen Kommunikationszielen wie Bekanntheit steigern und Image aufbauen/verbessern/verändern lassen sich mit Events noch einige weitere Ziele erreichen, die sich vor allem aufgrund des hohen Aktivierungspotenzials von Events verfolgen lassen. Dazu gehören u.a., eine Marke aktiv erlebbar machen, die Vermittlung eines klaren inneren Markenbildes, die emotionale Aufladung einer Marke oder der Aufbau einer emotionalen Präsentation von Produkten/Leistungen eines Unternehmens. Weitere Ziele sind intern (Mitarbeitermotivation) oder vertrieblich (Erfassung von Kundendaten).
Die Beispiele deuten an, dass es bei den meisten Events eher um langfristige Gedächtniswirkungen (Einstellungs- und Verhaltensbeeinflussung) als um finale Verhaltensreaktionen (Kauf) geht (Ausnahmen bilden bestimmte Messen und Ausstellungen). Das Angebot zum emotionalen Erleben muss für den Konsumenten glaubwürdig sein, was einen vordergründigen Verkaufscharakter des Events ausschließt. Darüber hinaus können durch Events Streuverluste bei der Zielgruppenerreichung stark minimiert werden.

7.4.4.2 Erscheinungsformen

Zielgruppengenaue Planung

Um eine größtmögliche Aktivierung und emotionale Identifikation zu erreichen, müssen Events sehr zielgruppengenau geplant werden. Als mögliche Zielgruppen kommen sowohl externe als auch interne Adressaten infrage. Aus dieser Aufteilung hat das Forum Marketing-Eventagenturen (FME) eine praxisrelevante Systematik abgeleitet:

1. Externe Zielgruppen (Public Events)
   - Händler
   - Kunden
   - Journalisten
   - Meinungsführer etc.

2. Interne Zielgruppen (Corporate Events)
   - Mitarbeiter
   - Außendienst
   - Manager etc.

3. Messen und Ausstellungen (Expo Events)

Für die Planung, Vorbereitung und Erfolgskontrolle wird wiederum auf Kapitel 7 im Band „Kommunikationspolitik“ und auf weitere Literatur verwiesen, (z.B. Stephan Schäfer-Mehdi: Event-Marketing. Cornelsen. Berlin 2009).

7.4.5 Direktmarketing

7.4.5.1 Begriff und Ziele

Die Bedeutung des Direktmarketings im Kommunikations-Mix hat in den letzten Jahren erheblich zugenommen. Die Unternehmen versuchen, verstärkt entweder mit den Kunden direkt in Dialog zu treten oder sie zumindest in ihre Datennetze zu „verstricken", um durch die dabei aufgenommenen Datenspuren mehr über sie zu erfahren (Mikro-Marketing). Die bei diesen beiden Varianten erhobenen Daten müssen dann durch professionelles Database-Marketing aufbereitet und allen Abteilungen des Unternehmens zur Nutzung zur Verfügung gestellt werden.

Bedeutung von Direktmarketing nimmt zu

Der Bedeutungszuwachs des Direktmarketings zeigt sich sowohl in sprunghaft gestiegenen Ausgaben als auch in der zunehmenden Verwendung von Response-Elementen in der „klassischen" Werbung. Handel, Industrie und Dienstleister interessieren sich gleichermaßen für eine effektivere und effizientere Verwendung ihrer Kommunikationsbudgets. Es verwundert daher nicht, dass angesichts der steigenden Flut an Werbebotschaften sowie sich immer stärker fragmentierender Zielgruppen Direktmarketing bei den Unternehmen stärker ins Blickfeld rückt. Dem Internet kommt dabei sicherlich eine besondere Bedeutung zu, zumal die Unternehmen hier sowohl den aktiven Dialog mit den Kunden pflegen als auch über das passive Sammeln von Daten eine Art von Persönlichkeitsprofil erheben können. Auch der stark wachsende Bedarf der Unternehmen an Call-Centern kann als Indiz für die wachsende Bedeutung des Direktmarketings herangezogen werden. In zunehmendem Maße wird heute auch die „klassische" Massenwerbung vom Direktmarketing geprägt, sei es durch die Verwendung von Response-Elementen (Internet-Adresse, Telefon-Nummer, aufgeklebte Antwortkarten etc.) oder durch Erscheinungsformen wie z.B. DRTV-Spots (Direct-Response-Spots).

Auch klassische Werbung arbeitet zunehmend mit Response-Elementen

Außerdem müssen heute viele Unternehmen ihre Produkte auf gesättigten Märkten absetzen. Der Verdrängungswettbewerb auf diesen Märkten erhöht die Notwendigkeit, Kunden an das Unternehmen / die Marke zu binden, denn es ist für das Unternehmen preiswerter, bestehende Kunden zu halten, als neue Kunden von der Konkurrenz zu werben. Bei schwindender Differenzierung der Produkte verspricht erst der Aufbau einer Beziehung zwischen Marke/Unternehmen und ihren Kunden längerfristigen Erfolg (vgl. auch Sponsoring/Event). Dies gilt, zumal auch heute schon in vielen Unternehmen die sogenannte 20:80-Regel zum Tragen kommt, d.h. 20% der Kunden sind für 80% des Umsatzes verantwortlich.

Direktmarketing dient dem Beziehungsaufbau und -erhalt zum Kunden

Ökonomische Direktmarketing-Ziele sind alle Ziele, die wirtschaftliche Größen wie Absatz, Umsatz, Preis, Marktanteil, Distribution umfassen. Sie lassen sich in der Regel gut quantifizieren und daher auch gut überprüfen.

Verfolgt werden unmittelbare ökonomische und psychologische Ziele

Obwohl das Direktmarketing-Geschäft gerne als „Hard-selling-business" bezeichnet wird, bei dem es vor allem um das Erreichen quantifizierbarer Größen wie Umsatz oder Marktanteile geht, spielen natürlich auch hier **markt- oder werbepsychologische Ziele**, wie z.B. die Erhöhung des Bekanntheitsgrades oder die Beeinflussung von Images, eine Rolle, zumal diese Ziele mit verschiedenen Formen des Direktmarketings erreicht werden können.

Aus der langen Liste detailliert aufgeschlüsselter Direktmarketing-Ziele werden hier nur einige ganz grundsätzliche Beispiele genannt:

Beispiele

- Kunden- und Interessentengewinnung,
- Rückgewinnung verlorener Kunden,
- Erhöhung der Kundenbindung, Förderung der (Stamm-)Kundenbindung,
- Senkung medialer Streukosten,
- Adressengenerierung,
- Einführung von besonderen Maßnahmen (Kundenkarte, Club).

„Zähle nicht die Kunden, die du erreichst, sondern erreiche die Kunden, die zählen." Peter Roesch (GF Ogilvy One)

Gerade das Direktmarketing besitzt viele Ansatzpunkte zum Aufbau von Kundenbeziehungen. Die besondere Bedeutung guter Kundenbeziehungen bzw. dem Aufbau einer Kundenbindung liegt im Business-to-Business-Bereich (B2B) auf der Hand, da hier häufig einzelne Kunden für einen Hauptteil des Umsatzes verantwortlich sind. Allerdings wird die Kundenbindung, d.h. der Aufbau eines Dialoges auch im Business-to-Consumer-Bereich (B2C), immer wichtiger.

7.4.5.2 Erscheinungsformen

Drei grundlegende Erscheinungsformen

Momentan lassen sich drei Erscheinungsformen des Direktmarketings unterscheiden, die sich vor allem durch die „Intensität" der jeweils vorliegenden Interaktion zwischen Kommunikationssender und Kommunikationsempfänger unterscheiden. In Anlehnung an Horst Löffler / Andreas Scherfke: „Praxishandbuch Direktmarketing" (Cornelsen 2000) lassen sich die Erscheinungsformen wie folgt beschreiben:

Unmittelbare Ansprache, aber Einweg

1. **Passives Direktmarketing**: Der Kunde wird zwar direkt kontaktiert, erhält aber keine Möglichkeit zur problemlosen Kontaktaufnahme mit dem Absender (Einweg-Kommunikation wie auch in der „klassischen" Werbung). Die Hauptzielsetzungen derartiger Aktionen liegen in der Erregung der Aufmerksamkeit der Zielgruppe sowie der Information über Neuigkeiten, die dann zu gewünschten Reaktionen führen sollen (z.B. Erhöhung der Kaufbereitschaft, Probekäufe etc.). Typische Beispiele sind die „Hauswurf-Sendung" oder das adressierte Mailing ohne Response-Element.

Unmittelbare Ansprache mit Response-Möglichkeit

2. **Aktives Direktmarketing**: Der Kunde erhält die Möglichkeit, auf bequeme Weise zu reagieren und ggf. auch in einen direkten Dialog mit dem Absender zu treten. In diesen Bereich fallen die wichtigsten Instrumente des Direktmarketing wie das klassische Mailing mit einem beiliegenden Response-Mittel. Hierhin gehört auch die „Direct-Response-Werbung", bei der es sich eigentlich nur um die Ergänzung „klassischer" Werbemittel durch Response-Elemente handelt (z.B. Print-Anzeige mit Coupons, Hotline-Nummern oder Gewinnspiel). Ähnlich wird auch bei TV-Spots verfahren (DRTV-Spots = Direct-Response-TV-Spots). Dass mit Werbung von vorneherein eine zweistufige Kommunikation beabsichtigt wird, spricht dafür, diese Werbeform zum Direktmarketing zu zählen.

3. **Interaktionsorientiertes Direktmarketing**: Mit dem Kunden soll ein unmittelbarer, oft mündlich geführter Dialog geführt werden. Typische Beispiele sind das persönliche Verkaufsgespräch oder das Telefon-Marketing. Den besonderen Erfolgs- und Einwirkungschancen des interaktionsorientierten Ansatzes stehen besondere Risiken gegenüber, denn bei ungeschicktem Verhalten kann die Kommunikation auch abrupt beendet sein, wobei auch noch negative „Mund-zu-Mund-Propaganda“ möglich ist.

Unmittelbare Form: Dialog

Bei der Definition der **Zielgruppen** können grundsätzlich folgende zwei Bereiche unterschieden werden
- Privatpersonen (Business-to-Consumer-Bereich/B2C) und
- Geschäftspartner (Busines-to-Business-Bereich/B2B).

➔ *Die Absicht einer individualisierten Kommunikation verlangt eine wesentlich weitgehendere Segmentierung von Zielgruppen, als es in der „klassischen“ Massenwerbung üblich ist.*

So finden sich im B2B-Bereich Möglichkeiten zu mikrogeografischer Segmentierung. Die Beschreibung der Zielgruppen erfolgt aber auch im Direktmarketing zunächst mithilfe der bekannten soziodemografischen, psychografischen, kaufverhaltensbestimmenden und/oder kaufverhaltensbeschreibenden Merkmale, wobei im B2B-Bereich zusätzlich die Bedeutung von Buying-Centern für die Kaufentscheidung berücksichtigt werden muss.

7.4.6 Einsatz weiterer Kommunikationsinstrumente

7.4.6.1 Messen

Der Ausstellungs- und Messeausschuss der Deutschen Wirtschaft e. V. definiert Messen und Ausstellungen wie folgt: „**Messen** sind zeitlich begrenzte, wiederkehrende Marktveranstaltungen, auf denen – bei vorrangiger Ansprache von Fachbesuchern – eine Vielzahl von Unternehmen das wesentliche Angebot eines oder mehrerer Wirtschaftszweige ausstellt und überwiegend nach Muster an gewerbliche Abnehmer vertreibt.“

Messen für Fachbesucher

Demgegenüber sind „**Ausstellungen** ... zeitlich begrenzte Marktveranstaltungen, auf denen eine Vielzahl von Unternehmen – bei vorrangiger Ansprache des allgemeinen Publikums – das repräsentative Angebot eines oder mehrerer Wirtschaftszweige ausstellt und vertreibt oder über dieses Angebot zum Zwecke der Absatzförderung informiert.“

Ausstellungen für das allgemeine Publikum

Mit Messen und Ausstellungen lassen sich Vertriebs-/Verkaufsziele (Verkaufsabschlüsse anbahnen oder tätigen, Ausbau des Vertriebsnetzes, Aufbau von Geschäftsbeziehungen) verfolgen, aber auch Kommunikationsziele:
- Kontakt zu potenziellen Abnehmern herstellen,
- Präsentation von Neuentwicklungen,
- Steigerung des Bekanntheitsgrades,
- Marktpräsenz demonstrieren,
- Information über das Angebot,
- Präsentation der Angebotspalette.

7.4.6.2 Productplacement

Platzierung von Produkten in Film und TV

Unter Productplacement versteht man die gezielte Platzierung von Markenartikeln als reale Requisiten in der Handlung von Spielfilmen oder Fernsehproduktionen. Ob es sich bei Productplacement um ein eigenständiges Kommunikationsinstrument oder um eine Unterform des TV-Sponsoring handelt, ist in der Literatur umstritten, doch lassen sich durch geschicktes Placement von Markenprodukten vielfältige Ziele erreichen:

- Erhöhung des Bekanntheitsgrades,
- Imagetransfer von dem Film/Darsteller auf das Produkt / die Marke,
- Darstellung der Produktleistung in seinem Verbrauchs-/Gebrauchsumfeld,
- Synergieeffekte in der klassischen Kommunikation.

Weitere Informationen finden sich in Kapitel 11 im Band „Kommunikationspolitik".

7.4.6.3 Licensing

Überlassung von Rechten zur Zweitnutzung gegen Vergütung

Unter Licensing versteht man die Überlassung von Rechten (z.B. an Markenzeichen) zur kommerziellen Nutzung durch den Lizenznehmer. Das heißt, der Inhaber von Rechten (Lizenzgeber) vergibt die Nutzungsrechte an Dritte (Lizenznehmer) gegen die Bezahlung von Lizenzgebühren (Royalties), um dadurch zusätzliche Gewinne zu realisieren.

Beim Lizenzgeber handelt es sich um ein Unternehmen, das z.B. Markenrechte oder die Rechte an fiktiven Figuren (Beispiele sind Asterix und Obelix oder Micky Maus) vergeben kann. Sonderformen des Licensing betreffen Rechte an Veranstaltungen/Events (Olympiade, Fußball-WM etc.), Kinofilmen (Merchandising-Artikel, z.B. James Bond, Harry Potter etc.) oder TV-Shows (Big Brother, Deutschland sucht den Superstar), die Vermarktung von prominenten Personen oder populärer Organisationen (Merchandising-Artikel von Fußballclubs). Hier geht es teils um hohe Lizenzgebühren.

Auch in der Modebranche und im Food-Bereich findet man die Vergabe von Markenlizenzen durch Unternehmen. Der Lizenzgeber hat dadurch Vorteile, denn er kann sich weiterhin auf sein Kerngeschäft konzentrieren, mit geringem Einsatz eigener Mittel neue Märkte erschließen und dabei vom Know-how des Lizenznehmers profitieren und Synergie-Effekte in der Kommunikation nutzen.

7.4.6.4 Persönlicher Verkauf

Hierunter wird die direkte Kommunikation/Interaktion zwischen der Verkaufsorganisation des Herstellers und den Kunden verstanden. Man unterscheidet

- direkten persönlichen Verkauf (Reisende/Vertreter; Verkaufsveranstaltungen) und
- Telefonverkauf (Call-Center).

Der persönliche Verkauf spielt in verschiedenen Marketing-Bereichen wie vor allem im Investitionsgüter- und Dienstleistungs-Marketing schon jetzt eine herausragende Rolle, doch auch im Konsumgüter-Marketing zeigt der Erfolg von Direkt- und Online-Marketing, dass die Interaktion und damit die Möglichkeit, Kundenbindung zu erzielen, auch hier an Bedeutung gewinnt.

7.5 Kommunikationsinstrument Werbung

Die Planung, Konzeption, Gestaltung und Durchführung von Werbung ist davon abhängig, wer als Sender, aber auch, wer als Adressat auftritt, sodass man Werbung nach verschiedenen Kriterien unterteilen kann. Diese Unterteilung soll helfen, den Blick sowohl für die verschiedenen Ansatzpunkte von Werbung als auch für spezifische Probleme einzelner Werbearten zu schärfen.

Unterteilung von Werbung nach

1. **Anlass der Kommunikation** bzw. Stellung des Produktes im Produktlebenszyklus (aus welchem Grund/ Anlass sendet der Werbetreibende Werbebotschaften aus?)
   - vor der Einführung des Produktes ⇒ Teaser- bzw. Ankündigungs-Werbung
   - Einführung eines Produktes ⇒ Einführungswerbung
   - Wachstumsphase eines Produktes ⇒ Durchsetzungs-/Expansionswerbung
   - Reifephase eines Produktes ⇒ Erhaltungs- bzw. Stabilisierungswerbung
   - Rückgang/Eliminierung eines Produktes ⇒ Erinnerungswerbung
   - Veränderung am Produkt / an der Positionierung ⇒ Relaunch-Werbung
   - Darüber hinaus ist in allen Phasen Abwehr- oder Angriffswerbung möglich.

2. **Objekt** (welches Objekt/Produkt soll beworben werden?)
   - Konsumgut/Verbrauchsgut ⇒ Produktwerbung/Markenwerbung
   - Konsumgut/Gebrauchsgut
     Eine genauere Betrachtung führt in diesem Bereich zu einer weiteren Unterteilung in:
     - Bewerbung einzelner Produkte/Leistungen:
       Einzelprodukt- oder Markenwerbung, evtl. sogar
       Leitobjektwerbung, d.h., das Produkt übernimmt Leitfunktion für eine ganze Produktrange
     - Bewerbung einer Produktreihe/Range-Werbung
     - Bewerbung des gesamten Unternehmens, Unternehmenswerbung, z.T. auch PR-Werbung
   - Investitionsgut ⇒ Business-to-Business-Werbung
   - Dienstleistung ⇒ Dienstleistungswerbung
   - Parteien, Wohltätigkeitsorganisationen, ideelle Güter ⇒ Non-profit-Werbung

3. **Werbetreibende** (wer bzw. wie viel Werbetreibende treten als Sender der Werbebotschaft auf?)
   - Alleinwerbung ⇒ ein Werbetreibender
   - Kollektivwerbung ⇒ mehrere Werbetreibende (Beispiele vgl. Abb. 7.6) schalten gemeinsam Werbung, um Synergie-Effekte zu nutzen, z.B. Kosteneinsparungen, aber auch Erhöhung der Werbewirkung.
   - Gemeinschaftswerbung: anonym, branchenweit,
   - Sammelwerbung: namentliche Nennung, häufig keine Beziehung der Angebote,
   - Gruppenwerbung: namentliche Nennung, substitutive Angebote (horizontal oder vertikal),
   - Verbundwerbung: namentliche Nennung, komplementäre Angebote (horizontal oder vertikal), unterschiedliche Branchen,
   - Koop-Werbung: namentliche Nennung, unterschiedliche Wirtschaftsstufe (Hersteller + Handel), gleiche Branche, Beispiel: „Schweinebauchanzeigen“ des Handels (WKZ = Werbekostenzuschuss des Herstellers), Einbau von Händlerklinken in Werbemittel des Herstellers, aber auch vertikale Gruppenwerbung (vgl. Abb. 7.6).

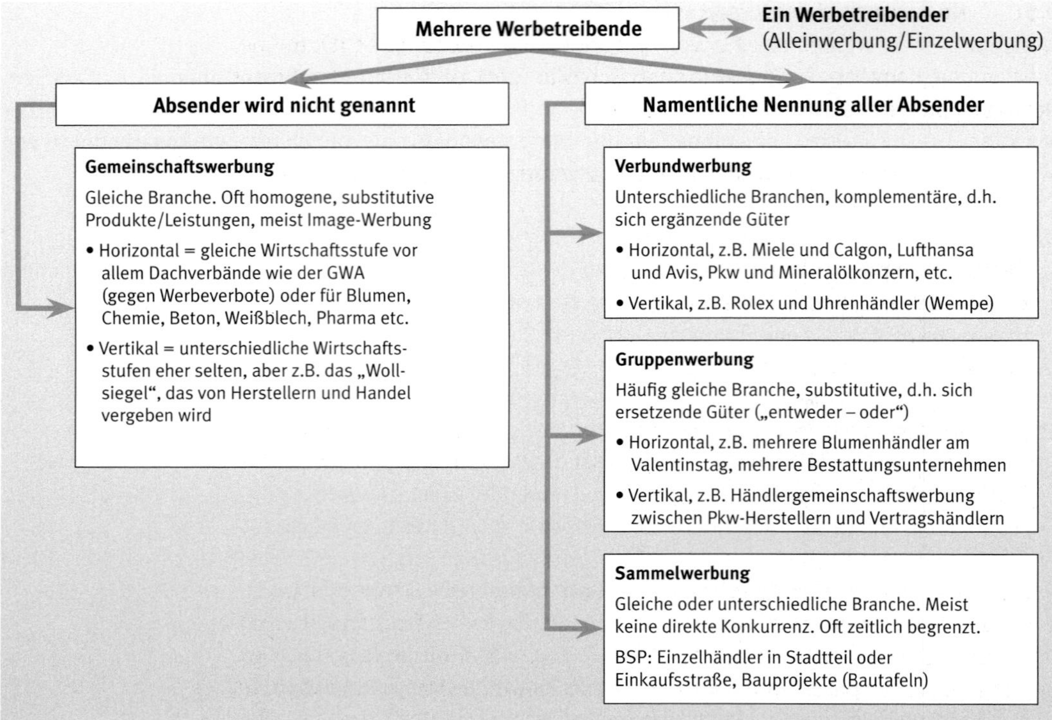

Abb. 7.6: Werbearten nach Anzahl der Werbetreibenden

4. **Stellung von Sender und Empfänger** im Wirtschaftsprozess (auf welchen Wirtschaftsstufen befinden sich Sender und Empfänger von Werbebotschaften?)
   - Absender: Herstellerwerbung, Handelswerbung
   - Empfänger:
     – Endverbraucher ⇒ Publikumswerbung
     – Absatzmittler, Einkäufer in Industrieunternehmen ⇒ Fachwerbung

5. **Kommunikationsstufen** (über wie viele Ebenen gelangt die Werbebotschaft zum Empfänger?)
   - stufenübergreifend: vom Hersteller direkt an die Endverbraucher („Pull-Effekt")
   - mehrstufige: vom Hersteller erst an den Handel und dann (evtl. noch über Meinungsführer) an Endverbraucher („Push-Effekt"); wird auch als kooperative Werbung bezeichnet, dient Herstellern für einen einheitlichen Markenauftritt; Steigerung der Motivation des Handels (Einbau sog. Händlerklinken – Felder mit Namen und die Adresse des Handels, aber auch finanzielle Unterstützung der Werbemaßnahmen des Handels durch WKZ = Werbemittelkostenzuschuss)

6. **Anzahl der Umworbenen**
   - Einzel-/Individual-/Direktwerbung: Voraussetzung ist, dass der oder die Empfänger der Werbebotschaft dem Unternehmen bekannt sind (Adresse, Telefonnummer oder E-Mail-Adresse). Hier ist das Hauptaufgabengebiet des Direktmarketings
   - Massenwerbung (an eine anonyme Masse gerichtet, vor allem bei der Vermarktung von Konsumgütern)

7.5.1 Werbestrategie/-konzeption

Im Rahmen einer Werbestrategie wird festgelegt, auf welche Weise die mit der Werbung angestrebten Ziele erreicht werden sollen und welche Mittel dafür zur Verfügung stehen.

> *Den Kern einer Werbestrategie bildet die sogenannte Werbekonzeption.*

Die Werbekonzeption umfasst Angaben
- zur werblichen Grundausrichtung,
- zu den Werbeinhalten und
- zur Auswahl von Werbeträgern.

Abb. 7.7 gibt einen Überblick über die Bestandteile einer Werbestrategie, die nachfolgend jeweils ausführlicher erläutert werden: Werbeanalyse, Werbestrategie und Werbekonzeption.

1. *Werbeananalyse*

Grundlage einer Werbestrategie ist eine Werbeanalyse, in der mithilfe von Marktforschung die Rahmenbedingungen für die Erstellung der Werbestrategie ermittelt werden. Die ermittelten Aspekte, die für die geplante Werbemaßnahme wichtig sind, werden später im Briefing in konzentrierter Form festgehalten. Im Folgenden sind Beispiele für entsprechende Aspekte zusammengestellt.

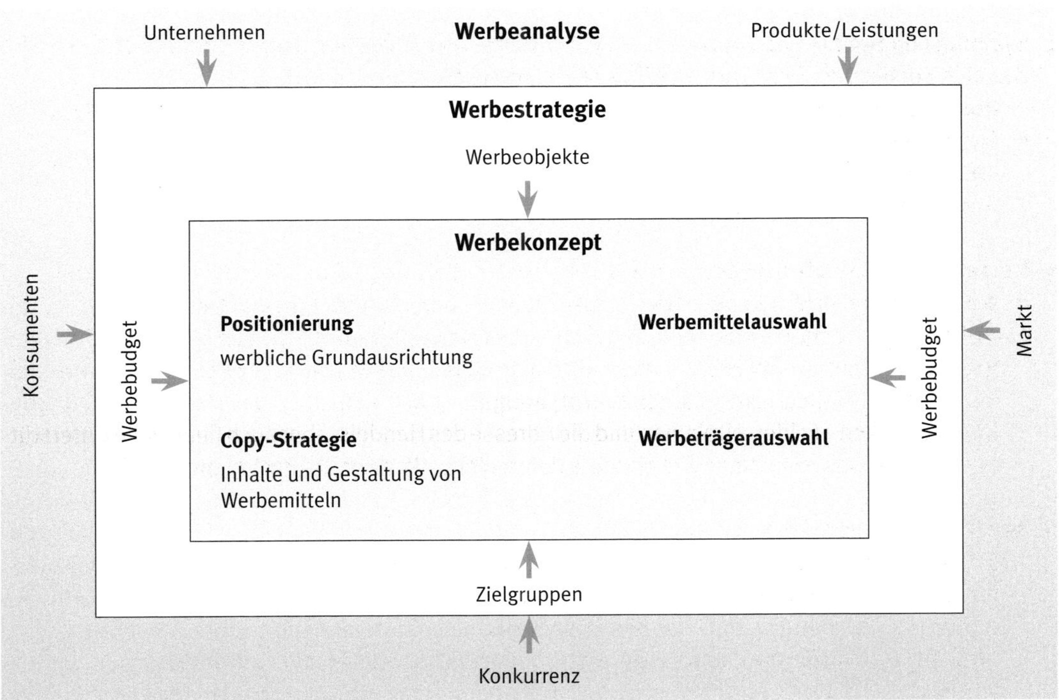

Abb. 7.7: Bestandteile einer Werbestrategie

Aspekte der Werbeanalyse

Analyse des Unternehmens

- Unternehmensgeschichte
- Entwicklung des Unternehmens
- CI/Unternehmensphilosophie
- Umsatzentwicklung
- Marktanteile
- Gewinnentwicklung
- finanzielle Situation
- bisherige Kommunikationsmaßnahmen
- Produkt-/Leistungspalette, -punkte
- Absatz-/Umsatzentwicklung der verschiedenen Produkt-/Leistungsgruppen
- Deckungsbeiträge der Produkte/Leistungen
- Eigenschaften und Merkmale der Produkte/ Leistungen
- Positionierung
- Vertrieb/Distribution
- Preisstellung u.a.

Analyse der Marktsituation

- Marktvolumina (wert-/mengenmäßig)
- Entwicklung der Marktvolumina
- Sättigungsgrade
- Entwicklung von Teilmärkten
- regionale Unterschiede bei der Marktentwicklung u.a.

Konkurrenzanalyse

- Anzahl der Wettbewerber
- Hauptwettbewerber
- Marktanteile der Wettbewerber
- Produkt-/Leistungspalette der Hauptwettbewerber
- Eigenschaften und Besonderheiten der Konkurrenzprodukte
- Positionierungen
- Preisstellungen
- Distribution
- Kommunikationsmaßnahmen
- Werbeaufwendungen
- Mediasplit u.a.

Konsumentenanalyse

- Vorlieben und Wünsche der Konsumenten bezüglich der Produkte/Leistungen
- Ansprüche der Konsumenten an die Produkte/ Leistungen
- Kauf-/Verwendungs-/Gebrauchsverhalten
- Ausgabebereitschaft
- Produkt-Involvement
- Kauf- und/oder Verwendungsbarrieren u.a.

Werbeobjekte

In der Regel bieten Unternehmen mehrere Produkte oder Leistungen an. In solchen Fällen muss dann zunächst festgelegt werden, welche Produkte/Leistungen beworben werden sollen. Verschiedene Möglichkeiten sind hierbei denkbar (vgl. Unterteilung der Werbearten).

Normalerweise muss davon ausgegangen werden, dass nur ein begrenztes Budget zur Verfügung steht, sodass nicht alle Produkte/Leistungen eines Unternehmens effektiv beworben werden können. Es gibt eine Vielzahl von Kriterien und Methoden, die bei der Auswahl der Werbeobjekte berücksichtigt werden können. Eine Möglichkeit ist die Durchführung einer Portfolioanalyse (vgl. dazu Kapitel 3 zu Marketing-Strategien im vorliegenden Buch). Bei diesem Verfahren werden die Produkte/Leistungen eines Unternehmens unter Berücksichtigung der Marktattraktivität (z.B. hohes Marktwachstum) und der relativen Wettbewerbsposition bezogen auf den Hauptkonkurrenten in bestimmte Klassen eingeteilt.

Zielanalyse
Die Zielanalyse betrifft zunächst die angestrebten Marketing-, Kommunikations- und Werbeziele (vgl. Abschnitt 7.2), dann die Zielgruppenanalyse mit Abgrenzung und Beschreibung von Zielgruppen (vgl. Abschnitt 7.3) und schließlich die Werbefinanzanalyse.

Werbefinanzanalyse
Die Ausgangsfrage lautet: Welche Finanzmittel sollen oder müssen für die Werbemaßnahmen zur Verfügung gestellt werden (Budget-Planung)?

Das Werbebudget ist der Betrag, der für sämtliche Werbeaktionen einer Planperiode vorgesehen ist. Wird ein Budget einer Agentur für Werbemaßnahmen zur Verfügung gestellt, spricht man von Account oder Billing.

Account/Billing = Agenturbudget

Das Idealbudget ist ein Budget, mit dem sich die angestrebten Ziele verwirklichen lassen. Bei der Bestimmung des Budgets sollten

Ideales Budget

- die Marktsituation,
- die Marktentwicklung,
- das Niveau der angestrebten Ziele

berücksichtigt werden.

Gängige Methoden der Budgetplanung (vgl. dazu Abschnitt 1.5.1 im Band „Werbung planen") sind:

Wesentliche Methoden der Budgetplanung

- Prozentverfahren: Ein festgelegter Prozentsatz vom Gewinn (percentage of profit) oder vom Umsatz (percentage of sales) wird für Werbemaßnahmen zur Verfügung gestellt.
- Verkaufseinheitsmethode: Ein festgelegter Anteil wird pro Produkteinheit (per unit method / per case rate) für Werbemaßnahmen zur Verfügung gestellt.
- Restwertmethode: Nach Abzug aller Kosten und geplanter Investitionen steht der Rest an Finanzmitteln für Werbung zur Verfügung (finanzmittelbezogene Methode, all you can afford method / affordable method).
- Fortschreibungsmethode: Das Werbebudget wird auf dem Niveau des Vorjahres gehalten (Vorjahresmethode).
- Wettbewerbsmethoden: Bei der Festlegung des eigenen Werbebudgets orientiert man sich an den Werbeausgaben der Konkurrenz (Konkurrenz-Paritäts-Methode, competitive parity method).
- Ziel-Mittel-Methode: Bei der Festlegung des Werbebudgets orientiert man sich an den zu erreichenden Zielen. Anschließend plant man die zur Zielerreichung benötigten Kommunikationsinstrumente und berechnet die wahrscheinlichen Kosten. Falls der errechnete Betrag zur Verfügung gestellt werden kann, endet der Budgetierungsprozess. Falls nicht, müssen die Zielsetzungen heruntergeschraubt werden und der Prozess beginnt von vorn (objective and task method, adequate campaign method).

Neben der Ermittlung des Budgets spielt auch die **Budgetverteilung** (Makro-Teilung) eine wichtige Rolle, dabei kommt es sowohl auf die sachliche als auch auf die regionale und zeitliche Verteilung an.

Die – hier zunächst grob erfolgende – Budgetverplanung ist demnach gleichbedeutend mit der Verteilung des Werbedrucks auf Werbegebiete und Zielpersonen (= Segmente).
Möglich sind:

Mögliche Kriterien der Budgetaufteilung

- Verteilung nach **sachlichen** Kriterien: Die Budgeteinheiten werden auf die einzelnen Objekte, gegebenenfalls auch auf bestimmte Instrumente (Werbemittel und -träger) verteilt. Beurteilungsmaßstäbe sind hier Produktlebens- bzw. Diffusionszyklus.
- Verteilung nach **räumlichen** Kriterien: Ähnliches wie bei der sachlichen gilt für die räumliche Verteilung. Die Budgeteinheiten werden nicht wahllos in den Segmenten oder Verkaufsdistrikten eingesetzt, wo sie die größten Umsatz- und Entwicklungschancen versprechen, sondern auch in absatzschwächeren Gebieten. Denn werden Letztere vernachlässigt, so entzieht der Handel möglicherweise die Unterstützung, und für den Werbenden hört in diesen Gebieten der Markt „einfach auf".
- Verteilung nach **zeitlichen** Kriterien: Dabei muss ebenfalls problemorientiert entschieden werden, wie die Werbeausgaben – und somit der Werbedruck – auf bestimmte Märkte oder Segmente über die Werbeperiode zu verteilen sind. Taktische Ziele (Sonderaktionen) sehen intensive, zeitlich konzentrierte Werbeanstrengungen und massiven, aber befristeten Werbedruck vor, strategische Zielgrößen (Imagekorrekturen) erfordern kontinuierliche Maßnahmen über die gesamte Planperiode hinweg.
  Nicht unberücksichtigt bleiben dürfen Saison- und Konjunkturverläufe (Bedarfs-, Nachfrage- und Absatzschwankungen). Neben dem prozyklischen Ansatz (Werbedruck und Konjunktur verhalten sich parallel zueinander) und dem Nivellierungsprinzip (konjunkturunbeeinflusst konstanter Druck) besteht die sehr sinnvolle Möglichkeit, auf sinkende Nachfrage mit höherem Werbedruck zu reagieren (respektive umgekehrt). Bei diesem antizyklischen Ansatz verhalten sich Nachfrage und Werbedruck diametral zueinander. Einer im Hochsommer dahinschmelzenden Schokolade-Nachfrage kann möglicherweise mit einem höheren Werbedruck entgegengewirkt werden.

2. Briefing

Soll die Umsetzung der Kommunikation durch eine Agentur erfolgen, finden die Ergebnisse der Werbeanalyse ihren Niederschlag im Agenturbriefing. Aus dem Briefing entwickelt die Agentur eine Werbekonzeption. Diese Werbekonzeption ist die Richtlinie für die Durchführung von Werbemaßnahmen und die Gestaltung von Werbemitteln.

Briefings sollen kurz, aber vollständig sein

Die Forderung, dass ein Briefing knapp sein sollte (engl. brief = kurz) heißt allerdings nicht, dass es unvollständig sein darf, sondern möglichst präzise.
Das Briefing wird vom Kunden an die Agentur geleitet. Da die Agentur das Briefing empfängt, spricht man häufig von **Agenturbriefing**, teilweise wird hier aber auch der Begriff **Kundenbriefing** verwendet, da der Kunde das Briefing erstellt.

Die Mindestinhalte eines Briefings sind in der Übersicht auf der folgenden Seite zusammengestellt.

Mindestangaben eines Briefings

- Hintergrundinformationen
  - Unternehmen
  - Produkt (Eigenschaften, Entwicklung, Verwendung, Positionierung, Absatzkanäle, Besonderheiten, Packungseinheiten, Distribution, ...)
  - Produktpalette
  - Marktsituation (Marktvolumen, -entwicklung, -potenzial, Konkurrenzsituation, Segmente, ...)
  - Wettbewerber (Anzahl, Größe, Marktanteile, Werbeaufwendungen, Distribution, Produkte, Positionierungen, ...)
  - Verbraucher (Verwender/Käufer, Verbrauchsverhalten, Demografie, Vorstellungsbilder, Interessen, Neigungen, Einstellungen, Lebensstile, ...)
- Aufgabenstellung (erwartete Agenturleistung)
- Ziele (evtl. Differenzierung in Unternehmens-, Marketing-, Kommunikations-, Werbeziele)
- Zielgruppen
- Zeitrahmen (Präsentationstermine, Kampagnenstart, Kampagnendauer)
- Budget
- Werbekonstante (Vorgabe bestimmter stilbildender Elemente, z.B. Corporate Design mit Firmenfarben und Firmenschriften, ..., Markenzeichen, Slogans, ...)
- Vorgabe strategischer Eckdaten (bestimmte Kommunikationsmaßnahmen, Angaben zu Copy-Strategie, Vorgabe bestimmter Medien)

3. *Werbekonzeption*

Eine Werbekonzeption besteht im Wesentlichen aus folgenden Punkten:
- Positionierungs-Strategie (vgl. 7.5.2),
- Copy-Strategie als Gestaltungsplattform (vgl. 7.5.2),
- Kreation von Werbemitteln (vgl. 7.5.3),
- Media-Strategie zur Auswahl von geeigneten Werbeträgern (vgl. 7.5.4).

Diese Elemente werden in den folgenden Abschnitten kurz dargestellt, sehr viel detailliertere Informationen zu diesen Bereichen finden sich im Band „Werbung planen".

7.5.2 Positionierung und Copy-Strategie

Durch die Positionierung eines Objektes wird die angestrebte Stellung für das Objekt im Markt festgelegt. Es wird also festgeschrieben, wie die Konsumenten das Objekt im Vergleich zu Konkurrenzobjekten wahrnehmen und welche Vorstellungen sie damit verbinden sollen.

Angesfrebte Marktstellung festlegen

→ *Unter einer Positionierung eines Objektes versteht man die unverwechselbare Kennzeichnung dieses Objektes in den Augen der Konsumenten.*

Dadurch wird das Objekt hervorgehoben und gleichzeitig von den Konkurrenzprodukten abgegrenzt. In diesem Zusammenhang muss zwischen der Soll- und der Ist-Position unterschieden werden. Die Soll-Position beschreibt, welche Objektwahrnehmung der Konsumenten von der Unternehmensleitung angestrebt wird. Die Ist-Position ist die Wahrnehmung, die die Konsumenten von dem Objekt tatsächlich haben. Hier könnte man auch wieder mit den Begriffen Selbst- und Fremdbild arbeiten (vgl. CI und Kapitel 4.3 Markenstrategien). Die festgelegte Positionierung bildet die Basis für die Auswahl der Werbeträger (vgl. 7.5.4 Media-Planung) und die Kreation von Werbemitteln (vgl. 7.5.3).

Soll- und Ist-Position sind zu unterscheiden

Es lassen sich verschiedene Gründe für die Durchführung einer Positionierung unterscheiden. Positionierungsanlässe können z.B. Erstpositionierung, Aktualisierung einer bestehenden Positionierung (meist Ausbau), Umpositionierung (meist – dauerhafte – Umorientierung bei längerfristig veränderten Trends) oder Positionsverstärkung (Abwehr von Konkurrenz) sein.

Copy-Strategie

➔ *In der Copy-Strategie wird festgelegt, welche Botschaften durch die Werbung vermittelt werden sollen.*

Die Copy-Strategie legt Botschaft, Gestaltung und Stimmung fest

Außerdem enthält sie Angaben zur Gestaltung der Werbemittel, indem angegeben wird, welche werbliche Grundstimmung die Werbung vermitteln soll. Die Copy-Strategie besteht üblicherweise aus drei Elementen:

- Consumer Benefit → Nutzenversprechen
- Reason Why → Nutzenbegründung
- Tonality/Flair → werbliche Grundstimmung

Der Consumer Benefit umfasst Grundnutzen und Zusatznutzen

Der **Consumer Benefit** umreißt, welcher Objektnutzen den Zielpersonen im Rahmen der Werbung versprochen werden soll. Hierbei muss zwischen dem Grundnutzen und einem Zusatznutzen unterschieden werden. Der Grundnutzen ist durch die funktionalen Eigenschaften des Produktes bestimmt. Da alle Produkte der betreffenden Produktgattung den gleichen Grundnutzen besitzen, ist er in aller Regel nicht für werbliche Zwecke geeignet. Ausnahmen bilden beispielsweise echte technische Innovationen. Für die Werbung muss also normalerweise ein entsprechender Zusatznutzen entwickelt werden, d.h. beim Consumer Benefit handelt es sich fast immer um einen solchen Zusatznutzen:

- objektive Zusatznutzen (beweisbare Vorteile für den Käufer, z.B. der Hinweis auf einen niedrigen Benzinverbrauch),
- subjektive Zusatznutzen, die erst durch die Werbung erzeugt werden (emotionale Zusatznutzen, soziale Zusatznutzen, egoistische Zusatznutzen, die der Ich-Bestätigung dienen, wie das Auto als Prestigeobjekt).

Allein zu stellender Zusatznutzen = USP

Eine besondere Rolle spielen hier der USP und UAP. Handelt es sich bei dem Consumer Benefit um einen Zusatznutzen, der in dieser Form von keinem anderen Unternehmen geboten wird, so spricht man von einem sogenannten **USP** (unique selling proposition). Bei einem echten USP handelt es sich in der Regel immer um einen objektiven Zusatznutzen, der durch die Produkteigenschaften bedingt ist. Da echte USPs eher selten sind, wird häufig versucht, einen Einzigkeitsanspruch durch die Art der werblichen Darstellung zu vermitteln. In solchen Fällen spricht man von einem **UAP** (unique advertising proposition).

Der **Reason Why** ist eine Erläuterung und Begründung, dass der versprochene Zusatznutzen tatsächlich existiert. Durch die Nutzenbegründung wird der Effekt der Werbung verstärkt und die Werbebotschaft glaubwürdiger.

Das Flair bestimmt die besondere Atmosphäre (**Tonality**), welche die zentrale Werbebotschaft umgeben soll.

Die Begriffe und Zusammenhänge sind im Band „Werbung planen" ausführlicher erläutert.

7.5.3 Gestaltung von Werbung/Kreation

Bei der Gestaltung von Werbemitteln und Anzeigen müssen die „Kreativen" nicht nur die geforderten Inhalte aufnehmen und umsetzen, sondern auch die Anforderungen beachten, die sich im Hinblick auf die Wirksamkeit ergeben. Der Werbeforscher Dr. Ulrich Lachmann hat diese grundsätzliche Anforderung an Werbung auf folgende knappe, aber richtige Formel gebracht: „Wahrnehmung ist nicht alles, aber ohne Wahrnehmung ist alles nichts."

Inhalte umsetzen und Wirkung beachten

Erfolgreiche Werbung muss wahrnehmungsstark sein, das heißt, die Zielgruppe muss sich aufgrund ihrer Einzigartigkeit („Uniqueness") an sie erinnern, oder Werbung gelingt es aufgrund kontinuierlicher Wiederholung konstanter Bildelemente („Branding"), von der Zielgruppe wiedererkannt zu werden. In dieser Aussage verstecken sich – mit Recall (Wieder-Erinnern) und Recognition (Wieder-Erkennen) – zwei der wichtigsten Größen der Werbewirkungsforschung (die genauer im Kapitel 16 angesprochen werden). Der Wahrnehmungsprozess ist wissenschaftlich ausführlich untersucht und es sind Ableitungen für die Gestaltung von Werbung getroffen worden (eine ausführliche Darstellung findet sich in Kapitel 8 im Band „Werbung planen").

Grundforderung: Werbung muss wahrnehmungsstark sein

Untersucht werden Recall und Recognition

Ein Aspekt soll hier kurz erwähnt werden. Bei der Gestaltung von Werbemitteln muss vor allem beachtet werden, wie hoch die Aufmerksamkeit der Zielpersonen ist. Die Bereitschaft der Zielpersonen zur Aufnahme werblicher Informationen wird mit dem Begriff Involvement umrissen. Nur bei hoch involvierten Empfängern werden eingehende Informationen intensiv verarbeitet, was im Optimalfall zu einer dauerhaften Einstellungsänderung führt. Dieses Phänomen trifft aber nur auf wenige Empfänger von Werbebotschaften zu (neue Untersuchungen nennen 10%). Im Umkehrschluss bedeutet dies, dass die Mehrheit Werbung nur mit geringer Aufmerksamkeit verfolgt und die Verarbeitung der – je nach Medium verschiedenen Sinnesreize – ohne große kognitive Beteiligung erfolgt. Daraus zieht man den Schluss, dass bei wenig involvierten Adressaten der Wiederholungsfrequenz eine entscheidende Rolle zukommt (Penetration und Branding). Das Risiko, erst gar nicht wahrgenommen zu werden, ist natürlich besonders groß, das heißt, Werbung muss aus dem Wettbewerbsumfeld herausstechen und einzigartig bzw. leicht wiedererkennbar sein.

Auf Empfängerseite hängt Wahrnehmung vom Involvement ab

Mit dem Wissen zur Wahrnehmung lassen sich Werbewirkungsmodelle ableiten und daraus wiederum Grundprinzipien der Gestaltung von Werbemitteln und Anzeigen. Ein bekanntes Werbewirkungsmodell stammt von Gundolf Meyer-Hentschel („Erfolgreiche Anzeigen". Gabler. Wiesbaden 1988). Sein Modell unterscheidet folgende fünf Phasen:

Aus Werbewirkungsmodellen werden praktische Ableitungen getroffen, u.a. Phasenmodelle

- Phase der **Wahrnehmung**: Hier erfolgt der Werbemittelkontakt, die Anzeige muss „schnell" sein und zur Aktivierung (physisch, emotional, kognitiv) führen, damit sie überhaupt wahrgenommen wird.
- Phase der **Informationsaufnahme**: Information schnell aufnehmen können, Prägnanz durch Gestaltung, Typo, Anordnung für den Blickverlauf.
- Phase der **Informationsverarbeitung und -speicherung**: Verständlichkeit, Merkbarkeit der Aussage.
- Phase der **Einstellungswirkung**: Glaubwürdigkeit, Sympathie.
- Finale **Verhaltensreaktion**: Es soll zur Einstellungsänderung kommen, die sich in Kaufabsicht und Kauf niederschlägt.

7.5.4 Media-Planung

Der Share of mind bestimmt den Share of market

Sieht die Werbekonzeption vor, dass Kommunikation durch Medien realisiert werden soll, muss im Rahmen der Media-Planung, ausgehend vom Briefing, entschieden werden, in welchen Werbeträgern wie häufig geschaltet werden soll und wie die Schaltungen über den Werbezeitraum zu verteilen sind.

Ein Mediaplan versucht, die Werbebotschaft

- an möglichst viele Zielpersonen
- mit der erforderlichen Kontaktdosis
- zu möglichst wirtschaftlichen Bedingungen
- mit den effektivsten Medien

zu streuen bzw. zu übermitteln.

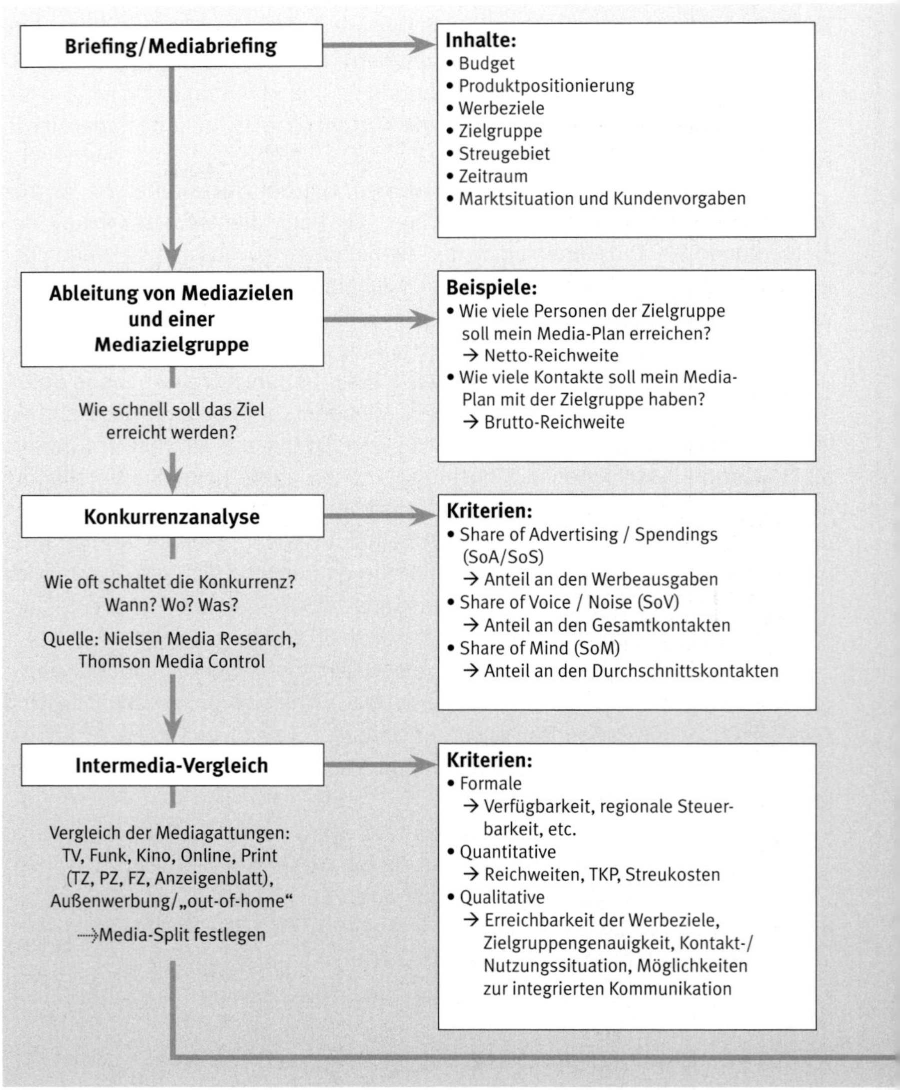

Abb. 7.8: Ablauf der Media-Planung

Nach Möglichkeit sollen Streuverluste vermieden werden, d.h., es sollen nur Personen erreicht werden, die auch als Käufer, Verwender oder Nutzer des Produktes oder der Dienstleistung infrage kommen. Die Frage, was als Streuverlust zu betrachten ist, kann sich dabei je nach Produktkategorie unterscheiden. So kommt es bei Premium- bzw. Luxus-Marken mit sichtbarer Verwendung (Pkws, Schmuck, Uhren, Mode) auch darauf an, Nicht-Verwender zu erreichen, weil die Marke als etwas Herausragendes breit bekannt gemacht werden soll. Der Planungsprozess läuft dabei in mehreren Stufen ab, über die die Abb. 7.8 einen Überblick gibt. Dies wird ausführlich und im Einzelnen in den Kapiteln 2 bis 6 des Bandes „Werbung planen" behandelt.

„Mediaplanung ist die Kunst, auf den Kopf zu zielen und das Portemonnaie zu treffen."
Vance Packard

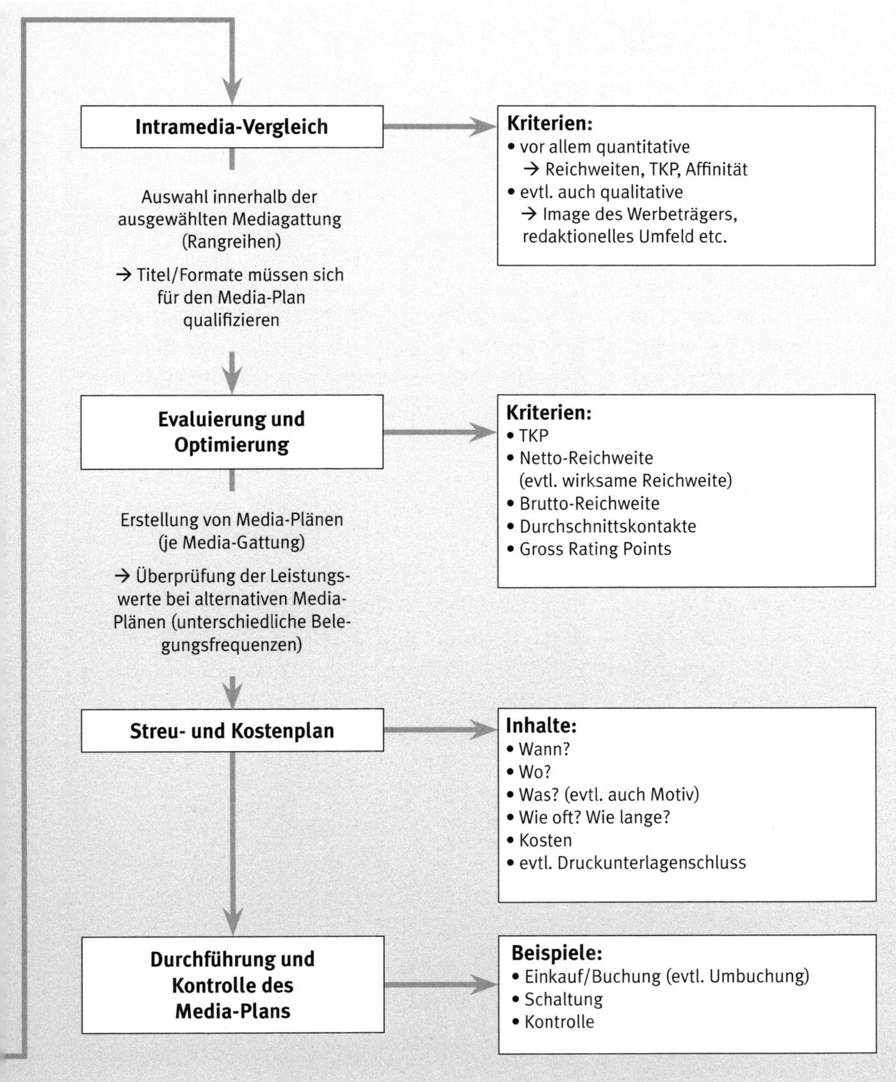

Zusammenfassende Übungsaufgabe zu Teil I

Situationsbeschreibung

Das Unternehmen soft system GmbH ist ein kleines Softwarehaus mit insgesamt 10 Angestellten (2 Verwaltungsangestellte, 8 Softwareentwickler), das im Auftrag von Unternehmen Spezialsoftware für diese entwickelt. Die soft system GmbH hat bei Unternehmen einen relativ hohen Bekanntheitsgrad und einen guten Ruf. Der geschäftsführende Gesellschafter Eugenius Soft beschäftigt sich in seiner knapp bemessenen Freizeit schon seit Jahren mit linguistischen Problemstellungen. Soft ist es gelungen, ein Übersetzungsprogramm zu entwickeln, mit dem beliebige Texte nahezu fehlerfrei, semantisch und grammatikalisch richtig vom Englischen ins Deutsche und umgekehrt übersetzt werden können. Das Programm ist auf allen gängigen PCs lauffähig. Zur Übersetzung eines Textes im Umfang einer DIN-A4-Seite benötigt das Programm ca. 20 Sekunden.

Aufgaben

1) Soft überlegt, ob er das Programm zunächst vorwiegend Unternehmen zum Preis von € 1.500,00 oder einer breiten Zielgruppe zu einem Preis von € 400,00 anbieten soll. Die variablen Stückkosten betragen € 10,00, die Fixkosten € 1 Mio. pro Jahr (reine Produktionskosten, in denen weder Aufwendungen für Vertrieb noch für Werbe- oder Kommunikationsmaßnahmen enthalten sind). Soft ist zurzeit der einzige Anbieter eines solchen Übersetzungsprogramms, aber er vermutet, dass spätestens nach zwei Jahren Konkurrenzprogramme mit vergleichbaren Leistungen angeboten werden.
Machen Sie einen begründeten Vorschlag, welche Strategie Sie empfehlen würden.

2) Soft hat sich entschieden, das Programm an eine breite Zielgruppe zu vertreiben.
Machen Sie einen begründeten Vorschlag für eine geeignete Vertriebsform und äußern Sie sich zu entsprechenden Kommunikationsmaßnahmen.

3) Soft will das Programm unter der Marke „soft system power translator" vertreiben.
Erläutern Sie Funktionen, die die Marke in dem vorliegenden Fall haben kann.

4) In den ersten fünf Jahren nach der Markteinführung haben sich die Absätze, die Kosten und der Preis des soft system power translators wie in unten stehender Tabelle entwickelt.
Angenommen, die Absatzentwicklung des soft system power translators entspricht dem idealtypischen Verlauf des Produktlebenszyklus.

4a) Untersuchen Sie, welche Phasen des Produktlebenszyklus der power translator bisher durchlaufen hat und in welcher Phase er sich am Ende des 5. Jahres nach der Markteinführung befindet. Geben Sie, soweit möglich, auch die Dauer der jeweiligen Phasen an.

Zeit	Absatz in Stück	variable Stückkosten	Fixkosten	Preis
1. Jahr	1.500	10,00 €	1 Mio. €	400,00 €
2. Jahr	4.000	9,00 €	1 Mio. €	380,00 €
3. Jahr	10.000	8,00 €	1 Mio. €	300,00 €
4. Jahr	20.000	7,00 €	1 Mio. €	280,00 €
5. Jahr	35.000	6,00 €	1 Mio. €	250,00 €

4b) Stellen Sie Absatzentwicklung und Umsatzentwicklung grafisch dar.

4c) Am Ende des 5. Jahres nach Markteinführung werden ähnliche Programme von drei weiteren Unternehmen zu Preisen zwischen 200,00 € und 225,00 € angeboten. Das mengenmäßige Marktvolumen der Übersetzungsprogramme liegt zu dieser Zeit bei 95.000 Stück. Soft geht davon aus, dass das Marktvolumen in den nächsten Jahren mit Raten von 60% bis 70% weiter wachsen wird. Soft system ist bei Übersetzungsprogrammen Markt- und Qualitätsführer. Sein stärkster Konkurrent hat einen mengenmäßigen Marktanteil von 26,3%.
Welche Wettbewerbs- und Marketing-Strategie empfehlen Sie Soft? Begründen Sie Ihre Empfehlung ausführlich.

4d) Im Preisbereich zwischen 200,00 € und 300,00 € hat der Preiselastizitätskoeffizient der Nachfrage für das Übersetzungsprogramm von soft system einen Wert von –3. Wie beurteilen Sie eine Preissenkung für das Übersetzungsprogramm von 250,00 € auf 225,00 €? (Vernachlässigen Sie Vertriebskosten und Handelszuschläge.)

4e) Die Preisabsatzfunktion für das Programm von soft system lautet zurzeit:
$x(p) = -420p + 140.000$ mit p : Endverbraucherpreis und x : Absatzmenge pro Jahr

4e/I) Ermitteln Sie den optimalen Einheitspreis für das Übersetzungsprogramm von soft system (variable Stückkosten: 6,00 €,
Fixkosten pro Jahr: 1 Mio. €).

4e/II) Geben Sie eine begründete Einschätzung, ob eine Preisdifferenzierung für das Übersetzungsprogramm von soft system möglich und sinnvoll ist.

5) Soft hat ein Gerät entwickelt, bei dem der soft system power translator mit einem Spracherkennungssystem kombiniert wird. Spricht man z.B. einen Text in das Gerät, so erhält man nach wenigen Sekunden die Übersetzung als Sprachausgabe und in Textform auf dem Display. Das Gerät hat die Größe eines Taschenrechners.

5a) Soft möchte das mobile Übersetzungsprogramm unter der Dachmarke „soft system" mit dem Zusatz „speach translator" vermarkten. Bewerten Sie die Eignung des Dachmarkenkonzeptes für die Vermarktung des speach translators.

5b) Vor der Produktion und Markteinführung des speach translators möchte Soft eine Wirtschaftlichkeitsprüfung mithilfe des Kapitalwertverfahrens und der internen Zinssatzmethode vornehmen.
Soft erwartet eine Anfangsinvestition von 15 Mio. €. Er geht davon aus, dass die variablen Stückkosten 200,00 € und die Fixkosten 5 Mio. € pro Jahr betragen.
Er erwartet bei einem Abgabepreis an den Handel von 500,00 € folgende Absatzmengen:

1. Jahr:	6.000 Stück
2. Jahr	12.000 Stück
3. Jahr	30.000 Stück
4. Jahr	55.000 Stück
5. Jahr	90.000 Stück

5b/I) Prüfen Sie mithilfe des Kapitalwertverfahrens, ob unter diesen Voraussetzungen in den ersten 5 Jahren eine Rendite von mindestens 12% erzielt wird.

5b/II) Ermitteln Sie mithilfe der internen Zinssatzmethode die ungefähre Rendite für die ersten 5 Jahre.

LÖSUNGSHINWEISE

1) Wegen des unzureichenden Datenmaterials kann keine eindeutige Entscheidung getroffen werden. Folgende Aspekte können berücksichtigt werden:

Break-even-Menge – Absatz primär an Unternehmen:

$$x = \frac{1.000.000}{1.500 - 10} = 671{,}14$$

Break-even-Menge – Absatz primär breite ZG:

$$x = \frac{1.000.000}{400 - 10} = 2.564{,}10$$

Die Erreichung der Break-even-Menge erscheint in beiden Fällen realistisch.

Aspekte, die für einen vorwiegenden Vertrieb an Unternehmen sprechen:
Die soft system GmbH ist bei Unternehmen, aber vermutlich kaum bei Privatpersonen bekannt. Sie verfügt weder über einen eigenen Vertrieb noch über Distributionskanäle und Verbindungen zum Handel. Beim Absatz an eine breite Zielgruppe werden folglich wesentlich höhere Vertriebs- und Kommunikationskosten anfallen, als wenn das Programm vorwiegend an Unternehmen vertrieben wird. Notwendige Aufwendungen zum Aufbau eines Vertriebssystems und für Kommunikationsmaßnahmen könnten das Unternehmen finanziell überfordern.

Aspekte, die für einen Vertrieb an eine breite Zielgruppe sprechen:
Aufgrund der objektiven Leistungsmerkmale hat das Programm auch bei einer größeren Zielgruppe vermutlich gute Marktchancen. Da Soft zurzeit der einzige Anbieter ist, in absehbarer Zeit aber mit Konkurrenzangeboten gerechnet werden muss, würde Soft die Chance verpassen, in diesem Markt Fuß zu fassen, wenn er den Absatz im Wesentlichen auf Unternehmen beschränkt.

2) Grundsätzlich ist sowohl ein direkter als auch ein indirekter Vertrieb möglich. Für den direkten Vertrieb spricht, dass er vermutlich leichter zu organisieren und kostengünstiger sein wird, da die soft system GmbH weder über einen Außendienst verfügt noch beim Handel bekannt ist.
Mögliche Kommunikationsmaßnahmen bei einem direkten Vertrieb:

- Direktwerbung,
- Response-Anzeigen mit Bestellcoupons in geeigneten Zeitschriften,
- Werbung im Internet, z.B. Werbebanner auf Internetseiten von Zeitschriften/Zeitungen oder auf Startseiten von Suchmaschinen, dies mit der Homepage von soft system verlinkt,
- PR-Maßnahmen, z.B. Berichte in Special-Interest-Zeitschriften.

Für den indirekten Vertrieb sprechen eine größere Marktpräsenz, schnellerer Bekanntheitsaufbau und eine schnellere Marktdurchdringung.
Mögliche Werbemaßnahmen:

- Anzeigen in Zeitschriften,
- Werbung im Internet,
- Werbung in Fachzeitschriften, um den Handel zu erreichen,
- Mailings an geeignete Händler,
- Teilnahme an Fachmessen,
- Telefon-Marketing bei Händlern,
- PR-Maßnahmen (Fachzeitschriften).

3) Üblicherweise unterscheidet man folgende Funktionen einer Marke:

- Markierungsfunktion (Kennzeichnung von Produkten, Dienstleistungen),
- Signalfunktion
  - Orientierungshilfe für Verbraucher (sich bei Kaufentscheidungen an Marken und damit verbundenen Wertesystemen orientieren),
  - Bekanntheit für Produkt, Leistung durch Markenbekanntheit schaffen,
- Differenzierungsfunktion (Abgrenzung von Produkten/Leistungen, Markenartikel sind individuellen Bedürfnissen und Einkommenslagen des Kunden entsprechende Produkte),
- Garantiefunktion:
  - gleichbleibende Qualität,
  - gleichbleibende Menge,
- Schutzfunktion (Schutz vor Nachahmung),
- Absatzfunktion:
  - Imageaufbau/Profilierung,

- Produktpositionierung,
- gezieltes Nutzenversprechen,
- Verknüpfung von Wunschbildern mit Marke,
- Schaffung von Markenpräferenzen,
- Erzielung von Markentreue/-bindung,
- Preisfunktion (preispolitischer Spielraum).

Im vorliegenden Fall kann die Marke fast alle der aufgeführten Funktionen haben. Da Produkt und Marke neu sind, ist eine Bekanntmachung bei den Zielpersonen unerlässlich, diese müssen mit dem Produkt eine bestimmte Kennzeichnung verbinden und dies in ihren Köpfen zusammenbringen. Die Zielpersonen müssen mit der Marke auch eine hohe Qualitätsanmutung verbinden. Das ist wichtig für Nachfolgeversionen und wenn nach einiger Zeit Konkurrenzprodukte erscheinen. Deshalb ist auch die Erzielung einer Markenbindung bedeutsam.
Die Marke bietet ferner Schutz vor ungenehmigten Imitationsprodukten. Schließlich erhält die soft system GmbH durch die Marke auch einen Preisgestaltungsspielraum, was wichtig hinsichtlich zu erwartender Konkurrenzprodukte ist.

4a) Der unten stehenden Tabelle kann entnommen werden, dass soft system im 2. Jahr nach der Markteinführung des power translators damit Gewinn erwirtschaftet. Die Einführungsphase endet also innerhalb des 2. Jahres nach der Markteinführung. Da die Umsatzzuwächse in den gesamten 5 Jahren seit der Markteinführung kontinuierlich steigen, befindet sich der soft system power translator nach wie vor in der Wachstumsphase.

4b) Siehe Abbildungen unten.

4c) Soft hat im 5. Jahr nach der Markteinführung 35.000 Programme abgesetzt. Er hat damit einen mengenmäßigen Marktanteil von

$$\frac{35.000 \cdot 100}{95.000} = 36{,}84\%$$

Gegenüber seinem stärksten Konkurrenten hat er einen relativen Marktanteil von

$$\frac{36{,}84\%}{26{,}3\%} = 1{,}4$$

Zeit	Absatz	var. Stückkosten	Fixkosten	Preis	Umsatz	Umsatzzuwachs	Gewinn
1	1.500	10	1.000.000	400	600.000	600.000	−415.000
2	4.000	9	1.000.000	380	1.520.000	920.000	484.000
3	10.000	8	1.000.000	300	3.000.000	1.480.000	1.920.000
4	20.000	7	1.000.000	280	5.600.000	2.600.000	4.460.000
5	35.000	6	1.000.000	250	8.750.000	3.150.000	7.540.000

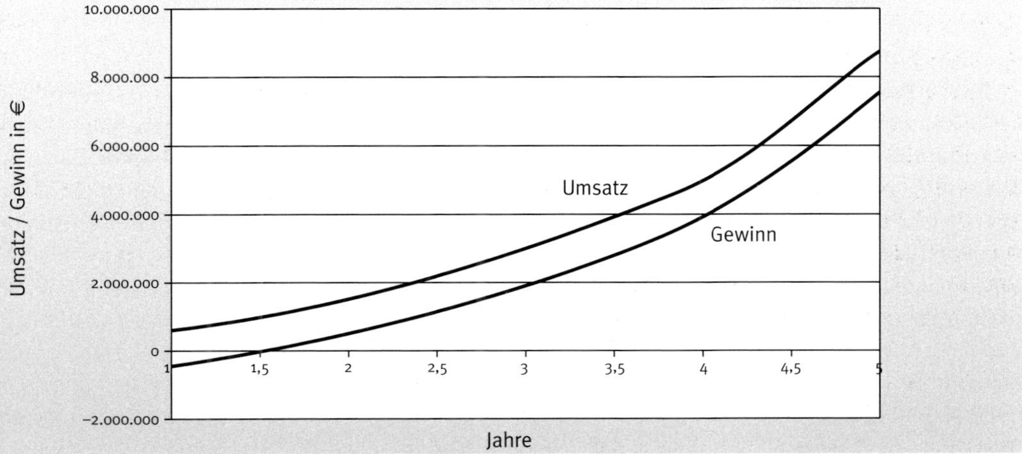

Lösung zu 4b): Umsatz- und Gewinnentwicklung des soft system power translators

In dem Vierfeldportfolio (Marktwachstum/relativer Marktanteil) befindet sich das Übersetzungsprogramm von Soft im Bereich der Stars. Wegen des sehr hohen Marktwachstums, von dem Soft erwartet, dass es auch in den nächsten Jahren so anhalten wird, sollte Soft auf jeden Fall eine Wachstums- und Investitionsstrategie verfolgen.

Da sein Vorsprung gegenüber dem stärksten Konkurrenten mit einem relativen Marktanteil von 1,4 nicht überwältigend ist, sollte Soft versuchen, seine Marktposition weiter auszubauen und zu stärken. Als Möglichkeit dafür bieten sich alle Bereiche des Marketing-Mixes an.

Im Rahmen der **Produktpolitik** sollte Soft sein Übersetzungsprogramm weiter verbessern um seine Qualitätsführerschaft zu sichern und auszubauen. Darüber hinaus wäre es sinnvoll, Übersetzungsprogramme für weitere Sprachen zu entwickeln. Um eine weitere Verbreitung zu erreichen, könnte Soft versuchen, mobile Übersetzer (z.B. Taschenrechnergröße) zu entwickeln oder sein Übersetzungsprogramm in Organizer oder Hand-hold-Computer zu integrieren. Evtl. wären hierzu Kooperationen mit Geräteherstellern sinnvoll oder notwendig.

Im Bereich **Distribution** ist es vermutlich sinnvoll, das Vertriebsnetz weiter auszubauen und zu optimieren, damit die Übersetzungsprogramme in einer größeren Anzahl von Verkaufsstellen und vor allem in den richtigen Verkaufsstellen erhältlich sind. Interessant sind neben Computerläden der Buchhandel, aber auch Warenhäuser. Durch Verbesserung der Distribution würde die Präsenz von soft system am POS gestärkt.

Da die **Preise** der Konkurrenzprogramme unter denen von soft system liegen, sollten auch weiterhin moderate Preissenkungen erwogen, aber ein Preiskampf vermieden werden, da eine aggressive Preispolitik nicht mit der Position des Qualitätsführers kompatibel ist. Sinnvoll wären evtl. Preisdifferenzierungsmaßnahmen, um das Übersetzungsprogramm auch Zielgruppen zugänglich zu machen, die es zu dem augenblicklichen Preis nicht kaufen würden. Zu Aspekten der Preispolitik vergleichen Sie auch die Lösungshinweise zu 4d) und 4e).

In der **Kommunikationspolitik** sind neben Werbung vor allem VkF- und PR-Maßnahmen sinnvoll. Durch PR-Maßnahmen, z.B. Berichte in Zeitschriften, würden auch Personen erreicht, die klassischer Werbung gegenüber skeptisch sind. Hierdurch ließe sich der Bekanntheitsgrad der Marke soft system weiter steigern und Interesse für die Produkte wecken. Evtl. wäre auch ein Übersetzungswettbewerb sinnvoll. Durch geschickte VkF-Maßnahmen, z.B. Einsatz von gut gestaltetem Displaymaterial, aber auch durch Aktionen am POS (Produktdemonstrationen) lässt sich in den Verkaufsstellen Aufmerksamkeit erzeugen. Berücksichtigt man die bisherigen Umsätze von soft system mit dem Übersetzungsprogramm, wird für den Bereich der klassischen Werbung vermutlich kein üppiges Budget zur Verfügung stehen. Denkbar wären daher Anzeigen in Special-Interest-Zeitschriften, aber auch Werbung im Internet.

4d) Auswirkung der Preissenkung auf die Ertragslage:

$$\text{Preiselastizitätskoeffizient} = \frac{\text{Absatzänderung in \%}}{\text{Preisänderung in \%}}$$

Preisänderung in %: –10%

Absatzänderung in %: = (–3) · (–10%) = + 30%

Absatzsteigerung: $\frac{35.000}{100} \cdot 30 = 10.500$

neue Absatzmenge: 45.500

Deckungsbeitrag vor Preissenkung
= 35.000 · (250 – 6) = 8.540.000,00 €

Deckungsbeitrag nach Preissenkung
= 45.000 · (225 – 6) = 9.964.500,00 €

Durch Preissenkung würde der Deckungsbeitrag um 1.424.500,00 € (16,7%) zunehmen. Die Auswirkungen auf die Ertragslage wären also positiv. Die Preissenkung wäre außerdem nicht so hoch, dass dadurch die Qualitätsanmutung beeinträchtigt würde, zumal soft system den Preis schon mehrfach gesenkt hat. Selbst, wenn befürchtet werden muss, dass Konkurrenten die Preise für ihre Übersetzungsprogramme ebenfalls senken, wird soft system durch die Preissenkung vermutlich seinen Marktanteil vergrößern und seine Marktstellung stärken können. Die Preissenkung ist damit zu empfehlen.

4e/I) Da die Preisabsatzfunktion und die Kostenfunktion linear sind, lässt sich der optimale Einheitspreis mit der folgenden Formel bestimmen:

optimaler Preis
= 0,5 · (Höchstpreis – variable Stückkosten)

Für den Höchstpreis gilt:

$$x(p) = 0$$
$$\Leftrightarrow \quad -420p + 140.000 = 0$$
$$\Leftrightarrow \quad p = 333{,}33\,€$$

optimaler Preis

$$= \quad 0{,}5 \cdot (333{,}33 - 6) = 163{,}665\,€$$

4e/II) Eine Preisdifferenzierung ist nur dann möglich und sinnvoll, wenn der Gesamtmarkt in Teilmärkte segmentiert werden kann, auf denen das Produkt zu unterschiedlichen Preisen angeboten wird und diese durch wirksame Barrieren getrennt werden können. Je nach Art der Barrieren unterscheidet man verschiedene Arten der Preisdifferenzierung, z.B.

- Differenzierung durch unterschiedliche Produktausstattungen,
- Differenzierung nach der Käuferstruktur,
- Differenzierung nach Vertriebswegen,
- räumliche Differenzierung.

Im vorliegenden Fall ist eine Preisdifferenzierung möglich und sinnvoll.

Beispiele

- Studenten erhalten das Programm zu einem günstigeren Preis (Nachweis durch Studentenausweis)
- Differenzierung durch unterschiedliche Ausstattungsmerkmale – es werden z.B. zwei Versionen des Programms angeboten:

Standardversion für	€ 250,00
Light-Version mit geringerem Leistungsumfang	€ 120,00

Auswirkung der Preisdifferenzierung auf den Deckungsbeitrag:
Deckungsbeitrag ohne Preisdifferenzierung:
$35.000 \cdot (250 - 6) = 8.540.000{,}00\,€$

Deckungsbeitrag mit Preisdifferenzierung
$x(250) = 35.000 \quad x(120) = 89.600$
Deckungsbeitrag 1. Segment
$= 8.540.000{,}00\,€$

Deckungsbeitrag 2. Segment
$= (89.600 - 35.000) \cdot (120 - 6) = 6.224.400{,}00\,€$

gesamter Deckungsbeitrag
$= 14.764.400{,}00\,€$

Durch die Preisdifferenzierung würde der Deckungsbeitrag um 6.224.400,00 € steigen.

Die Preisdifferenzierung ist also sinnvoll, wenn die Differenzierungskosten geringer sind als der zusätzliche Deckungsbeitrag.
Auch im Vergleich zum optimalen Einheitspreis von 163,665 € ist die Preisdifferenzierung sinnvoll (da liegt der DB bei 11.235.318,27 €).

5a) Die angestrebte Dachmarkenstrategie hätte für die soft system GmbH folgende Vorteile:

- Übertrag des guten Rufs als Qualitäts- und Marktführer für Übersetzungsprogramme auf den speach translator,
- einfachere und preiswertere Einführung gegenüber den Kosten für eine eigene Marke,
- keine Gefahr der Markenerosion, da sich alle Produkte von soft system ähnlich sind.

Einzige Gefahr: Falls der speach translator aufgrund der neuen Technologie (Spracherkennung) nicht einwandfrei funktioniert, könnte die Qualitätsanmutung der Marke beeinträchtigt werden.

5b) Die Ermittlung der Kapitalwerte bei Kalkulationszinssätzen von 12%, 16% und 17% können den Tabellen auf der folgenden Seite entnommen werden. Da bei einem Kalkulationszinssatz von 12% der Kapitalwert positiv ist, ist die Rendite größer als 12%.
Die jeweiligen Werte für den Kalkulationszinssatz und den Kapitalwert werden in ein entsprechendes Diagramm übertragen, siehe Abbildung. Die Gerade schneidet die Zinsachse bei ca. 16,86%. Damit beträgt die ungefähre Rendite für die ersten fünf Jahre ungefähr 16,86%.

soft system GmbH: Ermittlung des Kapitalwertes für den speach translator bei einem Kalkulationszinssatz von 12%

Jahr	Preis	Absatz	Einzahlungen	Anfangsaufwendungen	Fixkosten	variable Kosten	Auszahlung	Rückflüsse	Zinsfaktor	Gegenwartswert
0	0	0	0	15.000.000	0	0	15.000.000	−15.000.000	1	−15.000.000
1	500	6.000	3.000.000	0	5.000.000	1.200.000	6.200.000	−3.200.000	0,892857143	−2.857.142,857
2	500	12.000	6.000.000	0	5.000.000	2.400.000	7.400.000	−1.400.000	0,797193878	−1.116.071,429
3	500	30.000	15.000.000	0	5.000.000	6.000.000	11.000.000	4.000.000	0,711780248	2.847.120,991
4	500	55.000	27.500.000	0	5.000.000	11.000.000	16.000.000	11.500.000	0,635518078	7.308.457,902
5	500	90.000	45.000.000	0	5.000.000	18.000.000	23.000.000	22.000.000	0,567426856	12.483.390,83
									Kapitalwert	3.665.755,433

soft system GmbH: Ermittlung des Kapitalwertes für den speach translator bei einem Kalkulationszinssatz von 16%

Jahr	Preis	Absatz	Einzahlungen	Anfangsaufwendungen	Fixkosten	variable Kosten	Auszahlung	Rückflüsse	Zinsfaktor	Gegenwartswert
0	0	0	0	15.000.000	0	0	15.000.000	−15.000.000	1	−15.000.000
1	500	6.000	3.000.000	0	5.000.000	1.200.000	6.200.000	−3.200.000	0,862068966	−2.758.620,69
2	500	12.000	6.000.000	0	5.000.000	2.400.000	7.400.000	−1.400.000	0,743162901	−1.040.428,062
3	500	30.000	15.000.000	0	5.000.000	6.000.000	11.000.000	4.000.000	0,640657674	2.562.630,694
4	500	55.000	27.500.000	0	5.000.000	11.000.000	16.000.000	11.500.000	0,552291098	6.351.347,626
5	500	90.000	45.000.000	0	5.000.000	18.000.000	23.000.000	22.000.000	0,476113015	10.474.486,34
									Kapitalwert	589.415,9074

soft system GmbH: Ermittlung des Kapitalwertes für den speach translator bei einem Kalkulationszinssatz von 17%

Jahr	Preis	Absatz	Einzahlungen	Anfangsaufwendungen	Fixkosten	variable Kosten	Auszahlung	Rückflüsse	Zinsfaktor	Gegenwartswert
0	0	0	0	15.000.000	0	0	15.000.000	−15.000.000	1	−15.000.000
1	500	6.000	3.000.000	0	5.000.000	1.200.000	6.200.000	−3.200.000	0,854700855	−2.735.042,735
2	500	12.000	6.000.000	0	5.000.000	2.400.000	7.400.000	−1.400.000	0,730513551	−1.022.718,971
3	500	30.000	15.000.000	0	5.000.000	6.000.000	11.000.000	4.000.000	0,624370556	2.497.482,226
4	500	55.000	27.500.000	0	5.000.000	11.000.000	16.000.000	11.500.000	0,533650048	6.136.975,555
5	500	90.000	45.000.000	0	5.000.000	18.000.000	23.000.000	22.000.000	0,456111152	10.034.445,35
									Kapitalwert	−88.858,57467

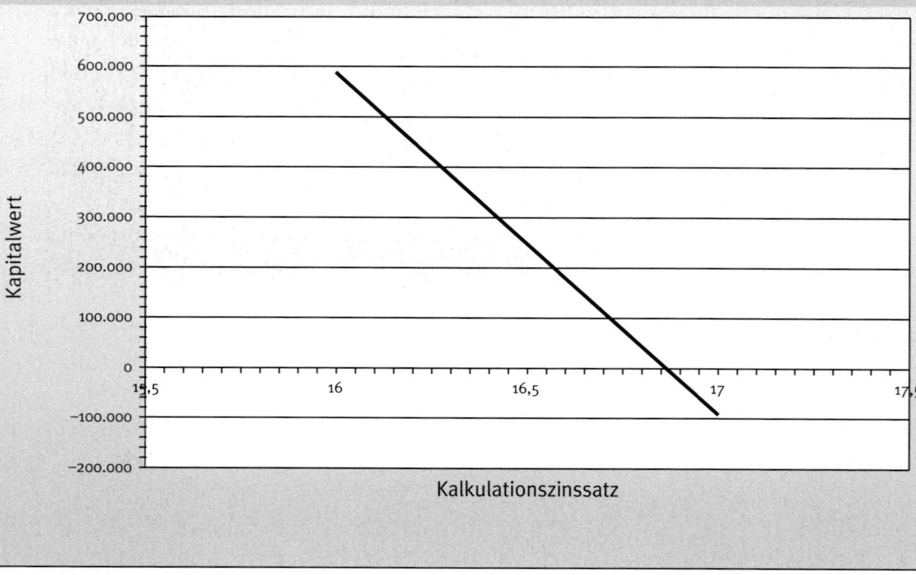

Lösung zu 5b): Ermittlung des internen Zinssatzes für den speach translator

Teil II

Marktforschung

8 GRUNDLAGEN DER MARKTFORSCHUNG

Entwicklung von der bloßen Datenlieferung zur Begleitforschung

In den letzten Jahren hat sich die Rollenverteilung zwischen Marketing und Marktforschung zunehmend verändert. War Marktforschung früher lediglich ein reiner Datenlieferant, auf deren Basis dann Marketing-Entscheidungen vorbereitet und getroffen wurden, begleitet sie das Marketing heute kontinuierlich, von der Produktentwicklung (beispielsweise erste Konzepttests in der Neuproduktentwicklung, vgl. Kapitel 4 Produktpolitik) bis zur Kommunikation (beispielsweise Werbeerfolgskontrolle, vgl. Kapitel 16). Dabei wird die Marktforschung in vielen Fällen sogar zum Initiator von Marketing-Aktivitäten. Wenn man an die Bedeutung von Marktforschung in Bereichen wie Produkt- oder Verpackungsdesign, Entwicklung einer Produkt-Positionierung, Analyse von Zielgruppen oder der Beurteilung von Werbeträgern denkt, wird verständlich, warum Marktforschung gelegentlich als „Motor" des Marketings betrachtet wird. Große Marktforschungs-Institute sehen sich deshalb auch am liebsten in der Rolle des integrierten Beraters, der eben nicht nur Daten liefert, sondern den Marketing-Verantwortlichen auch konkrete Handlungsempfehlungen gibt.

8.1 BEGRIFF UND ABGRENZUNG

Notwendige Entscheidungen innerhalb des Marketings lassen sich nur auf der Grundlage entsprechender Informationen treffen. Methoden und Instrumente zur Beschaffung und Verarbeitung von Informationen gehören zum Bereich der Marktforschung. Der Begriff Marktforschung kann wie folgt definiert werden:

→ *Unter Marktforschung versteht man allgemein eine systematische Untersuchungstätigkeit mit dem Ziel der Informationsgewinnung oder -verbesserung über Markttatbestände als Grundlage für absatz- oder beschaffungspolitische Entscheidungen.*

Marktforschung ist durch Bereich und Gegenstand von anderen „Forschungen" abzugrenzen

Marktforschung wird gelegentlich mit folgenden verwandten Methoden verwechselt, die hier abgegrenzt werden sollen. Abb. 8.1 zeigt dies noch einmal in einer Übersicht:

Markterkundung:	Dies ist die unsystematische, eher gelegentlich und provisorisch durchgeführte Untersuchung des Marktes.
Meinungsforschung:	Dies ist eine Umfrageforschung, durch die die öffentliche Meinung (Demoskopie) erforscht werden soll (z.B. Wahlforschung), sie kann sich durchaus auf wirtschaftliche Themen beziehen.
Marketing-Forschung:	Als Teilgebiet der Marktforschung werden hier nicht Märkte allgemein, sondern nur der Absatzmarkt untersucht. Das Interesse bezieht sich auf interne Informationen zu marketing-relevanten Sachverhalten wie z.B. Produkt-, Preis-, Distributions- und Kommunikationspolitik.

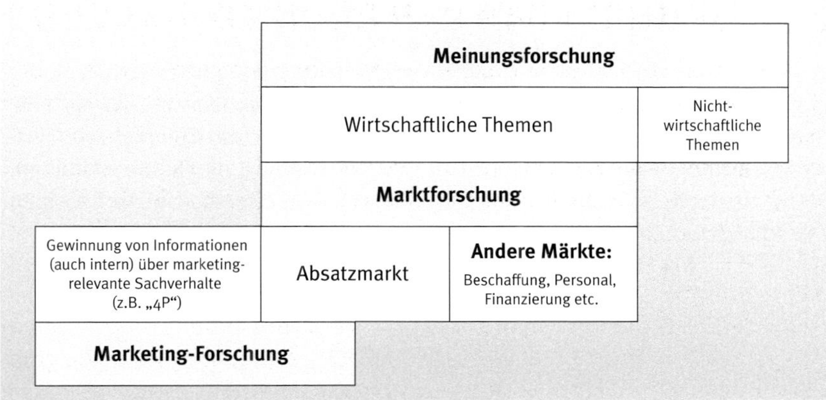

Abb. 8.1: Abgrenzung des Gegenstandes der Marktforschung (in Anlehnung an Uwe Kamenz: Marktforschung. Schäffer-Poeschel. Stuttgart 2001)

Hinsichtlich der zeitlichen Dimension unterscheidet man zwischen

- **Marktanalyse** als einmalige oder mehrmalige Erhebung aller Daten, die einen bestimmten Markt charakterisieren,
- **Marktbeobachtung** als kontinuierliche Untersuchung von Marktvorgängen im Zeitablauf, um Entwicklungen feststellen zu können und
- **Marktprognose** als Schätzung der zukünftigen Marktentwicklung.

Gliederungskriterien sind die Zeit, die in den Fokus genommenen Instrumente und die Marktteilnehmer

Je nachdem, auf **welche Marketing-Instrumente** sich die Marktforschungsaktivitäten beziehen, lassen sich

- Produktforschung,
- Preisforschung,
- Kommunikationsforschung,
- Vertriebsforschung

unterscheiden.

Hinsichtlich einer **Differenzierung nach Marktteilnehmern** kann zwischen

- Konsumentenforschung,
- Konkurrenzforschung,
- Absatzmittler-/Handelsforschung

unterschieden werden.

8.2 Informations- und Entscheidungsbedarf

Marktforschung soll den Marketing-Verantwortlichen in den Unternehmen vor allem ein höheres Maß an Sicherheit bei ihrer Entscheidungsfindung geben. Außerdem ermöglicht Marktforschung,

Leistungsspektrum der Marktforschung

- Chancen und Trends aufzuspüren,
- Risiken rechtzeitig zu erkennen,
- Marketing-Planung strukturierter zu verfolgen und
- wichtige Informationen aus dem Überangebot an Daten herauszufiltern.

Der Entscheidungsbedarf im Marketing geht von der Situationsanalyse über die Zielbestimmung zur Festlegung von Marketing-Strategien und schließlich zur Bestimmung eines geeigneten Marketing-Mixes (vgl. Bestandteile eines Marketing-Konzeptes in Kapitel 1). Er orientiert sich dabei außerdem am „klassischen" Dreischritt Planung, Durchführung und Kontrolle. Genauso komplex wie diese Prozesse sind die Anforderungen an die Marktforschung, die für die vielfältigen Problemstellungen des Marketings Informationen bereitstellen muss. Bei einem exemplarischen Blick auf den Bereich Situationsanalyse wird das deutlich.

Orientierung am Dreischritt Planung, Durchführung und Kontrolle

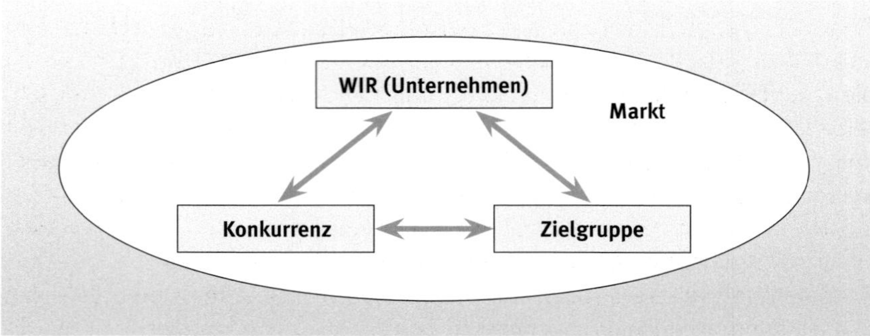

Abb. 8.2: Strategisches Dreieck für Marketing und Marktforschung

Wer den Markt bewegen will, muss ihn verstehen

Das Unternehmen bewegt sich innerhalb eines strategischen Dreiecks, das durch das Unternehmen selbst, seine Konkurrenten und die Zielgruppe bestimmt wird (vgl. Abb. 8.2) und es benötigt bei einer Situations-Analyse Informationen über

- den **Markt als solchen**
  →Marktgröße (Marktvolumen), Marktentwicklung (z.B. Marktsättigung), Entwicklungsmöglichkeiten des Marktes (Marktpotenzial),
- die **Konkurrenz** (Untersuchung des Wettbewerbs)
  → Anzahl und Größe der Mitwettbewerber, Größe der Marktteilnehmer, Absatzmengen der Marktteilnehmer, Marktanteile, Produkte/Leistungen, Preise, Verkaufsstellen/Vertriebskanäle und Kommunikationsaktivitäten der Marktteilnehmer etc.,
- Informationen über die **Verbraucher**
  → soziodemografische Merkmale (Alter, Geschlecht, Einkommen etc.), psychografische Merkmale (Bedürfnisse, Einstellungen, Zufriedenheit, Vorlieben, Kaufmotive), verhaltensbeschreibende Merkmale (Nachfrageverhalten, Kaufhäufigkeit, Preisverhalten, Einkaufsstättenwahl), Markenwahrnehmung (z.B. Image, Markenbekanntheit, Wiedererkennbarkeit etc.).

  In der Verbraucherforschung gibt es einige Spezialbereiche, von denen hier drei genannt werden sollen:
  - **Motiv-, Einstellungs- und Zufriedenheitsforschung** befasst sich mit der Erforschung der Ursachen für Verbraucherverhalten: Vorlieben, Interessen, Bedürfnisse, Einstellungen, Motive, Markentreue etc.
  - **Kommunikationsforschung** umfasst die wissenschaftliche Erforschung von Kommunikationsprozessen, vor allem der Kommunikationswirkung, z.B. von Kommunikations-/Werbemitteln (vgl. Kapitel 16).

- **Produktforschung** führt Untersuchungen über die Einschätzungen von Produkten durch die Konsumenten durch (vgl. Kapitel 4 Produktpolitik). Aufgrund der Ergebnisse können Produkte oder Verpackungen so verändert werden, dass sie bei Verbrauchern eine höhere Akzeptanz erreichen.

Quantitative und qualitative Marktforschung

Im Zusammenhang mit Verbraucherforschung lässt sich auch der Unterschied zwischen quantitativer und qualitativer Marktforschung darstellen. Bei der quantitativen Marktforschung geht es, wie der Name sagt, um Erhebung quantifizierbarer Daten, die anschließend (beispielsweise mit Statistik- oder Tabellenkalkulationsprogrammen) problemlos weiterverarbeitet werden können. Da diese Form der zahlenorientierten bzw. „zahlengläubigen" Marktforschung jahrelang in der Praxis vorherrschte, haftet der Marktforschung heute noch das Image der „Erbsenzählerei" an. Diese Betrachtungsweise vernachlässigt aber einen der größten Vorteile quantitativer Marktforschung, denn wenn bei der Auswahl der Stichprobe auf Repräsentativität geachtet wurde (vgl. Kapitel 9), lassen sich die Daten problemlos auf die Grundgesamtheit hochrechnen.

Der Kritik an reinen Zahlen begegnen die Institute mit erweiterten Fragestellungen

Die zahlenbasierte Marktforschung führt zwar zu großen Datenmengen, die sich aber mit moderner EDV ohne Probleme verarbeiten und analysieren lassen (Database-Management).

Die Kritiker der quantitativen Marktforschung zweifeln den Wert dieser „Datenfriedhöfe" an, denn selbst, wenn die Zahlen sauber erhoben wurden, beschreiben sie doch meistens nur, wie sich Verbraucherverhalten zeigt, und nicht, warum es so ist, wie es ist. Die quantitative Marktforschung versucht mittlerweile, diesen Vorwurf zu entkräften, indem sie das Fragenspektrum deutlich erweitert. Markt-Media-Studien, dazu gehören die in diesem Band schon angesprochene VerbraucherAnalyse (VA), die Allensbacher Werbeträger-Analyse (AWA) und die Typologie der Wünsche Intermedia (TdWI) erheben auch quantifizierbare Daten zu Freizeitinteressen, Markenorientierung oder Einstellungen zu Gesundheit, Familie etc. Dennoch lassen sich häufig auch in diesen Bereichen nicht die wahren Ursachen für (Kauf-)Verhalten erklären, denn mittels reiner Zahlenskalen (zwischen 1 = stimme nicht zu und 5 = stimme völlig zu) lässt sich eben nicht alles ausdrücken bzw. erheben.

→ *Qualitative Marktforschung hat den Anspruch, zu den Ursachen vorzudringen, d.h. zu erklären, warum sich Verbraucher so verhalten, wie sie sich verhalten.*

Zu diesem Zweck steht der qualitativen Marktforschung ein großes Repertoire an Methoden zur Verfügung, es reicht von Gruppendiskussionen und (psychologischen) Tiefen-Interviews bis zu eher kreativen Formen wie Rollenspielen (Probanden schlüpfen in die Rolle verschiedener Marken) oder dem Führen eines Marken-Tagebuchs. Im Bereich der qualitativen Marktforschung gibt es inzwischen eine Reihe renommierter Marktforschungs-Institute (IFM, rheingold u.a.), die von Unternehmen bzw. Werbeagenturen vor allem bei Fragen zu Zielgruppen-Analysen, Positionierungs-Entscheidungen und Marken-Kern-Analysen herangezogen werden.

Zusätzlich kommen qualitative, der Sozialforschung entlehnte Methoden zum Einsatz

Allerdings muss bei allen Erkenntnismöglichkeiten, die die professionell durchgeführte qualitative Marktforschung bietet, darauf hingewiesen werden, dass die Ergebnisse nur in wenigen Fällen repräsentativ sein können. Das hängt vor allem mit den aufgrund der hohen Kosten der Methoden sehr geringen Fallzahlen zusammen.

Der Informations- und Entscheidungsbedarf endet natürlich nicht bei der Situations-Analyse, sondern führt über die Marketing-Strategien zu den einzusetzenden Marketing-Instrumenten: Produkt-, Preis-, Distributions- und Kommunikationspolitik (vgl. Abb. 8.3 und 8.4 sowie die entsprechenden Kapitel). Hier wird noch einmal deutlich, wie wichtig Marktforschung im modernen Marketing ist.

Entscheidungsbedarf	**Informationsbedarf**
besteht zu • Produktstrategie • Produktgestaltung • Markenpolitik *(vgl. Kapitel 4)*	• Lebenszyklus-Analyse *(vgl. Kap. 3)* • Produktkonzept-Entwicklung • Produktkonzept-Test • Test vorhandener Produkte • Markennamen-Entwicklung • Markennamen-Test • Produktvergleich gegen Wettbewerber *(vgl. Kap. 4 und Kap. 14)*
• Finden des richtigen Marktpreises • Verwendung der preispolitischen Instrumente und ihrer Ausprägung *(vgl. Kapitel 5)*	• Kostenanalyse • Profitanalyse • Preiselastizitäts-/Absatzfunktionsanalyse • Preisvergleiche mit Wettbewerbern *(vgl. Kapitel 5)*
• angestrebter Produktpositionierung • Einsatz der Kommunikations-Instrumente und ihrer Ausprägung *(vgl. Kapitel 7)*	• Motivforschung • Media-Analyse • Werbewirkungsforschung/Copy-Test • Imageanalysen • Wettbewerbsanalysen • PR-Erfolgskontrolle • VkF-Forschung *(vgl. Band Werbung planen und Kap. 16)*
• Auswahl strategischer Alternativen (z.B. direkter oder indirekter Vertrieb) • Auswahl distributionspolitischer Instrumente und ihrer Ausprägung *(vgl. Kapitel 6)*	• Standortanalyse • Vertriebskanalanalyse • Außendienststruktur/ Verkaufsbezirksanalyse

Abb. 8.3: Entscheidungs- und Informationsbedarf zu den vier Ps (eine ähnliche Darstellung findet man in Uwe Kamenz: Marktforschung. Schäffer-Poeschel. Stuttgart 2001)

8.3 Informationsquellen und Methoden der Primärforschung

Die benötigten Informationen können auf verschiedene Arten beschafft werden. Greift man auf bereits vorhandene Daten zurück, spricht man von **Sekundärforschung** oder **Desk Research**.

Beispiele für mögliche Datenquellen im Rahmen der Sekundärforschung

Interne Datenquellen (innerbetriebliche Quellen)

- Umsatz- und Absatzstatistiken, evtl. untergliedert nach Produkten, Regionen, Kunden, Distributionswegen etc.
- Außendienstberichte
- Kostenrechnung (Kostenarten, Kostenstellen, Kostenträger etc.)
- Reklamationsstatistik
- Auftragseingangsstatistik
- Lagerbestände/Lagerbewegungen

Externe Datenquellen (heutzutage vor allem im Internet zugänglich)

- amtliche Statistiken von
  - statistisches Bundesamt (statistische Jahrbücher, Sonderuntersuchungen)
  - statistische Landesämter
  - Eurostat
- Verbandsstatistiken und Verbandsveröffentlichungen
- Statistiken und Veröffentlichungen von wirtschaftswissenschaftlichen Instituten
- Veröffentlichungen von Werbedurchführenden (Werbeträgern) wie Verlage, Sender, Unternehmen der Außenwerbung etc.
- Veröffentlichungen von Unternehmen (Geschäftsberichte, Preislisten, Kataloge etc.)
- Untersuchungen von Marktforschungsunternehmen
- Datenbanken
- Informationsdienste
- Adressenverlage etc.

Werden Daten für die jeweilige Problemstellung speziell erhoben, handelt es sich um **Primärforschung (Field Research)**. Die Daten, die in der Sekundärforschung genutzt werden, basieren natürlich ihrerseits auf Primärforschung, nur dass diese eben nicht speziell auf das Problem eines Unternehmens zugeschnitten sind.

→ *Da Sekundärdaten in der Regel deutlich kostengünstiger beschafft werden können als Primärdaten, sollte und wird man bei einem konkreten Informationsproblem zunächst versuchen, auf Sekundärdaten zurückzugreifen.*

Evtl. decken die Sekundärdaten den konkreten Informationsbedarf aber nicht vollständig ab oder sind nicht aktuell genug. In solchen Fällen müssten dann gezielte Primärerhebungen erfolgen.

In der Primärforschung (Field Research) unterscheidet man mit Befragung (Kapitel 10), Beobachtung (Kapitel 11) und Experiment (Kapitel 12) grundsätzlich drei Erhebungsmethoden, die aber häufig miteinander kombiniert werden (vgl. zu Kurzdefinitionen Abb. 8.4). In Abb. 8.5 sind zusätzlich noch einige Ausgestaltungsmöglichkeiten für die drei Methoden dargestellt, die in den weiteren Kapiteln des Buches ausführlicher dargestellt werden.

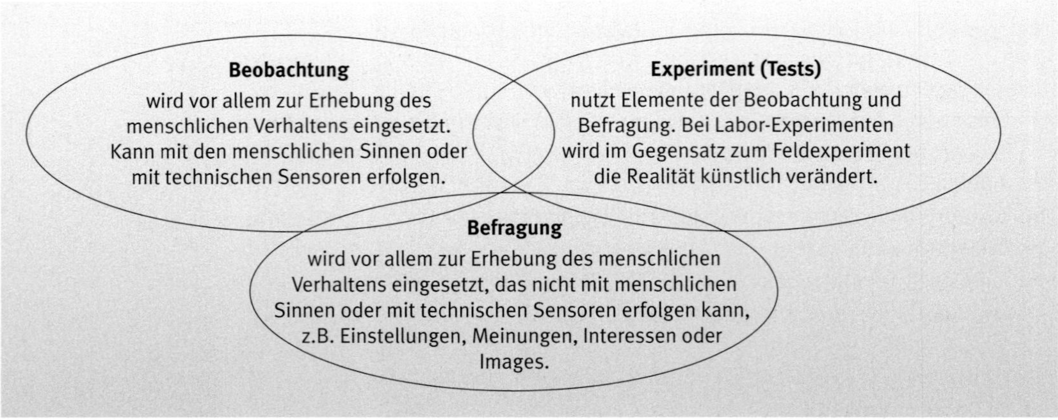

Abb. 8.4: Methoden der Primärmarktforschung

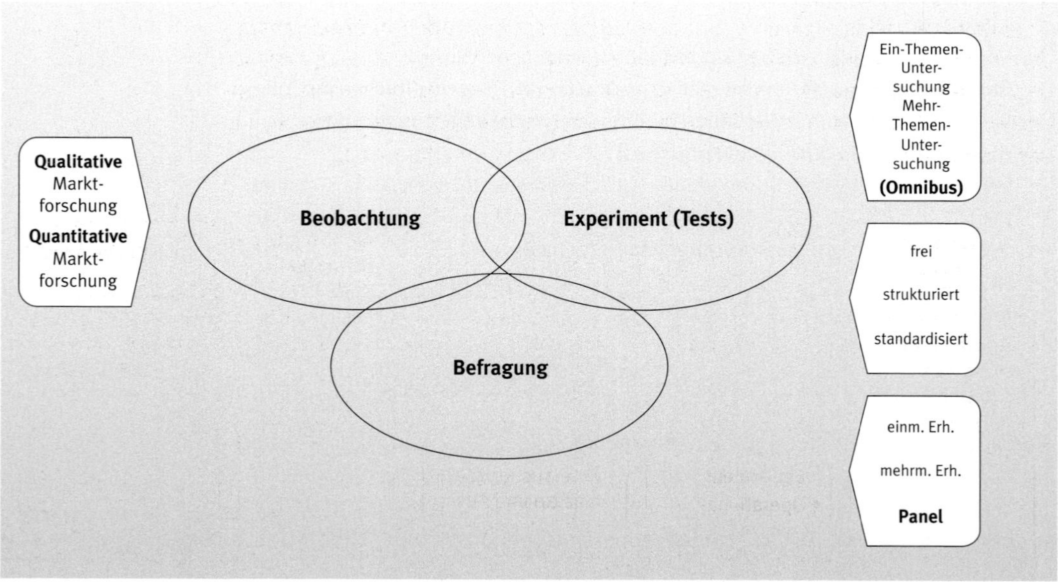

Abb. 8.5: Gestaltungsmöglichkeiten der Erhebungsverfahren (nach U. Kamenz: Marktforschung. Stuttgart 2001)

Begriffe Panel und Omnibus

Im Bereich der Befragung werden bei einem **Panel** die gleichen Personen über einen längeren Zeitraum zum gleichen Themenbereich befragt (Weiteres in Kap. 13). Bei einer **Omnibus-Befragung** ermöglichen Marktforschungsinstitute verschiedenen Unternehmen, sich mit einzelnen spezifischen Fragen an einer Befragung zu beteiligen („zuzusteigen"). Gibt es genug „Mitfahrer", wird die Omnibus-Befragung durchgeführt (kostengünstiger als eine eigene Befragung).

Die Basis für alle Erhebungsmethoden liegt in der Zuverlässigkeit und Glaubwürdigkeit der erhobenen Daten oder der befragten Personen. Dafür ist die Repräsentativität von zentraler Bedeutung. Da eine Befragung aller Personen, über die man etwas aussagen will (Vollerhebung), meist nicht möglich ist (Größe, Identifizierbarkeit, Erreichbarkeit etc.), muss die gezogene Stichprobe repräsentativ sein, um allgemein gültige Aussagen treffen zu können.

Zentral für die Qualität aller Methoden: Repräsentative Stichproben

→ *Eine Stichprobe ist dann repräsentativ, wenn sie in der Verteilung aller interessierenden Merkmale der Grundgesamtheit entspricht, das heißt, ein zwar verkleinertes, aber wirklichkeitsgetreues Abbild der Grundgesamtheit darstellt.*

Darüber hinaus sollte jedes Element der Grundgesamtheit mit gleicher Wahrscheinlichkeit in die Stichprobe aufgenommen werden können. Nur dann ist gewährleistet, dass Aussagen, die auf Basis der Stichprobe gewonnen wurden, auf die Grundgesamtheit übertragen werden können (Näheres in Kap. 9).

8.4 Prozess der Marktforschung

Der Ansatzpunkt für Marktforschung liegt immer in der genauen Analyse des zu lösenden Marketing-Problems. Um den daraus resultierenden Informationsbedarf zu stillen, werden anschließend im eigentlichen Marktforschungsbereich Daten erhoben, analysiert, interpretiert und am Ende dem Auftraggeber präsentiert (vgl. Abb. 8.6). Auch der Marktforschungsprozess folgt dabei dem bereits beschriebenen Dreischritt von Planung, Durchführung und Kontrolle.

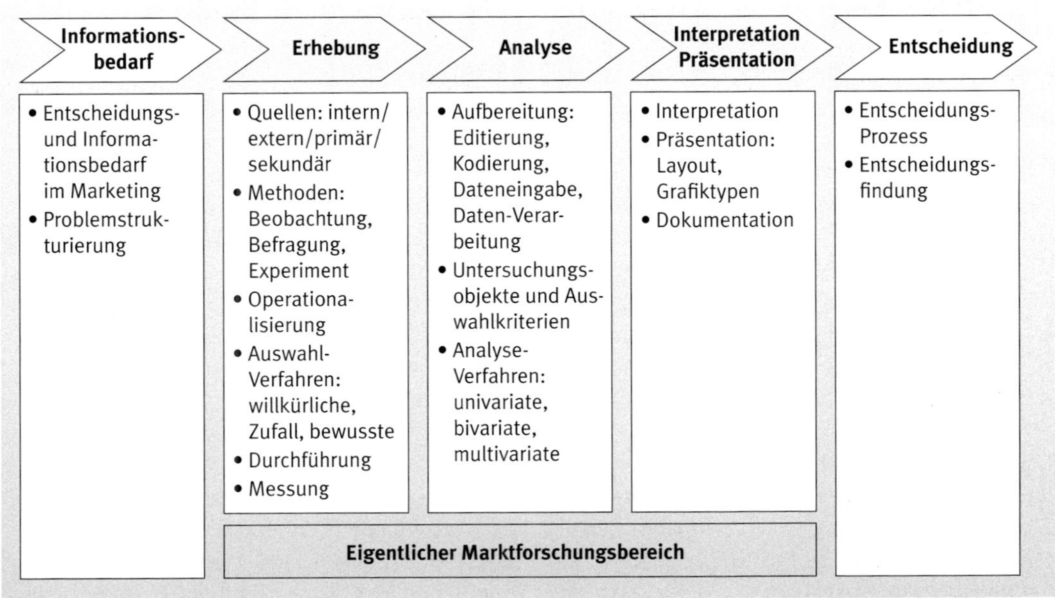

Abb. 8.6: Marktforschungsprozess (angelehnt an Uwe Kamenz: Marktforschung. Stuttgart 2001)

Beispiel

Wir knüpfen an das Fallbeispiel der „fix & fertig GmbH“ an. Das Unternehmen wurde in Kapitel 2 kurz vorgestellt und das Fallbeispiel dann in folgenden Kapiteln weitergeführt. Angenommen, das Unternehmen entscheidet sich zur Erweiterung seines Produktportfolios um andere Fertigprodukte und es erwägt u.a. ein neues Kartoffel-Fertigprodukt am Markt einzuführen. Für die Marktforschung bedeutet dies:

1. **Abgrenzung des zu lösenden Problems**
(Informationsbedarf)
Der Informationsbedarf des Marketings könnte folgende Punkte umfassen:
- Die für Kartoffel-Fertigprodukte aufnahmefähigen Verbrauchergruppen feststellen.
- Die Marktgröße dieser Verbrauchergruppen eindeutig nachweisen.
- Die Merkmale, an denen man diese Verbrauchergruppen unterscheiden kann, beschreiben.
- Die unterscheidbaren Verbrauchergruppen nicht nur durch ihre soziodemografischen Merkmale, sondern auch durch ihre psychologischen Strukturen beschreiben, die die Einstellungen, Motive, Rollen-, Konsum-, Kauf- und Informations-Verhaltensweisen erklären, da gerade sie letzten Endes zu einer Bevorzugung oder Ablehnung des Produkts führen. Um ein Bild zu gebrauchen: die soziodemografischen Kriterien bilden das „Skelett“ und die psychografischen sowie die verhaltensbeschreibenden Kriterien „Herz und Seele“ der Zielgruppe. Erst durch die Beschreibung von Verhalten, Einstellungen, Motiven, Interessen und Lebensstil werden aus einer anonymen Masse Individuen.

2. **Eigentlicher Marktforschungsbereich**
(Erhebung, Analyse, Interpretation, Präsentation)
Um den Informationsbedarf zu befriedigen, können in der Marktforschung sowohl quantitative als auch qualitative Forschungsmethoden eingesetzt werden.

Denkbar wäre zunächst eine zielgruppenorientierte Grundlagenstudie (vgl. Abb. 8.7), die beispielsweise über Verwendungsmotivation und -anlässe sowie psychologische Kauf- und Verwendungsbarrieren Aufschluss geben könnte. Weitere Fragestellungen, die sich mühelos auf andere Produkte übertragen lassen, sind:
- Welches Verhältnis hat die Zielgruppe zur Produktkategorie bzw. zur Marke?
- Warum und wie beschäftigt sie sich mit dem Produkt?
- Welchen Stellenwert nimmt das Produkt in ihrem Leben ein bzw. wofür verwendet sie es? („How it fits together with their lives“)
- Findet der Konsum des Produktes in der Öffentlichkeit statt, wie denkt die Zielgruppe darüber? („demonstrativer Konsum“/Status)
- Ist es einfach oder schwierig, über die Verwendung des Produktes zu reden? (Welche Sprache wird dazu verwendet? Evtl. Tabus?)

Auf der Basis der Grundlagenforschung kann dann eine genauere Marktsegmentierung erfolgen, die z.B. zu folgenden Zielgruppen führt:
- Personen, die schon Kartoffel-Fertigprodukte des Unternehmens verwenden (evtl. nach der Verwendungs-Intensität differenziert)
→ Ziel: Erhöhung der Verwendungs-Intensität („heavy user“)
- Personen, die vergleichbare Konkurrenz-Produkte verwenden (evtl. nach der Verwendungs-Intensität differenziert)
→ Ziel: Motivation zu Probekäufen und Markenwechsel (Markenbindung überwinden)
- Personen, die bisher noch keine Kartoffel-Fertigprodukte verwenden
→ Ziel: Überwindung von Kauf-/Verwendungsbarrieren (Erst-/Probekäufe und Aufbau von Markenbindung)

Anschließend müssten für die Zielgruppen, die am lukrativsten erscheinen, vor allem qualitative und auch quantitative Befragungen durchgeführt werden. Mithilfe der erhobenen Daten kann das Marketing wesentlich gezielter arbeiten.
Einige der wichtigsten Entscheidungen:

- Welche der psychologischen Marktsegmente sind für die weiteren unternehmerischen Planungen wirklich interessant?
- Wie lässt sich das neue Produkt bei der relevanten Zielgruppe möglichst einzigartig in den Köpfen verankern (Positionierung)?
- Wie viel Budget soll für das Produkt zur Verfügung gestellt werden?
- Wie muss die marktsegment-spezifische Gestaltung und Argumentation einer Werbekonzeption aussehen?
- Wie lassen sich die segmentspezifisch „richtigen" Werbemedien auswählen?
- Wo befinden sich noch Marktlücken?
- Lassen sich durch Änderungen an der Verpackung „alter" Produkte neue Marktsegmente erschließen?
- Müssen unter Umständen für ein spezifisches Marktsegment völlig neue Produkte oder Varianten bestehender Produkte (Produktdifferenzierung) entwickelt werden? etc.

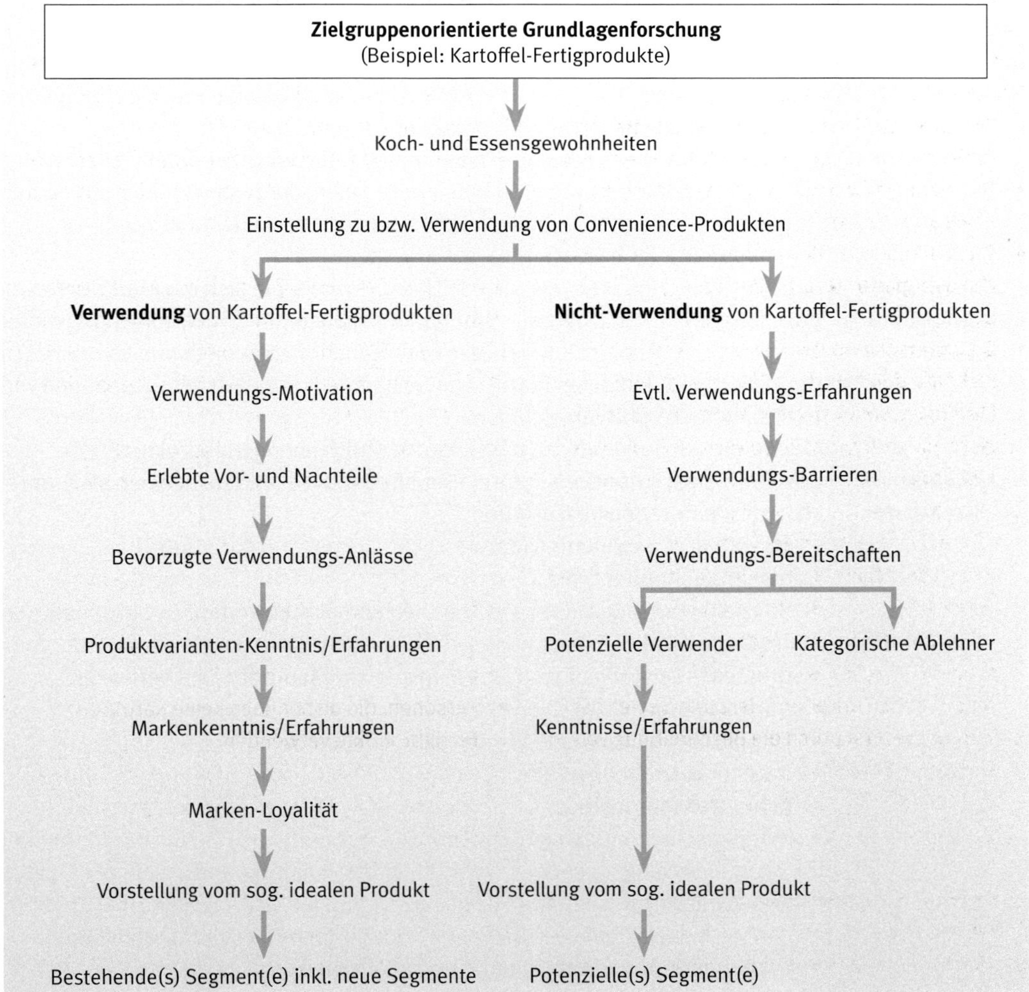

Abb. 8.7: Untersuchungs-Design für eine zielgruppenorientierte Grundlagenforschung (nach Jochen Becker: Marketing-Strategien. Vahlen. München 2000. S.133)

8.5 Organisation/Träger der Marktforschung

Drei grundlegende Organisationsformen

Es gibt grundsätzlich drei Möglichkeiten, Marktforschung zu organisieren:

1. **Eigenmarktforschung** wird von einer unternehmensinternen Abteilung bzw. einzelnen Mitarbeitern durchgeführt (betriebliche, interne Marktforschung). Diese Form der Marktforschung empfiehlt sich immer dann, wenn der Informationsbedarf gering bzw. die Problemstellung eher allgemeiner Natur ist (vgl. Sekundärforschung / Desk research). Auch wenn ein großer Teil der Daten bereits im Unternehmen vorhanden oder leicht zu beschaffen ist oder wichtige Firmengeheimnisse eine Rolle spielen, sollte eher Eigenmarktforschung eingesetzt werden.
2. **Fremdmarktforschung** wird von spezialisierten Marktforschungs-Instituten durchgeführt (außerbetriebliche/externe Marktforschung). Diese Form der Marktforschung empfiehlt sich immer dann, wenn der Informationsbedarf hoch bzw. die Problemstellung sehr spezifisch ist. Die beauftragten Marktforschungs-Institute können dabei sowohl Sekundär- als auch Primärforschung anwenden. Der Einsatz von Marktforschungs-Instituten muss nicht zu höheren Kosten als bei Eigenmarktforschung führen.
3. **Kombination von Eigen- und Fremdmarktforschung**: Dies kann beispielsweise bei Marktforschungsprojekten der Fall sein, die zwar von Instituten durchgeführt, aber von Mitarbeitern des Unternehmens gelenkt werden.

Ca. 500 Unternehmen bieten Fremdmarktforschung an

In Deutschland gibt es mehr als 500 Unternehmen, die sich mit Marktforschung beschäftigen. Einen Überblick gibt das Handbuch der „Marktforschungsunternehmen", das gemeinsam von der Fachzeitschrift planung&analyse und dem Berufsverband Deutscher Markt- und Sozialforscher (BVM) herausgegeben wird (siehe auch Literaturverzeichnis).

Kriterien für die Auswahl eines Anbieters

Um aus diesem Angebot das passende Marktforschungs-Institut für die Deckung des problemspezifischen Informationsbedarfs zu finden, lassen sich unterschiedliche Kriterien heranziehen:

- Erfahrung in bestimmten Märkten,
- bisheriger Kundenkreis,
- Spezialisierung des Institutes (z.B. bei bestimmten Verfahren wie Panels oder Testverfahren),
- Breite des Leistungsspektrums in Bezug auf Methoden und Verfahren,
- personelle und sachliche Ausstattung,
- Einhaltung von Qualitätsnormen (DIN ISO 9003),
- Datenschutzmanagement,
- Konkurrenzausschluss,
- Mitgliedschaft in Dachverbänden (ADM = Arbeitskreis Deutscher Markt- und Sozialforschungs-Institute, BVM, ESOMAR = European Society for Opinion and Marketing Research),
- nachgewiesene Referenzen (Image/Ruf, Seriosität, Zuverlässigkeit etc.),
- Erfahrungen in der bisherigen Zusammenarbeit,
- Gründungsjahr.

(Vgl. dazu auch Werner Pepels (Hrsg.): Moderne Marktforschungspraxis. Luchterhand. Neuwied 1999. S. 788 f.)

Exkurs: Gütekriterien für Marktforschungs-Methoden

Gütekriterien sind Kriterien, die die Qualität von Erhebungsverfahren (Testinstrumenten) einschätzen. Die wichtigsten Kriterien sind

- Objektivität,
- Reliabilität und
- Validität.

Die **Objektivität** eines Erhebungsinstruments gibt an, in welchem Ausmaß die Ergebnisse vom Anwender unabhängig sind, d.h., ob mehrere Personen, die unabhängig voneinander mithilfe des selben Testinstruments Daten ermitteln, zu den gleichen Ergebnissen kommen.

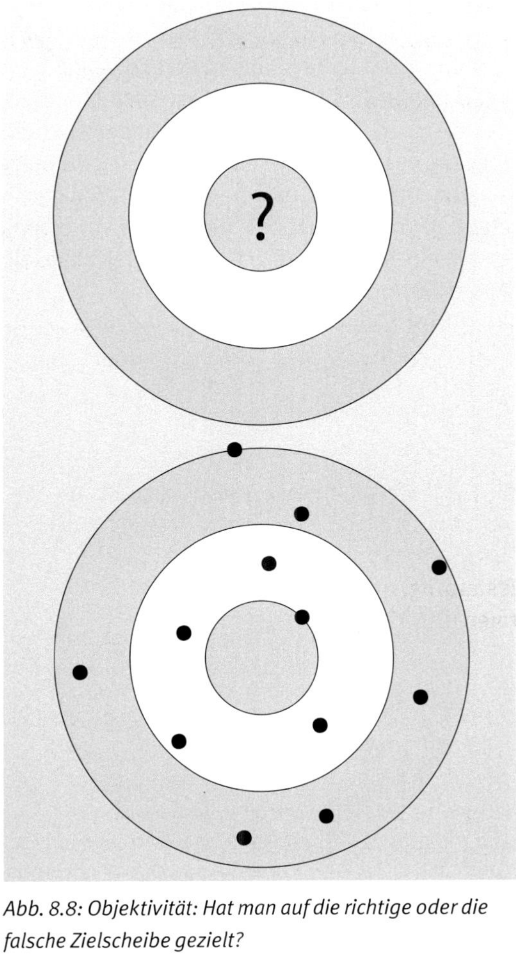

Abb. 8.8: Objektivität: Hat man auf die richtige oder die falsche Zielscheibe gezielt?

Dabei muss versucht werden, die Einflussmöglichkeiten bei der Durchführung (Projektleiter oder Interviewer), Auswertung und Interpretation so gering wie möglich zu halten.
Nicht objektiv sind Befragungen, in denen durch ungeschickte Fragestellung, schlimmstenfalls Suggestiv- oder rhetorische Fragen, die Befragten zu einem – evtl. sogar vom Auftraggeber gewünschten – Antwortverhalten gedrängt bzw. manipuliert werden. In diesen Fällen wird mehr oder weniger bewusst nicht auf eine objektive Zielscheibe gezielt (Abb. 8.8).

(Das Bild der Zielscheibe wird in der Literatur gern zur Veranschaulichung herangezogen, man findet es z.B. in Uwe Kamenz: Marktforschung. Schäffer-Poeschel. Stuttgart 2001. Wir haben uns an den dortigen Abbildungen orientiert.)

Die **Reliabilität (Zuverlässigkeit)** gibt den Grad der Messgenauigkeit eines Instruments an Fehlerfreiheit. Bei wiederholter Messung unter gleichen Bedingungen müssen – unabhängig von Forscher, Mitarbeitern etc. – die gleichen Ergebnisse erzielt werden. Die Reliabilität gibt insofern die Zuverlässigkeit bzw. Verlässlichkeit eines Erhebungsinstruments an, d.h., sie zeigt an, ob das Messinstrument „streut" (vgl. Abb. 8.9).

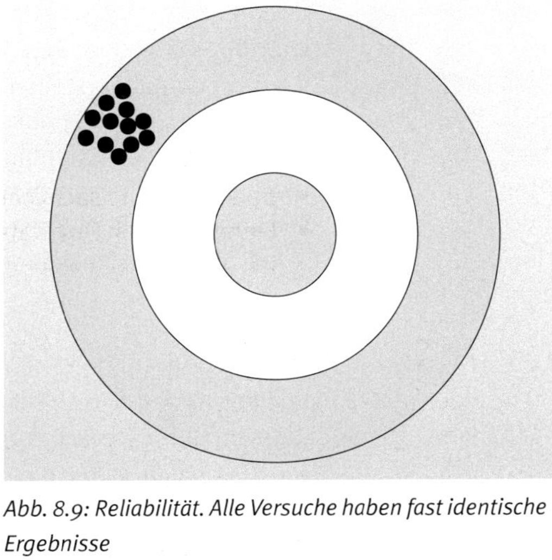

Abb. 8.9: Reliabilität. Alle Versuche haben fast identische Ergebnisse

Um diese Streuung zu erkennen und ggf. auszuschalten, kann man beispielsweise die Messung zu einem späteren Zeitpunkt wiederholen (Test-Retest-Reliabilität) oder eine parallele Vergleichsmessung zum selben Zeitpunkt durchführen (Parallel-Test-Reliabilität).

Die **Validität (Gültigkeit)** eines Tests zeigt, wie gut der Test in der Lage ist, genau das zu messen, was er zu messen vorgibt, das heißt, wie genau er sein Untersuchungsziel erfüllt (vgl. Abb. 8.10).

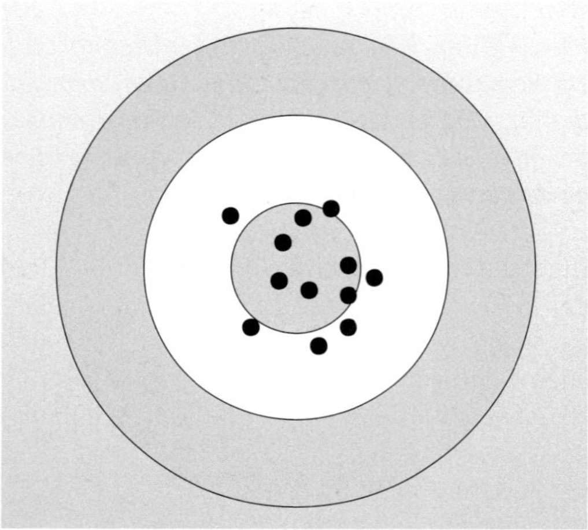

Abb. 8.10: Alle Versuche haben das Ziel fast erreicht

Die Daten weisen dann das nach, was mithilfe der Erhebung nachgewiesen werden sollte. Je ungenauer der Untersuchungsgegenstand definiert ist, umso schwerer lässt sich Validität herstellen. So ist Intelligenz eigentlich nicht eindeutig definiert, trotzdem gibt es Verfahren, die einen „Intelligenz-Quotienten" messen. Diese Messungen sind jedoch nicht valide, denn der Intelligenz-Quotient misst eben nicht die Intelligenz, sondern Intelligenz ist das, was der Quotient misst.

Neben Gütekriterien von Erhebungsverfahren unterscheidet man auch **Gütekriterien von Untersuchungen**. Die wichtigsten Gütekriterien von Untersuchungen sind die interne und externe Validität. Sie überprüfen die Aussagekraft der Untersuchungsergebnisse. Eine Untersuchung ist **intern valide**, wenn ihre Ergebnisse eindeutig interpretierbar sind. Um dies zu gewährleisten, darf es nicht zu unkontrollierten Störeinflüssen während des Erhebungsverfahrens (Experiment, Beobachtung, Befragung) kommen. Dieses Kriterium können Laboruntersuchungen natürlich wesentlich besser erfüllen als Feldforschung.
Externe Validität spricht man einer Untersuchung dann zu, wenn die Ergebnisse über die Untersuchungssituation und über die befragten Personen hinaus **generalisierbar** sind. In diesem Zusammenhang hat die bereits erwähnte repräsentative Stichprobe eine entscheidende Bedeutung:

→ *Nur bei Vorliegen einer repräsentativen Stichprobe kann man Untersuchungsergebnisse glaubwürdig generalisieren.*

Je höher Objektivität, Reliabilität und Validität eines Erhebungsverfahrens oder einer Methode, desto höher und damit glaubwürdiger sind die Ergebnisse qualitativ zu bewerten, d.h., alle Messungen treffen ins Ziel (vgl. Abb. 8.11). Zusätzlich steigert eine schriftliche Fixierung des Vorgehens sowie ein hoher Grad an Standardisierung die Aussagekraft der Ergebnisse.

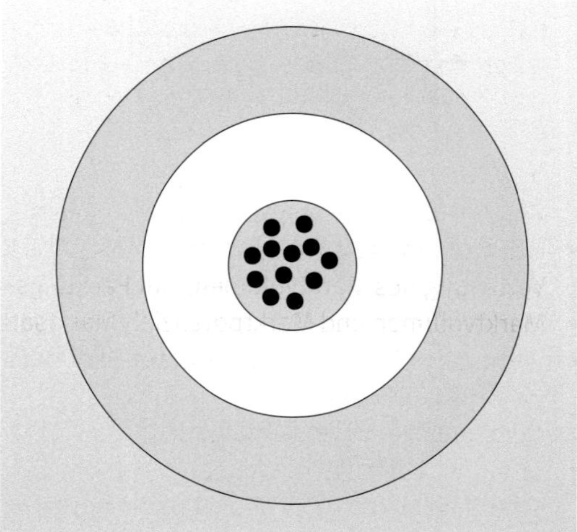

Abb. 8.11: Optimale Qualität (bezogen auf ein Erhebungsverfahren): Alle Versuche treffen nahzu identisch ins Ziel

8.6 Übungsaufgabe

Das Unternehmen T GmbH ist im Schwarzteebereich sowohl im Packungstee-segment als auch im Teebeutelsegment in der gesamten Bundesrepublik Deutschland Marktführer. In Ostfriesland stellt sich die Situation allerdings anders dar. Hier ist die T GmbH zwar im Teebeutelsegment Marktführer, jedoch belegt sie im Packungsteesegment nur einen der hinteren Plätze.

Aufgaben

a) Geben Sie mögliche Gründe an, warum die Unternehmensführung der T GmbH trotz der Marktführerschaft in der gesamten Bundesrepublik mit der Situation unzufrieden ist.
b) Welchen Informationsbedarf hat die Unternehmensführung der T GmbH, wenn sie die Situation realistisch einschätzen und gegebenenfalls angemessen reagieren will?
c) Stellen Sie Vermutungen an, auf welche Weise und durch welche Quellen der Informationsbedarf gedeckt werden könnte.

Lösungshinweise

Zu a)

- In Ostfriesland wird viel Tee getrunken.
- Ein beträchtlicher Anteil des gesamten Teeabsatzes in Deutschland entfällt auf Ostfriesland.
- In Ostfriesland wird vorwiegend Packungstee getrunken, der Teebeutelabsatz hat nur einen geringen Anteil an dem gesamten Schwarzteeabsatz in Ostfriesland. Das Unternehmen hat also als Marktführer in einem regionalen Hauptmarktsegment nur einen unterdurchschnittlichen Marktanteil.

Zu b)

- Regionale Verbreitung der Absatzmengen der T GmbH,
- Marktvolumen und Markpotenzial (Marktsättigung) in Deutschland,
- Verteilung des Marktvolumens auf Packungs- und Beuteltee,
- Marktvolumen und Marktpotenzial (Marktsättigung) in Ostfriesland,
- Verteilung des Marktvolumens auf Packungs- und Beuteltee in Deutschland und in Ostfriesland,
- Teeanbieter und ihre Marktanteile in Deutschland und in Ostfriesland,
- Struktur der Teetrinker in Deutschland und in Ostfriesland (soziodemografische, psychografische und verhaltensbeschreibende Merkmale).
- Welche Teesorten werden in Ostfriesland vorwiegend getrunken, bietet die T GmbH diese Teesorten auch an?
- Welche Kriterien sind in Ostfriesland bei der Markenwahl von Tee wichtig?
- Welches Image hat die T GmbH in Ostfriesland (Kernkompetenz, Positionierung)?

- Wie wird der Geschmack des T-GmbH-Tees von Teetrinkern in Ostfriesland eingeschätzt?
- Werden die richtigen Packungsgrößen angeboten?
- Ist die Verpackung ansprechend?
- Ist das Preisniveau angemessen?
- Welche Vertriebskanäle werden genutzt?
- Wie viel wird wo gekauft?
- Werbeaufwendungen der Konkurrenz

Zu c)

- Eigene Umsatz- und Absatzstatistiken, untergliedert nach Produkten und Regionen,
- Informationen und Berichte von Außendienstmitarbeitern,
- amtliche Statistik, z.B. Teeverkaufs- oder Teeumsatzmengen,
- Veröffentlichungen von Verbänden, z.B. Verband der Teehersteller,
- Verlagsveröffentlichungen,
- Markt-Media-Untersuchungen (VA, AWA, TdWI etc.),
- Untersuchungen von Marktforschungsunternehmen (Branchenberichte, Berichte über Unternehmen, Panelerhebungen etc.),
- Befragung von Teetrinkern z.B. über
  – das Image der T GmbH,
  – Gründe für die Markenwahl etc.,
- Geschmackstests (z.B. Blindtests),
- Verpackungstests,
- Werbemitteltests.

9 Auswahlverfahren

Wenn eine Primärerhebung durchgeführt werden soll, muss man sich entscheiden, ob man eine Voll- oder eine Teilerhebung durchführen will. Bei einer Vollerhebung würden alle Objekte der Grundgesamtheit berücksichtigt, bei einer Teilerhebung würde die Untersuchung auf einen Teil der Grundgesamtheit beschränkt. Die Grundgesamtheit umfasst dabei alle Objekte, auf die sich die Untersuchung bezieht.

Beispiel

Wir ziehen wieder das Fallbeispiel der „fix & fertig GmbH" heran (vgl. Basisangaben zu dieser Musterfirma in Kap. 2). Durch eine Primärerhebung soll der Bekanntheitsgrad der fix & fertig-Dosensuppen innerhalb der deutschen Wohnbevölkerung, die 14 Jahre oder älter ist, ermittelt werden. Die Grundgesamtheit besteht in diesem Fall aus allen Personen der deutschen Wohnbevölkerung, die 14 Jahre oder älter sind. Das sind insgesamt 64,89 Mio. Personen. Diese Personen müssten bei einer Vollerhebung befragt werden. Bei einer Teilerhebung würde man die Befragung auf einen Teil der Grundgesamtheit, z.B. 4.000 Personen, beschränken.

Den Teil der Grundgesamtheit, auf den sich die Untersuchung beschränkt, bezeichnet man als Stichprobe.

Da man es bei Primärerhebungen im Zusammenhang mit Problemstellungen aus dem Bereich Marketing häufig mit (sehr) großen Grundgesamtheiten zu tun hat, werden in der Regel aus Kosten- und Zeitgründen Teilerhebungen durchgeführt. Die Begriffe werden in der Abb. 9.1 grafisch verdeutlicht.

Bei einer Teilerhebung muss darauf geachtet werden, dass die Ergebnisse, die man bei der Stichprobe erhalten hat, ohne große Fehler auf die Grundgesamtheit übertragen werden können. Eine Stichprobe, die diesen Anforderungen genügt, bezeichnet man als repräsentativ für die Grundgesamtheit.

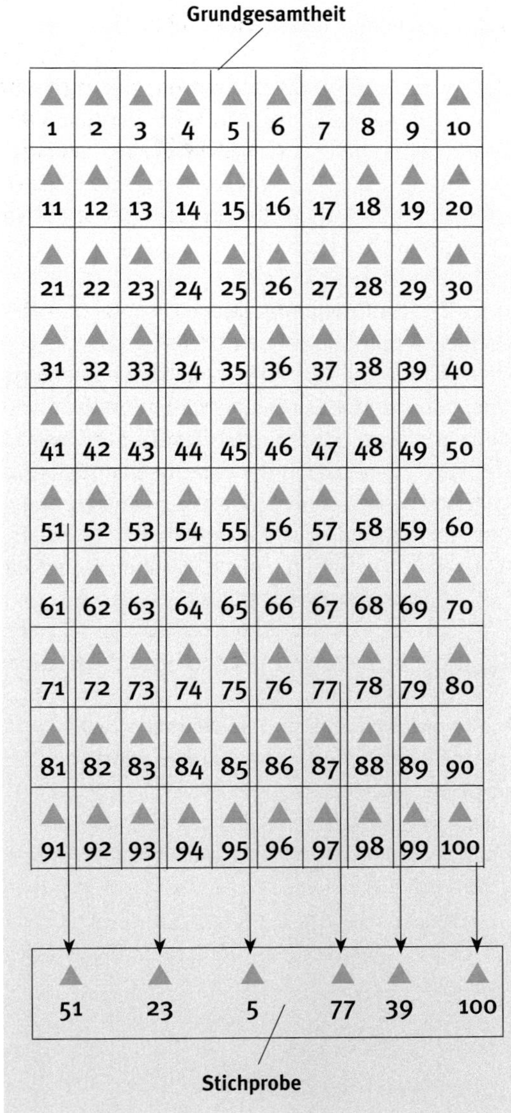

Abb. 9.1: Grundgesamtheit und Stichprobe

Grundsätzlich kann man davon ausgehen, dass eine Stichprobe repräsentativ für die Grundgesamtheit ist, wenn die Verteilung der interessierenden Merkmale in der Stichprobe und in der Grundgesamtheit ähnlich ist. Es gibt insgesamt zwei generelle Auswahlverfahren, um repräsentative Stichproben zu erhalten:

- Zufallsauswahl und
- Quotenauswahl.

9.1 Zufallsauswahl

Bei einer Zufallsauswahl werden die Elemente der Stichprobe zufällig aus den Objekten der Grundgesamtheit ausgewählt. Bei einer uneingeschränkten Zufallsauswahl müssen alle Objekte der Grundgesamtheit die gleiche Chance haben in die Auswahl zu kommen.

9.1.1 Konfidenzintervalle

Zufallsstichproben weisen bei einer ausreichenden Größe eine hohe Repräsentativität gegenüber der Grundgesamtheit auf. Das Zufallsprinzip gewährleistet, dass die Merkmalsverteilung in der Stichprobe und in der Grundgesamtheit, abgesehen von einer berechenbaren Fehlerspanne, übereinstimmen. Das gilt sogar für Merkmale, über deren Verteilung in der Grundgesamtheit keine Informationen vorliegen.

Beispiel

In einer Stichprobe von 2.000 Personen geben 20% an, die fix-&-fertig-Dosensuppen zu verwenden. Es soll ermittelt werden, zwischen welchen Werten der Anteil der Verwender der fix-&-fertig-Dosensuppen in der Grundgesamtheit mit einer 95%igen Sicherheit liegen kann. Wenn die Grundgesamtheit wie hier genügend groß ist, kann der gesuchte Bereich mit folgender Formel berechnet werden (vgl. aber Abschnitt 9.2!):

$$p - t \cdot \sqrt{\frac{p \cdot q}{n}} \leq P \leq p + t \cdot \sqrt{\frac{p \cdot q}{n}}$$

Dabei bedeuten:

p: Ermittelter Prozentanteil für das Merkmal in der Stichprobe
q: Gegenwahrscheinlichkeit ($q = 1 - p$)
t: Wert, der im Zusammenhang mit der Standardnormalverteilung den Sicherheitsgrad bestimmt (= 1,96 bei einer Sicherheitswahrscheinlichkeit von 95%)
n: Größe der Stichprobe
P: Prozentanteil für das Merkmal in der Grundgesamtheit

$p = 20\% = 0{,}2 \Rightarrow q = 1 - 0{,}2 = 0{,}8$
Sicherheitsgrad $95\% \Rightarrow t = 1{,}96$ $n = 2.000$

$$t \cdot \sqrt{\frac{p \cdot q}{n}} = 1{,}96 \cdot \sqrt{\frac{0{,}8 \cdot 0{,}2}{2.000}} = 0{,}01753 = 1{,}753\%$$

$\Rightarrow 20\% - 1{,}753\% \leq P \leq 20\% + 1{,}753\%$
$\Rightarrow 18{,}247\% \leq P \leq 21{,}753\%$

Mit einer Wahrscheinlichkeit von 95% liegt der Verwenderanteil der fix-&-fertig-Dosensuppen in der Grundgesamtheit zwischen 18,247% und 21,753%. Diesen Bereich bezeichnet man als Konfidenzintervall.

In der folgenden Tabelle sind die t-Werte für verschiedene Sicherheitswahrscheinlichkeiten angegeben, die im Rahmen der Marktforschung verwendet werden.

Sicherheitswahrscheinlichkeit	Wert für t
90%	1,64
95%	1,96
99%	2,58

9.1.2 Zugmodelle

Zu dem obigen Beispiel muss noch folgende mathematische Information ergänzt werden: Bei der Ermittlung des Konfidenzintervalls wurde von einem Modell „mit Zurücklegen" ausgegangen. Das Modell „mit Zurücklegen" setzt voraus, dass jedes Element der Grundgesamtheit bei jedem Ziehungsvorgang die Chance hat in die Auswahl zu gelangen. Sollen z.B. aus einer Grundgesamtheit 2.000 Personen gezogen werden, so sind das 2.000 Ziehungsvorgänge. Bei dem Modell „mit Zurücklegen" kann also die gleiche Person mehrmals in die Auswahl gelangen. Das ist in der Praxis natürlich nicht sinnvoll und man muss dort von einem Modell „ohne Zurücklegen" ausgehen. Dadurch ändern sich die Wahrscheinlichkeiten für die einzelnen Merkmalsausprägungen und man erhält dann für das Konfidenzintervall eine andere Berechnungsvorschrift. Der Fehler wird aber erst dann merkbar relevant, wenn der Stichprobenumfang mehr als 5% der Größe der Grundgesamtheit beträgt.

Bei kleineren Stichproben kann mit ausreichender Genauigkeit die Berechnung nach dem Modell „mit Zurücklegen" durchgeführt werden, weshalb im obigen Beispiel für die Praxis hinreichende Ergebnisse ermittelt wurden.

Bei einem Modell „ohne Zurücklegen" lässt sich das Konfidenzintervall mit der folgenden Formel bestimmen:

$$p - t \cdot \sqrt{\frac{p \cdot q}{n}} \cdot \sqrt{\frac{N-n}{N-1}} \leq P \leq p + t \cdot \sqrt{\frac{p \cdot q}{n} \cdot \frac{N-n}{N-1}}$$

Dabei steht N für den Umfang der Grundgesamtheit.

Die Abb. 9.2 und 9.3 verdeutlichen die beiden Zugmodelle grafisch.

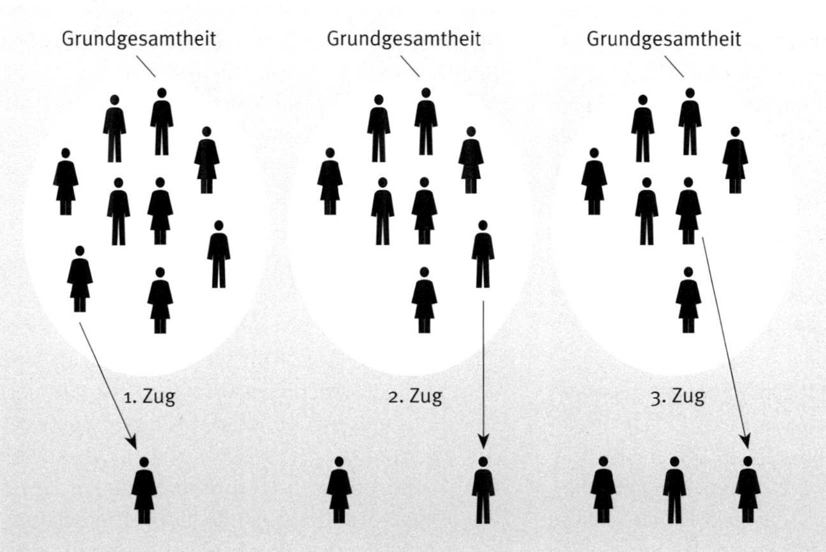

Abb. 9.2: Ziehen ohne Zurücklegen

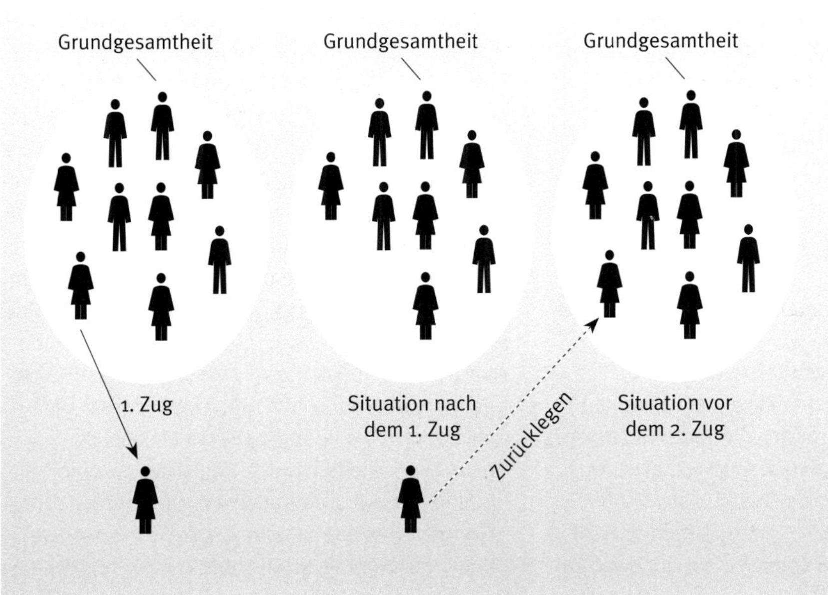

Abb. 9.3: Ziehen mit Zurücklegen

Die Grundgesamtheit in Abb. 9.2 besteht aus 9 Personen. Davon sind 5 weiblich und 4 männlich. Die Wahrscheinlichkeit, eine Frau zu ziehen, beträgt also 5/9. Entsprechend ist die Wahrscheinlichkeit, im 1. Zug einen Mann zu ziehen, 4/9. Angenommen, im ersten Zug wird eine Frau gezogen, dann besteht die Grundgesamtheit für den 2. Zug nur noch aus 8 Personen, von denen 4 weiblich und 4 männlich sind. Im zweiten Zug ist daher die Wahrscheinlichkeit, eine Frau oder einen Mann zu ziehen, jeweils 4/8. Wenn im 2. Zug ein Mann gezogen wird, dann besteht die Grundgesamtheit für den 3. Zug nur noch aus 7 Personen, von denen 4 weiblich und 3 männlich sind. Die Wahrscheinlichkeit, im 3. Zug eine Frau zu ziehen, ist damit 4/7 und für einen Mann beträgt sie 3/7. Das Beispiel zeigt, dass durch das Ziehen ohne Zurücklegen die Struktur der Grundgesamtheit mit jedem Zug verändert wird und dadurch auch die Wahrscheinlichkeit, eine Person mit einem bestimmten Merkmal zu ziehen, für jeden Zug anders ist.
Beim Ziehen mit Zurücklegen wird demgegenüber nach jedem Zug die gezogene Person wieder in die Grundgesamtheit „zurückgelegt". Dadurch hat die Grundgesamtheit vor jedem neuen Zug immer die gleiche Struktur. Folglich ist auch die Wahrscheinlichkeit, eine Person mit einem bestimmten Merkmal zu ziehen, bei jedem Zug gleich hoch. Ist die Grundgesamtheit im Vergleich zur Stichprobe sehr groß, wirkt sich die Strukturänderung der Grundgesamtheit durch das Ziehen ohne Zurücklegen kaum auf die jeweiligen Wahrscheinlichkeiten aus, sodass man hier aus Vereinfachungsgründen unterstellt, es würde mit Zurücklegen gezogen.

Beispiel

Eine Grundgesamtheit besteht aus 2 Mio. Personen, davon sind 1,2 Mio. weiblich und 0,8 Mio. männlich. Es wird aus dieser Grundgesamtheit eine Stichprobe ohne Zurücklegen gezogen. Die Wahrscheinlichkeit, im ersten Zug eine Frau zu ziehen, ist 1,2 Mio./2 Mio. = 0,6. Angenommen, im ersten Zug wird eine Frau gezogen, dann befinden sich vor dem 2. Zug in der Grundgesamtheit noch 1.999.999 Personen, von denen 1.199.999 weiblich und 0,8 Mio. männlich sind. Die Wahrscheinlichkeit, im 2. Zug eine Frau zu ziehen, beträgt dann 1.199.999/1.999.999 = 0,59999998. Die Wahrscheinlichkeit hat sich also durch das Ziehen ohne Zurücklegen kaum geändert.

9.1.3 Stichprobengröße

Häufig hat man das Problem, dass man sicher sein will, dass der Anteilswert einer bestimmten Merkmalsausprägung in der Grundgesamtheit nur maximal um einen bestimmten Wert von dem in der Stichprobe bestimmten Anteilswert abweicht. In diesen Fällen muss die notwendige Stichprobengröße bestimmt werden, die diese Anforderung erfüllt. Der Wert

$$t \cdot \sqrt{\frac{p \cdot q}{n}}$$

gibt bei dem Modell mit Zurücklegen mit der durch t gegebenen Wahrscheinlichkeit an, wie stark der in der Stichprobe ermittelte Anteilswert von dem entsprechenden Anteilswert in der Grundgesamtheit nach oben und unten abweichen kann. Dieser **Stichprobenfehler** sei mit e bezeichnet. Durch Umstellen der Ungleichung nach n lässt sich für ein gegebenes e der notwendige Stichprobenumfang ermitteln.

$$t \cdot \sqrt{\frac{p \cdot q}{n}} \leq e \quad | \text{ quadrieren}$$

$$\Leftrightarrow t^2 \cdot \frac{p \cdot q}{n} \leq e^2 \quad | \cdot n$$

$$\Leftrightarrow t^2 \cdot p \cdot q \leq e^2 \cdot n \quad | : e^2$$

$$\Leftrightarrow \frac{t^2 \cdot p \cdot q}{e^2} \leq n$$

Beispiel

Ein Unternehmen schätzt, dass seine Marke K von 30% der Grundgesamtheit verwendet wird. Der tatsächliche Verwendungsanteil soll mit einer 95%igen Sicherheit durch die Befragung einer Stichprobe auf 0,5% genau ermittelt werden. Die Grundgesamtheit besteht aus 64 Mio. Personen. Wie groß muss die Stichprobe sein?

$p = 0{,}3;\ q = 0{,}7;\ e = 0{,}005;\ t = 1{,}96$

$$n \geq \frac{1{,}96^2 \cdot 0{,}3 \cdot 0{,}7}{0{,}005^2} \quad \Leftrightarrow n \geq 32.269{,}44$$

also: $n > 32.270$

Der Anteil der Stichprobe an der Grundgesamtheit beträgt ca. 0,05%, sodass problemlos das Modell ohne Zurücklegen verwendet werden kann.

Die in der Formel zur Bestimmung des Stichprobenumfangs enthaltenen Anteilswerte p und q sind in der Praxis aber häufig nicht gegeben.

Beispiel

Ein Unternehmen möchte die Bekanntheit seiner Marke L mit einer 95%igen Wahrscheinlichkeit auf 1% genau ermitteln. Wie groß muss die Stichprobe sein, wenn **kein** Schätzwert für die Markenbekanntheit vorliegt und die Grundgesamtheit aus etwa 64 Mio. besteht?

Die Lösung erfordert weitergehende mathematische Kenntnisse und wird hier als interessante Vertiefung ausgeführt.

Problem:
Der Wert für p in der Ungleichung zur Bestimmung von n ist unbekannt.
Man geht in diesem Fall von der ungünstigsten Möglichkeit aus und nimmt für p den Wert 0,5 an, da dann das Produkt $p \cdot q$ maximal wird. Die Stichprobengröße wird evtl. zu groß, aber auf keinen Fall zu klein ermittelt.

$p = 0{,}5 \Rightarrow q = 1 - 0{,}5 = 0{,}5 \Rightarrow p \cdot q = 0{,}25$

Man kann leicht zeigen:
Wenn $0 \leq p \leq 1$ und $q = (1 - p)$, dann gilt:
$p \cdot q \leq 0{,}25$.

Beweis durch Widerspruch, dazu Annahme:
Es gibt ein p mit $0 \leq p \leq 1$, sodass $p \cdot q > 0{,}25$
$\Leftrightarrow p \cdot (1 - p) > 0{,}25 \Leftrightarrow p - p^2 > 0{,}25$
$\Leftrightarrow 0 > 0{,}25 - p + p^2$
$\Leftrightarrow 0 > 0{,}5^2 - 2 \cdot 0{,}5 \cdot p + p^2$ (binomische Formel)
$\Leftrightarrow 0 > (0{,}5 - p)^2$
Die letzte Ungleichung ergibt einen Widerspruch, da das Quadrat einer reellen Zahl nie negativ sein kann. Damit ist bewiesen, dass unter den vorausgesetzten Bedingungen immer gilt: $p \cdot q \leq 0{,}25$.

Für das Auswahlproblem in dem oben geschilderten Beispiel lässt sich jetzt also die gesuchte Stichprobengröße wie folgt ermitteln:

$p = 0{,}5;\ q = 0{,}5;\ e = 0{,}01;\ t = 1{,}96$

$$n \geq \frac{1{,}96^2 \cdot 0{,}5 \cdot 0{,}5}{0{,}01^2} \quad \Leftrightarrow n \geq 9.604$$

Der Anteil der Stichprobe an der Grundgesamtheit beträgt 0,015%, sodass auch hier problemlos mit dem Modell ohne Zurücklegen gerechnet werden kann. Wenn die Stichprobe also mindestens 9.604 Personen umfasst, kann das Unternehmen sicher sein, dass in 95% aller Fälle der Bekanntheitsgrad der Marke L in der Grundgesamtheit maximal um 1% von dem Bekanntheitsgrad in der Stichprobe abweicht, egal, wie groß der Bekanntheitsgrad in der Grundgesamtheit ist.

Bei dem Modell mit Zurücklegen lässt sich der notwendige Stichprobenumfang mit folgender Formel ermitteln:

$$n \geq \frac{t^2 \cdot p \cdot q \cdot n}{(N - 1) \cdot e^2 + t^2 \cdot p \cdot q}$$

9.2 Zufallsauswahlverfahren

In diesem Abschnitt werden kurz die hauptsächlichen Verfahren dargestellt, mit denen man zu einer Zufallsauswahl gelangen kann. Dabei kann man unterscheiden, ob die Grundgesamtheit in Form einer Datei oder Liste komplett vorliegt, beispielsweise in Form einer Kundendatei, oder ob das nicht der Fall ist, z.B. wenn eine Auswahl aus der Gesamtbevölkerung getroffen werden muss. Ferner wird noch danach unterschieden, ob es sich um ein einfaches oder komplexeres Auswahlverfahren handelt.

9.2.1 Zufallsauswahl bei Vorliegen der Grundgesamtheit als Datei oder Liste

Hier unterscheidet man im Wesentlichen vier Verfahren:

Losverfahren (Urnenmodell)
Alle Objekte der Grundgesamtheit werden durchnummeriert und die Nummern in eine Lostrommel (Urne) gesteckt. Hieraus werden dann zufällig so viele Nummern gezogen, wie in die Stichprobe sollen.

Auswahl mit Zufallszahlen
Die Grundgesamtheit wird durchnummeriert. Die zu ziehenden Nummern werden einer Zufallszahlentabelle entnommen bzw. über einen Zufallszahlengenerator ermittelt.
Zufallszahlentabellen enthalten eine große Anzahl rein zufällig entstandener Ziffernfolgen. Man kann in der Tabelle in einer beliebigen Zeile und Spalte beginnen. Ein Zufallszahlengenerator erzeugt Zufallszahlen mithilfe einer mathematischen Prozedur. Alle Computer und teilweise schon bessere Taschenrechner besitzen heute solche Zufallszahlengeneratoren.

Systematische Auswahl (Listenverfahren):
1. Grundgesamtheit durchnummerieren
2. Bestimmung der Schrittweite:
   Schrittweite = Größe der Grundgesamtheit dividiert durch Stichprobenumfang
3. Zufällige Bestimmung einer ganzen Zahl zwischen 1 und der Schrittweite einschließlich der Grenzen, z.B. mithilfe eines Zufallszahlengenerators.
4. Zu dieser Anfangszahl wird so oft die Schrittweite addiert, bis die gewünschte Anzahl von Zahlen (Stichprobenumfang) erreicht ist. Die Personen der Grundgesamtheit mit den entsprechenden Nummern kommen jeweils in die Stichprobe.

Schlussziffernverfahren
1. Grundgesamtheit durchnummerieren
2. Je nachdem, welcher Prozentsatz der Grundgesamtheit in die Stichprobe kommen soll, gelangen Elemente der Grundgesamtheit mit entsprechenden Schlussziffern in ihrer Nummer in die Auswahl.

Beispiel

Die Grundgesamtheit besteht aus 100.000 Personen. Daraus soll eine Stichprobe von 1.000 Personen gezogen werden. Der Stichprobenumfang ist hierbei gerade 1% des Umfangs der Grundgesamtheit. Jede zweistellige Zahl kommt unter den ersten 100 Zahlen genau einmal vor, dabei werden einstellige Zahlen mit einer führenden Null berücksichtigt. Man könnte sich im vorliegenden Fall also eine beliebige zweistellige Zahl aussuchen und alle Personen, deren Nummer diese Zahl als Schlussziffer haben, kommen in die Auswahl. Hierbei könnte man die zweistellige Zahl nach dem Zufallsprinzip bestimmen, z.B. mit einem Zufallszahlengenerator. Angenommen, 56 wäre die betreffende Zahl, dann kämen die Personen mit der Nummer 56, 156, 256, ..., 5.256, ..., 48.756 usw. in die Auswahl. Wenn die Stichprobe aus 2.000 Personen bestehen soll, müsste man entsprechend zwei verschiedene zweistellige Zahlen als Schlussziffern verwenden.

Weitere Verfahren: Geburtstagsauswahl/ Buchstabenauswahl
Es kommen alle Personen in die Stichprobe, die an einem bestimmten Tag Geburtstag haben oder deren Name mit einem bestimmten Buchstaben beginnt. Beispielsweise kommen alle Personen, die am 14. Dezember Geburtstag haben (Datum zufällig ermitteln), oder alle Personen, deren Familienname mit M beginnt (ebenfalls zufällig ermitteln), in die Stichprobe.
Diese Verfahren haben allerdings das Problem, dass die Stichprobengröße nicht vorab bestimmt werden kann.

9.2.2 Komplexe Auswahlverfahren

Bei diesen Verfahren wird die Stichprobe entweder durch einen mehrstufigen Auswahlprozess bestimmt oder es werden zusätzliche Bedingungen an den Auswahlprozess geknüpft.

9.2.2.1 *Mehrstufige Zufallsauswahl*

Hierbei wird die Stichprobe in mehreren Stufen ermittelt. Dieses Verfahren wird dann angewendet, wenn zunächst größere Auswahleinheiten und in den folgenden Stufen aus diesen dann Untereinheiten ermittelt werden, bis man schließlich das Untersuchungsobjekt erhält.

Beispiel

Um eine Auswahl von Personen aus der Gesamtbevölkerung zufällig zu ermitteln, könnte diese Auswahl in den folgenden vier Stufen erfolgen. Auf jeder Stufe ist die Auswahl jeweils zufällig zu treffen (eines der oben beschriebenen Verfahren anwenden):

1. Stufe: Es wird eine bestimmte Anzahl von Gemeinden ausgewählt.
2. Stufe: In jeder ausgewählten Gemeinde wird je nach Größe eine bestimmte Anzahl von Wahlkreisen ausgewählt.
3. Stufe: In jedem ausgewählten Wahlkreis wird eine bestimmte Anzahl von Haushalten ausgewählt.
4. Stufe: In jedem ausgewählten Haushalt wird die zu befragende Person ausgewählt

9.2.2.2 *Geschichtete Auswahl*

Bei diesem Verfahren wird die Grundgesamtheit in möglichst homogene Schichten zerlegt und aus jeder Schicht werden Elemente ausgewählt. Man unterscheidet hierbei zwischen

- proportionaler Schichtung und
- disproportionaler Schichtung.

Bei der proportionalen Schichtung werden aus jeder Schicht so viele Elemente ausgewählt, wie es dem Anteil der Schicht an der Grundgesamtheit entspricht. Bei der disproportionalen Schichtung muss diese Relation nicht gewahrt sein. Die proportionale Schichtung gewährleistet, dass die Stichprobe bezüglich der Merkmale, nach denen geschichtet wird, die gleiche Struktur hat wie die Grundgesamtheit. Die geschichtete Auswahl hat den Vorteil eines geringeren Stichprobenfehlers und gewährleistet außerdem die sichere Einbeziehung von Randgruppen.

Beispiel

Eine Grundgesamtheit besteht aus 200.000 Personen. Aus dieser Grundgesamtheit soll eine proportional geschichtete Auswahl von 1.000 Personen gezogen werden, wobei nach dem Einkommen geschichtet werden soll. Bezüglich des Einkommens weist die Grundgesamtheit folgende Struktur auf:

Einkommensschicht in Euro	Anzahl der Personen	Anteil an GG in %
unter 500	10.000	5
500 bis unter 1.000	30.000	15
1.000 bis unter 1.500	60.000	30
1.500 bis unter 2.000	40.000	20
2.000 bis unter 2.500	30.000	15
2.500 bis unter 3.000	20.000	10
3.000 und mehr	10.000	5

Die folgende Tabelle gibt an, wie viele Personen aus jeder Einkommensschicht bei einer proportionalen Schichtung nach dem Einkommen gezogen werden müssen. Es muss dabei gewährleistet sein, dass in der Grundgesamtheit und in der Stichprobe die jeweiligen Prozentanteile gleich sind.

Einkommensschicht in Euro	zu ziehende Personen	Anteil an Stichprobe in %
unter 500	50	5
500 bis unter 1.000	150	15
1.000 bis unter 1.500	300	30
1.500 bis unter 2.000	200	20
2.000 bis unter 2.500	150	15
2.500 bis unter 3.000	100	10
3.000 und mehr	50	5

9.2.2.3 *Klumpenauswahl*

Hierbei handelt es sich um ein mehrstufiges Auswahlverfahren, bei dem die Grundgesamtheit zunächst in sogenannte „Klumpen" (z.B. Wohnblocks, Häuser, Haushalte, Betriebe, Vereine, geografisch abgegrenzte Gebiete etc.) aufgeteilt wird. Dieses Verfahren ist immer dann sinnvoll, wenn die Grundgesamtheit bereits eine Gliederung nach Klumpen aufweist. Innerhalb der ausgewählten Klumpen werden sämtliche Elemente erfasst.

Ein Problem der Klumpenauswahl ist der sogenannte Klumpeneffekt.

Die Klumpen sind häufig in sich sehr homogen. Es befinden sich in den Klumpen also viele Erhebungseinheiten mit ähnlichen Merkmalsausprägungen. Damit ist eine Reduzierung der Repräsentativität und eine Erhöhung des Stichprobenfehlers verbunden.

9.2.3 Zufallsauswahl, wenn Grundgesamtheit nicht als Datei oder Liste vorliegt

Häufig hat man es innerhalb des Marketings mit Problemstellungen zu tun, bei denen die Grundgesamtheit nicht in Form einer Liste vorliegt, was fast immer der Fall ist, wenn die Grundgesamtheit aus einem Teil der Gesamtbevölkerung besteht. Die nachfolgend dargestellten Auswahlverfahren ermöglichen dann trotzdem noch eine Zufallsauswahl.

9.2.3.1 Flächenauswahlverfahren

Hierbei wird ein geografisches Gebiet in kleine Teilflächen zerlegt und durch Zufallsauswahl von diesen Teilflächen eine bestimmte Anzahl ausgewählt (vgl. Abb. 9.4). Durch eine weitere Zufallsauswahl werden dann aus den ausgewählten Teilflächen Sekundäreinheiten ausgewählt. Das Verfahren hat den Vorteil, dass eine Zufallsauswahl auch dann noch möglich ist, wenn z.B. keine Adressenlisten zur Verfügung stehen, sondern nur eine Landkarte oder ein Stadtplan vorliegt. Als Teilflächen werden oft bereits abgegrenzte geografische Gebiete (Regierungsbezirke, Kreise, Gemeinden, Wahlbezirke etc.) verwendet.

Das Flächenauswahlverfahren wird häufig mit dem sogenannten Random-Route-Verfahren (Random-Walk-Verfahren) verknüpft.

9.2.3.2 Random-Route-Verfahren

Dabei wird ein geografisches Erhebungsgebiet (häufig ein Wahlbezirk) von einer zufällig bestimmten Startadresse aus nach einer bestimmten Regel begangen, siehe Beispiel in Abb. 9.5.

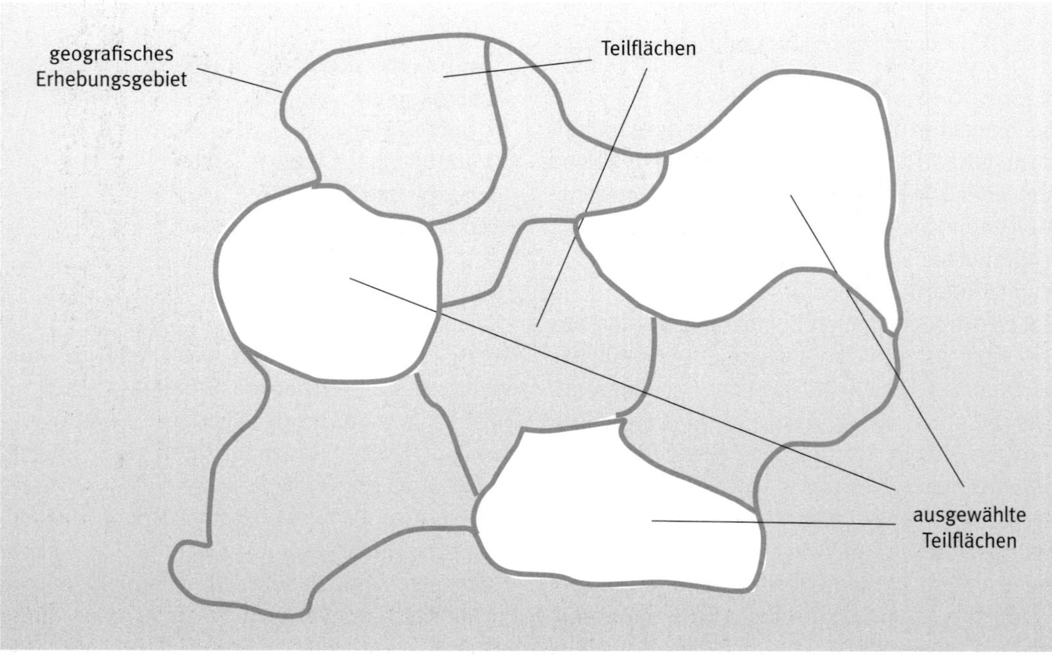

Abb. 9.4: Prinzip des Flächenstichprobenverfahrens

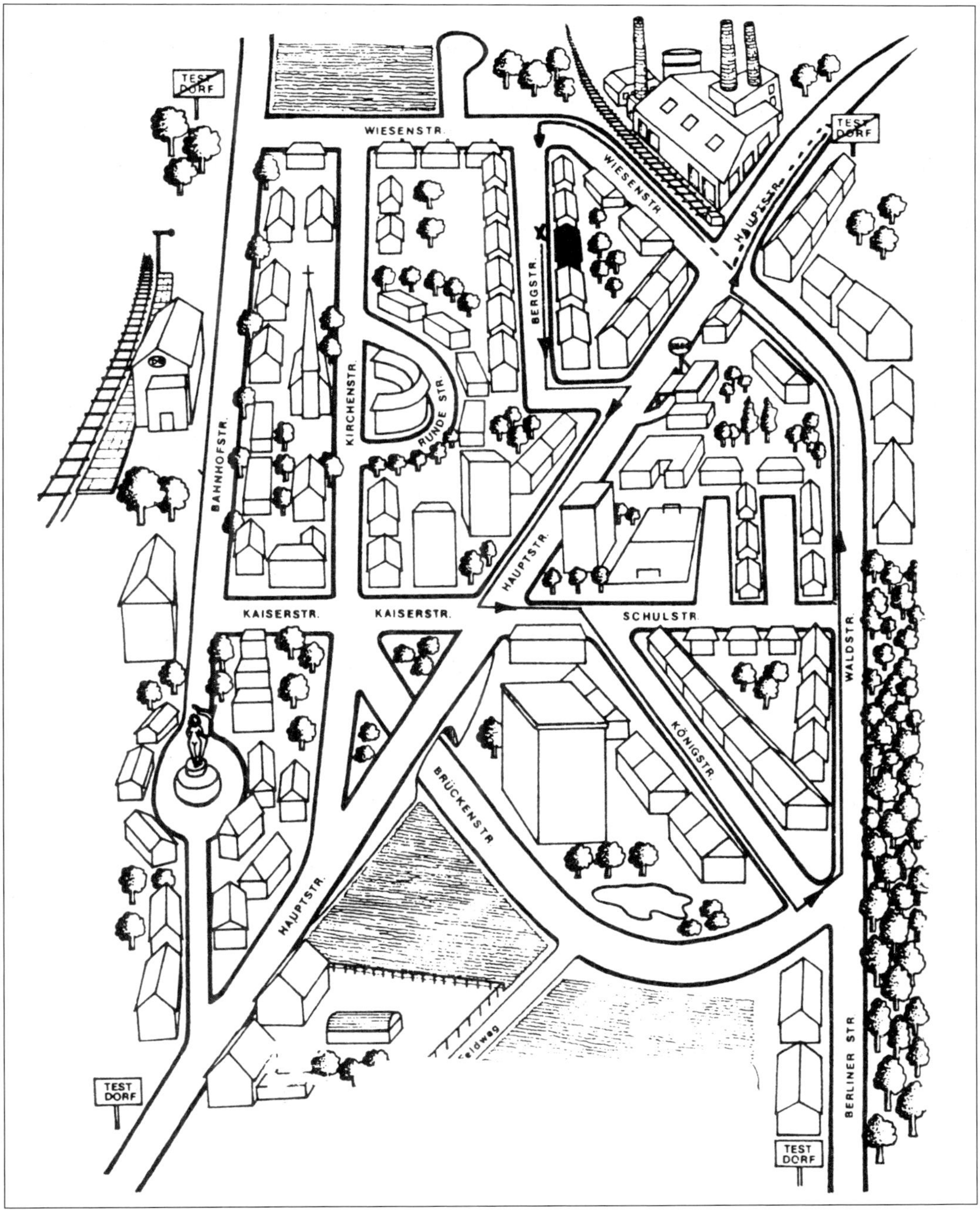

Abb. 9.5: Beispiel zum Random-Route-Verfahren (Aus: Kiss/Tesch: Einsatz und Instrumente der Marktforschung. Haufe. Freiburg 1995).

Die Regel lautet in diesem Beispiel: Links gehen, rechts abbiegen, rechts gehen, links abbiegen. Dabei wird jede x-te Adresse erfasst. Bei Mehrfamilienhäusern werden die Klingelknöpfe nach einem vorgegebenen Schema, z.B. von links unten nach rechts oben, abgezählt.

Bitte Quotenanweisung mit ausgefüllten Interviews zurücksenden

Name des Interviewers: Heinz Schmidt	Umfrage 4057
Wohnort: Hamburg	
Insgesamt: 7 Interviews	Fragebogen
im Wohnort/in: Hamburg	Nr.: 3020 – 3026

Gemeindegröße:	
Gemeinden unter 2.000 Einwohnern*)	1 2 3 4 5 6 7 8 9 10
2.000 – u. 5.000 Einwohnern*)	1 2 3 4 5 6 7 8 9 10
5.000 – u. 20.000 Einwohnern*)	1 2 3 4 5 6 7 8 9 10
20.000 – u. 100.000 Einwohnern*)	1 2 3 4 5 6 7 8 9 10
100.000 – u. 500.000 Einwohnern*)	1 2 3 4 5 6 7 8 9 10
500.000 und mehr Einwohnern*)	1 2 3 4 5 6 7 ● 9 10

Alter:	**4 männlich**	**3 weiblich**
14 – 17 Jahre	1 2 3 4 5	1 2 3 4 5
18 – 24 Jahre	1 ● 3 4 5	1 2 3 4 5
25 – 29 Jahre	1 2 3 4 5	1 ● 3 4 5
30 – 39 Jahre	1 ● 3 4 5	1 2 3 4 5
40 – 49 Jahre	1 ● 3 4 5	1 ● 3 4 5
50 – 59 Jahre	1 2 3 4 5	1 ● 3 4 5
60 – 69 Jahre	1 ● 3 4 5	1 2 3 4 5
70 Jahre und älter	1 2 3 4 5	1 2 3 4 5
Berufstätige:		
Landwirte und mithelfende Familienangehörige in der Land- und Forstwirtschaft (auch Gartenbau und Tierhaltung)	1 2 3 4 5	1 2 3 4 5
Arbeiter (auch Landarbeiter, Facharbeiter, nichtselbstständige Handwerker und Auszubildende)	1 ● 3 4 5	1 2 3 4 5
Angestellte (auch Auszubildende)	1 ● 3 4 5	1 2 3 4 5
Beamte (auch Soldaten)	1 ● 3 4 5	1 ● 3 4 5
Selbstständige und mithelfende Familienangehörige in Handel und Gewerbe (auch freie Berufe)	1 2 3 4 5	1 2 3 4 5
Nichtberufstätige (auch Arbeitslose):		
Bei Rentner(-innen) frühere Berufsstellung, bei Arbeitslosen letzte Berufsstellung, bei Hausfrauen, Schüler(-innen), Studenten/Studentinnen usw. Berufsstellung des Ernährers		
Landwirte (auch Gartenbau, Tierhaltung)	1 2 3 4 5	1 2 3 4 5
Arbeiter (auch Landarbeiter, Facharbeiter usw.)	1 2 3 4 5	1 2 3 4 5
Angestellte	1 2 3 4 5	1 ● 3 4 5
Beamte	1 ● 3 4 5	1 ● 3 4 5
Selbstständige in Handel und Gewerbe (auch freie Berufe)	1 2 3 4 5	1 2 3 4 5

Führen Sie eines dieser 7 Interviews in einem Haushalt mit 5 oder mehr Personen durch

Anmerkung: Gültig sind die Zahlen **vor** jedem Stempel. Wäre zum Beispiel in der Zeile „Arbeiter, weiblich" die Zahl 3 gestempelt, so wären in diesem Fall **zwei** Arbeiterinnen zu interviewen. Im Übrigen streichen Sie bitte die zutreffenden Angaben der Statistik nach jedem Interview ab, damit Sie gleich übersehen können, wie viele Interviews in der betreffenden Kategorie noch weiterhin durchzuführen sind.

*) Maßgebend ist die Einwohnerzahl der **gesamten** Gemeinde, nicht die Größe von Ortsteilen oder eingemeindeten Vororten

Abb. 9.6: Beispiel eines Quotenplans (Quelle: Kiss/Tesch: Einsatz und Instrumente der Marktforschung. Haufe. Freiburg 1995)

9.3 Quotenauswahlverfahren

Bei einer Quotenauswahl wird bezüglich bestimmter Merkmale die Struktur der Grundgesamtheit in der Auswahl nachgebildet. Voraussetzung hierfür ist jedoch, dass diese Struktur der Grundgesamtheit bezüglich der verwendeten Merkmale bekannt ist. Die Quoten für die einzelnen Merkmale werden durch einen Quotenplan vorgegeben. Innerhalb dieser Quoten hat der Interviewer völlig freie Hand bei der Auswahl der Personen, die befragt werden sollen.

→ *Im Vergleich zu einer Zufallsauswahl hat das Quotenauswahlverfahren den Nachteil, dass die Stichprobe nur bezüglich der Quotierungsmerkmale die gleiche Struktur wie die Grundgesamtheit aufweist.*

Häufig beschränkt man sich dabei auf wenige soziodemografische Merkmale. In vielen Fällen besteht aber zwischen diesen verwendeten Merkmalen und dem Erhebungsgegenstand kein ausreichender Zusammenhang, sodass die Repräsentativität der Stichprobe angezweifelt werden muss. Häufig wird auch der sogenannte Interviewer-Einfluss bei der Auswahl bemängelt. Interviewer, die häufiger bei Erhebungen eingesetzt werden, haben nach einer gewissen Zeit einen Stamm von Personen, die den Quotierungsmerkmalen entsprechen und daher regelmäßig befragt werden. Daher besteht die Gefahr, dass bei verschiedenen Erhebungen weitgehend immer die gleichen Personen befragt werden. Schließlich hat das Quotenverfahren auch noch den Nachteil, dass hier keine Fehlerspannen ermittelt werden können. Nebenstehende Abb. 9.6 zeigt ein Beispiel eines Quotenplans.

9.4 Vereinfachte Verfahren

Bei der Auswahl von Erhebungseinheiten werden in der Praxis häufig Vereinfachungen vorgenommen, um den Auswahl- und Erhebungsaufwand zu verringern. Es ist jedoch fraglich, ob in diesen Fällen die Forderung nach einer ausreichenden Repräsentativität noch erfüllt ist.

Typisches Auswahlverfahren
Es werden solche Personen befragt, von denen man glaubt, dass sie für die Grundgesamtheit repräsentativ sein können, z.B. Verbraucher, Nichtverbraucher etc.

Konzentrationsverfahren
Man untersucht einen sehr kleinen Anteil der Grundgesamtheit, der jedoch ein sehr großes Gewicht innerhalb der Grundgesamtheit hat. Beispiel: Man untersucht die fünf Großunternehmen einer Branche, die insgesamt den Hauptbranchenumsatz auf sich vereinen, und vernachlässigt die übrigen.

9.5 Übung zu Auswahlverfahren

Situation

Die Redaktionsleitung einer regionalen Abo-Zeitung beabsichtigt, über Nutzung und Beurteilung der Beiträge in ihrer Zeitung detaillierte Informationen von ihren Abonnenten zu erhalten. Die Zeitung hat 100.000 Abonnenten, davon sollen 2.000 Personen befragt werden.

Aufgaben

1. Die Redaktionsleitung möchte eine Zufallsauswahl durchführen.
   a) Gefordert ist, dass die Ergebnisse mit einer 95%igen Sicherheit maximal um 2,5% nach oben und unten von den entsprechenden Werten in der Grundgesamtheit abweichen. Prüfen Sie, ob die Stichprobengröße dazu ausreicht.

b) Die Zufallsauswahl erfolgt mithilfe von Zufallszahlen. Mit einem Zufallszahlengenerator werden 2.000 Zahlen zwischen 1 und 100.000 (einschließlich der Grenzen) zufällig ermittelt. Die ersten drei Zahlen lauten: 55.978; 60.156; 714.
Geben Sie an, welche Bedeutung diese Zahlen in dem vorliegenden Fall haben.

c) Die Zufallsauswahl wird mit dem Listenverfahren durchgeführt und es wird die Anfangszahl 34 ermittelt.
Geben Sie die Nummern der ersten drei Personen an, die in die Stichprobe kommen.

d) Die Zufallsauswahl soll mithilfe des Schlussziffernverfahrens erfolgen. Geben Sie geeignete Schlussziffern dafür an.

e) Durch Zufallsauswahl wird nur eine Auswahl unter den Abonnenten getroffen. Die Abonnenten leben aber teilweise in Mehrpersonenhaushalten. Die Redaktionsleitung will daher eine zweistufige Zufallsauswahl durchführen. In der ersten Stufe soll der Abonnentenhaushalt und in der zweiten Stufe die in dem Haushalt zu befragende Person bestimmt werden. Für die Auswahl der Haushaltsmitglieder soll der sogenannte Schwedenschlüssel angewendet werden. Hierbei werden die Haushaltsmitglieder aufgrund eines vorher festgelegten Ordnungskriteriums (z.B. Lebensalter) in eine Rangreihe gebracht. Dann wird für jedes Interview und für jede Haushaltsgröße vorgegeben, die wievielte Person in der Rangreihe zu befragen ist. Dazu werden die Zahlen von 1 bis n (n = Haushaltsgröße) entweder fortlaufend wiederholt oder zufällig angeordnet.

Es wird folgender Schwedenschlüssel verwendet:

Befragter Haushalt	Anzahl der Personen im Haushalt						
	1	2	3	4	5	6	...
A	1	1	1	3	5	2	
B	1	2	3	2	1	3	
C	1	1	2	1	4	1	
D	1	2	3	4	2	6	
	...						

Die jeweilige Ziffer in der Tabelle gibt an, die wievielte Person in der Rangreihe zu befragen ist.

In einem Haushalt befinden sich vier Personen, Vater (47 Jahre), Mutter (45 Jahre), Tochter (20 Jahre), Sohn (16 Jahre). Welche Person muss aufgrund des oben angegebenen Schwedenschlüssels befragt werden, wenn es sich um den Haushalt B handelt und die Rangreihen nach dem Lebensalter gebildet werden, wobei jeweils die Person mit dem höchsten Alter an erster Stelle steht?

f) Die Abonnenten verteilen sich wie folgt auf die Altersklassen:

Altersklasse	Anzahl der Personen
14–19 Jahre	5.000
20–29 Jahre	25.000
30–39 Jahre	30.000
40–49 Jahre	15.000
50–59 Jahre	10.000
60–69 Jahre	10.000
70+ Jahre	5.000

Geben Sie an, wie viele Personen aus jeder Altersklasse ausgewählt werden müssen, wenn eine proportionale Schichtung nach dem Alter der Abonnenten erfolgen soll.

2. Angenommen, die Stichprobe soll durch eine Quotenauswahl unter Berücksichtigung der Merkmale Alter, Geschlecht und Schulbildung durchgeführt werden. Bezüglich dieser Merkmale hat die Grundgesamtheit die unten in der Tabelle angegebene Struktur.
Geben Sie jeweils an, wie häufig die folgenden Personengruppen in dem Quotenplan berücksichtigt werden müssen, wenn insgesamt 1.000 Personen ausgewählt werden sollen.
   a) Männer
   b) Frauen
   c) Personen mit Realschulabschluss
   d) Personen aus der Altersklasse 30–39
   e) Männer zwischen 40 und 49 Jahren mit Hauptschulabschluss
   f) Frauen zwischen 60 und 69 Jahren mit Abitur bzw. Studium

		männlich				weiblich			
Alter	**gesamt**	**männlich**	**Volks-/ Hauptsch.**	**Real-schule**	**Abitur/ Studium**	**weiblich**	**Volks-/ Hauptsch.**	**Real-schule**	**Abitur/ Studium**
14–19	5.000	3.000	500	1.500	1.000	2.000	200	1.000	800
20–29	25.000	15.000	2.000	8.000	5.000	10.000	1.000	6.000	3.000
30–39	30.000	17.000	5.000	8.000	4.000	13.000	3.000	8.000	2.000
40–49	15.000	8.000	3.000	4.000	1.000	7.000	2.000	4.000	1.000
50–59	10.000	5.000	2.500	2.000	500	5.000	3.000	1.500	500
60–69	10.000	6.000	3.000	2.700	300	4.000	2.000	1.800	200
70 +	5.000	3.500	2.000	1.300	200	1.500	900	500	100

Lösungshinweise

Zu 1a): Die Stichprobe hat an der Grundgesamtheit einen Anteil von 2%. Da dieser Anteil unter 5% liegt, kann die Rechnung mit dem Modell „mit Zurücklegen" erfolgen. Für die Bestimmung des Stichprobenumfangs muss also die Formel

$$n \geq \frac{t^2 \cdot p \cdot q}{e^2}$$

verwendet werden. Da über die Verteilung der zu erhebenden Merkmale in der Grundgesamtheit keine Informationen vorliegen, muss mit $p = q = 0{,}5$ gerechnet werden. Die Abweichung zwischen den Ergebnissen in der Stichprobe und den entsprechenden Anteilen in der Grundgesamtheit soll maximal 2,5% betragen. Damit ergibt sich für e ein Wert von 0,025. Bei einer Sicherheitswahrscheinlichkeit von 95% hat t den Wert 1,96.

$$n \geq \frac{1{,}96^2 \cdot 0{,}5 \cdot 0{,}5}{0{,}025^2} = 1.536{,}64$$

Da n im vorliegenden Fall den Wert 2.000 hat, ist der Stichprobenumfang groß genug.

Zu 1b): Die Personen, die in der Durchnummerierung die Nummern 55.978–66.156 und 714 erhalten, kommen in die Auswahl.

Zu 1c) $\text{Schrittweite} = \frac{100.000}{2.000} = 50$

Nummer der 1. Person, die in die Auswahl kommt:	34
Nummer der 2. Person, die in die Auswahl kommt:	34 + 50 = 84
Nummer der 3. Person, die in die Auswahl kommt:	84 + 50 = 134

Zu 1d): Der Anteil der Stichprobe an der Grundgesamtheit beträgt 2%. Also müssen zwei verschiedene zweistellige Zahlen als Schlussziffern gewählt werden, z.B. 04 und 58. Um den Zufallscharakter der Auswahl zu erhöhen, wäre es sinnvoll, diese Zahlen z.B. mit einem Zufallszahlengenerator zu bestimmen.

Zu 1e): Es handelt sich um einen Vierpersonenhaushalt. Da es der Haushalt B in der Liste ist, muss die 2. Person in der Rangreihe befragt werden. Das ist in diesem Fall die Mutter, da sie die zweitälteste Person ist.

Zu 1f)

Altersklasse	Anzahl Personen in GG.	Anteil der Schicht an der GG. in %	Anzahl der Personen in der Stichprobe
14–19 Jahre	5.000	5%	100
20–29 Jahre	25.000	25%	500
30–39 Jahre	30.000	30%	600
40–49 Jahre	15.000	15%	300
50–59 Jahre	10.000	10%	200
60–69 Jahre	10.000	10%	200
70+ Jahre	5000	5%	100

Zu 2a)

	Anzahl der Männer in der Grundgesamtheit	57.500
⇒	Anteil der Männer an der Grundgesamtheit	57,5%
⇒	Anzahl der zu befragenden Männer	1.150

Zu 2b)

	Anzahl der Frauen in der Grundgesamtheit	42.500
⇒	Anteil der Frauen an der Grundgesamtheit	42,5%
⇒	Anzahl der zu befragenden Frauen	850

Zu 2c)

	Anzahl Personen mit Realschulabschluss in Grundgesamtheit	50.300
⇒	Anteil Personen mit Realschulabschluss an Grundgesamtheit	50,3%
⇒	Anzahl der zu befragenden Personen mit Realschulabschluss	1.006

Zu 2d)

	Personen in Altersklasse 30–39 Jahre in GG	30.000
⇒	Anteil Personen aus Altersklasse 30–39 Jahre an GG	30%
⇒	Anzahl zu befragender Personen aus Altersklasse 30–39 Jahre	600

Zu 2e)

	Anzahl der Männer aus der Alterklasse 40–49 Jahre mit Hauptschulabschluss in der Grundgesamtheit	3.000
⇒	Anteil der Männer aus der Alterklasse 40–49 Jahre mit Hauptschulabschluss an der Grundgesamtheit	3%
⇒	Anzahl der zu befragenden Männer aus der Alterklasse 40–49 Jahre mit Hauptschulabschluss	60

Zu 2f)

	Anzahl der Frauen aus der Altersklasse 60–69 Jahre mit Abitur bzw. Studium in der Grundgesamtheit	200
⇒	Anteil der Frauen aus der Altersklasse 60–69 Jahre mit Abitur bzw. Studium an der Grundgesamtheit	0,2%
⇒	Anzahl der zu befragenden Frauen aus der Altersklasse 60–69 Jahre mit Abitur bzw. Studium	4

10 Befragung

Unter einer Befragung versteht man eine Erhebungsform, **bei der die in die Untersuchung einbezogenen Personen selbst Auskunft** über die Befragungsthemen geben.

Befragungen gehören zu den Erhebungsmethoden, die im Rahmen primärer Marktforschung am häufigsten eingesetzt werden.

10.1 Befragungsarten

Befragungen lassen sich nach verschiedenen Kriterien unterscheiden.

10.1.1 Unterscheidung nach der Kommunikationsform

Hier wird danach differenziert, welche Kommunikationsformen im Rahmen der Befragung eingesetzt werden. Es gibt vier übliche Formen, die in unten stehender Übersicht mit Vor- und Nachteilen kurz beschrieben sind.

10.1.2 Unterscheidung nach der Zahl der Befragten

Bei dieser Unterscheidungsart wird danach differenziert, ob die Probanden einzeln befragt werden oder ob mehrere Probanden gemeinsam befragt werden:

- **Einzelinterview**: Jeder Proband wird einzeln interviewt und
- **Gruppendiskussion/-interview**: Mit einer Gruppe von acht bis max. 15 Personen wird eine Gesprächs-/Diskussionsrunde unter Führung eines Gesprächsleiters durchgeführt.

10.1.3 Unterscheidung nach den Befragten

Im Wesentlichen geht es hierbei darum, ob es sich bei den Probanden bezogen auf das Befragungsthema um Experten handelt oder nicht:

- **Expertenbefragung**: Befragung von Sachverständigen eines bestimmten Sachgebietes, wird häufig zur Vorbereitung der eigentlichen Befragung durchgeführt.
  Beispiel: Touristiksachverständige werden zu einem neuen Zielgebiet befragt.
- **Nichtexpertenbefragung**: Die Probanden sind keine Sachverständigen.

Übersicht übe

Schriftlich	Mündlich (face-to-face)
Die Probanden erhalten Fragebögen, die sie ohne Hilfe eines Interviewers ausfüllen müssen. Vorteile • kostengünstig (keine Reisekosten) • kein Interviewer-Einfluss Nachteile • geringe Rücklaufquote (5%–15%) • Gefahr des Missverständnisses der Frageninhalte • kein einheitlicher Erhebungszeitpunkt • evtl. Beeinflussung von dritter Seite • evtl. keine spontanen Antworten • Unflexibilität während der Befragung	Die Befragung wird von einem Interviewer von Angesicht zu Angesicht mit dem Probanden durchgeführt. Vorteile • Missverständnisse können vom Interviewer ausgeräumt werden • hohe Erfolgsquote • Interviewer kann Vorlagen (Produkte, Packungen, Zeitschriften etc.) vorlegen • Antworten sind in der Regel spontaner • keine Beeinflussung von dritter Seite Nachteile • kostenintensiv • Beeinflussung durch Interviewer möglich

10.1.4 Unterscheidung nach der Zahl der Befragungsthemen

Hierbei geht es darum, ob sich die Befragung nur auf ein Thema bezieht oder ob mehrere Themen angesprochen werden:

- **Einthemenbefragung**: Befragung zu einer speziellen Problemstellung (ein Auftraggeber oder mehrere).
- **Mehrthemenbefragung** (Omnibusbefragung): Beteiligung mit einer oder mehreren Fragen an einer Untersuchung, die von einem Institut durchgeführt wird, bei der von verschiedenen Auftraggebern zu unterschiedlichen Themen Fragen gestellt werden können.
  Vorteil: kostengünstig
  Nachteile:
  - Auftraggeber hat keinen Einfluss auf Anlage und Durchführung der Untersuchung, zwischen welchen anderen Themen seine Fragen gestellt werden, welche anderen Auftraggeber an der Untersuchung teilnehmen.
  - Durch die Vielzahl der Themen kann die Qualität der Ergebnisse leiden.

10.1.5 Unterscheidung nach der Befragungsfrequenz

In diesem Zusammenhang wird zwischen einmaliger, mehrmaliger und periodischer Befragung unterschieden.

- Einmalig: Durch die Befragung wird die augenblickliche Situation erfasst.
- Wiederholungsbefragung: Veränderungen können festgestellt werden, z.B. Befragung vor und nach einer Werbemaßnahme.
- Panel: Dies ist eine periodisch wiederkehrende Befragung zum gleichen Thema bei der gleichen Personengruppe. Hierdurch können Entwicklungen erfasst werden (vgl. Kap. 13).

10.1.6 Unterscheidung nach dem Standardisierungsgrad

Diese Unterscheidung betrifft im Wesentlichen die mündliche Befragung und berücksichtigt, welchen Spielraum der Interviewer bei der Befragung hat. Dieser Spielraum wird in einem Leitfaden festgelegt, nach dem sich der Interviewer bei der Durchführung richten muss.

ie Befragungsarten

Telefonisch	Mit Computerunterstützung
Der Interviewer ruft den Probanden an und führt das Interview am Telefon. Vorteile • geringer Zeitaufwand • relativ niedrige Kosten • Fragen können erläutert werden Nachteile • evtl. keine ausreichende Repräsentanz • nur für kurze Interviews geeignet • kein Test von visuellen Vorlagen möglich • nur relativ einfache Fragen möglich • Störung des Probanden zum unpassenden Zeitpunkt	Hierzu gibt es zwei Formen: • Der Interviewer liest die Fragen vom Bildschirm vor und gibt die Antworten direkt ein. • Der Proband liest Fragen vom Bildschirm ab und gibt die Antworten selbst ein. Vorteile • schnelle Auswertung und Weiterverarbeitung möglich • keine Übertragungsfehler Nachteile • hohe Ausstattungskosten • hoher Aufwand für Programmierung und Schulung

- **Standardisiertes Interview**: Die Fragen und ihre Reihenfolge sind genau festgelegt. Der Interviewer kann dabei fast keinen Einfluss auf den Ablauf des Interviews nehmen. Er/Sie muss die Fragen lediglich vorlesen.
  Vorteile:
  – Es ergibt sich eine gute Vergleichbarkeit der Ergebnisse,
  – ferner eine einfache Auswertung und
  – Interviewer müssen wenig geschult sein.
  Nachteil:
  Der Interviewer kann nicht gezielt auf den jeweiligen Probanden eingehen, dadurch gehen evtl. wertvolle Erkenntnisse verloren.
- **Strukturiertes Interview** (strukturiertes Tiefeninterview): Dem Interviewer ist ein festes Fragengerüst vorgegeben, die Reihenfolge der Fragen kann jedoch variiert werden, der Interviewer kann Zusatzfragen stellen und die vorgegebenen Fragen mit eigenen Worten erläutern.
  Vorteil:
  Der Interviewer kann besser auf die jeweilige Situation und den jeweiligen Probanden eingehen.
  Nachteile:
  Sie ergeben sich, weil die Vorteile abgeschwächt werden, die beim standardisierten Interview aufgeführt sind.
- **Offenes Interview** (nicht strukturiertes Tiefeninterview): Das Thema und die allgemeine Richtung des Gesprächs sind vorgegeben, ansonsten ist der Interviewer bei der Gestaltung des Gesprächs völlig frei.

10.1.7 Unterscheidung nach dem Charakter der Befragungsgegenstände

Diese Unterscheidung berücksichtigt, ob es sich bei den Befragungsgegenständen um objektiv messbare oder um subjektive Sachverhalte handelt:

- quantitativ (objektive Sachverhalte), wie z.B. demografische Angaben (Alter, Geschlecht etc.) und
- qualitativ (subjektive Sachverhalte), wie Einstellungen, Meinungen, Wünsche etc.

10.2 Qualitative Befragungstechniken

Bei den Befragungsarten, die unter diese Kategorie fallen, geht es darum, Einstellungen, Interessen, Meinungen etc. von Probanden mithilfe der Befragung zu ermitteln.

→ *Es sollen Tatbestände erhoben werden, die meist äußerlich nicht sichtbar sind und die auch nicht exakt gemessen werden können.*

Im Rahmen der qualitativen Befragungstechniken unterscheidet man im Wesentlichen:

- Tiefeninterview,
- Gruppenexploration (Gruppendiskussion),
- projektive Verfahren,
- assoziative Verfahren,
- Zuordnungsverfahren,
- Skalierungsverfahren.

Diese Verfahren werden nachfolgend ausführlicher erläutert. Teils finden Sie auch weitere Ausführungen in Kap. 16 (Werbeerfolgskontrolle).

10.2.1 Tiefeninterview

Hierbei handelt es sich um ein ausführliches Gespräch (1 bis 2 Std.) zwischen einem Probanden und einem psychologisch geschulten Interviewer über ein vorgegebenes Thema. Die Hauptaktivität liegt aufseiten des Probanden. Der Interviewer hat die Aufgabe, diesen zu aktivieren und ihn dazu zu bringen, seine Äußerungen zu reflektieren und zu interpretieren. Einem Tiefeninterview liegt eine Themenliste bzw. ein Themenleitfaden zugrunde, der Gesprächsverlauf kann von Proband zu Proband völlig unterschiedlich sein.

Zielsetzung eines Tiefeninterviews ist es, nicht nur oberflächliche Antworten zu erhalten, sondern auch Ursachen und Beweggründe für konkretes Verhalten bzw. für entsprechende Einstellungen und Meinungen. Dabei kann es sein, dass diese dem Befragten vor der Sitzung selbst noch nicht bewusst waren. Es darf aber nicht sein, dass der Interviewer den Befragten beeinflusst oder in eine bestimmte Richtung drängt.

Tiefeninterviews werden meist akustisch aufgezeichnet und erst anschließend protokolliert.

10.2.2 Gruppendiskussion

Die Gruppendiskussion ist eine Befragungsform, bei der eine Gruppe von acht bis 15 Teilnehmern unter Leitung eines geschulten Moderators zu einem bestimmten Thema eine Diskussion führt. Besonders positiv wird dabei der sogenannte Gruppeneffekt gesehen. Die einzelnen Teilnehmer werden durch die Äußerungen der anderen Gruppenmitglieder dazu angeregt, ihre eigenen Positionen zu reflektieren, außerdem werden sie zu eigenen Beiträgen animiert.

Der Moderator muss sich bei der Diskussion strikt neutral verhalten. Seine Aufgabe besteht hauptsächlich darin, die Diskussion in Gang zu halten und darauf zu achten, dass die Spielregeln einer fairen Diskussion eingehalten werden. Gruppendiskussionen werden in der Regel per Video aufgenommen und anschließend protokolliert.

10.2.3 Projektive Verfahren

Projektive Verfahren gehen von der Annahme aus, dass Menschen dazu neigen, ihre eigenen Einstellungen und Verhaltensweisen auf andere zu übertragen. Wenn ein Proband also dazu aufgefordert wird, die vermutete Einstellung anderer Menschen zu einem bestimmten Sachverhalt zu äußern, drückt sich damit seine eigene Einstellung zu diesem Sachverhalt aus.

Projektive Verfahren werden daher häufig bei Befragungen zu heiklen Themen eingesetzt, bei denen man im Rahmen einer direkten Befragung vermutlich keine oder keine ehrliche Antwort erhalten würde. Die Fragen werden daher auf andere Personen projiziert, d.h., der Proband antwortet stellvertretend für andere. Für die Durchführung von projektiven Befragungen gibt es eine große Vielfalt an Verfahren, einige werden nachfolgend genannt:

Projektion
Die Frage wird auf andere Personen oder die Allgemeinheit bezogen.

Bilder-Erzähl-Test
Der Proband muss zu einer Bildvorlage eine Geschichte erzählen.

Einkaufslistentest
Der Proband muss zu einer fiktiven Einkaufsliste die Person charakterisieren, die die Liste erstellt hat bzw. die Waren einkauft. Alternativ: Er muss sich für eine von mehreren Listen entscheiden.

Picture-Frustations-Test (Rosenzweig-Test)
Es wird eine Unterhaltung zweier Personen über ein bestimmtes Thema als Comic-Strip in 24 standardisierten Bildern dargestellt. In jedem Bild bleibt eine Sprechblase leer, die von dem Probanden ausgefüllt werden muss.

Ballontest
Ähnlich wie der Picture-Frustations-Test, aber mit einer geringeren Anzahl an Bildern (ein einfaches Beispiel ist in Abb. 10.1 gezeigt).

Personenzuordnungstest
Ein typischer Käufer/Verwender eines Produktes soll aus mehreren Illustrationen oder Fotos identifiziert werden. Eine Sonderform ist der Symbolzuordnungstest, bei dem die Käufer/Verwender durch Symbole (Tiere, Farben, Formen) gekennzeichnet werden müssen. Eine andere Möglichkeit besteht darin, dass die Probanden das Testobjekt als Symbol zeichnen müssen (Zeichentest). In eine ähnliche Richtung geht die Zuordnung vorgegebener Äußerungen zu Käufern/Verwendern bzw. Nichtkäufern/Nichtverwendern bestimmter Produkte (Zitatzuordnungstest).

Produktpersonifizierung
Charakterisierung eines Produktes als Person

Rorschachtest
Zufallsgebilde, z.B. Tintenkleckse, sollen von den Probanden gedeutet werden. Es wird vermutet, dass die Deutungen von Einstellungen und Wahrnehmungsbesonderheiten beeinflusst werden.

Rollenspiel
Die Probanden müssen hierbei eine Rolle frei spielen. Es wird auch hierbei vermutet, dass das Verhalten in der Rolle Rückschlüsse auf eigene Einstellungen und Motive zulässt.

Abb. 10.1: Beispiel für einen einfachen Ballontest. In die Sprechblasen der zweiten Person müssen von den Probanden jeweils Antworten eingetragen werden.

Abb. 10.2: Beispiel für einen Personenzuordnungstest. Die Probanden müssen angeben, welche Frau in den Illustrationen A bis F nach ihrer Ansicht die typische Verwenderin eines bestimmten Produktes ist.

10.2.4 Assoziative Verfahren

Bei den assoziativen Verfahren wird unterstellt, dass durch spontane Äußerungen der Probanden zu den Befragungsthemen oder zu bestimmten Vorlagen Informationen über deren Einstellungen, Gefühle und Motive erhalten werden können. Man unterscheidet hierbei im Wesentlichen die folgenden Testarten.

Freie Assoziation

Die Probanden müssen zu einem bestimmten Stichwort alles angeben, was ihnen dazu einfällt. Beispiel: „Geben Sie bitte alles an, was Ihnen zu dem Begriff ‚Auto' einfällt."

Gelenkte Assoziation

Wie bei der freien Assoziation müssen die Probanden alles angeben, was ihnen zu dem Schlüsselreiz einfällt. Während bei der freien Assoziation der Schlüsselreiz aber global ist, z.B. „Auto", bezieht sich dieser bei der gelenkten Assoziation auf einen bestimmten Teilaspekt, z.B. das Design einer bestimmten Automarke.

Lückentest und Satzergänzungstest

Der Proband muss hierbei die Lücken in einem vorgegebenen Text ergänzen und/oder mehrere angefangene Sätze vervollständigen.

Beispiel

Oxmox ist ______________________________
Kaffeemarke, der Duft einer Tasse.
Oxmox-Kaffee ist

____

Eine Tasse Oxmox-Kaffee macht

______________________________.

Satzassoziationstest

Die Probanden müssen hierbei zu vorgegebenen vollständigen Sätzen Antworten assoziieren. Dabei ist es auch möglich, dass sie eine begonnene Antwort fortsetzen müssen. Von den Probanden wird eine schnelle Reaktion verlangt. Abb. 10.3 zeigt ein (fiktives) Beispiel, das in ein Bild eingekleidet ist.

Abb. 10.3: Fiktives Beispiel eines Satzassoziationstests

Wortassoziationstest

Zu vorgegebenen Wörtern müssen spontan und schnell Antworten assoziiert werden.

Beispiel

Bitte sagen Sie möglichst schnell, was Ihnen zu dem Wort „knusperleicht" einfällt.

10.2.5 Zuordnungsverfahren

Bei dieser Testart müssen die Probanden den vorgegebenen Bewertungsobjekten Eigenschaften aus einer Liste zuordnen. Zuordnungsverfahren haben den Vorteil, dass Testergebnisse nicht durch die sprachliche Ausdrucksfähigkeit der Probanden beeinflusst werden. Nachteilig ist, dass durch die Vorgabe von Begriffen die Variabilität der Ergebnisse eingeschränkt wird.

Beispiel

„Welche Vorstellung verbinden Sie mit dem Auto xy?"

- ☐ spritzig
- ☐ bieder
- ☐ originell
- ☐ langweilig
- ☐ vernünftig
- ☐ mondän
- ☐ komfortabel

10.2.6 Skalierungsverfahren

Bei schriftlichen Befragungen wird versucht die Messung qualitativer Erhebungstatbestände durch den Einsatz von Bewertungsskalen zu quantifizieren.

→ *Für Messungen mithilfe von Skalen werden in der Regel sogenannte Ratingskalen eingesetzt.*

Dabei müssen die Probanden ihre Bewertung durch eine bestimmte Position auf der Skala ausdrücken, wobei grundsätzlich zwischen diskreten und kontinuierlichen Skalen differenziert werden kann.

Bei diskreten Skalen sind nur bestimmte Bewertungspunkte auf der Skala zulässig, bei kontinuierlichen Skalen auch alle Zwischenwerte (Abb. 10.4).

Die Skalen lassen sich darüber hinaus noch nach vielfältigen Kriterien unterscheiden, Abb. 10.5 gibt dazu einen Überblick. Veranschaulichungen für einzelne Skalenarten liefert die nebenstehende Übersicht.

Beispiele: diskrete und kontinuierliche Skala

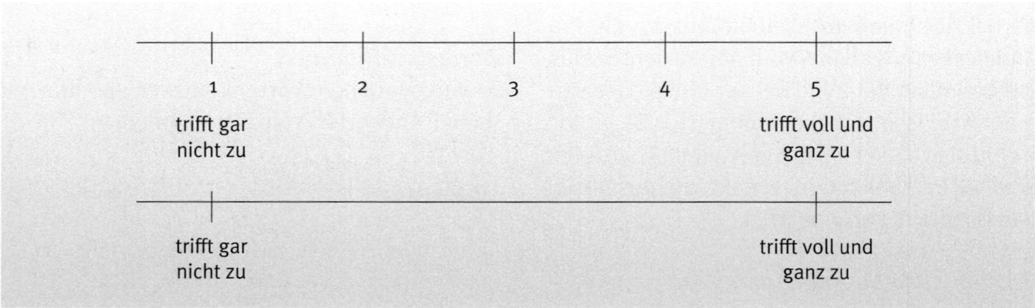

Abb. 10.4: Bei der diskreten Skala (oben) sind nur bestimmte Zwischenpunkte vorhanden, bei der kontinuierlichen Skala (unten) sind alle Zwischenpunkte zulässig.

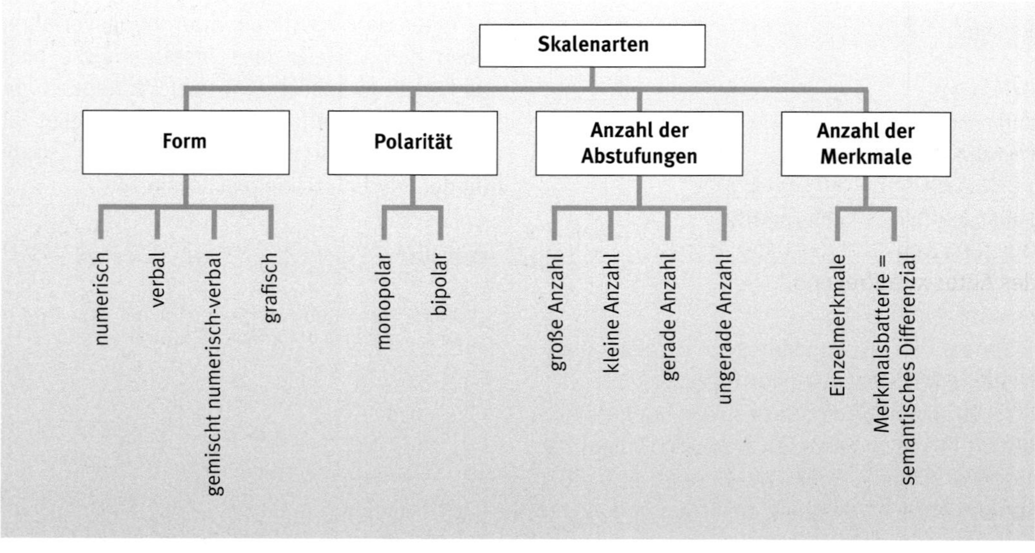

Abb. 10.5: Skalenarten im Überblick

Beispiele für ausgewählte Skalenarten

Numerische Skalen:
Die Skalenstufen werden mit Zahlen bezeichnet, wobei die Endpunkte in der Regel verbal benannt sind.

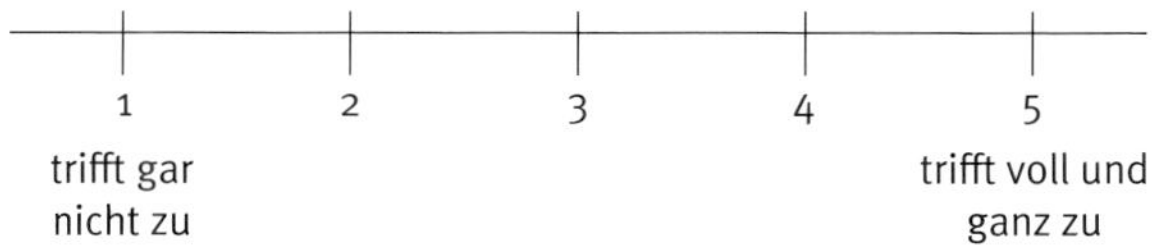

Verbale Skalen:
Die Skalenpunkte werden verbal benannt.

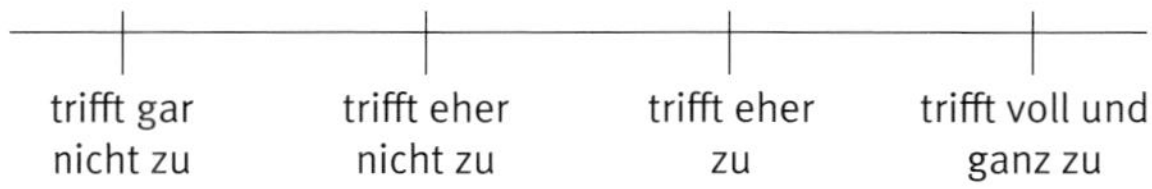

Gemischt numerisch/verbal:
Die Skalenpunkte werden durch Zahlen bezeichnet und zusätzlich verbal benannt.

Grafische Skalen:
Die Skalenabstände werden grafisch verdeutlicht.

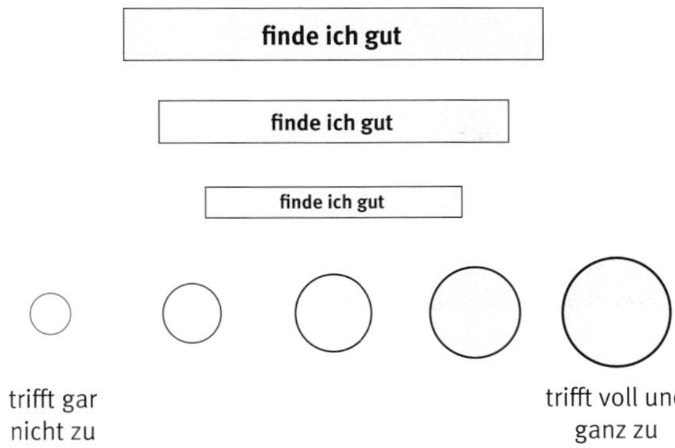

Monopolare Skalen:
Die Skalen enthalten zwei gegensätzliche Pole zu einer Aussage. Beispiel: „Ich finde das neue Design des Autos xy aufregend."

Bipolare Skalen:
Die Pole der Skalen werden durch zwei gegensätzliche Aussagen gebildet. Beispiel: „Das neue Design des Autos xy ist ..."

Abstufung der Merkmale
Hinsichtlich der Abstufungen der Merkmale können zwei Aspekte berücksichtigt werden, nämlich

- die Anzahl der Abstufungen und
- ob die Abstufungszahl eine gerade oder ungerade Zahl ist.

Je größer die Anzahl der Abstufungen ist, umso genauer können die Bewertungen und Einschätzungen von den Probanden differenziert werden. Hierbei muss aber auch die Differenzierungsfähigkeit der Probanden berücksichtigt werden, die durch eine zu große Anzahl an Abstufungen schnell überfordert werden kann. In der Literatur werden daher weitgehend Skalen mit vier bis sechs Abstufungen empfohlen.
Bei einer ungeraden Anzahl von Abstufungen gibt es eine Mitte und die Probanden haben damit die Möglichkeit, eine neutrale Position einzunehmen. Bei einer geraden Anzahl von Abstufungen werden die Probanden dagegen gezwungen, sich zumindest tendenziell für einen der beiden Pole zu entscheiden.

Anzahl der Merkmale
Im Rahmen einer Skalenabfrage werden die Probanden immer zu einer Vielzahl von Aspekten befragt. Wird dabei eine größere Zahl von Merkmalen zu einer Fragenbatterie verbunden, dann spricht man von einem semantischen Differenzial oder bei bipolaren Skalen von einem Polaritätenprofil.

10.3 Befragungsplanung

In diesem Abschnitt werden kurz die Aspekte dargestellt, die bei der Erstellung eines Fragebogens berücksichtigt werden müssen.

10.3.1 Programm- und Textfragen

Der erste Schritt bei der Erstellung eines Fragebogens ist immer die Festlegung der Befragungskategorien, die im Rahmen der Befragung berücksichtigt werden sollen. In diesem Zusammenhang spricht man von der Formulierung von Programmfragen.

Zur Unterstützung dieser Vorplanung bieten sich verschiedene Möglichkeiten:

- Nutzung von Sekundärmaterial (falls vorhanden),
- Vorabbefragung, etwa
  - Expertenbefragung,
  - Gruppendiskussion,
  - schriftliche Befragung,
- Nutzung der Ergebnisse früherer Befragungen,
- Erfahrungswerte,
- Intuition.

Die Programmfragen müssen in Textfragen übertragen werden.

→ *Mit einer Textfrage ist dabei eine konkrete Frage innerhalb des Fragebogens gemeint.*

Dabei wird häufig eine Programmfrage in mehrere Textfragen zerlegt.

Bei der Formulierung von Textfragen können im Wesentlichen die folgenden Frageformen eingesetzt werden:

- Direkte Frage: Der Befragungsgegenstand wird direkt erfragt.
  Bsp.: „Welchen Schulabschluss haben Sie?“

→ *Eine direkte Frage ist sinnvoll, wenn erwartet werden kann, dass der Befragte wahrheitsgemäß antwortet.*

- Indirekte Frage: Sie wird so gestellt, dass für den Befragten der Befragungsgegenstand nicht direkt ersichtlich ist oder er die Frage nicht unmittelbar auf sich selbst bezieht.

→ *Indirekte Fragen sind sinnvoll, wenn erwartet werden muss, dass die Befragten auf die entsprechende direkte Frage gar nicht oder nicht wahrheitsgemäß antworten würden.*

Als Möglichkeiten bieten sich hier projektive oder assoziative Verfahren.

- Offene Frage: Die Auskunftsperson muss die Antwort teilweise oder vollständig selbst formulieren. Dabei sind Einschränkungen und Hilfen möglich, durch Vorgabe von Satzanfängen, die ergänzt werden müssen, oder durch Lückentexte u.Ä.
  Offene Fragen haben den Vorteil, dass die Probanden bei der Beantwortung nicht eingeengt werden. Nachteilig ist, dass die Auswertung schwieriger ist und das Ergebnis vom Ausdrucksvermögen der Probanden abhängt.

- Geschlossene Frage
  Bei dieser Frageform werden den Auskunftspersonen Antwortmöglichkeiten vorgegeben. Man unterscheidet hierbei folgende Möglichkeiten:

  - Alternativfrage
    Ja-Nein-Frage, Beispiel: Haben Sie ein laufendes Konto bei der XY-Bank?
    oder:
    Neutrale Fassung (Alternative wird in der Frage mitgenannt), Beispiel: „Welches Konto haben Sie bei der XY-Bank? Laufendes Konto oder Sparkonto?"
  - Dialogfrage
    Hierbei wird ein Dialog mit zwei Aussagen vorgegeben. Die Auskunftsperson muss entscheiden, welcher sie eher zustimmt.
    Beispiel: Zwei Kunden A und B der XY-Bank unterhalten sich. A sagt: „Die XY-Bank bietet gute Leistungen zu fairen Preisen." B erwidert: „Ich finde, das Preis-Leistungs-Verhältnis der XY-Bank ist eher ungünstig."
  - Mehrfachauswahlfragen
    Hierbei werden mehrere Alternativen zur Auswahl geboten. Man unterscheidet weiter: Auswahl aus einer Liste mit Antworten, Liste mit Alternativen, Auswahl mit Rangordnung, Herstellung einer Rangordnung, Liste mit Ja-Nein-Alternativen (s. Beispiele).

- Skalierung: Markierung auf einer vorgegebenen Skala, vgl. dazu 10.2.6.

Beispiele für Mehrfachauswahlfragen

1. Bei Auswahl aus einer Liste von Antworten kann
   - eine bestimmte Anzahl von Antworten gefordert werden:
     Beispiel: „Kreuzen Sie drei Antworten an."
   - die Anzahl der Antworten nach oben begrenzt werden:
     „Kreuzen Sie höchstens drei Antworten an."
   - die Anzahl der Antworten nach unten begrenzt werden:
     „Kreuzen Sie mindestens drei Antworten an."
   - eine unbegrenzte Anzahl von Alternativen zugelassen werden.

2. Liste mit Alternativen
„Wie viel € geben Sie im Monat für Wein aus?"
☐ unter 5 €
☐ 5 € bis unter 10 €
☐ 10 € bis unter 15 €
☐ 15€ bis unter 20 €
☐ 20 € oder mehr

3. Auswahl mit Rangordnung oder Herstellung einer Rangordnung
„Sie haben hier eine Liste verschiedener (Berufs-) Schulfächer. Kennzeichnen Sie das Fach, das Ihnen am besten gefällt, mit 1, das Fach, das Ihnen am zweitbesten gefällt, mit 2 und das Fach, das Ihnen am drittbesten gefällt, mit 3."
Rechnungswesen ☐
Wirtschaftslehre ☐
Werbebetriebslehre ☐
Informatik ☐
Deutsch ☐
Politik ☐

4. Liste mit Ja-Nein-Alternativen
„Wie würden Sie die Inhalte des Faches Werbebetriebslehre beschreiben? Benutzen Sie dazu die folgende Liste. Kreuzen Sie an, welche Eigenschaften zutreffen oder nicht."

	Trifft zu	Trifft nicht zu
langweilig		
wichtig für den Beruf		
schwierig		
abstrakt		

Vor- und Nachteile geschlossener Fragen

Vorteile:
- einfache Auswertung und
- das Ergebnis wird nicht vom Ausdrucksvermögen der Befragten beeinflusst.

Nachteile:
- geringere Selbstentfaltung der Befragten,
- Antwortkategorien überschneiden sich,
- Antwortkategorien fehlen.

10.3.2 Befragungssteuerung

Bei der Befragungssteuerung geht es darum, in welcher Reihenfolge die Fragen gestellt werden und wie die Probanden während des Ausfüllens des Fragebogens gelenkt und motiviert werden können. In diesem Zusammenhang unterscheidet man zwischen Sach- und Steuerfragen.

→ *Sachfragen dienen der Erhebung des Befragungsgegenstandes, Steuerfragen sollen den Befragungsablauf steuern und positiv beeinflussen.*

Für Steuerfragen haben Weis/Steinmetz (2008) die folgende Kategorisierung entwickelt, mit der diese Fragen wie folgt weiter unterteilt werden:
- **Kontakt-/Eisbrecherfragen** stehen am Anfang des Fragebogens und sollen Interesse und Kommunikationsbereitschaft des Befragten wecken. Sie sollen einfach und neutral sein.
- **Übergangs-/Vorbereitungsfragen** sollen den Gedankengang in die beabsichtigte Richtung lenken und den Wechsel des Themas erleichtern, z.B. bei Omnibusbefragung.
- **Ablenkungs-/Pufferfragen** sollen verhindern, dass die Antworten zu den folgenden Fragen durch die vorausgegangenen Fragen beeinflusst werden.
- **Motivationsfragen** sollen die Antwortbereitschaft erhöhen und Hemmungen abbauen.
- **Kontrollfragen** dienen der Überprüfung, ob vorausgegangene Fragen wahrheitsgemäß beantwortet bzw. richtig verstanden wurden.
- **Fragen zur Person** sollen die Befragung abschließen:
  - Auskunftsperson ist am Ende der Befragung auskunftsbereiter, z.B. bei Fragen nach dem Einkommen,
  - Auskunftsperson ist am Ende der Befragung erschöpfter, daher eher einfache Fragen.

(Beschreibung der Fragen nach Weis/Steinmetz, Marktforschung, 2008, S. 138 und Weis, Marketing, 2009, S. 195). Anfügen kann man:
- Filterfragen beenden die Befragung zu einem bestimmten Thema bzw. scheiden Personen aus der weiteren Befragung zu einem Thema aus.
- Gabelungsfragen steuern den Ablauf, indem je nach Antwort an einer anderen Stelle im Fragebogen weitergearbeitet wird.

Allgemeine Hinweise zur Fragebogengestaltung

Formulierung der Fragen
- Die Fragen müssen einfach formuliert und leicht verständlich sein.
- Die Fragen müssen eindeutig und präzise sein.
- Die Fragen dürfen nicht suggestiv wirken.
- Die Formulierung muss dem Bildungsniveau der Befragten entsprechen.

Optische Gestaltung des Fragebogens
- Der Fragebogen muss optisch ansprechend gestaltet sein.
- Der Fragebogen muss übersichtlich und gut gegliedert sein.
- Wo immer möglich, sollten grafische anstelle von textlichen Elementen verwendet werden.

Fragebogenstruktur
- Die Filterführung so einfach wie möglich halten.
- Antwortprinzipien und Skalen sollten durchgängig über alle Fragen beibehalten werden.
- Der Fragebogen sollte so kurz wie möglich sein.

10.4 Übung zum Thema Befragung

Aufgabe

Geben Sie jeweils an, welche Befragungsarten in folgenden Fällen möglich und sinnvoll wären. Welche würden Sie empfehlen (kurz begründen)?

a) Ein Unternehmen, das Pflegeprodukte herstellt, muss für seine Haarshampoo-Marke seit Jahren Marktanteilsverluste hinnehmen. Die Unternehmensleitung vermutet, dass sich das Image der Marke verschlechtert hat und möchte Ursachen hierfür ermitteln.
b) Ein Unternehmen möchte ein demografisches Profil der Kakaoverwender erstellen.
c) Eine Agentur will verschiedene Alternativen eines TV-Spots vor Realisation hinsichtlich Wirksamkeit und Akzeptanz testen lassen.
d) Durch eine Schnellumfrage soll abgeschätzt werden, wie viele Personen einen am Vortag ausgestrahlten Werbespot gesehen haben.
e) Es soll festgestellt werden, inwieweit sich Testpersonen an gesehene oder gehörte Werbung erinnern.
f) Der Bekanntheitsgrad einer Marke soll ermittelt werden.
g) Es soll festgestellt werden, welche Vorstellungen Kameraverwender von einer idealen Kamera haben.

Lösungshinweise

Zu a): Es sind qualitative Aspekte zu erheben, sodass auch nur qualitative Befragungstechniken infrage kommen. Da es um sehr komplexe Zusammenhänge geht und die Unternehmensleitung auch noch keine Vorstellung über mögliche Ursachen für den Imageverlust hat, würden sich zunächst Tiefeninterviews oder Gruppendiskussionen anbieten. Nachteilig ist hier allerdings die fehlende Repräsentativität. Je nachdem, welches Ergebnis Tiefeninterviews oder Gruppendiskussionen brächten, könnte anschließend eine größer angelegte Untersuchung erfolgen.
Hierbei könnten sowohl projektive als auch assoziative Verfahren eingesetzt werden. Auch der Einsatz von Skalenverfahren wäre möglich, da sich damit grundsätzlich Images messen lassen.

Zu b): Hier sollen ausschließlich quantitative Merkmale erhoben werden. Eine schriftliche Befragung wäre dazu gut geeignet und könnte relativ kostengünstig durchgeführt werden.

Zu c): Da den Probanden die Spots vorgestellt werden müssen, ist nur eine mündliche Befragung sinnvoll. Es handelt sich außerdem um die Erhebung qualitativer Merkmale, sodass nur die entsprechenden Verfahren eingesetzt werden können. Die Bewertung von TV-Spots erfolgt sehr spontan, daher sind hier assoziative Verfahren gut geeignet. Auch Gruppendiskussionen würden Sinn machen. Skalierungsverfahren erscheinen eher ungeeignet, da damit keine spontanen Äußerungen erfasst werden können.

Zu d): Man will schnell zu Ergebnissen gelangen, sodass eigentlich nur eine Telefonabfrage Sinn macht. Da der Befragungsinhalt außerdem sehr einfach ist, können die Nachteile einer Telefonabfrage hier unberücksichtigt bleiben.

Zu e): Da die Erinnerung an gesehene und gehörte Werbung ermittelt werden soll, müssen den Probanden die Spots bei der Befragung vorgespielt werden. Damit ist nur eine mündliche Befragung möglich. Der Befragungsgegenstand ist allerdings einfach, sodass man keine qualitativen Befragungstechniken einsetzen muss.

Zu f): Es handelt sich um einen sehr einfachen Befragungsgegenstand, sodass sich aus Kosten- und Praktikabilitätsgründen eine telefonische Befragung empfiehlt.

Zu g): Es handelt sich um einen qualitativen Erhebungsgegenstand. Da die Befragungsplaner zunächst noch nicht wissen, welche Aspekte den Konsumenten bei einer Kamera wichtig sind, sollten zunächst Gruppendiskussionen oder Tiefeninterviews im Rahmen einer Vorbefragung durchgeführt werden. Wegen der gruppendynamischen Effekte sind hier Gruppendiskussionen vermutlich günstiger. Nach der Vorabbefragung könnte dann eine schriftliche Befragung mithilfe von Bewertungsskalen erfolgen.

11 Beobachtung

In der Marktforschung lässt sich häufig keine eindeutige Trennung zwischen Befragung und Beobachtung ziehen, da in vielen Fällen Beobachtungen durch Befragungen ergänzt werden, um neben dem beobachteten Verhalten auch Erklärungen für die Ursachen des gezeigten Verhaltens zu bekommen. Beispielsweise ist das beim Tachistoskop-Test der Fall, auf diesen Test wird nachfolgend noch näher eingegangen.

11.1 Begriff der Beobachtung

Unter Beobachtung versteht man allgemein die systematische Erfassung von Sachverhalten, die mit den menschlichen Sinnen oder mithilfe technischer Sensoren wahrnehmbar sind und zum Zeitpunkt ihres Auftretens registriert werden.

In der Marktforschung eignen sich Beobachtungen immer dann besonders gut, wenn es um Verhalten von Probanden geht.

Häufig werden zur genaueren Erfassung, Analyse und Dokumentation technische Hilfsmittel (Videoaufzeichnungen oder Messgeräte) verwendet.

Marktforschung beobachtet u.a.

- Kaufverhalten, das z.B. in Verbraucher-Panels (Haushaltspanel der GfK oder Panel von A. C. Nielsen) registriert wird,
- Fernsehverhalten (erfasst im Fernsehpanel der GfK),
- Leseverhalten, das z.B. in apparativen Werbepretests (mit Tachistoskop, Eye-Mark-Recorder, EDR etc.) untersucht wird,
- Verwendungsverhalten,
- Informationsverhalten.

Im Kapitel 13 über Panels finden sich Informationen zur Beobachtung von Kaufverhalten über Verbraucher-Panels. Grundsätzlich wird bei der Panelforschung eine Gruppe von Personen (repräsentative Stichprobe) kontinuierlich oder in regelmäßigen Abständen zu bestimmten Sachverhalten befragt oder ihre Verhaltensweisen werden über einen bestimmten Zeitraum analysiert. In den Verbraucher-Panels von A. C. Nielsen (Homescan Consumer Panel) oder GfK (Consumer Scan) müssen alle Teilnehmer ihre Einkäufe mithilfe eines Handscanners registrieren. Diese Einkaufsdaten können mit den vorhandenen soziodemografischen Daten der Panelteilnehmer in Verbindung gebracht werden. Somit lassen sich Aussagen über das Kaufverhalten in Abhängigkeit von Alter, Geschlecht, Einkommen usw. generieren.

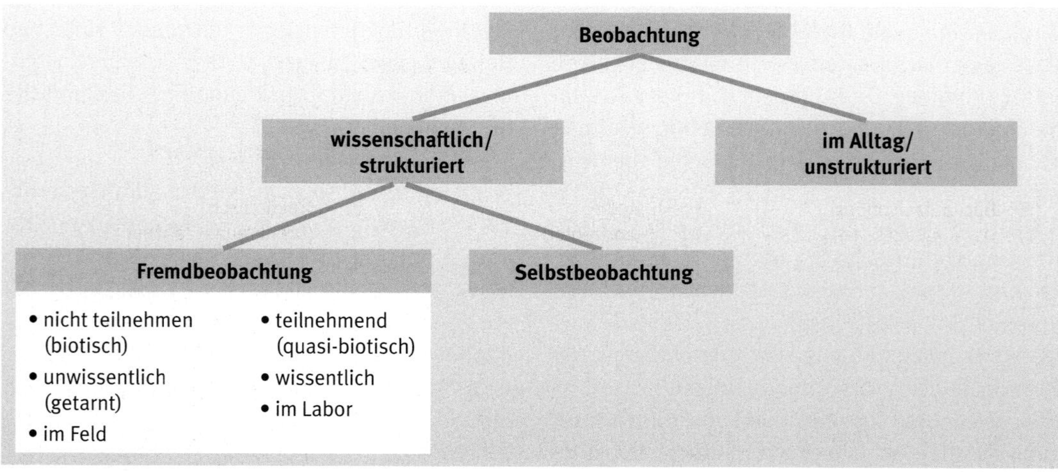

Abb. 11.1: Strukturierung von Beobachtungen

In der Marktforschung finden Beobachtungen also weniger als unstrukturierte oder als Alltagsbeobachtungen statt, sondern es handelt sich um wissenschaftlich strukturiertes Vorgehen (vgl. Abb. 11.1). Nur dadurch kann gewährleistet werden, dass zulässige Rückschlüsse aus dem beobachteten Verhalten gezogen werden können.
In speziellen Fällen, wie bei bestimmten Produkttests (vgl. Kapitel 4 Produktpolitik), bei denen die Probanden das zu testende Produkt für eine bestimmte Zeit mit nach Hause nehmen (Home-use-Test), oder bei den bereits erwähnten Verbraucherpanels, bei denen die Haushalte mithilfe eines kleinen Handcomputers ihre täglichen Einkäufe dokumentieren (Electronic Diary), findet eher Selbstbeobachtung statt.
Häufiger sind allerdings verschiedene Formen der Fremdbeobachtung anzutreffen. Bei **biotischen Beobachtungen**, die vor allem in der Feldforschung, wie z.B. Kundenlaufstudien des Handels vorkommen, wissen die Probanden gar nicht, dass sie beobachtet werden.

Ein großer Vorteil unwissentlicher Beobachtung ist der geringe Eingriff der Methode in die Lebenswelt der Beobachteten, d.h., es finden keine Störungen der natürlichen Situation statt.

Falls die Beobachtung auffällt, muss sie abgebrochen werden, da anschließend gezeigtes Verhalten aller Voraussicht nach nicht mehr „natürlich" ist. Bei diesen biotischen Beobachtungen kann es nicht zum für Befragungen typischen Phänomen von Antwortverzerrungen (Interviewer-Einfluss, Prestige, Scham o.a.) kommen.

Allerdings können anstelle der Antwortverzerrungen sogenannte Beobachtungsfehler auftreten.

Diese können insbesondere bei der Generalisierung von Ergebnissen (Rückschluss von beobachteten Sachverhalten auf Motive, Einstellungen etc.) Probleme aufwerfen.
Im Gegensatz zu einer Laboruntersuchung wird die Situation bei Feld-Beobachtungen nicht verfremdet oder gestört. Bei quasi-biotischen Beobachtungen, zu denen eigentlich alle Labor-Beobachtungen gehören, weiß der Proband zwar, dass er oder sie beobachtet wird, aber er weiß nicht, was beobachtet wird. Unter Laborbedingungen lassen sich zwar viele Störfaktoren, die unter normalen Umständen bzw. im Feld auftauchen, ausschließen, doch die Künstlichkeit der Atmosphäre führt möglicherweise zu „unnatürlichem" Verhalten.

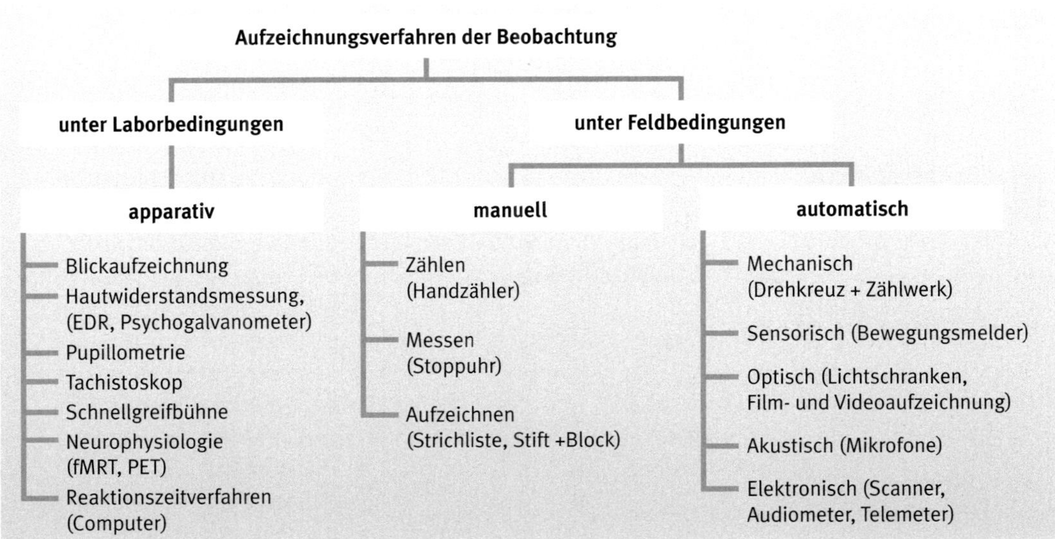

Abb. 11.2: Aufzeichnungsverfahren der Beobachtung

Die Ergebnisse von Beobachtungen sind in hohem Maß an den Erhebungszeitraum gebunden.

Dies gilt insbesondere, wenn keine zusätzlichen Informationen über den Untersuchungsgegenstand vorliegen (zum Beispiel durch Vor- oder Nachbefragungen, vgl. dazu Kapitel 12 Experiment).

Die unten stehende Tabelle fasst Grundtypen von Beobachtungsverfahren im Überblick zusammen, von denen einige in Abschnitt 11.2 anhand von Beispielen kurz erläutert werden. Dies wird in Kapitel 16 noch einmal vertieft, wo auch noch weitere Verfahren aus der Tabelle aufgegriffen und eingehender betrachtet werden.

11.2 Beispiele für Beobachtungsverfahren

11.2.1 Feld-Beobachtungen

Kundenkontakte
Durch den Einbau von Lichtschranken lässt sich z.B. die Anzahl der Besucher und der Zeitpunkt des Besuchs eines Handelsgeschäftes messen.

Kundenlaufstudien
Darunter versteht man Beobachtungen, wo sich Kunden wie lange in einem Handelsgeschäft aufgehalten haben. Die Beobachtung kann mit Videokameras oder persönlich durchgeführt werden. Ein Ziel dieser Methode ist eine genaue Analyse der Bereiche eines Geschäfts, die besonders oder weniger häufig besucht werden.

	Persönliche Beobachtung Beobachtung und Interpretation durch den Beobachtungsleiter	**Apparative Beobachtung** Beobachtung unter Einsatz technischer Hilfsmittel
Feld-Beobachtung Beobachtung unter realen Bedingungen	• Kundenlaufstudien • Kundenreaktionen • Testkäufe • Beobachtung von Verkaufsgesprächen	• Kundenlaufstudien (Video) • Besucherfrequenzen Handel • Kundenkontaktstudien • Fernsehnutzung (GfK-Fernseh-Panel) • Scannen der Einkäufe an der Kasse
Labor-Beobachtungen Beobachtung unter künstlich geschaffenen Bedingungen	• Produkttests • Verpackungstests • Testmarkt-Simulation • Schnellgreifbühne	• Hautwiderstandsmessung (Psychogalvanometer, Elektrodermale Reaktion/EDR) zur Messung des Aktivierungspotenzials von Werbemitteln • Blickaufzeichnung (Eye-Mark-Recorder, Compagnon-Verfahren zur Ermittlung des Blickverlaufs in Werbemitteln) • Pupillometrie, EEG, EKG zur Messung des Aktivierungspotenzials von Werbemitteln • Tachistoskop

Ebenfalls von Interesse ist die konkrete Produktzuwendung. Aus den Ergebnissen solcher Beobachtungen können Optimierungen des Angebots sowie der Produktpräsentation z.B. im Regal abgeleitet werden.

Kundenreaktionsstudien
Beobachtung des Verhaltens von Kunden auf bestimmte Marketing-Maßnahmen, z.B. Sonderangebote im Handel. Finden die Beobachtungen im Laboratorium statt, dann werden zum Verdecken des Beobachters auch spezielle Hilfsmittel eingesetzt (z.B. Einwegspiegel).

Testkäufe
Durch Testkäufer im Handel sollen Beratungsqualität und Verhalten des Verkaufspersonals beobachtet werden.

Beobachtung von Verkaufsgesprächen
Die Beobachtung des nonverbalen Verhaltens trägt zur Verbesserung von Verkaufsgesprächen bei.

11.2.2 Labor-Beobachtungen

Produkt- und Verpackungstest
Sie wurden bereits in Kapitel 4 im Rahmen der Produktpolitik angesprochen. Ein solcher Test bezieht sich auf **bestimmte Eigenschaften** (z.B. die Handhabung des Produktes oder der Verpackung, den Geschmack etc.) oder auf das gesamte Produkt.

Schnellgreifbühne
Der Versuchsperson werden in einem speziellen Greiffeld Produkte oder deren **Verpackungen** für kurze Zeit gezeigt. Der Zugriff auf die Produkte wird nur für eine begrenzte Zeit ermöglicht, z.B. über einen Vorhang, eine automatisch schließende Klappe oder eine nach hinten verschwindende Greifbühne (einige Sekunden je nach Anzahl der Alternativen), was die Versuchsperson zu einer schnellen Entscheidung zwingt. Diese spontanen Entscheidungen sollen weitgehend ohne rationale Überlegungen erfolgen. Hier lässt sich insofern gut der **Aufforderungscharakter von Produkt- oder Verpackungsdesign** überprüfen. Wie bei allen Beobachtungen liefern die Ergebnisse aber keine Begründungen für die Auswahlentscheidung. Selbst eine anschließende Befragung nützt nicht besonders viel, da dabei wieder verstärkt der Verstand zurate gezogen wird. Außerdem werden natürlich andere Faktoren wie Preis, Konkurrenz, Image etc., die in der realen Kaufsituation ebenfalls von Bedeutung sind, ausgeblendet.
Weitergehende Informationen zu diesem Thema findet man zum Beispiel in Werner Pepels (Hrsg.): „Moderne Marktforschungspraxis" (Luchterhand. Neuwied 1999). Der Autor nennt als Untersuchungsmöglichkeiten, die mit der Schnellgreifbühne gegeben sind:

- die Spontanwahl zwischen mehreren Verpackungsentwürfen zur Überprüfung der Etikettengestaltung („Greifen Sie die Flasche heraus, die wohl den höchsten Preis hat"),
- die Spontanzuordnung zur Überprüfung der Verpackungsformen („Greifen Sie die Flaschenform heraus, die am ehesten Produkt xy enthalten kann") und
- die Spontanhandhabung zur Überprüfung der Handlingsfunktion einer Verpackung („Öffnen Sie so schnell wie möglich die Ihnen gleich kurz gezeigte Packung").

Testmarktsimulation
Dies ist wirklichkeitsgetreue Nachbildung der **Marktrealität in Modellform** und **Nachspielen dieser Realität im Studio**. Dabei kann der gesamte Prozess von der Wahrnehmung von Werbung über Erstkauf, Einstellungsbildung bis zum Wiederholungskauf nachgespielt werden. Darüber hinaus lässt sich mithilfe dieses Verfahrens auch der Beitrag von Marketing-Maßnahmen auf diesen Adoptionsprozess simulieren.
Inzwischen wird die Testmarkt-Simulation von verschiedenen großen Marktforschungsinstituten wie GfK, A. C. Nielsen, IVE, Infratest Burke oder M&E Novacation angeboten, wobei der Grundablauf aus Werbesimulation, Kauf-Simulation, Studio-Test und/oder Home-Use-Test bei allen Instituten standardisiert ist (vgl. Pepels, a.a.O.)

Ablauf einer Testmarktsimulation

1. Anwerbung von Testpersonen
2. Befragung (u.U. zur Ermittlung von Produktbekanntheit bzw. vorhandener Images oder Produktpräferenzen)
3. Werbesimulation, d.h. Werbung für das Testprodukt und die Konkurrenzprodukte wird gezeigt (experimenteller Stimulus)
4. Kauf-Simulation, d.h. Einkauf im Testladen (Studio) zur Gewinnung von Anhaltspunkten zum Erstkaufverhalten
5. Eventuell zusätzliche Produktverwendung zu Hause (Home-Use-Test)
6. Nachkaufbefragung (z.B. zur Zufriedenheit, Verbesserungsvorschläge)
7. Erneute Kauf-Simulation (jetzt Schwerpunkt auf die Wiederholungskäufer, um Schätzungen über die Erfolgschancen (potenzieller Umsatz bzw. Marktanteil) anstellen zu können

Beobachtung von physiologischen Reaktionen

Physiologische Reaktionen sind unbewusste Reaktionen des Körpers aufgrund von Stimuli (z.B. die Konfrontation mit Werbeanzeigen oder das Betrachten von Produkten). Die physiologischen Reaktionen von Versuchspersonen, die über das Ziel der Beobachtung informiert sind, können mithilfe von apparativen Verfahren gemessen werden. Dazu zählen die Messung der Lidschlagfrequenz, des Hautwiderstandes (EDR), der Hirnströme (EEG), der Pupillenweite (Pupillometrie), der Stimmfrequenz, der Herzfrequenz (EKG) etc. Es wird davon ausgegangen, dass dadurch das **Aktivierungspotenzial von Werbemitteln** gemessen werden kann.

Die beiden folgenden wichtigen Verfahren gehören ebenfalls in diesen Bereich und sollen hier nur kurz vorgestellt werden, detailliertere Angaben finden sich in Kapitel 16.

Tachistoskop

Der Versuchsperson werden mithilfe stroboskopischer Lichtblitze Werbemittel (vor allem Anzeigen) für sehr kurze Zeit (Bruchteile von Sekunden bis zu zehn Sekunden) dargeboten, um zu überprüfen, was wann erkannt wird.

In Verbindung mit einer Befragung lassen sich auch Rückschlüsse auf die **psychologischen Effekte** dieser **ersten Anmutungen** ermitteln.

Blickaufzeichnung:

Die Versuchsperson erhält eine spezielle Brille (Eye-Mark-Recorder), mit deren Hilfe **Blickbewegungen beim Betrachten von Anzeigen** und anderen Werbemitteln durch eine Kamera aufgezeichnet werden können. Eine Alternative, die versucht die Künstlichkeit des Eye-Mark-Recorders zu umgehen, stellt das Compagnon- oder Spiegeltisch-Verfahren dar. Dabei werden Probanden in ein Studio eingeladen. Bevor dieses stattfindet, müssen die Probanden in einem Wartezimmer Platz nehmen. Beim Lesen der bereitliegenden Zeitschriften werden sie von zwei Videokameras gefilmt. Die eine befindet sich im Inneren eines verspiegelten Tischs und filmt von unten die Augenbewegungen der Probanden, die andere hängt an der Decke und ermittelt, welche Seite gerade gelesen wird. Durch die Auswertung beider Videos lässt sich ermitteln, auf welcher Seite was betrachtet worden ist.

11.3 Konkrete Untersuchungen

Zwei interessante Praxisbeispiele zum Thema Beobachtung aus dem Bereich Marketing und Werbung sind die Beobachtung der Fernsehnutzung durch die GfK und die Beobachtung der Werbeaufwendungen durch Nielsen Media Research und Thomson Media Control. Beide Beispiele sollen an diese Stelle kurz vorgestellt werden.

11.3.1 Beobachtung der Fernsehnutzung durch die GfK

In Deutschland wird die personengenaue Fernsehnutzung mit einem repräsentativen Panel gemessen. Alle Mitglieder eines Panel-Haushalts sind registriert und müssen sich zu Beginn der TV-Nutzung mit einer Personentaste auf der Fernbedienung an-, bei Beendigung wieder abmelden. Das sogenannte GfK-Meter erfasst automatisch sekundengenau, wann und was jeder Haushaltsteilnehmer sieht. Die Daten werden von der GfK-Box gespeichert und verschickt. Am nächsten Morgen liegen die Fernsehnutzungsdaten des Vortags den Sendern, Agenturen und Werbetreibenden vor. Herausgeber ist die Arbeitsgemeinschaft Fernsehforschung (AGF), ein Zusammenschluss fast aller deutschen Sender, von Werbeagenturen und Werbetreibenden. Das Panel besteht aus 5.640 Haushalten mit ca. 13.000 Personen ab drei Jahren. Gemessen wird das TV-Sehverhalten, woraus sich Reichweiten und andere Leistungsmerkmale des Fernsehens bzw. einzelner Sender ermitteln lassen (eine weiterreichende Übersicht findet sich in Kap. 6.13 im Band „Werbung planen").

Die Vorteile dieser Erhebungsmethode mithilfe aktueller technischer Messung (Beobachtung) gegenüber der Reichweitenerhebung der Media-Analyse (MA) im Print-Bereich (vgl. dazu Kap. 6 im Band „Werbung planen") sind vielfältig, in erster Linie werden Erinnerungsfehler vermieden und die Daten liegen sehr zeitnah vor.

11.3.2 Beobachtung der Werbeaufwendungen durch Nielsen Media Research

Das internationale Marktforschungs-Institut A. C. Nielsen ermittelt mithilfe von Media Research in inzwischen 31 Ländern der Welt die Ausgaben für klassische Werbung bei Konsumgütern, Gebrauchsgütern, Investitionsgütern und Dienstleistungen. In Deutschland werden über 1.000 Werbeträger erfasst, darunter Publikumszeitschriften, Stadtillustrierte, Tageszeitungen, Plakate, Fernseh- und Rundfunksender. In allen Medien wird durch Beobachtung festgestellt:

- Was (Produkt, Service) wird
- von wem (Werbetreibender)
- wie (Kreation, Werbeform, Volumen)
- wann (Schaltdatum)
- für welchen Betrag (Bruttokosten) beworben?

Der letzte Punkt ist von besonderer Bedeutung. Nielsen kann natürlich lediglich durch Beobachtung und den anschließenden Vergleich mit den Tarifen der entsprechenden Werbeträger Angaben über die Brutto-Spendings machen. Das heißt: Rabatte, Provisionen, Freischaltungen, Gegengeschäfte/Bartering müssen unberücksichtigt bleiben, da diese Sachverhalte nicht beobachtet werden können.

Trotzdem bekommt man über die Media Research-Daten einen guten Überblick über die Werbeausgaben, den Werbedruck und die zeitliche Strategie der Wettbewerber, weshalb sich das Instrument bei den Agenturen, trotz seiner Einschränkungen (es werden auch nicht alle Werbeträger und Below-the-line-Maßnahmen erfasst), großer Beliebtheit erfreut.

Zusammenfassung der Vorteile und Probleme der Beobachtung im Vergleich zur Befragung	
Vorteile • Kein Interviewer-Einfluss • Keine Antwortverzerrungen (z.B. wegen Erinnerungsproblemen) möglich • Apparativ präzise Messung • Geringe Abhängigkeit von der Auskunftsbereitschaft der Probanden (gilt vor allem bei verdeckter/biotischer Beobachtung, allerdings muss nachher die Einwilligung zur Verwendung des Materials eingeholt werden). • Es lassen sich auch Verhaltensweisen beobachten, die sich nur schwer befragen lassen.	**Probleme** • Eventuell geringe Repräsentativität (gilt vor allem für Feld-Beobachtungen) • Nur sichtbares Verhalten kann beobachtet werden, d.h., die Ursachen/Gründe bleiben im Dunkeln. • Bei teilnehmender/quasi-biotischer Beobachtung kann es zu unerwünschten Verhaltensänderungen kommen, da der Proband weiß, dass er/sie beobachtet wird.

12 Experiment

Eigentlich stellt ein Experiment keine eigene Erhebungsmethode dar, sondern beschreibt lediglich eine bestimmte Versuchsanordnung bzw. ein Untersuchungsdesign, denn auch im Rahmen eines Experiments kann nur beobachtet oder befragt werden. Trotzdem lohnt es sich, Experimente für sich zu betrachten, denn sie beantworten im Gegensatz zur deskriptiven (beschreibenden) Marktforschung (u.a. Beobachtung), die Frage nach Ursachen menschlichen Verhaltens.

12.1 Begriff

Zunächst eine übliche, breit und über die Marktforschung hinaus gültige Definition:

→ *Unter einem Experiment versteht man eine wiederholbare Beobachtung unter kontrollierten Bedingungen.*

Dabei werden eine (oder mehrere) unabhängige Variable(n) derartig variiert, dass eine Überprüfungsmöglichkeit der zugrunde liegenden Hypothese (Behauptung eines Kausalzusammenhangs) in unterschiedlichen Situationen gegeben ist.

→ *Ein Experiment dient also zur Prüfung, ob ein Kausalzusammenhang (Ursache-Wirkungs-Beziehung) zwischen mindestens zwei Faktoren vorliegt.*

Im einfachsten Fall soll dabei der Einfluss eines Faktors x (Testfaktor) auf einen anderen Faktor y (Wirkfaktor) ermittelt werden. Wichtig ist, dass Experimente unter kontrollierten Bedingungen stattfinden, d.h.

- Umweltfaktoren müssen so weit wie möglich ausgeschlossen oder zumindest konstant gehalten werden und
- Wirkungen der Umweltfaktoren auf den Wirkfaktor müssen vom Testfaktor getrennt werden.

Man unterscheidet zwischen unabhängigen Variablen, deren Einfluss gemessen werden soll, wie Verpackung, Preis, Produkt, Werbung oder Promotions, und abhängigen Variablen, an denen die Wirkung gemessen werden soll. Als abhängige Variable werden in der Regel die Marketing- oder Kommunikationsziele wie Marktanteile, Kaufbereitschaft, Einstellungen zur Marke, Sympathie für die Marke, Image der Marke etc. gewählt.

Bei einem Experiment können nur die unabhängigen Variablen variiert werden. Nach einer Veränderung der unabhängigen Variable wird die Wirkung auf die abhängige Variable (Marketing- oder Kommunikationsziel) gemessen. Wenn es gelungen ist, alle Störfaktoren auszuschalten oder zu kontrollieren, lässt sich anschließend die Wirkung des Einsatzes von Marketing-Instrumenten und damit ihres Beitrages zur Zielerreichung isoliert messen.

Beispiele

Typische Fragestellungen bei der Durchführung von Experimenten aus dem Bereich Handels-, Werbe- und Konsumentenforschung sind:

- Welchen Einfluss hat die Platzierung von Produkten im Handel (z.B. der Einsatz von Zweitplatzierungen) auf den Abverkauf?
- Welche Wirkungen haben Promotion-Aktionen (z.B. Sonderpreise) auf den Abverkauf in verschiedenen Handelstypen?
- Wie wirken sich Werbe- und Kommunikationsmaßnahmen in einem Testgebiet (z.B. Haßloch) aus (bei Erst-/Probekäufen und Wiederholungskäufen)?
- Welches Werbemittel „arbeitet“ im Hinblick auf die Zielsetzung (z.B. Imageveränderung) am besten?
- Welchen Einfluss hat der Einsatz von Testimonials auf die Werbewirkung von TV-Spots?

Im Folgenden unterscheiden wir Experimente, ähnlich wie die Beobachtung, nach typischen Kriterien (Art der Ergebnisermittlung, Durchführungssituation, Einblick der Versuchspersonen).

Unterscheidung von Experimenten nach der Art der Ergebnisermittlung

- Befragungsexperiment: Hier wird die Wirkung des Testfaktors durch Befragung ermittelt.
- Beobachtungsexperiment: Bei dieser Variante wird die Wirkung des Testfaktors durch Beobachtung ermittelt.

Unterscheidung von Experimenten nach der Durchführungssituation

Analog zur Beobachtung lassen sich unterscheiden:

- Feld-Experimente (unter natürlichen/realen/lebensnahen) Bedingungen durchgeführt.
  → Dazu ist nachfolgend als eindrucksvolles Beispiel der kontinuierliche Testmarkt in Haßloch in der Pfalz beschrieben.
- Labor-Experimente, sie erfolgen unter künstlichen Bedingungen und mit dem Versuch der Ausschaltung unerwünschter Einflüsse.
- Unterscheidung nach dem Einblick der Versuchspersonen in das Versuchsgeschehen.
  → Auf die beiden letzten Fälle gehen wir nachstehend in diesem Abschnitt noch näher ein.

Kontinuierliches Feld-Experiment: Der Testmarkt in Hassloch

Ein besonders eindrucksvolles Beispiel für ein Feld-Experiment ist die kontinuierliche Beobachtung sogenannter Testmärkte, wie der **Behaviour-Scan-Testmarkt der GfK in Haßloch** in der Pfalz.

Haßloch ist als experimenteller Testmarkt besonders gut geeignet, weil die Stadt ein repräsentatives Abbild der soziodemografischen Struktur Deutschlands darstellt, auch wenn es sich dabei um die alte BRD vor der Wiedervereinigung handelt. Die Stadt Haßloch liegt in der Nähe von Ludwigshafen in den Südausläufern der Pfalz. Haßloch wurde bereits in den 80er-Jahren verkabelt, sodass die ca. 20.000 Haushalte sehr gut erreichbar sind.

Die Abdeckung der **Nachfrageseite** erfolgt in Haßloch über 3.000 Testhaushalte, die je nach Bedarf in unterschiedliche Experimental- und Kontrollgruppen eingeteilt werden können (vgl. Abbildungen auf der Folgeseite).

Auf der **Angebotsseite** erfasst die GfK durch Vereinbarungen mit dem Handel (Verbrauchermarkt, Discounter und Supermärkte) und die Nutzung der Scannerkassen ca. 90–95% des in Haßloch getätigten Umsatzes. Da die Einwohner von Haßloch überwiegend ihre Güter des täglichen Bedarfs (FMCG) in der Stadt einkaufen und es nur zu geringen Einkäufen aus dem Umland kommt, bekommt man ein relativ gutes Bild über die zu testenden Sachverhalte.

In Haßloch werden daher **vor allem Neuprodukte aus dem Bereich FMCG** (= Fast Moving Consumer Goods), aber auch Gebrauchsgüter auf ihre bundesweiten Marktchancen getestet. Die Testdauer variiert in Abhängigkeit von der Produktkategorie zwischen drei und zwölf Monaten.

Darüber hinaus bietet Haßloch durch die Nutzung des **Single-Source-Ansatzes** die Möglichkeit, valide Daten über die Wirkung von Kommunikationsmaßnahmen (klassische Werbung im Print- und TV-Bereich, aber auch Verkaufsförderungsmaßnahmen) auf die Abverkäufe zu bekommen, denn alle Daten kommen aus einer Quelle (= Single Source).

Aufgrund der **Testanlage** (vgl. Abb. 12.2) besteht die Möglichkeit, nur die Testgruppe gezielt mit Werbung zu erreichen. Nur für diese Gruppe kann in einem Studio vorhandene Werbung überblendet werden. Ob diese Werbung gesehen wurde, lässt sich mithilfe der GfK-Box sekundengenau ermitteln. Da alle teilnehmenden Haushalte an den Kassen des Handels vor der Bezahlung eine Identitätskarte über den Scanner ziehen lassen, kann im Anschluss an das Experiment durch den Vergleich zwischen den Kaufmengen der Test- und Kontrollgruppe ermittelt werden, welchen Effekt die Werbung auf die Abverkäufe hatte.

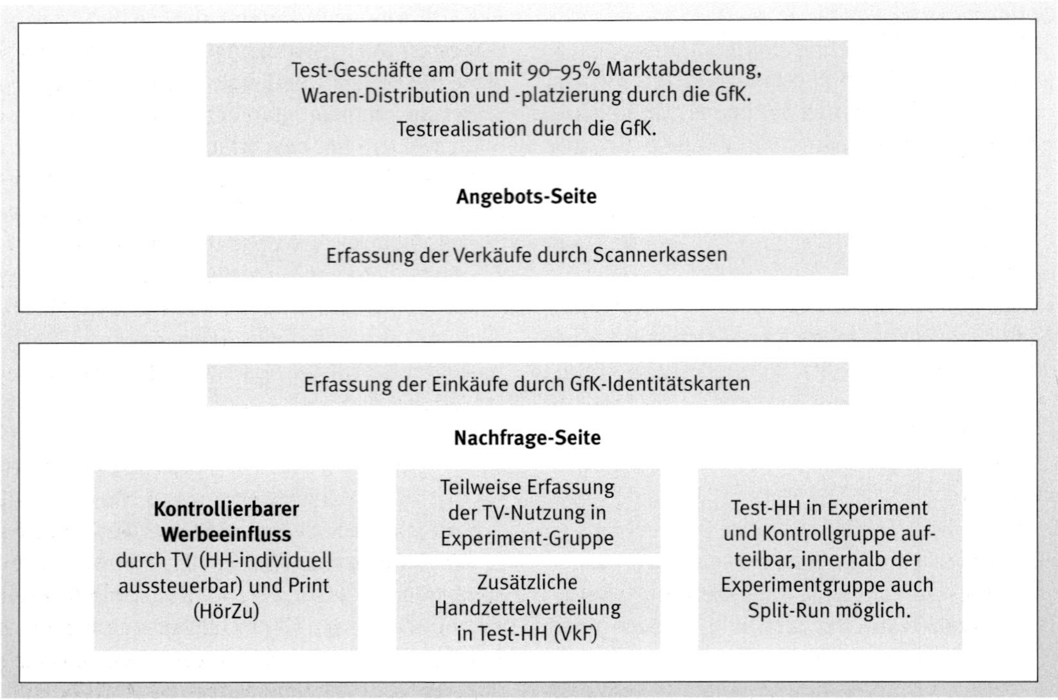

Abb. 12.1: Abdeckung der Angebots- und Nachfrage-Seite im Single-Source-Mikromarkttest (Haßloch)

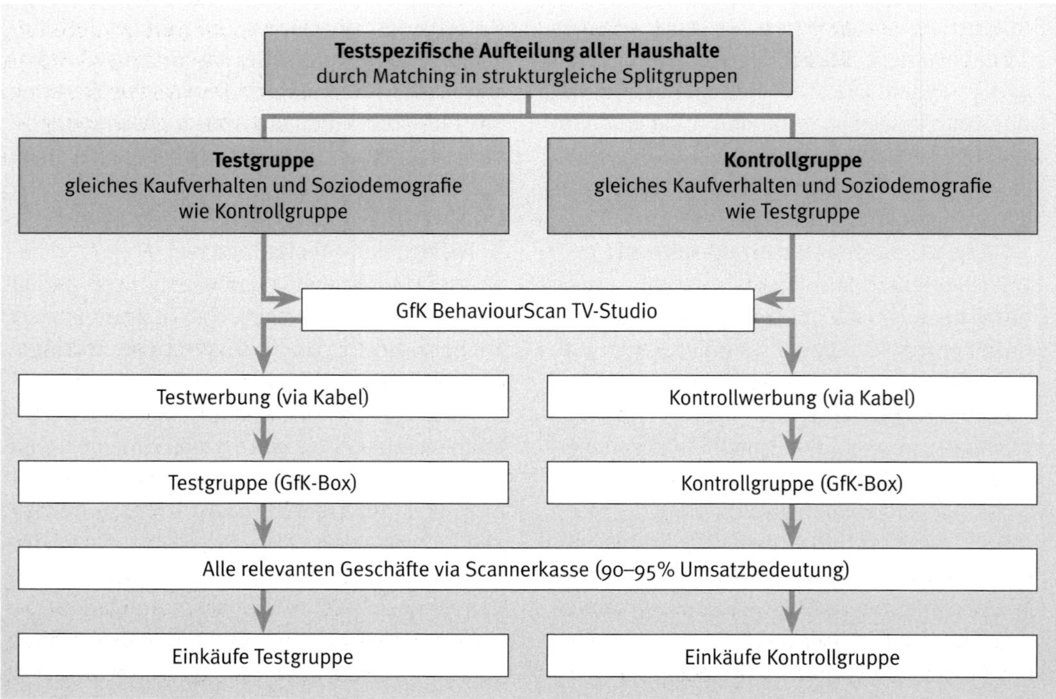

Abb.12.2: Test-Anlage von GfK BehaviourScan®

12.2 Labor-Experimente

Ihr Vorteil liegt in der Kontrolle aller das Ergebnis beeinträchtigenden äußeren Umwelt-Einflüsse in einem Teststudio. Damit verbunden ist jedoch auch der große Nachteil: Die „künstliche" Laborsituation erlaubt keine vollständigen Generalisierungen der Erkenntnisse in die Praxis, da keine realen lebens- oder alltagsnahen Bedingungen vorliegen. Der Experiment-Teilnehmer befindet sich im Labor in fremder Umgebung und damit in einer ungewohnten Rezeptionssituation. Insofern sind die im Labor erworbenen Kenntnisse nicht einfach übertragbar.

Beispiele

Typische Beispiele für Labor-Experimente sind:

- Anzeigen-Pretests (durch Psychogalvanometer, Pupillometrie, Blickaufzeichnung, Tachistoskop etc., vgl. zu diesen Methoden Kapitel 16)
- Werbemittel-Posttests (Recalltest, Recognitiontest, TV-Spottest/DAR)
- Preistest: Eigentlich sollte man mit dem Preis nicht experimentieren, aber bei der Entscheidung, wie hoch ein angemessener Preis für ein völlig neues Produkt ist, sollte man auch den Preis testen. Denn wenn das Unternehmen zu wenig verlangt, die Kunden also bereit wären, mehr zu zahlen, verzichtet das Unternehmen auf Gewinne. Im umgekehrten Fall kalkuliert sich das Unternehmen selbst aus dem Markt (vgl. zur Preispolitik Kapitel 5).
  Hier können Preistests, die mithilfe der Conjoint-Analyse durchgeführt werden, helfen. Dabei wird anhand unterschiedlicher Produktkonzepte (vgl. Kapitel 4), in denen auch ein Preis genannt wird, von den Probanden verlangt, lediglich eine Präferenzrangreihe zu bilden, d.h., es gibt keine direkten Fragen zum Preis. Anschließend lässt sich über eine genügend große Zahl an Probanden sowie systematische Veränderung von Produkteigenschaften (auch Preis) die Ausgabebereitschaft der Probanden schätzen (vgl. zu dieser Vorgehensweise die Website www.simon-kucher.com (große Pricing-Agentur))

Untersuchungen in der Praxis

Von den in der Praxis laufenden größeren Untersuchungen auf der Basis von Marktforschungsexperimenten greifen wir zwei heraus:

1. Bekannt ist die **Studie des Axel Springer Verlags** zum **Multiplying-Effekt**, hier wird untersucht, welche Wirkung die mehrkanalige Werbung (TV-/Print-Mixkontakte) auf die Erinnerung und Verarbeitung von Werbeinhalten hat (Wechselwirkungen, Synergien, Förderung etc.).

Mit zehn Gruppen à 50 Personen wurde ein Labor-Experiment mit zwölf realen TV- und Printkampagnen aus unterschiedlichen Produktfeldern durchgeführt. Diese Kampagnen wurden in jeweils fünf Kanal-Kombinationen präsentiert (Mono: 1 x TV, 1 x Print, TV + TV und Mix: TV + Print, TV + Print + TV), wobei jeder Proband nur einer der Kombinationen ausgesetzt war. Die Anzeigen wurden in DIN-A4-Foldern zusammen mit nicht getesteten Füll-Anzeigen präsentiert, die Test-Spots in Werbeblöcken ebenfalls mit Füll-Spots. Nach der Werbemittelpräsentation wurde jeweils eine Befragung im Hinblick auf Werbeerinnerung (Recall) und Markenbeurteilung durchgeführt. Zu den Ergebnissen an dieser Stelle nur so viel (alles weitere kann in der Studie www.asv.de nachgelesen werden, die als Download angeboten wird):

- Mixkontakte verbessern den Lerneffekt (intensivere Verarbeitung),
- erhöhen die Aufmerksamkeit (genauere Beachtung der Werbemittel),
- erhöhen die Glaubwürdigkeit und bieten ergänzende Informationen (emotionale Spots werden durch sachliche Anzeigen unterstützt).
- Sie fördern die prägnante Positionierung,
- komplettieren das Spot-Erlebnis und
- geben Handlungsanstöße etc.

2. **Move (Methode für valide Daten)** fusioniert die mittels eines Handscanners registrierten Einkaufsdaten des ConsumerScan-Panels der GfK (12.000 Haushalte/ca. 27.000 Personen ab drei Jahren) mit den Daten des AGF/GfK Fernsehpanels (5.600 Haushalte/ca. 13.000 Personen ab drei Jahren, vgl. Kapitel 11 Beobachtung). Damit wird das Ziel verfolgt, vergleichbare Ergebnisse

wie bei einem Single-Source-Ansatz zu erhalten (beispielsweise wie beim Testmarkt Haßloch). Mithilfe dieser fusionierten Daten lassen sich Zielgruppen sehr viel differenzierter beschreiben, als dies mit „normalen" Markt-Media-Studien möglich ist. Auf der Basis dieser detaillierteren Zielgruppenplanung lässt sich im Anschluss auch eine wesentlich bessere Media-Planung durchführen.

Das Vorgehen im Einzelnen

Der gesamte zu übertragende Merkmalsbereich des ConsumerScan Panels wird in relevante Produktbereiche aufgeteilt. Mithilfe komplizierter statistischer Verfahren wird jeder einzelnen Person des einen Panels eine einzelne Person des anderen Panels für einzelne Merkmalsgruppen (z.B. „Körperpflege") zugeordnet. Die „Fusionspartner" müssen pro Merkmalsgruppe so viele Ähnlichkeiten wie möglich aufweisen. Ist diese Nähe beispielsweise bei der Merkmalsgruppe „Körperpflege" ausreichend vorhanden, können diese Einkaufsdaten auf den Partner im AGF/GfK Fernsehpanel übertragen werden. Grundsätzlich wird einer Person aus dem ConsumerScan Panel nur einmal pro Merkmalsgruppe ein Fusionspartner aus dem Fernsehpanel zugeordnet (vgl. zur Vorgehensweise bei einer Datenfusion S. 191 im Band „Werbung planen").

Neben den bereits beschriebenen Effekten auf die Zielgruppenanalyse und Media-Planung können Unternehmen mithilfe der Move-Daten noch weitere wichtige Informationen bekommen:

- Welche Auswirkungen haben Werbekampagnen auf die Marktanteilsentwicklung?
- Wurden zusätzliche Käufer erreicht?
- Wurde eine höhere Markenbindung erreicht?
- Wie viele Kontakte waren im Durchschnitt für die Werbewirkung notwendig?
- Welche Auswirkungen haben Veränderungen im Marketing-Mix? Etc.

Einblick der Versuchspersonen in das Versuchsgeschehen

Ähnlich wie bei der Beobachtung lassen sich hier vier Fälle unterscheiden:

- Offene Versuchssituation: Die Versuchspersonen kennen den Zweck des Tests, ihre Aufgabe und ihre Situation.
- Nicht durchschaubare Versuchssituation: Die Versuchspersonen wissen um die Versuchssituation und kennen ihre Aufgabe, aber nicht den Zweck des Versuchs.
- Quasibiotische Versuchssituation: Die Versuchspersonen wissen um die Versuchssituation, kennen aber weder ihre Aufgabe noch den Zweck des Versuchs.
- Biotische Versuchssituation: Die Versuchspersonen wissen nicht, dass sie an einem Experiment teilnehmen.

Wie bereits erwähnt, besteht das Hauptziel von Experimenten im Aufdecken von Ursache-Wirkungs-Beziehungen. Aus diesem Grund müssen nach Möglichkeit alle störenden Einflussfaktoren ausgeschaltet werden.

→ *Um dies zu gewährleisten, ist das am häufigsten eingesetzte Forschungsdesign der Vergleich zwischen einer Experimentalgruppe und einer Kontrollgruppe.*

Bei der Zusammensetzung beider Gruppen muss darauf geachtet werden, dass sie sich statistisch gleichen, da sonst keine zulässigen Schlüsse aus dem Experiment gezogen werden können. Dies kann beispielsweise durch eine Zufallsauswahl (vgl. Kapitel 9 Auswahlverfahren) garantiert werden. Jede Testeinheit muss die gleiche Chance haben, in eine der Gruppen zu gelangen. Beide Gruppen sind jetzt bis auf zufällige Abweichungen gleich, sodass sich auch potenzielle Störfaktoren gleichermaßen auf beide Gruppen auswirken werden, das heißt, wenn sich nach Beendigung des Experiments ein Unterschied hinsichtlich der abhängigen Variable (Zielsetzung) ergibt, lässt sich dieser Unterschied auf die variierte unabhängige Variable (z.B. einen zu testenden Werbespot) zurückführen.

Wenn darüber hinaus bei einem Experiment über einen Mess-Wiederholungsplan mindestens zwei Messzeitpunkte festgelegt worden sind, handelt es sich um ein klassisches **Vorher-Nachher-Design,** bei dem untersucht wird, ob ein Stimulus (Variation der unabhängigen Variable), der nur der Experimentalgruppe zugeführt wurde, zu einer Veränderung der abhängigen Variablen geführt hat.

Wenn bei einem Experiment eine Experimental- und eine Kontrollgruppe eingesetzt werden und beide Gruppen vorher und nachher gemessen werden, spricht man von einem **vollständigen Versuchsaufbau vom Typ EBA-CBA** (zu den Elementen eines Versuchsaufbaus siehe Abb. 12.3 und 12.4). Ein vollständiger Versuchsaufbau liefert die zuverlässigsten Ergebnisse, doch kann es durch den quasibiotischen Charakter zu Verzerrungen kommen, da die Probanden wissen, dass getestet wird und evtl. ihr Verhalten ändern. Aus diesem und aus andern Gründen (z.B. Kosten, es lässt sich keine Kontrollgruppe bilden), werden häufig auch andere Experiment-/Testdesigns verwendet, wie in den Abb. 12.5 und 12.6 kurz dargestellt.

Der in Abb. 12.6 beschriebene Copytest ließe sich natürlich auch mithilfe des Typs EBA-CBA durchführen. Außerdem könnten solche Tests auch bei der Entscheidung über den Einsatz bestimmter Testimonials, prominenter oder unterschiedlicher Werbekonzepte Aufschluss geben (vgl. dazu Kapitel 16 Werbewirkungsforschung). Bei der Vorher-Messung oder Null-Messung dürfen sich die beiden Gruppen in der Bewertung der Sympathie der Marke nicht überdurchschnittlich unterscheiden. Der Experimentalgruppe wird nach der Vorher-Messung das Stimulusmaterial präsentiert (Treatment). Bei der Nachher-Messung wird erneut die Sympathie-Bewertung der Marke beider Gruppen gemessen und auf bedeutsame Unterschiede in der Bewertung überprüft. Beurteilt die Experimentalgruppe die Marke überdurchschnittlich besser als die Kontrollgruppe, kann man diesen Unterschied auf den Einsatz der zu testenden Gestaltungsmittel im Spot zurückführen.

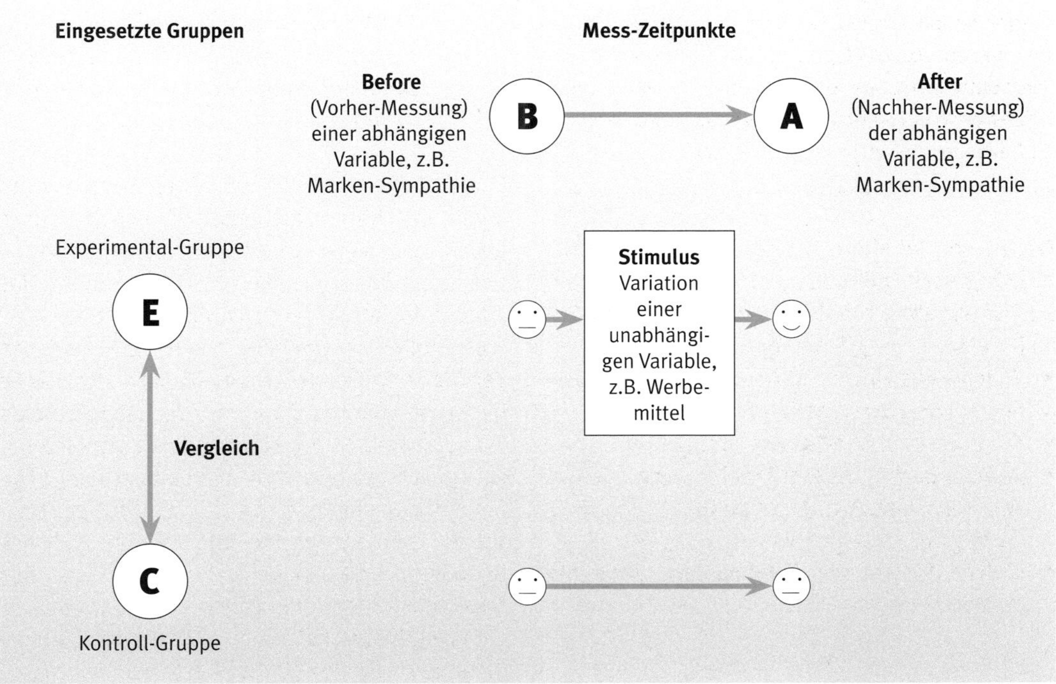

Abb. 12.3: Elemente eines vollständigen Versuchsaufbaus

Typ der Versuchsanordnung	EBA-CBA	Beispiel
Eingesetzte Gruppen E = Experimentalgruppe C = Kontrollgruppe	E und C	Potenzielle Käufer eines Produktes, die eine Gruppe liegt in einer bestimmten Region bzw. erhält Test-Werbung, die andere nicht.
Messung B = before (Vormessung) A = after (Nachmessung)	Bei E: vorher (B) und nachher (A) Bei C: vorher (B) und nachher (A)	Kaufmengen/-häufigkeit vor und nach der Werbung
Ergebnisse durch Vergleich	der Differenz der Ergebnisse der Vormessung bei E und C mit dem Ergebnis der Nachmessung bei E und C	Kaufverhalten nach der Veränderung
Probleme	Kann es durch die Vormessung zu Verzerrungen gekommen sein? Lerneffekte oder erhöhte Aufmerksamkeit, weil man weiß, dass man getestet wird? Sind beide Gruppen in ihrer Grundzusammenarbeit gleich?	In einer der beiden Regionen/Gruppen gab es besonders viele Intensiv-Verwender (heavy user).
Einsatzgebiete	Minimarkttest, Elektronischer Minimarkttest (Test-Markt)	Buxtehude, Bad Kreuznach (A. C. Nielsen), Haßloch (GfK)

Abb. 12.4: Vollständiger Versuchsaufbau: Experimente vom Typ EBA-CBA

Typ der Versuchsanordnung	EBA	Beispiel
Eingesetzte Gruppen E = Experimentalgruppe C = Kontrollgruppe	Nur E	Käufer eines Einzelhandelsgeschäfts, Markenverwender
Messung B = before (Vormessung) A = after (Nachmessung)	B und A	Beobachtung vor und nach der Veränderung (z.B. Platzierung der Waren), Befragung vor und nach einer Werbekampagne
Ergebnisse durch Vergleich	der Ergebnisse der Vormessung mit dem Ergebnis der Nachmessung	Kaufmenge vorher und nachher, Veränderung der Markensympathie oder des Images vorher und nachher (z.B. über Polaritäten-Profil)
Probleme	Lässt sich der ermittelte Unterschied zwischen vorher und nachher wirklich (ausschließlich) als Ursache-Wirkungs-Phänomen erklären? (Zufall oder kausaler Zusammenhang?)	Zufällige Veränderung des Kaufverhaltens (Konkurrenz hat im Erhebungszeitraum die Preise erhöht). Im Versuchszeitraum gab es hohen Werbedruck der Konkurrenz, sodass unsere Kampagne nur schwach zur Zielgruppe durchgedrungen ist.
Einsatzgebiete	Store-Test Werbe-Tests	Waren werden zusätzlich in Displays (Zweitplatzierung) angeboten. Ermittlung von Sympathie und Imageveränderungen einer Werbekampagne

Abb. 12.5: Experimente mit dem Versuchsaufbau EBA

Typ der Versuchsanordnung	EB-CA	Beispiel
Eingesetzte Gruppen E = Experimentalgruppe C = Kontrollgruppe	E und C	Anzeigen-Copytests mit unterschiedlichen Motiven
Messung B = before (Vormessung) A = after (Nachmessung)	Bei E: nachher (A) Bei C: nachher (A) Es gibt also keine Vormessung.	Erinnerungsleistung an die kurz vorher dargebotenen Werbemittel
Ergebnisse durch Vergleich	der Unterschiede zwischen den Nachmessungen von E und C	Recall-Werte der unterschiedlichen Motive
Probleme	Bestand möglicherweise schon vorher ein Unterschied zwischen den beiden Gruppen? (Homogenität)	Möglicherweise war die beworbene Marke vorher schon sehr bekannt, sodass sich Probanden an Werbung erinnern, die sie gar nicht gesehen haben. Außerdem müssen die beiden Gruppen strukturgleich sein.
Einsatzgebiete	Werbewirkungsforschung bzw. Werbemittel-Tests	Recall-Tests, das heißt, wie gut erinnern sich Probanden an vorher wahrgenommene Werbung (bei Anzeigen-Copytests, aber auch TV-Spots, DAR-Tests = Day after Recall)

Abb. 12.6: Experiment mit dem Versuchsaufbau EB-CA

13 Panel

13.1 Begriff

Panels gehören heute zu den wichtigsten Instrumenten der Marktforschung. Unter einem Panel versteht man allgemein eine Untersuchung, bei der

- über einen langen Zeitraum
- der stets gleiche Sachverhalt
- in periodischen Abständen
- bei der stets gleichen Stichprobe
- auf die stets gleiche Art und Weise

erhoben wird.

Aufgrund dieser Eigenschaften sind Panels ideale Instrumente, um Marktveränderungen zu messen.

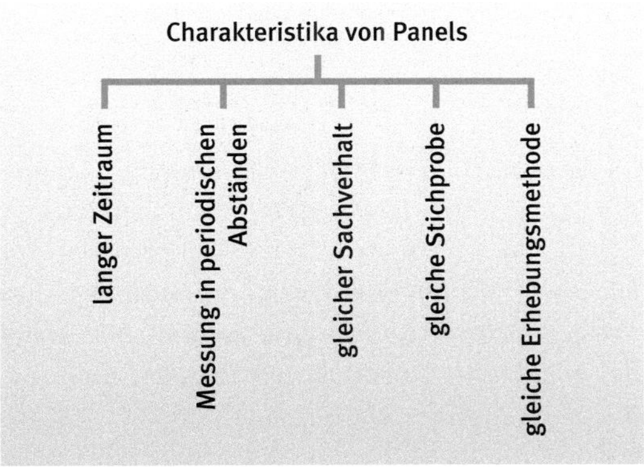

Abb. 13.1: Charakteristika von Panels

Die oben angegebenen Eigenschaften eines Panels lassen sich allerdings teilweise nur mit Einschränkungen realisieren. Bei der Stichprobe muss immer mit gewissen Änderungen gerechnet werden. Hierfür gibt es vielfältige Gründe. Panelteilnehmer können z.B. sterben, ins Ausland ziehen oder einfach ihre Mitarbeit einstellen. Bei Unternehmenspanels führen die Geschäftsaufgabe oder der Konkurs zu einem Ausscheiden aus dem Panel. Die ausgeschiedenen Panelteilnehmer müssen dann durch neue ersetzt werden. Diesen Vorgang bezeichnet man als Panelsterblichkeit. Eine geringe Panelsterblichkeit gilt als wichtiges Qualitätsmerkmal für ein Panel.

Die Verbesserung der Erhebungstechniken, z.B. durch technische Neuerungen, ist in der Regel auch mit Veränderungen der Erhebungsmethode verbunden. Das ist immer dann problematisch, wenn damit auch Änderungen bei den Ergebnissen verbunden sind. Wegen der weitgehend gleichen Stichprobe und dem gleichen Erhebungsgegenstand sind Panels nur für solche Untersuchungen geeignet, bei denen die wiederholte Erhebung keinen Einfluss auf das Ergebnis hat. Soll z.B. ermittelt werden, wie sich der gestützte Bekanntheitsgrad einer Marke im Zeitablauf verändert, dann ist hierfür eine Paneluntersuchung nicht geeignet, da die wiederholte Befragung das Ergebnis selbst beeinflusst.

Klassische Einsatzbereiche für Panels sind beispielsweise die Messung von Abverkäufen im Handel oder die Ermittlung des Einkaufsverhaltens von Endverbrauchern. Die Tatsache, dass die Panelteilnehmer bei der Kaufverhaltensmessung genau über ihre Einkäufe berichten müssen, führt häufig zu einem bewussteren und veränderten Einkaufsverhalten, sodass auch hier die Forderung, dass die Messung keinen Einfluss auf das Ergebnis haben darf, nicht immer erfüllt ist. Man spricht in diesem Zusammenhang von einem Paneleffekt.

13.2 Elemente von Panels

Jedes Panel lässt sich durch folgende Elemente charakterisieren:

- Grundgesamtheit,
- Stichprobe,
- Erhebung,
- Hochrechnung.

Die Grundgesamtheit eines Panels ist die Gesamtheit der Objekte, die Gegenstand der Paneluntersuchung sind. Da die Grundgesamtheit in der Regel sehr groß ist, beschränkt man die Untersuchung nur auf einen Teil der Objekte der Grundgesamtheit, die als Stichprobe bezeichnet werden (zu möglichen Auswahlverfahren bei Stichproben siehe Kapitel 9).

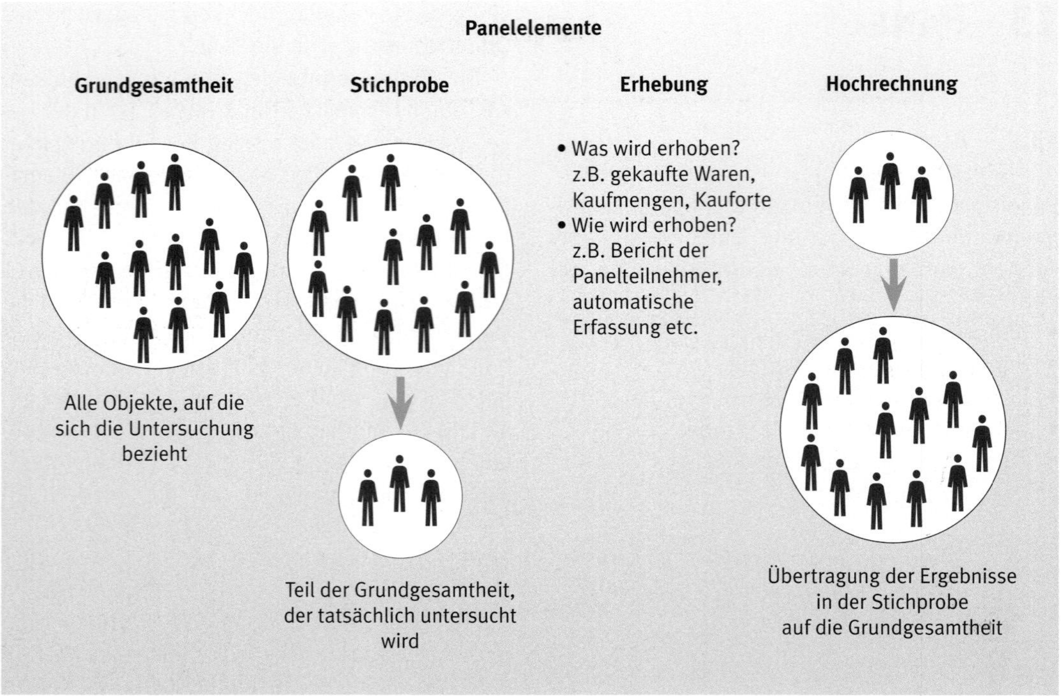

Abb. 13.2: Panelelemente

Die Erhebung bezieht sich zum einen auf die Erhebungstatbestände, was also im Rahmen des Panels von den jeweiligen Objekten erhoben werden soll, zum anderen ist damit aber auch die Erhebungsmethode selbst gemeint. Die Ergebnisse, die man in der Stichprobe gewonnen hat, müssen auf die Grundgesamtheit hochgerechnet werden. Dabei werden die Stichprobenwerte mit sogenannten Hochrechnungsfaktoren multipliziert. In diesem Zusammenhang müssen methodische Vorgaben zur Ermittlung der Hochrechnungsfaktoren getroffen werden.

13.3 Panelarten

Man differenziert Panels häufig nach den Aspekten:

- Wer wird untersucht? (Grundgesamtheit des Panels) und
- Was wird untersucht? (Panelgegenstand, Erhebung).

Im Wesentlichen unterscheidet man dabei die in Abb. 13.3 im Überblick aufgeführten Panelarten.

Für die Ermittlung von Marktinformationen sind dabei die Einzelhandels- und Verbraucherpanels am wichtigsten, sodass nachfolgend auch nur diese beiden Panelarten ausführlicher dargestellt werden.

13.4 Einzelhandelspanel

Das erste Panel, das überhaupt eingerichtet wurde, war ein klassisches Einzelhandelspanel. Es wurde von dem Amerikaner A. C. Nielsen entwickelt. Das Marktforschungsunternehmen A. C. Nielsen ist heute immer noch eines der führenden Unternehmen im Bereich der Panelforschung.
Einzelhandelspanels lassen sich nach einbezogenen Warengruppen und beteiligten Handelsunternehmen weiter differenzieren. Zunächst kann zwischen Food- und Non-Food-Panel unterschie-

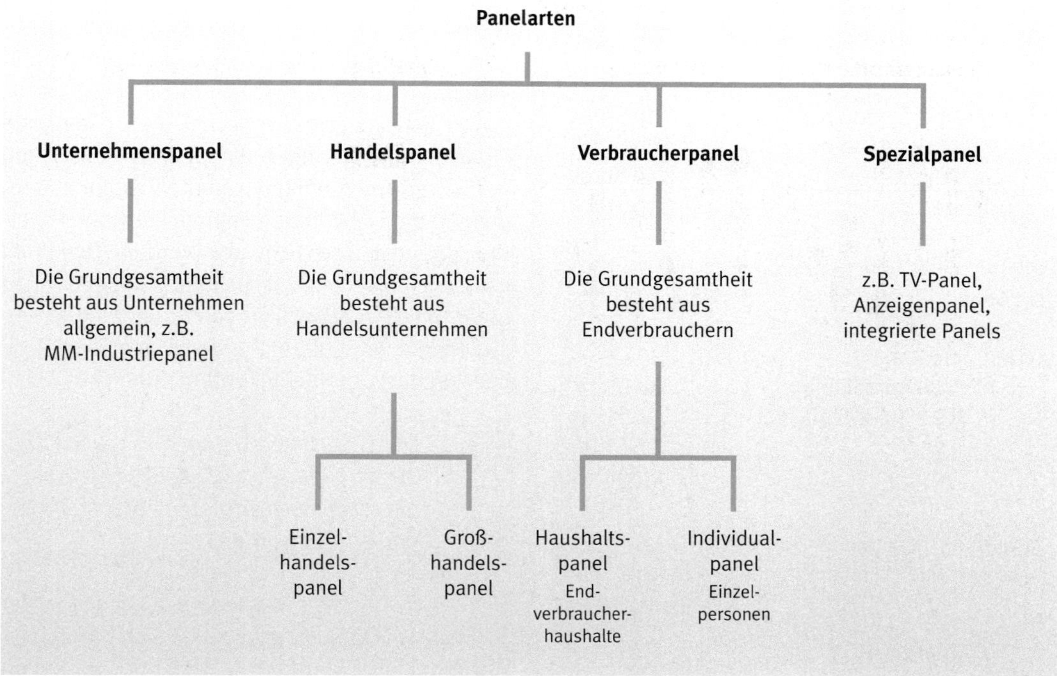

Abb. 13.3: Panelarten

den werden. Food-Panels umfassen neben Lebensmitteln noch andere Warenkategorien, die üblicherweise im Lebensmitteleinzelhandel angeboten werden, wie z.B. Waschmittel, Körperpflegemittel, Haushaltsartikel etc.

Überblick über Non-Food-Panels
(nicht vollständig):

- Fotopanel
- Telekommunikationspanel
- Möbelpanel
- Schmuckpanel
- Sportpanel
- Gartenpanel
- Büroartikelpanel
- Optikpanel
- Glaspanel
- Sanitätspanel
- Werkzeugmaschinenpanel
- Farbpanel

Die Non-Food-Panels sind stark differenziert. Neben den klassischen Warengruppen wie braune Ware (Fernsehgeräte, Videorecorder etc.)und weiße Ware (Haushaltsgeräte) werden mittlerweile fast alle Non-Food-Warenbereiche durch entsprechende Panels erfasst. Die nebenstehende Aufzählung verschiedener Panels im Non-Food-Bereich soll einen Einblick in die Vielfalt geben.

13.4.1 Erhebungsarten

Die klassische Erhebung erfolgt durch den Außendienst des Marktforschungsinstitutes. Mittels Inventurverfahren und körperliche Erhebung wird für die beteiligten Geschäfte für jeden Artikel festgestellt:

- Warenbestände (Lager, Verkaufsregal, Verkaufsdisplay),
- Einkäufe (durch Rechnungsbelege) und
- Endverbraucherpreise.

Die Erhebung erfolgt hierbei in der Regel alle zwei Monate. Aus den erhobenen Daten lassen sich dann die Verkäufe ermitteln.

Beispiel für das Vorgehen beim Erhebungsverfahren

30.04.	Bestand	
	Verkaufsdisplay	20 Stück
	Verkaufsregal	90 Stück
	Lager	40 Stück
	gesamt	150 Stück
Einkäufe zwischen 30.04 und 30.06.:		200 Stück
30.06.	Bestand	
	Verkaufsdisplay	10 Stück
	Verkaufsregal	90 Stück
	Lager	30 Stück
	gesamt	130 Stück

Ermittlung der Verkaufsmenge:
alter Bestand + Einkäufe – neuer Bestand
= verkaufte Menge
150 Stück + 200 Stück – 130 Stück
= 220 Stück

Allgemein:
Bestand (Vorperiode)
+ Einkäufe (akt. Periode)
– Bestand (akt. Periode)
= Verkäufe (akt. Periode)

Neue Erhebungsverfahren
Der Kosten- und Zeitaufwand bei der klassischen Erhebungsart ist sehr hoch. Die Panelinstitute haben daher versucht, diesen Aufwand durch neue Erhebungstechniken zu verringern.

In den letzten Jahren wurde die Ermittlung der Einkäufe mithilfe von Einkaufsbelegen weitgehend durch einen **Datenträgeraustausch mit den beteiligten Handelsunternehmen** ersetzt. Durch die immer stärkere Verbreitung von Scannerkassen werden zunehmend auch die Verkäufe über Scannerkassen ermittelt und die Bestände errechnet. Dazu muss die Ausgangsformel nach dem Bestand der aktuellen Periode umgestellt werden.

Der Erfassungsaufwand bei dieser Methode ist wesentlich geringer als bei dem klassischen Verfahren. Trotzdem müssen die Bestände in regelmäßigen Abständen manuell erhoben werden, da sonst durch Schwund (Verderb, Diebstahl etc.) die berechneten Bestandsmengen nicht mehr mit den tatsächlich vorhandenen übereinstimmen. Eventuell reicht hierzu aber die jährliche Inventur der Handelsunternehmen aus.

→ *Der Einsatz von Scannerkassen hat aber auch methodische Vorteile, da hierbei die tatsächlich erfolgten Abverkäufe genau erfasst werden.*

Bei der klassischen Methode wird dagegen der Schwund als Verkauf erfasst, da sich hierbei der Abverkauf als Differenz des Bestandes in der Vorperiode und der aktuellen Periode ergibt. Wenn also der Bestand in der aktuellen Periode durch Schwund verringert wird, führt das in der Berechnung zu einer Erhöhung der Abverkäufe.
Außerdem lassen sich durch die jeweils aktuelle Erfassung der Abverkäufe die Wirkungen von Marketing-Maßnahmen, z.B. Preisaktionen, VkF-Aktionen, Werbemaßnahmen etc. genauer zuordnen.

Ein weiterer Vorteil des Einsatzes von Scannerkassen besteht darin, dass die Endverbraucherpreise für die verkauften Waren jeweils (tages-) aktuell ermittelt werden, während bei der klassischen Methode der Preis der letzten Woche erfasst wird und allen Verkäufen der Berichtsperiode zugeordnet wird. Nachteilig ist jedoch, dass noch nicht alle Geschäfte mit Scannerkassen ausgestattet sind. Würde man sich in einem Handelspanel ausschließlich auf Geschäfte mit Scanner-

Bestand (akt. Periode) = Bestand (Vorperiode) + Einkäufe – Verkäufe
↑ Einkäufe: Datenträgeraustausch
↑ Verkäufe: Scannerkasse

kassen beschränken, wäre dadurch die Repräsentativität eingeschränkt.

In der Praxis werden daher in der Regel beide Methoden kombiniert eingesetzt.

13.4.2 Handelspanelfakten

Aus einem Einzelhandelspanel lassen sich im Wesentlichen die folgenden Größen ermitteln:

- Endverbraucherabsatz in Einheiten, wie z.B. Packungen, kg, Liter etc. (absolut und als Marktanteil)
- Endverbraucherumsatz in Euro (absolut und als Marktanteil)
- Einkäufe des Einzelhandels (absolut und als Anteil)
- Lagerbestand des Einzelhandels (absolut und als Anteil)
- Lagerumschlagsgeschwindigkeit im Einzelhandel
- durchschnittlicher Monatsabsatz je Geschäft, das die Ware führt
- durchschnittlicher Lagerbestand je Geschäft, das die Ware lagert
- Anteil der Einkaufsmengen direkt vom Hersteller
- Großhandelsbezug
- Distributionsinformationen (numerisch, gewichtet)

Begriffserläuterung Distribution

Im Rahmen eines Handelspanels lassen sich eine Vielzahl von Distributionskennziffern ermitteln. Die folgenden Erläuterungen beziehen sich auf die sogenannte Gesamtdistribution.

Numerische Distribution

→ *Unter der numerischen Distribution eines Artikels versteht man den Anteil der Geschäfte, die den Artikel führen, an der Gesamtzahl der Geschäfte, die an dem Panel beteiligt sind.*

Beispiel

Angenommen, 1.000 Geschäfte sind an einem Panel beteiligt,
400 dieser Geschäfte führen den Artikel X.
Die numerische Distribution beträgt dann:
$(400 : 1.000) \cdot 100 = 40\%$.

Gewichtete Distribution

→ *Gewichtete Distribution eines Artikels X ist definiert als Anteil des Umsatzes, den die Geschäfte, die den Artikel führen, mit der Produktgruppe erzielen, zu der X gehört, dieser gemessen am Gesamtumsatz aller Geschäfte des Panels mit dieser Produktgruppe.*

Beispiel

Die 1.000 Geschäfte des Panels setzen insgesamt 1.000.000 € mit dieser Produktgruppe um. Die 400 Geschäfte, die die Marke M führen, setzen insgesamt 800.000 € mit der Produktgruppe um. Die gewichtete Distribution beträgt dann:
$(800.000 : 1.000.000) \cdot 100 = 80\%$

Die numerische Distribution eines Artikels oder einer Marke gibt also darüber Auskunft, in wie vielen Geschäften, gemessen an der Anzahl aller möglichen Geschäfte, der Artikel geführt wird. Die gewichtete Distribution gibt darüber hinaus Auskunft, ob der Artikel auch in den richtigen Geschäften geführt wird, also in Geschäften, in denen auch ein entsprechend hoher Umsatz mit der zugehörigen Produktgruppe erzielt wird. Dabei ist definiert, dass ein Geschäft einen Artikel führt, wenn er sich am Erhebungsstichtag im Bestand des Geschäftes befindet oder während der Berichtsperiode in dem Geschäft verkauft wurde.

13.4.3 Gliederung der Handelspaneldaten

Die Daten eines Handelspanels werden von den Panelinstituten standardmäßig geografisch und nach Geschäftstypen gegliedert.

Vertriebsgebiete Übersicht		
A. C. Nielsen		GfK
Nielsen-Gebiet 1: Gebiet 1 (Nord): Gebiet 1 (Süd):	Schleswig-Holstein, Hamburg, Niedersachsen, Bremen	Nord-West
Nielsen-Gebiet 2: Gebiet 2 (West): Gebiet 2 (Ost):	Nordrhein-Westfalen – Nordrhein – Westfalen	Nordrhein-Westfalen – Nordrhein – Westfalen
Nielsen-Gebiet 3a:	Hessen, Rheinl.-Pfalz, Saarland	Mitte
Nielsen-Gebiet 3b:	Baden-Württemberg	Baden-Württemberg
Nielsen-Gebiet 4:	Bayern	Bayern
Nielsen-Gebiet 5 und 6:	Berlin, Mecklenburg-Vorpommern, Brandenburg, Sachsen-Anhalt	Berlin, Nord-Ost
Nielsen-Gebiet 7:	Thüringen, Sachsen	Thüringen, Sachsen

Das Unternehmen A. C. Nielsen verwendet für die geografische Gliederung seiner Handelspanels die sogenannten Nielsen-Gebiete. Die GfK (Gesellschaft für Konsumforschung) verwendet eine entsprechende geografische Aufteilung, bezeichnet die Gebiete allerdings etwas anders. Die konkrete Zuordnung der einzelnen Orte zu dem jeweiligen Gebiet erfolgt mittels Postleitzahl, sodass man die betreffende Liste oft auch als entsprechende Kategorien der Postleitzahlen vorfindet. In der oben stehenden Tabelle nennen wir die Gebiete in einer Übersicht.

Gegen Aufpreis kann die Gliederung auch nach Kundenwünschen, z.B. nach Verkaufsgebieten des Kunden, erfolgen.

Bei der Gliederung nach Geschäftstypen unterscheidet man:

- Warenhäuser,
- Verbrauchermärkte,
- Supermärkte,
- Discountmärkte,
- restliche Geschäfte.

Die Geschäftstypen sind in Kapitel 6 näher erläutert.

13.5 Verbraucherpanel

Die Einzelhandelspanels bilden den relevanten Gesamtmarkt nicht vollständig ab, da einige Handelsunternehmen, z.B. Aldi, bei den Handelspanels nicht erfasst werden. Außerdem wird der Verkauf über bestimmte Vertriebsformen, z.B. Versandhandel, Internethandel, in den Einzelhandelspanels nicht berücksichtigt. Dieser Informationsverlust lässt sich teilweise dadurch ausgleichen, dass zusätzlich zu den Abverkäufen im Einzelhandel die Käufe der Endverbraucher erfasst werden, was im Rahmen eines Verbraucherpanels geschieht. Darüber hinaus erhält man durch ein Verbraucherpanel auch noch zusätzliche Informationen.

13.5.1 Erhebungsarten

Beim Verbraucherpanel gibt es zurzeit im Wesentlichen vier Erhebungsmethoden:

- Kalendermethode (traditionelle Methode),
- POS-Scanning,
- Inhome-Scanning,
- Electronic Diary.

Kalendermethode
Hierbei handelt es sich um die älteste Methode der Datenerhebung bei Verbraucherpanels. Diese Methode wird daher häufig auch als traditionelle Methode bezeichnet. Die Teilnehmer an dem Verbraucherpanel müssen dabei ihre Einkäufe in Berichtsblätter eintragen, die sie in regelmäßigen Abständen von dem Panelinstitut zugeschickt bekommen und die sie in bestimmten Zeitabständen wieder zurücksenden müssen.

Vorteile:
- Es lassen sich problemlos Artikel ohne EAN-Code erfassen.
- Das Verfahren ist auch für Personen mit einer geringen Technikaffinität gut geeignet.

Nachteile:
- Hoher Aufwand für die Panelteilnehmer,
- wegen des hohen Aufwandes Beschränkung auf bestimmte Warengruppen,
- hoher Kostenaufwand für das Panelinstitut,
- langsam durch Postversand,
- Daten müssen per Hand übertragen werden, das bringt Fehlerquellen.

POS-Scanning
Bei dieser Methode erhalten die Panelteilnehmer eine oder mehrere Identifikationskarten mit aufgedrucktem Barcode der Haushaltsnummer. Bei Einkäufen in kooperierenden Geschäften wird diese Nummer mit erfasst, sodass die Einkäufe in diesen Geschäften den entsprechenden Personen zugeordnet werden können.

Vorteile:
- Äußerst geringer Aufwand für die Teilnehmer,
- sehr schnell,
- Verringerung des Paneleffektes, da die Panelteilnehmer die gekauften Waren und deren Preise nicht gesondert erfassen müssen.

Nachteile:
- Nur Waren mit EAN-Code erfassbar,
- es können nur Einkäufe in Geschäften erfasst werden, die mit einer Scannerkasse ausgestattet sind.

Die Nachteile machen deutlich, dass mit dieser Methode nicht alle Einkäufe der Panelhaushalte erfasst werden können.

Aus diesem Grund wird das POS-Scanning zurzeit nur bei örtlich begrenzten Panels eingesetzt, die Bestandteil eines Testmarktes sind. Vergleichen Sie hierzu die Ausführungen zum Minitestmarkt im folgenden Kapitel 14.

Inhome-Scanning
Die Panelhaushalte werden mit einem Lesegerät ausgestattet, mit dem sie die Barcodes der gekauften Waren einlesen können. Mithilfe einer Tastatur können zusätzlich noch die Einkaufsstätte, die Menge und der Preis eingegeben werden.

Damit auch solche Waren erfasst werden können, die keinen Barcode haben, bekommen die Panelteilnehmer ein Codebuch, das für solche Artikel entsprechende Barcodes enthält, die dann von den Teilnehmern aus dem Buch eingescannt werden müssen. Die Übermittlung der Daten erfolgt über die Telefonleitung per Datenfernübertragung.

Gegenüber der Kalendermethode hat dieses Verfahren den Vorteil, dass es schneller ist und das Marktforschungsinstitut die Paneldaten nicht per Hand eingeben muss. Nachteilig ist jedoch, dass die Codebücher häufig einen sehr großen Umfang haben. Dadurch ist es für die Panelteilnehmer mit einem ziemlichen Aufwand verbunden, die richtigen Waren aus dem Buch herauszusuchen. Außerdem sind damit Fehlerquellen verbunden. Bei Änderungen müssen neue Codebücher gedruckt und verschickt werden.

Electronic Diary
Dieses Erfassungsverfahren ist ähnlich wie das Inhome-Scanning. Die Codes für Waren ohne Barcode sind jedoch in dem Gerät gespeichert und können über eine Menüführung aufgerufen werden. Das hat den Vorteil einer einfacheren Handhabung für die Panelteilnehmer. Außerdem können die Warendaten schneller und einfacher aktualisiert werden, da keine neuen Bücher zu verteilen sind.

13.5.2 Verbraucherpanelfakten

Im Rahmen eines Verbraucherpanels werden folgende Daten erhoben:

- Datum des Einkaufs,
- Markenname/Markenhersteller,
- Anzahl der gekauften Packungen,
- Packungsart,
- Gewicht jeder Packung,
- Preis pro Packung,
- Gesamtpreis,
- Name der Einkaufsstätte,
- Geschäftsart.

Aus diesen Grunddaten lassen sich unter anderem die folgenden Informationen gewinnen:

- Informationen über den Gesamtmarkt:
  - Anzahl der durchschnittlichen Haushalte,
  - Mengen, die von der entsprechenden Artikelgruppe im Durchschnitt pro Haushalt in einer Periode eingekauft werden,
  - Höhe des finanziellen Aufwandes pro kaufendem Haushalt in einer bestimmten Periode,
  - Marken und Sorten, die auf dem Gesamtmarkt bzw. auf den Teilmärkten nachgefragt werden,
  - Marktanteile der Hauptmarken,
  - Einzelheiten über Verpackungsarten und Packungseinheiten, Preis, bevorzugte Geschmacksrichtungen,
  - Geschäftsarten, in denen Einkäufe getätigt werden,
- Informationen über das Kaufverhalten hinsichtlich:
  - regionaler Gliederungen,
  - Ortsgrößen,
  - soziologischer Gruppen,
  - Altersgruppen der einkaufenden Personen,
  - Haushaltsgrößen,
  - Käuferwanderungen,
  - Markentreue,
  - Einkaufshäufigkeit,
  - gekaufte Menge pro Einkauf,
  - Mehrfachkäufe,
  - Einkaufstage,
  - Wirkungen bestimmter Werbemaßnahmen.

13.6 Übung zu Handelspanels

Angenommen, die Grundgesamtheit eines Handelspanels bestehe nur aus fünf Geschäften G1, G2, G3, G4 und G5 und in der betrachteten Warengruppe gibt es nur vier Artikel, A1, A2, A3 und A4.

Die Verkaufs-, Bestands- und Zukaufsmengen sowie die Verkaufspreise sind in den nebenstehenden Tabellen angegeben.

Aufgaben

Ermitteln Sie für den Artikel A1 die folgenden Kennziffern und deuten Sie die Ergebnisse.

a) den gesamten Absatz in Mengeneinheiten (ME)
b) den gesamten Umsatz
c) den mengenmäßigen und wertmäßigen Marktanteil hinsichtlich der Verkäufe
d) die Gesamtdistribution (numerisch, gewichtet)
e) den absoluten und relativen Preisabstand
f) den Bestand der Vorperiode für das Geschäft G1

Hinweis

- Preisabstand absolut

Durchschnittspreis Artikel A minus Durchschnittspreis der zugehörigen Warengruppe, als Durchschnittspreis wird dabei jeweils folgender Quotient genommen:

$$\text{ø-preis} = \frac{\text{Verkauf (Wert)}}{\text{Verkauf (Menge)}}$$

- Preisabstand relativ

Hier wird der prozentuale Anteil des Durchschnittspreises des Artikels am Durchschnittspreis der Warengruppe berechnet (er kann unterhalb oder oberhalb liegen, d.h. kleiner oder größer 100% sein).

$$\frac{\text{Durchschnittspreis Artikelgruppe}}{\text{Durchschnittspreis Warengruppe}} \cdot 100$$

Ab-/Umsätze (aktuelle Periode)

	G1	G2	G3	G4	G5	Summen Absatz	Summen Umsatz
A1	10	—	50	—	5	65	121
A2	—	4	—	41	—	45	84,25
A3	8	5	—	—	3	16	33,50
A4	–	–	45	44	–	89	169,30
Summen Absatz	18	9	95	85	8	215	
Summen Umsatz	37,60	17,40	184,50	150,65	17,90		408,05

Bestand (aktuelle Periode)

	G1	G2	G3	G4	G5	Summen
A1	5	4	–	–	2	11
A2	–	2	–	20	–	22
A3	2	5	–	–	1	8
A4	5	–	20	–	–	25
Summen	12	11	20	20	3	66

Zukauf (aktuelle Periode)

	G1	G2	G3	G4	G5	Summen
A1	4	1	40	–	3	48
A2	–	2	–	40	–	42
A3	5	3	–	–	–	8
A4	–	–	50	40	–	90
Summen	9	6	90	80	3	188

Preise (aktuelle Periode)

	G1	G2	G3	G4	G5
A1	2,00	–	1,80	–	2,20
A2	–	2,10	–	1,85	–
A3	2,20	1,80	–	–	2,30
A4	–	–	2,10	1,70	–

Lösungshinweise

Allgemein: Der Artikel A1 wird in den Geschäften G1, G2, G3 und G5 geführt. Die Geschäfte G1, G2 und G5 haben ihn im Bestand. Das Geschäft G3 hat ihn aktuell zwar nicht im Bestand, in diesem Geschäft wurde der Artikel aber innerhalb der Berichtsperiode verkauft.

Zu a)
Gesamter Absatz in ME: 65, wie unmittelbar aus der ersten Tabelle abzulesen. Das heißt: Von dem Artikel A1 wurden in allen fünf Geschäften des Handelspanels insgesamt 65 ME abgesetzt.

Zu b)
Die fünf Geschäfte des Handelspanels haben zusammen mit dem Artikel A1 einen Umsatz von insgesamt 121 GE erzielt.

Zu c) Marktanteil (mengen- und wertmäßig)

Marktvolumen (mengenmäßig): 215 ME
Absatz A1: 65 ME

Marktanteil (mengenmäßig): $\frac{65 \cdot 100}{215} = 30{,}23\%$

Der Artikel A1 hat an dem Gesamtabsatz der Warengruppe einen Anteil von 30,23%.
Marktvolumen (wertmäßig): 408,05 GE
Umsatz A1 121

Marktanteil (wertmäßig): $\frac{121}{408{,}05} \cdot 100 = 29{,}65\%$

Der Artikel A1 hat am Gesamtumsatz der Warengruppe einen Anteil von 29,65%.

Zu d) Gesamtdistribution
Anzahl der Geschäfte, in denen
A1 vorhanden ist oder verkauft wurde = 4
Geschäfte im Panel = 5
Numerische Gesamtdistribution von A1

$= \frac{4}{5} \cdot 100 = 80\%$

In 80% der Geschäfte des Handelspanels wird der Artikel A1 geführt.
Gesamtdistribution (gewichtet)
Umsatz aller Geschäfte mit der Warengruppe = 408,05 GE
Umsatz der Geschäfte, die A1 führen, mit der Warengruppe = 257,40 GE
Gewichtete Gesamtdistribution von A1

$= \frac{257{,}40}{408{,}05} \cdot 100 = 63{,}08\%$

Die Geschäfte des Panels, die den Artikel A1 führen, haben am Gesamtumsatz aller Geschäfte des Panels mit der Warengruppe, zu der A1 gehört, einen Anteil von 63,08%. Auffällig ist, dass die numerische Distribution deutlich größer ist als die gewichtete Distribution. Das hängt damit zusammen, dass der Artikel A1 zwar in den Geschäften G2 und G5 geführt wird, diese aber nur einen geringen Anteil am Gesamtumsatz mit der Warengruppe haben. A1 wird im Geschäft G4 nicht geführt, dieses hat aber den zweithöchsten Umsatz mit der Warengruppe (knapp 37%). A1 wird also in relativ vielen Geschäften geführt, aber die Distribution ist offensichtlich nicht optimal. Wenn sich der Hersteller von A1 nur auf die Geschäfte G3 und G4 konzentrieren würde, könnte er bei einer numerischen Distribution von 40% die gewichtete Distribution auf 82,13% steigern. Es ist zu vermuten, dass dann bei geringeren Distributionskosten ein höherer Erlös erzielt würde. Diese Konzentration würde allerdings die Gefahr bergen, dass der Umsatz bei Auslistung aus einem der umsatzstarken Geschäfte zusammenbrechen würde.

Zu e) Preisabstand absolut/ relativ
Durchschnittspreis der Warengruppe

$= \frac{408{,}05}{215} \cdot 100 = 1{,}90 \text{ GE}$

Durchschnittspreis von A1

$= \frac{\text{Umsatz von A1}}{\text{Absatz von A1}} = \frac{121}{65} = 1{,}86 \text{ GE}$

Preisabstand (absolut) = 1,86 – 190 = –0,04 GE

Der Durchschnittspreis von A1 liegt um 0,04 GE unter dem Durchschnittspreis der Warengruppe. Prozentual gesehen bedeutet das, dass der durchschnittliche Preis von A1 um

100% – 97,89% = 2,11%

unter dem Durchschnittpreis der Warengruppe liegt. Für A1 wird damit im Durchschnitt nur ein geringfügig geringerer Preis verlangt wie im Durchschnitt von den anderen Artikeln der Warengruppe.

Zu f)
Bestand (Vorperiode)
= Verkäufe (aktuell) – Zukäufe (aktuell)
+ Bestand (aktuell)
Bestand (Vorperiode) =
10 ME - 4 ME + 5 ME = 11 ME
Das Geschäft G1 hatte in der Vorperiode von A1 einen Bestand von 11 ME.

14 Testmärkte

Die Markteinführung eines neuen Produktes ist mit sehr hohen Kosten verbunden. Um das Risiko eines Flops zu verringern, führen daher viele Unternehmen Markttests durch, um die Erfolgschancen des neuen Produktes abschätzen zu können. Im Rahmen dieser Testphase wird das Produkt in einem begrenzten Absatzgebiet unter kontrollierten Bedingungen angeboten. Neben einer Erfolgsprognose für neue Produkte bieten viele Testmärkte darüber hinaus auch die Möglichkeit, die Wirksamkeit von Marketing-Maßnahmen oder Werbemitteln zu testen.

Damit die Ergebnisse, die in einem Testmarkt gewonnen wurden, auf den Gesamtmarkt übertragen werden können, muss der Testmarkt repräsentativ für den Gesamtmarkt sein.

Das bedeutet im Einzelnen, dass in dem Testgebiet

- die demografische Struktur der Konsumenten weitgehend mit der des Gesamtmarktes übereinstimmen muss,
- eine ähnliche Wettbewerbssituation wie im Gesamtmarkt vorliegen muss,
- die Wirtschaftsstruktur nicht zu sehr von der des Gesamtmarktes abweichen darf,
- eine übliche Handelsstruktur vorhanden sein muss und
- eine vergleichbare Medienstruktur wie auf dem Gesamtmarkt existieren muss.

Üblicherweise unterscheidet man die folgenden Testmarktarten:

- regionaler Testmarkt,
- lokaler Testmarkt (Minitestmarkt, Mikrotestmarkt),
- Storetest (Laden-Testmarkt) und
- Testmarktsimulation (Labortestmarkt).

14.1 Regionaler Testmarkt

Hierunter versteht man ein geografisch begrenztes Gebiet, in dem neue Produkte unter kontrollierten Bedingungen in den Markt eingeführt werden können. Klassische regionale Testmarktgebiete sind z.B.:

- das Saarland,
- Hessen,
- Bremen,
- das Rhein-Main-Gebiet und
- der Großraum Stuttgart.

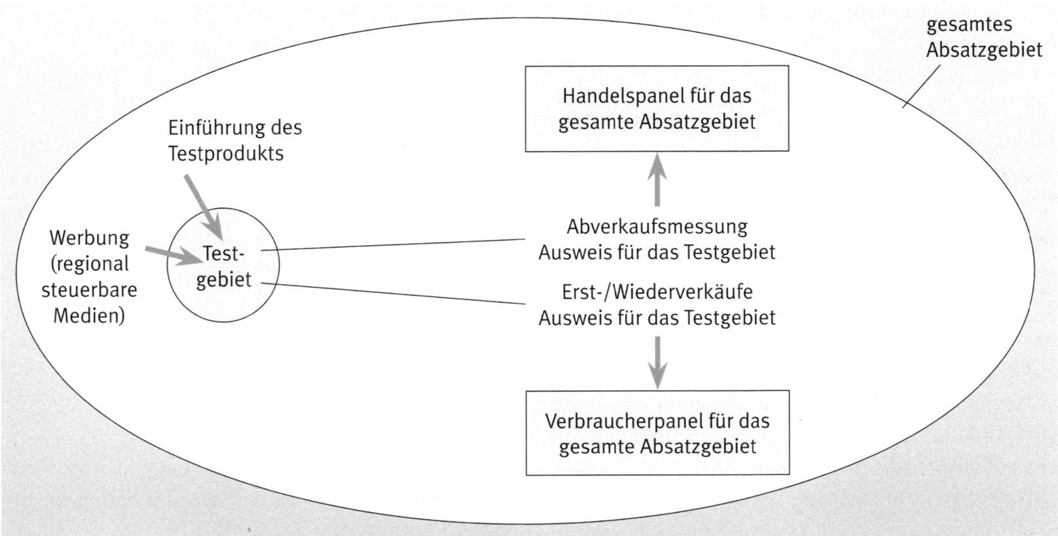

Abb. 14.1: Übersicht regionale Testmärkte

Im Rahmen des Markttestes können Prognosen zum Verhalten der Konsumenten und des Handels erstellt werden. In Grenzen kann dabei zugleich auch die Reaktion der Wettbewerber erfasst werden.

Regionale Testmärkte haben den Vorteil einer relativ hohen Repräsentativität sowohl hinsichtlich der Konsumenten als auch der Medienstruktur.

Die Testdauer hängt von der Länge der Verbrauchsintervalle ab, da eine Prognose des Markterfolgs nur möglich ist, wenn die Wiederkaufsraten richtig geschätzt werden können. Unter der Wiederkaufsrate versteht man den Anteil der Personen, die das Produkt wiederholt kaufen. Zur Ermittlung der Wiederkaufsraten muss die Testdauer mehrere Verbrauchsperioden umfassen.
Wegen des relativ großen Testgebietes können Erst- und Wiederkäufe hierbei mithilfe regulärer Verbraucherpanel ermittelt werden. Je nach Produkt kann die Testdauer zwischen vier und 16 Monate betragen. Die lange Testdauer hat den Nachteil, dass die Wettbewerber dadurch evtl. die Möglichkeit haben, während der Testphase Imitationsprodukte zu entwickeln. Außerdem sind damit relativ hohe Kosten verbunden. Die Kosten für einen regionalen Markttest können mit etwa 250.000,00 € veranschlagt werden.

14.2 Lokaler Testmarkt (Mini-/Mikrotestmarkt)

Wie der Name schon sagt, ist ein lokaler Testmarkt nur auf ein lokales Erhebungsgebiet beschränkt, das in der Regel aus einer kleinen bis mittelgroßen Stadt besteht. Das kleinere Erhebungsgebiet bedeutet zwar eine geringere Repräsentativität, gleichzeitig sind damit aber auch geringere Kosten und bessere Kontrollmöglichkeiten verbunden.
Alle existierenden lokalen Testmärkte sind mit einem Handelspanel und einem Verbraucherpanel verbunden. Dadurch ist gewährleistet, dass sowohl Erst- als auch Wiederkaufsraten ermittelt werden können. Um beispielsweise die Wirksamkeit von Werbung zu messen, kann das Verbraucherpanel geteilt werden, sodass eine Experiment- und Kontrollgruppe gebildet werden kann. Vergleichen Sie hierzu auch Kapitel 12. Die Erfolgsprognose für ein neues Produkt erhält man beim lokalen Testmarkt in mehreren Schritten, siehe Übersicht.

Vorgehensschritte im Überblick

1. Die Geschäfte des Handelspanels werden mit dem Testprodukt ausgestattet.
2. Die Mitglieder des Verbraucherpanels werden mit Werbung für das Testprodukt konfrontiert. Hierzu bestehen folgende Möglichkeiten:
   - POS-Werbung in den Geschäften des Handelspanels,
   - Mailings an die Mitglieder des Verbraucherpanels,
   - Anzeigen in einer Illustrierten, die die Mitglieder des Verbraucherpanels kostenlos erhalten (Anzeigenmontage),
   - Plakatwerbung.
   - Durch Testspotaustausch können die Panelhaushalte auch gezielt mit Fernsehwerbung erreicht werden.

   Bei der Print- und TV-Werbung und bei den Mailings ist eine Differenzierung nach Experiment und Kontrollgruppe möglich.
3. Mithilfe des Handelspanels werden die Abverkäufe aus dem Handel ermittelt.
4. Die Abverkäufe aus dem Handel geben keinen Aufschluss darüber, ob es sich bei den Käufern um Erst- oder Wiederkäufer handelt. Erst- und Wiederkäufer können aber mithilfe des Verbraucherpanels ermittelt werden. Die Erfassung der Einkäufe erfolgt dabei in der Regel mit der Methode des POS-Scanning (vgl. Abschnitt 13.4).

Eine grobe Erfolgsprognose ist beim lokalen Testmarkt mithilfe der sogenannten Entscheidungsmatrix möglich (vgl. bei Kotler).

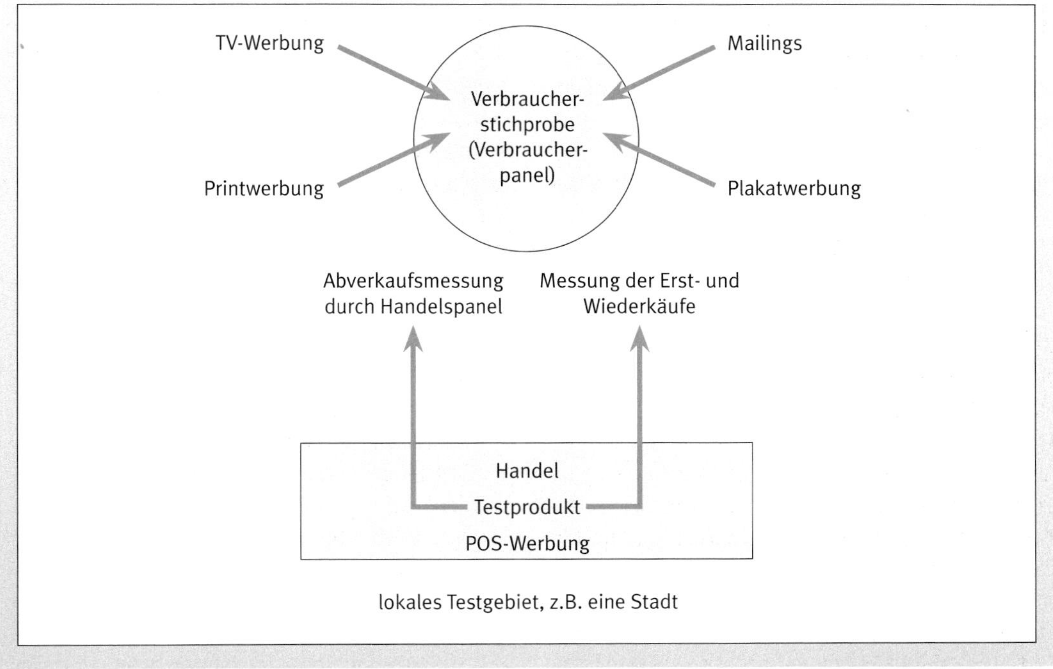

Abb. 14.2: Übersicht lokaler Testmarkt

Erstkäufer:	Wiederkäufer:	Maßnahme:
hoch	hoch	Produkt einführen
hoch	niedrig	Produkt verbessern
niedrig	hoch	Kommunikation verbessern
niedrig	niedrig	Flop

Ein bekannter lokaler Testmarkt ist das Behaviour-Scan der GfK in Haßloch (seit 1985). Weitere sogenannte elektronische Testmärkte werden von A. C. Nielsen unter der Bezeichnung „Telerim" in Bad Kreuznach und Buxtehude betrieben. Ein Markttest auf einem lokalen Testmarkt dauert je nach Art des Produktes drei bis neun Monate, die Kosten liegen bei etwa 80.000 €.

14.3 Storetest (Laden-Testmarkt)

Bei einem Storetest wird das Testprodukt probeweise in ausgewählten Einzelhandelsgeschäften angeboten. Damit kann die Akzeptanz neuer oder veränderter Produkte unter realen Bedingungen untersucht werden. Storetests eignen sich grundsätzlich auch zum Test von Marketing-Maßnahmen, z.B. für Preistests. In einen Storetest werden etwa 20 bis 50 Geschäfte einbezogen, die sich in der Regel über die gesamte Bundesrepublik verteilen.

Die Tests können relativ schnell durchgeführt werden und sind relativ kostengünstig.

Nachteilig ist jedoch die fehlende Kontrolle durch entsprechende Panels. Dadurch können bei diesem Test nur die Verkäufe erfasst, aber keine Erst- und Wiederkaufsraten ermittelt werden. Auch der Einsatz von Werbemitteln ist nur sehr begrenzt möglich. Er ist im Wesentlichen auf POS-Werbung beschränkt.

Eventuell können auch Großflächen in der Nähe der Läden belegt werden. Außerdem ist Haushaltswerbung bei Haushalten, die im Einzugsbereich der Läden wohnen, möglich. Durch die geringe Anzahl der einbezogenen Geschäfte ist in der Regel keine ausreichende Repräsentanz gegeben.

14.4 Testmarktsimulation

Im Rahmen von Labortestmarktverfahren wird versucht, Erkenntnisse über die Marktchancen neuer Produkte durch die Simulation von Einkaufsprozessen unter kontrollierten Bedingungen zu erhalten. Vorteilhaft dabei ist, dass keine Gefahr besteht, dass Konkurrenten das neue Produkt früh imitieren. Nachteilig ist die künstliche Situation der Testdurchführung. Eine Testmarktsimulation läuft, siehe Kasten, in Schritten ab.

Labortestmärkte sind kostengünstiger als ein Minitestmarkt. Die Testdauer ist ebenfalls geringer (selten länger als drei Monate).

Übersicht Testmarktsimulation

1. Auswahl und Anwerbung einer repräsentativen Stichprobe (300–500 Personen).
2. Erstbefragung der Mitglieder der Stichprobe
   - soziodemografische Daten,
   - Konsumverhalten,
   - Kaufverhalten,
   - Einstellung zu der Produktgruppe des Testproduktes,
   - Markenpräferenzen.
3. Den Testpersonen wird Werbung für das Testprodukt (und häufig auch welche für Konkurrenzprodukte) präsentiert. Teilweise erfolgt danach eine Werberesonanzanalyse:
   - Aufmerksamkeit,
   - Erinnerung,
   - Interesse,
   - was gefällt an der Werbung, was nicht,
   - Kaufbereitschaft.
4. Die Probanden kaufen in einem Testladen ein (realer Supermarkt oder nachgebauter Laden). Präsentiert werden ein volles Sortiment oder nur Produkte der zu testenden Warengruppe. Die Testpersonen erhalten zuvor einen Gutschein über einen bestimmten Betrag (häufig Preis des teuersten Produktes der Warengruppe des Testproduktes).
5. Nach dem Einkauf werden die Probanden erneut befragt. Hier interessieren Gründe für den Kauf oder Nichtkauf des Testproduktes. Wenn das Testprodukt gekauft wurde, erhalten die Probanden zusätzlich ein Exemplar des stärksten Konkurrenzproduktes. Wurde das Testprodukt nicht gekauft, wird es kostenlos mitgegeben.
6. Nach Ablauf des üblichen Verbrauchsintervalls werden die Testpersonen erneut befragt (Produktverwendung, Vor- und Nachteile des Produktes im Vergleich zu Konkurrenzprodukten). Die Probanden werden auch gefragt, ob sie das Produkt erneut kaufen wollen. In diesem Fall wird es zum regulären Preis frei Haus geliefert. Dieses Interview wird mehrfach wiederholt, um Anhaltspunkte für die Höhe der Wiederkaufsrate zu erhalten.
7. Aufgrund der Testergebnisse werden Prognosen für Absätze, Umsätze und Marktanteile erstellt.

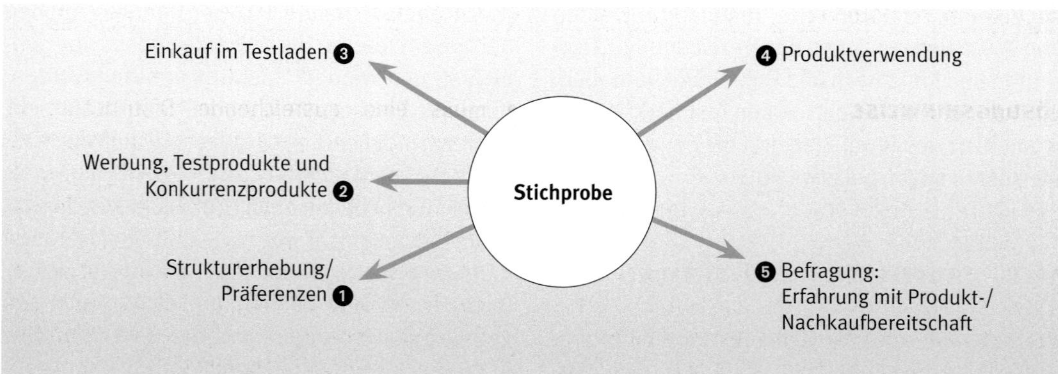

Abb. 14.3: Übersicht Labortestmarkt

14.5 Aufgabe zu Testmärkten

Die Schweizer Schlümli AG vertreibt ihre Produkte im gesamten westeuropäischen Raum. Bei dem Produkt Schlupp handelt es sich um eine neuartige Mehlspeise, die bereits erfolgreich in den schweizerischen und französischen Markt eingeführt worden ist.

Die Schlümli AG plant, Schlupp auch in den deutschen Markt einzuführen. Die Kosten für die Markteinführung von Schlupp in Deutschland werden auf 20 Mio. EUR geschätzt.

Aufgabe

1. Erläutern Sie, warum die Markteinführung von Schlupp in Deutschland mit so hohen Kosten verbunden sein kann.
   Nennen Sie Beispiele für mögliche Kosten.
2. Welches Risiko ist mit der Markteinführung von Schlupp in Deutschland verbunden?
3. Um das Risiko der Produktneueinführung in Deutschland zu verringern, plant die Schlümli AG einen Markttest durchzuführen.
   a) Bewerten Sie die Eignung der verschiedenen Testmöglichkeiten für den vorliegenden Fall. Verwenden Sie dazu den unten stehenden Bewertungsbogen.
   b) Geben Sie aufgrund Ihrer Bewertung eine begründete Empfehlung für ein Testverfahren im vorliegenden Fall. Berücksichtigen Sie, dass die Markteinführung von Schlupp in Deutschland in sechs Monaten erfolgen soll.

Bewertungskriterien	regionaler Testmarkt	lokaler Testmarkt	Storetest	Testmarkt-simulation
Repräsentativität				
Dauer				
Kosten				
reale Einkaufssituation				
repräsentative Medienstruktur				
Ermittlung Erst-/Wiederkaufsrate				

Verwenden Sie das folgende Bewertungsschema:
sehr günstig = 5 / günstig = 4 / mittel = 3 / ungünstig = 2 / sehr ungünstig = 1

Lösungshinweise

Zu 1)
Bei einer flächendeckenden Einführung von Schlupp in Deutschland

- müssen ausreichende Produktionskapazitäten vorhanden sein, dazu müssen bestehenden Kapazitäten evtl. ausgeweitet werden,
- muss das Produkt in ausreichender Zahl vorproduziert sein,
- muss eine ausreichende Distribution in Deutschland aufgebaut werden; dazu sind auch eine entsprechende Logistik und evtl. eine Aufstockung des Vertriebspersonals notwendig,
- muss das Produkt in Deutschland bekannt gemacht werden, alleine die dazu notwendigen Streuaufwendungen können leicht einen Betrag von 20 Mio. EUR erreichen.

Zu 2)
Es kann sein, dass Schlupp nicht erfolgreich in den deutschen Markt eingeführt werden kann und nach einer gewissen Zeit wieder vom Markt genommen werden muss. Mögliche Gründe dafür können unterschiedliche Konsumgewohnheiten der Verbraucher in Deutschland und der Schweiz sein.

Zu 3a)

Bewertungskriterien	regionaler Testmarkt	lokaler Testmarkt	Storetest	Testmarkt-simulation
Repräsentativität	5	3	2	2
Dauer	1	3	4	5
Kosten	1	3	4	5
reale Einkaufssituation	5	4	5	1
repräsentative Medienstruktur	4	3	2	1
Ermittlung Erst-/ Wiederkaufsrate	4	5	1	3

Zu 3b)
Um die Marktchancen von Schlupp realistisch einschätzen zu können, sollte der Bewertungsschwerpunkt auf

- einer hohen Repräsentativität,
- der Möglichkeit, Erst- und Wiederkaufsraten zu ermitteln und
- einer realen Einkaufssituation

liegen. Sinnvoll wäre auch eine repräsentative Medienstruktur. Da die Markteinführung bereits in sechs Monaten erfolgen soll, fällt der regionale Testmarkt wegen der langen Testdauer als Testmöglichkeit weg. Von den verbleibenden Möglichkeiten schneidet der lokale Testmarkt bei den relevanten Bewertungskriterien am besten ab und wird daher empfohlen. Zuvor müsste allerdings geprüft werden, ob ein lokaler Markttest in der verfügbaren Zeit möglich ist.

15 Werbeträgerforschung

15.1 Gegenstand der Werbeträgerforschung

Zusammenhang zwischen Werbeträgereinsatz und Werbeerfolg

Unter Werbeträgerforschung versteht man allgemein die Untersuchung, welcher Zusammenhang zwischen den eingesetzten Werbeträgern und dem Werbeerfolg besteht. Ein Werbeträger ist dabei ein Trägermedium für die Werbemittel. Die klassischen Werbeträger und die dazugehörigen Werbemittel sind:

Werbeträger	Werbemittel
Zeitschriften	Zeitschriftenanzeigen
Zeitungen	Zeitungsanzeigen
Fernsehen	TV-Spots
Hörfunk	Funk-Spots
Kino	Werbefilme
Plakatanschlagstelle	Plakat

Im Rahmen der Werbeträgerforschung befasst man sich neben der Untersuchung der Nutzerstrukturen der verschiedenen Werbeträger auch mit deren Verbreitung in den verschiedenen Bevölkerungsgruppen. Darüber hinaus spielen ferner Aspekte der Nutzungssituation und des Nutzungsverhaltens eine Rolle. Ausführliche Informationen zum Thema Medien und Mediaplanung finden Sie im Band „Werbung planen“.

15.2 Media-Analysen und Markt-Media-Analysen

Nutzerstrukturen und die Verbreitung der klassischen Werbeträger werden regelmäßig im Rahmen von Media-Analysen und Markt-Media-Analysen erhoben.

15.2.1 Media-Analysen

Informationen über Reichweiten und Nutzerstrukturen

Hierbei handelt es sich um Untersuchungen, mit deren Hilfe die Reichweiten von Werbeträgern und die Struktur der Nutzer untersucht werden können. Zusätzlich enthalten sie auch Informationen zur Beschreibung von Zielgruppen. Bei reinen Media-Analysen sind dies vor allem soziodemografische Merkmale, in geringem Umfang aber auch Besitz- und Konsummerkmale und Informationen zum Freizeitverhalten.

→ *Die Standarduntersuchung in dieser Gattung ist die „Media-Analyse (MA)“, die von der Arbeitsgemeinschaft Media-Analyse (AGMA) herausgegeben wird.*

In der AGMA haben sich Vertreter der Medien, Werbungtreibende und Agenturen zusammengeschlossen. Die MA kann man gewissermaßen als „Bibel“ der Mediaplaner bezeichnen, da die AGMA methodische Standards setzt, an denen sich andere Studien und Untersuchungen orientieren.

Media-Analyse (MA)	
Herausgeber	Arbeitsgemeinschaft Media-Analyse (AGMA), ein Zusammenschluss von Verlagen, Sendern, Werbeagenturen und Werbetreibenden
Grundgesamtheit	Deutsche Wohnbevölkerung in Privathaushalten ab 14 Jahren
Art der Stichprobe	Mehrstufige, geschichtete Zufallsauswahl
Untersuchungsgegenstand	• Soziodemografische Struktur der deutschen Bevölkerung ab 14 J. • Besitz von Gebrauchsgütern, Wohnsituation • Hobbys, Freizeitaktivitäten • Tiere im Haushalt • Einkaufsgewohnheiten • Reichweiten und Strukturen von klassischen Werbeträgern
Einbezogene Medien	Publikumszeitschriften, Wochenzeitungen, konfessionelle Zeitschriften, Stadtillustrierte, überregionale und regionale Tageszeitungen, Supplements, Lesezirkel, Kino, Hörfunk, Fernsehen
Besonderheiten	TV-Daten durch Fusion mit dem GfK-Fernsehpanel

15.2.2 Markt-Media-Analysen

Markt-Media-Analysen verbinden Untersuchungen zum Kauf- und Konsumverhalten mit Erhebungen zur Medianutzung. Die Erhebungen zum Kauf- und Konsumverhalten berücksichtigen häufig nicht nur Produkte und Produktgattungen, sondern auch Marken. So können Aussagen gemacht werden, welche Produkte oder Marken z.B. die Leser einer bestimmten Zeitschrift verwenden. Neben soziodemografischen Merkmalen bieten Markt-Media-Untersuchungen häufig auch detaillierte Informationen zu Freizeitinteressen und Einstellungen. Die wichtigsten Markt-Media-Analysen sind

- die Allensbacher Werbeträgeranalyse (AWA),
- die Typologie der Wünsche (TdW),
- die Verbraucheranalyse (VA).

Allensbacher Werbeträgeranalyse (AWA)	
Herausgeber	Institut für Demoskopie Allensbach
Grundgesamtheit	Deutsche Wohnbevölkerung in Privathaushalten ab 14 Jahren
Art der Stichprobe	Quotenauswahlverfahren
Untersuchungsgegenstand	• Soziodemografische Struktur der deutschen Bevölkerung ab 14 J. • Besitz- und Konsumdaten für eine Vielzahl von Produkten und Produktbereichen • Informationsinteressen • Experten, Ratgeber • Einstellungen • Reichweiten und Strukturen von klassischen Werbeträgern
Einbezogene Medien	Publikumszeitschriften einschließlich Special-Interest-Zeitschriften, Stadtillustrierte, Supplements, Kundenzeitschriften, regionale und überregionale Tageszeitungen, Anzeigenblätter, Telefonbuch, Plakate, Nahverkehrsmittel, Kino, Hörfunk, Fernsehen, Internet-/Online-Nutzung
Besonderheiten	Die Online-Medien werden detailliert in einer separaten Untersuchung (ACTA) erhoben

Typologie der Wünsche (TdW)	
Herausgeber	TdW Intermedia GmbH & Co. KG, Offenburg
Auftraggeber	Burda Advertising Center, Offenburg
Grundgesamtheit	Deutsche Wohnbevölkerung in Privathaushalten ab 14 Jahren
Art der Stichprobe	Mehrstufige geschichtete Zufallsauswahl
Untersuchungsgegenstand	• Soziodemografische Struktur der deutschen Bevölkerung ab 14 J. • Besitz- und Konsumdaten für eine Vielzahl von Produkten, Produktbereichen und Marken • Ernährung, Gesundheit, Umwelt • Freizeit • Produktinteressen • Themeninteressen in Printmedien • Nutzung von TV-Formaten • Familien-Lebenswelten • Online-Nutzungswahrscheinlichkeiten • Einstellungen • Reichweiten und Strukturen von klassischen Werbeträgern
Einbezogene Medien	Publikumszeitschriften, regionale und überregionale Tageszeitungen, Supplements, Kino, Hörfunk, Fernsehen, Internet-/Online-Dienste, Videotext

VerbraucherAnalyse (VA)	
Herausgeber	Axel Springer Verlag und Verlagsgruppe Bauer
Grundgesamtheit	Deutsche Wohnbevölkerung in Privathaushalten ab 14 Jahren
Art der Stichprobe	Mehrstufige geschichtete Zufallsauswahl
Untersuchungsgegenstand	• Soziodemografische Struktur der deutschen Bevölkerung ab 14 J. • Besitz- und Konsumdaten für eine Vielzahl von Produkten, Produktbereichen und Marken • Anschaffungsabsichten • Freizeitinteressen • Einstellungen/ Soziale Werte • Reichweiten und Strukturen von klassischen Werbeträgern
Einbezogene Medien	Publikumszeitschriften, Supplements, regionale und überregionale Tageszeitungen, Wochenzeitungen, Lesezirkel, Telefonbücher, City-Light-Plakate, Großflächenplakate, Kino, Hörfunk, Fernsehen, Internet-/Online-Dienste, Videotext
	Für die Gruppe der sechs- bis 13-Jährigen gibt es eine gesonderte Untersuchung, die Kids Verbraucheranalyse (KVA).

15.2.3 Panel

Allgemein sind Panel Untersuchungen, mit denen kontinuierlich

- bei den gleichen Objekten
- zu den gleichen Themen
- mit der gleichen Methode
- über einen langen Zeitraum

Informationen erhoben werden. Im Zusammenhang mit Erhebungen zur Mediannutzung ist hier vor allem das AGF-/GfK-Fernsehpanel zu nennen.

Eine ausführliche Darstellung des Marktforschungsinstruments „Panel" finden Sie im Kapitel 13.

AGF-/GfK-Fernsehpanel	
Herausgeber	Arbeitsgemeinschaft Fernsehforschung (AGF), hierbei handelt es sich um einen Zusammenschluss fast aller deutscher Sender und von Werbeagenturen und Werbungtreibenden, die Finanzierung erfolgt allerdings ausschließlich durch die Sender.
Panelgröße	Das Panel besteht aus 5.640 privaten Haushalten mit etwa 13.000 Personen ab 3 Jahren. Neben deutschen Haushalten sind auch Haushalte von EU-Bürgern einbezogen, die in Deutschland leben. Das Panel repräsentiert damit insgesamt 34,3 Mio. deutsche und EU-Haushalte in der Bundesrepublik Deutschland, dem entsprechen etwa 72,98 Mio. Personen ab drei Jahren.
Stichprobe	mehrstufige geschichtete Zufallsauswahl
Untersuchungsgegenstand	• Messung des TV-Sehverhaltens der Panelteilnehmer, daraus lassen sich Reichweiten und andere Leistungsmerkmale des Fernsehens bzw. einzelner Sender, Sendungen oder Werbeblöcke ermitteln. Zudem werden jährlich • die technische Ausstattung, • die Beliebtheit von Sendergenres, • Konsumdaten für eine Vielzahl von Produkten und Produktbereichen, • Freizeitbeschäftigungen, • Urlaubsverhalten, • Ausstattung mit Computern, • Soziodemographie der Panelhaushalte durch Befragung ermittelt.
Erhebungsverfahren	Das TV-Sehverhalten wird mit einem Zusatzgerät, dem GfK-Meter, gemessen, es erfasst automatisch und sekundengenau • das An- und Abschalten des Fernsehgerätes, • jeden Umschaltvorgang, • alle anderen Verwendungen des Fernsehgerätes, z.B. Videospiele, Videotext (incl. Seitenerkennung bzw. TOP-Text), • Aufnahme und Wiedergabe von selbst- oder fremdaufgezeichneten Inhalten. Durch eine Fernbedienung müssen sich die einzelnen Haushaltsmitglieder selbst an- und abmelden. Die übrigen Daten werden durch Befragung erhoben.
Erfasste Medien	Erfasst werden alle im Gebiet der Bundesrepublik Deutschland empfangbaren Medien. Verarbeitet werden aber nur die Sender, die der AGF angehören und zusätzlich einige Lizenzsender.
Abfrage	Die Berichterstattung über das Sehverhalten und die ermittelten Reichweiten erfolgt täglich. Dabei werden jeweils vormittags die Daten des Vortages in die PC-Auswertungsprogramme eingespeist. Außerdem können die Agenturen die sogenannten PIN-Daten (Personenindividuelle Nutzungsdaten) abrufen. Die übrigen Daten werden jährlich erhoben.

16 Werbewirkungsforschung/ Werbeerfolgskontrolle

16.1 Grundlagen

Obwohl die Suche nach dem Zusammenhang zwischen Werbung und Absatzsteigerung so alt ist wie die Werbung selbst und heute die grundsätzliche Wirkung von Werbung auf die Abverkäufe von niemandem ernsthaft infrage gestellt wird, bietet der Bereich der Werbewirkung bzw. des Werbeerfolgs immer noch sehr vielfältige Interpretationsspielräume. Das Thema Werbewirkung wird in diesem Kapitel nur sehr knapp einleitend behandelt und für die weitergehende Darstellung verweisen wir auf das Kapitel 7 Werbewirkung im Band „Werbung planen". Wir gehen von folgender Lehrbuchdefinition (Steffenhagen, Hartwig: Wirkungen der Werbung. Aachen 2000) aus:

„Werbewirkung ist jede Art von Reaktion, mit der ein Adressat auf einen Werbereiz antwortet."

Werbewirkung als Antwort auf Werbereize im weiteren Sinn

Sie zeigt das weite Untersuchungsfeld auf, das sich bei der Beschäftigung mit Werbewirkung, ihrer Theorie und ihrer Messbarkeit öffnet. Der Begriff „Antworten" ist nämlich nicht wörtlich zu nehmen, denn jede Form beobachtbaren oder auch nicht-beobachtbaren Verhaltens kann im Rahmen der Beschäftigung mit Werbung als Antwort und damit als Wirkung gelten.

Angesichts der Vielfalt denkbarer Reaktionen der Adressaten auf Werbung findet häufig eine Zweiteilung in außerökonomische (psychologische) Werbewirkung und ökonomischen Werbeerfolg statt.

Dies ist in Abb. 16.2 veranschaulicht. Andere Einteilungen versuchen, mithilfe sogenannter Hierarchie- bzw. Stufenmodelle Ordnung in die Wirkungszusammenhänge von Werbung zu bringen.

Alle von der Medien- und Werbewirkungsforschung bis heute vorgelegten Modelle repräsentieren jeweils unterschiedliche Ausschnitte aus dem Wirkungsgeflecht, nie jedoch den Gesamtzusammenhang.

Es gibt keine einheitliche Werbewirkungstheorie

Vielleicht kann oder muss es so eine allgemein anerkannte Werbewirkungstheorie auch gar nicht geben, denn unterschiedliche Märkte, Produkte, Zielgruppen und Zielsetzungen erfordern natürlich andere werbliche Konzeptionen, die auf unterschiedliche Art und Weise erreicht und gemessen werden können. Außerdem hängt der Erfolg von Werbung von sehr vielen Einflussfaktoren ab, die zudem zum Teil nicht messbar sind.

Aus diesen Gründen gibt es bis heute keine allgemein anerkannte Werbewirkungstheorie.

Ältere Modelle basieren auf dem Reiz-Reaktions-Schema

So behaupten die älteren, auf einem einfachen **Reiz-Reaktions-Schema** beruhenden **kommunikator- oder senderorientierten Modellvorstellungen** trotz der Fortschritte bei der Modellbildung nach wie vor ihren Platz. Das lässt sich vielleicht mit dem Bestreben erklären, eine möglichst einfache bzw. einfach zu vermittelnde Erklärung für das Phänomen „Werbewirkung" zu haben. Gerade die neuesten Modellvorstellungen zeigen jedoch, dass diese Beharrlichkeit auch damit zu tun hat, dass diese Modellvorstellungen für bestimmte, eingrenzbare Problemlagen weiterhin ihre Gültigkeit besitzen.

Neuere Modelle unterstellen aktive Auseinandersetzung, was zu Involvement führt

→ *Der gemeinsame Ansatzpunkt neuerer Modelle liegt darin, dem Adressaten von Werbung* **nicht nur negatives Vermeiden** *zu unterstellen, sondern auch die* **aktive Auseinandersetzung** *mit den Kommunikationsangeboten von Unternehmen und Marken (***Involvement***).*

Dieser Ansatz erscheint gerade vor dem Hintergrund der bereits erwähnten Bedeutung von Marken zum Ausdruck der Persönlichkeit des Verwenders (vgl. Kapitel 4 Produktpolitik) als sehr plausibel.

Werbewirkung und Werbeerfolg sind im Zusammenhang zu sehen

Die Nachfrage nach verlässlichen Daten über die Effizienz von Werbung wird immer größer, sodass die Bedeutung der Werbewirkungsforschung und der Werbeerfolgskontrolle heute ständig zunimmt. Dies hängt unter anderem damit zusammen, dass die Unternehmen im hart umkämpften Markt um die Aufmerksamkeit der Zielgruppen häufig für immer weniger Medien- bzw. Kommunikationsleistung immer mehr ausgeben müssen. Da aber in Krisenzeiten gerade die Marketing- und Kommunikationsbudgets als Erstes auf dem Prüfstand des Controlling stehen, versuchen die Verantwortlichen die Werbeeffektivität und -effizienz mit Zahlen zu belegen. Die Begriffe Effektivität und Effizienz werden häufig synonym verwendet, dabei meinen sie ganz unterschiedliche Dinge. Effektives Handeln meint, dass man das Richtige unternimmt, um z.B. ein Problem zu lösen. Effizientes Handeln meint, dass man etwas auf möglichst optimale Weise erledigt. Zur Veranschaulichung zwei kleine Beispiele: Effektivität heißt, die Leiter an die richtige Wand zu stellen, während Effizienz heißt, die Leiter möglichst schnell heraufzuklettern. Dass die Frage, welches die richtige Wand (Ziel) ist, dabei die wichtigere, aber auch oft diskussionswürdigere ist, dürfte leicht einsehbar sein.

Überprüft werden sollen Effektivität und Effizienz

Beispiel

Wenn z.B. als Werbeziel eine Steigerung der ungestützten Markenbekanntheit von 15 auf 20% angestrebt wird und dieses Ziel (der Effekt) erreicht wird, waren die eingesetzten Kommunikationsmittel effektiv. Ob das auch auf effiziente Art und Weise (möglichst geringe Kosten) erreicht wurde, lässt sich erst beurteilen, wenn man Output (Nutzen, Ziel) und Input (Aufwand, Budget) ins Verhältnis setzt. Je geringer das eingesetzte Budget, umso effizienter wurden die Kommunikationsmittel eingesetzt, d.h. nur wenn die Steigerung der Markenbekanntheit möglichst kostengünstig erreicht wird, waren die ergriffenen Maßnahmen effektiv und effizient.

Erfolgreiches Marketing muss garantieren, dass Werbung „das Richtige tut" (effektiv), und anschließend bei der Umsetzung darauf achten, dass dies „richtig" geschieht (effizient).

Unternehmen müssen Budgets effektiv und effizient einsetzen

Unternehmen möchten mit ihren Marketing- und Kommunikationsbudgets möglichst effektiv und effizient umgehen, d.h. mit gegebenen Mitteln möglichst viel Leistung herausholen oder ein gegebenes Ziel möglichst kostengünstig erreichen (ökonomisches Prinzip). Was dabei als erwünschte Leistung angestrebt wird, hängt von den jeweiligen Zielen des Unternehmens ab. Wenn man davon ausgeht, dass das angestrebte Werbeziel Auswirkungen auf das Verständnis von Werbewirkung hat, muss es bei der Vielzahl unterschiedlicher Werbeziele auch mehr als eine Art von Werbewirkung geben. Aus Sicht der Unternehmen besteht natürlich die wichtigste Reaktion auf Werbung im ökonomischen Erfolg (Kauf/Umsatz, Marktanteil etc.) der beworbenen Produkte. Eine Erhöhung von Umsätzen oder Marktanteilen stellt eine zwar wichtige Reaktion der Zielgruppe auf Werbeaktivitäten dar, doch letztendlich muss der Kauf eines Produktes erst durch viele verschiedene Marketing- und Kommunikationsmaßnahmen vorbereitet werden. Es leuchtet ein, dass es beispielsweise bei einer Produktneueinführung zunächst auf Zielsetzungen wie Steigerung der Bekanntheit, Image-Bildung, Gewinnung von Sympathie oder Anregung zum Probieren ankommt, bevor sich messbarer ökonomischer Erfolg überhaupt einstellen kann.

Ökonomischer Erfolg wird oft als wichtigste Reaktion angesehen

Beim Versuch, Werbewirkung zu kategorisieren, kann man sowohl auf den möglichen zeitlichen Abstand zwischen Reiz (Werbung) und der erwünschten Reaktion als auch auf die Art der Reaktion (beobachtbares Verhalten, nicht-beobachtbares Verhalten) zurückgreifen (vgl. Abb. 16.1).

Wirkungen / Abstand Reiz-Wirkung	**Nicht-beobachtbares (inneres) Verhalten Psychische und physische Wirkung**	**Beobachtbares (äußeres) Verhalten Kaufverhalten, Informations-/ Beeinflussungsverhalten**
Kurz (momentane Reaktionen)	• Orientierungsreaktionen • Anmutungen • Aktivierung • Aufmerksamkeit	• Impulskauf • Betreten eines Messestandes
Lang	**Dauerhafte Gedächtnisreaktionen** **Recall =** Wiedererinnern von Marken, Werbung und Slogans **Recognition =** Wiedererkennen von Marken und Werbung	**Finales Verhalten** (Kauf, Antwort auf ein Mailing, Betreten eines Geschäftes ...)

Abb. 16.1: Werbewirkungskategorien in Anlehnung an: Steffenhagen, Hartwig: Wirkungen der Werbung. Verlag der Augustinus Buchhandlung. Aachen 2000

Probleme des Messens bestehen vor allem bei nicht beobachtbarem Verhalten

Gerade die Messung nicht beobachtbaren Verhaltens wirft zwar einige besondere Schwierigkeiten auf, doch gibt es inzwischen zahlreiche apparative Beobachtungsverfahren (z.B. Eye-Mark-Recorder oder Tachistoskop), die in Kombination mit Befragungen einen ganz guten Blick in die Black Box unseres Gehirns ermöglichen.

Für die Messung von Werbewirkung macht es natürlich einen erheblichen Unterschied, ob ein Unternehmen mit seiner Werbung eher ökonomische oder außerökonomische Ziele verfolgt. Denn je nach zugrunde liegendem Ziel müssen unterschiedliche Einflussfaktoren gemessen und in Beziehung gesetzt werden.

Wirkung der Kommunikation kann nicht allein an ökonomischem Erfolg festgemacht werden

Die Wirkungen kommunikativer Maßnahmen wie Werbung können aber häufig nicht allein mithilfe ökonomischer Kriterien erfasst werden, sondern erfordern die genauere Betrachtung ihrer psychologischen Grundlagen. Die Wirkung von Werbung unterliegt nämlich zunächst einmal allgemeinen physiologischen und psychologischen Aspekten wie Aktivierung, Involvement oder der Wahrnehmung, Verarbeitung und Speicherung von Informationen. Um aber schon im Vorfeld herausfinden zu können, welche Werbemittel zur Erreichung dieser Ziele am besten geeignet sind, können alle diese Dimensionen in Pretests gezielt untersucht werden (Werbeerfolgsdiagnose). Auch die ökonomische Werbeerfolgskontrolle bietet vielfältige Messverfahren, so lässt sich der Werbeerfolg sowohl durch eine einmalige Untersuchung der Zielerreichung (vgl. Posttests) als auch über regelmäßige Beobachtung (vgl. Tracking, Panel) überprüfen.

Ein weiterer wichtiger Grund für die wachsende Bedeutung der Werbewirkungsforschung bzw. der Werbeerfolgskontrolle liegt in der zunehmenden Verbreitung der erfolgsabhängigen Agenturhonorierung. Bei der Diskussion, was im Hinblick auf die Agenturhonorierung als Werbeerfolg angesehen werden soll, verstehen die Unternehmen darunter natürlich vor allem ökonomischen Markterfolg, während sich die Agenturen lieber am Kommunikationserfolg (außerökonomische Kriterien) messen lassen wollen (vgl. zu dieser Problematik Abb. 16.2).

Werbe-Erfolgskontrolle misst zwar ökonomischen Erfolg, bietet aber keine eindeutige Ursachenzuschreibung

Bei der Werbeerfolgskontrolle geht es um die Messung von finalem Verhalten, das sich letztlich vor allem in ökonomischen Größen wie Umsatz, Absatz, Marktanteil etc. widerspiegelt. Die ökonomische Werbeerfolgskontrolle hat den Vorteil, dass sie sich mit beobachtbaren und insofern direkt messbaren Indikatoren beschäftigt. Allerdings lässt sich der Zusammenhang zwischen diesen Indikatoren und den Ursachen für ihre Veränderung meist nicht eindeutig feststellen, da es einfach zu viele Störgrößen gibt, die sich auch nicht ausschließen lassen (vgl. Kap. 12 Experimente). In den seltensten Fällen verändert ein Unternehmen nur seine Werbung, sondern meistens werden mehrere Marketing-Instrumente eingesetzt, sodass sich der Effekt, den Werbung auf die Abverkäufe hatte, nur schlecht isolieren lässt. Eine Ausnahme bildet der Test von Neuprodukten in sogenannten Single-Source-Panels (z.B. in Haßloch), in denen von den gleichen Personen sowohl die Medianutzung als auch das Einkaufsverhalten erfasst wird. Weitere Störgrößen sind:

- Konkurrenzaktivitäten (überlagern möglicherweise die eigenen Kommunikationsaktivitäten),
- Spill-Over-Effekte (Abstrahleffekte durch andere Kommunikationsaktivitäten wie z.B. Verkaufsförderung, Sponsoring etc.),

Werbeerfolgskontrolle

Ökonomische Kriterien
(Werbeerfolg)

- Umsatz, Absatz
- Marktanteil
- Erstkaufrate
- Wiederkaufrate

⇒ **Messbare Erfolgsindikatoren (finales Verhalten)**

Evtl. testbar in
- Testmarkt-Simulation
- Minimarkttest (Single Source), Panel
- regionaler Testmarkt

Problem:
Zusammenhang zwischen Werbeeinsatz und diesen Kriterien lässt sich meist nicht eindeutig feststellen wegen:
- Effekten im Marketing-Mix
- Konkurrenzaktivitäten
- Spill-over-Effekt
- Carry-over-Effekt
- Zeitlücke (Time lag) zwischen Werbung und Kauf
- saisonalen oder konjunkturellen Einflüssen

Außerökonomische Kriterien
(Werbewirkung)

Pretest:
- Aktivierung
  - Psychophysiologie (EDR, EKG)
- Beachtung/Wahrnehmung
  - Blickverhalten (NAC-Brille)
  - Aktualgenese (Tachistoskop)
- Anmutung
  - Aktualgenese (Tachistoskop)

- Verarbeitung/Speicherung

Kognitiv

⇒ Recall = Wiedererinnern an die Wahrnehmung von Werbung, auch gestützt (aided) möglich

⇒ Recognitition = Wiederkerkennen von gelernten Werbeinhalten (z.B. DAR-Test in TV und Print)

Emotional
(Einstellungen, Images)
Tiefeninterview, Polaritätsprofil, Gruppendiskussion, Imagery-Forschung (Lebendigkeit/Vividness innerer Bilder)

Abb. 16.2: Ökonomische und außerökonomische Werbeerfolgskontrolle

- Carry-Over-Effekte (Kommunikationsaktivitäten aus einer Vorperiode wirken sich noch im Messzeitraum aus),
- saisonale und konjunkturelle Einflüsse (fördern oder beeinträchtigen die Werbewirkung),
- Zeitverzögerung zwischen Werbung und Kauf. Eine aktuelle amerikanische Studie ergab, dass die Kurzzeit-Effekte der Werbung auf den Verkauf etwa drei bis vier Wochen reichen und dann stark nachlassen. Langfristige Verkaufs-Effekte wirken sich bis zu einem halben Jahr aus, wobei die Dauer stark von der Marktsituation, u.a. Konkurrenzdruck in der Werbung, den ausgewählten Werbeträgern und den eingesetzten Werbemitteln abhängt (vgl. Klaus Schönbach: Werbewirkung. Eine Inventur der Inventare. Deutscher Fachverlag. Frankfurt am Main 2002. S. 100).

16.2 Indikatoren der Werbewirkung

Werbe-Erfolgskontrolle misst Sichtbares, Werbewirkung braucht Indikatoren

Während sich Werbeerfolgskontrolle mit beobachtbarem Verhalten beschäftigt und daher auf direkt messbare Indikatoren zurückgreifen kann, besteht das Hauptproblem der Werbewirkungsforschung (Werbeerfolgsdiagnose) darin, dass es sich um geistige Prozesse, d.h. nicht beobachtbares Verhalten handelt.

→ *Aus diesem Grund müssen beobachtbare Variablen (Indikatoren) gefunden werden, die mit ausreichend großer Sicherheit Aussagen über Aspekte der Werbewirkung zulassen.*

Je nach Werbeziel bzw. Wirkungsebenen muss ein anderer Indikator bzw. ein anderes Maß herangezogen werden (auf kognitiver Ebene z.B. die geäußerte Erinnerung/Recall an einen Spot). Im Sprachgebrauch der Werbewirkungsforschung wird der Begriff Indikator weiter gefasst und beschränkt sich nicht nur auf beobachtbare Größen. Auch Kriterien wie „Durchsetzungsfähigkeit", „Kommunikationsleistung", „Überzeugung", „Präferenz", „Relevant set" zählen dazu (vgl. Alexander von Engelhardt: Werbewirkungsmessung. Fischer. München 1999). Die bereits erwähnten Stufenmodelle eignen sich trotz ihrer Mängel zum Herausfiltern relevanter Werbewirkungsebenen und messbarer Indikatoren.

Beim Rückgriff auf ein Stufenmodell von Gundolf Meyer-Hentschel (vgl. Kap. 8 Kreation im Band „Werbung planen") erkennt man, dass sich die gängigen Verfahren der Werbewirkungsmessung einzelnen Phasen bzw. Wirkungsebenen des Modells zuordnen lassen (vgl. Abb. 16.5). Die Messverfahren setzen an der Schnittstelle zwischen Theorie und Praxis an, denn aus Modellvorstellungen (Phasen) lassen sich über die Wirkungsebenen und -indikatoren messbare Wirkungsmaße ableiten (vgl. Abb. 16.3 und 16.4).

Ansatzpunkt bietet ein Stufenmodell von Meyer-Hentschel

Bei einer etwas anderen Aufteilung der Wirkungsindikatoren gelangt man zu der in Abb. 16.5 dargestellten Zuordnung von Verfahren der Werbewirkungs- und Werbeerfolgskontrolle. Da sich einige Methoden für Unterschiedliches eignen, treten sie auch mehrfach auf.

Wirkungsebene	Wirkungsindikatoren
physische Aktivierung	• Physische Reizreaktion
Aufmerksamkeitsleistung	• Aufmerksamkeitsstärke **(Impact)** • Anmutung • Prägnanz
Verarbeitungsleistung	• Wissensänderung • Einstellungsänderung • Akzeptanz • Image
Gedächtnisleistung	• Markenbekanntheit • Werbeerinnerung **(Awareness)**
Verhaltensabsicht/ Verhalten	• Kaufabsicht • Kauf

Abb. 16.3: Wirkungsebenen und Wirkungsindikatoren

Wirkungsindikatoren	Wirkungsmaße
• Physische Reizreaktion	• Hautwiderstand (EDR)
• Aufmerksamkeitsstärke **(Impact)** • Anmutung • Prägnanz	• Wiedererinnerung (**Recall**: gestützt und ungestützt) • Assoziationen • Blickverlauf
• Wissensänderung • Einstellungsänderung • Akzeptanz • Image	• Wissen • Glaubwürdigkeit • Attraktivität • Sympathie
• Markenbekanntheit • Werbeerinnerung (**Awareness**)	• Wiedererkennung (**Recognition**) • Wiedererinnerung (Recall)
• Kaufabsicht • Kauf	• Verwendungsabsicht • Markenverwendung

Abb. 16.4: Wirkungsindikatoren und Wirkungsmaße

Phase der Wahrnehmung
(Informationen erreichen das Kurzzeitgedächtnis)

• Blickverhalten/Blickregistrierung (Fixationen)

→ Eye-Mark-Recorder/NAC-Brille, Compagnon-Verfahren (Spiegeltisch + Videoaufzeichnung)

• Aktualgenetische Verfahren

(Was wird zuerst erkannt? Wie schnell wird die Information verstanden?)
→ Tachistoskop, Tacho-Akustoskop

• Verfahren zur Überprüfung der Gestaltfestigkeit

→ Torsionsstereoskop, Zöllner-Verfahren ...

↓

Phase der allgemeinen Aktivierung
(durch physische, emotionale und kognitive Reize)

• Psychophysiologische Verfahren

→ Psychogalvanometer/EDR-Messung, EGK, EEG, Blutdruck, Lidschlag, Speichelfluss

• Neurophysiologische Verfahren

→ Magnetresonanztomograf / fMRT, PET

↓

Phase der Anmutung und Bewertung
(positive gefühlsmäßige Anmutung und Bewertung begünstigt Werbewirkung / emotionale Konditionierung)

• Aktualgenetische Verfahren

→ Tachistoskop evtl. in Kombination mit Befragung oder Beobachtung von Mimik

↓

Phase der Verarbeitung und Speicherung

• Kognitive Verarbeitung (Verstehen, Lernen)

→ Verstehen (Recall-Test, Beobachtung von Mimik, Polaritätenprofil / semantisches Differenzial ...)

→ Lernen (Recall-Test: unaided oder aided, Recognition-Verfahren)

• Einstellungen

Qualitative Befragungen (Tiefeninterview, Gruppendiskussion, Expertenbefragung ...),
indirekte Verfahren (Bilder-Erzähl-Test, Pictures-Frustration-Test ...),
Assoziationsverfahren (eingeschränkte Assoziation),
Messung innerer Bilder (Imagery-Forschung),
Skalierungsverfahren (Polaritätenprofil / semantisches Differenzial, Likert-Skalierung, Fishbein, Trommsdorf ...)
Neurophysiologische Verfahren (Magnetresonanztomograf / fMRT, PET)

↓

Finale Verhaltensreaktion

• Kaufnahes Verhalten / Kaufabsicht

Testmarktsimulation

• Kaufverhalten

→ Single Source (elektronischer Minimarkttest), regionaler Markttest/Testmarkt

Abb. 16.5: Wirkungsebenen von Werbung und einsetzbare Messverfahren

In der Abbildung 16.6 erfolgt mit der Unterscheidung in die eingesetzte Marktforschungsmethode (Befragung oder Beobachtung) und der Kommunikationswirkung eine andere Einteilung der Messmethoden für Werbewirkung bzw. Werbeerfolg. Mit einer Befragung lässt sich natürlich sowohl die kognitive Wirkung von Werbung als auch die emotionale erheben.

Kriterien der Kommunikationswirkung / Ausgewählte Messmethode	Beobachtung	Befragung
Kognitiv (gedanklich)	• Elektrodermale Reaktion / Psychogalvanometer, Pupillometrie, EKG, EEG, etc. (zur Messung der Aktivierung) • Tachistoskop/Aktualgenese und Blickaufzeichnung (zur Messung der Wahrnehmung) • Beobachtung der Mimik bei der Präsentation des Stimulus • Neurophysiologische Verfahren / Magnetresonanztomograf (fMRT, PET)	• Recall- und Recognitiontests • Verständlichkeitstest z.B. der Lesbarkeit und Verstehbarkeit von Texten
Affektiv (emotional)	Siehe Kognitiv	• Imagery-Forschung (Messung der Klarheit und Lebendigkeit innerer Bilder) • Imagemessung (Polaritäten-Profil, Likert-Skalierung etc.) • Verwendung von Bilderskalen, projektive und assoziative Verfahren
Konativ (Verhalten)	• Beobachtung und Registrierung gezeigten Verhaltens z.B. bei einer Testmarkt-Simulation oder im Single-Source-Panel (Haßloch)	• Tiefeninterview, Gruppendiskussion (zur Ermittlung von Einstellungen, Motiven, Kaufbarrieren etc.) • Befragung nach Produktpräferenz und Kaufabsicht • Befragung nach erinnertem Verhalten

Abb. 16.6: Kommunikationswirkung und ihre Messmethoden

Hinsichtlich des Zeitpunkts, zu dem Messverfahren eingesetzt werden, kann man zwischen Pretests und Posttests unterscheiden.

→ *Pretests, bei denen Werbemittel bereits in der Konzeptionsphase, d.h. vor dem Einsatz getestet werden, dienen vor allem der Absicherung, Verbesserung und Wirkungsprognose von Werbung.*

→ *Posttests werden nach der Schaltung der Werbemittel durchgeführt und helfen bei der Kontrolle, ob die gewünschten Kommunikationsziele erreicht wurden.*

Pretests haben eher Laborcharakter

„Pretesting (im ursprünglichen wissenschaftlich fundierten Sinn) folgt eigentlich dem Prinzip naturwissenschaftlicher, laborexperimenteller Kausalforschung. Sie hat den Vorteil großer interner, aber dafür den Nachteil geringer externer Validität: genau ursächlich zurechenbar, aber nur eingeschränkt in die reale Welt übertragbar.

Posttests stellen eher Ergebnisse im Feld fest

Posttesting folgt dagegen dem Prinzip der Tatsachenfeststellung im natürlichen Umfeld. Das hat den Nachteil geringer interner, aber den Vorteil großer externer Validität: sehr lebensnah, aber kausal kaum auf einzelne Ursachen zurückzuführen." (Aus: Volker Trommsdorf: Werbe-Pretests – Praxis und Erfolgsfaktoren. Stern-Bibliothek. Gruner+Jahr. Hamburg 2003. S. 32)

In den folgenden Abschnitten sollen einige der wichtigsten Pre- und Posttestverfahren beschrieben werden, dabei orientiert sich die Darstellung an den in den Abb. 16.10 und 16.11 dargestellten Wirkungskriterien Beobachtung/Wahrnehmung, allgemeine Aktivierung, Anmutung und Bewertung, kognitive Verarbeitung, Einstellung, Kaufverhalten. Mehrfach auftauchende Verfahren werden dort dargestellt, wo ihr Haupteinsatzbereich liegt.

Die Verfahren zur Überprüfung der Wirkungskriterien Beobachtung/Wahrnehmung, allgemeine Aktivierung und Anmutung/Bewertung werden im Abschnitt Pretestverfahren behandelt. Die Verfahren zur Überprüfung der Wirkungskriterien kognitive Verarbeitung, Einstellung und Kaufverhalten werden im Abschnitt Posttestverfahren dargestellt, auch wenn sich z.B. Recall-Werte auch in Pretests ermitteln lassen, aber auch hier gilt, dass Recall-Tests vor allem als Posttest angewendet werden.

Eine systematische Werbeerfolgskontrolle hilft dabei, Werbung effektiv und effizient zu gestalten und ist insofern ein wichtiger Bestandteil des Werbecontrolling.

„Innerhalb des Werbecontrolling kommt den Schnittstellen zwischen Auftraggeber, Agentur und Institut besondere Bedeutung zu. Richtig verstandene professionelle Pretests (Werbeerfolgsdiagnose) und Posttests (Werbeerfolgskontrolle) sind herausragende Informationslieferanten für das Werbecontrolling.
Der Pretest (als Diagnose) soll die Kommunikationsziele in den eingesetzten Methoden genau reflektieren und dadurch diagnostische Hinweise zur Optimierung der Werbung liefern, er kann und soll nicht den Markterfolg der Kampagne prognostizieren.

Der Posttest (Werbeerfolgskontrolle) hat ebenfalls die grundsätzliche Wirkung (Effektivität) im Hinblick auf die angestrebten Werbeziele im Visier, aber darüber hinaus auch die quantitativen Wirkungen im Sinne des Grades der Zielerreichung mit den eingesetzten Mitteln (Effizienz). Insgesamt soll Werbecontrolling das Werbemanagement auf drei Ebenen unterstützen:

(1) Wirkungsanalyse durch Pre- und Posttests,
(2) Planungsunterstützung, d.h. adäquate Verwendung der Information für die Strategie- und Maßnahmenplanung,
(3) Etablierung eines Planungs- und Kontrollsystems für den gesamten Prozess."

(Aus: Volker Trommsdorf: Werbe-Pretests – Praxis und Erfolgsfaktoren. Stern-Bibliothek. Gruner+Jahr. Hamburg 2003. S. 36 f.)

Testverfahren wurden schon früh eingeführt, um nicht im Markt experimentieren zu müssen

Testverfahren spielen in der Werbung schon seit den 50er-Jahren des vorigen Jahrhunderts eine Rolle. Anscheinend hatte man damals schon erkannt, dass es letztlich günstiger ist, nicht im Markt zu experimentieren, sondern Werbung im Pretest zu überprüfen. Durch diese Tests erfährt man, wie groß die Chance ist, dass eine Kampagne im Markt erfolgreich arbeitet. Festgestellte Schwächen im Werbemittel können bei frühzeitigem Einsatz von Tests erkannt und behoben werden, sodass man die Wirkung der Kampagne deutlich verbessern kann. Zur damaligen Zeit wurden für diese „Copy-Tests" fast ausschließlich Befragungen durchgeführt, von denen einige, wie der DAR-Test (Day-After-Recall) oder der Starch-Test, auch heute noch verwendet werden (mehr zu diesen beiden Verfahren im Abschnitt 16.3.2 Posttestverfahren).

Für nicht unmittelbar Beobachtbares wurde die apparative Messung eingeführt

In den 70er-Jahren begann an der Universität des Saarlandes unter Prof. Werner Kroeber-Riel die Blütezeit der apparativen Beobachtungsverfahren, wie beispielsweise Hautwiderstandsmessung, Blickaufzeichnungsgeräte oder Tachistoskop, die im nächsten Abschnitt vorgestellt werden. Prof. Kroeber-Riels Ansatzpunkt war eine Kritik an den bis dahin üblichen Befragungsmethoden: „Man kann Wirkung nicht abfragen, nur messen. Aus der jungen naturwissenschaftlich orientierten Emotionstheorie und aus Ansätzen der kognitiven Psychologie und der Psychophysiologie entwickelte er das Prinzip, wonach Werbewirkung auf (physio- bzw. psychologischen) Vorgängen beruht, die prinzipiell laborexperimentell gemessen werden können." (Aus: Volker Trommsdorf: Werbe-Pretests – Praxis und Erfolgsfaktoren. Stern-Bibliothek. Gruner+Jahr. Hamburg 2003. S. 28 f.)

→ *Die wichtigsten apparativen Beobachtungsverfahren wurden von den Marktforschungsinstituten in den letzten 30 Jahren optimiert und werden trotz teilweise heftiger Diskussionen zwischen Agenturen und werbetreibenden Unternehmen immer noch eingesetzt.*

Zumal der Streit, ob Befragungen oder apparative Beobachtungsverfahren besser zur Messung der Werbewirkung eingesetzt werden sollten, inzwischen als beigelegt gilt, sodass je nach Problemstellung entschieden wird, welches Verfahren bzw. welche Verfahrenskombination am geeignetsten erscheint.

16.3 Testverfahren

16.3.1 Pretestverfahren

Gerade Pretests waren und sind in der Praxis schon seit Jahren heftig umstritten. Vor allem die Kreativen in den Werbeagenturen lehnen Pretests mehrheitlich ab, da Pretests ihrer Meinung nach weder in der Lage sind, Kreativität zu erkennen noch sie messbar zu bewerten. Pretests verhindern sogar kreativere Werbung, da die Probanden als Durchschnittsverbraucher alle neuen und ungewöhnlichen, also kreativen Ansätze zunächst einmal ablehnen.

Auf der anderen Seite stehen die Verantwortlichen in den werbetreibenden Unternehmen heute so stark unter Druck, dass ihr Wunsch nach möglichst frühzeitigem Nachweis von Effektivität und Effizienz der eingesetzten Budgets verständlich erscheint. Darüber hinaus dienen Pretests auch der Absicherung der Marketing-Verantwortlichen, denn sie können der Rechtfertigung dienen, wenn eine positiv getestete Kampagne im Markt doch nicht arbeitet.

→ *Hauptanliegen von Unternehmen und Agenturen ist jedoch, mithilfe von Pretests herauszufinden, welche Stärken und Schwächen eine Kampagne aufweist.*

Sie kann dann anhand der Ergebnisse optimiert bzw. auf die festgelegten Ziele abgestimmt werden.

Dass diese Aufgabe nicht immer erfolgreich gelöst wird, liegt an vielen verschiedenen Faktoren (die erwähnte unterschiedliche Sicht der Beteiligten auf den grundlegenden Nutzen von Pretests und weitere Probleme zwischen den am Management der Pretests beteiligten Partnern – Auftraggeber, Agentur und Marktforschungs-Institut, vgl. Abb. 16.7, häufig sind dies unklare Zielsetzungen oder aber der zu späte Einsatz der Pretests).

In einer aktuellen Studie des Marketing-Lehrstuhls von Professor Volker Trommsdorf (vgl. Werbe-Pretests-Praxis und Erfolgsfaktoren. Stern-Bibliothek. Gruner+Jahr. Hamburg 2003)

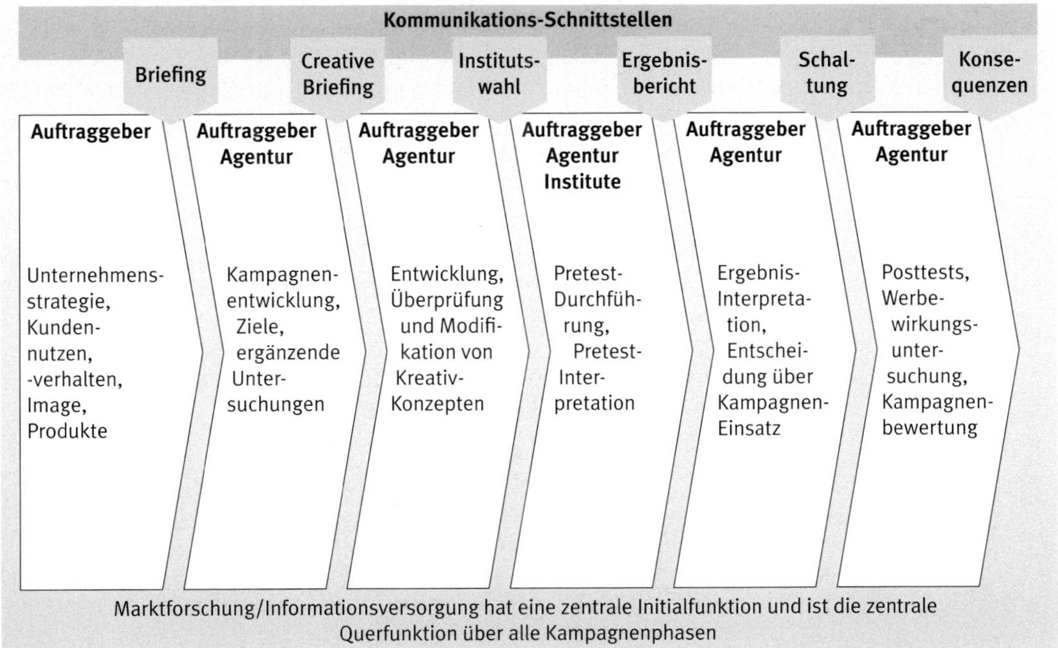

Abb. 16.7: Pretest-Managementprozess (nach: Volker Trommsdorf: Werbe-Pretests – Praxis und Erfolgsfaktoren. Stern-Bibliothek. Gruner+Jahr. Hamburg 2003. S. 41)

wurde festgestellt, dass der rechtzeitige, d.h. sehr frühe Einsatz von Pretests in der Kampagnenentwicklung einer der wichtigsten Faktoren für den späteren Erfolg oder Misserfolg der getesteten Kampagne am Markt war. Je früher Pretests eingesetzt wurden, umso wahrscheinlicher der Erfolg der Kampagne. Dies erklärt sich unter anderem durch die wesentlich größeren Einfluss-/Korrekturmöglichkeiten, die man bei rechtzeitigem Einsatz von Pretests hat.

„Wann vor Schaltung der Kampagne der Pretest am besten durchzuführen ist, beantworten unsere Ergebnisse eindeutig: Ein ausreichend großer Schaltvorlauf ist positiv erfolgswirksam. Kampagnen, die mit einem Vorlauf von mehr als zwei Monaten vor Schaltung getestet wurden, waren zu 39% im Markt erfolgreich, solche mit einem Vorlauf von weniger als zwei Monaten nur zu 28%. Je mehr Zeit vor der Schaltung verbleibt, desto eher können auf Basis der Erkenntnisse Optimierungen durchgeführt und kreative Umsetzungen auf Zielgruppe und Markt abgestimmt werden." (Aus: Volker Trommsdorf: Werbe-Pretests-Praxis und Erfolgsfaktoren. Stern-Bibliothek. Gruner+Jahr. Hamburg 2003. S. 93 f.)

Die Forscher um Professor Trommsdorf haben in ihrer Studie eine Pretest-Typologie der von ihnen untersuchten 122 Kampagnen-Fallstudien entwickelt, die in Abb. 16.8 dargestellt ist. Dabei werden die Fallstudien in vier Gruppen unterteilt, wobei als Einteilungskriterien die im Markt erzielten Kampagnenergebnisse (Zielerreichung im Markt) und die entsprechenden Voraussagen aus dem Pretest (Zielerreichung im Pretest) gewählt wurden. Aus den Ergebnissen lassen sich erste Aussagen über die Prognosekraft von Pretests gewinnen. Bei den Performers (37%) handelt es sich um positiv getestete Kampagnen, die auch am Markt erfolgreich waren. Das ist zwar ein hoher Wert, aber noch kein völlig überzeugender Nachweis für die Sinnhaftigkeit von Pretests, denn es gibt mit den Convinced Doers (20%) negativ getestete Kampagnen, die dennoch im Markt erfolgreich waren. Der Anteil der Disappointed Trusters (13%) ist relativ niedrig, während der Anteil der Losers (30%) wieder relativ hoch ist. Beides stellt doch einen Beweis für die Sinnhaftigkeit von Pretests dar, denn wenn ein großer Anteil der negativ getesteten Kampagnen (Losers) oder nur ein sehr geringer Anteil der positiv getesteten (Disappointed Trusters) am Markt durchfallen, zeigt das die Prognosekraft von Pretests.

Trommsdorf interpretiert die Zahlen noch genauer, um den Nachweis über die Fähigkeit von Pretests zur Werbeerfolgsdiagnose zu untermauern: „Betrachtet man die Spalten „Zielerreichung im Pretest gering" und „Zielerreichung im Pretest hoch" als jeweils 100%, erkennt man (siehe Tabelle), dass 74% aller im Pretest erfolgreichen

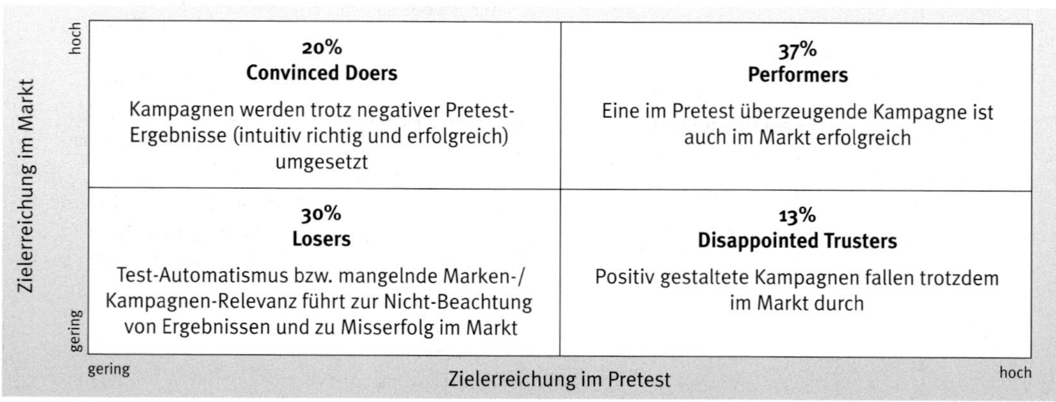

Abb. 16.8: Erfolgswirkung von Pretest-Ergebnissen (aus: Volker Trommsdorf: Werbe-Pretests – Praxis und Erfolgsfaktoren. Stern-Bibliothek. Gruner+Jahr. Hamburg 2003. S. 102)

Kampagnen auch eine hohe Zielerreichung im Markt aufweisen. Umgekehrt und dieses Bild bestätigend weisen 60% der Kampagnen mit geringer Zielerreichung im Pretest auch eine geringe Zielerreichung im Markt auf." (Aus: Volker Trommsdorf: Werbe-Pretests-Praxis und Erfolgsfaktoren. Stern-Bibliothek. Gruner+Jahr. Hamburg 2003. S. 103 f.)

		Zielerreichung im Pretest	
		Gering	Hoch
Zielerreichung im Markt	Hoch	40%	74%
	Gering	60%	26%
	Summe	100%	100%

Die wichtigsten Verfahren zur Messung der Werbewirkung (Werbeerfolgsdiagnose) werden in den folgenden Abschnitten, bei denen die Unterteilung in Pre- und Posttestverfahren im Vordergrund steht, vorgestellt und sinnvolle Anwendungsmöglichkeiten beschrieben (wer sich für weitere in den Abb. 16.10 und 16.11 aufgeführten Methoden interessiert, findet Informationen bei Alexander von Engelhardt: Werbewirkungsmessung. Fischer. München 1999). Bei den Verfahren der Werbeerfolgsdiagnose handelt es sich teilweise um apparative Beobachtungsverfahren, bei denen im Labor-Experiment mithilfe technischer Hilfsmittel beispielsweise die Anzeigenwahrnehmung, der Blickverlauf oder das Aktivierungspotenzial von Werbemitteln getestet werden kann (vgl. auch Kapitel 11 Beobachtung und 12 Experimente). Es ist inzwischen unstrittig, dass apparative Beobachtungsverfahren in Kombination mit verschiedenen Befragungsverfahren nicht nur in der Werbeforschung, sondern auch in der Produktentwicklung und in der Verpackungsgestaltung wertvolle Erkenntnisse liefern.

Die weitere Darstellung orientiert sich an den in den Abb. 16.9 und 16.10 aufgeführten Wirkungskriterien.

Wirkungskriterium	Beobachtung/ Wahrnehmung	Allgemeine Aktivierung	Anmutung und Bewertung
Faktor z.B. Möglicher Indikator Mögliches Verhalten	Blickverlauf Pupillenbewegung Eye-Mark-Recorder	Psychische Aktivierung Schweißausbruch Psychogalvanometer	Gefallen Lächeln Beobachtung
Einzelverfahren	**Klassische Verfahren** • Eye-Mark-Recorder • Compagnon-Verfahren **Aktualgenetische Verfahren** • Tachistoskop • Tacho-Akustoskop **Gestaltfestigkeit** • Torsions-Stereoskop **Weitere Verfahren** Messung des Feedbacks auf das Werbemittel (über E-Mail, Hotline ...)	**Psychophysiologische Verfahren** • Hautwiderstandsmessung (Psychogalvanometer, EDR-Messung) • Pupillometrie • EEG • EKG • Blutdruckmessung • Messung des Lidschlages • Messung des Speichelflusses ... **Neurophysiologische Verfahren** • Magnetresonanztomograf / fMRT • PET (Positronen-Emmissions-Tomograf)	**Darbietungsformen** • Aktualgenetische Verfahren **Befragungstechniken** (Verfahren der Einstellungsmessung) • Like-Dislike-Fragen • Skalierungsverfahren (Rating-Skalen, Kunin-Skala ...) **Beobachtungstechniken** • FAST-Technik (Facial Affect Scoring-Technique)

Abb. 16.9: Verfahren der Werbewirkungsmessung in Anlehnung an Alexander von Engelhardt: Werbewirkungsmessung. Fischer. München 1999. S.39

16.3.1.1 *Verfahren zur Messung der Beobachtung/Wahrnehmung*

Eye-Mark-Recorder (Blickverlauf und Prägnanz)
Der Eye-Mark-Recorder erinnert von seinem Aussehen ein wenig an eine Sonnenbrille, an der sich pro Auge eine Infrarotlichtquelle und zwei Photozellen befinden. Beim Betrachten eines Bildes wird infrarotes Licht auf die Augen gestrahlt, reflektiert, von einer Photozelle aufgefangen und in elektrisches Potenzial umgewandelt. Die elektrischen Potenziale werden in mechanische Bewegungen umgewandelt und aufgezeichnet. Natürlich handelt es sich hier um eine für die Probanden sehr künstliche Versuchssituation, weshalb einige Wissenschaftler davon ausgehen, dass das Verhalten der Probanden durch den stark experimentellen Charakter der Testsituation nicht mehr der Normalsituation entspricht. Auf der andern Seite lassen sich Fixationen der Augen nur in geringem Maße bewusst steuern, sodass die erhobenen Ergebnisse im Sinne einer Optimierung der Kreation schon einen erheblichen diagnostischen Wert besitzen.

→ *Mit dem Eye-Mark-Recorder lassen sich der Blickverlauf, die Fixationen bei Werbemitteln (Anzeigen, Plakate, TV- oder Kino-Spots) und insofern die Prägnanz des Werbemittels bzw. einzelner Elemente ermitteln.*

Weitere Einsatzbereiche liegen bei Packungsgestaltungen, Regalgestaltungen, Messeständen sowie Bandenwerbung.
Wenn man weiß, dass das Auge nur dann Informationen aufnehmen kann, wenn es fixiert ist, wird einem klar, warum man schon in Pretests etwas über die Fixationen, den Blickverlauf und die Prägnanz herausfinden möchte.
Neben dem Blickverlauf liefert die Blickaufzeichnung mithilfe des Eye-Mark-Recorders Antworten auf folgende Fragen:

- Wird meine Anzeige im Umfeld tatsächlich beachtet?
- Wie intensiv steigen die Zielpersonen in die Anzeige ein?
- Welche Anzeigenelemente (Absender, Bild, Headline, Copy und Slogan) werden wie intensiv wahrgenommen?
- Kommt es zu sog. „Vampireffekten" (Ablenkung)?, d.h. werden Anzeigenelemente beachtet, die nicht helfen, die Werbebotschaft zu transportieren? Ein gerade bei der nicht produktaffinen Verwendung von Erotik in der Werbung häufiges Problem (vgl. auch Kapitel 8 im Band Werbung planen).
- Wie gründlich werden die Texte spontan gelesen?

Compagnon- oder Spiegeltisch-Verfahren (Blickverlauf)
Bei diesem Verfahren wird ein Proband unbemerkt beim Betrachten einer Zeitschrift oder eines Anzeigenfolders gefilmt. Mit der einen Kamera, die in einem Spiegeltisch versteckt ist, werden die Augenbewegungen beim Anschauen des vorgelegten Werbeträgers von unten erfasst. Eine zweite Kamera im Rücken des Probanden ermöglicht die Zuordnung zu den einzelnen Anzeigen. In der synchronisierten Auswertung erfolgt dann eine Zuordnung zu den Elementen des betreffenden Reizes. Dieses Verfahren versucht, die Künstlichkeit der Beobachtungssituation und damit mögliche Verzerrungseffekte zu minimieren, hat aber unter Umständen Probleme bei der Zuordnung, welche Elemente wie intensiv betrachtet wurden.

Tachistoskop (Prägnanz und Lesbarkeit von Texten)
Die Ganzheitspsychologie hat die Theorie der Aktualgenese entwickelt. Danach wird Wahrnehmung schon von ersten, oft nur gefühlsmäßigen bzw. emotionalen Anmutungen geprägt, das heißt, die Wahrnehmung von komplexem Reizmaterial (z.B. eine Anzeige oder ein TV-Spot) erfolgt nicht schlagartig, sondern allmählich.

→ *Mithilfe von Tachistoskop-Tests, die mit Befragungen verbunden werden, lassen sich diese ersten vorbewussten Anmutungen der Wahrnehmung ermitteln und gezielt analysieren.*

Die unbewusst wahrgenommenen ersten Eindrücke können nämlich schon positiv oder negativ besetzt sein, das heißt, die Einstellung zur Werbung bzw. zur Marke wird beeinflusst oder kann, im schlimmsten Fall, bereits zum Abbruch der Wahrnehmung führen. Andererseits kann dieser erste Eindruck das gefühlsmäßige Erfassen der Anzeige verstärken und dadurch zu einer klareren und intensiveren Wahrnehmung führen.

→ *Neben diesen ersten Anmutungen lässt sich mithilfe eines Tachistoskopes auch die Prägnanz eines Werbemittels testen.*

Unter Prägnanz versteht man, vereinfacht ausgedrückt, ob man bei einem Werbemittel schnell erkennt, worum es geht. Prägnanz beschreibt insofern die äußere Gestaltfestigkeit eines Werbemittels und damit die Fähigkeit, sich gegenüber anderen Umweltreizen, aber vor allem anderen Werbebotschaften durchzusetzen. Allgemein gelten diejenigen Werbemittel als prägnant, die – im Vergleich zu anderen – auch unter ungünstigen Wahrnehmungsbedingungen erkannt werden. Als prägnante Eigenschaften gelten: Regelmäßigkeit, Symmetrie, Geschlossenheit, gute Figur-Grund-Differenzierung etc. (Mehr zu diesem Thema findet sich in Kapitel 8 über Kreation im Band „Werbung planen".)
Beim Tachistoskop (griechisch; schnellsehen) handelt es sich um ein auf elektronischer Basis funktionierendes Gerät, mit dem optische Reize extrem kurzzeitig, ab 1/1.000 Sekunde aufwärts, dargeboten werden. Zum Beispiel wird ein Anzeigenentwurf in Form eines Dias bei Projektionsgeräten oder bei modernsten elektronischen Apparaten in originaler Größe und Beschaffenheit in ein Tachistoskop gegeben und mit stroboskopischen Blitzen in aufsteigenden Expositionszeiten gezeigt. In der Werbeforschung sind Zeiten zwischen 1/1.000 Sekunde und ca. zehn Sekunden üblich, noch kürzere sind wenig ergiebig, da eine Anzeige meist ein zu komplexes Reizmaterial darstellt. Die Probanden sollen bei jeder Exposition sagen, was sie glauben gesehen zu haben, welche Eindrücke sie hatten, was das Gezeigte wohl sein könnte. Die Äußerungen des Probanden werden dokumentiert (aufgeschrieben oder auf Tonband aufgezeichnet). Der Wahrnehmungsprozess wird hier also im Sinne der Aktualgenese künstlich zerlegt.

Beispiel

Bei einer Anzeige eines Lebensmittelherstellers für eine neue Eiscremesorte ergab sich:

- 1/1.000 sec: Proband spricht nur von dunklen Farben, die er wahrgenommen hat.
- 1/500 sec: Er sieht unterschiedliche Farbfelder, die voneinander abgegrenzt sind, ohne sie näher zu identifizieren.
- 1/250 sec: Die Farbfelder haben für ihn unterschiedliche Braun- und Rottöne. Am Rande sieht er ein ovales rotes Zeichen.
- 1/100 sec: Er identifiziert das rote Zeichen als das Firmenlogo des Lebensmittelherstellers, das sehr bekannt ist.
- 1/50 sec: Er kann die Farbfelder immer noch nicht erkennen, vermutet von den Farben her irgend etwas mit Pizza, was er auch mit der Produktpalette des werbenden Unternehmens assoziiert.
- 1/10 sec: (Anmerkung: Aufgrund von Erfahrungswerten sollten bei dieser Expositionszeit die Grundaussagen der Werbebotschaft erarbeitet sein, wenn es sich um eine gute Gestaltung handelt): Er sieht jetzt auch einen hellen Gegenstand, der nach oben weist. Die Farbfelder werden für ihn immer bestimmter: „Das muss eine Pizza-Abbildung sein."
- Erst bei 5 sec Expositionszeit bemerkt der Proband, dass es sich um eine Eiscremewerbung handelt und der helle Gegenstand eine darauf gesetzte Waffel ist.

Da sich bei anderen Probanden ähnliche unkonkrete Anmutungserlebnisse und Schwierigkeiten mit der Identifizierung der Produktbotschaft ergaben, empfahl es sich, die vorgesehene Werbegestaltung gründlich zu überarbeiten.
(Aus: Werner Pepels (Hrsg.): Moderne Marktforschungspraxis. Luchterhand. Neuwied 1999. S. 234 ff.)

Das Tachistoskop wird von Marktforschungsinstituten im Rahmen der apparativen Beobachtungsmethoden häufig angeboten. Dabei wird eine tachistoskopische Untersuchung fast immer mit Befragungsmethoden kombiniert eingesetzt. Die Vorwürfe an die Methode, dass sie stark von der Auffassungs- und Ausdrucksfähigkeit der Probanden abhängig sei, können entkräftet werden, denn Wahrnehmungsprozesse laufen im Allgemeinen nach den gleichen psychologischen Gesetzen ab. Das heißt, dass beispielsweise das Nichterkennen von Anzeigenelementen nichts mit unterschiedlicher Rezeptionsgeschwindigkeit oder Intelligenz der Probanden zu tun hat, sondern das Ergebnis von Gestaltungsfehlern ist, und genau die will man ja ermitteln. Diese gleichlaufenden Wahrnehmungsprozesse rechtfertigen auch relativ kleine Stichprobengrößen, denn Gestaltungsfehler, die schon bei kleinen Stichproben auffallen, werden sich auch bei wesentlich mehr Probanden ergeben.

„Die Ergebnisse des Tachistoskop-Tests beantworten fünf entscheidende Fragen zur Wahrnehmungswirkung eines bestimmten Werbemittels:

1. Wie sehen die Wahrnehmungsdominanten aus? Der Test klärt, welche Gestaltungselemente der Rezipient früher als andere erkennt und inwieweit sie sich mit zentralen Werbeaussagen decken, die das Werbemittel schließlich zuerst vermitteln soll.
2. Wie prägnant sind einzelne Gestaltungsmerkmale? Dabei interessiert, ob der Rezipient die Elemente sofort, auch bei kurzen Expositionszeiten, richtig erkennt und nicht fehldeutet.
3. Wie verhält es sich mit der Marken- und Produktadäquatheit? Hier stellt sich heraus, ob bestimmte Gestaltungselemente die Marken- oder Produkterkennung gefährden oder völlig fehlleiten.
4. Wie gut lesbar sind die Texte des Werbemittels?
5. Wie hoch sind die Erinnerungs- und Wiedererkennungswerte des Werbemittels?"

(Entnommen aus: Alexander von Engelhardt: Werbewirkungsmessung. Fischer. München 1999. S. 64)

16.3.1.2 Verfahren zur Messung der allgemeinen Aktivierung

Unter Aktivierung versteht man die Intensität der physiologischen Erregung im zentralen Nervensystem. Aktivierung bedeutet insofern die innere Reaktionsbereitschaft der physiologischen Systeme, man könnte auch sagen, mit wie viel Interesse oder Wachheit werden wahrgenommene Reize verarbeitet, wobei eben auch werbliche Reize die schon vorhandene Aktivierung positiv beeinflussen können. Die Nähe des Aktivierungsbegriffs zum Thema Involvement wird direkt deutlich, wobei die Stärke des aktivierenden Auslösereizes bei hoch involvierten Zielpersonen wesentlich geringer sein muss als bei wenig involvierten (Normalfall). Um etwas zu lernen, ist ein Mindestmaß an Aktivierung notwendig, aber zu starke Aktivierung verhindert, genau wie zu geringe, mögliche Lerneffekte.

Im Zusammenhang mit der Aktivierung unterscheidet man üblicherweise drei große Gruppen von Reizarten:

- emotionale Reize,
- kognitive/gedankliche und
- physische Reize

(vgl. dazu Kapitel 8 im Band „Werbung planen").

Allerdings ist diese Einteilung nur für die Kreation von Werbemitteln interessant, da Aktivierung als physiologisches Phänomen unabhängig von der jeweils vorhandenen Reizart an Reaktionen des Körpers gemessen werden kann.

→ *Das Aktivierungspotenzial eines Werbemittels lässt sich über unterschiedliche Reaktionen des Körpers ermitteln.*

Dazu gehören erhöhte Leitfähigkeit der Haut (Hautwiderstandsmessung/EDR-Verfahren), Veränderung der Augen (Pupillometrie), Messung der Hirnströme (EEG), des Herzschlages (EKG) oder der Durchblutung des Gehirns (Kernspintomografie).

Im Folgenden sollen mit der Hautwiderstandsmessung und der Pupillometrie die zwei in der Marktforschungspraxis gängigsten Verfahren kurz dargestellt werden.

Hautwiderstandsmessung/Psychogalvanometer (PGA)/Elektrodermale Reaktion (EDR)
Das Hautwiderstandsmessgerät, auch Psychogalvanometer oder EDR-Verfahren (Elektrodermale Reaktion) genannt, ist sicher das bekannteste apparative Beobachtungsverfahren, zumal es als „Lügendetektor" in vielen Filmen vorkommt. Dass Reize auch körperliche Reaktionen hervorrufen, die vom vegetativen Nervensystem gesteuert werden und sich der willentlichen Kontrolle entziehen, ist mittlerweile unstrittig.

Diese Tatsache lässt sich besonders deutlich an der galvanischen Hautreaktion, einem besonders empfindlichen physiologischen Indikator psychischer Vorgänge, nachweisen. Wenn man die Elektroden des Gerätes an die Haut eines Menschen, vor allem am Finger, anlegt und einen schwachen Fremdstrom zuführt, kann man auf einer Skala jede Änderung der Leitfähigkeit und des Widerstandes gegenüber diesem Strom ablesen. Ein Abfall des elektrischen Hautwiderstandes und ein Anstieg der Leitfähigkeit ist ein Hinweis auf eine erhöhte psychische Aktivität. Bis zu diesem Punkt liefert das Verfahren valide Daten.

→ *Probleme bereitet die Interpretation der Daten, denn es kann unterschiedlichste Gründe für die gemessene, aktuelle psychische Reaktion geben.*

Neben dem dargebotenen Werbemittel kann die erhöhte Aktivierung auch von psychologischen Phänomenen wie Spannung, Schrecken, Überraschung, Furcht, Verwirrung, Widerwillen, Bestürzung, Erregung, Anziehungskraft ausgelöst werden, die nichts mit dem Werbemittel zu tun haben. Außerdem kann der Grad der gemessenen Aktivierung durch Störfaktoren wie individuelle Muskelaktivität des Probanden, unterschiedliche Hautbeschaffenheit, Tageszeit, aktuelle Luftfeuchtigkeit und Zimmertemperatur beeinflusst werden.

Mithilfe dieses Gerätes lässt sich zwar durchaus ein Aktivierungs-Effekt von Reizvorlagen aller Art, z.B. Bildmotive für geplante Anzeigen, Verpackungsentwürfe, Filmszenen für einen vorgesehenen Werbespot, messen. Dabei empfiehlt sich, auch vor dem Hintergrund der erwähnten Interpretationsspielräume, eine Verfahrenskombination mit anderen Methoden (z.B. gleichzeitige Exploration am Tachistoskop).

Pupillometrie
Die Pupillometrie ist ein apparatives Verfahren bei dem mit Hilfe einer Spezialbrille (mit integrierter Aufzeichnungskamera) die Veränderung der Pupille einer Testperson beim Betrachten von Werbemitteln gemessen werden kann. Aus der medizinischen Forschung ist bekannt, dass sich die Pupillengröße nicht nur durch physische Faktoren wie z.B. Schwankungen der Lichtintensität ändert, sondern auch bei der emotionalen und kognitiven Verarbeitung von Sinnesreizen. Die Differenz zwischen der Pupillengröße vor dem gezeigten Stimulus (z.B. Print-Anzeige oder TV-Spot) und nachher lässt daher Rückschlüsse auf die kognitive und emotionale Beteiligung (Aktivierung) der Testperson zu. Dabei wird heute davon ausgegangen, dass positive Reaktionen eher zu einer Pupillenvergrößerung und negative eher zu einer Verkleinerung der Pupille führen.

16.3.1.3 Verfahren zur Messung der Anmutung und Bewertung
Die Bedeutung der ersten Anmutungen für die Werbewirkung wurden bereits im Zusammenhang mit der Aktualgenese bzw. der Beschreibung des Tachistoskops beschrieben. Neben dem Tachistoskop können hier auch assoziative Verfahren der Befragung wie das semantische Differenzial oder Polaritätenprofil eingesetzt werden. Außerdem können auch Beobachtungen angewendet werden, wobei vor allem die Mimik eine Menge über die emotionalen Empfindungen von Probanden aussagen kann. Eine Möglichkeit stellt das sogenannte FAST-Verfahren (Facial Affect Scoring Technique) dar, bei dem den Forschern ein Bildatlas zur Verfügung steht, mit dem sie die Mimik von Probanden beurteilen können.

Das schon erwähnte Buch von Volker Trommsdorf: Werbe-Pretests – Praxis und Erfolgsfaktoren (Stern-Bibliothek, Gruner+Jahr. Hamburg 2003) bietet weitere Informationen zum aktuellen Stand der Werbewirkungsmessung.

16.3.2 Posttestverfahren

Neben Aktivierung und Wahrnehmungseffekten lösen Werbemittel auch verschiedene kognitive Prozesse aus. Diese kognitiven Prozesse umfassen vor allem die Verarbeitung bzw. das Verstehen der Werbebotschaft, die Einstellungsbildung sowie die Speicherung der Werbebotschaft. Die Wahrnehmung, Verarbeitung und Speicherung von Werbemitteln ist ein ganzheitlicher Prozess, d.h., dass dabei sowohl die linke als auch die rechte Gehirnhälfte beteiligt sind. Während für die Bildverarbeitung die rechte Hirnhälfte zuständig ist, wird Text vor allem über die linke Hirnhälfte verarbeitet (Näheres dazu in Kapitel 8 im Band „Werbung planen").

Einige der Verfahren, die in Abbildung 16.10 dargestellt sind, können auch zum Pretest von Werbemitteln eingesetzt werden, doch schon an den betrachteten Wirkungsebenen „Kognitive Verarbeitung", „Einstellung" und „Kaufverhalten" kann man erkennen, dass es sich eher um Posttestverfahren handelt.

16.3.2.1 Verfahren zur Messung der kognitiven Verarbeitung

In der Phase der Informationsverarbeitung sollen die Adressaten schnell verstehen, worum es in einer Anzeige geht, was Verständlichkeit von Bild und Text erfordert. Bei den Bildern muss man sich vorher fragen, welche Assoziationen die verwendeten Motive und Farben bei den Betrachtern auslösen sollen bzw. könnten. Bei den Texten muss man versuchen, aus der Sicht der Adressaten zu schreiben, damit die Texte leicht verständlich sind. Man muss sich darüber im Klaren sein, dass Text und Bild unterschiedlich verarbeitet werden, aber auch unterschiedliche Funktionen für den werblichen Erfolg haben.

Die Verständlichkeit von Bild und Text ist für die Verarbeitung der werblichen Informationen und damit für die Werbewirkung ganz zentral, denn das Werbemittel muss richtig entschlüsselt, das heißt, verstanden werden, um seine Funktion zu erfüllen. Bei der Werbemittelgestaltung muss deshalb alles vermieden werden, was diesen Pro-

Wirkungskriterium	**Kognitive Verarbeitung**	**Einstellung**	**Kaufverhalten**
Faktor z.B. **Möglicher Indikator** **Mögliches Verhalten**	Speicherung im LZG geäußerte Erinnerung Recall-Messung	Sympathie geäußerte positive Assoziation Assoziationsverfahren	Kaufentscheidung Umsatz Single-Source-Erhebung
Einzelverfahren	**Erhebung Verstehen** • Recall-Test • Skalierungsverfahren **Erhebung Lernen** • Direkte Verfahren (Recognition-Test, Recall-Test, Impact-Test, DAR-Test ...) • Indirekte Verfahren (Aktualgenetische Verfahren)	**Skalierungs-Verfahren** • Likert-Skala • Polaritäten-Profil / Semantisches Differenzial **Qualitative Befragungen** • Tiefen-/Einzelinterview • Gruppendiskussion • Expertenbefragung **Indirekte Verfahren** • Bilder-Erzähltest ... **Assoziationsverfahren** • eingeschränkte Assoz. **Messung innerer Bilder** • (Imagery-Forschung)	**Erhebung kaufnahen Verhaltens** • Testmarkt-Simulation **Kaufverhalten** • Single-Source-Ansatz (Elektronischer Minimarkttest, z.B.: GfK Behaviour Scan oder regionaler Markttest)

Abb. 16.10: Verfahren der Werbewirkungsmessung II in Anlehnung an Alexander von Engelhardt: Werbewirkungsmessung. Fischer. München 1999. S. 40

zess be- oder sogar verhindert. Man muss sich also schon bei der Gestaltung fragen, ob beispielsweise Bild und Text schnell und richtig verstanden werden können. Außerdem lohnt sich ein Blick auf mögliche Ablenkungs- bzw. Vampireffekte durch einzelne Elemente.
Ob Probanden eine Werbebotschaft verstanden haben, lässt sich auf vielfältige Art und Weise erfassen (z.B. über Beobachtung der Mimik, Recall-Tests, Skalierungsverfahren).

➔ *Für den Bereich Textverständlichkeit gibt es inzwischen wissenschaftlich abgesicherte Erkenntnisse.*

Die Kommunikationsforscher und Lernpsychologen Langer, Tausch und Schulz von Thun haben mit Einfachheit, Gliederung/Ordnung, Kürze/Prägnanz und den anregenden Zusätzen vier Merkmale der Textverständlichkeit ermittelt, die auf einer fünfstufigen Skalierung beurteilt werden sollen. Die Bedeutung dieser vier Merkmale hängt natürlich vom jeweiligen Werbemittel und insofern der Textart ab (Headline, Copy-Text, Direct-Mailing, Katalog, Folder, Funk-Spot, TV-Spot, Plakat etc.).
Da sprachliche Informationen im Gedächtnis in hierarchischen Strukturen abgelegt werden, erleichtert eine gewisse systematische Ordnung eines neuen Textes auch die Abspeicherung der Information, da die Zuordnung zu den „richtigen“ Speicherplätzen einfacher gelingt. Allerdings lassen sich Verständlichkeitsprobleme meistens schon durch normale Befragungen ermitteln, zumal bei „klassischer“ Werbung im Gegensatz zu Katalogen, dem Internet oder Mailings nur noch selten längere Texte vorkommen.
Nach dem Verstehen soll Informations-Speicherung stattfinden und im Hinblick auf die erwünschte Wirkung und Verhaltensänderung dann natürlich Erinnern. In voranstehenden Abschnitten wurde diesbezüglich zwischen Recall und Recognition unterschieden, und auch in der Werbewirkungsforschung spielen – entsprechend – Recall- und Recognition-Tests, die im folgenden Abschnitt dargestellt werden, eine herausragende Rolle.

Wiedererkennungstest (Recognition)
In den 20er-Jahren des letzten Jahrhunderts glaubte Daniel Starch, ein berühmter amerikanischer Marktforscher, ein Verfahren gefunden zu haben, mit dem die Aufmerksamkeit gemessen werden konnte. Erst später stellte sich heraus, dass der nach ihm benannte und noch heute häufig verwendete Starch- bzw. Recognition-Test (Wiedererkennungs-Test) eigentlich die Gedächtnisleistung (Speicherung) und nicht die Aufmerksamkeitsleistung misst.
Beim klassischen **Starch-Test** (Stichprobengröße: normalerweise zwischen 150 bis 200 Probanden) blättert der Versuchsleiter mit jeder Testperson die letzte Nummer einer Zeitschrift am Ende des Erscheinungsintervalls durch.

➔ *Die Versuchsperson muss zu jeder Anzeige angeben, ob sie die Anzeige schon gesehen hat, ob die Marke bemerkt wurde und welche Anzeigenelemente wahrgenommen wurden.*

Zur Kontrolle sind häufig Anzeigen einmontiert, die noch nie geschaltet wurden.
Der Proband soll also bereits erlerntes Material (z.B. Anzeigen) identifizieren und wiedererkennen. Im Anschluss lässt sich der Recognition-Wert einer Anzeige, je nach Ausmaß der Wiedererkennung durch die Probanden ermitteln:

- noted score: Anteil der Personen, die angeben, die Anzeige gesehen zu haben (wahrgenommen, beachtet),
- seen associated score: Anteil der Personen, die angeben, auch die Marke / den Hersteller beachtet zu haben (gesehen und mit Vorstellungen verknüpft) und
- read most score: Anteil der Personen, die angeben, mehr als die Hälfte der jeweils beachteten Anzeige gelesen zu haben.

Hinsichtlich Objektivität und Zuverlässigkeit (Reliabilität) gibt es keine Einwände gegen dieses Verfahren. Allerdings werden häufig Zweifel an der Gültigkeit (Validität) der mithilfe von Recognition-Tests erhobenen Ergebnisse laut. Vor allem, wenn die von den Probanden geäußerte Wiedererkennung ungeprüft in die Ergebnisse übernommen wird, muss man die Ergebnisse anzweifeln. Denn die Versuchspersonen neigen oft dazu, ihr „gutes Gedächtnis“ zu beweisen, sodass mehr wiedererkannt wird, als tatsächlich gesehen wurde (**„Prestige-Effekt“**). Überprüfungen haben gezeigt, dass die Befragten Beachtungswerte für Anzeigen genannt haben, die sie unmöglich vorher gesehen haben konnten. Auch aus diesem Grund werden Kontrollmöglichkeiten eingebaut, z.B. in Form von Werbemitteln, die noch nie gesehen werden konnten.

Das Involvement der Probanden kann ebenfalls Einfluss auf die Ergebnisse von Recognition-Tests haben, denn Personen mit einem hohen Interesse an der Produktkategorie werden wesentlich mehr Anzeigen dieser Kategorie wiedererkennen als am Thema nicht interessierte. Außerdem handelt es sich bei Recognition-Tests immer um Einmal-Kontakte, d.h., dass in der Realität häufig vorkommende Phänomene wie externe Überschneidungen mit anderen Medien (Mix-Kontakte) nicht messbar sind. Bei bereits bekannten, im Markt etablierten Marken können auch Carry-Over-Effekte (aus Vorperioden) und Spill-Over-Effekte (Marke ist auch durch andere Kommunikationsaktivitäten im Bewusstsein der Probanden präsent) auftreten.

Trotz dieser kritischen Anmerkungen bleibt festzuhalten, dass man mit Recognition-Tests zumindest nachweisen kann, mit welchen Anzeigen und Anzeigenelementen sich Probanden auseinandergesetzt haben und mit welchen nicht, oder anders ausgedrückt, welche Anzeigen sich im Werbeumfeld gegenüber anderen durchgesetzt haben. Auf der andern Seite lässt sich ein direkter Zusammenhang zwischen Recognition und Kaufverhalten nicht herstellen.

Erinnerungstest (Recall)

Die verschiedenen Formen des Recall-Tests messen im Gegensatz zu den Recognition-Tests die aktive Gedächtnisleistung bzw. Lernleistung, d.h. die Erinnerung an ein Produkt oder eine Marke sowie an einzelne Elemente eines Werbemittels. Der Proband soll aus der Erinnerung reproduzieren, welche Werbemittel er wahrgenommen hat und an welche Elemente der Werbung er sich erinnern kann. Der wesentliche Unterschied zwischen den verschiedenen Recall-Tests liegt in ihrer Messmethode und in den Erinnerungshilfen für den Befragten. Man unterscheidet zwei Formen:

- Ungestützte Erinnerung (unaided recall): Der Befragte erhält keinerlei Hilfen für die Erinnerung an die Werbemittel (Bsp.: Nennen Sie fünf Automarken, für die in letzter Zeit im Fernsehen geworben worden ist (aktive Markenbekanntheit). Anschließend könnte noch nach den Inhalten der Spots gefragt werden.
- Gestützte Erinnerung (aided recall): Der Befragte erhält Erinnerungshilfen in Form von Produktlisten (produktgestützter Recall), Markenlisten bzw. Logos (markengestützter Recall), Titelkarten, Verpackungen etc., die ihm die Erinnerung erleichtern (eigentlich handelt es sich hierbei eher um Formen der Wiedererkennung (Recognition) als um aktives Wieder-Erinnern).

„Der Erinnerungstest oder Recalltest wurde 1948 in den USA von Gallup und Robinson entwickelt. Sie prägten für ihr Verfahren auch den Namen **Impact-Test**.

Bei dem Impact-Test nach Gallup wird dem Befragten die letzte Ausgabe einer Zeitschrift vorgelegt und gefragt, ob er diese Ausgabe gelesen hat. Der Proband gilt dann als Leser, wenn er sich an bestimmte Inhalte der Testausgabe konkret erinnern kann (proven recall). Anschließend werden der Versuchsperson Kärtchen mit Marken- und Herstellernamen vorgelegt, zu denen sie jeweils angeben soll, ob für die Marke / den Hersteller in der Ausgabe geworben wurde oder nicht. (Zur Kontrolle werden auch Marken aufgeführt, für die nicht in der Testausgabe geworben wurde.) Falls er sich an beworbene Marken erinnern kann, wird er gebeten, Einzelheiten aus der Anzeige zu nennen (Abbildungen, Text, Headline, Slogans) [Anmerkung des Verfassers: auch Visual Recall, Copy Recall, Main Claim Recall, Slogan Recall, Benefit Recall etc. möglich].“

(Aus: Werner Pepels (Hrsg.): Moderne Marktforschungspraxis. Luchterhand. Neuwied 2000. S. 583)

Dieses „klassische" Recall-Verfahren kann noch ergänzt bzw. verfeinert werden. So wird bei modernen Impact-Tests neben der Erinnerung an das Werbemittel zusätzlich befragt, ob das Werbemittel positive oder negative Eindrücke/Anmutung (Likes/Dislikes) ausgelöst hat, und wie es im Vergleich zu anderen Werbemitteln beurteilt wird.

Um noch detailliertere Angaben zu bekommen, kann auch noch ein sog. Hidden-Test eingesetzt werden, bei dem die Probanden verdeckte Anzeigenelemente oder Spotausschnitte selbstständig durch Beschreibung vervollständigen sollen.

Je nach Zeitpunkt, an dem ein Recall-Test durchgeführt wird, unterscheidet man zwischen **Same Day Recall** (SDR) oder **Day After Recall** (DAR), welcher die Erinnerung am Tage nach der Schaltung eines Werbemittels abtesten soll. Die Day-After-Recall-Tests (DAR) lassen sich sowohl für Anzeigen (Print) als auch für Werbespots (TV) durchführen:

„Der **Print-DAR-Test** wird mit einer Originalausgabe einer Zeitschrift durchgeführt, die den Probanden zwei bis drei Tage vor der Befragung zur Durchsicht übergeben wird. Der Sinn des Tests ist für die Probanden nicht erkennbar. Man geht davon aus, dass zwischen Nutzung des Heftes und Befragung mindestens ein Tag (24 Std.) liegen soll. Befragt werden 200 Personen, die Leser der jeweiligen Zeitschrift sind. Der Test findet in der Wohnung des Befragten statt. Erfragt werden die Erinnerungswerte für die geschalteten Anzeigen oder beworbenen Marken.

Beim **TV-DAR-Test** wird die Erinnerung an Werbespots gemessen, die am Vortag gesendet wurden. In einer Auswahl-Phase (Screening) werden zunächst Personen per Telefon rekrutiert, die das Vorabendprogramm und einen bestimmten Werbeblock gesehen haben. Die so selektierten Personen werden dann nach ihrer Erinnerung an die gesendeten Spots und deren Inhalte befragt."

(Aus: Werner Pepels (Hrsg.): Moderne Marktforschungspraxis. Luchterhand. Neuwied 1999. S. 584)

Eine besondere Variante der TV-Forschung stellt der **CEDAR-Test** (Controlled Exposure Day After Recall-Test) dar. Durch einen besonderen Versuchsaufbau soll eine erhöhte Aufmerksamkeit der Probanden aufgrund der experimentellen Situation im Studio verhindert werden. Dazu wird eine Testperson eingeladen und während einer vorgetäuschten Wartesituation ein Werbespot ausgestrahlt, der anscheinend nur die Wartezeit verkürzen soll. Der Proband wird anschließend über einen anderen Spot befragt. Erst am nächsten Tag erhält der Proband einen Anruf, in dem dann nach den Inhalten des eigentlichen Werbespots gefragt wird.

Da sich die grundsätzliche Vorgehensweise bei Recall- und Recognition-Verfahren kaum unterscheidet, sind die Schwachpunkte relativ ähnlich. Es ist klar, dass jede Hilfe die Erinnerung erleichtert, was zu besseren Recall-Werten führt. Auch beim Recall-Test gilt, dass bekannte Marken besser erinnert werden als solche mit niedriger Bekanntheit. Das zeigt sich dann dadurch, dass in der Befragung Marken genannt werden, für die in der Testausgabe gar nicht geworben wurde. Weiteren Einfluss hat die Struktur der Stichprobe. Ähnlich wie beim Recognition-Test zeigt sich, dass Werbemittel bei ihren Zielpersonen bessere Werte erzielen als in der allgemeinen Leserschaft. Einen starken Einfluss auf die Ergebnisse des Recall-Tests hat auch die Dauer zwischen Werbemittelkontakt und Zeitpunkt der Erhebung. Je länger dieser Abstand wird, desto schlechter werden die Ergebnisse (Vergessen).

Durch zahlreiche Copytests, die in den letzten 30 Jahren von Verlagen und Marktforschungs-Instituten durchgeführt wurden, gibt es Vergleichswerte, die z.B. als Benchmark verwendet werden können. Vor allem der ungestützte Recall, der die aktive Markenbekanntheit angibt, ist wichtiger Indikator dafür, welche Marke über eine hohe Bewusstseinspräsenz verfügt (Top of Mind Awareness). Trotzdem lässt sich ein direkter Zusammenhang zwischen Recall und Kaufverhalten nicht herstellen. Hohe Recall-Werte sind zwar notwendige, aber keine hinreichende Bedingung für späteres Kaufverhalten.

Der Recall-Wert gilt gegenüber dem Recognition-Wert als härtere Währung, was sich schon darin zeigt, dass Erinnerungswerte immer deutlich unter den Wiedererkennungswerten liegen. Auf der anderen Seite gibt es, wie bereits erwähnt, Produktgruppen, bei denen wir uns als Verbraucher die Marken gar nicht merken müssen, sondern bei denen die Wiedererkennung am POS viel wichtiger ist.

Copytests

→ *Unter dem Begriff Copytest werden methodisch komplexere Kombinationen von Recall- und Recognition-Testverfahren zusammengefasst.*

Ein Beispiel ist der ARGUS-Copytest, siehe unten. Generell können Copytests als Pre- wie auch als Posttests eingesetzt werden, das heißt, vor oder nach Schaltung in den Medien.

Obwohl unter dem (an früherer Stelle schon ausgeführten) Aspekt der frühzeitigen Werbemitteloptimierung in jedem Falle ein Pretest vorzuziehen ist, werden in der Praxis die Copytests überwiegend als Posttests durchgeführt, nachdem die Werbemittel in den Werbeträgern geschaltet wurden.

Dies hängt damit zusammen, dass bei Verlagshäusern Copytests regelmäßig stattfinden und einzelne Verlage ihren Anzeigenkunden dies(e) als kostenlosen Service anbieten, die Wirksamkeit ihrer Anzeige zu überprüfen. Die Ergebnisse dieser Copytests werden anschließend von den Verlagen für eigenes Marketing bei Werbetreibenden und Media-Agenturen genutzt.

Copytests haben die Aufgabe, die Wirkung von Werbemitteln zu messen, und zwar anhand von Aufmerksamkeits-, Wiedererkennungs- und Erinnerungswerten sowie weiterer Kriterien, die die kommunikative Wirkung der Werbung zum Ausdruck bringen.

Im Folgenden soll die Funktionsweise eines Copytests am Beispiel des Stern-Argus-Copy-Tests (ARGUS = Anzeigen-Redaktions-Gemeinschafts-Untersuchungen), einem seit mehr als 25 Jahren vom STERN erfolgreich eingesetzten Verfahren, kurz dargestellt werden.

Einflussfaktoren der Anzeigenwirkung (laut ARGUS-Copy-Tests)

Grundsätzliches:
Argus misst die kommunizierte bzw. kommunizierbare Wahrnehmungsleistung von Anzeigen. Mit Argus lassen sich die folgenden Stufen der Werbewirkung erfassen:

1. Wahrnehmung des Werbemittels und seiner Elemente
2. Aufnahme der Werbebotschaft und des „Absenders"
3. Emotionaler/rationaler Appeal/Engagement

Argus zeigt neben der Wiedererkennung, wie stark sich der Betrachter mit der Anzeige auseinandersetzt.

Zur Methodik:

1. Messung des gestützten Recall (Erinnerung)/Impact nach Gallup
   Im Interview wird festgestellt, an welche Anzeige der Befragte sich in der betreffenden Werbeträger-Ausgabe erinnert (aktuelles Originalheft).
   Fragestellung: *„Hier habe ich eine Liste mit Marken-/Firmennamen. Einige davon waren mit Anzeigen in dieser Ausgabe vertreten, andere nicht. Sehen Sie doch bitte einmal diese Liste mit mir durch und sagen mir zu jeder Marke, ob Sie dafür eine Anzeige in diesem Heft gesehen haben oder nicht."*
   Mithilfe von fünf Zusatzfragen (nähere Beschreibung der erinnerten Anzeigen) wird sichergestellt, dass der Befragte die Anzeige wirklich gesehen und nicht geraten hat (geprüfter Impact). Dabei muss der Befragte mindestens drei der folgenden fünf Merkmale der Anzeige richtig benennen:

- Produkt: *„Können Sie mir noch sagen, um welches Produkt, welchen Artikel, um welches Unternehmen es sich bei ... (Marke nennen) handelt?"*
- Farbe: *„War die Anzeige schwarz-weiß oder farbig?"*

- Abbildung: *„Können Sie sich noch an die Abbildung erinnern, was war abgebildet?“*
- Überschrift/Schlagzeile: *„War etwas fett gedruckt, gab es eine Überschrift/Schlagzeile? Wie lautete sie?“*
- Text: *„Wissen Sie noch etwas darüber, was im Text gesagt wurde?“*

2. Recognition (Wiedererkennung der Anzeige) nach Starch
   Der Interviewer geht zusammen mit dem Befragten gemeinsam das Originalheft durch und streicht alles an, was der Befragte wiedererkennt.
   Fragestellung: *„Manchmal fällt einem ja eine Anzeige nicht gleich wieder ein bzw. man verwechselt Anzeigen. Ich möchte die Zeitschrift mit Ihnen einmal durchblättern, und ich werde Ihnen einige Anzeigen und auch einige Artikel zeigen. Haben Sie diese Anzeige damals gesehen oder haben Sie die Anzeige nicht gesehen? Zeigen Sie mir bitte jetzt alles, was Sie damals auf dieser Anzeige gesehen oder gelesen haben. Haben Sie das Markenzeichen (den Firmennamen) gesehen? Zeigen Sie mir jetzt bitte, wie viel Sie vom Text gelesen haben. Was haben Sie sonst noch auf dieser Anzeige bemerkt?“*
   Die Kriterien sind demnach „Anzeige gesehen“, „Marke gesehen“, „Hälfte und mehr vom Text gelesen“ sowie die Markierung der Einzelelemente im Heft.
   Interessant ist primär die Beziehung zwischen „Anzeige gesehen“ und „Marke/Firma bemerkt“: Nicht selten tritt die Marke zu wenig in den Vordergrund oder der Blickfang ist zu stark entfernt vom eigentlich umworbenen Produkt.

3. Darüber hinaus versucht der Argus-Copytest, Aussagen darüber zu treffen, wie Anzeigen funktionieren, d.h. wie relevant, wie bedeutsam das Werbemittel für den Betrachter ist bzw. welche Empfindungen bei ihm durch eine Anzeige ausgelöst werden.

Diese Untersuchung erfolgt über die Beurteilung der Anmutungsqualität von Anzeigen. Dabei werden die getesteten Anzeigen vom Betrachter hinsichtlich 17 verschiedener Kriterien beurteilt (4er-Skala).
Fragestellung: *„Hier ist noch ein Kartenspiel mit Eigenschaften, mit denen man Anzeigen beurteilen kann. Bitte sortieren Sie die Kärtchen auf dieses Blatt hier, je nachdem, ob die betreffende Eigenschaft auf die Anzeige auf dieser Seite hier sehr zutrifft, zutrifft, weniger zutrifft oder gar nicht zutrifft.“*

Anzeigenbeurteilungskriterien:	Ergebnisse einer Faktorenanalyse
– unverständlich – nicht klar – beziehungslos – unsachlich – nicht glaubwürdig – nicht seriös – überzeugend	Inhaltliche Aussagekraft einer Anzeige, d.h. die Klarheit, Sachlichkeit, Glaubwürdigkeit und Verständlichkeit einer Anzeige. Der rationale Gehalt der Anzeige, der Inhalt, die sprachliche Botschaft.
– überzeugend – fade – anspruchsvoll – bedeutungsvoll	Exklusivität einer Anzeige, d.h. wie bedeutungs- oder anspruchsvoll empfindet der Betrachter die Anzeige.
– lebendig – langweilig – heiter – stimmungsvoll – auffällig – mal was anderes – harmonisch	Emotionalität einer Anzeige, das, was wir empfinden, wenn wir die Anzeige betrachten.

Beim Faktor Inhaltliche Aussagekraft zeigt sich nur ein ganz schwacher Zusammenhang zur Anzeigenbeachtung. Viel stärker ist der Zusammenhang zwischen Beachtung und Emotionalität der Anzeige. Anzeigen, die sehr wenig an die Gefühlswelt appellieren, erreichen nur Beachtungswerte um 25%, Anzeigen, die stark an die Gefühlswelt angebunden sind, erreichen Spitzenwerte um 75%. Auch bei der Exklusivität ist ein Zusammenhang deutlich sichtbar: stärker als beim Inhalt, aber schwächer als bei der Emotionalität.

(Zusammengestellt aus: Stern-Bibliothek: Wie wirken Anzeigen. Gruner+Jahr. Hamburg 2001)

Awareness
Ein weiterer Wirkungsindikator, der zur Ebene Gedächtnisleistung gehört, ist die Awareness. Darunter wird in der Regel die Werbeerinnerung (Recall) verstanden, die vor allem in sogenannten **Tracking-Studien** erhoben wird.

→ *Tracking-Studien untersuchen in regelmäßigen Abständen, wie sich im Zeitverlauf der Werbe-Recall einer Marke verändert, und setzen die Ergebnisse zu den eingesetzten Media-Spendings ins Verhältnis.*

So kann man beispielsweise Aussagen über die Effizienz der eingesetzten Mediagelder machen. Außerdem lassen sich Abnutzungserscheinungen aktueller Kampagnen rechtzeitig erkennen. Bei Tracking-Studien handelt es sich also um kontinuierliche, begleitende Werbewirkungsforschung (Posttests), bei denen sich eine Veränderung der Wirkgröße (z.B. Werbe-Awareness) mit hoher Wahrscheinlichkeit auf die Veränderung der Einflussgrößen (z.B. Media-Spendings) zurückführen lässt (vgl. dazu auch Kapitel 12 Experimente).

Der Unterschied zwischen Tracking-Studien und Panel-Befragungen liegt darin, dass im Gegensatz zum Panel, bei dem immer die gleichen Personen befragt oder beobachtet werden, bei Tracking-Studien in jeder Befragungswelle andere Personen befragt werden. Bei Tracking-Studien ist es somit nicht möglich, Veränderungen im Zeitverlauf bei denselben Untersuchungspersonen festzustellen. Dafür bieten Trackings die Möglichkeit, immer wieder eine „unvoreingenommene" Stichprobe zu einem bestimmten Thema zu befragen. So kann etwa die Steigerung der Markenbekanntheit durch den Einsatz einer Werbekampagne im Zeitverlauf nicht in einem Panel, wohl aber in einer Tracking-Studie erhoben werden.

Grundsätzlich wird bei Tracking-Studien zwischen der allgemeinen und der medienspezifischen Werbe-Awareness unterschieden. Beide Varianten werden durch persönliche Interviews unter Vorlage der Markennamen eines Produktfeldes oder Dienstleistungsbereichs ermittelt. Bei der allgemeinen Werbe-Awareness wird im Gegensatz zu Recall-Tests nicht nach Inhalten der Werbung gefragt, sondern lediglich ermittelt, zu welchen Marken in einem bestimmten vorhergehenden Zeitraum Werbung gesehen wurde (Konkrete Frage: Zu welchen Marken haben Sie in letzter Zeit Werbung gesehen?).

Bei der medienspezifischen Awareness wird zusätzlich gefragt, in welchem Medium diese Werbung gesehen wurde. Im Unterschied zu Recognition wird nach der Wiedererinnerung von Marken und nicht nur nach der Wiedererkennung gefragt. Die Erhebung der Awareness kann zu starken Verzerrungen führen, da die Befragten oft dazu neigen, eine für sie plausible Antwort zu geben, die aber nicht unbedingt den Tatsachen entsprechen muss. Allerdings konnte in zahlreichen Tests nachgewiesen werden, dass die allgemeine Werbe-Awareness sensibel auf Werbeaktivitäten einer Marke reagiert und es eine hohe Korrelation zwischen Werbeaufwendungen und Awareness-Verläufen gibt.

Die medienspezifische Werbe-Awareness enthält jedoch häufig Fehlangaben, die sich insbesondere bei der TV-Awareness häufen. Denn gerade Befragte, die sich nicht mehr erinnern, in welchem Werbeträger sie die Werbung gesehen haben, geben meistens das Medium Fernsehen an.

Tracking-Studien werden sowohl von Marktforschungsinstituten (Werbemonitor/IVE, AdTreck/Icon, GfK-Werbeindikator, IMAS SRM, NIKO-Werbeindex/Emnid etc.) als auch von TV-Vermarktern (Werbewirkungskompass/WWK von IP Deutschland, AdTrend von SevenOneMedia) angeboten, wobei sich die Studien – neben der in allen Tracking-Studien erhobenen Awareness-Indikatoren, dem Zeitraum und der betrachteten Zielgruppe teils erheblich unterscheiden (weitere Informationen bei den entsprechenden Herausgebern der Studien, in den im Literaturverzeichnis aufgeführten Werken von Alexander von Engelhardt und Volker Trommsdorf: Werbe-Pretests – Praxis und Erfolgsfaktoren, und in einer Meta-Studie des VDZ: Werbetracking 2000).

16.3.2.2 Verfahren zur Messung der Einstellung

Während die im vorangegangenen Abschnitt beschriebenen Verfahren messen, ob die werbliche Information ins Bewusstsein der Zielgruppe vorgedrungen und abgespeichert worden ist, kommen wir nun zur Frage, was im Langzeitgedächtnis mit diesen Informationen geschieht. Dabei ist die Einstellungsbildung von besonderer Bedeutung für späteres Kaufverhalten, denn Einstellungen sind Ausdruck einer Bewertung, das heißt, ob wir bestimmte Objekte positiv oder negativ einschätzen.

Den Begriff „Objekt" muss man in diesem Zusammenhang vielschichtig betrachten. Er umfasst so Unterschiedliches wie zum Ersten Personen, zum Zweiten Unternehmen, Produkte, Marken, Werbung, Einkaufsstätten und zum Dritten Themen und Ideen. Neben der positiven oder negativen Einschätzung eines Objektes beinhalten bzw. bewirken Einstellungen auch immer Erwartungshaltungen, die unsere Wahrnehmung beeinflussen. Ein eindrucksvolles Beispiel sind Tests zur Geschmackswahrnehmung, in denen bei Blindtests im Gegensatz zur offenen Versuchssituation unterschiedliche Marken am besten abschnitten (vgl. Kapitel 4 Produktpolitik).

Einstellungen, die für eine Person von besonderer Bedeutung sind, beeinflussen aber nicht nur die Wahrnehmung, sondern auch weitere Einstellungen. Diese zentralen Einstellungen werden als Werte bezeichnet. Werte betreffen Familie, Berufsleben, Religion, Politik, Gesundheit, Ernährung, Umwelt, Genuss, Sparsamkeit etc. Die Beeinflussung von Wertstrukturen des Einzelnen oder auch der Gesellschaft durch Marketing kann, wenn überhaupt, nur langfristig gelingen, denn die Änderung von Werten zieht eine Änderung sehr vieler Einstellungen nach sich, ein Prozess, den der Einzelne oder die Gesellschaft nur sehr ungern und nach eingehender Überprüfung der Argumente einleitet.

→ *Deshalb orientieren sich viele Unternehmen eher an den bestehenden Wertvorstellungen ihrer Zielgruppen, statt sie verändern zu wollen.*

Eher periphere Einstellungen beispielsweise zu einer Marke lassen sich dagegen wesentlich leichter durch Marketing-Aktivitäten verändern.

Ob Einstellungen einen verhaltensrelevanten (konativen) Aspekt beinhalten, wird von einigen Wissenschaftlern angenommen, andere betonen dagegen, dass man diesen auf konkretes Handeln gerichteten Aspekt eher dem Motivationsbegriff zuordnen sollte. Für letztere Annahme spricht auch die Tatsache, dass es Kaufverhalten wie Gewohnheitskäufe oder Käufe unter Zeitdruck gibt, bei denen Einstellungen mit Sicherheit keine Rolle spielen, auch wenn man hier natürlich einwenden kann, dass der Kauf auf die durch Werbung vorgeprägte positive Einstellung zur Marke zurückführbar ist. In jedem Fall hat eine Einstellung eine gefühlsbetonte oder emotionale Facette und eine verstandesbetonte oder kognitive Facette.

Die Einstellungsbildung ist bei hoch involvierten Verbrauchern stärker von der kognitiven Facette geprägt, obwohl auch hier emotionale Gesichtspunkte Einfluss nehmen werden. Unter Low-Involvement-Bedingungen sind fast ausschließlich die emotionalen Komponenten für die Einstellungsbildung verantwortlich. Wie man sieht, spielt vor allem die emotionale Facette von Einstellungen eine Rolle.

In der Phase der Einstellungswirkung soll in jedem Fall die Einstellung der Zielgruppen zur beworbenen Marke möglichst dauerhaft positiv beeinflusst werden, sodass sich eine Präferenz für die Marke überhaupt erst herausbilden kann.

Typische Indikatoren zur Messung von Einstellungen sind:

- Sympathie,
- Glaubwürdigkeit,
- Gefallen (Like/Dislike),
- Verhaltensabsicht,
- innere Markenbilder (Imagery),
- Aktualität,
- Authentizität etc.

Wenn man die Einstellung vieler Personen zur Marke gemessen hat, erhält man das Image bzw. Vorstellungsbild der Marke in den Köpfen der Verbraucher, insofern sind **Images** in gewisser Weise **Einstellungen im Plural**. Da sich Einstellungen zwar recht schnell bilden, kann auch eine einmalige Messung schon wichtige Erkenntnisse beispielsweise zur Analyse des Ist-Images bringen. Wenn man aber die Auswirkungen von Marketing- und Kommunikationsmaßnahmen auf die Einstellung der Zielgruppen überprüfen will, muss man eine längerfristige Messung, beispielsweise durch Tracking, vornehmen, denn Einstellungen ändern sich selten sehr kurzfristig.

→ *Einstellungen lassen sich nur sehr eingeschränkt beobachten (beispielsweise Mimik), sodass in diesem Bereich vor allem quantitative und/oder qualitative Befragungen eingesetzt werden.*

Dabei spielen aufgrund der Komplexität von Einstellungen vor allem qualitative Befragungsmethoden wie Tiefeninterview, Gruppendiskussion, projektive Verfahren, assoziative Verfahren, Zuordnungsverfahren (vgl. Kapitel 10 Befragung) oder die Messung innerer Bilder (Imagery-Forschung) die Hauptrolle. Die Ergebnisse dieser qualitativen Befragungen haben natürlich einen stark subjektiven Charakter und erlauben wegen der geringen Fallzahlen nur selten repräsentative Schlüsse auf die Grundgesamtheit, aber dafür erfährt man Dinge, die man mit quantitativer Marktforschung niemals herausgefunden hätte. Außerdem lassen sich auch Einstellungen teilweise über Skalierungsverfahren quantifizieren oder zumindest durch ein semantisches Differenzial (Polaritätenprofil) transparent machen.
Einige dieser Verfahren wie Gruppendiskussion und Tiefen-Interview wurden bereits in Kapitel 10 Befragung dargestellt, hier folgt noch ein knapper Überblick über die wichtigsten anderen Verfahren mit einigen Beispielen. Weitere interessante Techniken zur Analyse von Marken wie Laddering oder Repertory-Grid finden sich bei Franz-Rudolf Esch: Strategie und Technik der Markenführung. Vahlen. München 2003.

- **Assoziative Verfahren**: Die Marktforscher sind sehr an den ersten spontanen, unreflektierten Antworten zu einem Untersuchungsgegenstand interessiert, weil vermutet wird, dass diese ersten Assoziationen sehr eng mit dem Untersuchungsgegenstand verbunden sind. Assoziative Verfahren stehen insofern immer am Anfang einer weitergehenden Analyse von Einstellungen und Images.
Es können beispielsweise Markennamen genannt, Verpackungen oder Werbemittel vorgelegt werden, zu denen der Proband dann frei assoziieren soll, d.h., ohne größeres Nachdenken soll er alles aufzählen, was ihm einfällt. Auf der anderen Seite können die Assoziationen nach einer ersten freien Phase auch gelenkt werden, um weitere Hintergrundinformationen zu erhalten

Beispiele

- Wortassoziationstests: Die Probanden sollen zu einzelnen Wörtern oder Sätzen schnelle Antworten geben, d.h. ihre spontanen Assoziationen ausdrücken. Mit dieser Methode lassen sich auch neue Slogans testen.
- Satzergänzungstest: Die Probanden erhalten ein Satzfragment, das sie selbstständig ergänzen sollen (z.B. Personen, die einen Opel fahren ...).

- **Projektive Verfahren**: Die projektiven Verfahren stellen eine besondere Befragungstechnik dar, mit deren Hilfe man leichter an Aussagen zu unangenehmen oder schwer beantwortbaren Fragen wie Einstellungen oder Meinungen kommt. Zu diesem Zweck wird versucht, den Frageinhalt nicht direkt auf den Befragten selbst zu beziehen, sondern ihn auf eine andere Person bzw. nach außen zu verlagern.

Beispiele

- Picture-Frustration-Test: Probanden sollen zu einer Anzahl von Bildern, die Konfliktsituationen zwischen Personen zeigen und bei denen jeweils eine Äußerung dargestellt wird (Sprechblase), Angaben über die vermutliche Reaktion der anderen Person machen und in die freie

Sprechblase eintragen („Ballon-Test). Dadurch erhält man indirekt auch eine Aussage über die Einstellung des Probanden zu dem Thema.

- Bilder-Erzähl-Test: Probanden sollen zu Bildern, die Lebenssituationen (offene, aber auch sehr spezifische Kauf- oder Verwendungssituationen) zeigen, eine möglichst spannende Geschichte erzählen. Eine Variante ist der thematische Apperzeptionstest (TAT). Bei diesem Verfahren stehen spezifische Kauf- oder Verwendungssituationen in Form von Comic-Strips im Vordergrund. Die Probanden sollen sich in die Situation hineinversetzen und dann quasi als handelnde Personen antworten. Durch den Einsatz von Storyboards lassen sich auf diese Weise auch TV-Spots vor ihrem Einsatz testen.
- Einkaufslistenverfahren: Die Probanden bekommen mehrere (meistens zwei) fiktive Einkaufszettel als Vorlage. Anschließend sollen sie sich entweder selber für einen der Einkaufszettel entscheiden oder versuchen, die Personen „hinter" den Einkaufszetteln zu beschreiben bzw. zu charakterisieren. Bei der letzteren Methode werden häufig Einkaufslisten verwendet, die sich nur in einem Punkt (beispielsweise eigene Kaffee-Marke/Konkurrenz-Marke) unterscheiden. Aus den unterschiedlichen Charakterisierungen erfährt man eine Menge über das Vorstellungsbild (Image) der beiden Marken in den Köpfen der Probanden.
- Produkt-Personifizierung: Umschreibung des Produktes/der Marke als Person (mit Eigenschaften, Stärken und Schwächen).
- Symbolzuordnungstest: Zuordnung von Symbolen (z.B. Pkws, Tiere, Prominente, Farben etc.) zu bestimmten Produkten/ Marken. Ergänzend kann noch befragt werden, was die Probanden mit den entsprechenden Symbolen verbinden. Eine Variante stellt die **Semiometrie** (Semio = Wörter und Metrie = Messen, also Messen in Worten) dar, bei der Marken, Prominente und Medien von den Probanden in Bezug auf 210 Wörter bewertet werden. Diese 210 Wörter befinden sich in einem zweidimensionalen Eigenschaftsraum (Lebensfreude / Pflicht und Sozialität / Individualität), sodass sich durch Hervorhebung von über- bzw. unterbewerteten Wörtern der Markenkern herausarbeiten lässt (weitergehende Informationen bei der Radio Marketing Services unter www.rms.de).
- Rollenspiele: In Rollenspielen übernimmt der Proband eine vorgegebene Rolle, in der er dann real oder fiktiv handelt. Bei diesen Rollen kann es sich auch um Marken handeln, d.h., im Rahmen einer Gruppendiskussion könnten die Probanden in unterschiedliche Markenrollen schlüpfen und anschließend in vorgegebenen Situationen so handeln, wie sie die Marke empfinden.
- Bilder malen und vervollständigen: Dieses Verfahren kann helfen, sprachliche, soziale oder psychologische Barrieren zu überwinden. Es regt in besonderem Maße die Fantasie der Probanden an. (Ein Beispiel zur Beziehung zwischen Tier und Mensch für unterschiedliche Tierfuttermarken findet sich in Franz-Rudolf Esch: Strategie und Technik der Markenführung. Vahlen. München 2003. S. 507 f.)

- **Skalierungsverfahren**: Die Skalierungsverfahren werden definiert als Messverfahren zur Messung qualitativer Aspekte, und zwar insbesondere zur Messung von Einstellungen und Motiven. Es gibt verschiedene Arten von Skalen, die zur Messung von Einstellungen verwendet werden können.
  Dabei lässt sich die **eindimensionale** von der **mehrdimensionalen** Einstellungsmessung unterscheiden. Außerdem lassen sich je nach Messniveau vier verschiedene Skalentypen unterscheiden:
  Nominal-Skala, Ordinal-Skala, Intervall-Skala und Verhältnis-Skala (Näheres im Kapitel 10 Befragung). Um Einstellungen messen zu können, müssen für eher theoretische Dimensionen konkret messbare Indikatoren gefunden werden, die sich dann in einen konkreten Messwert übersetzen lassen.
  In der Abb. 16.11 soll dieser Prozess kurz verdeutlicht werden.

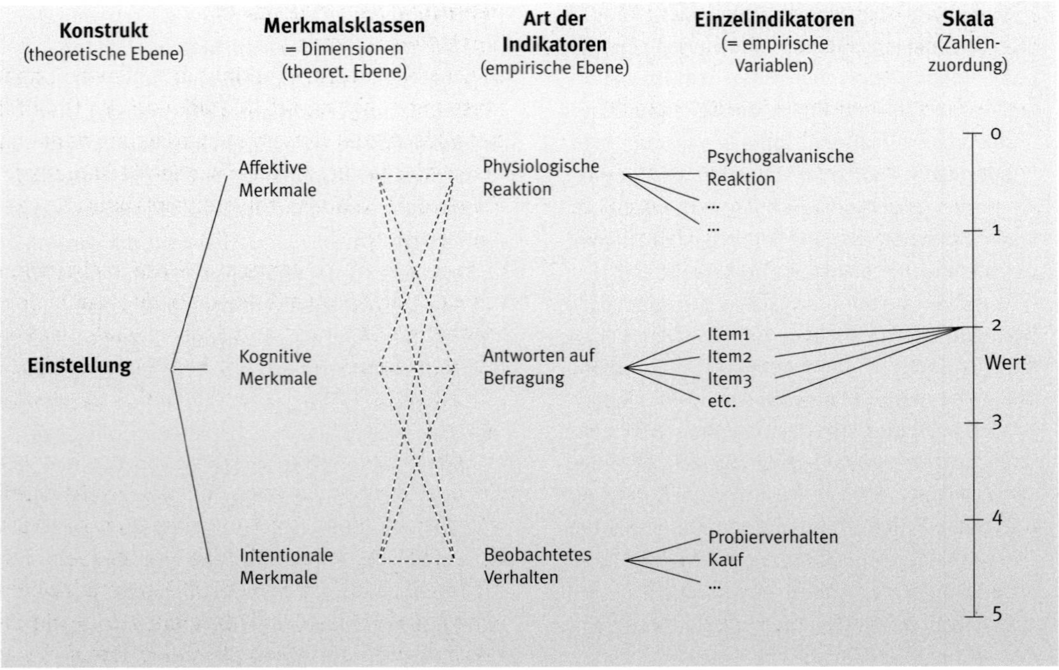

Abb 16.11: Vom theoretischen Begriff zum Skalenwert am Beispiel der Einstellungsmessung. Aus: Alexander von Engelhardt: Werbewirkungsmessung. Fischer. München 1999. S.87

Beispiele für eindimensionale Einstellungsmessung

- Likert-Skala: Es werden 20 bis 30 Statements formuliert, zu denen der Befragte Stellung nehmen soll. Mithilfe einer fünfstufigen Skalierung („stimme voll zu“ bis „lehne ab“) lässt sich die Einstellung des Befragten zum Untersuchungsgegenstand quantifizieren. Durch Addition der Werte erhält man eine Aussage, wie positiv oder negativ die Einstellung ausfällt. Das Hauptproblem dieser ansonsten recht einfachen Methode liegt in der Auswahl und Formulierung der vorzulegenden Statements.
- Fishbein-Modell: Hier wird zunächst gefragt, welche Eigenschaften das Untersuchungsobjekt vermutlich aufweist. Anschließend wird erhoben, für wie wichtig der Proband diese Eigenschaften hält. Durch Multiplikation der beiden Skalenwerte (vermutete Wahrscheinlichkeit, dass eine Marke eine bestimmte Eigenschaft aufweist, „mal“ subjektive eingeschätzte Bedeutung) ergibt sich ein Wert, dessen Höhe die Gesamteinstellung zum Untersuchungsobjekt darstellt (je höher, desto besser bzw. positiver). In der Praxis wird der erste Schritt (Wahrscheinlichkeit des Vorhandenseins von Eigenschaften) häufig durch vorgegebene Eigenschaften, die nur noch hinsichtlich ihrer Ausprägung eingeschätzt werden sollen, ersetzt, da es ansonsten vorkommen kann, dass einzelne Eigenschaften nur von wenigen Probanden genannt werden.
- Trommsdorf-Modell: Das Verfahren funktioniert ähnlich wie das beschriebene Fishbein-Modell. „Der Proband muss angeben, in welcher Größenordnung die jeweilige Eigenschaft bei dem Einstellungsobjekt zutrifft und wie stark ausgeprägt er sie sich idealerweise wünscht. Hier wird die Differenz der beiden Skalenwerte gebildet. Je kleiner dann die Summe aller Differenzen ist, desto besser ist die Einstellung der Probanden gegenüber dem Objekt.“
(Aus: Alexander von Engelhardt: Werbewirkungsmessung. München 1999. S. 89)

Beispiel für mehrdimensionale Einstellungsmessung

Semantisches Differenzial (Polaritätenprofil)

Polaritätenprofile werden vor allem zur Analyse des Ist-Images, aber auch in kontinuierlichen, kampagnenbegleitenden Tracking-Studien (siehe Phase der kognitiven Verarbeitung) eingesetzt.

Bei diesem Verfahren werden den Probanden Adjektive bzw. Produkt-Eigenschaften vorgelegt, die idealerweise Gegensatzpaare bilden. Das Untersuchungsobjekt soll dann meistens auf einer fünf- bis neunstufigen Skalierung hinsichtlich dieser Gegensatzpaare beurteilt werden. Normalerweise empfiehlt sich eine ungerade Skalierung, da es dann eine exakte Mitte gibt, auf der andern Seite findet sich in Anlehnung an das Schulnotensystem auch recht häufig eine sechsstufige Skalierung.

Beim Aufbau des Polaritätenprofils muss darauf geachtet werden, dass

- die aufgeführten Gegensatzpaare auch aus der Perspektive der Befragten Gegensätze darstellen.
- alle Imagedimensionen in ausreichendem Umfang und angemessener Gewichtung vorkommen.
- Erwartungen an einzelne Produktmerkmale, deren Bewertung und evtl. auch Verhaltensabsichten befragt werden.

Aus einem Polaritätenprofil lässt sich durch die Bildung von Durchschnittswerten über alle befragten Personen dann das Eigenschaftsprofil für das Image einer Marke erstellen. Durch eine gleichzeitige Befragung einer Konkurrenzmarke und/ oder eines Idealproduktes erhält man Aufschlüsse über die Stärken und Schwächen einer Marke (vgl. dazu auch die SWOT-Analyse in Kapitel 2) und insofern erste Impulse für zukünftige Marketing- und Kommunikationsaktivitäten.

Bewertung der Verfahren zur Einstellungsmessung

Die Aussagekraft aller Verfahren zur Einstellungsmessung hängt natürlich stark von der Qualität der abgefragten Statements/Items ab, denn mit ihnen soll ja die zu untersuchende Dimension (Sympathie, Glaubwürdigkeit, Gefallen etc.) gemessen werden.

Falls die Statements die Untersuchungsdimension nicht vollständig abbilden oder nicht eindeutig, d.h. missverständlich sind, können aus den erhobenen Daten keine Rückschlüsse auf den Untersuchungsgegenstand gezogen werden.

„Aber auch die Skalen selbst verursachen Verzerrungseffekte: So resultiert der Nachsichteffekt daraus, dass die Versuchspersonen ihnen bekannte Einstellungsobjekte eher besser beurteilen als solche, die sie nicht kennen. [Anmerkung des Verfassers: vgl. dazu auch den Halo-Effekt im Kapitel 7 im Band „Werbung planen"]. Der Zentralitätseffekt (Tendenz zur Mitte) wiederum entsteht dadurch, dass die Versuchspersonen eher zur Mitte tendieren als extrem zu beurteilen, wobei es umgekehrt auch solche gibt, die nur die äußeren Pole markieren. Der Reihenstellungseffekt tritt ein, wenn sich der Proband an den vorherigen Antworten orientiert und sich von ihnen beeinflussen lässt."

(Aus: Alexander von Engelhardt: Werbewirkungsmessung. Fischer. München 1999. S. 90)

Alle aufgeführten Effekte lassen sich zwar nicht völlig verhindern, durch geschicktes Testdesign aber zumindest kontrollieren.

Innere Bilder / Imagery

In der Werbung wird häufig versucht, sogenannte Key Visuals (Schlüsselbilder) in den Köpfen der Verbraucher zu verankern.

In diesem Zusammenhang muss das von Werner Kroeber-Riel geprägte Konzept der inneren Bilder (Imagery) erwähnt werden, denn innere Bilder können zu besserer Wahrnehmung, Verarbeitung und Speicherung führen. Bei besonders ausgeprägter Lebendigkeit/Klarheit (Vividness) und Sympathie für das innere Bild einer Marke besitzen sie darüber hinaus einen starken Einfluss auf unser Verhalten (vgl. dazu auch das Kapitel 8 im Band „Werbung planen").

16.3.2.3 Verfahren zur Messung des Kaufverhaltens

Hinsichtlich der Verhaltensreaktion/-steuerung soll Werbung bei den Zielgruppen aus der stabilen Einstellung zur Marke eine Kaufabsicht (relevant set) machen, die letztlich zum Kauf des Produktes führt. Gerade die genauere Analyse der Kaufabsicht lohnt sich.

➔ *Denn die Kaufabsicht fungiert gewissermaßen als Bindeglied zwischen der kommunikativ-psychologischen Ebene „Einstellung" und der ökonomisch wirksamen Ebene „Verhalten".*

Die amerikanischen Forscher Ajzen und Fishbein entwickelten mit der Einstellung-Verhalten-Relation ein Modell, mit dem versucht wird, über die Verhaltensabsicht letztlich das Verhalten von Personen vorherzusagen oder zumindest zu erklären. Die Absicht, ein bestimmtes Verhalten zu zeigen, hängt zum einen davon ab, ob man selber zu einer positiven Bewertung des Verhaltens kommt, und zum anderen spielt die subjektive Empfindung des sozialen Drucks, der mit dem beabsichtigten Verhalten bzw. dem Unterlassen zusammenhängt, eine Rolle. Wie wichtig diese beiden Faktoren – Einstellung gegenüber dem Verhalten und subjektive Norm – im Einzelfall sind, hängt sowohl von der Persönlichkeitsstruktur des Einzelnen als auch von der jeweiligen Verhaltensabsicht ab. Natürlich spielen auch Faktoren wie soziale Bezugsgruppen, Involvement oder demonstrativer Konsum eine Rolle.

In gewisser Weise spiegelt sich in diesem Modell auch die Theorie der kognitiven Dissonanz wider, nach der Menschen nach Übereinstimmung zwischen ihren Einstellungen bzw. Werten und ihrem tatsächlichen Verhalten streben. Falls sich zwischen Denken und Handeln Widersprüche ergeben, suchen Menschen zunächst nach äußeren Rechtfertigungen der Art „das ging ja gar nicht anders" oder „das siehst du doch genau so". Lassen sich keine äußeren Rechtfertigungen finden, entsteht eine kognitive Dissonanz zwischen der Erinnerung an das Verhalten und den Einstellungen. Da es nicht möglich ist, das gezeigte Verhalten rückgängig zu machen, kann Übereinstimmung (Konsistenz) nur dann wiederhergestellt werden, wenn die zugrunde liegende Einstellung nachträglich an das Verhalten angepasst wird. Das heißt, Menschen passen – ganz im Sinne der do-feel-learn-Hierarchie der Werbewirkung – ihr Denken einfach im Nachhinein an ihr Handeln an. (vgl. dazu Kapitel 7 im Band „Werbung planen").

➔ *Allerdings heißt Kaufabsicht noch lange nicht, dass der Kauf auch wirklich getätigt wird, denn es gibt zahlreiche Einfluss- bzw. Störgrößen.*

So wird die konkrete Wahl eines Produkts natürlich durch unsere Umwelt beeinflusst. Oft wird ein bestimmtes – eigentlich nicht favorisiertes – Produkt erworben, nur weil der Konsument den Erwartungen seiner sozialen Umwelt entsprechen möchte.

Damit Markenbindung entstehen kann, sind natürlich eigene Produkterfahrungen sehr wichtig, denn sie werden unwillkürlich aus dem Gedächtnis abgerufen, wenn eine erneute Kaufentscheidung ansteht. Die große Bedeutung erfahrungsbasierter Assoziationen zu einem Produkt gegenüber solchen Gedächtnisinhalten, die durch die Rezeption von Werbung gebildet wurden, erklärt sich durch die leichtere Aktivierbarkeit. Sie können schneller aus dem Gedächtnis abgerufen werden und haben somit größeren Einfluss auf die Beurteilung. Daher ist es durchaus sinnvoll, dem Verbraucher durch Gratispackungen, Probe-Abos oder Testfahrten Gelegenheit zu geben, eigene Erfahrungen mit dem Produkt zu sammeln. Dadurch wird die positive Einstellung zum Produkt gestärkt und die Wahrscheinlichkeit steigt, dass er es später auch erwerben möchte.

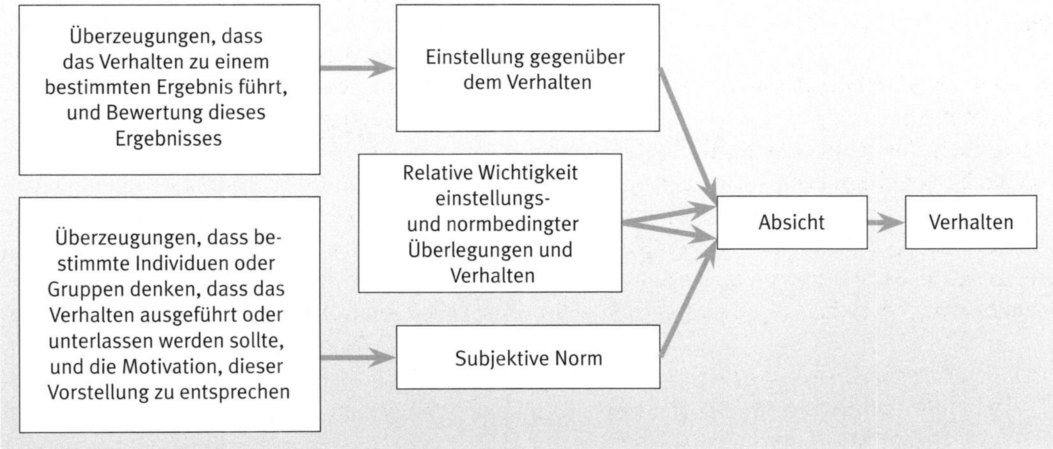

Abb. 16.12: Einstellung-Verhalten-Relation nach dem Modell von Ajzen & Fishbein. Zitiert aus Hans Mayer / Tanja Illmann: Markt und Werbepsychologie. Schäffer-Poeschel. Stuttgart 2000. S. 141

Eine Möglichkeit, die positiven oder negativen Erfahrungen von Konsumenten mit einer Marke zu sammeln und anschließend die Hintergründe herauszufinden, stellt die sog. Critical-Incident-Methode dar.

Dabei sollen die Probanden zunächst Ereignisse benennen, in denen sie mit einem Produkt / einer Marke besonders zufrieden oder unzufrieden waren. Anschließend versucht der Interviewer, möglichst viele Informationen zu diesem Ereignis herauszufinden, sodass z.B. Problembereiche einer Marke zutage treten.

Für eine Messung der Kaufabsicht muss die Versuchsperson gedanklich vorwegnehmen, wie wahrscheinlich der Kauf eines bestimmten Produktes innerhalb eines definierten Zeitraumes ist. Neben Befragungen verwendet man auch Flächenskalen: Der Auskunftsperson werden Kärtchen verschiedener Größe mit der Aufschrift „Würde ich kaufen“ vorgelegt. Die Intensität der Kaufabsicht drückt sich durch die Größe des vom Probanden ausgesuchten Kärtchens aus.

Ansonsten geht es auf der Ebene des Kaufverhaltens natürlich vor allem um die ökonomischen Größen der Werbeerfolgskontrolle wie Umsatz, Absatz und Marktanteil (vgl. Abb. 16.2). Auf die Problematik, dass sich die beobachteten ökonomischen Effekte nicht eindeutig auf den Einsatz von Werbung zurückführen lassen, wurde bereits hingewiesen.

Die ökonomischen Erfolgskriterien wie Absatz, Umsatz, Marktanteil, Erst- und Wiederkaufsrate lassen sich durch folgende Verfahren messen (siehe Kapitel 11–14):

- Testmarkt-Simulation,
- Minimarkt-Test (Single-Source-Panel),
- Handels- und Verbraucher-Panel,
- regionaler Testmarkt.

Exkurs: Marktforschung im Zeitalter des Neuromarketings

Dass implizite, d.h. unbewusste Vorgänge eine wesentliche Funktion bei der Steuerung unseres Verhaltens haben, hat schon der Urvater der Psychologie Sigmund Freud ins kollektive Bewusstsein gebracht. Doch erst die aktuellen messbaren Erkenntnisse über die Arbeitsweise unseres Gehirns heben dieses Wissen ins Bewusstsein der Entscheider in Unternehmen. Es ist inzwischen durch zahlreiche neurophysiologische und neuropsychologische Studien erwiesen, dass ein Großteil unseres (Kauf-)Verhaltens von Gewohnheiten, Heuristiken (= Faustregeln) und Automatismen geprägt ist. Dies gilt vor allem bei Entscheidungen, die unter Stress, Low-Involvement und/ oder Komplexität getroffen werden müssen. Wem dazu spontan Kaufentscheidungen im Bereich von Konsumgütern einfallen, der versteht sofort das besondere Interesse des Marketings für diese Erkenntnisse.

Implizites und explizites System in der Hirnforschung

Die Hirnforschung unterscheidet heute bei der Informations-Verarbeitung und Verhaltenssteuerung zwischen dem impliziten und dem expliziten System.

Das **explizite System** – der sogenannte Pilot – ist für die bewussten Prozesse in unserem Gehirn zuständig. Er arbeitet langsam, seriell (Schritt für Schritt) und steuert bewusstes Nachdenken, kontrolliertes Verhalten, Planungsprozesse und Logik.

Das **implizite System** – der sogenannte Autopilot – ist für die unbewussten Prozesse in unserem Gehirn zuständig. Er arbeitet hocheffizient und regelt unter anderem:

- Sinneswahrnehmungen,
- nonverbale Kommunikation,
- Emotionen,
- Belohnungen,
- Automatismen,
- spontanes Verhalten und
- intuitive Entscheidungen,

aber auch die Bildung und den Abruf von Markenimages (vgl. auch Kapitel 1 Einführung).

Marketing beeinflusst die explizite und die implizite Ebene beim Verbraucher

Marketing beeinflusst nachweislich sowohl die explizite als auch die implizite Ebene beim Verbraucher, sodass implizite Messmethoden die „klassische" Marktforschung nicht ablösen, sondern „lediglich" ergänzen sollen. In vielen Fällen ist es daher sehr sinnvoll, die Fragen direkt an das Gehirn zu stellen, statt an die Untersuchungsperson selbst.

In der „klassischen" Marktforschung werden oft Befragungen eingesetzt, um explizites Wissen der Probanden wie Recall, Recognition oder Images zu erheben. Die dabei genutzten Verfahren erfordern von den Probanden ehrliche Antworten und einen introspektiven Zugang zu dem befragten Wissen. Gerade der letzte Aspekt ist häufig nicht gegeben, denn Antriebe, Motive und Einstellungen, die unser tägliches Kauf- und Konsumverhalten steuern, sind uns gar nicht bewusst, sodass wir darüber auch nicht explizit Auskunft geben können. Selbst der Versuch, mit qualitativer Marktforschung, bspw. mithilfe von Gruppendiskussionen, Tiefeninterviews, projektiven und assoziativen Verfahren (vgl. Kapitel 10), hinter die Fassade der Verbraucher auf die impliziten Motive und Einstellungen zu blicken, scheitert oft an dieser Problematik. Hinzu kommt, dass auch erfahrene Interviewer nicht verhindern können, dass Probanden heiklen und persönlichen Fragen ausweichen und uns wissentlich die Wahrheit vorenthalten.

→ *Gerade bei Konsummotiven, die entweder sozial nicht erwünscht oder dem Konsumenten auch nicht bewusst sind, können implizite Mess-Methoden zu wichtigen zusätzlichen Erkenntnissen führen.*

Zu beachten ist ferner das Problem der kognitiven Dissonanz, d.h. der Verbraucher sucht und findet im Nachhinein plausible Erklärungen für sein Verhalten, um eine Übereinstimmung mit seinem Selbstbild herzustellen (vgl. Kapitel 7 im Band Werbung planen), wobei diese nachträglichen Erklärungen möglicherweise nichts mit den tatsächlichen Motiven zu tun haben.

„Implicit measures offer two benefits that make them better predictors of behavior than explicit measures such as surveys. First, implicit measures uncover attitudes consumers may not be aware of, but that still strongly influence their buying decisions. Second they reveal the social drivers that affect behavior." Gerald Zaltman: How customers think. 2003. S. 115

Das implizite System besitzt drei Ebenen

Das implizite System besitzt eine psychologische, kulturelle und neurologische Dimension, die alle in den letzten Jahren zunehmend in den Fokus des Marketings und der Marktforschung gelangt sind. Alle drei Ebenen des impliziten Systems müssen marktforscherisch erhoben werden. Die psychologische und die kulturelle Ebene wurden schon seit Längerem in den Blick genommen und waren bisher die Domäne der qualitativen Marktforschung (z.B.: Gruppendiskussion, Tiefeninterview vgl. Kapitel 10), wobei der Fokus auf den zu befragenden Inhalten lag. Diese etablierten Methoden werden inzwischen vor allem durch reaktionszeitbasierte Methoden ergänzt, d. h. die vom impliziten System ausgelösten Reaktionen auf Stimuli werden gemessen. Auch bei der aktuell im Marketing sehr populären dritten Ebene des impliziten Systems der Neurologie steht das Messen der neurophysiologischen Reaktionen unseres Gehirns z.B. mithilfe der funktionellen Magnetresonanztomografie (fMRT) im Vordergrund. Darüber hinaus fließen hier auch neurobiologische und neuropsychologische Erkenntnisse ein.

„In der Grundlagenforschung werden vor allem zwei Kriterien verwendet, um explizite von impliziten Vorgängen im menschlichen Gehirn zu unterscheiden:

1. Implizite Reaktionen entstehen automatisch, ohne dass eine Person bewusst nachdenkt.
2. Implizite Reaktionen sind unkontrolliert, d. h. nicht durch das explizite System beeinflusst.

Daraus ergibt sich folgendes Kernkriterium für implizites Messen: Ein Verfahren misst dann implizit, wenn die interpretierten Daten nachweislich auf der Grundlage eines automatisch-unkontrollierten Prozesses entstanden sind, also nicht bewusst-reflektiert von den Probanden produziert wurden." Scarabis/ Heinsen: Die implizite Marketingebene implementieren. In: Planung&Analyse 1/2009 S. 45

→ *In jedem Fall sollen und können implizite Messmethoden explizite Verfahren wie bspw. Befragungen nicht ersetzen, denn erst die Verknüpfung expliziter mit impliziten Messverfahren führt zu einem ganzheitlichen Verständnis des Konsumenten (vgl. Abbildung 16.13).*

Abbildung 16.13: Messmethoden

„Denken wir etwa an eine bestimmte Marke, so ruft unser Gedächtnis die Information über die Marke aus verschiedenen Bereichen des Gehirns ab. Das entspricht einer ganz speziellen Kombination von Nervenzellen, die in einem bestimmten Rhythmus feuern. Aus dieser Sichtweise ist eine Marke nichts anderes als die Gesamtheit synaptischer Verbindungen zwischen Neuronen." (Esch/ Elger et al. In: Marketing ZFP Heft 2/2008 S.112)

Die Neuronen repräsentieren dabei unterschiedliche Assoziationen einer Marke wie bspw.:

- innere Bilder über das Produkt- und Verpackungsdesign,
- Erlebnisse,
- Eigenschaften,
- Emotionen und
- Bewertungen.

Da viele dieser Assoziationen über die unterschiedlichen Kontaktpunkte mit der Marke unbewusst in das Netzwerk integriert worden sind, können sie oft nicht mithilfe expliziter Befragungen erhoben werden. Hinzu kommt, dass oft selbst Informationen, die im Gehirn gespeichert, d.h. theoretisch verfügbar sind, nicht immer auch abrufbar sind. So kennt jeder das Phänomen, dass einem bspw. ein Name eines Bekannten, einer Schauspielerin oder eines Urlaubsortes partout nicht einfallen will, man aber das Gefühl hat, er liege einem auf der Zunge.

Die Bedeutung des Markennetzwerkes und der Markenassoziationen für das Marketing

Das Markennetzwerk ist natürlich für den Marketeer und den Marktforscher von besonderem Interesse, denn letztlich beschäftigt sich Marketing mit dem Aufbau, der Stärkung und Veränderung dieser Markenassoziationen in den Köpfen der Verbraucher. Dabei sind vor allem die folgenden Merkmale eines Markennetzwerks von Interesse:

- Stärke der (synaptischen) Verknüpfungen (Assoziationsstärke) ⇨ schnelle Reaktionszeit = starke Verbindung
- Richtung der Verknüpfung (Assoziationsrichtung) ⇨ positiv („Belohnung“) oder negativ („Bestrafung“)
- Anzahl der Verknüpfungen mit einer Marke / einem Konzept ⇨ Menge der Assoziationen

Mithilfe von reaktionszeitbasierten und neurophysiologischen Verfahren lassen sich diese Merkmale inzwischen nicht nur qualitativ befragen, sondern auch messen bzw. beobachten.

Verfahren zur Erforschung des Impliziten:
Die Wahl der Methode zur Erforschung der impliziten Ebene hängt vom Erkenntnisziel, aber auch vom bereits vorhandenen Erkenntnisstand ab (vgl. Abbildung 16.14). Je unklarer der aktuelle Erkenntnisstand zu einem Themenkomplex ist, umso offener müssen die zu wählenden Methoden sein. Gemessen werden kann die implizite Ebene erst, wenn klar ist, was gemessen werden soll und welchem Zweck diese Ergebnisse dienen sollen. Ansonsten wäre es Messen um des Messens willen, keine besonders effiziente und Erfolg versprechende Methode.

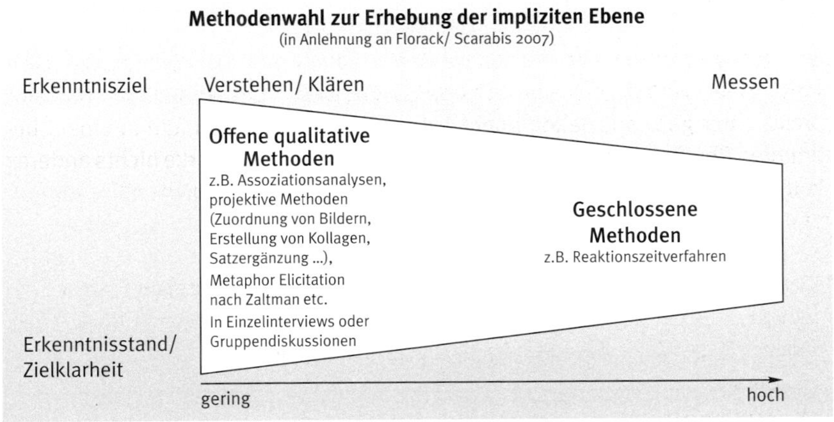

Abbildung 16.14: Methodenwahl zur Erhebung der impliziten Ebene (Darstellung angelehnt an Florack /Scarabis: Psychologie der Markenführung. Vahlen. München 2007)

In den letzen Jahren wurden einige schon seit Jahren in den Sozialwissenschaften eingesetzte Verfahren auf das Marketing übertragen, von denen hier zwei kurz exemplarisch vorgestellt werden sollen. Allen gemeinsam ist die Tatsache, dass Reaktionszeiten am Computer gemessen werden, d.h. es wird nicht befragt, sondern gemessen. Ein Problem von Messungen oder Beobachtungen liegt natürlich darin, dass man die gewonnenen Daten im Anschluss interpretieren muss. Dies gilt auch für die Daten aus der neurophysiologischen Hirnforschung. Am Beispiel einiger Experimente aus dem Bereich des Neuromarketings, die mithilfe der funktionellen Magnetresonanztomografie (fMRT) durchgeführt wurden, soll dieses Problem kurz aufgezeigt werden.

Die meisten der in Abbildung 16.14 aufgeführten Methoden finden sich in Kapitel 10 wieder. Insofern soll das Hauptaugenmerk im Folgenden eher auf den geschlossenen Methoden zur Messung der impliziten Ebene liegen.

1) Marken- Kategorie-Verknüpfung
Bei dieser Methode geht es darum, zu erheben, wie eng eine Marke im Gedächtnis mit einer Kategorie verknüpft ist (Assoziationsstärke). Dazu wird die Reaktionszeit bei der Zuordnung zwischen einem zuerst kurz dargebotenen Kategoriebegriff und einem anschließend dargebotenen Reiz z.B.:

- Markenname,
- Logo,
- Fotos von Verpackungen oder
- Personen

gemessen.

Beispiel

Zum besseren Verständnis des Prinzips zunächst ein allgemeines Beispiel: Vermutlich wird ein großer Teil der Leser Brad Pitt schneller der Kategorie „Mann“ zuordnen als Bill Kaulitz von Tokio Hotel.

Diese Methode geht von der Annahme aus, dass das, was besonders spontan und schnell als zusammengehörig wahrgenommen wird, mit sehr großer Wahrscheinlichkeit auch eine sehr starke Verbindung hat. Man könnte auch sagen, die Schnelligkeit des Tastendruckes ist der Indikator für die (unbewusste) synaptische Verbindung der beiden Begriffe im Gehirn des Probanden.

Ein Kategoriebegriff wie „Softdrink“ wird 750 Millisekunden eingeblendet, bevor die zu testende Marke wie „Bionade“ erscheint und die Reaktionszeit gemessen wird. Die Einblendungsdauer liegt zwar ca. drei Mal so hoch wie ein durchschnittlicher Lidschlag (150-250 Millisekunden), ist aber immer noch kurz genug, um bewusste Prozesse auszuschließen. Insofern liefert ein schneller Tastendruck wichtige Rückschlüsse auf die Bewusstseinspräsenz einer Marke (Top-Of-Mind).

Alle aktuellen neurologischen Studien (vgl. u. a. Kenning et al. 2002) zeigen, dass Marken Top-of-Mind sein müssen, um erfolgreich zu sein.

Unter Stress nutzt unser Gehirn Routinen und Automatismen

Denn gerade bei (Kauf-) Entscheidungen unter Stress schaltet unser Gehirn auf den Energiesparmodus und nutzt Routinen und Automatismen. Dass dabei die Marke mit der stärksten Verbindung zur Produktkategorie eine deutlich stärkere Chance hat, gekauft zu werden, leuchtet unmittelbar ein. Man könnte auch sagen „The-Winner-takes-it-all", d.h. die Nummer 2 und 3 im Kopf der Verbraucher haben keine Chance. Und dabei ist es völlig egal, ob dieses „Top-of-Mind" bewusst oder unbewusst ist.

2) Implicit Association Test (IAT)

Bei diesem Verfahren sollen Verknüpfungen in Gedächtnisnetzwerken erfasst werden, die automatisch, d.h. unbewusst bzw. unwillentlich aktiviert werden. Dieses ebenfalls reaktionszeitbasierte Verfahren wird schon seit Jahren erfolgreich in den Sozialwissenschaften zur Ermittlung von verborgenen Vorurteilen und verborgenen Präferenzen (zum Beispiel für Hautfarbe, Geschlecht, Personen usw.) eingesetzt.

An dieser Stelle zwei interessante Links mit denen sich der Leser selbst ein Bild von diesen Methoden und ggf. eigenen Vorurteilen gegenüber

- Ländern,
- Rassen,
- Geschlecht,
- Wessi-Ossi,
- Alter,
- Gewicht etc. (https://implicit.harvard.edu/implicit/germany/takeatest.html)
- oder Frauen und Karriere (http://www.decode-online.de/markenbuch/interaktives/)

machen kann.

Beispiel

In der Marktforschung kann man durch den IAT bspw. beim Konsumenten verborgene Assoziationen und Motive bezüglich einer Marke und deren Auswirkung auf die Markenpräferenz messen. Im „klassischen" IAT werden immer die Reaktionszeiten von zwei Marken (Kategorien) im Hinblick auf positive oder negative Stimuli (bspw. eindeutige Worte wie

- Sonne ⇔ Dunkelheit,
- Liebe ⇔ Hass,
- Freund ⇔ Feind,
- gut ⇔ böse etc.

oder entsprechend eindeutige **Bilder**) gemessen.

Die Messung erfolgt am Computer über die Zuordnung von zwei Tasten zu den Marken sowie den Stimuli und zwei Übungsdurchgängen. In der Testphase sollen die Probanden bei einer parallelen Aktivierung einer Marke und eines Begriffs oder Bildes die jeweilige Taste für positiv ⇔ negativ drücken. Je schneller eine Taste gedrückt wird, umso stärker ist die Marke mit der Assoziation verknüpft.

(Weitere Varianten des IAT sowie eine detailliertere Darstellung des Verfahrensablaufs. In: Psychologie der Markenführung von Florack/ Scarabis Vahlen 2007 S. 472ff.).

Mit Hilfe von IAT erkennt man, welche Marke mit welchen Assoziationen verbunden ist

Durch den Einsatz des IAT erfährt man, welche Marke wie stark mit welchen positiven oder negativen Assoziationen verbunden ist, sodass man schon einen recht guten Einblick in die jeweilige implizite Motivstruktur sowie das Markennetzwerk des Konsumenten erhält.

Ob die Marke z.B. eher mit Assoziationen aus dem Bereich Sicherheit (= Grundmotiv Balance nach Häusel vgl. dazu Kapitel 1 S. 30), Erregung (= Grundmotiv Stimulanz) oder Macht (= Grundmotiv Dominanz) in Verbindung gebracht wird, hat für Marketing und Kommunikation sehr weitreichende Konsequenzen. Einige Forscher meinen, dass man mit dem IAT sogar die Markenpersönlichkeit und Markenbindung messen kann (vgl. Florack/ Scarabis S. 474f.).

Allerdings können nur vorgegebene Assoziationen gemessen werden, d.h. es besteht die Möglichkeit, dass für Kaufentscheidungen oder Kaufbarrieren wichtige Assoziationen im Vorfeld vergessen und dann auch nicht gemessen werden. Es bietet sich daher wie beim Design „klassischer" Befragungen an, vorher mit Hilfe qualitativer MAFO bspw. in Form von Gruppendiskussion die wichtigsten Assoziationen zu bestimmen.

Weitere Anwendungsfelder reaktionszeitbasierter Marktforschungsmethoden:

Wie können nur Werbemittel auf ihre implizite, also unbewusste Wirkung hin überprüft werden?

Beispiel:

Stellen Sie sich vor, auf dem Computerbildschirm erscheint eine Anzeige oder ein Werbespot. Der Clou: Alle expliziten Markensignale (zum Beispiel das Markenlogo) wurden vorab entfernt. Ihre Aufgabe: Sobald Sie die Marke erkennen, sollen Sie eine Taste drücken. Anschließend sollen Sie angeben, welche Marke Sie dem Werbemittel zuordnen. (C. Scheier in: Focus Jahrbuch 2007 S. 150ff.)

In einer aktuellen Studie der decode Markenberatung für den TV-Vermarkter IP-Deutschland (2007) ging es um die Fähigkeit von TV- und Print-Werbung beim Transport von Markenwerten. Bei fünf Marken aus Food, OTC, Handel, PKW und pflegende Kosmetik wurde die implizite Werbewirkung bei je 500 Probanden untersucht.

Einige Ergebnisse der Studie:

- TV-Spots aktivieren insgesamt deutlich mehr Markenwerte als Print-Anzeigen und weisen damit ein größeres Veränderungspotenzial in der Kommunikation von Belohnungswerten auf.

- TV-Spots können eher genutzt werden, um neue Markenwerte (= Markennetzwerk) aufzubauen, dieses zu stärken oder in eine bestimmte Richtung zu verändern.
- TV-Spots nutzen eher die Kraft des impliziten Systems (den Autopiloten).
- Print spricht eher das explizite System (den Piloten) an und aktiviert den Konsumenten, über Botschaften nachzudenken.
- Print scheint eher geeignet, ein bestehendes Markennetzwerk zu „schärfen".

Die neuropsychologischen Erklärungen für dieses Ergebnis:
Der audiovisuelle Transport der Belohnungs- bzw. Markenwerte durch TV-Spots bewirkt einen neuronalen Multiplyer-Effekt, d.h. Neuronen, die durch mehrere Sinneskanäle (z. B. Augen, Ohren) gleichzeitig aktiviert werden, feuern im Vergleich bis zu zehn Mal so stark. Dass das die Verankerung der Spotinhalte im Markennetzwerk verbessert, liegt auf der Hand oder wie es der US-amerikanische Psychologe Donald Hebb formulierte: „Cells that fire together, wire together".

Das TV eignet sich gut, um Markenwerte in Codes zu übersetzen

Außerdem eignet sich das TV besonders gut, um die Markenwerte in „hirngerechte" Codes wie z.B. Geschichten zu übersetzen. Diese Markenepisoden werden in unserem Geschichten-Gedächtnis, dem episodischen Gedächtnis, abgespeichert. Das episodische Gedächtnis ist sehr eng mit unserem emotionalen System verbunden und darüber hinaus an Aufbau und Erhalt unseres Selbstkonzeptes beteiligt, wie all die Geschichten vom 1. Mal belegen, an die wir uns erinnern (Fahrstunde, eigener Urlaub, Kuss, Liebe etc.).

3) Neurophysiologische Messung
Mit Hilfe des Einsatzes neurophysiologischer Messmethoden wie der funktionellen Magnetresonanztomografie (fMRT) oder des Positronen-Emmissions-Tomografen (PET) – populärwissenschaftlich häufig unter dem Begriff „Hirnscanner" zusammengefasst – lassen sich Stoffwechselprozesse im Gehirn beobachten, während die Probanden bspw. unterschiedliche Marken, Logos, Verpackungen oder Werbung betrachten. Da die Wissenschaft inzwischen die Funktion vieler Teile des Gehirns entschlüsselt hat, lassen sich die dabei erzeugten Bilder im Anschluss relativ gut interpretieren. So lässt die neurophysiologisch nachweisbare Tatsache, dass starke Marken das Belohnungszentrum aktivieren, während Preise eher im Schmerzzentrum verarbeitet werden, sicherlich einige interessante Rückschlüsse für das Marketing zu.

Mit fMRT und PET lassen sich Stoffwechselprozesse im Gehirn beobachten

An ihre Grenze stößt diese Methode aber bei der exakten Unterscheidung zweier Marken aus dem gleichen Positionierungssegment, d.h. die neuronalen Korrelate und Unterschiede zwischen den Marken „BMW" und „AUDI" werden sich vermutlich auch in Zukunft genau so wenig bestimmen lassen wie eine Art „Kauf-Knopf" im Gehirn.

Neben den enorm hohen Kosten – Studien mit 10-20 Probanden dauern in der Regel mehrere Monate und kosten schnell mehr als 200.000 bis 300.000 € – bildet vor allem die Interpretationsbedürftigkeit und Interpretationsfähigkeit der erhobenen Daten eine wichtige Einschränkung für den regelmäßigen Einsatz neurophysiologischer Messungen in der Marktforschung.

Beispiele:

Die deutschen Neuromarketing-Forscher Deppe/ Plassmann/ Kenning stellten in einer Studie 2002 fest, dass starke Marken dazu führen unser Gehirn zu entlasten. Starke Marken erlauben es unserem Hirn auf Energiesparmodus zu schalten, eine angesichts des hohen Energieverbrauchs unseres Gehirns im Verhältnis zu seinem Anteil an der Körpermasse sehr sinnvolle Entscheidung. Diese kortikale Entlastung halten sie für eine der wesentlichen Funktionen starker Marken und letztlich auch für Markenbindung verantwortlich. Denn wenn eine Marke einmal eine „Verhaltens-Autobahn" in unserem Gehirn gebaut hat, dann bedarf es schon gewaltiger Anstrengungen der Konkurrenz, um dieses energiesparende Muster zu durchbrechen.

Sind starke Marken jetzt wichtig für unser Selbstkonzept oder entlasten sie unser Gehirn oder laufen beide Prozesse parallel voneinander ab?

Die Ergebnisse einer aktuellen deutschen Studie zu den Wirkungen von Markenemotionen (Esch/ Elger et al. In: Marketing ZFP Heft 2/2008 S.109ff.) förderte weitere Effekte starker Marken zutage. In einer aufwendigen Studie wurden bei 950 Probanden zunächst die Markenemotionen von 66 Marken mithilfe eines semantischen Differenzials (Polaritätenprofil) erhoben. Aus den Ergebnissen wurden zwei Cluster gebildet, in denen je acht hoch emotionale Marken:

- BMW,
- Coca-Cola,
- Ebay,
- Ferrari,
- Porsche,
- Langnese,
- Lamborghini und
- Harley-Davidson

und acht gering emotionale Marken:

- KIA,
- Motorola,
- Oettinger,
- Opel,
- Privileg,
- Skoda,
- Yahoo und
- Württembergische Versicherung

vertreten waren.

In einer zweiten Vorstudie wurden mittels einer Befragung von 240 Personen die Wirkungen der Markenemotionen auf Markenwissen (Bekanntheit und Image), Markeneinstellungen, Markenbindung und Markenvertrauen untersucht. Erst danach wurden bei 10 Probanden im fMRT die Gehirnaktivitäten bei der Betrachtung der Logos der 16 Marken sowie weiterer acht fiktiver, d.h. unbekannter Marken untersucht.

Ergebnisse: Es konnten eindeutig neuronale Korrelate zwischen den verschiedenen Markentypen nachgewiesen werden, d.h. hoch emotionale, gering emotionale und unbekannte Marken aktivieren weitgehend unterschiedliche Hirnregionen.
„Es wurde empirisch belegt, dass Marken mit positiven Markenemotionen eine höhere Markenbekanntheit, ein ausgeprägteres Markenimage, eine positivere Markeneinstellung, eine stärkere Markenbindung und ein höheres Markenvertrauen aufweisen als Marken mit neutralen Markenemotionen." (Esch/ Elger In: Marketing ZFP 2/2008 S.119)

Zum Abschluss soll an dieser Stelle noch eine andere bahnbrechende Studie zitiert werden, die von Calvert, Silberstein (2007) im fMRT durchgeführt und vom Marketing-Guru Martin Lindstrom in seinem aktuellen Buch „Buyology – Truth and Lies about why we buy" (2008) dargestellt wird:

- Über 2000 repräsentativ ausgewählte Raucher (Alter, Geschlecht, Gelegenheits- bis Suchtraucher) aus Deutschland, USA, Großbritannien, Japan und China.
- Ziel: Untersuchung der Effektivität von Warnhinweisen auf Zigarettenpackungen

Ablauf:

1. Befragungen zur Effektivität von Warnhinweisen bei den Probanden.
   Ergebnis: Mehrheit der Probanden gaben an, durch Warnhinweise vom Rauchen abgeschreckt zu werden. (= Argumentation des Bewusstseins = explizite Ebene)
2. Überprüfung im Hirnscanner durch Einblendung von Warnhinweisen mit unterschiedlicher Dauer und aus verschiedenen Winkeln im Sichtfeld der Probanden. Dabei sollte per Knopfdruck der Wunsch zu rauchen angegeben werden (= Messen des Unbewussten = implizite Ebene)
   Hinweis: vor dem Test durften alle Probanden ausgiebig rauchen.

Ergebnisse/ Interpretationen:

- Das nicht unerwartete Hauptergebnis war, dass Warnhinweise keinen Einfluss auf den Wunsch zu rauchen hatten. Ganz im Gegensatz zu den bewussten Aussagen in der Befragung.
- Besonders interessant war aber das Aufleuchten des Nucleus Accumbens im limbischen System, ein Lustzentrum, beim Betrachten der Warnhinweise.

→ *Lindstrom schließt daraus, dass Warnhinweise Rauchen nicht nur nicht verhindern, sondern sogar zum Rauchen motivieren!!!*

Literaturverzeichnis

Anlanger, Roman / Engel, Wolfgang: Trojanisches Marketing. Haufe. Freiburg 2008

Asum, Heiko / Kerth, Klaus: Die besten Strategietools in der Praxis. Hauser. München 2008

Backhaus, Klaus / Erichson, Bernd / Plinke, Wulf / Weiber, Rolf: Multivariate Analysemethoden. Springer. Berlin, Heidelberg, New York 2008

Becker, Jochen: Marketing-Konzeption. Vahlen. München 2009

Becker, Jochen: Marketing-Strategien. Vahlen. München 2000

Blackmore, Susan: The Meme Machine. Oxford University Press. Oxford 2000

Bolz, Norbert: Die Wirtschaft des Unsichtbaren. Econ. München 1999

Brandmeyer, Klaus: Achtung Marke. Stern-Bibliothek. Gruner+Jahr. Hamburg 2002

Brandmeyer, Klaus: Marken stark machen. Wiley-VCH. Weinheim 2008

Bruhn, Manfred: Marketing. Gabler. Wiesbaden 2010

Dawkins, Richard: A Survival machine. In: Brockman, John (Hrsg.): The Third Culture. Simon & Schuster. New York 1989

Diller, Hermann: Preispolitik. Kohlhammer. Stuttgart 2007

Esch, Franz-Rudolf: Strategie und Technik der Markenführung. Vahlen. München 2008

Esch, Franz-Rudolf / Herrmann, Andreas / Sattler, Henrik: Marketing. Vahlen. München 2008

Felser, Georg: Werbe- und Konsumentenpsychologie. Stuttgart 2007

Florack, Arnd / Scarabis, Martin: Psychologie der Markenführung. Vahlen. München 2007

Formatschek, Wolfgang: Erfolgreiche Marketingkonzepte. Lexika Verlag. Würzburg 1998

Frey, Ulrich Dirk: Sales Promotion Power für mehr Umsatz. Verlag moderne Industrie. Landsberg 1997

Frutiger, Adrian: Der Mensch und seine Zeichen. Fourier. Wiesbaden 2000

Fuchs, Werner T.: Tausend und eine Macht. Marketing und moderne Hirnforschung. Orell Füssli. Zürich 2005

Günther, Martin / Vossebein, Ulrich / Wildner, Raimund: Panels in der Marktforschung. Gabler. Wiesbaden 1998

Haedrich, Günther / Tomczak, Torsten: Strategische Markenführung. Haupt Verlag. Bern, Stuttgart, Wien 2003

Herbst, Dieter: E-Branding – Starke Marken im Netz. Cornelsen. Berlin 2004

Hermanns, Andreas / Homburg, Christian: Marktforschung. Gabler. Wiesbaden 1999

Hermanns, Arnold / Sauter, Michael: Management-Handbuch Electronic Commerce. Vahlen. München 2001

Hüttner, Manfred: Grundzüge der Marktforschung. Oldenbourg Verlag. München, Wien 2002

Kamenz, Uwe: Marktforschung. Schäffer-Poeschel. Stuttgart 2001

Kemper, Wulf-Peter: Brandholder Value. Econ. München 2003

Kiss, Thomas / Tesch, Helmut: Einsatz und Instrumente der Marktforschung. Haufe. Freiburg 1995

Koschnick, Wolfgang J.: Lexikon Marketing Band 1 und Band 2. Schäffer-Poeschel. Stuttgart 2000

Kotler, Philip / Bliemel, Friedhelm: Marketing-Management. Schäffer-Poeschel. Stuttgart 2007

Kuß, Alfred: Marketing – Einführung. Gabler. Wiesbaden 2006

Kuß, Alfred / Tomczak, Torsten: Marketing-Planung. Gabler. Wiesbaden 2007

Lachmann, Ulrich: Wahrnehmung und Gestaltung von Werbung. Stern-Bibliothek. Gruner+Jahr. Hamburg 2003

Lipschutz, Seymour: Wahrscheinlichkeitsrechnung. McGraw-Hill International. London u.a. 1999

Löffler, Horst / Scherfke, Andreas: Praxishandbuch Direkt-Marketing. Cornelsen. Berlin 2000

Mayer, Hans / Illmann, Tanya: Markt- und Werbepsychologie. Schäffer-Poeschel. Stuttgart 2000

McK Wissen 03: Das Magazin von McKinsey. 1. Jahrgang 2002

Meffert, Heribert: Marketing. Gabler. Wiesbaden 2007

Meier, Andreas / Stromer, Henrik: eBusiness & eCommerce. Springer. Berlin, Heidelberg 2008

Meyer-Hentschel, Gundolf: Erfolgreiche Anzeigen. Gabler. Wiesbaden 1998

Moser, Klaus: Markt- und Werbepsychologie. Hogrefe. Göttingen 2002

Nagle, Thomas T. / Hogan, John E.: Strategie und Taktik in der Preispolitik. Pearson Business. München 2007

Niepmann, Carsten: Wirkungsmodelle der Werbung. Marketing Journal. Hamburg 1999

Noelle-Neumann, Elisabeth / Petersen, Thomas: Alle, nicht jeder. Einführung in die Methoden der Demoskopie. dtv. München 2005

Pepels, Werner (Hrsg.): Moderne Marktforschungspraxis. Luchterhand Verlag. Neuwied 1999

Pickert, Mike: Die Konzeption der Werbung. Sauer. Heidelberg 1994

Scheier, Christian / Held, Dirk: Wie Werbung wirkt. Erkenntnisse des Neuromarketings. Haufe. München 2007

Schlicksupp, Helmut: Ideenfindung. Vogel. Würzburg 1998

Schönbach, Klaus: Werbewirkung. Eine Inventur der Inventare. Deutscher Fachverlag. Frankfurt am Main 2002

Schwarz, Torsten (Hrsg.): Leitfaden Online Marketing. Marketing Börse GmbH. Waghäusel 2007

Schweiger, Günther / Schrattenecker, Gertraut: Werbung. Lucius&Lucius. Stuttgart 2005

Simon, Herman / Dolan, Robert J.: Profit durch Power Pricing. Campus. Frankfurt 1997

Steffenhagen, Hartwig: Wirkungen der Werbung. Verlag der Augustinus Buchhandlung. Aachen 2000

Stern-Bibliothek: Wie wirken Anzeigen. Stern-Bibliothek. Gruner+Jahr, Hamburg 2001

Tapscott, Don / Ticoll, David / Lowy, Alex: Digital Capital. Harvard Business School Press. Boston 2001

Thomas, Robert J.: New Product Development. New York 1993

Trommsdorf, Volker: Werbe-Pretests – Praxis und Erfolgsfaktoren. Stern-Bibliothek. Gruner+Jahr. Hamburg 2003

Urban, Dieter: Kreativitätstechniken für Werbung und Design. Econ. Düsseldorf, Wien, New York, Moskau 1994

VDZ (Verband der Zeitschriftenverleger): Werbetracking. Eine Analyse der Standardinstrumente. 2000

von Engelhardt, Alexander: Werbewirkungsmessung. Verlag Reinhard Fischer. München 1999

Weis, Hans Christian: Marketing. Kiehl. Ludwigshafen 2009

Weis, Hans Christian: Kompakt-Training Marketing. Neue Wirtschaftsbriefe/Kiehl. Herne 2010

Weis, Hans Christian / Steinmetz, Peter: Marktforschung. Kiehl. Ludwigshafen 2008

Wirtz, Bernd: Electronic Business. Gabler. Wiesbaden 2010

Stichwortverzeichnis